Technologiemanagement –
Wettbewerbsfähige Technologieentwicklung
und Arbeitsgestaltung

H.-J. Bullinger (Hrsg.)
Technikfolgenabschätzung (TA)

Technologiemanagement – Wettbewerbsfähige Technologieentwicklung und Arbeitsgestaltung

Herausgegeben von
Univ.-Prof. Dr.-Ing. habil. Prof. e. h. Dr. h. c. Hans-Jörg Bullinger,
Stuttgart

Erfolgreiche Wettbewerbspositionen aufbauen und halten zu können, wird immer mehr eine Frage des adäquaten Technologieeinsatzes und der Gestaltung anthropozentrischer Arbeitsorganisation. Bei schrumpfenden Marktlebenszyklen und steigendem globalen Wettbewerb können nur Unternehmen gewinnen, die kundenorientiert Technologien schneller entwickeln, erschließen, einsetzen und rechtzeitig wieder verlassen können.

Um den technologischen Wandel mitgestalten zu können, muß Technologiekompetenz durch Managementkompetenz ergänzt werden. Aufgabengebiete wie Strategische Planung, Organisationsentwicklung, Arbeitssystemgestaltung, Aufbau- und Ablaufstruktur, Produktgestaltung, Prozeßgestaltung, Mitarbeiterführung und Arbeitsplatzgestaltung sind im Rahmen eines Integrierten Technologiemanagements ganzheitlich zu lösen.

In der Buchreihe *Technologiemanagement – Wettbewerbsfähige Technologieentwicklung und Arbeitsgestaltung* soll der internationale Stand der Modelle, Verfahren, Methoden und Hilfsmittel dieser Gebiete festgehalten und mit Blick auf die Aus- und Weiterbildung von Ingenieuren zugänglich gemacht werden. Die einzelnen Bände behandeln außer relevanten arbeitswissenschaftlichen Erkenntnissen, Technologien und Organisationsformen vor allem das Management der Entwicklung, des Einsatzes und des Transfers von Technologien.

Technikfolgenabschätzung (TA)

Herausgegeben
von Hans-Jörg Bullinger

Mit Beiträgen von
Werner Andexser · Petra Bonnet · Hans-Joachim Braczyk · Josef Bugl
Hans-Jörg Bullinger · Rafael Capurro · Detlef Garbe · Hariolf Grupp
Klaus Kornwachs · Johann Löhn · Eckard Minx · Hans Mohr · Konrad Ott
Thomas Petermann · Ortwin Renn · Diethard Schade · Welf Schröter
Gerd Steierwald · Alfred Voß

Mit 114 Bildern

 B. G. Teubner Stuttgart 1994

ISBN 978-3-322-87194-7   ISBN 978-3-322-87193-0 (eBook)
DOI 10.1007/978-3-322-87193-0

Die Deutsche Bibliothek – CIP-Einheitsaufnahme

Technikfolgenabschätzung : (TA) / hrsg. von Hans-Jörg
Bullinger. Mit Beitr. von Werner Andexser ... – Stuttgart :
Teubner, 1994
     (Technologiemanagement)

NE: Bullinger, Hans-Jörg [Hrsg.]; Andexser, Werner; (TA)

Vorwort

In der heutigen Zeit ist Technik nahezu allgegenwärtig geworden. Gleichzeitig jedoch wird, vor dem Hintergrund aktueller und potentieller Schadenswirkungen, ihr Einsatz zunehmend kritisch beurteilt; sowohl der technische Laie als auch der Experte fordern einen verantwortungsbewußteren Umgang mit der Technik.

Technikfolgenabschätzung (TA) bietet die Möglichkeit, realisierbare technische Entwicklungen in der Vorausschau zu analysieren, um unerwünschte Auswirkungen zu vermeiden. Exakte Prognosen allerdings sind dabei nicht möglich; die vielfältigen Einflüsse, die im Spannungsfeld von Öffentlichkeit, Politik, Wissenschaft und Wirtschaft zu berücksichtigen sind, machen deutlich, daß TA bestenfalls verschiedene Optionen bereitstellen kann. Wie weiterhin aus dem Anliegen und den Rahmenbedingungen von TA hervorgeht, kann nur ein interdisziplinärer Ansatz eine möglichst umfassende Abschätzung von Technikfolgen leisten.

Als Gestalter der Technik ist der Ingenieur beim Thema TA in besonderem Maße gefordert. Damit bereits in der Ausbildung zum Ingenieur die technische Sichtweise aufgeweitet und mit praktischen Erfahrungen ergänzt wird, bietet die Universität Stuttgart seit dem Sommersemester 1992 die Ringvorlesung *Technikfolgenabschätzung (TA)* an. Namhafte Referenten berichten in wöchentlichem Turnus über verschiedene Aspekte der TA und stellen Ergebnisse aus TA-Projekten vor.

Der vorliegende Band faßt die Vorträge, die im Rahmen dieser Ringvorlesung bislang gehalten wurden, zusammen. Er richtet sich an alle Interessierten, die sich einen Einblick in das Gebiet der Technikfolgenabschätzung verschaffen und konkrete TA-Projekte kennenlernen möchten.

Mein besonderer Dank gilt allen Referentinnen und Referenten, die sich uneingeschränkt für dieses Buch zur Verfügung gestellt haben. Ebenso möchte ich Herrn Dr. Dieter Fremdling aus meiner Abteilung Forschung und Lehre herzlich danken; er hat die Aufgabe übernommen, dieses Buchprojekt zu koordinieren und zu einem guten Ende zu bringen. Mein Dank gilt auch allen seinen Kollegen, die ihn dabei tatkräftig unterstützt haben, sowie Herrn Dr. Schlembach vom Teubner-Verlag für die bewiesene konstruktive Zusammenarbeit.

Stuttgart, im Februar 1994 Hans-Jörg Bullinger

Autorenverzeichnis

Dr.-Ing. Werner Andexser,

Direktor Wandel & Goltermann GmbH & Co., Elektronische Meßtechnik, Eningen u. A.;

Stellvertretender Vorsitzender der Informationstechnischen Gesellschaft (ITG) im VDE und Leiter des Fachbereichs 8 (Informationstechnik und Öffentlichkeit) der ITG.

Petra Bonnet, M. A.,

Abteilung Unternehmensführung des Fraunhofer-Instituts für Arbeitswirtschaft und Organisation (IAO), Stuttgart.

PD Dr. Hans-Joachim Braczyk,

Mitglied des Vorstandes der Akademie für Technikfolgenabschätzung in Baden-Württemberg (Bereich Technik, Organisation, Arbeit), Stuttgart.

Prof. Dr. Josef Bugl,

Technische Universität Chemnitz;

Freiberuflicher Unternehmensberater der Roland Berger & Partner GmbH, Mannheim.

Univ.-Prof. Dr.-Ing. habil. Prof. e. h. Dr. h. c. Hans-Jörg Bullinger,

Leiter des Instituts für Arbeitswissenschaft und Technologiemanagement (IAT) der Universität Stuttgart;

Leiter des Fraunhofer-Instituts für Arbeitswirtschaft und Organisation (IAO), Stuttgart.

PD Prof. Dr. Rafael Capurro,

Institut für Philosophie, Pädagogik und Psychologie der Universität Stuttgart.

Dr.-Ing. Rainer Friedrich,

Leiter der Abteilung Technikfolgenabschätzung und Umwelt des Instituts für Energiewirtschaft und Rationelle Energieanwendung (IER) der Universität Stuttgart.

Dr. Detlef Garbe,

Akademie für Technikfolgenabschätzung in Baden-Württemberg (Direktor Diskurs und Öffentlichkeitsarbeit), Stuttgart.

Dr. Hariolf Grupp,

Leiter der Abteilung Technischer und Industrieller Wandel des Fraunhofer-Instituts für Systemtechnik und Innovationsforschung (ISI), Karlsruhe.

Prof. Dr. habil. Klaus Kornwachs,

Lehrstuhl für Technikphilosophie, Technische Universität Cottbus.

Prof. Dr. Johann Löhn,

Regierungsbeauftragter für Technologietransfer in Baden-Württemberg;

Vorsitzender des Vorstandes der Steinbeis-Stiftung für Wirtschaftsförderung, Stuttgart.

Dr. Eckard Minx,

Leiter Forschung Technik und Gesellschaft, Forschungsinstitut der Daimler-Benz AG, Berlin.

Prof. Dr. Dres. h. c. Hans Mohr,

Mitglied des Vorstandes der Akademie für Technikfolgenabschätzung in Baden-Württemberg (Bereich Biotechnologie, Ökologie, Gesundheit), Stuttgart.

Dr. Konrad Ott,

Zentrum für Ethik in den Wissenschaften der Universität Tübingen.

Dr. Thomas Petermann,
Stellvertretender Leiter des Büros für Technikfolgenabschätzung beim Deutschen Bundestag (TAB); Kernforschungszentrum Karlsruhe GmbH, Abteilung für Angewandte Systemanalyse (AFAS), Karlsruhe.

Prof. Dr. Ortwin Renn,
Mitglied des Vorstandes der Akademie für Technikfolgenabschätzung in Baden-Württemberg (Bereich Technik, Gesellschaft, Umweltökonomie), Stuttgart.

Dr.-Ing. Diethard Schade,
Sprecher und Mitglied des Vorstandes der Akademie für Technikfolgenabschätzung in Baden-Württemberg (Bereich Technik, Funktionalität, Lebensqualität), Stuttgart.

Welf Schröter,
Moderator und Leiter des Forum Soziale Technikgestaltung beim DGB, Landesbezirk Baden-Württemberg, Stuttgart.

Prof. Dr.-Ing. habil. Gerd Steierwald,
Leiter des Instituts für Straßen- und Verkehrswesen der Universität Stuttgart.

Prof. Dr.-Ing. Alfred Voß,
Leiter des Instituts für Energiewirtschaft und Rationelle Energieanwendung (IER) der Universität Stuttgart.

Thomas Waschke,
wissenschaftlicher Mitarbeiter Forschung Technik und Gesellschaft, Forschungsinstitut der Daimler-Benz AG, Berlin.

Inhaltsverzeichnis

4   Technikfolgenabschätzung in der Praxis: Beispiele, Projekte

1

Grundlagen

Hans-Jörg Bullinger

Was ist Technikfolgenabschätzung?
Einführung und Überblick

1 Technik und Wissenschaft - unsere Schicksalsmächte?

Technik und Wissenschaft haben das menschliche Leben in einem Maße verändert, das vor wenigen Jahrzehnten noch völlig unfaßbar erschien - und dieser Prozeß setzt sich mit einem Beschleunigungseffekt fort[1]. Der Wissenschaftstheoretiker Gottl-Ottilienfeld sprach hier schon in den 20er Jahren von einer "Selbststeigerung des Fortschritts" in Wissenschaft und Technik, die in eine Art Fortschrittsspirale eingetreten ist. Kennzeichnend sind die zunehmend komplexer werdenden Verflechtungen der Teilsysteme, die Mutationen, die Folgewirkungen und die Wechselbefruchtungen von einem Bereich auf den anderen. Der Fortschritt der theoretischen Wissenschaft ermöglicht neue technische Erfindungen und der technische Fortschritt (z. B. im Meßgeräte-, Computer- und Apparatebau) ermöglicht ganz neue theoretisch-wissenschaftliche Entdeckungen.

Technik hat uns eine ungeheure, unbändige und manchmal selbst ungebändigte Macht verliehen. Und das eben nicht immer nur zum Guten: die technische Macht des Menschen hat Kriege zu Materialschlachten ohnegleichen geraten lassen. Dies wurde erst vor wenigen Jahren im Golfkrieg deutlich, aber auch im Zweiten Weltkrieg führten technische Innovationen wie das Radar, das U-Boot, moderne Kampfflugzeuge und die Armada der Kriegslogistik wesentlich die Wende des Krieges im europäischen Raum herbei. Im pazifischen Raum fand der Einsatz der Kriegstechnik

---

1   Das vorliegende Manuskript entstand unter Mitarbeit von Dipl.-Ing. Uwe A. Seidel, Institut für Arbeitswissenschaft und Technologiemanagement (IAT) der Universität Stuttgart.

ihren apokalyptisch-grausigen Höhepunkt im Abwurf von den soeben den "Testlabors" in der Wüste von New Mexiko entwachsenen Atombomben über Hiroshima und Nagasaki, bei der 200 000 Zivilisten "geopfert" wurden (Hans Lenk). Technik und die zugrundeliegende Wissenschaft scheinen ein für alle Mal ihre politische und moralische Neutralität und Unschuld verloren zu haben. J. R. Oppenheimer formulierte schon damals angesichts dieser ins Unermeßliche gestiegenen Bedrohungspotentiale den schon klassisch gewordenen Ausspruch: "Die Welt wird nie wieder wie früher sein, ganz gleich, was wir mit den Atombomben machen, weil das Wissen über ihre Herstellung nie ausgelöscht werden kann. Es existiert; und alle unsere Vorkehrungen für das Leben in einem neuen Zeitalter müssen sein allgegenwärtiges tatsächliches Bestehen berücksichtigen und die Tatsache, daß man das nie ändern kann." Diese Worte haben angesichts des Golfkriegs und des Einkaufs russischer Atomwissenschaftler in Krisengebiete des Nahen Ostens eher an Aktualität gewonnen als verloren. Durch diese Ereignisse wird man unangenehm daran erinnert, daß der Philosoph Karl Jaspers schon Ende der 50er Jahre vor der allzu menschlichen Tendenz warnte, diese ungeheuren Gefahren zu verdrängen und scheinoptimistisch den Kopf in den Sand zu stecken.

Auch wenn wir uns im folgenden schwerpunktmäßig auf zivile Technikanwendungen beschränken werden, so macht das extrem und einseitig anmutende Beispiel von *Technikfolgen* einer im Dienste des Krieges stehenden Technik doch zumindest dreierlei Übertragbares deutlich: Technikfolgen entstehen nicht zufällig, wenngleich manche der Folgen unvorhergesehen, gar später erst als Folgen erkennbar und daher unbeabsichtigt sind. Zweitens wird deutlich, daß hinter dem Technikeinsatz Ziele und Werte wirksam sind. Drittens schließlich macht das Beispiel deutlich, daß wir mit Technik in Bereiche vorstoßen, die unsere Lebensgrundlage auf globalem Niveau verändern können und diese auch faktisch verändern - Technik als Schicksalsmacht?

Daß diese Beobachtungen auch für zivile Technikanwendungen zutreffen, mag man selbst anhand der Studien des Club of Rome und der Ergebnisse der Umweltkonferenz in Rio überprüfen. Die Medien in unserem Land sorgen auf ihre Art dafür, daß uns technische Großfolgen wie Treibhauseffekt durch Kohlendioxid, Störungen der Ozonschutzschicht, Verseuchungen durch *regulären* Betrieb von Chemieanlagen (z. B. Bitterfeld), durch Chemieanlagenunfälle von Bhopal (1984), Sandoz (1986) bis Hoechst (1993), Tankerunfälle (z. B. Exxon Valdez vor Alaska im Jahre 1988) und nicht zuletzt durch Unfälle in kerntechnischen Anlagen (z. B. Tschernobyl (1986) und Tomsk-7 (1993) in Sibirien) nicht in Vergessenheit geraten.

Über diese singulären, wenngleich sehr ernsten, Ereignisse hinaus müssen wir aber auch den Blick auf solche Einflüsse und Veränderungen unseres individuellen und gesellschaftlichen Lebens richten, die durch die vielen *alltäglichen* technischen Innovationen sozusagen schleichend verursacht werden und die sich daher unserer Aufmerksamkeit oft entziehen mögen. Dies gilt gleichwohl für unseren Lebensbereich Freizeit wie für unser Arbeitsleben. Ein herausragender Megatrend ist hier sicher die immer intensiver und extensiver werdende Nutzung von neuen Informations- und Kommunikationstechniken im Individual- und Massenmedienbereich. Dieser Trend hat heute praktisch alle unsere Lebensbereiche durchdrungen und wirkt weiter expansiv in allen öffentlichen und nahezu allen privaten Gebieten. Daniel Bell sprach bereits 1973 davon, daß die postindustrielle Gesellschaft immer mehr Züge einer *Informationsgesellschaft* oder einer *Wissensgesellschaft* annehme.

Diese Beobachtungen und Überlegungen stimulieren viele weitere Fragen in der wissenschaftlichen, ethischen und politischen Diskussion. Warum benutzen wir Technik? Ist Technik Segen oder Fluch, ist sie notwendiges Übel? Wer erzeugt Technik? Wer nutzt Technik? Warum und wozu erfinden, gestalten und nutzen wir Technik? Kann man Technik verbieten? Darf Technik als Machtmittel instrumentalisiert werden? Wie setzen wir diese Macht ein? "Die Technik ist das Schicksal" schrieb H. Jonas. Läßt sich diese *Schicksalsmacht Technik* politisch und kulturell von fehlbaren Menschen zähmen? Mit welchen *Methoden* ist dies zu leisten?

Besonders, wenn wir uns als Ingenieure zu den Akteuren der Technikerzeugung und -gestaltung zählen - Techniknutzer sind wir in unseren industrialisierten Ländern allzumal - bedrängen uns diese Fragen und wir bemerken, daß dieser Fragenkatalog weder technogen noch technokratisch befriedigend zu bearbeiten ist. Technik, Wissenschaft, Wirtschaft, Gesellschaft und Politik sind in eine intensive Wechselverzahnung geraten (Bild 1). Interdisziplinäres Arbeiten wird zur Überlebensnotwendigkeit, da die Probleme des Technischen fast stets auch soziotechnische und soziale, größenteils sogar sozialpolitische Probleme sind. Es gilt, unter Aktivierung der gemeinsamen technischen und sozialwissenschaftlichen Intelligenz einen gangbaren und vernünftigen Mittelweg zwischen den gleichermaßen utopischen Modellen einer systemtechnokratischen Gesellschaft und einem antitechnischen und leistungsfeindlichen, romantizistischen Rückfall zu finden und zu gehen. Es kann nicht um die Abschaffung oder ein Einfrieren, sondern nur um die pragmatische Humanisierung der Technik und des technischen Fortschritts gehen (Hans Lenk 1992).

Bei den Versuchen, auf obige Fragen Antworten zu finden, stoßen wir sehr bald auf die der Sache innewohnende Ambivalenz und damit auf die ethische und politisch-öffentliche Dimension von Technik.

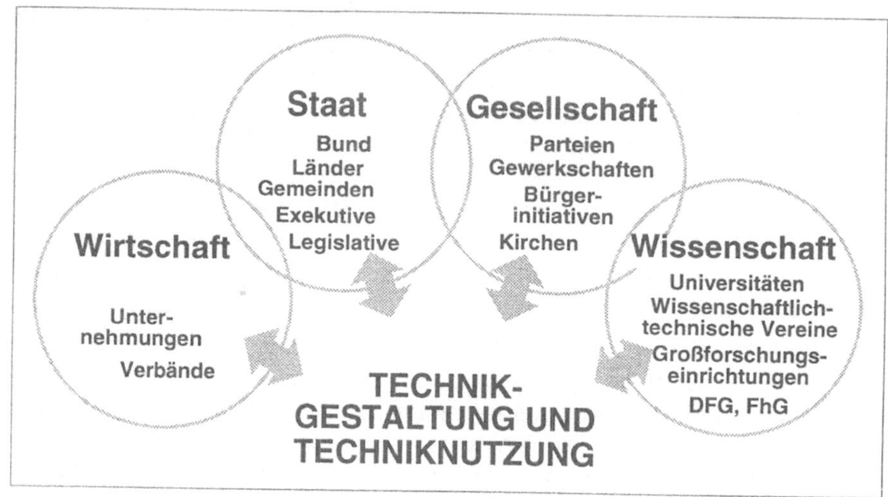

Bild 1   Akteure bei der Technikgestaltung und -nutzung

2   Warum ist Technikfolgenabschätzung notwendig?

Bereits im Jahr 1973 machte der damalige Bundesinnenminister Hans-Dietrich Genscher in einer Rede zur Eröffnung des 3. Internationalen Kongresses *Reinhaltung der Luft* in Düsseldorf deutlich: "Im Bereich der Umweltpolitik gibt es Dutzende Beispiele, die dartun, daß der Konflikt Technik und Umwelt nicht von einer unbekannten, unbeeinflußbaren Macht, sozusagen von oben verordnet wird, sondern daß er aus einer Anwendung der Technik entsteht, die nicht alle Folgen berücksichtigt."

Auch Klaus Gottstein (1979) sieht die Ursachen für die unerwünschten Folgen beim Menschen: sie "liegen im Menschen selbst, der diese Technik anwendet und die negativen Auswirkungen nicht sieht, nicht sehen will oder aber keine geeigneten Vorkehrungen trifft, um die Gesellschaft nicht nur die positiven Folgen der Technik genießen zu lassen, sondern sie gleichzeitig auch gegen die negativen zu wappnen."

Auch die Industrievertreter (Kurt Detzer 1985) sehen den Hinweis auf die Problematik der unerwünschten Neben- und Nachwirkungen der Technik als berechtigt an. "Wir müssen anerkennen, daß Technik ambivalent ist, d. h. zum Guten und zum Bösen gebraucht werden kann. Auch bei der nichtmißbräuchlichen Technikanwendung können negative Nebenfolgen auftreten, wobei wir eigentlich wieder folgende drei Fälle unterscheiden müssen:

(1) die negativen Nebenfolgen werden von Anfang an bewußt in Kauf genommen;

(2) schädliche Nebenwirkungen treten erst später unbeabsichtigt zutage (hätten aber bei entsprechendem Aufwand vorhergesehen werden können);

(3) die später auftretenden Folgen waren und sind unvorhersehbar."

Diese Einsichten sind Grund genug für die Forderung nach einer wie auch immer gestalteten gesellschaftlichen Kontrolle oder Steuerung der Technik. Diese Kontrolle kann einerseits von den Wissenschaftlern und Technikern, andererseits von den Anwendern, Verbrauchern und Betroffenen sowie Politikern, also gerade auch von Nicht-Technikern, ausgeübt werden (Paul 1987).

Die Parlamente und teilweise auch die Institutionen der Forschungsadministration sehen sich dabei immer mehr der Problematik gegenüber, inwieweit eine gesellschaftliche Kontrolle des technologischen Fortschritts überhaupt noch möglich und leistbar ist, und ob in den Parlamenten bei einschlägigen Entscheidungsprozessen das Primat der Politik noch gewährleistet ist. Aus dieser Situation heraus entstanden dann auch die Ansätze zur Institutionalisierung der Technikfolgenabschätzung als Politikberatung (Beispiele: das Office for Technology Assessment (OTA) beim amerikanischen Kongreß oder das Büro für Technikfolgen-Abschätzung (TAB) beim Deutschen Bundestag). Hierzu sei auf den Beitrag von Dr. Petermann in diesem Band verwiesen.

3   Die ethische Dimension der Technikgestaltung

"Technik - Freiheit und Pflicht" steht über der Dankrede von Hans Jonas zur Verleihung des Friedenspreises des Deutschen Buchhandels 1987. Freiheit und Pflicht sind ethische Motive, an denen sich auch die Möglichkeiten und Grenzen der Technik bemessen. Wir sind weder schicksalhaft an die Technik gebunden noch können wir frei entscheiden, ob wir mit oder ohne technischen Fortschritt leben wollen. Hans Jonas sagte dazu: "Die Wahl einfacher Enthaltung ist uns versagt. Denn wir müssen ja mit der technischen Ausbeutung der Natur fortfahren. Nur das Wie und Wieviel davon steht zur Frage; ob wir dessen Herr sind oder werden können, wird zur ernstesten Frage an die Menschheit führen." In sie muß so viel Sachverstand wie möglich eingebracht werden. Mit Technik und Wissenschaft sind zwar viele Probleme der Menschen gelöst worden, aber auch neue entstanden. Sie zu bewältigen und harmonische Lösungen in einer veränderten Welt zu schaffen, ist ethische Pflicht der Akteure der Technikgestaltung (vgl. Ganzhorn 1987; Bugl 1990).

3.1   Ziele, Werte und Maßstäbe in der technischen Entwicklung

Seit den bekannt gewordenen Möglichkeiten und Auswirkungen der Waffen-, Energie-, Informations- und Kommunikationstechnologien - um nur einige der wichtigsten zu nennen - auf die Gestaltbarkeit des globalen wirtschaftlichen, gesellschaftlichen als auch des individuellen Lebens, ist dem Gemeinplatz vom Fortschritt die Forderung nach Maßstäben gewichen, wie man diese Entwicklungen zu beurteilen habe, wie man sie als Gefahrenpotential oder als Chance einstufen und wie man damit umgehen könne.

Man kann also im Grunde nur immer wieder versuchen, mit Hilfe der Technik gangbare Wege in die Zukunft zu finden, die sich jedoch an vorgegebenen Maßstäben orientieren, also moralisch vertretbar sein müssen. Die Gestaltung und Festlegung solcher Maßstäbe und damit die normierende Mitwirkung am Technikgestaltungsprozeß kann dabei aber nicht alleinig Aufgabe von Naturwissenschaftlern und Ingenieuren sein, sie ist vielmehr zu einer wichtigen politischen Aufgabe einer Vielzahl von Akteuren geworden, die in einem sorgsam organisierten gesellschaftlichen Diskurs zu bewältigen ist. Dieser Diskurs ist seinem Wesen nach interdisziplinär.

Die Frage nach Maßstäben bringt Ziele und Werte mit ins Spiel und wird damit letztendlich auch eine ethische Frage: das Bedenken von Technikfolgen wird zur moralischen Pflicht. Deshalb müssen Ingenieure und Geisteswissenschaftler wieder miteinander reden und sie tun dies auch seit geraumer Zeit - nicht aus akademischem Interesse, sondern aus Notwendigkeit.

Der Verein Deutscher Ingenieure empfiehlt in seiner Richtlinie 3780 für das technische Handeln des Ingenieurs: "Das *Ziel* allen technischen Handelns soll es sein, die menschlichen Lebensmöglichkeiten durch Entwicklung und sinnvolle Anwendung technischer Mittel zu sichern und zu verbessern. Die fachliche Aufgabe des Ingenieurs besteht zunächst darin, hierfür geeignete technische Systeme zu entwickeln und deren Funktionsfähigkeit sicherzustellen. Darüber hinaus gilt es, einen möglichst sinnvollen Gebrauch von den stets nur in begrenztem Umfang vorhandenen Ressourcen (Rohstoffe, Energie, Arbeit, Zeit, Kapital usw.) zu machen, so daß die technische Funktion auf möglichst sparsame und damit wirtschaftliche Weise erreicht wird".

Die VDI-Richtlinie stellt jedoch auch fest, daß technische Systeme ebenfalls im Dienste außertechnischer und außerwirtschaftlicher Ziele stehen: *Werte*, an denen sich solche Ziele orientieren, sind insbesondere Wohlstand, Gesundheit, Sicherheit, Umweltqualität, Persönlichkeitsentfaltung und Gesellschaftsqualität. Zwischen diesen Zielen und Werten bestehen häufig Konkurrenzbeziehungen" (Bild 2).

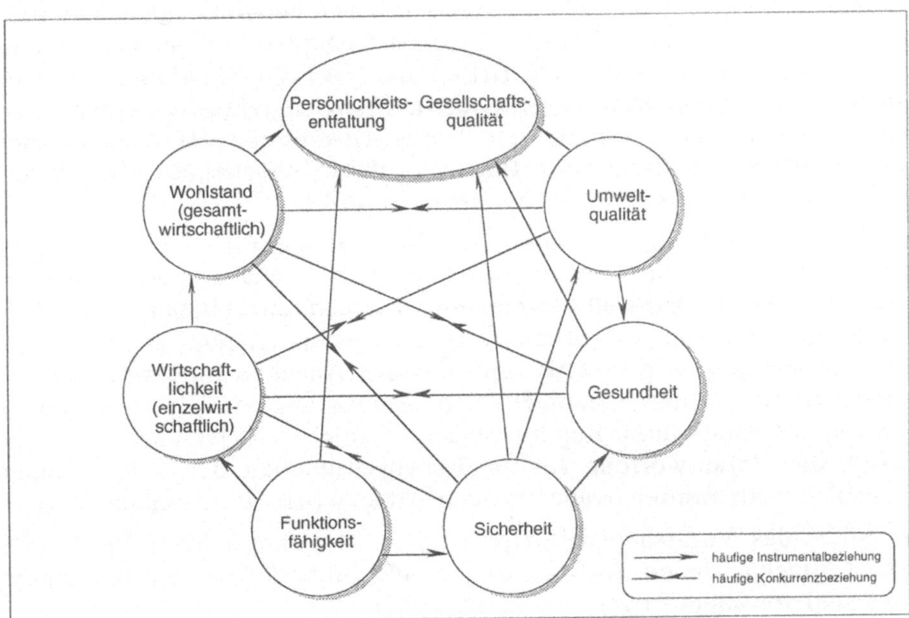

Bild 2   Werte im technischen Handeln (Quelle: VDI 3780)

3.2   Verantwortung im unternehmerischen Handeln

In der klassisch liberalen und neoliberalen Staats- und Wirtschaftsordnung konnte sich der Privatunternehmer lange Zeit als relativ autonom handelndes Wirtschaftssubjekt begreifen. Alleiniges Ziel war, nachhaltige und maximierte Gewinne zu erwirtschaften. Dies war auch gesellschaftlich akzeptiert. Die dabei auftretenden Externalien wurden gesellschaftlich in summa akzeptiert, da neben den *negativen Externalien* wie Umweltverschmutzung und Rohstoffverschwendung in der Regel auch willkommene *positive Externalien* wie Arbeitsplätze und Steuereinkommen auftraten. Diese Haltung spiegelt sich in häufig wiederholten Aussagen wie: "the business of business is profits" oder dem klassischen Ausspruch des ehemaligen Präsidenten von General Motors, Wilson: "What is good for General Motors is good for the Country" wider (zitiert nach Staehle 1985).

In den letzten Jahren hat sich die gesellschaftliche Umwelt, in der die Unternehmen agieren, erheblich gewandelt. Die großen Wirtschaftsunternehmen werden immer mehr für viele der Fehlentwicklungen und Probleme in den westlichen Industrienationen verantwortlich gemacht. Wenn man bedenkt, daß rund zwei Drittel der F&E-Aufwendungen in der (alten) Bundesrepublik von der Privatwirtschaft aufgebracht werden, wird klar, daß hier auch Fragen der Verantwortung des Handelns einer Unternehmen und damit des Handelns ihrer Entscheidungsträger angesprochen werden müssen (Unternehmensethik).

Negative Technikfolgen können von den Unternehmen immer weniger als allgemeine soziale Last externalisiert werden. Heute spielen hier vor allem Fragen des Umweltschutzes, der Umweltverträglichkeit, der Produkthaftung und der öffentlichen Meinungsbildung eine Rolle. In den USA besteht wegen der stark zunehmenden Anzahl von Berufsunfähigkeitsfällen wegen unsachgemäßer Arbeitsgestaltung (die Berufskrankheit der Zukunft heißt hier Repetitive Strain Injury (RSI)) zusätzlich der Trend, die Verantwortung für die Lebensgesundheit der Arbeitnehmer gesetzlich noch weitreichender bei den Arbeitgebern zu verankern.

Im Sinne des Verursacherprinzips wird an die Unternehmen eine Fülle von Auflagen, neuen Anforderungen und Ansprüchen herangetragen. Dies sind vor allem folgende (Staehle 1985):

❑ *Verantwortung gegenüber dem Verbraucher:* bessere Aufklärung und Beratung; verbesserte Garantieleistungen; keine schädlichen Produktauswirkungen;

❑ *Verantwortung gegenüber den Arbeitnehmern:* Ausbildung; Umschulung; Beschäftigung von Arbeitslosen, Jugendlichen, Behinderten; keine Benachteiligung von Frauen, Gastarbeitern, Vorbestraften;

❑ *Verantwortung gegenüber der Region:* Bereitstellen von Transportmöglichkeiten; Neubau und Sanierung von Stadtteilen; Bereitstellen von Erholungsgebieten;

❑ *Verantwortung gegenüber der Gesellschaft:* Umweltfreundliche Beschaffungs-, Produktions- und Vertriebssysteme; Vermeidung von Luft- und Wasserverschmutzung sowie Lärmbelästigung; Verantwortung für neue Technologien und deren Folgen; bessere und rechtzeitige Information der Öffentlichkeit über das Unternehmen.

3.3   Die öffentliche Dimension der Technik

Je größer ein Unternehmen ist, desto größer ist i. d. R. seine unternehmerische Macht und seine Handlungsautonomie und um so eher wird ihm deshalb heute auch gesellschaftliche Verantwortung zugerechnet. Technikentwicklung und Technikverwendung, mit anderen Worten: der Einsatz von Arbeit und Kapital mit dem Ziel der Leistungserstellung und -verwertung, wird damit aber immer weniger als Privatangelegenheit einiger weniger Manager und Kapitaleigner angesehen, sondern aufgrund der dabei wirksam werdenden wirtschaftlichen, sozialen und politischen Macht als ein quasi-öffentlicher Vorgang.

Die Bewertung von Technologien bzw. von beigestellter, eingeführter, benutzter oder geplanter Technik hat somit eine zunehmende öffentliche Bedeutung erfahren. Es geht dabei nicht darum, aus nicht nachvollziehbaren Gründen einen Willen zur Nicht-Akzeptanz bestimmter Technologien zu artikulieren, sondern eine abwägende und bewertende Grundhaltung eines vernünftigen und verantwortlichen Technologiemanagements mit den erforderlichen methodischen und praktischen Instrumentarien zu versehen.

Diese Bewertung kann in Form von Projekten geschehen, die vom Unternehmen selbst, von Unternehmensverbänden, von Tarifpartnern, von Forschungsinstituten, von Länderparlamenten oder dem Deutschen Bundestag oder von Einrichtungen der Exekutive - kurz, den o. g. Akteuren - angestoßen und/oder durchgeführt werden (Kornwachs 1991a).

4   Vielfalt der Begriffe - Wandel der Konzepte

Die Begriffe Technik, Technologie, Folgenabschätzung, Potentialabschätzung, Folgenforschung, Bewertung usw. sowie die daraus gebildeten Begriffskombinationen werden in zahlreichen Publikationen unterschiedlich verwendet und erklärt. Einige dieser Begriffe sollen daher im folgenden - soweit sinnvoll und möglich - expliziert, und einzelne der Konzepte skizzenhaft dargestellt werden.

4.1   Technik und Technologie

Die Begriffe Technik und Technologie werden im unscharfen Gebrauch der Praxis oft synonym benutzt, wenngleich sich kontextgebundene Begriffspräferenzen herausbilden.

Der Begriff *Technik* wird meist für vom Menschen erzeugte Gegenstände (Artefakte), für deren Herstellung durch den Menschen und auch für deren Benutzung im Rahmen zweckorientierten Handelns verwendet. Diese Zweideutung findet sich auch in der VDI-Richtlinie 3780[2] wieder. Technik umfaßt hier insgesamt folgende drei Mengen:

❑   die Menge der nutzenorientierten, künstlichen, gegenständlichen Gebilde (Artefakte oder Sachsysteme);

❑   die Menge menschlicher Handlungen und Einrichtungen, in denen Sachsysteme entstehen;

❑   die Menge menschlicher Handlungen, in denen Sachsysteme verwendet werden.

Technologie hingegen ist die *Wissenschaft von der Technik* oder *Wissenschaft von den technologischen Produktionsprozessen*. Formal betrachtet sind Technologien also Aussagesysteme über Ziel-Mittel-Relationen. Sie basieren auf Theorien, die technologisch (instrumental, final) umgeformt

---

2   Im Rahmen der Technikbewertung nach VDI 3780 (1991) werden auch wirtschaftliche, gesundheitliche, ökologische, humane, soziale und andere Folgen mittelbarer und unmittelbarer Art untersucht. Im Angelsächsischen werden hier jedoch die Begriffe Technology und Technology Assessment verwendet.

werden (Ropohl 1979). Der Begriff Technologie[3] war dabei einem mehrfachen Wandel unterworfen (Bild 3).

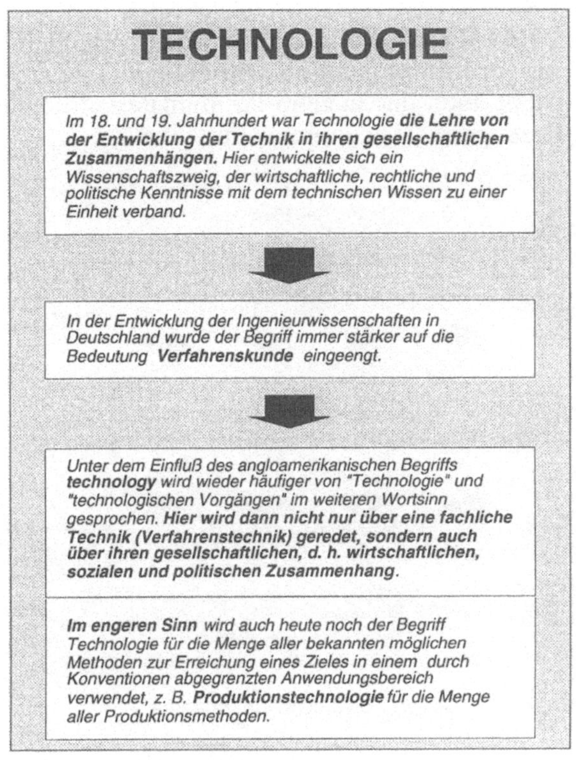

Bild 3   Entwicklung des Begriffs *Technologie*

---

3   Hinweis: Bei der Abgrenzung der Begriffe *Technik* und *Technologie* hilft der Systemansatz, in dem grob zwischen der Wissensbasis (Input), dem Problemlösen (Prozeß) und der Problemlösung (Output) unterschieden wird. Sowohl Problemlösungsprozeß als auch Problemlösung (Output) wird verschiedentlich mit beiden Begriffen, Technologie oder Technik, belegt. Für den Input (Knowhow) ist jedoch nur der Begriff Technologie gebräuchlich.

4.2 Technikentstehung und Technologieentwicklung

Im Rahmen von F&E-Prozessen und technischem Handeln werden materielle technische Problemlösungen entwickelt (Technikentstehung). Gleichzeitig entsteht auch das zugehörige immaterielle technische Knowhow für deren Erzeugung (Technologieentwicklung).

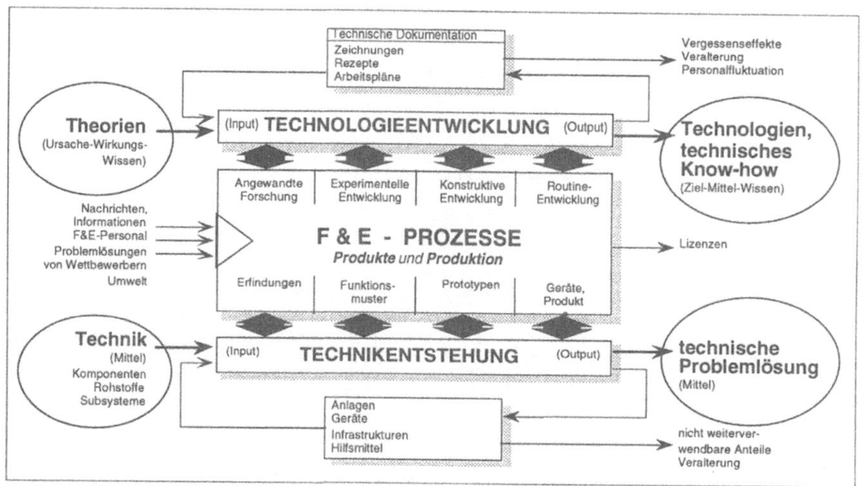

Bild 4   *Technologie* und *Technik* entstehen miteinander

Aus Bild 4 wird auch deutlich, daß es in einem vorgelagerten Bereich Lieferanten für Theorien und Informationen geben muß, die technisch umsetzbar oder zumindest interpretierbar sein müssen. Im Rahmen der Technikfolgenabschätzung kommt hier der Technikbeobachtung eine wichtige Rolle zu, da sie prognosefähiges Material liefern kann.

Stand in der Erforschung der Technologieentwicklung und ihrer Determinanten früher eher die ökonomische Innovationsforschung im Vordergrund, so wird diese heute zunehmend durch eine soziologische Innovationsforschung ergänzt: man schreitet von der Untersuchung der Theorien und Sachen zu einer Untersuchung der Theorienformulierer und Sachenerzeuger, dem naturwissenschaftlich und/oder technisch handelnden Menschen, fort.

4.3   Technikfolgenabschätzung (TA)

Der Begriff *Technikfolgenabschätzung* (oder: Technikfolgen-Abschätzung) ist die mittlerweile gebräuchlichste deutsche Übersetzung des in den USA in den späten 60er Jahren entwickelten Begriffs *Technology Assessment* (TA). Der Begriff wurde erstmals 1966 in einem Dokument eines Unterausschusses des US-amerikanischen Kongresses verwendet. Andere Begriffe wie Technikfolgen-Bewertung und Technik-Bewertung, die in den ersten Jahren häufig verwendet wurden, sind in der neueren Diskussion in den Hintergrund getreten und können subsumiert werden. Letzterer Begriff wurde jedoch in der VDI-Richtlinie 3780 wieder aufgegriffen und so im Bereich des Ingenieurwesens ein fester Platz gesichert.

Als Technikfolgenabschätzung bezeichnet man Prozesse, die darauf ausgerichtet sind, die Bedingungen und potentiellen Auswirkungen der Einführung und verbreiteten Anwendung von Technologien möglichst systematisch zu analysieren und zu bewerten. Das Analyseziel richtet sich hierbei vor allem auf die indirekten, nicht intendierten und langfristigen Sekundär- und Tertiäreffekte der Einführung und Anwendung neuer Technologien auf Umwelt und Gesellschaft (Bild 5)[3].

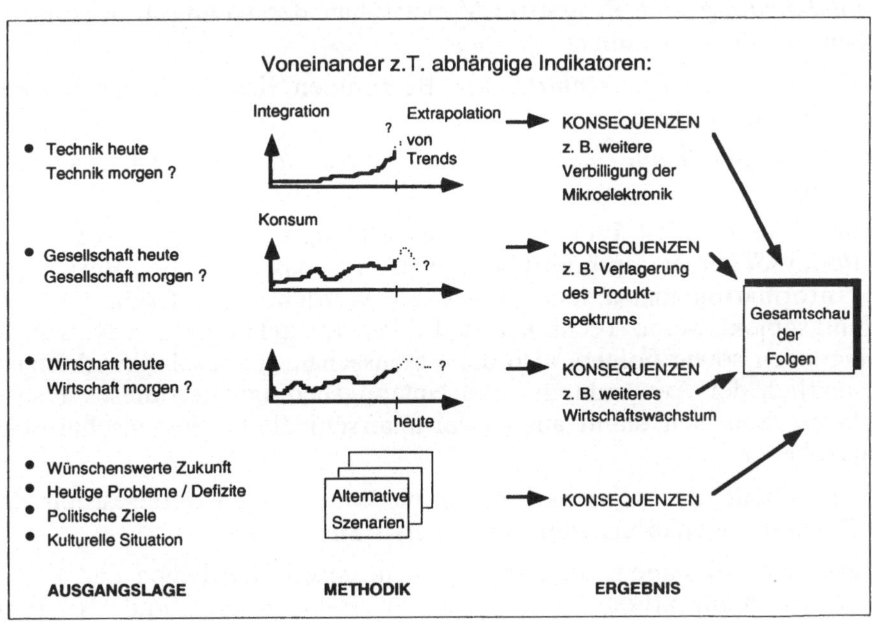

Bild 5   Technikfolgenabschätzung

Vornehmlich durch diese Akzentsetzung unterscheidet sich die Technikfolgenabschätzung von anderen Formen der Informationsbeschaffung
und -bereitstellung für die Technikbewertung wie z. B. der Kosten-
Nutzen-Analyse (Dierkes 1991).

Wie in jedem jungen Wissenschaftsgebiet zu beobachten, sind die verwendeten Begriffe und Begriffskategorien noch nicht einheitlich festgelegt,
zumal es (noch) keine einheitliche TA-Methodik oder TA-Theorie gibt.
Dies gilt auch für die im folgenden betrachteten Begriffe. Zimmerli
(1992) subsumiert Technikfolgenabschätzung unter dem Begriff der
Technikgestaltung. Die Teilgebiete der Technikgestaltung sind:

❑   Technikfolgen-Forschung,

❑   Technikfolgen-Abschätzung und

❑   Technik-Bewertung,

wobei alle drei Teilgebiete integrale Elemente der Technikgestaltung sind,
die sowohl antizipierend als auch begleitend, sowohl wissenschaftlich als
auch politisch erfolgen muß.

Wir wollen hier hingegen folgende Gliederung zugrunde legen: Technikfolgenabschätzung (TA) impliziert als iterativer Prozeß[3] methodisch folgende drei Teilprozesse:

(1) Beobachtung und Prognose: Vorausschau der technisch-organisatorischen Entwicklungslinien;

(2) Technikpotentialabschätzung: Bestimmen des Technikpotentials
dieser Entwicklungen;

(3) Folgenabschätzung und -bewertung: Abschätzen der Auswirkungen
und Folgen.

Historisch gesehen ist Technikfolgenabschätzung in den USA im Rahmen
der *Policy Sciences* als politikbezogenes, wissenschaftliches Beratungs-
und Informationsinstrument entwickelt worden. Spezifisches Unter-
suchungsobjekt waren Techniken und deren Entstehungs- und Nutzungsbedingungen sowie Folgen, also die Vorausschau von Technikwirkungen.
Hinsichtlich der Anwendungs- und Nutzungsbedingungen dieses Instruments ergaben sich damit auch zwei unterschiedliche wissenschaftliche
Analysebenen:

❑   die Ebene der wissenschaftlich-methodischen Möglichkeiten der
    Technikfolgenabschätzung im engeren Sinn sowie

❑   der institutionellen, organisatorischen, gesellschaftlichen und politi-
    schen Kontextbedingungen seiner Entwicklung und Nutzung
    (Dierkes 1991).

Technikfolgenabschätzung bildet damit zwischen den beiden Extremen einer "nachlaufenden Schadensminimierung" und einer "vorlaufenden Technikplanung" den transdisziplinären, institutionellen Versuch moderner Gesellschaften, ökologische und soziale Probleme, die sich durch technologische Innovationen eingestellt haben (einstellen werden), zu bewältigen (vgl. Zimmerli 1992). Der hohe Praxisbezug der Technikfolgenabschätzung hat von Anfang an zu einer relativ großen terminologischen Unschärfe geführt. Bereits im Jahr 1969 unterscheidet ein US-amerikanischer Forschungsbericht zwischen folgenden TA-Ansätzen:

(1) Technikinduzierte TA-Studien; diese hätten Möglichkeiten und wahrscheinliche Folgen der Entwicklung und des Einsatzes einer Technik oder Technikfamilie zum Gegenstand;

(2) Probleminduzierte TA-Analysen; diese seien auf die Darstellung und Erarbeitung unterschiedlicher (technischer und nicht-technischer) Strategien zur Lösung akuter oder vorhersehbarer gesellschaftlicher Probleme ausgelegt;

(3) Projektinduzierte TA-Studien; diese beschäftigen sich mit den Konsequenzen einer spezifischen Technikanwendung in einem spezifischen Raum, z. B. die Ansiedlung einer chemischen Fabrik in einer bestimmten Stadt (Dierkes 1991).

Ist so die Idee des Technology Assessment von Anfang an durch die Vielfalt praktischer wie wissenschaftlicher Erkenntnisinteressen bei Behandlung von Fragen des technischen Wandels gekennzeichnet, so folgt daraus auch, daß es weder eine einheitliche TA-Methodik gibt und geben kann, noch TA-Untersuchungen von einem einheitlichen theoretischen Grundgedanken ausgehen.

Für die Methodik gilt vielmehr, daß bei der meist notwendig multidisziplinär zu betreibenden Technikfolgenabschätzung wissenschaftliche Methoden der Datenakquisition und -verarbeitung zur Anwendung gelangen, die zum Grundbestand der Natur- und Sozialwissenschaften zu zählen sind und nicht eigens für die Technikfolgenabschätzung entwickelt wurden. Hinsichtlich Methoden und Verfahren der Technikfolgenabschätzung sei auf den Beitrag von Frau Bonnet in diesem Band verwiesen.

4.4 Technikbewertung (TB)

Die Wünschbarkeit der Folgen, die sich aus einem Technikpotential ergeben können, ist nur dann bestimmbar, wenn man werteorientiert die abgeschätzten Folgen untersucht. Hierzu liegt ein Vorschlag des VDI über Technikbewertung vor (VDI 3780). *Technikbewertung* bedeutet demnach das planmäßige, systematische, organisierte Vorgehen, das

❑ den Stand einer Technik und ihre Entwicklungsmöglichkeiten analysiert,

❑ unmittelbare und mittelbare technische, wirtschaftliche, gesundheitliche, ökologische, humane, soziale und andere Folgen dieser Technik und möglicher Alternativen abschätzt,

❑ aufgrund definierter Ziele und Werte diese Folgen beurteilt oder auch weitere wünschenswerte Entwicklungen fordert,

❑ Handlungs- und Gestaltungsmöglichkeiten daraus herleitet und ausarbeitet, so daß begründete Entscheidungen ermöglicht und gegebenenfalls durch geeignete Institutionen getroffen und verwirklicht werden können[3].

Die in dieser Richtlinie entworfene Definition ist etwas globaler, setzt aber offenkundig bestimmte funktionierende Verfahren der Technikpotentialabschätzung und der Technikfolgenabschätzung voraus.

Es ergeben sich daher ähnliche Aspekte, wie an anderer Stelle auch hinsichtlich der Technikfolgenabschätzung ausgeführt wird: als Neuartiges dieser Technikbewertung wird die Breite des Bewertungshorizontes und die gesellschaftliche Organisation der Bewertungsprozesse gesehen. Möglichst alle Folgen einer Technik für Umwelt und Gesellschaft werden auch nach außertechnischen und außerwirtschaftlichen Werten beurteilt, und der Bewertungsprozeß bleibt nicht auf einen einzelnen Entscheidungsträger beschränkt, sondern wird von einem Netzwerk gesellschaftlicher Einrichtungen vorbereitet, unterstützt und begleitet. Die Entwicklung der Beurteilungskriterien der Technikbewertung muß dabei mit dem gesellschaftlichen und technologischen Wandel angemessen einhergehen.

Technikbewertung ist nicht nur korrektiv und reaktiv, sondern vor allem auch präventiv und innovativ durchzuführen, denn es ist günstiger, eine Technologie von vornherein zu vermeiden, als bereits eingetretene Schäden und unerwünschte Folgen zu beseitigen. Die allgemeinen Rahmenbedingungen und die individuellen Dispositionen[4] beeinflussen dabei den gesamten Prozeß der Entwicklung und Auswahl der technischen Möglichkeiten (Bild 6).

---

4   *Disposition* sei hier die Bereitschaft, angesichts bestimmter Bedingungen mit bestimmten Formen und Inhalten des Verhaltens und Erlebens zu handeln und zu reagieren (VDI 3780).

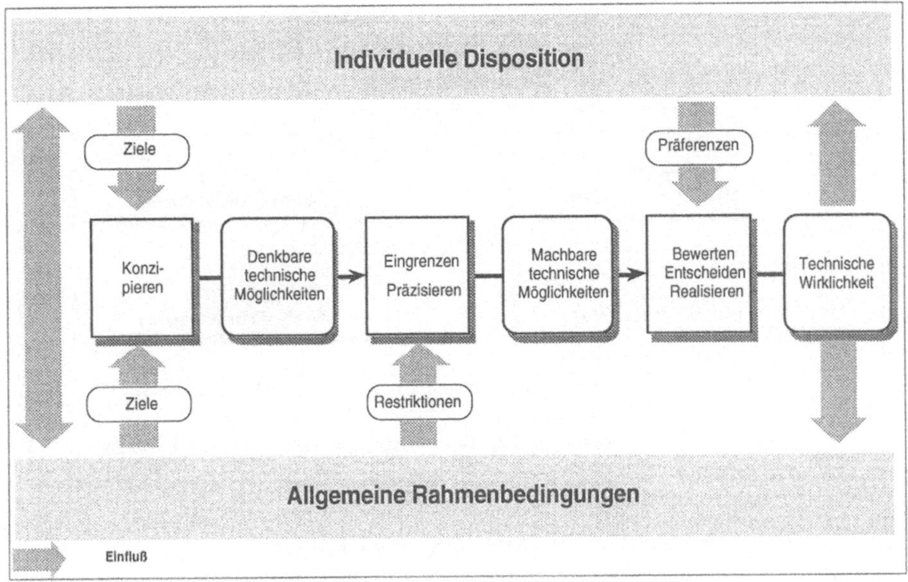

Bild 6   Entwicklung und Auswahl technischer Möglichkeiten (nach: VDI 3780/mod.)

Je nachdem, welche Fragestellung vorliegt und welchen Stand die Technikentwicklung bereits erreicht hat, werden verschiedene Typen der Technikbewertung unterschieden. Bei der *probleminduzierten Technikbewertung* geht es darum, für gesellschaftlich vorgegebene Aufgaben geeignete technische Lösungen zu ermitteln und diese hinsichtlich ihrer Vor- und Nachteile miteinander zu vergleichen. Bei der *technikinduzierten Technikbewertung* wird eine bereits vorhandene oder produktionsreife Technik bewertet.

Eine ähnliche Unterscheidung nach der Phase der Technikentwicklung ist ebenfalls üblich. Technikbewertung soll dort ansetzen, wo Innovationen vorbereitet und entwickelt werden: in den Entwicklungslabors, den Planungsabteilungen und den Konstruktionsbüros der Industrie. Die *innovative Technikbewertung* setzt daher sehr früh ein, bereits dann, wenn technische Lösungen für gegebene Probleme gesucht und erste Lösungskonzepte entwickelt werden oder wenn Forschung und Entwicklung noch wesentlich beeinflußt werden können. Die *reaktive Technikbewertung* setzt dagegen erst sehr spät ein, wenn F&E nur noch schwerlich in andere Richtungen gelenkt werden kann oder gar die Markteinführung bereits begonnen hat. Bild 7 setzt diese Konzeptionen nochmals in einen Überblick.

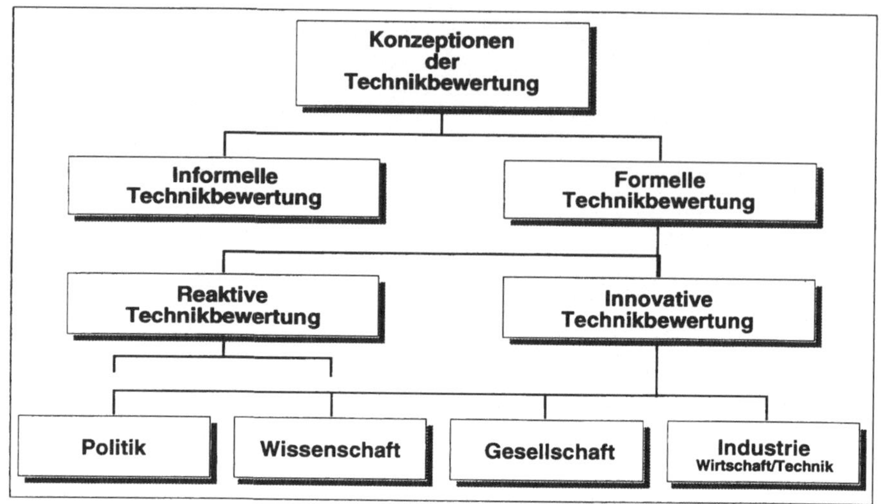

Bild 7   Konzeptionen der *Technikbewertung* (Ropohl 1988)

4.5   Technikpotentialabschätzung

Unter *Technikpotentialabschätzung* versteht man ein methodenorientiertes Vorgehen, um das Potential einer Technologie oder bestimmten Techniklinie abzuschätzen. Prinzipiell kann man dies einerseits unter dem Gesichtspunkt eines Arbeitsmittels oder eines Arbeitssystems, andererseits im Sinne eines Produkts oder einer Dienstleistung tun. Zu einem Potential gehören insbesondere:

❑   gegenwärtig tatsächliche, gegenwärtig mögliche und zukünftig mögliche Anwendungsfelder,

❑   zu erwartende technische Weiterentwicklungen,

❑   Chancen für neuartige technische Lösungen bestehender Probleme,

❑   Spektren der positiv zu bewertenden Nebenfolgen des Einsatzes in bezug auf Arbeitszufriedenheit, Arbeitsqualität, außerbetriebliche Lebensqualität, Umwelt, Gesellschaft, Freizeit und persönliche Entfaltung.

Das Potential einer Technologie umfaßt daher nicht nur die Folgen einer Technologie in wirtschaftlicher, gesellschaftlicher und individueller Hinsicht beim zukünftigen Umgang oder beim Einsatz mit einer bestimmten

Technik, sondern es umfaßt ebenso die Entwicklungsmöglichkeiten einer solchen Technologie selbst (Bullinger 1991).

Die Technikpotentialabschätzung erfolgt gemäß Bild 8 in sechs Arbeitsschritten (Kornwachs 1991b).

Bild 8   Arbeitsschritte der *Technikpotentialabschätzung*

4.6   Produktfolgenabschätzung (PA)

Die *Produktfolgenabschätzung* (PA) ist ein relativ junges Konzept, das vor allem von der Daimler-Benz AG, Berlin, entwickelt wurde. Dieses Konzept soll daher anhand eines Beitrags von Schade (1988) dargestellt werden.

Wenn man das Konzept der Technikfolgenabschätzung (TA) auf den Anwendungsbereich der Wirtschaft übertragen will, dann gelingt dies betreffs der Zielsetzung nur sinngemäß, da anstelle der politischen Entscheidungsinstanzen mit ihren politischen Handlungsspielräumen die Entscheider der Wirtschaft und deren Handlungsspielräume treten. Technikfolgenabschätzung in der Wirtschaft bezieht sich auf Handlungsspielräume, die zur Entwicklung und Gestaltung von Technik vorhanden sind. Für produzierende Unternehmen erstrecken sich diese Handlungsspielräume auf die Entwicklung, Herstellung und Vermarktung von technischen Produkten, die in der Regel eine Kombination technischer Verfahren und einzelner Techniken beinhalten. Die Auswahl, Anwendung und Weiterentwicklung von Techniken orientiert sich an deren Einsatzmöglichkeiten im Produkt. Handlungsfolgenabschätzung in der Industrie geht also nicht von der Technik, sondern vom Produkt aus. Das Analogon zur Technikfolgenabschätzung und Technikbewertung als Mittel der Politikberatung ist daher in der Industrie die Produktfolgenabschätzung und -bewertung (PA). PA ist zwar auf Technik und deren Folgen gerichtet, ist aber nicht identisch mit der Technikbewertung im Sinne der Definitionen des VDI (s. o.).

Die Bereiche, in denen aus Sicht der Unternehmen Technikfolgen auftreten können, gliedern sich in die drei Komplexe Kunden, Mitarbeiter und Umwelt.

Für ein Unternehmen ist davon der Kunde von primärer Bedeutung. Wenn die Produkte keine Kunden finden, sind auch alle weiteren Folgenbetrachtungen irrelevant. Technische Produkte müssen daher zunächst für den Kunden günstig und möglichst frei von negativen Folgen sein.

PA ist auch heute zunächst noch ein programmatisches Konzept. Es verlangt, daß

❑ alle Anforderungen an das Produkt in einem in sich geschlossenen Bewertungssystem zusammengeführt werden,

❑ alle Bereiche im Unternehmen, die auf die Gestaltung der Technik der Produkte Einfluß haben, über geeignete Kommunikationsformen in das Bewertungssystem integriert sind und

❑ die Folgen in den Bereichen Umwelt und Gesellschaft über eine, in das System eingeschlossene Technikumfeldforschung berücksichtigt werden.

PA dient der Verbesserung der Entscheidungsunterlagen in Unternehmen und ist damit ein zentrales Element der Unternehmenssteuerung.

4.7   Technikgeneseforschung

Der Ansatz der *Technikgeneseforschung* hat sich in bewußter Absetzung von der zur Zeit vorherrschenden Technikfolgenforschung herausgebildet (vgl. Rammert 1992). Dabei geht es nicht um die Identifizierung und Prognose wirklicher und möglicher Folgen einer Technik. Auch steht das Abschätzen und Abwägen von Gewinnen und Verlusten in Folge neu eingeführter Techniken hier nicht im Mittelpunkt, vielmehr geht es um die Rekonstruktion der sozialen Erzeugung und des in sozialen Zusammenhängen ablaufenden Umgangs mit einer Technik. Mit anderen Worten: es wird die soziale Konstruierbarkeit der Technik (Definition der Verwendung; Gestaltung des Umgangs) untersucht. Technikgeneseforschung wird daher mit vorwiegend sozialwissenschaftlichen Ansätzen und Methoden in den unterschiedlichen gesellschaftlichen Arenen verfolgt.

In der Technikgeneseforschung werden die Strategien, Muster und Modelle analysiert, die der Technikentstehung eine spezifische Gestalt geben und die der Technisierung ihren Verlauf vorzeichnen.

In diesem Zusammenhang wird die Rolle von sog. Leitbildern besonders untersucht, da diese sich offensichtlich in die Wahrnehmungs-, Denk-, Entscheidungs- und Verhaltensmuster des Menschen einweben (vgl. Marz 1992). Beispiele für derartige Leitbilder sind *das papierlose Büro, die menschenleere Fabrik, die autogerechte Stadt, die bargeldlose Gesellschaft, die Fraktale Fabrik* oder *die schlanke Produktion* (Lean Production). Leitbilder bieten Erklärungsansätze und - sowohl über ihre Leit-Funktion als auch über ihre Bild-Funktion - Beeinflussungsmöglichkeiten des Technikgeneseprozesses.

Die Leitbild-Forschung ist eine junge Disziplin. Stand der Forschung ist hier z. B. die Aufgabe des empirischen Nachweises, ob und inwieweit sich Leitbilder in die technischen Artefakte einschreiben, inwieweit Leitbilder gestaltbar sind (*Leitbild-Design, Leitbild-Assessment*), und wie diese Leitbilder im Bereich technischer Entwicklungen feldgenerierend und pfadselektierend wirksam werden (vgl. Dierkes 1991; Marz 1992).

Der Technikgenese-Ansatz zielt letztendlich auf eine Theorie des technischen Wandels und erweitert den zeitlichen Horizont der traditionellen Technikfolgenabschätzung (*in actu/ex post - TA*) nach vorne in den Vorentstehungs- und Entstehungsprozeß (*ex ante - TA*). Hier ist eine wertvolle Ergänzung bzw. Bereicherung der bisherigen Ansätze zu sehen.

5   Die TA-Datenbank

Aufgrund der in den 80er Jahren stark gestiegenen TA-Aktivitäten in In- und Ausland wurde der Wunsch nach einer Datenbank artikuliert, die geeignet sei, einen Überblick über entsprechende Aktivitäten, Ergebnisse und Institutionen zu bewahren und gleichzeitig die Informationsbasis für die Vorbereitung, Durchführung und Nutzung von Technikfolgenabschätzungen zu verbessern. Der Aufbau einer TA-Datenbank erfolgte dann als gemeinsame Initiative des *Referats Technikfolgenabschätzung* des BMFT, der *Abteilung für Angewandte Systemanalyse (AFAS)* des Kernforschungszentrum Karlsruhe und des *Fachinformationszentrums (FIZ)* Karlsruhe. Sie soll Nutzern aus Politik, Verwaltung, Wissenschaft und interessierter Öffentlichkeit Informationen über Forschungskapazitäten und -aktivitäten des In- und Auslandes bieten.

Das Neuartige an der Struktur der TA-Datenbank besteht darin, daß sie in drei Segmenten gleichzeitig Informationen enthält über:

❑   Einrichtungen, die Technikfolgenabschätzung betreiben,

❑   Projekte, die von diesen Einrichtungen durchgeführt wurden, werden oder geplant sind, sowie

❑   Literatur, die aus diesen Projekten resultieren, sowie über allgemeine Literatur zur Konzeption und Methodik der Technikfolgenabschätzung (AFAS 1992a).

Die TA-Datenbank erfaßt dabei nicht nur TA-Aktivitäten im engeren Sinne, sondern auch TA-verwandte Forschung wie aus dem Bereich des Technology Monitoring oder der sozialwissenschaftlichen Technologiebegleitforschung, der Innovationsforschung usw. Obwohl die TA-Datenbank als internationale Datenbank angelegt ist, wird nur für Deutschland eine möglichst vollständige Erfassung angestrebt.

Die Zuordnung der analysierten TA-Projekte zu Sachgebieten erlaubt eine statistische Auswertung und damit Hinweise auf die angesprochenen Technologiefelder und die betrachteten Auswirkungsbereiche. Bei den Technologiefeldern zeigt sich eine starke Konzentration auf Energietechnologien, Informations- und Kommunikationstechnologien und computergestützte Fertigungstechnik. Bei den Auswirkungsbereichen dominieren die Bereiche Umwelt und Arbeitsbedingungen. Gleichzeitig läßt sich aus dem vorhandenen Zahlenmaterial ablesen, daß einige Technologie- und Themenbereiche stark vernachlässigt werden, die gegenwärtig erhebliche Probleme aufwerfen, wie z. B. die Bereiche Verkehr und Landwirtschaft sowie neue Chemikalien und chemische Produktionsprozesse (Bild 9).

Technologiefelder	Zahl der Zuordnungen*
● Energietechnologien	61
● Informations- und Kommunikationstechnologien	46
● Computerunterstützte Fertigungstechnologien (CAD/CAM/CIM)	15
● Lasertechnologie/Opto- und Mikroelektronik	7
● Verkehrstechnologien	7
● Biotechnologie	6
● Weltraumtechnik	6
● Neue Werkstoffe	3
● Sonstige	3

Auswirkungsbereiche	Zahl der Zuordnungen*
● Umwelt und natürliche Ressourcen	82
● Arbeitsbedingungen	51
● Gesellschaft	27
● Arbeitsmarkt	19
● Internationale Beziehungen, Entwicklungsländer	11
● Wettbewerbsfähigkeit, Außenhandel, Gesamtwirtschaft	11
● Sonstige	2

* Die Zahl der Zuordnungen entspricht nicht der Zahl der Projekte, da die Projekte mehreren Technologiefeldern bzw. Auswirkungsbereichen zugeordnet sein können.

Bild 9   Zuordnung laufender und geplanter TA-Projekte (AFAS 1992b)

6   Technikfolgenabschätzung in der Ingenieurausbildung

Die Ingenieurausbildung hat in praktischer Hinsicht zwei Funktionen: sie soll einerseits vorrangig die Qualifikation für eine anspruchsvolle Berufstätigkeit in unserer arbeitsteiligen Industriegesellschaft vermitteln und andererseits soll die Universitätsausbildung darüber hinaus den werdenden Ingenieur als Menschen, Bürger und als zukünftige Führungskraft ansprechen. Dem entspricht die übliche Einteilung der Studieninhalte in fachwissenschaftliche Ausbildung einerseits und in die allgemeinbildenden, nichttechnischen Fächer - auch des Studium Generale - andererseits. Historisch überholte Formen der Ingenieurausbildung und Technikforschung mit fachspezifischer Beschränktheit sollten nicht länger Zielvorgaben für unsere Zukunft liefern, da diese Sichtweise zu kurz greift und auch nicht mehr dem aktuellen berufs- und bildungspolitischen Verständnis der Bundesrepublik und anderer westlicher Industrieländer entspricht (Fricke 1992).

Dabei hat die Diskussion um die Integration nichttechnischer Fächer in die Ingenieurausbildung schon eine lange Tradition. Als in Deutschland in der ersten Hälfte des 19. Jahrhunderts höhere technische Schulen entstanden, schlossen sie in ihr Ausbildungsangebot auch eine Reihe nichttechnischer Fächer ein wie Fremdsprachen, Wirtschaft, Philosophie und

Geschichte. Im Laufe der wechselvollen Geschichte der Ingenieurausbildung erfuhr dieses Fächerkonglomerat als Folge neuer Interessens- und Motivkonstellationen erhebliche Veränderungen (König 1992).

Heute haben sich die Schwerpunkte der Diskussion um nichttechnische Fächer erneut verschoben. Vordergründig gewinnt diese Diskussion ihre Bedeutung in der zunehmend kritischen Betrachtung der Technik seit etwa 1970. Im Hintergrund steht die Auffassung, daß die Gesellschaft der technischen Entwicklung neue Ziele zu setzen habe, und die seit der industriellen Revolution dominierenden Vorstellungen eines quasi automatisch das Glück der Menschheit befördernden technischen Fortschritts und wirtschaftlichen Wachstums der Revision bedürfe. Die Kritik bezieht sich dabei auf zwei Komplexe: einerseits wird auf die Gefährdung der naturalen Umwelt durch ungehemmte technische und wirtschaftliche Entwicklung hingewiesen; andererseits deutet sie auf die sozialen und psychischen Grenzen, welche einer weiteren Beschleunigung des technisch-wirtschaftlichen Wandels entgegenstehen (König 1992).

Aus der Diskussion in den öffentlichen Medien und auf Fachkongressen wird deutlich, daß gegenüber der Gesellschaft verantwortliches berufliches Handeln heute im Bewußtsein sowohl der allgemeinen Öffentlichkeit als auch bei den Akteuren im Ingenieurbereich an Gewicht gewinnt und im wahrsten Sinne des Wortes not-wendig wird. Dies hat nun unmittelbare Relevanz auch - und vor allem - für die verantwortliche Ausbildung und Berufstätigkeit aller derer, die Technik erfinden und einsetzen, kurz: Technik gestalten.

Machen wir uns dies an einem einfachen Beispiel deutlich. Arbeitsmittel (Maschinen, Werkzeuge o. ä.) seien für eine bestimmte Arbeitsaufgabe und einen bestimmten Benutzerkreis zu gestalten. Wer hier einen Beitrag zur menschengerechten Gestaltung von Technik leisten will, der darf nicht nur eine Anpassung der Technik an die physiologischen und psychologischen Bedürfnisse und Gegebenheiten des Menschen betreiben oder nur das Spektrum der möglichen technischen Funktionen erweitern und vervollständigen, damit sie sowohl allen Benutzer- als auch Betreiberinteressen gerecht werden können, sondern er muß auch

- ❑ sich die Erkenntnisse verschaffen, die zu einem Verständnis dieser Technologie und ihrer sozialen, wirtschaftlichen und individuellen Folgen notwendig sind,

- ❑ die organisatorischen, ökologischen und ökonomischen Randbedingungen sowie den soziotechnischen wie gesellschaftlichen Rahmen, in dem Arbeit und Technik stattfinden, verstehen,

❑   in einen permanenten Dialog mit den Technikherstellern, den Techniknutzern und den interessierten und betroffenen gesellschaftlichen Gruppen sowie den wissenschaftlichen Einrichtungen eintreten (Kornwachs 1992).

Die Technikfolgenabschätzung bietet nun für derartige Technikgestaltungsaufgaben methodisch und als Vorgehensweise vielfältige Möglichkeiten, wie sie auch im Rahmen der Beiträge dieses Bandes von verschiedenen Seiten und Anwendungsfeldern her beleuchtet und an Beispielen verdeutlicht werden sollen.

Die Studienkommission Maschinenwesen der Universität Stuttgart hat sich 1991 im Rahmen der Ausbildung von Ingenieuren der Energie-, Konstruktions- und Fertigungstechnik u. a. zum Ziel gesetzt, diese in die Lage zu versetzen, "technische Aufgaben funktionsgerecht und wirtschaftlich unter Beachtung sicherheits- und umweltrelevanter, soziologischer und ästhetischer Gesichtspunkte zu lösen, ihre Tätigkeit in sinnvoller Zusammenarbeit in das Leben der Gesellschaft einzuordnen und die Technikfolgen verantwortungsbewußt abzuschätzen" (Studienkommission 1991).

In diesem Zusammenhang wird auch festgestellt, daß Technik in enger Wechselbeziehung mit Natur-, Sozial- und Wirtschaftswissenschaften steht. Dem *systemischen Gedanken* wird insofern Rechnung getragen, als Technik stets in Systemen wirkt, die von der Ingenieurin bzw. vom Ingenieur als Ganzes erkannt, analysiert und optimiert werden müssen. Der Ingenieur als *Spezialist geschlossener Systeme* muß zunehmend die Konsequenzen der Tatsache, daß wir es in der Realität eher mit offenen Systemen zu tun haben, kennen, modellieren und abzuschätzen lernen. Dieses Wissen ist in der verantwortlichen beruflichen Arbeit adäquat anzuwenden. Bild 10 skizziert diesen gedanklichen Wandel vom technikzentrierten Organisationsansatz zum humanorientierten Technologiemanagement. Damit soll einerseits die begründete Vermutung ausgedrückt werden, daß in den kommenden Jahren das Berufsbild bzw. die Zusatzqualifikation eines *Systemintegrators* neben den diversen Berufsbildern des Fachspezialisten an Bedeutung gewinnen wird. Man sollte daher darüber nachdenken, ob man nicht wesentliche Elemente eines *systemischen Managements* oder *Integrationsmanagements* zu einem Ausbildungsgegenstand für Studenten des Maschinenwesens machen sollte.

Ein fundiertes Grundwissen im Bereich der Betriebswirtschaft und Unternehmensführung wird der zukünftigen Ingenieur-Führungskraft zudem eindeutig zum Vorteil gereichen. Die industrielle Praxis zeigt, daß effektive abteilungsübergreifende Teamarbeit eine gemeinsame Sprache und gemeinsame Modellvorstellungen der Beteiligten voraussetzt. Hier ist z. B.

die Allgemeine Systemtheorie von großer Bedeutung - merkwürdigerweise wird sie an deutschen Universitäten kaum angeboten.

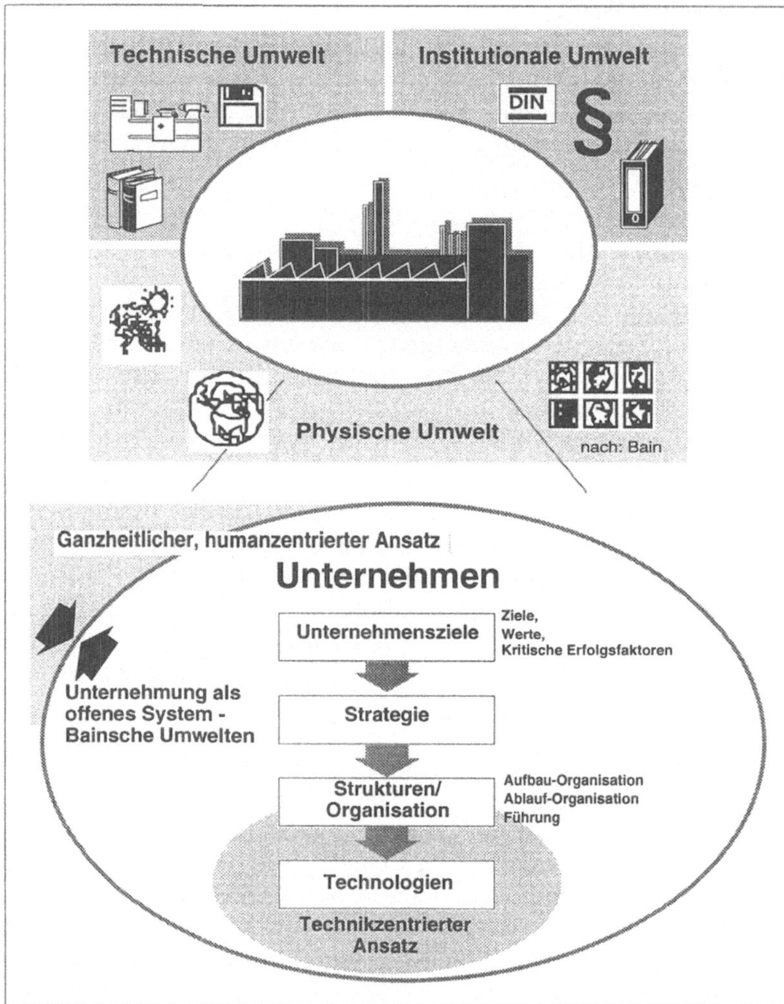

Bild 10   Das Unternehmen als offenes System

Andererseits wird auch deutlich, daß sich die Ingenieurin bzw. der Ingenieur in der universitären Ausbildung neben den gewählten Fachthemen ebenfalls mit grundlegenden ethischen Fragestellungen auseinandersetzen muß und sich die für die berufliche Praxis notwendigen methodischen

und instrumentellen Qualifikationen zur Bewältigung der Technikfolgenabschätzung aneignen sollte.

7   Literatur

AFAS (1992a): Die TA-Datenbank stellt sich vor. In: TA-Datenbank-
Nachrichten, Nr.1, März 1992, S. 2 - 3. Karlsruhe, KfK-AFAS (Hrsg.),
1992.

AFAS (1992b): Die TA-Landschaft in Deutschland - ein quantitativer
Überblick auf der Basis der TA-Datenbank. In: TA-Datenbank-Nach-
richten, Nr.1, März 1992, S. 3 - 6. Karlsruhe, KfK-AFAS (Hrsg.), 1992.

Bullinger H.-J. (1991): Technikpotentialabschätzung - wissenschaftlicher
Anspruch und Wirklichkeit. In: Kornwachs, K. (Hrsg.): Reichweite und
Potential der Technikfolgenabschätzung. Stuttgart: Poeschel, 1991.

Detzer, K. A. (1985): Technikbewertung und Ingenieurbildung.
(Vortragsmanuskript) Berufspolitische Jahrestagung der VDI-Haupt-
gruppe "Der Ingenieur in Beruf und Gesellschaft" am 15./16.10.1985 in
Hagen, S. 3.

Dierkes, M. (1991):Was ist und wozu betreibt man Technologiefolgen-
Abschätzung? In: Bullinger, H.-J. (Hrsg.): Handbuch des Informationsmanagements im Unternehmen: Technik, Organisation, Recht, Perspektiven (Band II). München: Beck, 1991, S. 1495 - 1522.

Fricke, E. (Hrsg.) (1992): Interdisziplinäre Technikforschung und Inge-
nieursausbildung. Vorwort. In: Forum Humane Technikgestaltung, Heft
6. Bonn: Friedrich-Ebert-Stiftung, 1992.

Ganzhorn, K. E. (1987): Neue Technologien und ihre Auswirkungen auf
Beruf und Arbeit. (Vortrag vor der Handwerkskammer Stuttgart, Dezember 1987), herausgegeben von der Steinbeis-Stiftung für Wirtschaftsförderung, Stuttgart, o. J.

Gottstein, K. (1979): Technikkritik und Technikkontrolle: Was sind um-
weltorientierte Technik und ökologisch reflektierte Forschung? In:
Physikalische Blätter, 35. Jahrgang, Heft 6, Juni 1979, Weinheim 1979,
S. 237.

König, W. (1992): Nichttechnische Studienanteile in der Ingenieurausbildung - Ein historischer Überblick über die Entwicklung in Deutschland. In: Forum Humane Technikgestaltung, Heft 6. Bonn: Friedrich-
Ebert-Stiftung, 1992, S. 19 - 26.

Kornwachs, K. (1991a): Technikbewertung - Einführung und Übersicht. In: Bullinger, H.-J. (Hrsg.): Handbuch des Informationsmanagements im Unternehmen: Technik, Organisation, Recht, Perspektiven (Band II). München: Beck, 1991, S. 1491 - 1494.

Kornwachs, K. (1991b): Technikfolgenabschätzung als Mittel zur Technikgestaltung. In: wt Werkstattstechnik 81 (1991), S. 582 - 583.

Lenk, H. (1992): Technische Intelligenz im Spannungsfeld von Wissenschaft. In: Forum Humane Technikgestaltung, Heft 6. Bonn: Friedrich-Ebert-Stiftung, 1992, S. 7 - 18.

Marz, L. (1992): Leitbilder in der Technikgenese. Vortrag im Rahmen der Seminarreihe "Technikfolgen-Abschätzung und Technikfolgenforschung – Diskurs und Partizipation" des KfK-AFAS am 26.02.1992, KfK Karlsruhe.

Paul, I. (1987): Technikfolgen-Abschätzung als Aufgabe für Staat und Unternehmen. (Europäische Hochschulschriften; Reihe 5; Band 806) Frankfurt a. M. u. a.: Lang, 1987.

Rammert, W. (1992): Vom Nutzen der Technikgeneseforschung für die Technikfolgen-Abschätzung. Vortrag im Rahmen der Seminarreihe "Technikfolgen-Abschätzung und Technikfolgenforschung - Diskurs und Partizipation" des KfK-AFAS am 26.02.1992, KfK Karlsruhe.

Ropohl, G. (1979): Eine Systemtheorie der Technik. Zur Grundlegung der Allgemeinen Technologie. München/Wien, 1979.

Ropohl, G. (1988): Konzeptionen der Technikbewertung. In: Technikfolgenabschätzung und Technikbewertung: Konzeption, Anwendungsfälle, Perspektiven. (Report 10 zum Daimler-Benz-Seminar, Berlin, 19./20. November 1987) Düsseldorf: VDI, 1988, S. 15 - 26.

Schade, D. (1988): Technikfolgenabschätzung im Staat, Produktfolgenabschätzung in der Wirtschaft. In: Technikfolgenabschätzung und Technikbewertung: Konzeption, Anwendungsfälle, Perspektiven. (Report 10 zum Daimler-Benz-Seminar, Berlin, 19./20. November 1987) Düsseldorf: VDI, 1988, S. 7 - 14.

Staehle, W. H. (1985): Management - eine verhaltenswissenschaftliche Einführung. (2., neubearb. und erweit. Auflage) München: Vahlen, 1985.

Studienkommission (1991): Studienplan Diplomstudiengang Maschinenwesen. Studienkommission Maschinenwesen der Universität Stuttgart (Hrsg.), 1991.

VDI 3780 (1991): VDI-Richtlinie 3780: "Technikbewertung. Begriffe und Grundlagen", März 1991. Verein deutscher Ingenieure, VDI-Hauptgruppe Der Ingenieur in Beruf und Gesellschaft, Ausschuß Grundlagen der Technikbewertung. Berlin: Beuth, 1991.

Zimmerli, W. (1992): Ethik und Technikfolgenabschätzung. Vortrag im Rahmen der Seminarreihe "Technikfolgen-Abschätzung und Technikfolgenforschung - Bewertung und Entscheidung - zu Fragen einer Ethik der Technik" des KfK-AFAS am 25.03.1992, KfK Karlsruhe.

Petra Bonnet

Methoden und Verfahren der Technikfolgenabschätzung: Exotische Hausmannskost?

1 Einführung

Oft wird angemerkt, daß es sich bei der Auflistung und Behandlung von Methoden und Verfahren um kein sehr dynamisches Thema handelt. Dies mag richtig sein, doch ohne Grundlagen und die Vermittlung von *Handwerkszeug* entsteht auch im weiteren Prozeß des wissenschaftlichen Unterfangens keine Dynamik, oder anders: Ohne elementare Kenntnisse keine Erlangung weiterer Erkenntnisse. "Jede Wissenschaft bemüht sich darum, die vielfältigen Ereignisse in der Natur oder im menschlichen Zusammenleben zu sammeln, zu ordnen und Aussagen über ihre innere Verbundenheit zu machen. Auf der Grundlage des Wissens über die Vielfalt, Ordnung und Verbundenheit von empirischen Fakten ist eine planende Gestaltung des Lebens möglich. Diese Tätigkeit unterscheidet sich zunächst nicht vom alltäglichen menschlichen Handeln. Wissenschaft erhebt jedoch darüber hinaus den Anspruch, daß die Resultate dieser Tätigkeit nicht nur von demjenigen als richtig anerkannt werden, der sie erbringt, sondern sie sollen für alle Beteiligten und Interessierten akzeptierbar sein ... Die Wissenschaftstheorie versucht ihrerseits, Vorschläge zu entwickeln, wie Wissenschaftler zur Erreichung dieses Ziels vorgehen sollen. Sie ist somit, in einem ihrer wichtigsten Teile, eine Lehre von der Vorgehensweise bei der wissenschaftlichen Tätigkeit: Sie ist eine "Methodologie" (Schnell, Hill, Esser (1992), S. 37/38).

Das Wort *Methode* kommt aus dem Griechischen und bedeutet, einem Ziel systematisch nachgehen. Die Methode ist der zu verfolgende Weg, der in der Wissenschaft planmäßig eingesetzt wird, wobei sich der oder die Forschende über alle nachfolgenden Schritte im klaren ist. Es handelt sich also um ein wissenschaftliches Handwerkszeug, mit dessen Hilfe wissenschaftliche Probleme, Aussagen und Hypothesen entwickelt und durch die Realitätsanalyse überprüft werden. Wichtig dabei ist auch nach obigem Zitat, daß die Ergebnisse intersubjektiv nachvollziehbar sind. Dies ist nicht bindend für die individuelle Bewertung von Erarbeitetem, wohl aber für die Nachvollziehbarkeit der Ergebnisse. Eine Methode kann dabei gleichzeitig Mittel zum Zweck, aber oft auch per se ein Objekt des wissenschaftlichen Strebens sein.

Als Methode soll im weiteren Verlauf lediglich das Instrumentarium bezeichnet werden, das zur Erweiterung des wissenschaftlichen Erkenntnisstands eingesetzt wird. Ein *Verfahren* dagegen soll einen durch Teilprozesse und Arbeitspakete segmentierten Forschungsverlauf skizzieren und damit eher einen prozessualen Charakter besitzen.

Es zeigt sich immer wieder, daß es auch oftmals in der Wissenschaft nicht nur einen einzigen Weg gibt, sondern manche, voneinander verschiedene Schienen, die zum Ziel führen. Worin liegt nun das Ziel, das es mit der Methode als Mittel zu erreichen gilt?

2   Anforderungen an eine ideale Technikfolgenabschätzung

Um Anforderungen jeglicher Art zu beschreiben, bedarf es auch für diesen Beitrag einer kurzen Erklärung des eigentlichen Sachverhalts, sprich: was eigentlich der Gegenstand der Betrachtung sein soll.

2.1   Was ist Technik?

Eine sehr weitsichtige Technikdefinition kann der VDI-Richtlinie 3780 entnommen werden. In deren Sinne umfaßt Technik

- "die Menge der nutzenorientierten, künstlichen, gegenständlichen Gebilde (Artefakte oder Sachsysteme);
- die Menge menschlicher Handlungen und Einrichtungen, in denen Sachsysteme entstehen;
- die Menge menschlicher Handlungen, in denen Sachsysteme verwendet werden" (VDI (1991), S. 2).

Zur Technik gehören also die reinen Nutzungsfolgen der Sachsysteme und ihre Entstehungsbedingungen genauso wie die technischen Gebilde selbst.

Denn während der Entwicklungsphase werden bereits manche Grundsteine für den weiteren Lebens- und Folgezyklus der Technik gelegt. Technisches Handeln umfaßt also auch immer eine implizite Bewertung der Technik, da an vielen Stellen der Technikentwicklung und der Technikgenese eine Entscheidung aus mehreren Alternativen getroffen werden muß.

Danach kann Technik also nicht als singuläres Ereignis oder als Faszinosum und nur in einer einfach strukturierten Beziehung zu anderen Gliedern einer Kette begriffen werden, sondern wichtig ist vielmehr die Erfassung des gesamten Systems – auch des Wertesystems –, in welches die Artefakte eingebettet sind (Bild 1). "Technische Gebilde und Verfahren stehen in mannigfachen Systemzusammenhängen mit anderen Gegebenheiten, mit der natürlichen Umwelt, mit einzelnen Menschen, sozialen Gruppen und der Gesellschaft insgesamt. Die Technik darf nicht als Selbstzweck, sondern muß immer als Mittel zur Erreichung bestimmter Ziele betrachtet werden" (VDI (1991), S. 3).

2.2 Was ist Technikfolgenabschätzung?

Alle Analysen, egal ob sie unter dem Begriff Technikfolgenabschätzung (TA)[1], Technikwirkungsanalyse, Technikgestaltung oder sonstigen firmieren, stellen *Prozesse* dar, die darauf ausgerichtet sind, die Bedingungen und potentiellen Auswirkungen der Einführung und verbreiteten Anwendung von Technologien möglichst systematisch zu analysieren und zu bewerten. Das Analyseziel richtet sich hierbei vor allem auf die indirekten, nicht intendierten und langfristigen Sekundär- und Tertiäreffekte der Einführung und Anwendung neuer Technologien auf Umwelt und Gesellschaft. Vornehmlich durch diese Akzentsetzung unterscheidet sich die Technikfolgenabschätzung von anderen Formen der Informationsbeschaffung und -bereitstellung für die Technikbewertung, wie z. B. der Kosten-Nutzen-Analyse (Dierkes 1991).

---

1   Der Begriff *Technikfolgenabschätzung* ist in der Definition Paschens zu verstehen, der in diesem Terminus lediglich die deutsche Übersetzung, nicht aber das im Amerikanischen dahinterstehende Konzept des technology assessment sieht. Bei diesem Konzept nimmt die Technikfolgenabschätzung neben der Erhebung des technischen State-of-the-art, der Diskussion aktueller und möglicher Technikentwicklungen sowie der Abschätzung von Chancen und Risiken nur den Stellenwert eines Teilsegments ein.

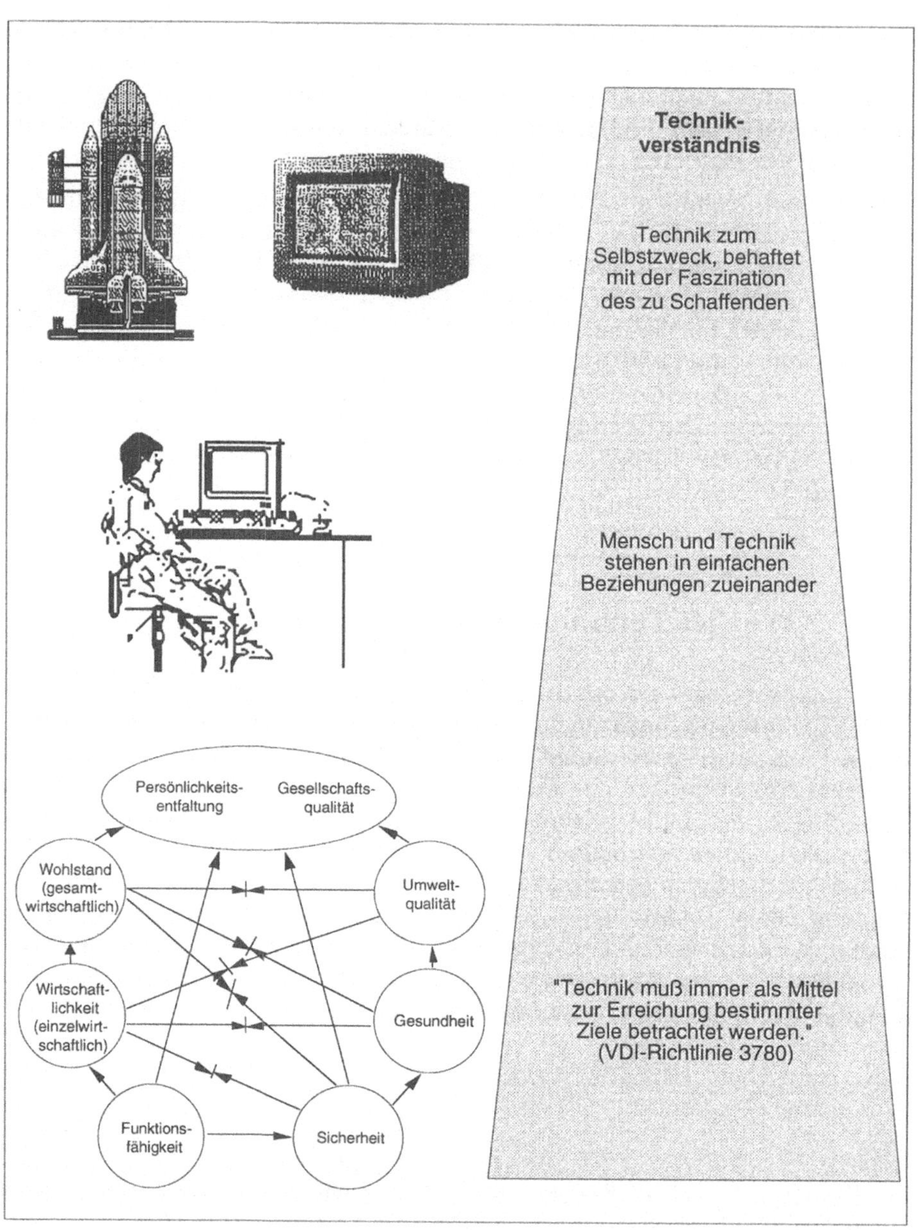

Bild 1   Verständnis von Technik

Voraussagen im Sinne absoluter Aussagen über die Zukunft oder harter Prognosen sind mit der Technikfolgenabschätzung nicht erreichbar. Weder erlaubt dies die Komplexität des Untersuchungsfelds noch die zur Verfügung stehenden Methoden, wie in Kapitel 4 gezeigt werden soll. Und die Folgen können weitreichend sein, wie der ehemalige Präsident der amerikanischen National Science Foundation, Philip Handler, in einer Ansprache darstellte, in der er die Frage der Vorhersagbarkeit von Forschungs- und Technikfolgen behandelte und die von großer Skepsis geprägt war. Er führte einige Beispiele von Technikfolgen an, die zur Zeit der Einführung der Techniken niemand hätte vorausahnen können: "Die Erfindung der Baumwollpflückmaschinen hat wegen der Abwanderung farbiger Landarbeiter aus den Agrargebieten der Südstaaten der USA zur Bildung schwarzer Ghettos in den Großstädten des Nordens geführt, die Erfindung der Konservendose hatte die Berufstätigkeit der amerikanischen Frauen zur Folge, und die Einführung der Hygiene in Indien durch die Kolonialmacht Großbritannien hat zur Bevölkerungsexplosion in diesem Subkontinent geführt" (Mack 1991, S. 12).

Während mancher in der Technikfolgenabschätzung der ersten Generation jedoch gerade den Nutzen im Erstellen von Prognosen sah, einem Unterfangen, das oft genug zu Enttäuschung – wer kennt nicht die eigenen Verärgerungen über nicht eingetretene Prognosen z. B. beim täglichen Wetterbericht, dem wöchentlichen Fußballtip bzw. dem jährlichen Wirtschaftsgutachten – und der Technikfolgenabschätzung zu einem schweren Start verhalf, geht es bei der Technikfolgenabschätzung der neuen Generation eher um die Betrachtung möglicher Pfade und Entwicklungen und um die Schaffung einer Vorausschau mittels Aussagen weicher Evidenz (vgl. dazu auch Petermann (1992)). Adressat dafür ist heute auch weniger die (wissenschaftliche) Elite, sondern die breite Öffentlichkeit.

Zudem kann Technikfolgenabschätzung nach einigen Kriterien unterschieden werden: So z. B. danach, ob der Auslöser für eine Studie in einer bereits vorhandenen oder produktionsreifen Technik liegt, deren Auswirkungen und Konsequenzen untersucht werden sollen (technikinduzierte Technikfolgenabschätzung) oder ob für gesellschaftlich vorgegebene Aufgaben technische Lösungen ermittelt und diese hinsichtlich ihrer Vor- und Nachteile miteinander verglichen werden sollen (probleminduzierte Technikfolgenabschätzung). Ein weiteres Unterscheidungskriterium liegt des weiteren darin, ob es sich um eine innovative oder eine reaktive Technikbewertung handeln soll. Der erste Fall charakterisiert einen frühen Ansatz, der bereits dann greift, wenn technische Lösungen gesucht bzw. erste Lösungskonzepte entwickelt werden. Folgenabschätzungen in diesem Stadium können helfen, die Technik zu gestalten und über probleminduzierte Projekte Techniklösungen zu finden. Der reaktive Typus geht vom Status Quo einer Technik aus und analysiert die eingetretenen Folgen. Und nicht zuletzt macht es einen Unterschied, ob eine Technikfolgenabschätzung den Entscheidungsprozeß in Politik und Verwaltung unterstützen soll oder ob ihr Sinn und Zweck in der Vermittlung von Orientierungswissen liegt.

2.3 Welchen Anforderungen muß ein gelungener TA-Prozeß genügen?

Betrachtet man Technikfolgenabschätzung also als Prozeß, der Szenarien über mögliche Technikfolgen so frühzeitig entwickelt, daß Handlungsalternativen bezüglich Technikgestaltung und -einsatz ergriffen werden können, so müssen folgende Anforderungen an ihn gestellt werden (vgl. hierzu auch Paschen (1990) und Petermann (1992)):

(1) Systematische Identifikation möglichst vieler gesellschaftlich relevanter Auswirkungen. Darunter fallen nicht nur Marktanalysen und Wirtschaftlichkeitsrechnungen, sondern die Auswirkungen einer Technik und ihrer Nutzung auf die vielfältigen und miteinander im Austausch stehenden Bereiche.

(2) Technikfolgenabschätzung sollte zu einem frühen Zeitpunkt angegangen werden, damit vor allem die negativen Folgen von Anfang an vermieden oder zumindest eingeschränkt werden können (*Frühwarnung*). D. h. also, es sollen mögliche Zukünfte und nicht die aktuellen Folgewirkungen beschrieben und analysiert werden. Hinter dieser Forderung steht die Angst vor irreversiblen Folgen der Technik.

(3) Die Schwerpunktsetzung der Analyse soll bei den nicht unmittelbar erkennbaren und/oder bereits eingetretenen Folgen liegen. Angestrebt werden sollte die Vermeidung langfristig wirksamer negativer Folgen, denn Ziel kann nicht die ständige Kurierung von Symptomen sein.

(4) Erfassung und Bewertung gesellschaftlicher Chancen und Risiken, die über die zu quantifizierenden und technisch orientierten Folgewirkungen hinausgehen. Dazu zählen z. B. außerökonomische Wirkungen, soziale Kosten sowie die Bewertung der *Wünschbarkeit* einer Technik.

(5) Interdisziplinarität der Analyse, worin sich die Vielfältigkeit und die Komplexität der Auswirkungsbereiche widerspiegelt. Implizit liegt darin auch die Forderung nach Teamarbeit und der Organisation von Sachverstand.

(6) Partizipation und Beteiligung der vom Technikeinsatz betroffenen Gruppen sowie Herstellen von Öffentlichkeit zur Schaffung von mehr Transparenz.

(7) Aufzeigen von Handlungsoptionen, da es für Entscheidungsträger oft notwendig ist, Handlungsmöglichkeiten mit auf den Weg zu bekommen, um die Frage: Was sollen wir tun – mit welchen Folgen? eingrenzen zu können. Die Durchführung von Technikfolgenabschätzung ist daher kein wissenschaftlicher Selbstzweck.

2.4   Was muß demnach die TA-Methode leisten?

Sie muß

☐ historische Analogien bilden,

☐ den State-of-the-art des Projektgegenstands präsentieren,

☐ mögliche Alternativen in die Betrachtung einbeziehen,

☐ absehbare Folgen weiterschreiben,

☐ vermutete Folgen projizieren,

☐ Ergebnisse zielgerichtet focussieren,

☐ in einer genialen Zusammenfassung daraus einen logischen Schluß ziehen

☐ und so zu allen Zeitpunkten die betroffenen Personenkreise und gesellschaftlichen Gruppierungen beteiligen oder in einem geordneten Diskurs zu Wort kommen lassen.

Eine Methode oder ein Verfahren der Technikfolgenabschätzung muß demnach nach Ursache und Wirkung, nach Grund und Folge fragen, kurz: Die omnipotente Methode muß historische, gegenwärtige und zukünftige Folgen gleichermaßen erfassen und logische Schlüsse zulassen. Dabei dürfen nicht ausschließlich rein quantitative Methoden zum Einsatz kommen, denn bei den wenigsten TA-Projekten können regelhafte und gesetzmäßige Zusammenhänge vorausgesetzt werden. Vielmehr sind sie in Kontexte eingebunden, die sich nicht in allen Fällen durch eine durchgängige Stringenz auszeichnen. Und des weiteren erfordert das jeweilige Entwicklungsstadium einer Technik unterschiedliche Vorgehensweisen.

Bereits an dieser Stelle ist klar erkennbar, daß es *die* Methode oder *das* Verfahren der Technikfolgenabschätzung nicht geben kann. "Multikriterienbeurteilung und mehrschichtige Qualitätsveränderungen in der technischen Entwicklung können nur interdisziplinär beschrieben werden" (Grupp (1992), S. 1). Bezogen auf die Methode heißt dies, daß häufig nur ein Methodenmix zum gewünschten Ziel führt.

3 Die Strukturierung des Forschungsprozesses - Darstellung einzelner Verfahren

Ebenso wie es die Methode nicht gibt, existiert auch kein verbindliches Verfahren, nach dem die Technikfolgenabschätzung zu erfolgen hat. Dies liegt bereits in der Natur der Disziplin, deren weitgesteckte Untersuchungsfelder einer rigiden Festlegung zudem widersprechen würden. Allerdings gibt es einige typische Verfahrenssegmente, die den TA-Prozeß transparenter machen und beim Anwender eine Art Checkliste für das eigene Vorhaben darstellen. Will nämlich Technikfolgenabschätzung eine integrierte und systematische Analyse und Bewertung der wesentlichen Auswirkungen und Konsequenzen von Techniken leisten, so erfordert dies im Gegenzug auch eine systematische Vorgehensweise bei der Planung des Ablaufs. Nachfolgend ein paar Verfahrensbeispiele, die – anders als bereichsspezifische Verfahren wie Umwelt- oder Raumverträglichkeitsprüfungen – einen systemanalytischen Ansatz verfolgen und breit einsetzbar sind.

3.1 Technology Assessment Methodology der MITRE-Corporation, 1971

Das Sieben-Stufen-Schema der MITRE-Corporation, einer privaten Forschungseinrichtung in den USA, läßt sich in seiner Form auf den Erkenntnisgewinnungsprozeß nach Aristoteles zurückführen (Sinneseindruck – Verstehen – Streben) und erfährt im Zusammenhang mit der Technikbewertung lediglich eine spezifische Ausprägung. Ziel des Auftrages der National Science Foundation war es, TA-relevante Bedingungen und Konzepte festzustellen und zu bestimmen, eine Methodologie zu entwickeln, die selektiv auf verschiedene Stufen des Bewertungsprozesses anwendbar ist sowie Folgen zu identifizieren, die ein systematisches Assessment notwendig machen. Das in Bild 2 dargestellte Verfahren war das Ergebnis der Untersuchungen:

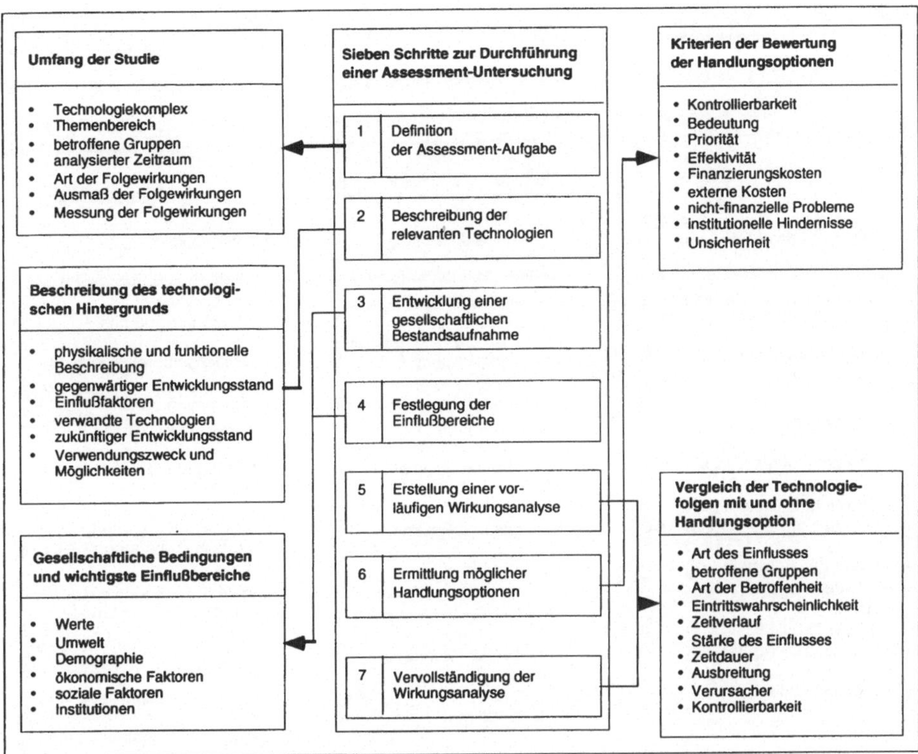

Bild 2   Das Verfahrensschema der MITRE-Corporation (Quelle: Echter, R.: Management technologischer Innovationen durch Technology Assessment, in: ZPF 1/1981, S. 36, nach Böhret (1988), S. 105)

3.2   Methodological Guidelines for Assessment of Technology, OECD, 1975

Ist der MITRE-Strukturierungsvorschlag noch einigermaßen offen, so versuchte die OECD ein einheitliches und generell anzuwendendes Paradigma für den Ablauf von Bewertungsprozessen zu schaffen (Bild 3).

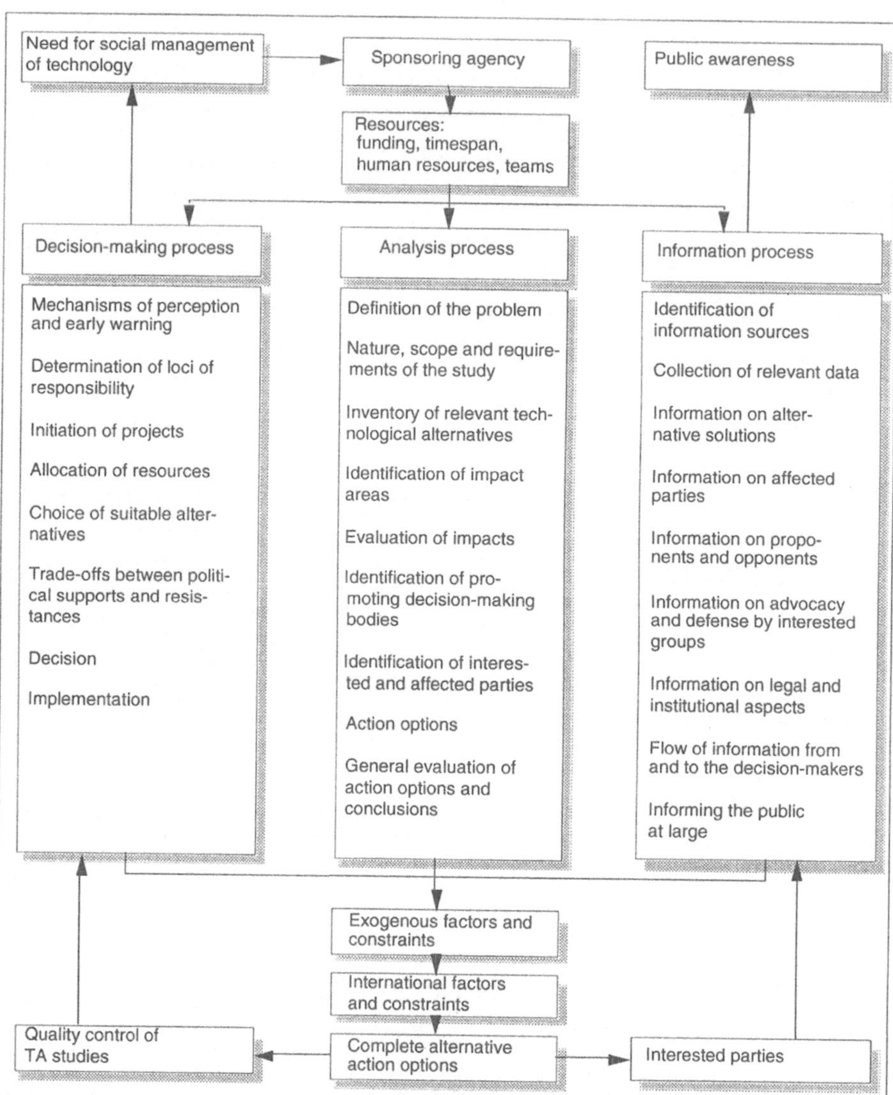

Bild 3   OECD: Methodological Guidelines for Social Assessment of Technology (nach Huisinga (1985), S. 176)

3.3 Technikbewertung laut VDI-Richtlinie 3780

Die Wünschbarkeit der Folgen, die sich aus einem Technikpotential ergeben können, ist nur dann bestimmbar, wenn man werteorientiert die abgeschätzten Folgen untersucht. Hierzu liegt ein Vorschlag des Vereins der Deutschen Ingenieure (VDI) vor: Die Richtlinie mit der Nummer VDI 3780.

Technikbewertung bedeutet demnach das planmäßige, systematische, organisierte Vorgehen, das

❑ den Stand einer Technik und ihre Entwicklungsmöglichkeiten analysiert,

❑ unmittelbare und mittelbare technische, wirtschaftliche, gesundheitliche, ökologische, humane, soziale und andere Folgen dieser Technik und möglicher Alternativen abschätzt,

❑ aufgrund definierter Ziele und Werte diese Folgen beurteilt oder auch weitere wünschenswerte Entwicklungen fordert,

❑ Handlungs- und Gestaltungsmöglichkeiten daraus herleitet und ausarbeitet,

so daß begründete Entscheidungen ermöglicht und gegebenenfalls durch geeignete Institutionen getroffen und verwirklicht werden können.

Die in dieser Richtlinie entworfene Definition ist etwas globaler, setzt aber offenkundig bestimmte funktionierende Verfahren der Technikpotentialabschätzung und der Technikfolgenabschätzung voraus. Das Neuartige dieser Technikbewertung wird in der Breite des Bewertungshorizontes und in der gesellschaftlichen Organisation der Bewertungsprozesse gesehen. Möglichst alle Folgen einer Technik für Umwelt und Gesellschaft werden auch nach außertechnischen und außerwirtschaftlichen Werten beurteilt, und der Bewertungsprozeß bleibt nicht auf einen einzigen Entscheidungsträger beschränkt, sondern wird von einem Netzwerk gesellschaftlicher Einrichtungen vorbereitet, unterstützt und begleitet. Die Entwicklung der Beurteilungskriterien der Technikbewertung muß dabei mit dem gesellschaftlichen und technologischen Wandel angemessen einhergehen.

Technikbewertung ist nicht nur korrektiv und reaktiv, sondern auch präventiv und innovativ durchzuführen. Denn es ist günstiger, eine Technologie zu vermeiden, als bereits eingetretene Schäden und unerwünschte Folgen zu beseitigen. Die allgemeinen Rahmenbedingungen und die individuellen Dispositionen beeinflussen dabei den gesamten Prozeß der Entwicklung und der Auswahl der technischen Möglichkeiten.

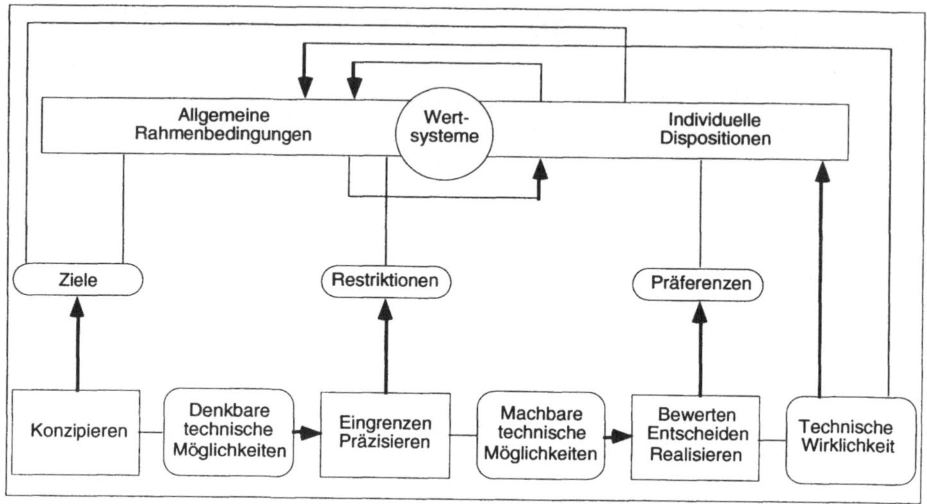

Bild 4   Entwicklung und Auswahl technischer Möglichkeiten unter dem Einfluß allgemeiner Rahmenbedingungen und individueller Dispositionen (Quelle: VDI (1991), S. 6)

Um entlang dieser empfohlenen Projektverläufe zielgerichtet arbeiten zu können, ist der Einsatz von Methoden zwingend notwendig. Nur über solche lassen sich Hypothesen erhärten oder verwerfen, Trends und Abschätzungen lassen sich nur anhand gesammelten oder analysierten Datenmaterials aufstellen.

4   Die sogenannten TA-Methoden

Wie lassen sich nun die sogenannten TA-Methoden erheben und zusammentragen? Huisinga stellte 1985 insgesamt 33 Verfahren und Methoden zusammen, von denen im Zusammenhang mit Technikbewertung immer wieder die Rede war (Huisinga (1985), S. 156). Tab 1 gibt diese Übersicht wieder.

Diese unstrukturierte Tabelle wurde im Rahmen der *Länderstudie Technikfolgenabschätzung in der Bundesrepublik Deutschland*, die Anfang 1990 vom Fraunhofer-Institut für Arbeitswirtschaft und Organisation (IAO) im Auftrag des Directorate General for Science, Research and Development der Europäischen Gemeinschaft durchgeführt wurde, 34 namhaften Expert/innen aus der TA-Szene vorgelegt, damit diese angeben konnten, welche Methoden bei ihren Forschungsstudien zum Einsatz kommen, welche davon als klassische TA-Methoden charakterisiert werden können und welche sie für besonders geeignet halten. Dabei ließen sich folgende Methoden als *Spitzenreiter* herausfiltern, d. h. diese Methoden kamen bei mindestens einem Viertel der Befragten, sowohl bei natur- und technikwissenschaftlich als auch bei sozialwissenschaftlich orientierten Experten, zum Einsatz:

- ❏ Scenario Writing, Brainstorming, Interview: 50 %;
- ❏ Inhaltsanalyse: 44 %;
- ❏ Kosten-Nutzen-Analyse: 38 %;
- ❏ Simulation, Historische Analogie/Studie: 35 %;
- ❏ Ökonomische Modellbildung, Trendextrapolation, Checklisten: 32 %;
- ❏ Gruppenkonsens: 29 %;
- ❏ Risiko-Analyse, Qualitative Rangfolgenbeurteilung, Regressions-Korrelations-Rechnung: 26 %.

	Ana-lyse	Pro-gnose	Be-wer-tung	Ent-schei-dung	quan-titativ	quali-tativ
Scenario Writing	•	•	•	•	•	
Brainstorming	•	•	•	•	•	
Delphi-Methode	•	•	•	•	•	
Morphologie	•	•	•		•	
Relevanzbaum-Methode	•	•	•			•
Entscheidungsbaum		•	•		•	•
Nutzwert-Analyse		•		•	•	•
Qualitative Rangfolgen-Beurteilung		•	•		•	
Ertragscharakteristiken		•			•	•
Kosten-Nutzen-Analyse	•	•	•	•		•
Lineare Optimierung		•				•
Dynamische Optimierung		•				•
Entscheidungstheorie		•		•	•	•
Planning Programming Budgeting System						•

Simulation		•		•	•	•
Wertanalyse		•			•	
Trendextrapolation		•		•		•
Verflechtungsmatrix		•	•	•	•	•
Seer		•	•		•	
Senectic		•	•		•	
Cross support Analyse		•		•	•	
Regressions-Korrelations-Rechnung		•				•
Interview		•			•	
Historische Analogie		•			•	
ökonomische Modellbildung	•	•				•
verhaltswissenschaftliche Experimente	•	•	•		•	•
Gruppenkonsensverfahren		•			•	•
Inhalts-Analyse		•			•	
Checklisten	•	•	•	•		•
Risiko-Analyse		•		•		•
Scoring-Methode			•	•		
Netzplantechnik			•	•		•

Tab. 1   Synopse häufig angewandter Methoden in TA-Prozessen

Bei der Betrachtung der Auflistung fällt auf, daß keine der Methoden als *TA-spezifisch* eingestuft werden kann: Interview und Inhaltsanalyse gelten als klassische Methoden der Geistes- und Sozialwissenschaften, manche andere haben ihre Ursprünge in der Ökonomie oder in den Technik- und Naturwissenschaften. Weiter auffällig war, daß das, was die einen methodisch für besonders geeignet bzw. für die klassische TA-Vorgehensweise hielten, von den anderen verworfen wurde. Auch unter diesem Bestimmungsaspekt war also kein Konsens über die TA-Methoden zu erhalten.

Viele dieser Methoden finden sich auch in der VDI-Richtlinie 3780 wieder, die ebenfalls das klassische Methodenrepertoire der Technikfolgenabschätzung zusammenzufassen versuchte. Nachfolgend die kurze Auflistung, die sowohl einen Überblick verschaffen soll, die gleichzeitig aber auch zu erkennen gibt, daß innerhalb der TA-Gemeinde auch kein Konsens hinsichtlich der Bewertung der Methoden besteht, betrachtet man sich die Abweichung bezüglich der Merkmale *quantitativ* und *qualitativ* gegenüber der Darstellung von Huisinga (Tab. 2).

Methode	quali-tativ	quanti-tativ	Definition, Strukturie-rung	Folgen-abschät-zung	Be-wer-tung
Trendextrapolation		•		•	
Historische Analogiebildung	•	•		•	
Brainstorming	•		•	•	
Delphi-Expertenumfrage	•	•	•	•	•
Morphologische Klassifikation	•		•	•	
Relevanzbaum-Analyse	•	•	•	•	•
Risikoanalyse		•		•	•
Verflechtungsmatrix-Analyse	•	•		•	•
Modell-Simulation		•	•	•	•
Szenario-Gestaltung	•		•	•	•
Kosten-Nutzen-Analyse		•			•
Nutzwert-Analyse	•	•			•

Tab. 2   Methodenauflistung in der VDI-Richtlinie 3780

5   Die Realität - ist man zufrieden mit dem TA-Methodenpotential?

Die Expertengespräche im Rahmen der erwähnten Länderstudie zeigten, daß das Methodenangebot bei der Durchführung von partiellen TA-Studien im großen und ganzen als ausreichend bezeichnet wurde. Die TA-Analytiker verwendeten dabei je nach Bedarf eine Vielzahl der ihnen vorgelegten Methoden aus allen erdenklichen Disziplinen und entwickelten zusätzlich eigene Vorgehensweisen. Doch diese positiven Äußerungen bezogen sich lediglich auf die quantitative Dimension der Verfügbarkeit. Bezüglich der Beurteilung des tatsächlichen Einsatzes der Methoden und der davon zu erwartenden Ergebnisse zeigten sich gleichwohl einige Defizite.

An erster Stelle der Kritik stand die geringe Reichweite der Methoden bei der Erfassung externer Kosten und Aspekte bzw. der Bewertung nicht-monetärer Folgewirkungen. Qualitative Tiefstudien und die Erforschung einzelner qualitativer Aspekte stehen nach Ansicht der Interviewten auf äußerst wackligen methodischen Beinen. Dies ist zum einen zurückzuführen auf nicht bzw. nur lückenhaft vorhandene Kriterienkataloge und Indikatoren für gesundheitliche, soziale und gesellschaftliche Folgewirkungen im Sinne einer ganzheitlichen Bewertung, zum anderen auf eine sinnhafte Integrationsmethode für Folgewirkungen verschiedener Felder, die noch nicht verortet werden konnte. Ebenfalls als *Fehlanzeige* stellte sich das Methodenangebot bei der Suche nach Dynamisierungsmethoden zur Ermittlung sozialer Kosten über lange Zeiträume hinweg heraus. Dabei ergaben sich diese Kritikpunkte vor allem, wenn Technikfolgenabschätzung als Meta-Forschung betrieben und verstanden wurde, die neben der Erfassung und Auswertung qualitativer Aspekte auch die Bündelung unterschiedlicher Auffassungen und Interessen und somit eine Verbindung zwischen Mikro- und Makroebene anstrebt.

Ein weiterer Kritikpunkt, der sich nicht auf die Methoden, sondern vielmehr auf die Ausgangsbasis jeglichen Forschens bezog, waren die Defizite hinsichtlich des Inputs an Daten und Informationen. Diese wurden entweder qualitativ als nicht ausreichend bezeichnet oder standen zum Zeitpunkt der - vor allem prospektiven - TA-Studien noch nicht zur Verfügung. Im Zusammenhang mit der möglichst frühzeitigen Datenerfassung wenden verschiedene Institutionen in der Zwischenzeit die sogenannte Patentdatenanalyse an. Die Identifizierung bzw. der Fingerzeig auf ein neues Technikfeld geschieht bei diesem Vorgehen anhand vertiefender inhaltlicher Recherchen der Patentdokumente.

Generell zeigte sich, daß die einzelnen Methoden keine interdisziplinäre Anwendung finden, sondern jede Methode weiterhin in ihrer speziellen Disziplin zum Tragen kommt. Und dies, obwohl die Technikfolgenabschätzung in all ihren Definition das Wort *Interdisziplinarität* mit sich führt und dies zu Recht, denn "Voraussetzung zur Bearbeitung und Lösung der vielen untereinander verbundenen interdisziplinären Probleme ist, daß die Einbettung technischer Phänomene und Probleme in andere Sozialbereiche gezielt empirisch untersucht wird. Eine solche Untersuchung kann sich nicht auf Methoden einer einzigen Disziplin beschränken. Da es sich bei technischen Großprojekten heute stets um disziplinübergreifende Systemprobleme handelt – insbesondere in Umwelttechnik, Energie- und Verkehrstechnik, Soziotechnik und Systemtechnik – ist eine projektgebundene interdisziplinäre Zusammenarbeit zwischen Ingenieuren, Fachwissenschaftlern, Sozial- und Planungswissenschaftlern sowie Wissenschaftstheoretikern unerläßlich. Über die Beteiligung von Generalisten wie Methodologen und Systemanalytikern hinaus sind kritische Korrektive, wie sie von den Spezialisten, für das Allgemeinste von philosophischen Universalisten, geleistet werden können, ebenfalls unerläßlich zur Ausarbeitung normen- und wertkritischer Beurteilungen, zur umfassenderen sozialphilosophischen Deutung und zu einer wirklichkeitsnäheren Ausrichtung der Technikphilosophie" (Lenk (1922), S. 15).

Doch die Auswertungen der Expertengespräche haben leider gezeigt, daß sich die Akzeptanz der Methoden häufig lediglich innerhalb der Grenzen der Projektgruppen bewegt, im weiteren Umfeld aber kein Konsens herstellbar ist. (Hinweis: Was wird zuerst bei anderen Untersuchungen kritisiert? Richtig: Die methodische Vorgehensweise). Konsequenzen zeigen sich daher immer wieder in der mangelnden interdisziplinären Zusammensetzung der Forschungsgruppen. Dies ist gleichzeitig die Folge, aber auch der Grund für die Nicht-Existenz einer interdisziplinären TA-Methodik: Die Folge, da einzelne, disziplinspezifische Methoden in einer bunten Projektzusammensetzung schwer vermittel- und umsetzbar sind; der Grund, weil mangels interdisziplinärer Zusammensetzung eine disziplinübergreifende Methode noch nicht konzipiert werden konnte. Stellt sich nur die klassische *Ei- und Hennen-Frage*, mit wenig Aussicht auf eine abschließende, methoden- und forschungsinnovative Antwort. Doch dieser allgegenwärtige Zustand führt in vielen Fällen zu multidisziplinärem anstelle von interdisziplinärem Arbeiten (vgl. Bullinger et al. (1989)).

Das aufgeführte und überspitzt formulierte *Methodendilemma* erfährt noch eine weitere Einschränkung dahingehend, daß das Methodenangebot mit großer Wahrscheinlichkeit nie den aktuellen Stand der tatsächlichen Forschung erreichen wird. Potentielle Forschungsansätze generieren sich nämlich in der Regel schneller – nicht zuletzt aufgrund des stetigen Paradigmenwandels in der Forschung – als die Methoden, die die Phasen ihrer Standardisierung und Akzeptanz weitaus langsamer durchlaufen. Diese Hypothese läßt sich u. a. dadurch bekräftigen, daß sich vor allem in jüngeren Feldern der TA-Forschung Defizite bezüglich des Methodenangebots beklagen ließen. Herausstellen kann man z. B. den Ansatz der Technikgenese, der die Entwicklung und Entstehungsbedingungen von Techniken analysiert und auf diesem Weg eine prospektive Technikfolgenabschätzung realisieren möchte.

Resümierend kann gesagt werden, daß es keine TA-Methode, sondern lediglich eine Methodologie der Technikfolgenabschätzung gibt. Die jeweilige Methode kommt aus der betreffenden Fachwissenschaft. Ob eine Methode für die Technikfolgenabschätzung besonders geeignet ist, hängt vom Problem, der Datenverfügbarkeit und der Kompetenz des Teams ab.

6   Wo liegen mögliche Auswege aus der Methodenkritik?

Es ist unwahrscheinlich, die angesprochenen Probleme der Methodenkritik von heute auf morgen bzw. mit der Entwicklung der Methode in den Griff zu bekommen. Akzeptiert werden muß, daß jeder Prozeß seine angemessene Methode benötigt. Wichtig ist jedoch die Ausdehnung der Basis, auf welche jegliche Forschung aufbaut. Darunter fallen die Bereitstellung der notwendigen Informationen, der Austausch über Ergebnisse sowie das Interesse an der gemeinsamen Sache, in diesen Fall an der Technikfolgenabschätzung. Um diese Forderungen in der Praxis umzusetzen, müssen verschiedene Bereiche angegangen werden.

Stichwort Ausbildung

Bei den Defiziten im Methodenangebot handelt es sich um ein verzahntes Problem und nicht nur um das einer einzelnen Wissenschaftssparte. Die Wurzeln des Problem können bis in den Ausbildungsbetrieb zurückverfolgt werden: Was haben z. B. die Hochschulen bislang getan, um die künftigen Mitglieder der technischen Intelligenz auf ihre erweiterten Aufgaben vorzubereiten? Beispielsweise belegte das Blättern in den Studienordnungen und Lehrplänen der Ingenieurstudent/innen, daß kaum oder keine Methodenseminare angeboten werden. Führt man sich nochmals vor Augen, daß unter die gängigsten Erhebungsmethoden das Interview fällt, so müßten neben den speziellen Methodenansätzen auch Grundlagen in der Handhabung eines elementaren Instrumentariums vermittelt werden. Interviews durchführen, heißt nämlich nicht nur, mehr oder weniger intelligente und relevante Fragen zu stellen, sondern auch, diese Fragen systematisch zu erschließen und zwar nach Kriterien, die erlernbar sind und die die Validität der Ergebnisse nicht gleich von Anfang an in Frage stellen. Neben dem methodischen Input während der Studienzeit müßte auch eine gewisse Mitkompetenz in benachbarten Bereichen gewährleistet werden. Denkbar wären Nebenfachstudien oder Pflicht- bzw. Wahlpflichtveranstaltungen in anderen Disziplinen. Denn interdisziplinäres Arbeiten kann nicht ausschließlich durch Interesse abgedeckt werden, sondern benötigt eine gewisse fachliche Grundlage und Anleitung.

Stichwort TA-Datenbank

Da die TA-Forschungslandschaft in der Bundesrepublik Deutschland auf institutioneller Ebene durch eine ausgeprägte Heterogenität gekennzeichnet war und auch ist, existierte bis 1988 keine Instanz, die Informationen über Projekte zur Technikfolgenabschätzung zentral sammelte, aufbereitete, bewertete oder entsprechende Projekte initiierte und koordinierte. Im angesprochenen Jahr jedoch baute die *Abteilung für Angewandte Systemanalyse (AFAS)* am Kernforschungszentrum Karlsruhe gemeinsam mit dem *Referat für Technikfolgenabschätzung* im Bundesministerium für Forschung und Technologie und dem Fachinformationszentrum (FIZ) Karlsruhe die *TA-Datenbank* im Auftrag des BMFT auf. Über die Datenbank, die mit Hilfe von frei vergebenen Schlagwörtern bzw. classification codes ausgewertet werden kann, werden potentiellen Nutzern aus Politik, Verwaltung, Wissenschaft und Öffentlichkeit Informationen über Forschungsleistungen des In- und Auslandes auf dem Gebiet der Technikfolgenabschätzung bereitgestellt. Das Wissen über die Folgen der Technikentwicklung sowie des Technikeinsatzes wird für den Nutzer über abstracts kurz zusammengefaßt, so daß sich dieser zumindest einen groben Überblick über laufende oder bereits abgeschlossene Projekte, über TA betreibende Institutionen und über wichtige Literatur verschaffen kann.

Stichwort Diskurs

Diskurs kommt vom Lateinischen discurere und bedeutet vom Wortstamm her *auseinanderlaufen*. Übertragen auf den tatsächlichen Diskurs bedeutet dies, daß innerhalb eines strukturierten Verfahrens Meinungen zu einem Sachverhalt geäußert werden können, die in ihren Einstellungen einen breiten Korridor abstecken können. Bereits im Wort selbst deutet sich ein möglicher Gegenkurs zu gängigen Meinungen ab, nämlich über die negierende Vorsilbe *dis*. Im Gegensatz zur Diskussion, bei welcher ständig die Überlegenheit des eigenen Arguments demonstriert wird, hat der Diskurs den Austausch von Argumenten zum Ziel, um im Idealfall einen Konsens unter den Diskursteilnehmern zu erreichen (vgl. Garbe (1993)). Auch im Bereich der Technikfolgenabschätzung hat man sich in den vergangenen Jahren verstärkt der Frage zugewandt, wie qualitativ befriedigende Ergebnisse erreicht und gesichert werden können. In der Rekonstruktion mancher Projekte und wissenschaftspolitischer Entscheidungen zeigte sich, daß vor allem die gesellschaftlichen Gruppierungen bzw. vielmehr deren (Projekt-)Beteiligung von nicht zu unterschätzendem Wert ist. Aus diesen Erfahrungen und der Berücksichtigung partizipatorischer Ansätze entwickelte sich in den zurückliegenden fünf Jahren ein diskursives Konzept auch im Bereich der Technikfolgenabschätzung, denn "TA konstituiert und etabliert sich über Partizipation" (Naschold (1991), S. 46). Das bedeutet, daß Technikfolgenabschätzung nicht nur durch wissenschaftliche Analysen sondern mit dem Zusatz des geordneten gesellschaftlichen Diskurses betrieben werden sollte. Und das Charakteristikum *geordnet* hat durchaus seine Berechtigung, denn nicht alle, die sich irgendwann und irgendwo einmal begegnen, sind gleich Diskursteilnehmer (vgl. hierzu auch Klumpp (1989)). Diskurs erfordert vielmehr eine gewisse Strukturierung der Unruhe und der gegensätzlichen Meinungen. Allerdings verlangt der Diskurs wiederum nach einer prädiskursiven Phase, in der darüber diskutiert wird, was in welcher Form Gegenstand des Diskurses sein soll. Daher ist diese Form des Austausches sehr zeitaufwendig, nicht zuletzt aufgrund des notwendigen *Sich-gegenseitig-Verstehens*. Bislang fehlt der Diskurs noch im Methodenlisting der VDI-Richtlinie und auch in anderen Zusammenstellungen. Dies resultiert aus der Tatsache, daß die dort aufgelisteten Methoden in wissenschaftlichen Analysen bzw. zur Erstellung von Prognosen zur Anwendung kamen. Da jedoch der Kommunikation und dem Erfahrungsaustausch im TA-Prozeß ein immer größer werdender Stellenwert zugeschrieben wird, werden in Zukunft auch verstärkt solche partizipatorische Methoden in die Tabellen aufgenommen werden.

Stichwort Netzwerk

Wie schon mehrfach erwähnt, wird Technikfolgenabschätzung in der Bundesrepublik nicht an einem einzig dafür augewiesenen Institut betrieben. Vielmehr läuft sie neben anderen Projekten der sozial- und wirtschaftswissenschaftlichen, der technischen und naturwissenschaftlichen Forschung an verschiedenen Institutionen ab, und jeder dieser Bereiche liefert Ergebnisse unterschiedlicher Reichweite zum jeweiligen Themenblock. Da Technikfolgenabschätzung zumindest ansatzweise auch als Summe vieler Facetten gesehen werden kann, scheint eine engere Kooperation der einzelnen Glieder der Forschungslandschaft durchaus sinnvoll und erfolgversprechend zu sein. Daher wird in den vergangenen Jahren des öfteren der Ruf nach einem engmaschigeren Netzwerk laut, einer Struktur, die effektivere Ergebnisse erwarten läßt, als ein mögliches eindimensionales Herumschustern an der idealen TA-Methode, einem von vornherein zur Sysiphus-Arbeit degradiertem Vorhaben.

7 Literatur

Böhret, Carl (1988): Technikfolgen als Problem für die Politiker, in: Zöpel, Christof (1988), S. 85 - 117.

Bullinger, Hans-Jörg; Fröschle, Hans-Peter; Bonnet, Petra; Brettreich-Teichmann, Werner; Scharrer, Heinz (1989): Länderstudie Technikfolgenabschätzung in der Bundesrepublik Deutschland, unveröffentlichtes Typoskript, Stuttgart 1990.

Fricke, Else (Hrsg.) (1992): Interdisziplinäre Technikforschung und Ingenieurausbildung. Forum Humane Technikgestaltung, Heft 6, Friedrich-Ebert-Stiftung, Bonn 1992.

Fricke, Werner (1991): Jahrbuch Arbeit und Technik, Bonn 1991.

Garbe, Detlef (1993): Überlegungen zum Diskurs-Konzept der Akademie für Technikfolgenabschätzung, Vortrag im Rahmen einer Arbeitssitzung des "Forums Soziale Technikgestaltung", Stuttgart 1993.

Grande, Edgar; Kuhlen, Rainer; Lehmbruch, Gerhard; Mäding, Heinrich (Hrsg.) (1991): Perspektiven der Telekommunikationspolitik, Opladen 1991.

Groner, Sabine; Schröter, Welf (1991): Anstöße für ein anderes Wissenschaftsverständnis – Zehn Vorschläge, in: Senatskommission Forschungsfolgen und Technikfolgen/Senatskommission für die Förderung von Wissenschaftlerinnen und Studentinnen der Universität Tübingen (1991), S. 95 - 98.

Grupp, Hariolf (1992): Einordnung der TA-Methoden in das Gefüge der Wissenschaften, Vortrag im Rahmen der Ringvorlesung Technikfolgenabschätzung an der Universität Stuttgart, 1992.

Haberfellner, R.; Nagel, P. ; Becker, M. ; Büchel, A. ; von Massow, (o. J.): Systems Engineering. Methodik und Praxis, Zürich, o. J.

Huisinga, Richard (1985): Technikfolgenbewertung. Bestandsaufnahme, Kritik, Perspektiven, Frankfurt/Main 1985.

Klumpp, Dieter (1991): Technikfolgenprobleme aus der Sicht der Hersteller – ist ein gesellschaftlicher Diskurs möglich? Beitrag für das XII. Konstanzer Verwaltungsseminar "Perspektiven der Telekommunikationspolitik" vom 19. - 21. Oktober 1989; Arbeitsgruppe 4, "Gesellschaftliche Folgeprobleme der Telekommunikationspolitik", in: Grande, Kuhlen, Lehmbruch, Mäding (1991), S. 198 - 215.

Lenk, Hans (1992): Technische Intelligenz im Spannungsfeld von Wissenschaft, Technik, Gesellschaft und Politik, in: Fricke, Else (1992), S. 7 - 18.

Mack, Günther (1991): Notwendigkeit und Grenzen der Abschätzung von Forschungs- und Technikfolgen, in: Senatskommission Forschungsfolgen und Technikfolgen/Senatskommission für die Förderung von Wissenschaftlerinnen und Studentinnen der Universität Tübingen (1991), S. 5 - 20.

Naschold, Frieder (1991): Die Akademie für Technikfolgenabschätzung in Baden-Württemberg, in: Fricke, Werner (1991), S. 38 - 51.

Paschen, Herbert (1990): Was überhaupt ist Technikfolgenabschätzung, in: Das Parlament, Nr. 36 - 37, 31. August/7. September 1990.

Petermann, Thomas (1992): Historie und Institutionalisierung von TA am Beispiel parlamentarischer Technikfolgen-Abschätzung, Vortrag im Rahmen der Ringvorlesung Technikfolgenabschätzung an der Universität Stuttgart, 1992.

Schnell, Rainer; Hill Paul B.; Esser, Elke (1992): Methoden der empirischen Sozialforschung, München, Wien 1992.

Senatskommission Forschungsfolgen und Technikfolgen/Senatskommission für die Förderung von Wissenschaftlerinnen und Studentinnen der Universität Tübingen: Forschungsfolgen und Technikfolgen. Eine Dokumentation, Tübingen 1991.

VDI (1991): VDI 3780: Technikbewertung. Begriffe und Grundlagen, Düsseldorf 1991.

Zöpel, Christof (1988): Technikkontrolle in der Risikogesellschaft, Bonn 1988.

Hariolf Grupp

Einordnung der Methoden der Technikfolgenabschätzung in das Gefüge der Wissenschaften

1 Methodische Probleme der Technikfolgenabschätzung aus ökonomischer Sicht

Der Stand der ökonomischen Forschung zum technischen Fortschritt ist sehr unbefriedigend. Es gibt prinzipiell mehrere Wege, technischen Fortschritt zu definieren, wobei der klassische ökonomische Ansatz, ihn mit Produktivitätsmaßen, etwa der Stückkostensenkung, zu identifizieren, aus heutiger Sicht z. B. wegen der unzureichenden Berücksichtigung externer Kosten besonders inadäquat erscheint. Ein Grundproblem der Beschreibung des technischen Fortschritts ist die hierin auch enthaltene Bewertung dessen, was *Fortschritt* sein soll.

Objektiver ist der Begriff des *technischen Wandels,* der nicht von vorneherein eine positive Wertung enthält, da ein Wandel auch ein Rückschritt sein kann. Technischer Wandel betrifft die Veränderung der Eigenschaften eines Produkts, eines Produktionsverfahrens, einer Dienstleistung oder einer *Sozialtechnik* (man verwendet als Oberbegriff oft die Sammelbezeichnung *technisches System*). In der heutigen Ökonomie, auch in ihren fortschrittlichen Schulen, wird erst zaghaft erkannt, daß bei einer Bewertung technischer Systeme die engen ökonomischen Bewertungskriterien nicht hinreichen, denn weshalb sollte die Veränderung der technischen Eigenschaften nur anhand der ökonomischen Wirkungen bewertet werden[1]?

Technischer Wandel ist für diese modernen Strömungen in den Wirtschaftswissenschaften die Veränderung der Eigenschaften eines technischen Systems, bewertet mit technischen, ökonomischen, sozialen, ethischen und ökologischen Kriterien. Der Begriff ist auch nur dann sinnvoll, wenn die Kategorien der Bewertung genauer gefaßt und die Ausprägungen der Veränderungen genauer gemessen werden. Dies läuft auf die Beurteilung der Qualität hinaus: die Verbesserung der Eigenschaften eines technischen Systems muß durch deren Qualitätsverbesserung beschrieben werden, sollen die Merkmale wie *neu*, *besser* etc. empirischen Gehalt bekommen[1]. Werden nicht nur ökonomische Kriterien angelegt und wird die Vielfalt der möglichen Qualitätsveränderungen im technischen Fortschritt akzeptiert, so tritt meist das Problem gegenläufiger Einschätzungen und Zielkonflikte auf. Besteht wirklich technischer Fortschritt, wenn nur technische und ökonomische Effizienz gesteigert, aber soziale und ökologische Ziele verletzt werden? Die Wirtschaftswissenschaften und insbesondere die Innovationsforschung allein können hierauf keine Antwort geben. Multikriterienbeurteilung und mehrschichtige Qualitätsveränderungen in der technischen Entwicklung können nur interdisziplinär beschrieben werden. Außerdem ist zu klären, wie unterschiedliche Kriterien gegeneinander abgewogen werden können; dies läuft auf ein Bündel von Methodenfragen hinaus. Der Begriff der *Technikfolgenabschätzung* (TA) ist daher notwendig geworden, um die einseitige Fixierung auf wirtschaftswissenschaftliche Größen bei der Beurteilung des technischen Wandels zu überwinden.

Wie auch aus anderen Beiträgen in diesem Band hervorgeht, kann die Technikfolgenabschätzung als eine spezielle Art der diskursiven, prozeßhaft organisierten Systemanalyse angesehen werden, die das Ziel hat, wesentliche Auswirkungen eines erstmalig, modifiziert oder verstärkt zur Anwendung kommenden technischen Systems auf mehreren Kriterienebenen abzuschätzen und die darin enthaltenen Qualitäten multifaktoriell zu beurteilen. Hierbei dürfen nicht nur beabsichtigte, positive und direkte Auswirkungen erfaßt werden, sondern es müssen besonders auch unbeabsichtigte, negative, indirekte und möglicherweise mit großer Zeitverzögerung auftretende Folgen bedacht sein sowie Qualitätsveränderungen, die ohne die Einführung oder Verbreitung des neuen Produkts oder des neuen Produktionsverfahrens eintreten.

---

[1] H. Majer: Technischer Fortschritt und Qualitätsveränderung: Die Identitäts-Hypothese, in: T. Seitz (Hrsg.): Wirtschaftliche Dynamik und technischer Wandel, Gustav Fischer Verlag, Stuttgart, New York, 1989.

Zur Charakterisierung des methodischen Anliegens wäre der Begriff *Technikwirkungen* dem Begriff *Technikfolgen* vorzuziehen, da *Folge* sprachlich mit deterministischem Denken assoziiert werden könnte, nämlich der *zwangsläufigen Nachfolge.* Es geht aber gerade um die indirekten, externen und vermittelt weitergegebenen (Seiten-) Effekte, die eine Technikwirkungs-Analyse zu identifizieren und zu bewerten hat, damit man sie gegebenenfalls vermeiden kann.

2 Methodische Probleme der Technikfolgenabschätzung aus Sicht der Wissenschafts- und Technikforschung

Da die Konsequenzen neuer oder verbesserter technischer Systeme beurteilt werden, handelt es sich bei der Technikfolgenabschätzung um eine prospektive, also vorausschauende Analyse; mögliche oder denkbare Entwicklungen müssen konzeptionell antizipiert werden. Die Antizipation von noch nicht stattgefundenen Ereignissen zwingt zu der ausdrücklichen Anerkennung der Annahme, daß heute Wahlmöglichkeiten bestehen, welche die nahe oder mittelferne Zukunft erst bestimmen. Gerade im Bereich von Forschung, Entwicklung und Innovation spielen aber soziale und politische Prozesse neben technischen Aspekten eine so große Rolle, daß es unrealistisch wäre, deterministische Voraussagen anstreben zu wollen. Voraussagen im Sinne absoluter Aussagen über die Zukunft sind mit der Technikfolgenabschätzung nicht erreichbar. Dasselbe gilt für Prognosen im engen Sinn, d. h. für Wahrscheinlichkeitsaussagen mit einem relativ hohen Verläßlichkeitsgrad. Der Begriff *Vorausschau* erscheint am besten geeignet, den zukunftsoffenen Typ Technikfolgenabschätzung zu charakterisieren, der allein möglich erscheint.

Die Vorausschau auf die mögliche Folgen einer neuen Technik wird in einem Prozeß erarbeitet, der letztendlich zu einem besseren Verständnis der Antriebskräfte führt, welche die Zukunft bestimmen oder auf sie einwirken. Für die Technologiepolitik ist die Kenntnis dieser Einflußfaktoren ebenso wichtig wie das mögliche Ergebnis einer Technikfolgenabschätzung, denn es sind diese Einflußfaktoren, die bei der staatlichen Formulierung der Rahmenbedingungen sowie durch die vielfältigen Handlungsmöglichkeiten der beteiligten Unternehmen verändert werden können. Die Vorausschau auf die Technikfolgen ist daher eng verknüpft mit dem Prozeß der Zukunftsgestaltung. Technikfolgenabschätzung ist aber nicht die Planung selbst, sondern nur ein Analyseschritt bei der Gestaltung der Zukunft der Gesellschaft.

Um im konkreten Fall eine wirklichkeitsbezogene Vorausschau leisten zu können, müssen Modellvorstellungen über die Entstehung neuer Technik, also die Technikgenese, herangezogen werden. Wie ist der Stand der Modellbildung in der Wissenschafts- und Technikforschung? Längere Zeit war die Vorstellung von einem linearen Innovationsprozeß vorherrschend. Inzwischen ist jedoch erkannt worden, daß zwar eine analytische Unterscheidung gewisser Phasen der Wissenschaftsentwicklung, der Technikgenese und der Markteinführung sinnvoll ist, im realen Vollzug des Innovationsprozesses jedoch eine frühzeitige und hohe Vernetzung der verschiedenen Phasen mit vielfältigen Rückkoppelungen gegeben ist (Bild 1).

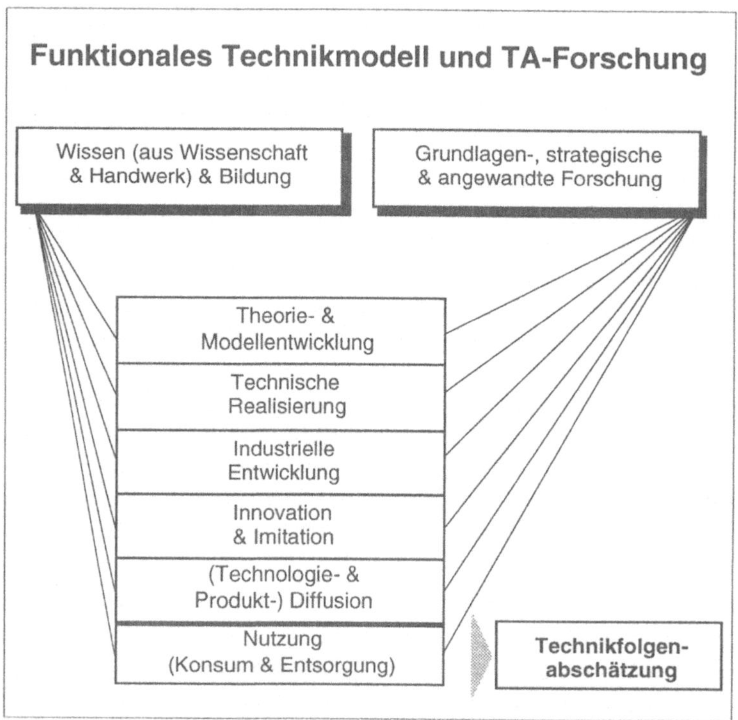

Bild 1   Funktionen im Innovationsprozeß

Gemäß einer modernen Auffassung[2] werden nicht zeitliche Phasen, sondern Funktionen im Innovationsprozeß unterschieden. Hintergrund einer Typisierung nach Funktionen ist, daß die Bedeutung der Einflußfaktoren jeweils von der wissenschaftlich-technischen und wirtschaftlichen Art des jeweiligen Innovationsvorhabens und seiner Rahmenbedingungen abhängt. So ist die geeignete Anbindung von wissenschaftlicher Grundlagenforschung und Technikentstehung an die Nachfrage bei Speicherchips und Gentechnik anders zu beurteilen als bei Energiesparprodukten im Haushaltsbereich.

Da unter dem Begriff *Innovation* alle technisch neuen oder verbesserten Produkte und Verfahren und deren Einführung in den Markt bzw. die Produktion verstanden werden, die überwiegend auf Forschung und Entwicklung (FuE) zurückgeführt werden können, ist insbesondere die Funktion der Forschung bei der Beherrschung unerwünschter Folgen der Technik näher zu betrachten. Wissenschaftliche Tätigkeit kennzeichnet sich unter anderem durch die Befolgung bestimmter methodischer Regeln und Arbeitsnormen, die sich als verbindliche Spielregeln des wissenschaftlichen Betriebs herausgebildet haben[3]. Die so beschriebene wissenschaftliche Forschung kann aber ganz verschiedene Funktionen ausüben, indem sie beispielsweise zur Theorie- und Modellentwicklung führt, die im Hinblick auf konkrete Technik folgenlos bleibt. Sie kann aber auch für technische Realisierungen eingesetzt werden und - vor allem im Bereich der Industrie - zur konkreten Entwicklung neuer Technik. Neben der Innovation (Weltneuheit) ist auch die Imitation (einfache Übernahme) oder die Lizenznahme (Adoption) meist nicht frei von FuE-Funktionen. Schließlich kann aus der Nutzung (Konsum und Entsorgung) eines neuen technischen Produkts selbst wieder ein Anreiz für weitere Forschungen ausgehen.

Gemäß Bild 1 setzen viele Technikfolgenabschätzungen an einem Punkt an, an dem wissenschaftliche Entwicklung und Technikgenese bereits in starr erscheinende Bahnen übergegangen sind. Oft wird nicht bedacht, daß im Rahmen einer TA-Untersuchung die zyklischen Verflechtungen in ihrer Gesamtheit zu betrachten wären (vgl. dazu Kapitel 5). Dies gilt insbesondere für die wissensbasierten Sektoren (elektronische Industrie, große Teile der organischen Chemie, die pharmazeutische und die bio-

---

2   H. Grupp (Hrsg.): Dynamics of Science-Based Innovation, Springer Verlag, Berlin, Heidelberg, New York, 1992.
3   K. J. Schmidt-Tiedemann: Das Labor als moralische Anstalt betrachtet, Phys. Bl. 48, S. 253, 1992.

technologische Industrie, die Luft- und Raumfahrt- und die wehrtechnische Industrie)[4].

Für die Wirtschaft, welche letztlich die Geschwindigkeit des technischen Fortschritts bestimmt, besteht die Notwendigkeit, in wissensintensiven Bereichen zu einem gegebenen Zeitpunkt an das öffentliche und sonstige außerindustrielle Wissenschaftssystem ankoppeln zu müssen, was die Angabe von realistischen Zeithorizonten für technische Entwicklungslinien und damit TA-Abschätzungen schwer macht. Gerade die zeitlichen Perspektiven lassen sich aber nicht immer klar trennen, weil der Fortschritt in Wissenschaft, Technik und Wirtschaft nach dem obigen zyklisch verläuft. Nach anfänglich eher euphorischen Zukunftserwartungen in neue Technik werden vor einer endgültigen Marktdurchdringung und damit dem Eintreten der beschriebenen Folgen immer wieder zurückhaltende Entwicklungsphasen beobachtet (etwa die Lasertechnik Ende der 60er Jahre, Brennstoffzellen und Weltraumnutzung in den 70er Jahren, Kernfusion?, Gentechnik in den 90er Jahren?)[5]. Als Beispiel für zyklische Phasen der wissenschaftlich-technischen Evolution gibt Bild 2 den Verlauf der Entwicklungsaktivität der Industrie (gemessen an Patenten) und der Umsatzzahlen im Bereich der Laserstrahlenquellen und -systeme wieder[5].

Man erkennt ein erstes Aufleben der technischen Entwicklung noch in den 60er Jahren, unmittelbar nach der ersten Realisierung von Lasern; Marktumsätze werden praktisch nicht erzielt. Anfang der 70er Jahre geht die Erfindungstätigkeit zurück; frühstartende Firmen erleben bedrohliche Einbrüche. Ausgelöst durch Nachfrage einerseits, und neue Lösungen aus der Wissenschaft andererseits lebt die Erfindungstätigkeit um das Jahr 1980 sehr stark auf und läßt bis heute kein Nachlassen der Dynamik erkennen. Die Umsätze am Weltmarkt explodieren. Dieser Zyklus für eine Einzeltechnik hat nichts mit den sogenannten *langen Wellen der wirtschaftlichen Entwicklung* zu tun, die vor dem heutigen empirischen Wissen nicht in ihrer ursprünglichen Darstellung aufrecht erhalten werden können[5]. Bei analoger Betrachtung von anderen Gebieten zeigt sich, daß in einer frühen Phase starker Inventionstätigkeit neueste wissenschaftliche Ergebnisse versuchsweise technisch realisiert werden. Ob eine kommerzielle Nachfrage hierfür bereits gegeben ist, kann durchaus bezweifelt werden und wird in dieser Phase selten zur Begründung der Innovationsaktivitäten herangezogen. In der Terminologie der Innovationsökonomie

---

4   K. Pavitt: Sectoral Patterns of Technical Change: Towards a Taxonomy and a Theory, Research Policy, 13, 1984, und H. Grupp, U. Schmoch: Wissenschaftsbindung der Technik, Physica Verlag, Heidelberg, 1992.

5   H. Grupp, U. Schmoch: Cyclicity of Laser and Polyimide Development, in: Grupp (Hrsg.); siehe Fußnote 2.

(siehe 1. Kapitel) handelt es sich hierbei um die Entstehungsphase, die zwar ein großes Anwendungspotential verheißt, das aber zu diesem Zeitpunkt noch nicht am Markt zu realisieren ist. Die spätere Phase der Innovationstätigkeit (Bild 1) ist dadurch gekennzeichnet, daß die aus der wissenschaftlichen Erkenntnis stammende neue Technologie nunmehr zur Schlüsseltechnologie geworden ist und sich in der industriellen Entwicklungsphase befindet. Die erhebliche Nachfrage formt aus der Vielfalt aller technischen Lösungen diejenigen, welche nach Preis- und Qualitätsgesichtspunkten konkurrenzfähig sind, heraus[6].

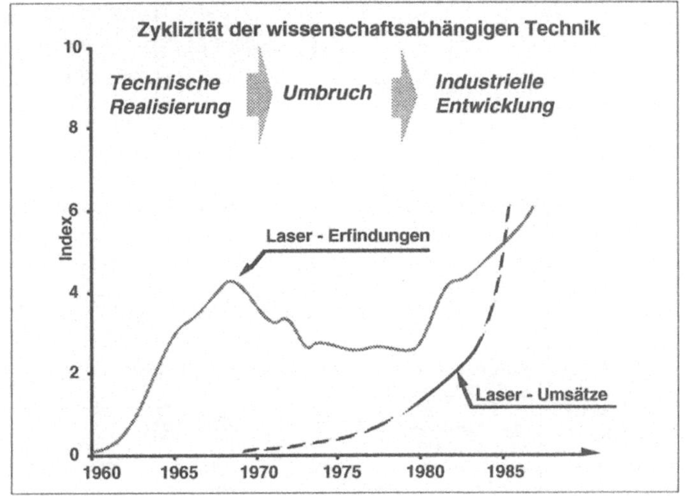

Bild 2   Langzeittrends der technisch-wirtschaftlichen Entwicklung der Lasertechnik

Die neuen Anwendungen greifen nicht notwendigerweise auf alle Vorleistungen der Entstehungsphase (im obigen Beispiel der Lasertechnik, Bild 2) zurück, sondern gehen Hand in Hand mit neuen wissenschaftlichen Erkenntnissen. Der Innovationswettlauf erfaßt alle. Eine Ausweitung nach technologischer Anwendung und über mehrere Hersteller des In- und Auslandes findet statt.

Für die konkrete TA-Forschung sollte idealtypisch von einer festen Beziehung zwischen der wissenschaftlichen Forschung, der industriellen Forschung und experimentellen Entwicklung (FuE) und der kommerziellen Produktion ausgegangen werden, die allerdings nicht in jedem Einzelfall

---

6   R. Nelson, S. Winter: An Evolutionary Theory of Economic Change, Cambridge, 1982.

gelten muß. Die bisher dargelegten Modellbildungen und empirischen Feststellungen können auf ein Schema gemäß Bild 3 führen, das in vielen Fällen anwendbar erscheint und zumindest für die Antizipation der weiterentwickelten Technik und ihrer Folgen hilfreich sein kann.

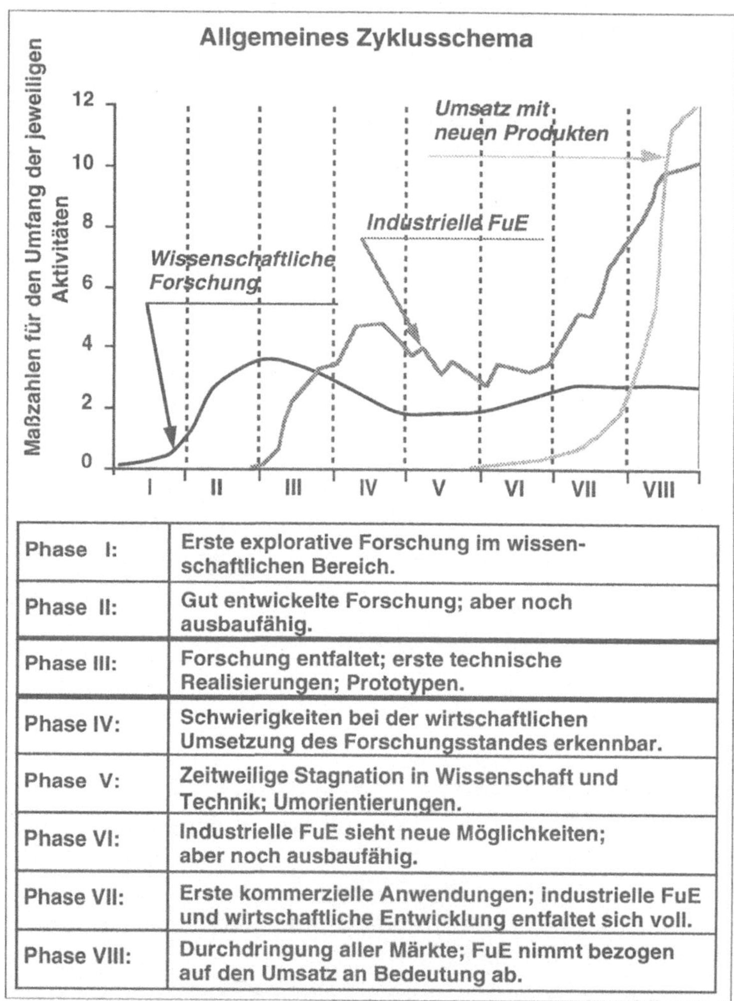

Phase I:	Erste explorative Forschung im wissenschaftlichen Bereich.
Phase II:	Gut entwickelte Forschung; aber noch ausbaufähig.
Phase III:	Forschung entfaltet; erste technische Realisierungen; Prototypen.
Phase IV:	Schwierigkeiten bei der wirtschaftlichen Umsetzung des Forschungsstandes erkennbar.
Phase V:	Zeitweilige Stagnation in Wissenschaft und Technik; Umorientierungen.
Phase VI:	Industrielle FuE sieht neue Möglichkeiten; aber noch ausbaufähig.
Phase VII:	Erste kommerzielle Anwendungen; industrielle FuE und wirtschaftliche Entwicklung entfaltet sich voll.
Phase VIII:	Durchdringung aller Märkte; FuE nimmt bezogen auf den Umsatz an Bedeutung ab.

Bild 3   Standardisiertes Schema zur Einordnung des Entwicklungsstands in TA-Untersuchungen

Ein Dilemma der heutigen TA-Forschung ist, daß die meisten Untersuchungen weder den wirtschaftswissenschaftlichen noch den technikwissen-

schaftlichen Stand der Forschung einbeziehen und die bisher dargelegten
Zusammenhänge im wesentlichen ignorieren. Daneben gibt es weitere
enge Beziehungen der Technikfolgenforschung mit anderen Forschungsbereichen, die im dritten Abschnitt beleuchtet werden.

3 Methodische Probleme der Technikfolgenabschätzung aus der Sicht anderer Disziplinen

Vor dem Hintergrund des vorstehenden Abschnitts wird verständlich, daß
sich der TA-Forscher in erheblichem Umfang mit naturwissenschaftlich-
technischen Fragestellungen beschäftigt. Technikfolgenabschätzung ist
daher in der Regel stark von naturwissenschaftlicher Methodik geprägt,
aber vom Anspruch her umfassender. In jüngster Zeit ist sozialwissenschaftlich orientierte Technikfolgenabschätzung im Zunehmen begriffen;
auch hier wird der disziplinäre Rahmen fahrlässig oft beibehalten, anstatt
wirklich interdisziplinäre Ansätze zu verfolgen.

Für einzelne Vorhaben im Bereich der Wirtschaftsunternehmen hat sich
der Begriff *Produktfolgenabschätzung* eingebürgert, da in der Regel nicht
ganze technische Entwicklungslinien, sondern konkrete Innovationen,
neue technische Produkte zur Debatte stehen. In der Praxis der Technikfolgenabschätzung im Bereich der öffentlichen Hand (Straßenbau, Ent-
sorgungsanlagen, Müllverbrennung etc.) wird oft ein standardisiertes und
wenig tiefgehendes TA-ähnliches Konzept verfolgt, das mit dem Stichwort
Umweltverträglichkeitsprüfung belegt wird. Im Bereich industrieller technischer Großanlagen und bei Begrenzung auf rein apparative Aspekte
trifft man überwiegend den Begriff Risikoanalyse an, der letztlich ein
enges, auf ingenieurmäßige Methodik begrenztes TA-Konzept darstellt.
Die Übergänge einer Technikfolgenabschätzung zu Untersuchungen der
Sozialverträglichkeit im sozialwissenschaftlichen Bereich sind fließend,
ebenso wie der Übergang zur sogenannten Sozialkostenrechnung, bei der
Auswirkungen neuer Technik versuchsweise monetarisiert werden.

Der Sprachgebrauch in Japan weicht von dem in Europa ab; unter Technikfolgenabschätzung wird dort häufig eine intelligente, avancierte Marktforschung verstanden, die zu befürchtende Hemmnisse bei der Einführung neuer Produkte aufzeigen soll, damit sie rechtzeitig erkannt und gegebenenfalls abgestellt werden können. Bild 4 versucht einen schema-
tischen Überblick über die Verflechtungen zwischen den erwähnten Be-

griffen zu geben, die es nicht immer leicht machen, eine konkrete Untersuchung eindeutig als Technikfolgenabschätzung oder nicht Technikfolgenabschätzung zu klassifizieren.

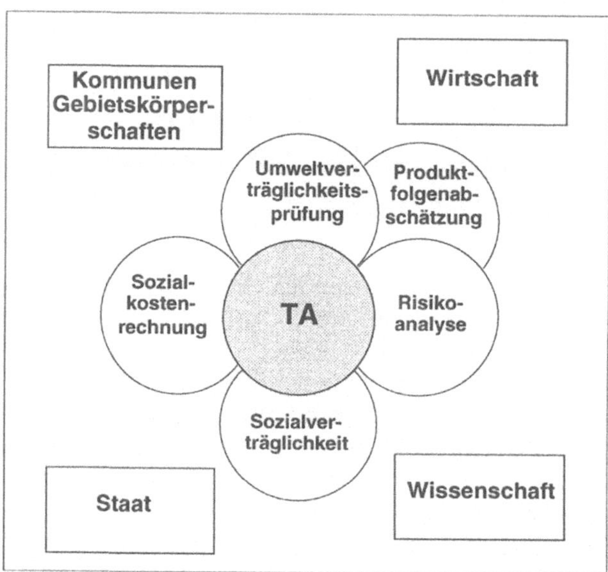

Bild 4   Schematischer Überblick über Technikfolgenabschätzung und TA-ähnliche
           Begriffe

TA-Forschung und das Erstellen von TA-Analysen spielen sich in einem
vielfältigen Spannungsfeld ab. Es sind im wesentliche vier Spannungslinien zu beobachten (Bild 5). Die Spannung zwischen Wissenschaft und
Technik einerseits und Technikfolgenabschätzung andererseits wird dadurch bestimmt, daß nach allgemeinem Verständnis die wissenschaftlichen
und technischen Gemeinschaften (*Communities*) für die Entwicklung und
das Vordenken neuer Technologie und das Wissen um die Anwendung
dieser Technologie zuständig sind. Im Zusammenhang mit TA-Analysen
muß dieselbe Gemeinschaft die Folgen des Technikeinsatzes mitbedenken.
Die Fragestellung kehrt sich also um, wenn dieselbe Wissenschaft, die eben
den Weg für ein neues technisches System bereitet hat, nun möglicherweise unerwünschte Folgen ihres Einsatzes feststellen soll.

Die Spannungslinie zwischen dem wirtschaftlichen Handeln (im weiteren
Sinne, z. B. auch in der Landwirtschaft, bei freien Berufen) und der
Technikfolgenforschung ergibt sich aus der vor allem bei Großtechnolo-
gie im allgemeinen notwendigen projektartigen Zusammenfassung der

wirtschaftlichen Kräfte. Wenn nun eine Technikfolgenabschätzung zwei verschiedene technische Produkte oder Anlagen, die demselben Zweck dienen, unter Berücksichtigung anderer Kriterien als betrieblicher Rentabilität unterschiedlich einschätzt, können sich Konfliktpotentiale mit wirtschaftlichen Akteuren ergeben, deren Konkurrenzprodukte eventuell unterschiedlich beurteilt werden.

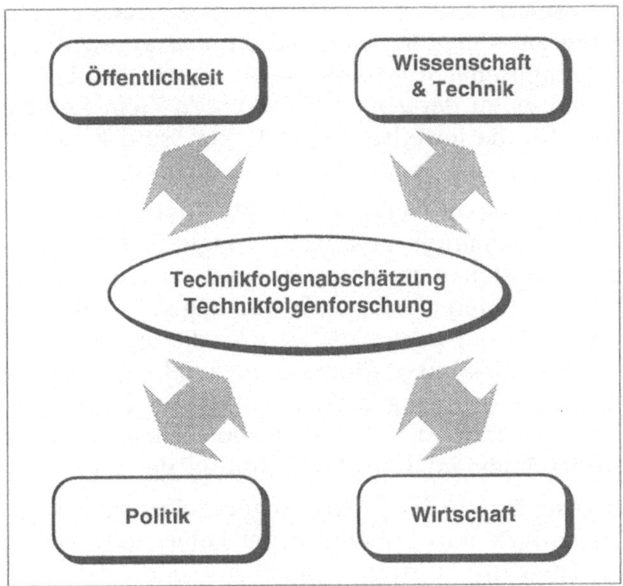

Bild 5   Schematische Darstellung der Spannungslinien von Technikfolgenabschätzung

Für die Politik gilt, daß die Aufsichtsfunktion der Legislative gegenüber der Exekutive und der Exekutive gegenüber den Akteuren am Markt durch die Komplexität moderner technischer Anlagen eingeschränkt ist. Mit Technikfolgenabschätzung wird in der Regel die Erwartung verbunden, die zur politischen Entscheidung anstehende Technologie transparent zu machen. Auch eine gute Technikfolgenabschätzung kann diesen Anspruch nicht immer einlösen, denn sie muß eine Gratwanderung vornehmen zwischen dem Anspruch, die technische Komplexität adäquat abzubilden und dem Anspruch, politisch verstehbar zu sein. Geht diese Gratwanderung zu Ungunsten einer technologiepolitischen Transparenz in der Sache aus, muß das politische Urteil häufig auf einem Glaubwürdigkeitsurteil über die Personen aufbauen, welche die Technikfolgenabschätzung erarbeitet haben.

Spannung zwischen Technikfolgenforschung und Öffentlichkeit besteht schließlich wegen der zunehmenden Aufmerksamkeit der Öffentlichkeit gegenüber den Ausmaßen möglicher Schadenswirkungen großer Dimension. Diese Aufmerksamkeit, durch die Medien transportiert, stößt mit der Auffassung des Technikfolgenforschers zusammen, der bemüht ist, auf der Basis mehrschichtiger Kriterien auf mehreren Ebenen facettenreiche Qualitätsbeurteilungen vorzunehmen, also differenziert zu argumentieren. Da die hohe Aufmerksamkeit der Bevölkerung Hand in Hand mit einer hohen Erwartung auf schnelle, zweifelsfreie und verständliche Ergebnisse der Technikfolgenabschätzung einhergeht, ist die Enttäuschung entsprechend groß, wenn es zu derartigen Ergebnissen nicht kommen kann. Das gilt insbesondere für die jeweiligen Betroffenen, so daß sich auch zwischen ihnen und dem TA-Team Spannung aufbauen kann.

Die konkrete Methodenentwicklung und Methodenanwendung hat auf die unterschiedlichen Spannungsverhältnisse reagiert und versucht, nicht nur sachdienlichen Ansprüchen zu genügen, sondern auch - etwa im Hinblick auf Verstehbarkeit - den diversen Erwartungen entgegen zu kommen. Ohne die obigen Vorbemerkungen wäre es kaum verständlich, daß interaktive Methoden, diskursive Prozesse, absichtlich einfach gehaltene Algorithmen und dem Alltagsgebrauch entlehnte Terminologien stärker hervortreten als in anderen Forschungsbereichen. Wie also steht die Technikfolgenforschung im Forschungsumfeld da?

Technikfolgenabschätzung ist selten eingegliedert in bestehende wissenschaftliche Disziplinen und Fakultäten, ist keine neue Disziplin oder Fakultät und ihr Themenspektrum ist nicht homogen im fachwissenschaftlichen Sinne[7]. TA-Forscher haben daher keine homogene Forschungsherkunft oder Ausbildung. Sie stammen aus unterschiedlichen Disziplinen der Wirtschaft, der Wissenschaft und der politischen Verwaltung. Die Wissenschaftstheorie würde die Zunft der TA-Forscher als eine Problemgemeinschaft bezeichnen, also als eine Gemeinschaft, die durch das Problem verbunden und abgegrenzt ist und nicht durch traditionelle wissenschaftliche Angaben.

Aus der Problemstellung der Technikfolgenabschätzung folgt weiterhin, daß Technikfolgenabschätzung nur von einem interdisziplinären Forscherteam durchgeführt werden kann; eine zwangsläufige Forderung, gegen die gleichwohl häufig verstoßen wird. So ist es nicht verwunderlich, daß es keine spezifische TA-Methodik gibt. Die Technikfolgenabschät-

---

7   E. Frederichs: Die "Problemgemeinschaft" der Risikoforschung und ihre gesellschaftliche Rolle, in J. Conrad (Hrsg.): Gesellschaft, Technik und Risikopolitik, Springer Verlag, Berlin, Heidelberg, New York, 1983.

zung hat ihre Methoden aus den verwandten Wissenschaften entlehnt und ist daher häufig naturwissenschaftlich oder soziologisch geprägt. Methoden aus der Innovationsforschung (Kapitel 1) und der Wissenschafts- bzw. Technikforschung (Kapitel 2) sind in der Praxis noch selten, werden aber gleichwohl immer bedeutender. Mit aller Vorsicht der subjektiven Bewertung hat sich bis heute ein klassisches Kernrepertoire an Methoden herausgestellt, das im nächsten Kapitel näher beleuchtet wird.

4 Das klassische Methodenrepertoire der Technikfolgenabschätzung

Die Darstellung der Methoden folgt der einschlägigen VDI-Richtlinie[8]. Die Richtlinie geht - wie auch oben ausgeführt - davon aus, daß grundsätzlich alle wissenschaftlichen Methoden der jeweils beteiligten Disziplin von Bedeutung sind. Die wichtigsten Methoden sind in Bild 6 zusammengestellt; sie sind der Literatur zur Technikbewertung entnommen. Es handelt sich dabei um allgemeine heuristische Methoden des wissenschaftlichen Problemlösens, die vor allem auch in der Systemanalyse und Systemtechnik beschrieben und angewendet werden. Aufgrund der im Kapitel 3 angesprochenen Spannungslinien zu gesellschaftlichen Akteuren haben partizipatorische Planungsmethoden der Sozialwissenschaften zusätzlich zu den systemanalytischen an Bedeutung gewonnen. Am Anfang ihrer Nutzung stehen Methoden, die der Innovationsforschung bzw. der Wissenschafts- und Technikforschung entlehnt sind. Diese werden in diesem Kapitel ausgelassen und im nächsten Kapitel gesondert behandelt.

Das klassische Repertoire kann nach *qualitativen* und *quantitativen Methoden* unterschieden werden, auch wenn häufig ein Methodenmix vorliegt. Vor einem falschen Gebrauch allein quantitativer Methoden sollte jedoch deutlich gewarnt werden; gerade vor naturwissenschaftlich-technischem Hintergrund werden häufig regelhafte und gesetzesartige Zusammenhänge unterstellt, die zwar eine gewisse Plausibilität aufweisen, aber sich noch nicht mit erfahrungswissenschaftlicher Stringenz bewährt haben[8]. Kapitel 1 und Kapitel 2 stellen dar, wie unsicher die Modellbindung im Bereich der Innovationsökonomik und der Technikgenese noch ist, so daß schon von daher Zweifel an manchen aus den Naturwissenschaf-

---

8   VDI-Report 15: Technikbewertung - Begriffe und Grundlagen, Erläuterungen und Hinweise zur VDI-Richtlinie 3780, Verein Deutscher Ingenieure, Düsseldorf, 1991.

ten übernommenen quantitativen Methoden angebracht sind. Eine systematische Methodenlehre und eine kritische Methodendiskussion sind in der Technikfolgenabschätzung wenig entwickelt; sie verdienen dabei aber höchste Priorität[9]. Diesem Mangel kann auch die erwähnte VDI-Richtlinie nicht abhelfen, die sich auf Bewährtes stützen muß.

Methoden	Art		Phase		
	Qualitativ	Quantitativ	Definition Strukturierung	Folgenab-schätzung	Bewertung
Trendextrapolation		●		●	
Historische Analogiebildung	●	●		●	
Brainstorming	●		●	●	
Delphi-Experten-umfrage	●	●	●	●	●
Morphologische Klassifikation	●		●	●	
Relevanzbaum-Analyse	●	●	●	●	●
Risiko-Analyse		●		●	●
Verflechtungs-matrix-Analyse	●	●		●	●
Modell-Simulation		●	●	●	●
Szenario-Gestaltung	●		●	●	●
Kosten-Nutzen-Analyse		●			●
Nutzwert-Analyse	●	●			●

Bild 6:   Methoden in der Technikfolgenabschätzung (Auswahl nach VDI-Richtlinien)

Die Erläuterung zu Bild 6 folgt der VDI-Richtlinie[8] sehr eng. Die *Trendextrapolation* ist eine Prognosemethode, die eine aus der Vergangenheit bekannte Entwicklung als beständig annimmt und in die Zukunft verlän-

---

9   E. Jochem: Technikfolgenabschätzung am Beispiel der Solarenergienutzung, Peter Lang, Frankfurt, 1988.

gert. Eine Zeitreihe wird in ihrem Verlauf analysiert und durch eine mathematische Annäherung beschrieben. Sodann wird unter Annahme gleicher Randbedingungen die Funktion analytisch auf zukünftige Zeitwerte fortgesetzt. Kapitel 2 enthält Argumente, warum die Beschreibung technikgenetischer Vorgänge außerordentlich schwierig ist und keinem linearen Denkmodell folgt. Die funktionalen Zusammenhänge sind zyklisch und in der Regel nicht ohne weiteres analytisch fortzusetzen. Auch bei bewährten Erklärungshypothesen (wie etwa in Bild 2) muß man bei einer Trendfortsetzung gute Gründe dafür haben, daß die bisherigen Faktoren unverändert wirksam bleiben und daß keine zusätzlichen Faktoren ins Spiel kommen können (Ceteris-paribus-Bedingung). Liegt eine Erklärungshypothese nicht vor und wird ein Zeitverlauf rein empirisch aufgenommen und ohne Erklärungszusammenhänge fortgesetzt, sollte die Trendextrapolation abgelehnt werden.

Der Trendextrapolation verwandt ist auch die *historische Analogiebildung*, die qualitativ oder quantitativ von einer vergleichbaren früheren Entwicklung auf den zu erwartenden Verlauf einer gegenwärtigen Entwicklung schließt. Außer der oben angesprochenen Problematik von Trendextrapolationen erhebt sich hier zusätzlich die Frage, ob die angenommene Vergleichbarkeit tatsächlich in zureichendem Maße vorliegt.

Das *Brainstorming* ist eine intuitiv-heuristische Methode zum Gewinnen und Sammeln von Einfällen. Ein möglichst heterogener Kreis von nicht mehr als zehn Personen wird in aufgelockerter Atmosphäre mit einer Frage konfrontiert und aufgefordert, spontan in freier Assoziation alles zu äußern, was den Teilnehmern dazu gerade in den Sinn kommt. Während des relativ kurzen Gruppengesprächs unterbleibt jede Bewertung der Einfälle, die lediglich protokolliert werden; ungewöhnliche, auch absurd erscheinende Ideen, mit denen die Teilnehmer einander gegenseitig anregen können, sind allerdings besonders erwünscht. Erst nach Abschluß der Sitzung werden die protokollierten Ideen geordnet, beurteilt und gegebenenfalls weiterentwickelt. Als planmäßige Organisation von Phantasie scheint dieser Methodentyp besonders geeignet zu sein, neuartige Technikkonzeptionen zu skizzieren und bislang nicht bedachte Folgenbereiche zu erschließen. Die nachfolgende Auswertung steht vor der schwierigen Aufgabe, aus der Fülle der unfertigen Ideen die relevanten und erfolgversprechenden Ansätze herauszufiltern.

Die *Delphi-Expertenumfrage* ist eine Ideenfindungs- und Prognosemethode, welche die Einsichten und Zukunftseinschätzungen ausgewählter Fachleute systematisch erhebt und ausmittelt. Dabei werden die Umfrageergebnisse den beteiligten Experten einmal oder mehrmals zur erneuten Urteilsbildung vorgelegt, damit sie ihre Auffassung im Licht der anderen

Expertenmeinungen überprüfen und stark abweichende Positionen gegebenenfalls korrigieren können. Der Erfolg der Methode hängt entscheidend von der Auswahl der befragten Fachleute ab. Dabei neigen Fachleute, die an einer bestimmten Entwicklung beteiligt sind, häufig zu besonders optimistischen Einschätzungen (siehe 3. Kapitel). Da die Methode
konvergenzbildend ist, favorisiert sie die Mehrheitsmeinung und bewegt
abweichende Auffassungen zur Anpassung.

Die *morphologische Klassifikation*, auch als Methode des morpholo-
gischen Kastens bekannt, ist eine rational-heuristische Suchmethode, die
aus der systematischen Auffächerung aller Merkmale und Merkmalsausprägungen einer komplexen Systemklasse kombinatorisch sämtliche denkbaren Systemtypen bildet. Man kann die Methode deskriptiv
einsetzen, um eine gegebene Mannigfaltigkeit von Systemtypen überschaubar zu machen oder auch antizipativ verwenden, um bisher unbekannte Systemtypen als neuartige Kombinationen aus bekannten Elementen zu generieren. Für alle neuen Typen, die sich theoretisch aus der mor-
phologischen Matrix ergeben, ist dann allerdings die Überprüfung auf
logische und faktische Merkmalskompatibilität erforderlich, was wegen
der Vielzahl der darstellbaren Typen sehr aufwendig sein kann. Die Auswahl relevanter Typen aus der Menge der theoretisch kombinierbaren Typen bereitet dann beträchtliche Schwierigkeiten.

Die *Relevanzbaum-Analyse* ist eine problemspezifische Interpretation der
graphentheoretischen Baumstruktur und dient dazu, komplexe mehrstu-
fige Bedingungsgefüge oder Folgenbündel eines angestrebten oder erwarteten Ereignisses transparent zu machen. Eine Variante dieses Modells mit
komplizierterer Maschenstruktur ist das Terminplanungsverfahren der sogenannten Netzplantechnik. Verläuft die Zeitachse umgekehrt, repräsentiert der Baum divergierende Ketten von Primärfolgen, Sekundärfolgen,
Tertiärfolgen usw., die von dem erwarteten Ereignis ausgelöst werden. Besteht das Ausgangsereignis in einer Entscheidung, an die sich divergierende Ketten von Folgeentscheidungen anschließen, spricht man auch von
einem Entscheidungsbaum. Ein Sonderfall ist der Wertbaum, der be-
griffliche Hierarchiebeziehungen zwischen Unterzielen, Zielen, Oberzielen
und Werten repräsentiert. Auch wenn es die Methode offenläßt, wie die
Wissenselemente zu gewinnen sind, aus denen der Baum konstruiert wird,
bewährt sie sich nicht nur bei der Strukturierung und Darstellung bekann-
ter Zusammenhänge, sondern auch als Suchschema zum Auffinden weiterer Abhängigkeiten. Die Quantifizierung ist allerdings nur bei wohlstruk-
turierten Problemen sinnvoll, für die empirisch bewährte Schätzwerte verfügbar sind.

Frage:

Halbleiter-Photozellen werden in der Praxis eingesetzt, mit denen bei einer Bildelementzahl von über einer Million auch ein einzelnes Photon im sichtbaren Lichtwellenbereich nachgewiesen werden kann.

			Kategorie
8	10	groß	Genauigkeit der Zeitangabe %
17	30	mittel	
75	60	gering	
0	0	groß	Notwendigkeit der int. Zusammenarbeit %
75	70	mittel	
25	20	gering	
0	10	nicht nötig	
14		USA führend	Internationaler Vergleich des FuE-Standes %
0		jeder führend	
14		Ausland führend	
7		Deutschland führend	
71		keine Meinung	
57	43	technische Probleme	Mögliche Hemmnisse % (bis 2 Antworten)
14	14	Vorschriften	
0	0	kulturelle Faktoren	
21	14	Kostenfaktoren	
7	0	Kapitalmangel	
0	0	geringer Ausbildungsstand	
0	0	FuE-Systeme unzureichend	
7	7	andere Probleme	

			Kategorie
2	1	Runde	
16	17	Anzahl der Antworten	
0	4	groß	Fachkenntnis %
27	28	mittel	
45	36	gering	
27	32	fachfremd	
50	47	groß	Wichtigkeit %
44	47	mittel	
6	6	gering	
0	0	nicht nötig	
		vor 1995	Zeitraum der Verwirklichung
		1996-2000	
		2001-2005	
		2006-2010	
		2011-2015	
		2016-2020	
		bis 2020 nicht realisierbar	

Bild 7   Beispiel für eine Delphi-Umfrage (aus der deutschen Delphi-Untersuchung)[10]

---

10   BMFT (Hrsg.): Deutscher Delphi-Bericht zur Entwicklung von Wissenschaft und Technik, Bonn, 1993.

Auch bei der *Risiko-Analyse* verwendet man Varianten der Relevanzbaum-Methode, wobei wiederum die Bedingungs- und die Folgen-Analyse zu unterscheiden sind. Das zentrale Ereignis ist jeweils das mit einer bestimmten Eintrittswahrscheinlichkeit bezifferte Versagen eines Systems oder Projekts (Bild 8).

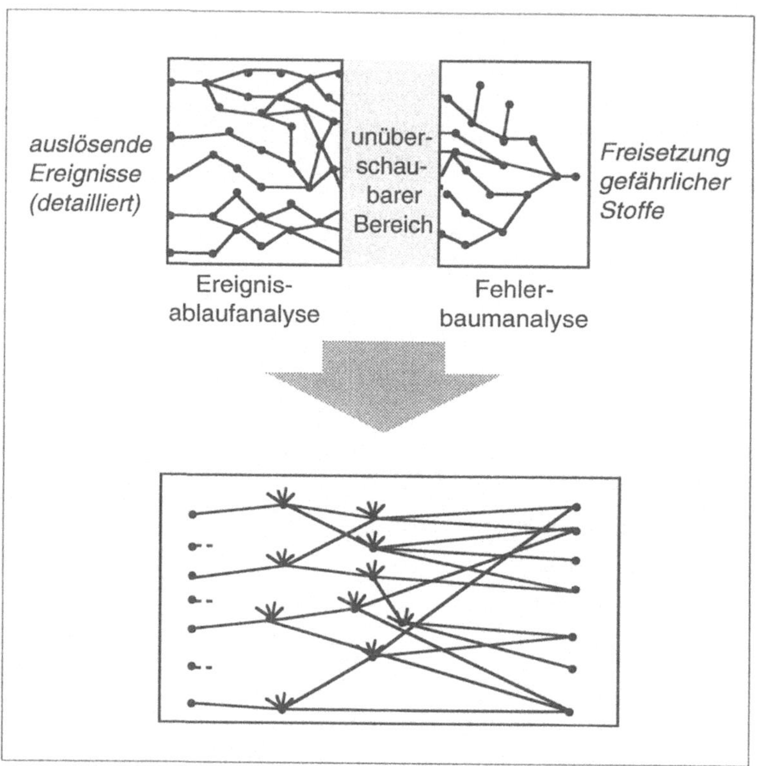

Bild 8   Schema einer Risiko-Analyse[11]

Die Bedingungs-Analyse ermittelt deduktiv die Gesamtwahrscheinlichkeit des Versagens aus den Teilwahrscheinlichkeiten von Komponentenausfällen unter der Berücksichtigung der Komponentenverknüpfung (Fehlerbaum-Analyse) und studiert induktiv die Fortpflanzung von Komponentenstörungen innerhalb des Systems (Störfall-Analyse oder Ereignisablauf-Analyse). Die Folgen-Analyse untersucht die von einem Versa-

---

[11]   H. Grupp: Grundlagen der wissenschaftlichen Risikoberechnung von großtechnischen Anlagen, Typoskript, Deutscher Bundestag, WF VIII-73/83, Bonn, 1983.

gen ausgelösten divergenten Ketten von Schadwirkungen und beziffert diese nach Schadenshöhe und Folgewahrscheinlichkeit. Aus diesen Teilanalysen errechnet man schließlich das Gesamtrisiko. Gegen die Aussagefähigkeit von Risikoanalysen wird eingewandt, daß insbesondere für neuartige oder nur vereinzelt eingesetzte Komponenten keine verläßlichen Ausfallswahrscheinlichkeiten zu ermitteln sind, daß die Wahrscheinlichkeit menschlichen Versagens in Mensch-Maschine-Systemen grundsätzlich nicht zu beziffern ist und daß auch die Abschätzung von Folgewahrscheinlichkeiten für Schäden, die noch nie aufgetreten sind, jeder Grundlage entbehrt. Die *wichtigen* oder *typischen* Schadensereignisse aus dem unüberschaubaren Bereich möglicher Zusammenhänge herauszufinden ist eine Kunst, die beim Analyse-Team Geschick und Erfahrungswissen voraussetzt.

Die *Verflechtungsmatrix-Analyse,* auch Cross-Impact-Methode genannt, untersucht die wechselseitigen Abhängigkeiten zwischen mehreren möglichen Ereignissen. Eine Liste solcher Ereignisse wird gleichermaßen den Zeilen und Spalten einer Matrix zugeordnet. Im einfachsten Fall begnügt man sich mit qualitativen Markierungen oder kennzeichnet die Stärke des Einflusses mit Rangziffern. Es gibt aber auch verfeinerte wahrscheinlichkeitstheoretische Kalküle, um mit Hilfe bedingter Wahrscheinlichkeiten die ursprünglich geschätzten Einzelwahrscheinlichkeiten der Ereignisse zu korrigieren. Die Methode eignet sich vor allem dazu, die Interdependenz etwa gleichzeitiger Entwicklungen überschaubar zu machen. Ob freilich den vorgeschlagenen Quantifizierungsversuchen irgendeine Aussagekraft zukommt, steht dahin.

Die *Modell-Simulation* umfaßt eine Vielzahl mathematisierter Planspiele, die von einfachen Optimierungsrechnungen über die anspruchsvolleren Modelle der sogenannten Unternehmensforschung (Operations Research) bis zu komplexen Systemanalysen reichen, die nur noch mit Hilfe von Computern beherrschbar sind. Im Grundsatz ist die Modell-Simulation ein Berechnungsexperiment, das mögliche Entwicklungen in der Erfahrungswirklichkeit dadurch zu antizipieren versucht, daß es den entsprechenden Realitätsbereich mit einem mathematischen Modell abbildet und durch die planmäßige Variation von Variablen und Parametern unterschiedliche Bedingungskonstellationen fingiert, deren Resultate sich dann aus der Modellrechnung ergeben und als mögliche Ereignisse der Realität interpretiert werden. Modell-Simulationen sind ein äußerst leistungsfähiges Werkzeug, um das mögliche Verhalten vielfach vernetzter Systeme zu studieren, vor allem auch dann, wenn Realexperimente nach Lage der Dinge nicht in Betracht kommen und wenn die Gesamtwirkung zahlreicher interdependenter Faktoren intuitiv nicht mehr abzuschätzen ist. Damit werden aber auch intuitive Plausibilitätskontrollen fast unmöglich, und die in den Erfahrungswissenschaften übliche empirische Prüfung ist sinnvoll nur auf Detailzusammenhänge des Modells, nicht aber auf das Modell als Ganzes anwendbar. Häufig wird vernachlässigt, daß jede einzelne mathematische Funktion im Modell eine erfahrungswissenschaftliche Hypothese ausdrückt, die aber oft als solche weder präzisiert noch geprüft ist. Weitere Schwierigkeiten ergeben sich aus unzureichenden Datenbeständen, aus der Quantifizierung qualitativer Faktoren und aus der unreflektierten Verwendung möglicherweise nicht angemessener mathematischer Formalismen. Soweit die Modell-Simulation auf einer Verknüpfung zahlreicher Trendextrapolationen beruht, sind auch in dieser Hinsicht die entsprechenden Bedenken zu berücksichtigen (siehe oben).

Die *Szenario-Gestaltung* ist eine qualitativ-literarische Methode zur ganzheitlichen Beschreibung möglicher komplexer Zukunftssituationen; ungeachtet ihres qualitativen Gesamtcharakters integriert die Methode weitestmöglich quantitative Ergebnisse anderer Methoden. Ähnlich einem Drehbuch oder einer utopischen Erzählung repräsentiert das Szenario die in sich stimmige Antizipation eines Bündels aufeinander bezogener, zukünftiger Geschehnisse und Zustände, die unter explizit angegebenen Ausgangsbedingungen eintreten können (Bild 9). Für bestimmte kritische Ausgangsbedingungen werden meist verschiedene Varianten angenommen, die dann auch zu verschiedenartigen Szenarios führen[12]. Häufig gestaltet man ein Szenario für die Fortschreibung des gegenwärtigen Status quo (überraschungsfreier Entwurf) und kontrastiert dieses mit besonders *optimistischen* und besonders *pessimistischen* Szenarios, denen denkbare Extremwerte für die kritischen Ausgangswerte zugrunde liegen. Die Szenario-Gestaltung ist eine Mischung aus prognostischem Wissen, intellektueller Kombinatorik und phantasievoller Erzählkunst; sie sagt nicht, was sein wird, sondern antwortet auf Fragen des Typs *Was wäre, wenn ...* So kommt sie nicht als exakte Planungsgrundlage in Betracht, aber sie ist von großem Nutzen, das Verständnis für sozio-technische Gestaltungsspielräume zu vertiefen und die Folgenbündel entsprechender Entscheidungsalternativen zu verdeutlichen. Während die meisten Methoden der Technikbewertung ihre Verwandtschaft mit mathematisch-naturwissenschaftlichem Denkstil nicht verleugnen können, ist die Szenario-Gestaltung offen für geisteswissenschaftliche Ansätze und literarische Formen der Welterschließung. Hier eröffnen sich aussichtsreiche Perspektiven für eine interdisziplinäre Methodologie.

---

[12] H. Grupp, H.-J. Wagner: Die vier Energiepfade der Enquête-Kommission "Zukünftige Kernenergie-Politik" in: Albrecht, Stegelmann (Hrsg.): Energie im Brennpunkt, HTV Edition, München, 1984.

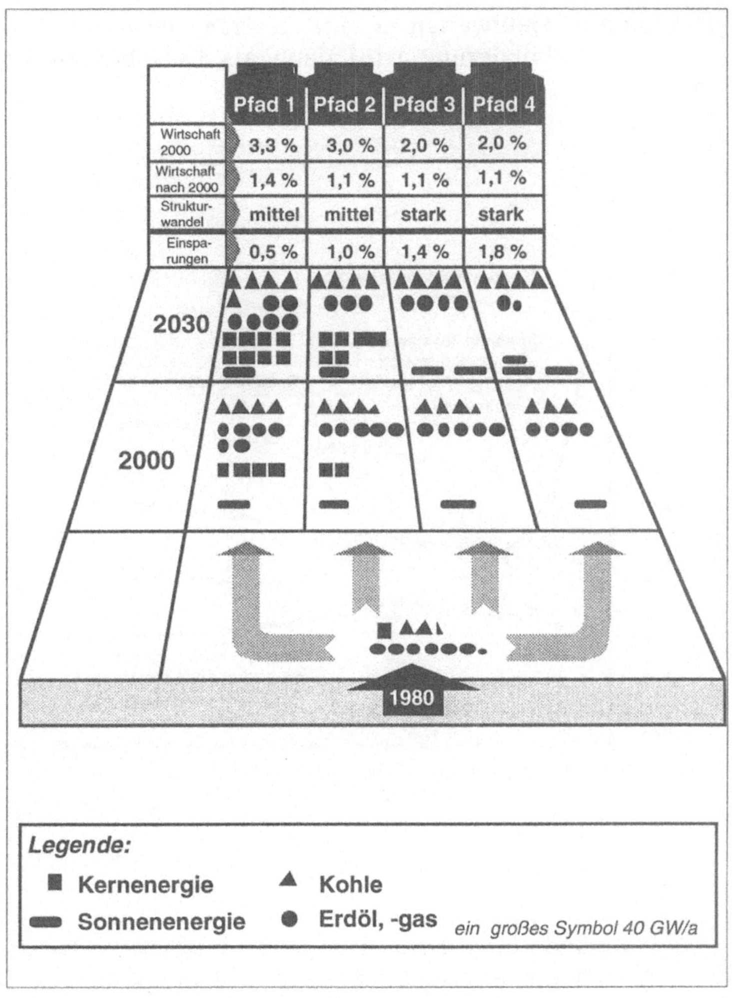

Bild 9   Ein beispielhaftes Energie-Szenario mit vier Entwicklungspfaden[12]

Die *Kosten-Nutzen-Analyse* ist eine Weiterentwicklung der herkömmlichen Wirtschaftlichkeitsbewertung. Sie erfaßt alle Aufwendungen und alle Erträge eines Projekts über die gesamte Nutzungsdauer und macht sie durch Umrechnung in Geldeinheiten und durch Abzinsung auf einen bestimmten Stichtag vergleichbar. Über die traditionelle Wirtschaftlichkeitsrechnung hinausgehend werden vor allem auch sekundäre, sogenannte externe Effekte und qualitative Auswirkungen berücksichtigt. Die externen Effekte und qualitativen Auswirkungen werden mit Hilfe bestimmter Umrechnungsfaktoren in Geldwerten (*Soziale Kosten*) ausgedrückt[13]. Das Ergebnis der Gesamtbilanzierung wird dann als Entscheidungsgrundlage empfohlen.

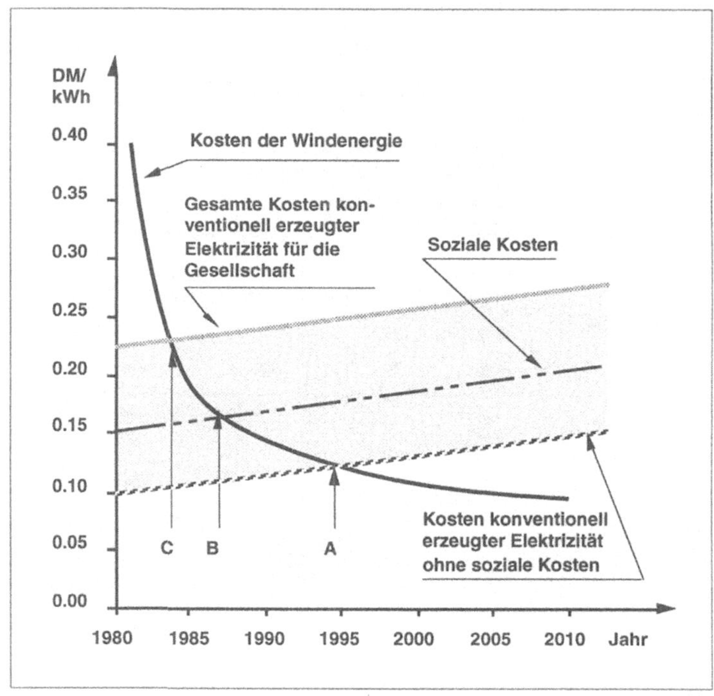

Bild 10   Soziale Kosten der Elektrizitätserzeugung[13]

Die Stärke der Methode liegt darin, daß sie, über technisch-wirtschaftliche Kriterien hinausgehend, ausdrücklich auch metaökonomische Gesichtspunkte der Lebensqualität in die Urteilsbildung einbezieht. Umstritten ist die monetäre Quantifizierung von qualitativen Effekten, etwa die Bewertung eines möglicherweise bedrohten Menschenlebens durch den Geldbetrag, den der betreffende Mensch im weiteren Leben als Beitrag zum Sozialprodukt erwirtschaften kann. Der Ansicht, daß auch problematische Quantifizierungen immer noch aussagekräftiger sind als unpräzise - und damit meist folgenlose - Qualitätsurteile steht die Auffassung gegenüber,

---

13   O. Hohmeyer: Soziale Kosten des Energieverbrauchs, 2., revidierte und erweiterte Auflage, Springer Verlag, Berlin, Heidelberg, New York, 1989.

daß grundlegende Qualitäten des menschlichen Lebens mit Geldwerten prinzipiell inkommensurabel sind[14].

Die *Nutzwert-Analyse* beruht auf einem entscheidungstheoretischen Modell, das die Nutzwerte mehrerer Handlungsalternativen bezüglich mehrerer Bewertungskriterien ermittelt, ordnet und für jede Alternative zu einem Gesamtnutzen aggregiert. In einer Matrix werden die Handlungsalternativen den Bewertungskriterien zugeordnet. In jedes Feld der Matrix wird nun der Nutzwert eingetragen. Dabei werden mit Hilfe von Nutzenfunktionen die jeweiligen quantitativen und qualitativen Effekte in Zahlenwerte einer Nutzwertskala umgewandelt; Kosten und andere negative Effekte werden durch reziproke Nutzenfunktionen erfaßt. Durch Gewichtung der Bewertungskriterien werden die gewichteten Teilnutzwerte zum Gesamtnutzwert zusammengefaßt, der dann den abschließenden Wertvergleich der Alternativen erlauben soll. Die Methode hat den Vorteil, komplexe Bewertungsprobleme übersichtlich zu strukturieren, intuitive Präferenzen offenzulegen und dadurch eine rationale Bewertungsdiskussion zu erleichtern, auch wenn die Präferenzen selbst häufig nicht rational begründbar sind. So nützlich die qualitative Anwendung der Methode erscheint, so wenig sollte man sich auf quantitative Berechnungsergebnisse verlassen, selbst wenn sie mit Hilfe von Computern gewonnen wurden; denn die angewandten Rechenverfahren unterstellen meßtheoretische, entscheidungslogische und mathematische Voraussetzungen, die faktisch in aller Regel nicht erfüllt sind.

Soweit die Darstellung des klasssischen Repertoires der Technikfolgenabschätzung gemäß der VDI-Richtlinie[8]. Ein weiteres, dort nicht ausdrücklich erwähntes methodisches Hilfsmittel ist die Verwendung von Checklisten. Wie in Kapitel 1 ausgeführt wurde, muß sich die Technikfolgenabschätzung indirekten sekundären und tertiären Auswirkungen mit besonderer Akribie widmen. Zur Identifizierung von solchen nicht naheliegenden Effekten kann das beschriebene Brainstorming-Verfahren eingesetzt werden. Ebenso verbreitet ist jedoch die Verwendung von Checklisten, nach denen man prüft, ob alle möglichen Denkkategorien, auch die abwegigen, in Betracht gezogen wurden oder, wenn nicht, ob sie wenigstens aus guten Gründen vernachlässigt werden. Bei der Checklisten-Methode geht der TA-Forscher von einer Liste von Auswirkungskategorien aus, die er sich aus Erfahrung geschaffen hat. Jede Auswirkungskategorie wird mit dieser Checkliste verglichen und nach qualitativen Gesichtspunkten weiterverfolgt oder verworfen. Checklisten werden oft im Zusammenhang mit Relevanzbäumen verwendet. Aus konkreten TA-Untersuchungen am

---

14   H. Grupp: Die sozialen Kosten des Verkehrs. Grundriß zu ihrer Berechnung, Teil 1 und 2, Verkehr und Technik, 9, S. 359 - 366, und 10, S. 403 - 407, 1986.

Fraunhofer-Institut für Systemtechnik und Innovationsforschung (ISI)
haben sich in den letzten Jahren vier standardisierte Checklisten bewährt,
die gerne verwendet werden (Bild 11, Bild 12, Bild 13 und Bild 14).

Die erste Checkliste stellt einen Raster für den Technikeinsatz in verschie-
denen wirtschaftlichen Bereichen dar. Diese Checkliste ist unterteilt in den
Industriesektor (Bild 11) und in Dienstleistungssektor sowie sonstige
Sektoren (Bild 12).

Raster für den Technikeinsatz im Industriesektor

10 **Bergbau und Meerestechnik**
    (stark betroffen +, schwach betroffen -)

11 **Chemische Industrie und Mineralölverarbeitung** (+,-)

12 **Steine und Erden, Feinkeramik und Glasgewerbe** (+,-)

13 **Eisen, Stahl, NE-Metalle** (+, -)

14 **Maschinenbau** (+, -)

15 **Fahrzeugbau einschließlich Flug- und Raumfahrzeuge**
    (+, -)

16 **Elektrotechnik** (+,-)

17 **Feinmechanik und Optik** (+,-)

18 **EBM-Waren** (+,-)

19 **Holzindustrie** (+, -)

20 **Papier und Druck** (+, -)

21 **Textil- und Bekleidungsindustrie** (+,-)

22 **Nahrungs- und Genußmittelgewerbe** (+, -)

23 **Sonstige Bereiche des Industriesektors** (+, -)

Bild 11   Raster für den Technikeinsatz im Industriesektor

Mit Hilfe dieser Checklisten kann geprüft werden, ob ein in Frage stehen-
des technisches System irgendwelche Auswirkungen auf die betreffenden
Wirtschaftszweige haben kann. Allein der intellektuelle Zwang, sich Argumente zurechtlegen zu müssen, warum gewisse Auswirkungssektoren
nicht in Betracht gezogen werden müssen, wirkt oft Wunder.

**Raster für den Technikeinsatz im Dienstleistungs-
sektor und in sonstigen Sektoren**

24   Handel (stark betroffen +, schwach betroffen -)

25   Verkehr einschließlich Luftfahrt (+, -)

26   Nachrichtenübermittlung (+, -)

27   Banken und Versicherungen (+, -)

28   Hotels und Gaststätten (+, -)

29   Verlagsgewerbe (+, -)

30   Bildung, Wissenschaft und Kultur (+, -)

31   Forschung und Entwicklung (+, -)

32   Gesundheitswesen (+, -)

33   Verteidigung und innere Sicherheit (+, -)

34   Sonstige Gebietskörperschaften (+, -)

35   Sonstige Dienstleistungen (+, -)

36   Kraftwerke einschließlich sonstiger
      Umwandlungsanlagen (+, -)

37   Verteilungssysteme einschließlich Speicherung (+,-)

38   Wasserversorgung und -entsorgung (+,-)

39   Baugewerbe (+,-)

40   Land- u. Forstwirtschaft, Fischerei u. Tierhaltung (+,-)

41   Private Haushalte (+,-)

Bild 12   Raster für den Technikeinsatz im Dienstleistungssektor und in sonstigen
Sektoren

Wie läßt sich die Nutzung und der Nutzen der etablierten Methoden vergleichend einschätzen? Es kann nicht geleugnet werden, daß jedes TA-
Team Know-how entwickelt hat, auf dessen Anwendung es *schwört*. In der
Tat führt eine gute Methodenbeherrschung in aller Regel zu Selektivität in
der Anwendung (vor allem bei kleineren Forschungsteams). Aus
Deutschland (Europa) liegen nach Kenntnis des Verfassers keine systematischen Erhebungen zum Verbreitungsgrad der oben diskutierten Methoden vor, wohl aber aus Japan. Eine Umfrage (Basis: 1990) bei
208 Forschungsstellen (zumeist industriellen) ergab Angaben zur Wirksamkeit der Methoden (in Prozent der Forschungsstellen, welche die Methode beherrschen und als *most effective* oder *effective* bezeichnen) und zu

ihrem Anwendungsgrad (in Prozent der Forschungsstellen, die zur Zeit
der Umfrage damit arbeiteten).

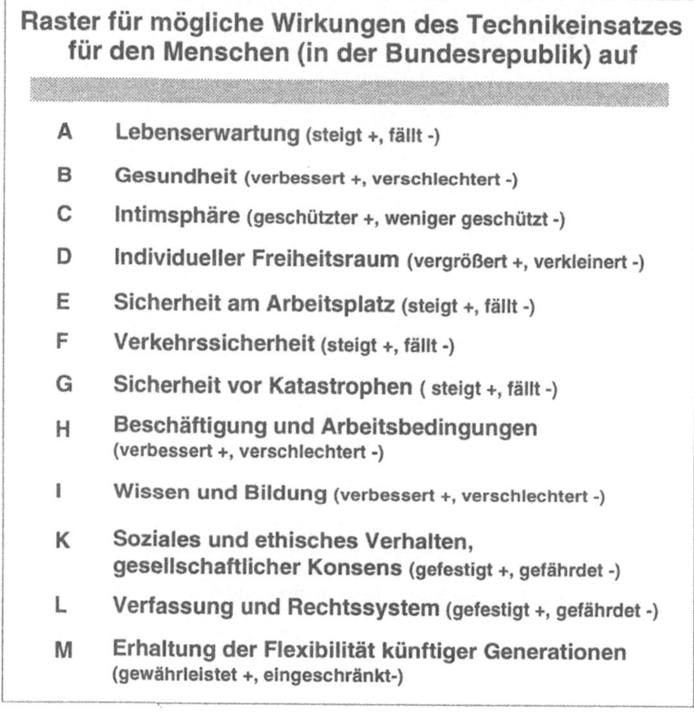

Bild 13　　Raster für mögliche Wirkungen des Technikeinsatzes auf den Menschen

Wie aus Bild 15 ersichtlich, liegt die Patentanalyse nach beiden Gesichtspunkten vorne. Allerdings läßt die Patentanalyse nur einen kurzen Pro-
gnosezeitraum zu (bis etwa fünf Jahre; siehe auch Kapitel 5). Szenarios,
Delphi-Methoden und Relevanzbäume gelten als am effizientesten, werden
aber wegen der damit verbundenen Kosten wenig verwendet. Wegen Ein-
fachheit und Billigkeit sind Portfolios und Trendextrapolationen führend
- aber weniger verläßlich.

Betrachtet man die Methodik in den vorliegenden Arbeiten zur Technikfolgenabschätzung, so lassen sich zwei grobe Kategorien bilden[15]: diejeni-

---

15　　H. Grupp: Staatliche Politik und industrielle Strategien für Forschung und Tech-
　　　nologie im Licht der Ertragsbemessung, in: H. Krupp (Hrsg.): Technikpolitik
　　　angesichts der Umweltkatastrophe, Physica Verlag, Heidelberg, 1990.

gen, welche die Folgen bestehender Technik diskutieren (typisch: Risikoanalysen von kerntechnischen Anlagen, z. B. des Schnellen Brüters in
Kalkar[16]) und Technikfolgenabschätzungen zu zukünftiger Technologie.
Während bei der ersten Kategorie - wenn die Informationen vom Betreiber
der Technik nicht vorenthalten werden[16] - wenig methodische Probleme
mit der Beschreibung der Technik auftreten und sich die Analyse ganz
dem Folgenstudium widmen kann, tritt bei der prognostische Technikfolgenabschätzung neben die Aufgabe der Einschätzung der Folgen auch
diejenige der Einschätzung der wahrscheinlichen Ausgestaltung der technischen Linien.

**Raster für mögliche Wirkungen des Technikeinsatzes
für die Umwelt (in der Bundesrepublik) auf**

a   Boden (geschützt +, gefährdet -)

b   Land (geschützt +, gefährdet -)

c   Tektonische und geomorphologische Aspekte
der Erdoberfläche (geschützt +, gefährdet -)

d   Ökosysteme einschließlich Pflanzen,
Wälder, Tiere (geschützt +, gefährdet -)

e   Bauten, Bau- und Naturdenkmäler
(geschützt +, gefährdet -)

f   Luft einschließlich Strahlen und Lärm
(geschützt +, gefährdet -)

g   Wasser
(Regen-, Grund-, Fluß-, See-, Meer-, Trinkwasser)
(geschützt +, gefährdet -)

Bild 14   Raster für mögliche Wirkungen des Technikeinsatzes auf die Umwelt

Viele der vorliegenden Arbeiten zur Technikfolgenabschätzung widmen
sich sehr stark den methodischen und praktischen Problemen der Folgenabschätzung und verharren bei der Darlegung der zukünftigen technischen Entwicklung auf deskriptiven Ansätzen, die sehr stark aus Lehr-
buchwissen schöpfen[15]. Gerade hier kann die methodische Basis wesent-

---

16   H. Grupp, K. M. Meyer-Abich: Die risikoanalytische Bewertung des Brüters,
in: Meyer-Abich, Ueberhorst (Hrsg.): Ausgebrütet - Argumente zur Brutreaktor-
politik, Birkhäuser Verlag, Basel, 1985.

lich verbessert werden, indem avancierte Methoden aus der Innovationsökonomie und der Wissenschafts- und Technikforschung zu einer besser
fundierten und konkreten Darstellung der möglicherweise alternativen
Zukunftslinien verwendet werden. Diesem Aspekt ist das nachfolgende
letzte Kapitel gewidmet.

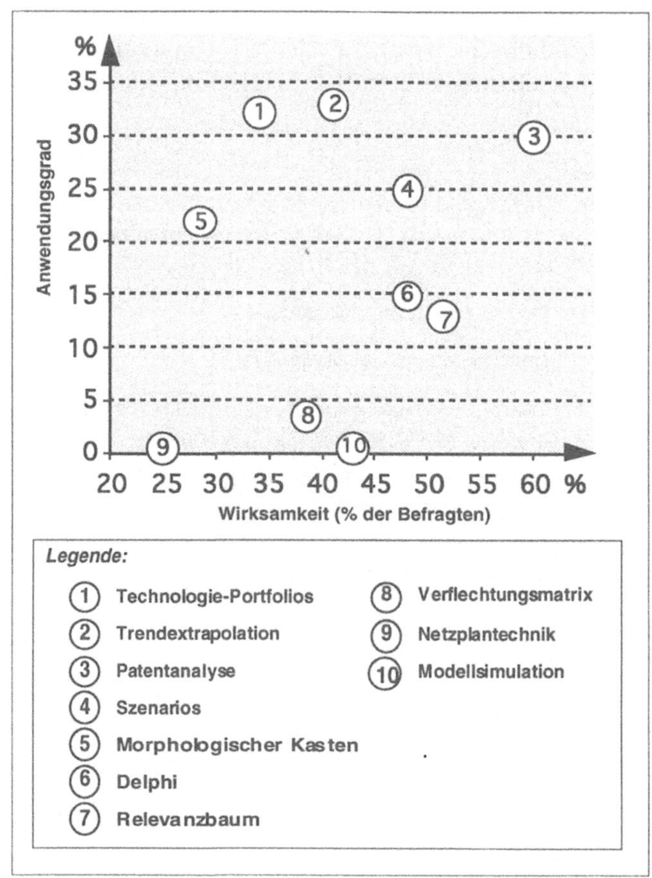

Bild 15   Nutzen und Nutzung von Methoden zur Technikbewertung in Japan (1990)

5 Technikbeobachtung und forschungsbegleitende Technikfolgenabschätzung

In neuerer Zeit hat die Technikforschung empirische Methoden zur Beschreibung des technischen Wandels entwickelt, die eine Früherkennung neuer technischer Entwicklungen erleichtern[15,19]. Insbesondere haben sich Indikatoren, welche die verschiedenen Stadien des technischen Wandels quantitativ beschreiben, für derartige Analysen bewährt (Bild 15; vgl. dazu auch Bild 1).

Wenn im Rahmen einer Technikfolgenabschätzung Handlungsoptionen für die Technikgestaltung aufgezeigt werden sollen[17], muß die Technikfolgenabschätzung so früh wie möglich beginnen und möglichst zusammen mit der Technikgenese implementiert werden[18]. Hierbei stellt sich jedoch das grundsätzliche Problem, daß im frühen Stadium der Wissenschafts- und Technikentwicklung fundierte Aussagen über die künftige Entwicklung von Wissenschaft und Technik schwierig zu treffen sind. Ökonomische Indikatoren, welche eine indirekte Beobachtung des technischen Wandels in der Wirtschaft zulassen, sind gut etabliert. Es bleiben aber Interpretationsspielräume über die Ursachen von Erfolg oder Mißerfolg offen. Auch läßt sich die Rolle des in den gehandelten Produkten enthaltenen technischen Fortschritts aus wirtschaftsstatistischen Zahlen nicht ohne weiteres entnehmen. Um dem abzuhelfen, wurde in den vergangenen Jahren am Fraunhofer-Institut für Systemtechnik und Innovationsforschung (ISI) ein Verfahren entwickelt und angewendet, das unmittelbar technologische Indikatoren zum technischen Fortschritt liefert (Technometrie). Auch Patentindikatoren gehören zur Gruppe der Technikindikatoren. Bei ihrer Benutzung tritt jedoch das Problem auf, daß die Firmenstrategie in einigen Fällen mehr als die Technik den Ausschlag für eine Patentanmeldung gibt. Auch bei der Gewinnung von Technikindika-

---

[17] H. Paschen, Th. Petermann: Technikfolgenabschätzung - ein strategisches Rahmenkonzept für die Analyse und Bewertung von Techniken, in: Petermann (Hrsg.): Technikfolgenabschätzung als Technikforschung und Politikberatung, Campus, Frankfurt, 1992.

[18] Th. Reiss, O. Hohmeyer, B. Hüsing, G. Jaeckel: Biologische Wasserstoffgewinnung - Begleitende Technikfolgenabschätzung, Forschungsbericht des ISI, Karlsruhe, 1992.

toren aus der Patentstatistik sind daher neue Konzepte und Verfahren zur Ausblendung des firmenstrategischen Hintergrundes erforderlich[19].

In Bild 16 stehen die linksseitigen Pfeile für Aufwandsindikatoren, die in diesem Zusammenhang weniger brauchbar erscheinen. Rechtsseitig sind die wichtigsten Wissenschafts- und Technikindikatoren verzeichnet; sie sind als Ertragsindikatoren aus dem Forschungsgeschehen zu verstehen.

Bei denjenigen Forschungsfunktionen, die nicht unmittelbar zu technischen Realisierungen führen oder die nicht wirtschaftlich anwendbar sind, gibt es keinen Patentschutz. Derartige *Erträge* im Bereich von Wissenschaft und Technikgenese können aber aus der Publikationsstatistik entnommen werden (Bibliometrie). Alle diese Wissenschafts- und Technikindikatoren lassen sich wegen ihrer Reidentifizierbarkeit auf die Handlungen von einzelnen Akteuren beziehen.

Für eine Technikfolgenforschung ist es nicht nur wichtig zu wissen, was entwickelt wird, sondern auch, wer diese Entwicklungen vorantreibt und wer sie ignoriert. Gerade bei planvollen Neuentwicklungen weltumspannender Konzerne können Technikindikatoren aufklärerisch wirken, indem sie das Zusammenspiel der Akteure verdeutlichen. Der Einbezug systematischer und quantitativer Verfahren der Technikbeobachtung eröffnet neue Möglichkeiten, Technikfolgenabschätzungen zeitlich früher im Prozeß der Technikgenese anzugehen. Technikfolgenabschätzung in diesem Sinn kann beispielsweise als begleitende systematische Analyse in neue Forschungs- und Entwicklungsprogramme integriert werden. Eine derartige Konzeption sei *forschungsbegleitende Technikfolgenabschätzung* genannt. Sie bietet folgende prinzipielle Vorteile für das betroffene Forschungsprogramm[18]:

(1) Im Rahmen der Technikfolgenabschätzung werden programmübergreifend relevante wissenschaftliche und technische Entwicklungstrends beobachtet. Die hierdurch den Programmteilnehmern zur Verfügung gestellten Informationen steigern die Gesamteffizienz des Programms.

(2) Durch Einbezug alternativer Technikentwicklungen in die begleitende Analyse können die technischen und wirtschaftlichen Ziele, die im Rahmen des Programms erreicht werden sollen, besser definiert werden.

(3) Durch Analyse der Rahmenbedingungen für den möglichen künftigen Technikeinsatz können Faktoren abgeleitet werden, die diesen Einsatz

---

19   H. Grupp, U. Schmoch: Technologieindikatoren: Aussagekraft, Verwendungsmöglichkeiten, Erhebungsverfahren, in: Bullinger (Hrsg.): Handbuch des Informationsmanagements im Unternehmen, 2 Bände, C. H. Beck, München, 1991.

mitbestimmen. Die Technikentwicklung kann bei Kenntnis dieser Faktoren entsprechend modifiziert werden.

(4) Die Antizipation möglicher Gefährdungspotentiale, die mit dem künftigen Technikeinsatz verbunden sein könne, ermöglicht es, schon im frühen Stadium der Technikgenese Modifikationen der Technikentwicklung vorzunehmen, die die erwarteten Risiken minimieren.

Diese Art der forschungsbegleitenden Technikfolgenabschätzung, welche zeitparallel und diskursiv zum Fortschritt in der naturwissenschaftlichen Forschung angelegt ist, ist kaum etabliert und wird erst mit wenigen ersten Studien erprobt[18]. In einem Fall geht es um eine begleitende Technikfolgenabschätzung zur biologischen Wasserstoffgewinnung, die innerhalb des BMFT-Förderprogramms *Biologische Wasserstoffgewinnung* angesiedelt ist. Ziel dieses Forschungsprogramms ist es, die grundlegenden Kenntnisse über die biologische Wasserstoffproduktion zu erweitern, um die Möglichkeit der künftigen Anwendbarkeit dieser Technik im Rahmen der Energieversorgung besser beurteilen zu können. Da hierbei auch mit gentechnischen Verfahren experimentiert wird, bietet sich eine Technikfolgenabschätzung an.

Schon zur Halbzeit des entsprechenden Programms übersteigt der Nutzen des Vorgehens die möglichen Kosten aus dem Verfolgen von letztlich nicht erfolgreichen Forschungslinien und Technikkonzeptionen, auch wenn stringente Analysen hierzu schwierig sind[18.] Insgesamt kann vor dem Hintergrund dieser ersten forschungsbegleitenden Technikfolgenabschätzung gesagt werden, daß ein derartiger Ansatz größere Wirkungen auf den weiteren Fortgang von Wissenschaft, Technikentwicklung und industrieller Innovation ausüben können, weil sie im Vergleich zu spät einsetzenden Technikfolgen- oder Risikostudien eine größere Zahl von Wahlmöglichkeiten zu beeinflussen vermögen. Auch sind die Haltungen der beteiligten und betroffenen Instanzen, Personen- und Interessengruppen und sonstiger gesellschaftlicher Funktionsträger in der Regel noch nicht zu starr festgelegt.

Solche früh ansetzenden forschungsbegleitenden Technikfolgenuntersuchungen haben aber in der Tat Mühe, den momentanen Forschungs- und Technikstand und seine mutmaßliche Weiterentwicklung international vergleichend darzustellen. Gegenüber konventionellen TA-Studien sind daher avancierte, quantitative Methoden der Technikbeobachtung wie die oben beschriebenen einzusetzen. Die entsprechenden Teams müssen gleichermaßen über Technikfolgenabschätzung- und Technikbeobachtungs-Know-how verfügen. Vernetztes Methodenwissen aus Technikfolgenabschätzung und Technikbeobachtung ist in diesem Falle unersetzlich.

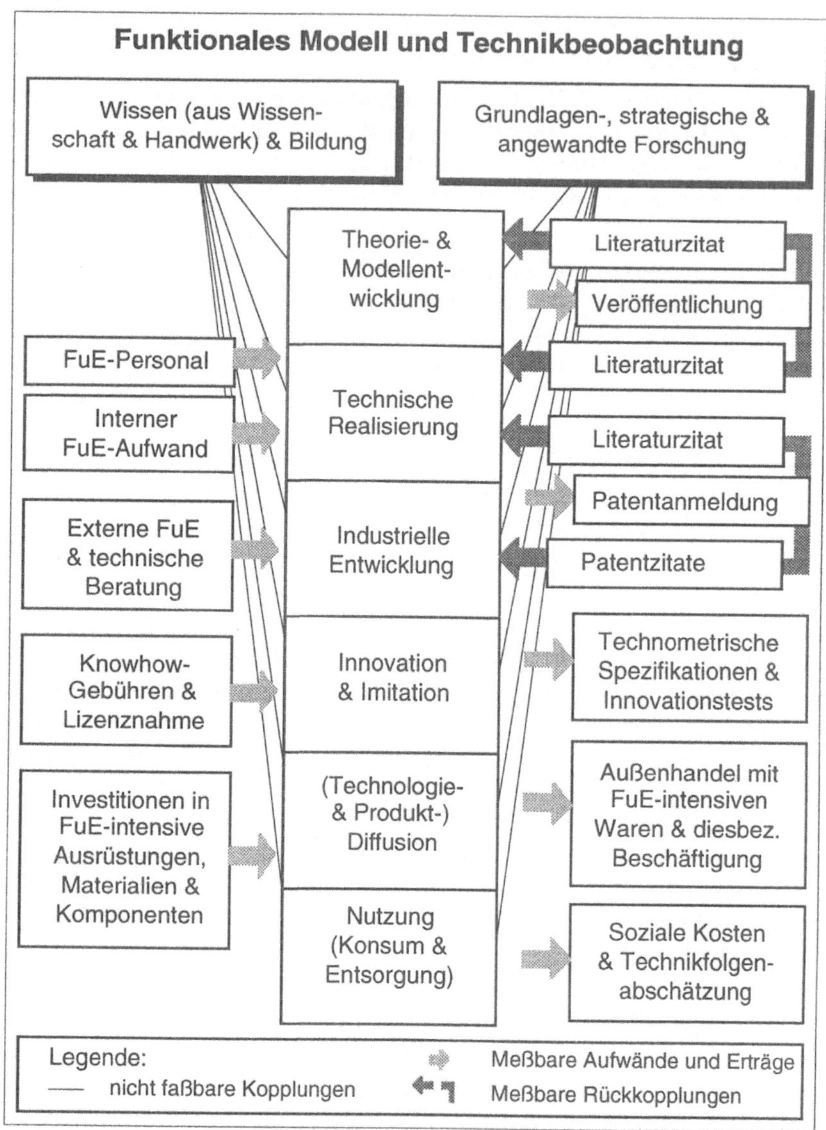

Bild 16   Ansätze zur quantitativen Technikbeobachtung mit Hilfe von Indikatoren

2

Geschichte und Institutionalisierung der Technikfolgenabschätzung

Thomas Petermann

Historie und Institutionalisierung der Technikfolgenabschätzung

Vorbemerkung

Das weitgefaßte Thema möchte ich in folgender Hinsicht eingrenzen und konkretisieren: *Technikfolgenabschätzung* (TA) wird verstanden als ein Forschungskonzept in politikberatender Absicht: Techniken sollen in bezug auf bestimmte gesellschaftliche Problemlagen rechtzeitig, umfassend, in mittel- bis langfristiger Perspektive, unter Einbeziehung betroffener und interessierter Gruppen und mit dem Aufweis von politischen Handlungsmöglichkeiten analysiert und bewertbar gemacht werden. *Institutionalisierung* wird verstanden als politische - besser: staatliche - Institutionalisierung und zwar in ihrer Ausprägung als Institutionalisierung beim bzw. für das Parlament. Eine solche Technikfolgenabschätzung sei somit relativ auf Dauer gestellt, organisatorisch hinreichend strukturiert, finanziell alimentiert und - nicht zuletzt - auch potentiell sanktionierbar durch einen politischen Adressaten. Dadurch ergibt sich mein empirisches Material, auf das ich mich im folgenden beziehe: Internationale Parlamentarische TA-Einrichtungen auf Bundesebene (Bild 1, Bild 2 und Bild 3, vgl. International vergleichende Analyse 1992, TA-Monitoring-Bericht I 1991).

Eine gleichgewichtige Darstellung *aller* Modelle ist im begrenzten Rahmen dieses Beitrages nicht möglich. Deshalb erfolgt die Konzentration auf eine (vergleichende) Darstellung des Office of Technology Assessment (OTA) und des Büros für Technikfolgen-Abschätzung beim Deutschen Bundestag (TAB). Ausgehend von diesen beiden Einrichtungen und den Prozessen, die zu ihrer Implementierung geführt haben, werden schlaglichtartig einige andere Einrichtungen unter unterschiedlichen Aspekten beleuchtet.

**Parlamentarische TA-Einrichtungen:
Übersicht**

- Europäisches Parlament:
  Scientific and Technological Options Assessment Project (STOA)
- Dänemark:
  The Danish Board of Technology
- Deutschland:
  Büro für Technikfolgen-Abschätzung beim Deutschen Bundestag (TAB)
- Frankreich:
  Office Parlementaire d'Evaluation des Choix Scientifiques et Technologiques (OPECST)
- Großbritannien:
  Parliamentary Office of Science and Technology (POST)
- Niederlande:
  The Netherlands Organisation for Technology Assessment (NOTA)
- USA:
  Office of Technology Assessment (OTA)

Bild 1   Parlamentarische TA-Einrichtungen: Übersicht

**Parlamentarische TA-Einrichtungen:
Ausstattung und Arbeitsbeginn**

	Budgets in DM (ca.)	Personal (ca.)	Beginn der Tätigkeit
STOA	1 Mio.	6-7	1986
Danish Board of Technology	3 Mio.	11	1986
TAB	4 Mio.	8	1990
OPECST	1,8 Mio.	3	1985
POST	0,32 Mio.	5	1989
NOTA	2,7 Mio.	12	1986
OTA	31,8 Mio.	145	1972

Bild 2   Parlamentarische TA-Einrichtungen: Ausstattung und Arbeitsbeginn

Parlamentarische TA-Einrichtungen: Organisationsprinzipien	Steuerungs-gremium	Wissenschaftliche Einrichtung
STOA	rein parlamentarisch	innerhalb
Danish Board of Technology	gesellschaftliche Gruppen (Board) (Parlamentsausschuß)	extern
TAB	rein parlamentarisch	extern
OPECST	rein parlamentarisch	innerhalb
NOTA	gemischt (Board) (Parlamentsausschuß)	extern
POST	gesellschaftliche Gruppen (Parlament/Exekutive)	extern
OTA	rein parlamentarisch	innerhalb

Bild 3   Parlamentarische TA-Einrichtungen: Organisationsprinzipien

Den Beginn macht eine kurze Charakterisierung des TA-Konzepts (1), es folgen dann eine Beschreibung des OTA und der Debatte über die Institutionalisierung parlamentarischer Technikfolgenabschätzung beim Deutschen Bundestag (2, 3) und ein Vergleich beider Prozesse miteinander (4). Abschließend werden kurz einige europäische TA-Einrichtungen betrachtet (5). Eine geraffte Charakterisierung einiger Wandlungen im TA-Konzept (6) beschließt die Betrachtung.

Prolog zum Thema

Charles Mosher, Mitglied des amerikanischen Repräsentantenhauses in Washington, 1972: "Machen wir uns nichts vor, Herr Vorsitzender: Wir, die Kongreßabgeordneten, stehen dem Sachverstand der Exekutivorgane permanent hilflos und wehrlos gegenüber. Wir benötigen dringendst professionelle Beratung und Information und dies schneller als bisher, ausschließlich uns allein gegenüber verantwortlich und den Forderungen unserer eigenen Ausschüsse gegenüber aufgeschlossen; nur so können wir mit den Exekutivorganen und ihren Ressourcen in einen annähernd gleichgewichtigen Schlagabtausch treten. Viele, wenn nicht sogar die meisten Vorschläge zu neuen und expandierenden Techniken werden uns von der Exekutive vorgelegt. Zumindest sind es jedoch Vertreter dieser Organe, die uns Expertengutachten zu derartigen Vorschlägen vorlegen. Wir müssen auf der Basis eigener Informationsquellen selbstsicherer werden, um mit diesen Behörden effektiv in Wettstreit treten zu können, um deren Vorschläge besser hinterfragen und sie dazu bringen zu können, ihre Auffassungen zu rechtfertigen, kurz, um härtere Fragen stellen, präzisere Antworten fordern und bessere Alternativen vorschlagen zu können."

Heinz Riesenhuber, Mitglied des Deutschen Bundestags in Bonn, 1977: "Das Parlament und sein Ausschuß haben ein Sekretariat mit zwei Mitarbeitern; im Wissenschaftlichen Dienst helfen uns fünf Mitarbeiter, in den Fraktionen je ein Referent auf diesem Sachgebiet ... Dem gegenüber steht das Bundesministerium für Forschung und Technologie mit 1 300 Mitarbeitern im eigenen Haus und bei den Projektträgern, demgegenüber steht der umfassende Sachverstand der Großforschungszentren, der Forschungseinrichtungen an den Universitäten, der Max-Planck-Institute und anderer. ... Meine Damen und Herren, selbst vorausgesetzt, dieser Sachverstand stünde uns in umfassendem Maße zur Verfügung und wäre umfassend neutral, unsere kleine Gruppe von Parlamentariern wäre hoffnungslos überfordert, in jeweils einzelnen Problemen diesen Sachverstand abzufragen und ihn in konkrete politische Aktion umzusetzen. ... Die Kontrolle der Regierung findet hier im wesentlichen nicht statt. Das bedeutet zugleich, daß das Parlament nicht aus eigener Erkenntnis imstande ist, Position zu beziehen." *Applaus.*

1   Technology Assessment, Technikfolgenabschätzung

Konzepte des Technology Assessment (TA) entstanden Mitte der 60er Jahre zunächst in den Vereinigten Staaten. TA war unter anderem eine Reaktion der amerikanischen Wissenschaftsgemeinde auf zunehmende Diskussionen über Bedeutung und - insbesondere negative - Folgen des Einsatzes bestimmter Techniken. In diesem Zusammenhang wurde auch die Frage nach den Grenzen und Möglichkeiten der politischen Steuerung und Gestaltung der technischen Entwicklung gestellt, was angesichts veritabler Finanz- und Risikopotentiale insbesondere von *Großtechnike*n durchaus angemessen war; ging es doch um die Notwendigkeit eines veränderten Problemdenkens über die Auswirkungen von Wissenschaft und Technik in praktischer Absicht.

TA war gewissermaßen programmatische Ausprägung dieses Denkens (Bild 4). Sie unterscheidet sich aufs Ganze gesehen von verwandten sozialwissenschaftlichen Forschungsrichtungen durch eine Reihe von Orientierungspunkten, die sich aus den damaligen konzeptionellen Vorstellungen etwa in folgender Weise rekonstruieren lassen (Lohmeyer 1984, S. 56 ff., Paschen; Petermann 1991, S. 1, S. 19 ff., S. 209 ff.):

(1) Systematische Identifikation möglichst vieler gesellschaftlich relevanter Auswirkungen (comprehensiveness): Analysiert werden sollten die Auswirkungen einer Technik und ihrer Nutzung in den vielfältigen und miteinander in Wechselwirkung stehenden Bereichen von Gesellschaft, Wirtschaft, Umwelt, Politik, Recht etc.

(2) Antizipative Orientierung (early warning): Es sollten mögliche *Zukünfte* beschrieben und bewertet werden, um rechtzeitig auf nicht erwünschte Folgen reagieren oder erwünschte Folgen herbeiführen zu können.

(3) Schwerpunktsetzung der Analyse bei den nicht unmittelbar erkennbaren Folgen: Wo sich traditionelle Auswirkungs- und Risikoanalysen eher auf bereits eingetretene oder kurzfristig anstehende Folgen beschränken, sollte Technikfolgenabschätzung insbesondere langfristige sekundäre, indirekte und synergistische Folgen analysieren und bewerten.

(4) Erfassung und Bewertung gesellschaftlicher Chancen und Risiken: Folgen sollten möglichst in einem umfassenden Sinn, über die lediglich quantifizierende, technisch orientierte Folgenerfassung hinausgehend, auch als qualitative, gesellschaftliche Kosten- und Risikopotentiale analysiert und bewertet werden.

(5) Interdisziplinarität der Analyse: Entsprechend der Vielfalt und Komplexität der Auswirkungsbereiche sollte TA interdisziplinär angelegt und durchgeführt werden.

(6) Partizipation: In Analyse und Wertung sollten betroffene Individuen und Interessengruppen miteinbezogen werden, um die Informationsgrundlage zu verbessern und die unterschiedlichen Standpunkte und Einschätzungen zu dokumentieren.

Diese wissenschaftliche Seite der Programmatik der Technikfolgenabschätzung wurde konstitutiv mit dem Postulat der Anwendungs- oder Entscheidungsorientierung gekoppelt. Wesentlich für die TA war deshalb das

(7) Aufzeigen von Handlungsoptionen: Angestrebt war, verschiedene Handlungsoptionen im Sinne alternativer Möglichkeiten zu formulieren.

Optionen und Alternativen sollten sich dabei sowohl auf die Technik als auch auf die diese umgebenden sozialen Strukturen beziehen. Als Beitrag zur Planung und Entscheidung ist Technikfolgenabschätzung als Teil des Entscheidungsfindungsprozesses von Personen und Institutionen konzipiert.

Das Angebot aus den Reihen der Wissenschaft, ein analytisch fundiertes Verfahren mit den Ansprüchen und Notwendigkeiten praktischen Handelns zu verbinden, fiel im amerikanischen Parlament auf fruchtbaren Boden: Mitgliedern des amerikanischen Kongresses war im Verlauf der 60er Jahre deutlich geworden, daß dieser kaum mehr in der Lage war, komplexe technikbezogene gesellschaftliche Entwicklungen und Entscheidungen zu überblicken, geschweige denn der Gestaltungsverantwortung parlamentarischer Politik nachzukommen (Gibbons; Gwin 1986).

Anforderungen an eine ideale TA

- **Systematische Identifikation möglichst vieler gesellschaftlich relevanter Auswirkungen (comprehensiveness):**
  nicht nur Marktanalysen, nicht nur Wirtschaftlichkeitsrechnungen

- **Antizipative Orientierung (early warning):**
  rechtzeitig, bevor die Technik zu weit ist

- **Schwerpunktsetzung der Analyse bei den nicht unmittelbar erkennbaren Folgen:**
  Vermeidung langfristig wirksamer negativer Folgen
  – weg vom Symptom

- **Erfassung und Bewertung gesellschaftlicher Chancen und Risiken:**
  außerökonomische, soziale Kosten, Bewertung der
  "Wünschbarkeit" einer Technik

- **Interdisziplinarität der Analyse:**
  Teamarbeit, Organisation von Sachverstand

- **Partizipation:**
  Öffentlichkeit, Transparenz

- **Aufzeigen von Handlungsoptionen:**
  Was sollen wir tun – mit welchen Folgen?

Bild 4   Anforderungen an die ideale TA

Diese Wahrnehmung wurde den Parlamentariern auch dadurch nahegelegt, daß neben dem Umstand, daß sie die exekutive Planungs- und Budgetinitiativen nur unzureichend beurteilen konnten, auch die Umwelt- und Konsumentenbewegung während der ersten Hälfte der 60er Jahre, dem Kongreß ein wachsendes öffentliches Mißtrauen gegenüber technischen Entwicklungen signalisierte und eine Überprüfung der Bewertungskriterien insbesondere für staatlich initiierte/subventionierte technologische Projekte notwendig erscheinen ließ.

2 Das Office of Technology Assessment

Auf diese Entwicklungen reagierte der Kongreß mit Initiativen zur Verbesserung der technikbezogenen parlamentarischen Beratungskapazitäten,
die sich über einen Zeitraum von ca. 9 Jahren (1963 bis 1972) erstreckten
und schließlich zur Einrichtung eines *Office of Technology Assessment*
(OTA) beim Kongreß führten. Als ein zentrales Motiv dieser Debatte kristallisierte sich die Zielsetzung einer größeren informationellen Unabhängigkeit der Legislative von der Exekutive, aber auch von der massiven
Industrielobby, heraus. Mit dem übergreifenden Ansatz des *technology
assessment* und einer der Legislative zugeordneten Hilfsorganisation sollte
zudem nicht nur die fragmentierte Entscheidungsfindung des legislativen
Ausschußsystems überwunden werden, sondern auch ein *early warning*
System möglich werden: Erwartet wurden frühzeitige Informationen über
sich abzeichnende Chancen und Risiken der Entwicklung und Nutzung
von Techniken. In einer Erklärung zur ersten Gesetzesinitiative zur Einrichtung eines OTA wurde TA definiert als eine "form of policy research
which provides a balanced appraisal to the policymaker. Ideally, it is a
system to ask the right questions and obtain correct and timely answers. It
identifies policy issues, assesses the impact of alternative courses of action
and presents findings" (zitiert nach Petermann 1990, S. 102).

In dieser Definition werden die für die Politik tragenden Elemente eines
technology assessment deutlich: TA soll eine materielle Politikanalyse
sein, die, ausgehend von einer systematischen Identifikation und Bilanzierung (Bewertung) von Auswirkungen technologischer Entwicklungen,
rechtzeitig entscheidungsrelevante Informationen für den politischen Entscheidungsträger liefert. außerdem soll TA alternative Handlungswege
(Optionen) zur Erreichung bestimmter Ziele identifizieren und hinsichtlich ihrer Konsequenzen bewerten.

Rekonstruiert man die parlamentarischen Diskussionen über die mit TA
verbundenen Zielsetzungen, zeigen sich weitere Ansprüche der Politik an
eine parlamentsadäquate TA. Sie sollte

❑ ein neuer Typ von anwendungsorientierter Forschung sein, der durch
  andere Hilfsorgane des Kongresses nicht geleistet werden konnte;

❑   für die Öffentlichkeit Informationen über wahrscheinliche Konse-
    quenzen möglicher technologiepolitischer Entscheidungen bereitstel-
    len;

❑   Reaktionen der Öffentlichkeit auf mögliche Politiken des Kongresses
    zu antizipieren, um dadurch unpopuläre Entscheidungen vorab zu
    identifizieren;

❑   dazu beitragen, das Vertrauen der Öffentlichkeit in die Entscheidun-
    gen des Kongresses wiederherzustellen und zu stärken sowie

❑   die politischen Entscheidungen der Legislative nicht ersetzen, aber
    einen Beitrag für "rationale" Kongreßdebatten und -entscheidungen
    liefern (Gray 1982, S. 305 ff., Casper 1986, Gibbons; Gwin 1986;
    s. a. Schevitz 1991).

In der Folge ließ sich der Kongreß durch verschiedene Studien überzeugen, daß es mit TA - als Weiterentwicklung des Systemanalyse- und Pla-
nungsdenkens - durchaus möglich sein könnte, die kognitive Basis für die
politische Steuerung und Gestaltung komplexer technologischer Systeme
zu legen.

Ein weiterer Grund für die Akzeptanz eines technology assessment lag
darin, daß man das OTA in die bestehenden Binnenstrukturen und
Außenbeziehungen des Kongresses einpaßte. Das institutionelle Konzept
des OTA wurde durch die Parlamentarier so konstruiert, daß es sowohl mit
dem delikaten Machtgefüge der amerikanischen Legislative und den
darin gewachsenen Arbeitsformen verträglich war, als auch funktional den
bewährten Außenbeziehungen insbesondere zur Exekutive und den gesellschaftlichen Interessengruppen gerecht wurde. Kurz gesagt, ging es
insbesondere darum, durch das OTA einerseits keine der bestehenden
Kompetenzen der Ausschüsse (und ihrer Vorsitzenden) zu beschneiden
und andererseits die eingespielten Kommunikationswege zwischen Kongreß und Außenwelt (nicht zuletzt: die Lobby!) nicht zu stören. Da es
schließlich dem Selbstverständnis und Selbstbewußtsein amerikanischer
Parlamentarier entsprach, sich Instrumente gegen die Übermacht der
Administration und die Abhängigkeit von externem Sachverstand zu
schaffen und eine legislative TA die politischen Funktionen des Kongresses zu stärken geeignet war, wurde das OTA letztlich als parlamentarisches
Mittel der Steuerung des technischen Wandels angenommen.

Das OTA bearbeitet seither stets ein breites Spektrum von Themen und
Problemen für die Belange und im Auftrag der Ausschüsse des Kongresses (Bild 5).

TA als Politikberatung: Einige Themen des OTA (1991)

❏ **ENERGY, MATERIALS AND INTERNATIONAL SECURITY DIVISION**
  - New energy technologies in developing countries
  - Materials technology: integrating environmental goals with product design
  - Technology against terrorism

❏ **HEALTH AND LIFE SCIENCES DIVISION**
  - Cystic fibrosis: implications of population screening
  - Agriculturals alternatives to coca production
  - Policy Issues in the prevention and treatment of osteoprosis

❏ **SCIENCE, INFORMATION AND NATURAL RESOURCES DIVISION**
  - Technology for literacy
  - Intercity bus access for individuals with disabilities
  - Computer software and intellectual property

Bild 5   TA als Politikberatung

Die Bearbeitungszeit kann bis zu zwei Jahren dauern - aber es gibt im allgemeinen eine Mischung von Kurz-, Mittel- und Langfriststudien. Im Verlaufe der Erarbeitung der endgültigen Ergebnisse werden stets Zwischenresultate an die Politik weitergegeben, Materialien und Informationen werden gesammelt und dokumentiert, Mitarbeiter des OTA geben Stellungnahmen bei Hearings ab, und schließlich werden auch OTA-Studien in Kurz- und Langfassungen publiziert.

Schwerer als das amerikanische Parlament tat sich der Deutsche Bundestag, der etwa 1973 begann, sich mit dem Instrument der Technikfolgenabschätzung und seiner möglichen Nutzung für die Belange der Legislative zu beschäftigen (vgl. zum folgenden Petermann; Franz 1990).

3   Technikfolgenabschätzung und Deutscher Bundestag

3.1   Motive in der Diskussion

Zeitlich gesehen entwickelt sich die parlamentarische Diskussion um die Institutionalisierung etwa im Zeitraum von 1973 bis heute. Sie beginnt mit dem Antrag der damaligen Opposition, der CDU/CSU-Fraktion, ein *Amt zur Bewertung technologischer Entwicklungen beim Deutschen Bundestag* einzurichten. Diesem Vorschlag folgte eine Vielzahl weiterer Vorschläge der Fraktionen des Deutschen Bundestages, die sich alle in der parlamentarischen Debatte nicht durchsetzen konnten - jedenfalls bis 1989.

Was die institutionelle Gestalt einer parlamentarischen TA-Kapazität anlangt, wurde die Größe einer solchen Einrichtung im Verlauf der Debatte immer mehr zurückgestuft. Es war "zunehmend nur von kleineren Stabseinheiten die Rede, ... ja, es wurde auch diskutiert, ob nicht gar die TA-Aufgaben allein einem neu zu bildenden Unterausschuß des Deutschen Bundestages übertragen werden sollte" (Thienen 1986, S. 55). Wurde man einerseits bei der Größenordnung einer solchen Institution stetig bescheidener, gerieten andererseits die Zielzuweisungen nicht nur immer anspruchsvoller sondern auch diffuser: Zunächst argumentierte man ganz konkret aus der Perspektive des Forschungs- und Technologieausschusses. Man forderte TA-Beratungskapazitäten, um dessen Informationsbedürfnissen und Kontrollaufgaben besser gerecht werden zu können. Bald aber wurde "mit der postulierten TA-Funktion zunehmend auch der ambitiöse Anspruch verbunden, Beratungsstrukturen entwickeln zu können, die nicht nur die informationsgebundenen Kontrollmöglichkeiten eines Bundestagsausschusses, sondern prinzipiell aller Ausschüsse für die jeweiligen sektoralen Politiken verbessern sollten ... Darüber hinaus wurde es im Zuge der öffentlichen Diskussion über gesellschaftliche und ökologische Folgen einzelner (Groß)-Technologien auch zunehmend als parlamentarische Aufgabe angesehen, eigene Gestaltungskompetenzen jenseits der staatlichen Technologiepolitik im engeren Sinn zu entwickeln" (ebd., S. 56).

Der Begriff der parlamentarischen Gestaltungskompetenz spielt z. B. im Institutionalisierungsvorschlag der Enquête-Kommission *Technikfolgenabschätzung* von 1986 eine zentrale Rolle. Zentraler Ausgangspunkt der Argumentation der Kommission ist die *Mit-Verantwortung* des Parlaments für die Gestaltung von Rahmenbedingungen der wissenschaftlich-technischen Entwicklung. Die hieraus abzuleitenden Aufgaben könne der Deutsche Bundestag bislang nur unzureichend vorbereitet leisten. Im Rahmen seiner Funktionen der Gesetzgebung und Budgetbewilligung sei das Parlament zwar in der Lage, Impulse zu vermitteln, doch basierten seine Entscheidungen "noch nicht ausreichend auf Problemwissen und politischen Konzepten, die durch eine rationale Erfassung und diskursive Aufarbeitung der Voraussetzungen und Folgen von technischen Entwicklungen und Entwicklungsmöglichkeiten charakterisiert sind" (Enquête-Kommission *Technikfolgenabschätzung* 1986, S. 12).

Die Kommission argumentiert ferner damit, daß der gesellschaftliche Grundkonsens zum technischen Fortschritt, unter dem Eindruck der Folgen einzelner Techniken, "brüchig" geworden sei. Die Bedeutung des Parlaments als "Diskussionsforum" sei entsprechend zurückgegangen. Insbesondere habe die "mangelnde Reaktionsfähigkeit" des Deutschen Bundestages in der Öffentlichkeit Anlaß zu Zweifeln an der parlamentarischen Fähigkeit gegeben, die negativen Folgen technischer Entwicklungen verhindern oder mindern zu können (ebd., S. 13). Zwar könne auch das Steuerungsmedium des "Marktes" wichtige Selektionsfunktionen erfüllen, doch "seien diese nicht geeignet, die Verträglichkeit von Techniken alleine zu gewährleisten". Das Parlament hätte hier die Möglichkeit, Gestaltungsspielräume verantwortlich zu nutzen und problemadäquate Rahmenbedingungen zu setzen. Die Kommission konstatiert aber, daß das Parlament - speziell im Vergleich zu den Möglichkeiten der Exekutive - für die Übernahme von Verantwortung nicht "ausreichend und angemessen" mit Beratungsmöglichkeiten ausgestattet sei (ebd., S. 7). Die Einführung des Konzepts der Technikfolgenabschätzung und der Aufbau einer neuen Beratungsstruktur biete deshalb die Chance zu einer "Vitalisierung parlamentarischer Politik" (ebd., S. 14).

3.2 Institutionalisierungsentscheidung

In diesem Sinn schlug die Enquête-Kommission dem Deutschen Bundestag die ständige Einrichtung einer *Kommission zur Abschätzung und Bewertung von Technikfolgen* vor, die auf der Grundlage einer Ergänzung der Geschäftsordnung eingesetzt werden sollte. Dieser Organisationsvorschlag bestand im wesentlichen aus drei tragenden Elementen (Enquête-Kommision *Technikfolgenabschätzung* 1986):

❑ Das (politische) Lenkungsgremium ist eine Kommission, der, wie bei Enquête-Kommissionen, sowohl Mitglieder des Deutschen Bundestages als auch Sachverständige angehören. Über die Besetzung der Kommission soll zu Beginn jeder Legislaturperiode entschieden werden.

❑ Die Kommission stützt sich auf eine ständige "wissenschaftliche Einheit", die als Stammpersonal 15 fest angestellte und 15 weitere wissenschaftliche Mitarbeiter umfassen soll.

❑ Beiräte sollen die Kommission in der Bearbeitung der Aufgaben konzeptionell und beratend begleiten.

Dieser Organisationsvorschlag war also ein Modell *pragmatischer Politikberatung* mit enger Kooperation von Wissenschaft und Politik, einer in-house Kapazität, die nicht nur *für* das, sondern gerade *beim* Parlament arbeiten sollte, verbunden mit moderaten, aber deutlichen partizipatorischen Elementen.

Erkennbare Reaktionen aus dem Parlament blieben zunächst aus - dann aber lehnten die befaßten Ausschüsse ab. Im Verlaufe der Plenardebatte über die Arbeit der Enquête-Kommission war Reserviertheit deutlich. Parallel hierzu schossen sich Vertreter von Wirtschaftsverbänden heftig auf den Vorschlag ein. Sie äußerten ordnungspolitische Bedenken ("bürokratischer Überwachungsstaat") und kritisierten die Organisationsform des politischen Lenkungsgremiums, weil dies auch mit nicht-parlamentarischen Mitgliedern besetzt sein sollte ("Einstieg in die gesellschaftliche Mitbestimmung"). Den Gewerkschaften wiederum war der Vorschlag zu klein geraten. Er ermöglichte ihrer Einschätzung nach weder umfassende noch zur Gestaltung und Steuerung von Technik befähigende Technikfolgenabschätzung. "So nicht" und "jetzt nicht" war der Tenor der meisten Einwände, während man zugleich versicherte, der Deutsche Bundestag benötige durchaus Technikfolgenabschätzung, um eine verbesserte Informationslage gewinnen zu können.

Der inner- und außerparlamentarische Widerstand trug seinen Teil dazu bei, daß zunächst keine endgültige Entscheidung gefällt wurde. Erst in der nächsten Legislaturperiode und im Verlauf der Arbeiten der zweiten Enquête-Kommission *Technikfolgenabschätzung* entwickelte sich in den Führungskreisen der Mehrheitsfraktionen eine Bereitschaft, das Thema politisch abzuschließen und die Institutionalisierung zu ihrer Sache zu machen. Mit dem politischen Willen der Mehrheit war dann die entscheidende Voraussetzung für die Institutionalisierung geschaffen und die Front der Ablehnung durchbrochen. Zudem war es auch gelungen, ordnungspolitische Bedenken der Wirtschaft auszuräumen: Technikfolgenabschätzung als *technology arrestment* hatte als Menetekel ausgedient.

Die Enquête-Kommission legte dem Deutschen Bundestag drei unterschiedliche Institutionalisierungsmodelle zur Entscheidung vor (BT-Drs. 11/4606):

(1) Die CDU/CSU und die FDP sahen die Umbenennung des Ausschusses für Forschung und Technologie in *Ausschuß für Forschung, Technologie und Technikfolgenabschätzung* vor, welcher die Initiierung und politische Steuerung von Technikfolgenabschätzung übernehmen sollte. Mit der Durchführung von TA-Studien wäre eine Institution außerhalb des Parlaments zu beauftragen, die "diese Aufgabe in hoher Selbständigkeit und eigener Verantwortung" wahrzunehmen hätte.

(2) Der Vorschlag der SPD beinhaltete die Einsetzung eines *Ausschusses für parlamentarische Technikberatung* und eine bundestagsinterne wissenschaftliche Einheit von etwa 15 Mitarbeitern. Ausschuß und wissenschaftliche Einheit sollten durch ein vom Bundestag berufenes Kuratorium unterstützt werden.

(3) Die Fraktion der GRÜNEN votierte für die Gründung einer *TA-Stiftung*, deren Leitung aus Abgeordneten und ExpertInnen zusammengesetzt sein und von der Mitgliederversammlung gewählt werden sollte. Dem Leitungsgremium würde ein Institut zugeordnet, welches TA-Studien zu begleiten und parlamentsorientiert aufzuarbeiten hätte. Zusätzlich würde dem Präsidium des Deutschen Bundestages eine dauerhafte Beratungsinstitution angegliedert, die - neben anderen Aufgaben - TA-Studien an die Stiftung vergeben sollte.

Am 16.11.1989 beschloß der Deutsche Bundestag mit den Stimmen der Mehrheitsfraktionen die Annahme ihres Vorschlags. Was ist nun das Für und Wider dieser Lösung? Vergleicht man sie mit dem alten Vorschlag, kann man grundsätzlich folgendes festhalten:

❑   Die Organisationsform ist eindeutig *politisch*. Es gibt ein rein parlamentarisches Lenkungsgremium. Die bislang angestrebte Kommunikationsgemeinschaft zwischen Wissenschaft und Politik (und gesellschaftlichen Gruppen) als Steuerungsinstrument für Technikfolgenabschätzung wurde ersetzt durch den Ausschuß für Forschung und Technologie, der gewissermaßen den Sieg des *Primats der Politik* verkörpert.

❑   Es gibt keine wissenschaftliche TA-Einheit innerhalb des Deutschen Bundestages, sondern eine externe Einrichtung wird mit TA-Aufgaben betraut. Damit hat man die Wissenschaft auf angemessene Distanz gehalten, eine Veränderung der Strukturen der Verwaltung des Bundestages (wahrscheinliche Folge des alten Vorschlags) ist vermieden.

❑ Es gibt für Technikfolgenabschätzung kein neues Organ innerhalb des Deutschen Bundestages und keines mit spezifischen Rechten. Die Geschäftsordnung muß nicht in dieser Hinsicht geändert werden, was der Akzeptanz des Vorschlags im Parlament förderlich ist.

❑ Partizipatorische Elemente von Technikfolgenabschätzung, von den alten Kommissionen herausgestrichen, sind zwar angesprochen, aber eher marginalisiert.

Die erste Aufgabe des neu benannten F&T&TA-Ausschusses war es, eine externe wissenschaftliche Einrichtung zu finden, die zukünftig Technikfolgenabschätzung für den Deutschen Bundestag durchführen sollte. Nach einem Ausschreibungsverfahren mit mehr als 50 Bewerbern beschloß der F&T&TA-Ausschuß am 14.3.1990, mit dem Aufbau eines Büros für Technikfolgenabschätzung die Abteilung für Angewandte Systemanalyse (AFAS) beim Kernforschungszentrum Karlsruhe (KfK) zu beauftragen, also eine Einrichtung, die seit vielen Jahren Untersuchungen zu den Einführungsbedingungen und möglichen Folgen von Techniken durchführt. Nach Abschluß eines Vertrages zwischen dem Kernforschungszentrum Karlsruhe und der Präsidentin des Deutschen Bundestages im September 1990 konnte dieser Aufbau beginnen, Personal eingestellt und erste TA-Prozesse begonnen werden (Bild 6).

TA als Politikberatung: Themen des TAB (1992/93)

❑ **Langfristige TA-Analysen zu den Problembereichen:**
- Hausmüllentsorgung und Müllvermeidung
- Grundwasserschutz und Wasserversorgung

❑ **Mittelfristige Problemanalysen zu den Themen:**
- Raumtransportsystem "SÄNGER"
- Risiken bei einem verstärkten Wasserstoff-Einsatz
- Biologische Sicherheit bei der Nutzung der Gentechnik
- Genomanalyse

Bild 6   Technikfolgenabschätzung als Politikberatung

Als besondere organisatorische Einheit der AFAS hat das TAB augenblicklich sechs wissenschaftliche Mitarbeiter aus unterschiedlichen Disziplinen. Etwa 4 Mio. DM als institutionelle und Projektförderung stehen pro Jahr zur Verfügung, um im Auftrag und in Abstimmung mit dem direkten Ansprechpartner beim Parlament - dem *Ausschuß für Forschung, Technologie und Technikfolgenabschätzung* - dem Deutschen Bundestag beratend zuarbeiten zu können.

4 Vergleich zweier Institutionalisierungsprozesse

Versuchen wir nun die Frage zu beantworten, warum man in Deutschland - obwohl Problembewußtsein vorhanden ist, die Notwendigkeit von Technikfolgenabschätzung deklariert und das Ungenügen bisheriger Beratungsinstrumente zugestanden wird - so lange vor weitergehenden Schritten (eben in Form einer ständigen Einrichtung) zurückgeschreckt war.

Erinnern wir uns zu diesem Zweck zunächst der Gründe, die dazu geführt haben, daß eine Institutionalisierung von Technikfolgenabschätzung im Falle des OTA relativ zügig gelungen ist:

❑ Die Einrichtung des OTA war Teil einer längeren intellektuellen Aufrüstung des Kongresses gegen zunehmende exekutive Dominanz an planerischen, informatorischen und wissenschaftlichen Kapazitäten. Das OTA sollte u. a. dem Ziel dienen, ein annäherndes - und der Verfassung entsprechendes - Gleichgewicht zwischen *legislative branch* und *executive branch* herzustellen und zu halten.

❑ Das OTA war klar und konsequent als eine unter der Knute der Politik stehende, dienende wissenschaftliche Einrichtung konzipiert. Es wurde deshalb auch von den Parlamentariern erst dann akzeptiert, als organisatorisch die Initiativ- und Kontrollkompetenzen eindeutig bei der Politik angesiedelt waren.

❑ Als ein Hilfsinstrument parlamentarischer Willensbildung hatte das OTA die Aufgabe, Meinungen und Interessen von Öffentlichkeit, Exekutive und Verbänden zu dokumentieren und dem Parlament - als Grundlage für seine legislativen Aktivitäten - zu vermitteln. Das OTA war also für große Teile der Außenwelt ein Kanal zur Einspeisung eigener Interessen in die legislative Arbeit und bot zudem die Möglichkeit, frühzeitig parlamentarische Aktivitäten zu beobachten.

Aus diesen Gründen wurde Technikfolgenabschätzung beim Kongreß ohne größeres Mißtrauen seitens Öffentlichkeit und Lobby hingenommen. Sowohl kongreßintern als auch in der Wahrnehmung durch die Außenwelt erschien das OTA in hohem Maße systemkonform: Es erwies sich als funktional in bezug auf die starke Stellung des Parlaments im amerikanischen präsidentiellen Regierungssystem, entsprach der Aufgabenzuweisung der Politik an die Wissenschaft, neutral zu beraten und nichts zu unternehmen, um die politischen Entscheidungen selbst zu beeinflussen. Das OTA hatte schließlich auch eine akzeptierte Funktion innerhalb der tradierten Beziehungsgeflechte von Legislative, Interessengruppen, Öffentlichkeit und Exekutive. All dies war im Falle einer bundesrepublikanischen TA- Einrichtung nicht der Fall.

❑ Anders als in den Vereinigten Staaten hatte in der Bundesrepublik Deutschland in der Wahrnehmung der meisten Parlamentarier eine dem OTA entsprechende Einrichtung beim Deutschen Bundestag keinen *Ort*. Weder sah man die Notwendigkeit, informatorisch *nachzurüsten*, noch war man in der Lage bzw. wollte eine organisatorische Form adäquat für die Bedürfnisse und Spezifika des Parlaments im bundesrepublikanischen Regierungssystem finden. Mehr noch: Im Deutschen Bundestag provozierte die Thematik einer neuen parlamentarischen Einrichtung für Technikfolgenabschätzung und -bewertung lange Zeit Befürchtungen, die beinahe routineartig zu Protokoll gegeben wurden: Eine sich verselbständigende Bürokratie, ein Instrument zur Stärkung der Opposition, eine Einrichtung, welche die Parlamentarier bevormunden könne, werde entstehen. Und schließlich gab es weder wirklich zwingenden Druck noch als relevant erachtete Zustimmung durch gesellschaftliche Gruppen oder in der veröffentlichten Meinung - eher im Gegenteil.

❑ Weit über ein Jahrzehnt zeigte die Debatte, daß für die Mehrzahl der Parlamentarier eine ständige Beratungseinrichtung neuen Zuschnitts im Regierungssystem nicht sinnvoll, sondern eher störend wirkte. Ferner kam es im Deutschen Bundestag weder gut an, ein gemischtes Leitungsgremium mit - wenn auch begrenzten - Initiativfunktionen einzusetzen, noch eine interne - durch Budgetmittel und wissenschaftliche Leitung - *herausragende* wissenschaftliche Einheit in den bestehenden adminstrativen Apparat der Bundestagsverwaltung einbauen zu wollen. Insbesondere die Integration von Nicht-Parlamentariern in ein neues Organ des Deutschen Bundestages und die gleichzeitige Ausstattung dieses Organs mit bestimmten Kompetenzen widerstrebte dem politischen Anspruchsdenken von Fraktionen und Ausschüssen.

❑ Ein Konzept mit einem gemischten Leitungsgremium war im übrigen auch zu Beginn der Diskussion um die Organisation des OTA lanciert worden. Aber der Versuch, beispielsweise ein Steuerungsgremium aus Politikern, externen Sachverständigen und Vertretern der

Öffentlichkeit einzurichten, wurde alsbald abgewürgt. Parlamentarisches Gespür für die "Allokation politischer Macht" (Casper 1986, S.´ 215) führte zur Etablierung der bis heute gültigen Form des Steuerungsgremiums in seiner Zusammensetzung ausschließlich aus Kongreßmitgliedern. Wissenschaftlern und Vertretern des öffentlichen Lebens wurde ein anderer Tätigkeitsbereich zugewiesen: ein Technology Assessment Advisory Council (TAAC), dessen Bedeutung heute als relativ gering eingeschätzt werden kann.

❑ Aber nicht nur im eingespielten internen Arbeits- und Funktionszusammenhang des Parlaments, nicht nur in seiner engen Beziehung zu Exekutive und Administration, sondern auch im Blick auf die tradierten Kommunikations- und Interaktionsmuster mit Gesellschaft und Wirtschaft schien eine parlamentarische Technikfolgenabschätzung als Fremdkörper - besser noch: als Störfaktor - wahrgenommen zu werden.

5 Zusammenfassung und ein Blick auf andere TA-Einrichtungen

Betrachten wir nun zusammenfassend diese beiden Institutionalisierungen und werfen - zum Zwecke des Vergleichs - einige Blicke auch auf andere parlamentarische TA-Einrichtungen. Dazu stelle ich drei Fragen.

5.1 Was waren die Ursachen für die Institutionalisierung?

Im Falle des OTA kamen die Anstöße sowohl aus dem Parlament als auch von außerhalb. Die Kongreßpolitik war spätestens Mitte der sechziger Jahre durch die Gesellschaft auf den Prüfstand gestellt worden. Folgekosten von Entscheidungen über Entwicklung und Nutzung von Techniken wurden sichtbar und aufgegriffen von einer kritischen Öffentlichkeit und der Wissenschaft (Umweltbewegung, Konsumentenvereinigungen, wissenschaftliche Außenseiter und Gruppierungen). Tatsächlichkeit und Wahrnehmung der negativen Konsequenzen des Technikeinsatzes verdichteten sich zu einem Streßfaktor für die Politik und veranlaßten das Parlament zum Handeln.

Der interne Ursachenkomplex ist - stichwortartig beschrieben - in der ungleichgewichtigen Informationslage der Legislative (verglichen mit Exekutive und Wirtschaft), in einer als mangelhaft empfundenen Weitsicht für Chancen und Risiken der Technik (und ihren fiskalischen und ökologischen Dimensionen) und in als ungenügend kritisierten Entscheidungsfindungsprozessen des Parlaments zu sehen. Die These vom *Politikversagen* und das Motiv von *science and technology out of control* charakterisierten so die Situation der 60er/70er Jahre.

In Deutschland wurden in der Debatte prinzipiell all diese Faktoren und Motive reproduziert - wenngleich auch immer etwas variiert. Diese Varianten können hier nicht weiter nachgezeichnet werden. Stark vereinfacht dargestellt, liegen die Unterschiede in einer weniger dramatischen bzw. bedrängenden Wahrnehmung des Außendrucks bzw. des Defizits an Informationen für die parlamentarische Politik. Auch wandelte sich die Perspektive in der Debatte vom *technology-out-of-control-Motiv* hin zur Entdeckung der *Gestaltbarkeit* der Technik und entsprechend auch zu einem Gestaltungsauftrag für die parlamentarische Politik. Das Vorherrschen dieses Motivs ist - wiederum stark vereinfacht - auch Kennzeichen des Institutionalisierungsschubs in den europäischen Ländern.

5.2 Welche Ziele mit welcher Priorität wollte man mit einer TA-Institution für das Parlament erreichen?

In den USA strebte man mit der Etablierung einer Beratungseinrichtung für den Kongreß - mit der Spezialaufgabe des technology assessment - primär eine Verbesserung des politischen Handwerks an: Budgetmittel verteilen, Gesetze erlassen, Themen in der allgemeinen Debatte besetzen und diese auch im Parlament führen, Glaubwürdigkeit (zurück)gewinnen. Diese pragmatische Zielsetzung war dabei nicht nur Selbstzweck sondern sollte insgesamt auch der Stärkung der Rolle des Kongresses gegenüber den dominanten Spielern auf der technologiepolitischen Bühne dienen - die Exekutive mit ihrem gigantischen Apparat und die Industrie mit ihrem Sachwissen und Know-how. Spuren dieses *instrumentellen* Verständnis von Technikfolgenabschätzung sind auch zu finden in der diskutierten Programmatik für eine TA-Einrichtung des Deutschen Bundestages. Allerdings sind die anvisierten Verbesserungen wesentlich weniger auf konkrete Arbeitsabläufe bezogen. Dies hängt in erster Linie damit zusammen, daß der Bundestag - im Vergleich zum Kongreß - weit weniger an der Formulierung der Eckpunkte und Ziele der Politik und an der Ausgestaltung dieser Politik in Form von Haushalten und Gesetzen beteiligt ist. Er ist - anders als die Exekutive - relativ schwach, zumindest aber reaktiv. Er hat im übrigen auch gar nicht die Mittel und die Zeit - z. B. dafür, umfangreiche Gesetzesentwürfe oder Förderprogramme zu konzipieren und auszugestalten. Deshalb kreiste die Diskussion auch verstärkt um die strategische Komponente von Technikfolgenabschätzung: Produktion von Hintergrundwissen, Bereitstellung von Material zur Formulierung allgemeiner politischer Leitlinien, die Erarbeitung von Bewertungskriterien zur Ausbildung parlamentarischer Urteilskraft - um Maßnahmen exekutiver Politik und Entwicklungsperspektiven von Forschung und Entwicklung in der Wirtschaft kritisch und konstruktiv kommentieren zu können.

Da nahezu alle europäischen Parlamente im Regierungssystem diese relative Schwäche des Deutschen Bundestages teilen - führten und führen auch sie eine Diskussion um die Funktion parlamentarischer Technikfolgenabschätzung in anderer Weise als sich die eher politisch-technokratische Debatte im US-Kongreß darstellte.

Angesichts der Unmöglichkeit, wirkliche Waffengleichheit zwischen Exekutive und Legislative herstellen zu können, finden wir weitaus mehr den Gedanken, das Parlament als kritischen Begleiter exekutiver Politik zu unterstützen, es als Moderator gesellschaftlicher Debatten zu stärken - so das Konzept des Danish Board of Technology - und als Resonanzboden gesellschaftlicher Bedürfnisse und Interessen zu verstehen. Hierfür hat man den Terminus der *strategischen Nutzung* von Technikfolgenabschätzung (im Unterschied zu *instrumenteller Nutzung*) eingeführt. Allerdings: Die schlichte Idee einer Verbesserung der Informationslage des Parlaments und seiner spezifischen Arbeitsabläufe gibt es auch - nach wie vor. Besonders STOA im europäischen Parlament, auch POST und OPECST sind eher Zuarbeiter als strategisch konzipierte *Denkfabriken*.

5.3 Wie wurde das Problem der politisch-institutionellen Konstruktion gelöst?

Das amerikanische Modell spiegelt den selbstbewußten Umgang der Parlamentarier mit der *Ressource Wissenschaft* wider. Sie machten von vorneherein klar, daß sie nicht beabsichtigen, aus dem OTA ein "Frankensteinmonster" werden zu lassen, das "die Autorität der Ausschüsse untergraben" könnte (Casper 1986, S. 216). Exemplarisch hierfür nur eine Aussage: "Für unser eigenes Selbstverständnis ist es unbedingt notwendig - und dies ist der Grundgedanke dieses Gesetzes - daß das OTA in keiner Weise die dem Kongreß oder seinen Ausschüssen übertragenen Aufgaben oder die ihnen zustehende Macht usurpieren darf; das OTA dient allein der Ergänzung der Kongreßarbeit und ist ausschließlich für diesen tätig" (ebd.). Entsprechend hat man das OTA plaziert und seine Aufgabe als Zuarbeit für die Politik definiert: Das OTA handelt stets im Auftrag und innerhalb der Rahmensetzungen eines rein politischen Gremiums. Auch ist es keine "für den Zweck der Wissenschaft nutzbare Einheit" sondern "Sammelbecken und Lieferant von Wissen". In diesem Sinne war dann auch zu hören, daß diese Behörde die Informationen für die entsprechenden Ausschüsse filtert und analysiert, nicht aber die Möglichkeit hat, eigene 'in-house'-Forschung zu betreiben (vgl. Casper 1986; S. 212).

Bei der Beurteilung des TAB und seiner Bauelemente wird man grundsätzlich ebenfalls von einer relativ engen Anbindung an einen klar politisch definierten Adressaten und Auftraggeber - den Ausschuß für Forschung, Technologie und Technikfolgenabschätzung - ausgehen müssen. Das TAB ist keine klientenferne Einrichtung - keine Akademie - sondern betreibt ganz überwiegend anwendungsorientierte und adressatenspezifische Forschung. Gleichwohl wird auch vom parlamentarischen Auftraggeber anerkannt, daß das TAB auch über den Tellerrand der parlamentarischen Tagesordnungspunkte hinausblicken will. Man wird noch sehen müssen, welchen Anteil solches - gewissermaßen unmittelbar zweckfreies - Nachdenken haben wird. Klar ist aber jetzt schon, daß TA-Prozesse des TAB sich immer auch als ein Medium außerparlamentarischer Interessen, Meinungen und Bewertungen verstehen. Insofern soll Technikfolgenabschätzung beim Deutschen Bundestag auch ein Beitrag zur gesellschaftlichen Technikbewertung sein und bleiben.

In anderen europäischen Ländern stellt sich die Situation in dieser Hinsicht sehr unterschiedlich dar. Einmal haben wir TA-Einrichtungen, die ganz nahe am Parlament selbst sind und nahezu ausschließlich von dort in ihren Aufgaben und Zielen definiert werden - so z. B. im Europaparlament, in England und Frankreich. In größerer Distanz zum *Zentrum der Macht* und entsprechend offen für Anstöße und Einflußnahme von außen und nach außen befinden sich die parlamentarischen Einrichtungen in Holland und Dänemark, die an der langen Leine der Politik laufen, bzw. Aufgaben in der und für die öffentlichen Technikdebatten wahrnehmen.

6   Statt einer Schlußbemerkung - Wandlungen im TA-Konzept

Im Laufe der Zeit hat das TA-Konzept Wandlungen und Weiterentwicklungen erfahren. Die sogenannte *TA der ersten Generation* ist mittlerweile nahezu abgelöst worden von *Nachfolgegenerationen* (Bild 7). Dieser Entwicklungsprozeß spiegelt Erfahrungen wider, die man mit Technikfolgenabschätzung und ihrer Umsetzung in politisches Handeln gemacht hat. Meines Erachtens ist er auch Ausdruck von Wandlungsprozessen im Wissenschaftsbetrieb allgemein - so hat sich sicherlich das Verständnis von Prognose in allen Disziplinen gewandelt - und schließlich hat auch der gesellschaftliche und politische Strukturwandel seit Ende der sechziger Jahre seine Spuren in Konzept und Praxis von Technikfolgenabschätzung hinterlassen.

Von der TA der "ersten Generation"...

    ... zur TA der neuen Generation

TA der "ersten Generation"	TA der neuen Generation
• "Prognosen"	Erörterung möglicher Zukünfte
• Aussagen harter Evidenz	Aussagen weicher Evidenz
• Expertokratisches Analysieren	Offener Diskurs
• Neutralität und Objektivität	Transparenz und Wertbehaftetheit
• Erwartung direkter Umsetzung von TA-Ergebnissen in politischen Maßnahmen	Erwartung von Transformation und Trivialisierung der TA- Ergebnisse
• Eliten als Adressaten und zentralistisches Konzept	Öffentlichkeit als Adressat und dezentrales Konzept
• Motiv des Technikdeterminismus	Motiv der Gestaltbarkeit von Technik

---

Bild 7 Von der "TA der ersten Generation" zur TA der neuen Generation

Drei Aspekte von Entwicklung und Änderung des *klassischen TA-Konzepts* seien beispielhaft angeführt:

(1) Zum einen ist man abgerückt von der Vorstellung, daß sich - wie sich das die Ideologie des *best one way* einmal vorgestellt hat - aus der wissenschaftlichen Expertise direkt eine richtige politische Entscheidung ableiten ließe. Das hat nicht nur damit etwas zu tun, daß auch noch so ange-

strengte wissenschaftliche Bemühungen die Unsicherheiten und das Nichtwissen bezüglich der Zukunft (das ist das Thema von Technikfolgenabschätzung) aufheben können. Es gilt auch, daß politikseitig der Prozeß der Umsetzung von Wissen in Handlung ein Transformationsprozeß ist, im Verlauf dessen dieses wissenschaftliche Wissen durch viele Akteure interpretiert, neu zusammengestellt und ergänzt und nach politischen Rationalitätsprinzipien umorganisiert wird. Ein Marschplan der Wissenschaft zur Reduktion von CO_2-Emissionen wird dementsprechend eine ganz andere Ratio haben als der politische. Demzufolge wird Technikfolgenabschätzung heute mehr als ein Angebot der wissenschaftlich gestützten Deutung von Problemlagen verstanden, die diskursiv weiter zu entwickeln ist. Technikfolgenabschätzung tritt nicht mehr (oder sie sollte es nicht tun) auf mit der Aura des ausschließlichen Definitions- und Interpretationsmonopols, wie das einmal in besonders ausgeprägten Formen des (technokratischen) Expertendenkens der Fall war. Insofern muß dem TA-Praktiker klar sein, daß er sich einmischt in Meinungsbildungs- und Entscheidungsprozesse und Teil ist der gesellschaftlichen Debatte über Techniknutzung und ihre Ziele. Technikfolgenabschätzung muß die sich hierbei ergebenden Möglichkeiten offensiv nützen.

(2) Zum zweiten ist Technikfolgenabschätzung längst nicht mehr ein hartes Prognoseinstrument, wie es - in einer allerdings sehr frühen Phase - hin und wieder vorgestellt oder gesehen wurde. Vielmehr ist es eher ein Medium der Diskussion um mögliche und um alternative Zukünfte geworden. Technikfolgenabschätzung enthält heutzutage weitaus mehr als früher Elemente eines normativen Diskurses über Wahlmöglichkeiten, die politisch wahrgenommen werden können und dabei begründet werden müssen (mit Ziel einer Verständigung darüber). Das heißt nicht, daß man *Prognose*möglichkeiten in Form z. B. von Rechenmodellen nicht mehr nutzt - hier gibt es ja viel bessere Möglichkeiten als früher. Aber man erwartet hiervon nicht mehr ausschließlich Erkenntnisse über verantwortliches Handeln. Solche versucht man eher im Erörtern, im Austausch von Argumenten über Gewünschtes und Nichtgewünschtes zu finden. Kurz gesagt: Das Motiv des *Wie wird es sein* ist zurückgetreten gegenüber dem Motiv *Wie wollen wir, daß es sein soll.*

(3) Zum dritten ist die Einsicht gewachsen, daß Technikfolgenabschätzung, selbst wenn sie als unmittelbare Beratung der politischen Entscheidungssträger konzipiert ist, kein bloßer Diskurs von Experten und Anwendungseliten sein darf. Vielmehr muß sich - weil die Gesellschaft selbst Technik hervorbringt, davon profitiert aber auch darunter leidet - ein TA-Prozeß für die Wahrnehmungsmuster und Wertorientierungen der Bevölkerung, der organisierten und nicht organisierten Interessen öffnen. Fortschreitende Gesellschaften des 20. Jahrhunderts können klassisch ob-

rigkeitlich heute nicht mehr regiert werden. Und ein TA-Konzept, das Chancen auf Wirkung behalten will, muß etwas von diesem Strukturwandel aufnehmen. Es geht allerdings nicht darum, die klassische klientenorientierte Expertise (für den Politiker) zu verabschieden - nur sollte ihr Stellenwert relativiert werden. Und das ist der Sinn der Rede von transparenter und partizipationsorientierter Technikfolgenabschätzung, die heute verstärkt organisiert werden muß. Einige der institutionellen Ausprägungen von Technikfolgenabschätzung greifen insbesondere den letztgenannten Aspekt bewußt auf. Die dänische und auch die holländische Version stellen beispielsweise den Beitrag von Technikfolgenabschätzung als Element der gesellschaftlichen Auseinandersetzungen um insbesondere neue Techniken deutlich heraus und dementsprechend ist auch die Art der Gremienbesetzung gestaltet.

Insgesamt ist Technikfolgenabschätzung - bildhaft gesprochen - ein offeneres, weicheres, will heißen ein weniger wissenschaftliches Konzept geworden. Die Dominanz der Expertenperspektive ist geschwunden, die Fixierung auf Aussagen harter Evidenz ist etwas in den Hintergrund getreten. Bei dieser Beschreibung der Evolution eines veränderten TA-Konzepts ist allerdings wichtig, eines festzuhalten: Technikfolgenabschätzung ist dadurch nicht zu einem Medium beliebiger Konzepte und Methoden geworden. Die Betonung des Diskursmomentes beispielsweise heißt nicht, Technikfolgenabschätzung zu einem unverbindlichen, entscheidungsblinden *romantischen Gespräch* zu machen. So gehört die akribische, möglichst exakte Analyse technischer Parameter nach wie vor zu den Kernelementen einer Technikfolgenabschätzung - ebenso wie die politische Handlungsoption. Und die Problemorientierung aller diskutierten Entwicklungs- und Handlungsperspektiven hat allemal Vorrang vor generalisierenden Überlegungen zu Entwicklungstrends und vollständigen Explikationen von Systemzusammenhängen.

Geblieben - bei allen Wandlungen - ist aus meiner Sicht die Notwendigkeit einer vielgestaltigen und intelligenten Umsetzung des allgemeinen TA-Konzepts für konkrete Bedarfs- und Problemlagen. Angesichts unserer *normalen Katastrophen* und alter und neuer Problemhypotheken kann man Sinn und Notwendigkeit von Technikfolgenabschätzung nur schwerlich wegdiskutieren. Notwendig bleibt Technikfolgenabschätzung angesichts komplexer und multikausal determinierter Probleme aufgrund ihrer Philosophie: Durch einen übergreifenden, prospektiven Ansatz sektoraler Analysen und Folgeforschung zu ergänzen und zu integrieren. Technikfolgenabschätzung als Spezialist für Zusammenhänge - so die Formulierung von Ulrich Beck - bleibt gefordert.

7   Literatur

Casper, B. M. (1986): Anspruch und Wirklichkeit der Technikfolgenabschätzung beim US-amerikanischen Kongreß, in: Dierkes; Petermann; von Thienen 1986, S. 205 - 237.

Dierkes, M.; Petermann, Th.; von Thienen, V. (Hrsg., 1986): Technik und Parlament. Technikfolgen-Abschätzung: Konzepte, Erfahrungen, Chancen, Berlin.

Enquête-Kommission "Technikfolgen-Abschätzung" (1986): Enquête-Kommission "Einschätzung und Bewertung von Technikfolgen; Gestaltung von Rahmenbedingungen der technischen Entwicklung": Zur Institutionalisierung einer Beratungskapazität für Technikfolgen-Abschätzung und -Bewertung beim Deutschen Bundestag, BT-Drs. 10/5844.

Gibbons, J. H.; Gwin, H. L. (1986): Technik und parlamentarische Kontrolle. Zur Entstehung und Arbeit des Office of Technology Assessment, in: Dierkes; Petermann; von Thienen 1986, S. 239 - 275.

Gray, L. (1982): On "Complete" OTA Reports, in: Technological Forecasting and Social Change, S. 299 - 319.

International vergleichende Analyse (1992): International vergleichende Analyse der Institutionalisierung von Technikfolgenabschätzung zwischen Etablierung, auf Rollensuche und ungewissen Chancen, herausgeben von VDI-TZ Physikalische Technologien, Projektträger Technikfolgenabschätzung im Auftrag des BMFT, Düsseldorf.

Lohmeyer, J. (1984): Technology Assessment: Anspruch, Möglichkeiten und Grenzen. Untersuchungen zum Problem der Technologiefolgenabschätzung unter besonderer Berücksichtigung des sozialwissenschaftlichen Beitrags, Phil.-Diss., Bonn.

Paschen, H., Petermann, Th. (1991): Technikfolgen-Abschätzung: Ein strategisches Rahmenkonzept für die Analyse und Bewertung von Techniken, in: Petermann 1992, S. 19 - 41.

Petermann, Th. (Hrsg., 1991): Das wohlberatene Parlament. Orte und Prozesse der Politikberatung beim Deutschen Bundestag, Berlin.

Petermann, Th. (Hrsg., 1991): Technikfolgen-Abschätzung als Technikforschung und Politikberatung, Frankfurt a.M.

Petermann, Th.; Franz, P. (1990): Warten auf TA. Ein Blick zurück, in: Petermann 1990, S. 97 - 124.

Schevitz, J. (1991): Einige Aspekte der Geschichte und Arbeit des United States Office of Technologie Assessment (OTA), in: Petermann 1991, S. 225 - 251.

TA-Monitoring-Bericht I (1991): TA-Monitoring-Bericht I - Parlamentarische TA-Einrichtungen und ihre gegenwärtigen Themen, hrsg. vom Büro für Technikfolgen-Abschätzung des Deutschen Bundestages (= TAB-Arbeitsbericht 5/91), Bonn.

von Thienen, V. (1986): Technology Assessment beim Parlament? Die bisherige Tätigkeit der Enquête- Kommission "Technologiefolgenabschätzung" vor dem Hintergrund weitgespannter politischer Erwartungen an eine neue Beratungsform zum technischen Wandel, in: Sozialwissenschaften und Berufspraxis, Nr. 2, S. 45 - 61.

Diethard Schade

Die Akademie für Technikfolgenabschätzung in Baden-Württemberg

1 Einleitung

Die Vorgeschichte der Akademie für Technikfolgenabschätzung in Baden-Württemberg reicht bis in das Jahr 1987 zurück. Damals wurde im Kontext der Planungen für das Forschungszentrum Ulm ein erster Vorschlag für eine Institution für Technikfolgenabschätzung in Baden-Württemberg entwickelt. Das von einer Fachkommissiom unter Leitung von Prof. H. Krupp ausgearbeitete Konzept sah vor, in Ulm ein baden-württembergisches Institut für Technikfolgenabschätzung zu gründen, das als außeruniversitäre Forschungseinrichtung sowohl mit der Universität verbunden sein als auch mit externen Forschungseinrichtungen und der Wirtschaft kooperieren sollte. Dieses Konzept fand in der nachfolgenden politischen Diskussion keine Billigung, vor allem wegen einer befürchteten zu großen Industrienähe und weil die Integration der im Lande bereits vorhandenen vielfältigen Aktivitäten auf dem Gebiet der Technikfolgenabschätzung nicht erkennbar war.

Im Februar 1989 wurde daraufhin eine neue *Arbeitsgruppe Technikfolgenabschätzung* unter der Leitung von Prof. Dr. J. Mittelstraß gebildet, um das vorliegende Konzept unter Berücksichtigung der vorgetragenen Einwände zu überarbeiten. Die Empfehlungen dieser sogenannten *Mittelstraß-Kommission* lagen im November 1989 vor und bilden die Grundlage für die Organisation und Arbeit der heutigen Akademie für Technikfolgenabschätzung /1/.

Bei der Erarbeitung dieser Empfehlungen wurden die Anliegen aller wichtigen gesellschaftlichen Gruppen weitgehend berücksichtigt, so daß

sich ihre Umsetzung auf eine breite Zustimmung stützen konnte. Nach
weiteren Beratungen zur Konkretisierung dieser Empfehlungen und verzögert durch den Wechsel im Amt des Ministerpräsidenten wurden dann
im Juni 1991 der Errichtungsbeschluß zusammen mit der Satzung bekannt gemacht und damit die *Akademie für Technikfolgenabschätzung in
Baden-Württemberg* als Stiftung des öffentlichen Rechts mit Sitz in
Stuttgart gegründet /2/. Nach der Satzung hat die Akademie für Technikfolgenabschätzung die Aufgabe,

❑   Technikfolgen zu erforschen,

❑   diese Folgen zu bewerten und

❑   den gesellschaftlichen Diskurs über Technikfolgenabschätzung zu
     initiieren und zu koordinieren.

Von diesen drei Elementen der Aufgabenstellung sind die beiden ersten -
die Erforschung bzw. Abschätzung der Folgen von Technik und deren
Bewertung - notwendiger Bestandteil der Idee der Technikfolgenabschätzung.

Es ist auch allgemein akzeptiert, daß Technikfolgenabschätzung - trotz
wissenschaftlicher Vorgehensweise - keine ausschließlich wissenschaftsin-
terne Tätigkeit darstellt. Sie ist auch eine gesellschaftliche Aufgabe, d. h.
Technikfolgenabschätzung muß nichtwissenschaftliche und gesellschaftliche Aspekte und berechtigte gesellschaftliche Interessen einbeziehen. In
der Praxis bleibt diese Forderung aber weitgehend unerfüllt. Mit der dritten Aufgabe hat die Akademie für Technikfolgenabschätzung in Baden-
Württemberg den ausdrücklichen Auftrag, gesellschaftliche Aspekte in
Verbindung mit Folgenabschätzung und Bewertung zu berücksichtigen.
Dies ist für eine Institution der Technikfolgenabschätzung in dieser expliziten Form neuartig und stellt das Besondere der Akademie dar. Dieses
Einbeziehen gesellschaftlicher Gesichtspunkte bedeutet einerseits, daß
nicht nur Naturwissenschaftler und Technikwissenschaftler, sondern auch
die Human- und Gesellschaftswissenschaften in die Arbeit der Akademie
eingebunden sein müssen, und daß neben der Wissenschaft auch Staat,
Wirtschaft und gesellschaftliche Gruppen an der Abschätzung von Technikfolgen beteiligt werden sollen.

Die gleichwertige Berücksichtigung wissenschaftlicher und gesellschaftlicher Aspekte soll dabei vor allem in der Form des Diskurses geschehen,
den die Akademie initiiert und koordiniert. Diskurs hat die Grundbedeu-
tung von Gespräch, Erörterung und bezeichnet hier eine Erörterung, in
der rationale Argumente ausgetauscht werden und in die die Beteiligten
die Bereitschaft einbringen, sich dem "Zwang der besseren Argumente" /3/
zu beugen und gemeinsam einen Konsens zu finden. Ein solcher Diskurs

ist ein permanenter Prozeß, in dessen Verlauf immer wieder "Begründungen und Rechtfertigungen methodisch aufzubauen, argumentativ zu vertreten und ihrerseits begründeten Korrekturen und Ergänzungen ... offenzuhalten" /4/ sind. Diskurse dieser Art können als typisch für das wissenschaftliche Arbeiten angesehen werden. Diese Vorgehensweise wird im *gesellschaftlichen Diskurs über Technikfolgenabschätzung* über die Wissenschaft hinaus auf die Konsensfindung zwischen Wissenschaft und Gesellschaft ausgedehnt. Da erprobte Verfahren oder geeignete Vorbilder für die Organisation und Durchführung derartiger gesellschaftlicher Diskurse weitgehend fehlen, wird es ein Schwerpunkt der Akademietätigkeit sein, geeignete Diskursformen zu entwickeln und zu erproben, die dieser gestellten Herausforderung gerecht werden.

Die Satzung bestimmt nicht nur die Aufgaben der Akademie, sie legt auch die Strukturen und spezifische Merkmale für die Arbeitsweise fest, in deren Rahmen und mit deren Hilfe die Aufgaben erfüllt werden sollen.

2   Arbeitsweise der Akademie

Die Arbeitsweise der *Akademie für Technikfolgenabschätzung in Baden-Württemberg* läßt sich durch vier Elemente charakterisieren:

(1) die Akademie hat die Rechtsform einer Stiftung des öffentlichen Rechts,

(2) sie ist eine wissenschaftliche Einrichtung,

(3) sie betreibt selbst Forschung und

(4) sie verfolgt ausschließlich gemeinnützige Zwecke.

Als Stiftung ist die Akademie in ihrer Arbeit unabhängig; sie hat keinen direkten Auftraggeber. Sie findet ihre Arbeitsthemen *im Rahmen der Zuständigkeiten der Stiftung* selbst und führt ihre Projekte selbständig durch. Die Akademie ist zu wissenschaftlicher Vorgehensweise verpflichtet und ihre Arbeitsergebnisse sind nach wissenschaftlichen Kriterien zu beurteilen. Die Akademie ist über eigene Forschung in der Lage, spezifische Kompetenzen zu erwerben und auszubauen. Ihre Arbeit dient gemeinnützigen Zwecken, d. h. die Arbeitsergebnisse sind grundsätzlich zu veröffentlichen. Die Akademie für Technikfolgenabschätzung ist damit eine unabhängige wissenschaftliche Einrichtung, deren Ergebnisse der Allgemeinheit zur Verfügung stehen.

Nach den Empfehlungen der Mittelstraß-Kommission /1/ soll die Akademie wissenschaftlich fundiertes Wissen erarbeiten und bereitstellen, das die Grundlage für rationale Entscheidungen in unterschiedlichen Institutionen der Politik, der Verwaltung, der Wissenschaft oder der Wirtschaft bilden kann. Die Akademie selbst kann und soll diese Entscheidungen nicht treffen. Die Verpflichtung der Akademie auf wissenschaftliche Arbeitsweise grenzt sie auch von der Politik ab: die Akademie soll nicht politisch agieren und dementsprechend müssen für den gesellschaftlichen Diskurs adäquate Formen gefunden werden, die ihn von der politischen Diskussion abgrenzen und unterscheiden.

Über die Verknüpfung von Forschung und Diskurs soll die Akademie eine sowohl wissenschaftlich als auch gesellschaftlich organisierte Technikfolgenabschätzung realisieren /1/ und damit dazu beitragen, einen gesellschaftlichen Konsens über die Beurteilung von Technologien zu erreichen oder zumindest Argumente bereitzustellen, die das Suchen nach einem Konsens unterstützen. Wenn sich wissenschaftliche Analyse und gesellschaftlicher Diskurs in dieser Weise gegenseitig befruchten und ergänzen sollen, dann muß sich der Diskurs auf die gesamte inhaltliche Arbeit der Akademie erstrecken.

3   Struktur der Akademie

Der äußere Rahmen für die organisatorische Struktur der Akademie wird durch die Organe der Stiftung vorgegeben:

- ❑   Der *Stiftungsrat* legt die Grundsätze für die Arbeit der Stiftung fest, er überwacht die Tätigkeit des Vorstandes und beschließt über die Arbeitsplanung *der Stiftung* sowie den Wirtschafts- und Stellenplan, er ist das übergeordnete Entscheidungsgremium.

- ❑   Der *Vorstand* führt die laufenden Geschäfte und arbeitet die Arbeits- und Budgetplanung aus.

- ❑   Das *Kuratorium* berät den Vorstand, arbeitet Empfehlungen zum Arbeits- und Forschungsprogramm *der Akademie* aus und nimmt zu den Planungen der Akademie Stellung.

Der Stiftungsrat hat 14 Mitglieder (Bild 1), wobei die Regierung zusammen mit den Landtagsabgeordneten der Regierungsparteien in der Regel über die Mehrheit der Stimmen verfügt; der Vorstand und der Vorsitzende des Kuratoriums nehmen an den Sitzungen mit beratender Stimme teil. Der Einfluß der Regierung ist - entsprechend ihrer Rolle als Geldgeber - im Stiftungsrat groß; allerdings ist eine aktive Mitgestaltung des Arbeitsprogramms durch den Stiftungsrat nicht vorgesehen. Mit der Festlegung der Grundsätze für die Arbeit und der Beschlußfassung über die Arbeitsplanung der Stiftung ist dem Stiftungsrat - neben seiner Kontrollfunktion - vor allem die Aufgabe der konzeptionellen Weiterentwicklung der Stiftung zugewiesen.

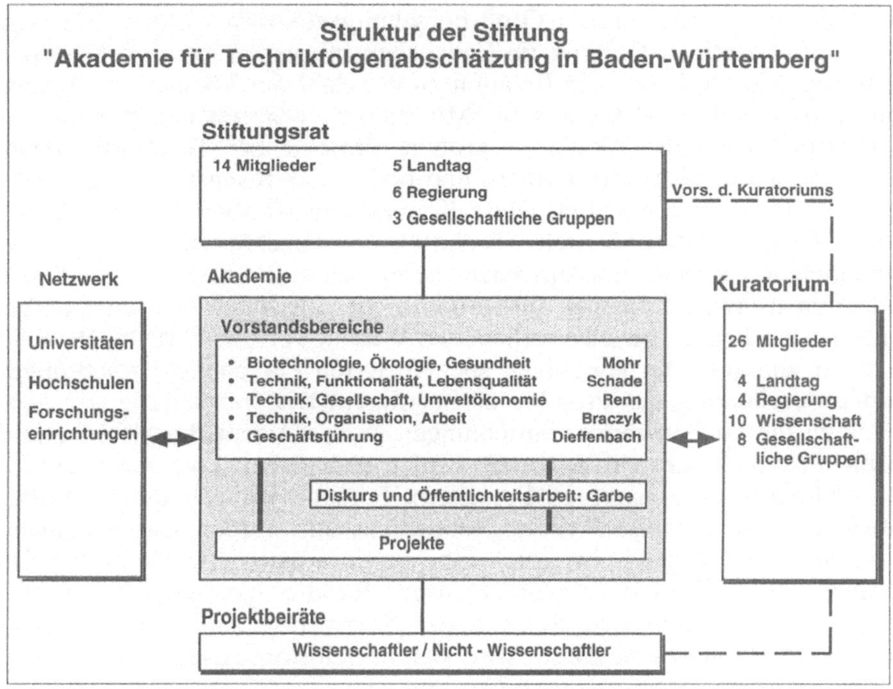

Bild 1   Struktur der Stiftung

Anders ist dies beim Kuratorium. Es kann eigene Vorschläge entwickeln und Empfehlungen für die Arbeit der Akademie aussprechen. Diesen Empfehlungen muß der Vorstand nicht folgen; allerdings kommentiert das Kuratorium die (Gegen-)Vorschläge des Vorstandes gegenüber dem Stiftungsrat und hat damit die Möglichkeit, seine Vorstellungen im höchsten Entscheidungsgremium darzustellen. Diese - gegenüber ähnlichen Organisationen - vergleichsweise starke Stellung des Kuratoriums erzwingt eine enge Kooperation zwischen Akademie und Kuratorium, wenn das Weitertragen von Konflikten in den Stiftungsrat vermieden werden soll. Da das Kuratorium die Verbindung der Akademie zur Gesellschaft und den gesellschaftlichen Gruppen herstellt, ist diese starke Stellung des Kuratoriums eine wichtige institutionelle Stütze für die Realisierung des geforderten gesellschaftlichen Diskurses bei den Planungen und Arbeiten der Akademie.

Zum Konzept der Akademie für Technikfolgenabschätzung gehört auch, daß die inhaltlichen Arbeiten im wesentlichen an den vorhandenen Forschungseinrichtungen in Baden-Württemberg durchgeführt werden; die Akademie soll kein eigenes Groß-Forschungszentrum werden. Sie wird nach der derzeitigen Planung im Endausbau insgesamt etwa 50 Mitarbeiter haben. Sie wird also - in Relation zu der Zahl der Themen, die behandelt werden sollten - klein sein. Mit dieser vorgesehenen personellen Ausstattung kann die Akademie größere Projekte der Technikfolgenabschätzung allein nicht durchführen und bedarf der Kooperation mit anderen Forschungseinrichtungen. Diese Kooperation ist aber auch aus inhaltlichen Gründen erforderlich. Technikfolgenabschätzungen zu unterschiedlichen Themen erfordern Fachwissen, das in der notwendigen Breite und Tiefe in einer einzelnen Institution nicht vorhanden sein oder aufgebaut werden kann. Um das vorhandene Wissen verfügbar zu machen, ist es daher sinnvoll, die jeweiligen spezialisierten Forschungseinrichtungen an der Bearbeitung der Projekte zu beteiligen. Die Verbindung der Akademie zu diesen Forschungseinrichtungen wird mit dem Begriff *Netzwerk* bezeichnet. Im Laufe der Arbeiten werden sich Arbeitskontakte zwischen der Akademie und einzelnen Forschern, Forschergruppen und Instituten entwickeln, die Bestandteil dieses Netzwerkes sein werden. Darüber hinaus bezeichnet der Begriff aber auch eine institutionalisierte Form der Zusammenarbeit, die feste Ansprechpartner für die Akademie bestimmen wird. Der Aufbau und die Struktur des Netzwerkes sind in der Satzung nicht geregelt. Dieses Netzwerk wird sich in Selbstorganisation der wissenschaftlichen Einrichtungen ausbilden müssen.

Die konkreten Arbeiten zur Technikfolgenabschätzung selbst werden in der Form von Projekten durchgeführt, die anwendungsorientiert oder prozeßbegleitend sein sollen. Zu den Projekten werden Projektbeiräte gebildet, die die Arbeiten wissenschaftlich und unter gesellschaftlichen Aspekten begleiten. Die Projektbeiräte sind damit ein weiteres Instrument, um die Berücksichtigung gesellschaftlicher Aspekte in der Arbeit der Akademie zu unterstützen.

4   Das Zusammenwirken von Netzwerk, Akademie und Kuratorium

Mit den Aufgabenzuweisungen der Satzung ist für die Arbeit der Stiftung das enge Zusammenwirken von Netzwerk (Wissenschaft), Kuratorium (Gesellschaft) und Akademie charakteristisch. *In der Akademie für Technikfolgenabschätzung fehlt der direkte Auftraggeber*; Themenauswahl und Projektdurchführung erfolgen als selbstorganisierter Prozeß in Kooperation von Netzwerk, Akademie und Kuratorium und die Arbeitsergebnisse stehen Wissenschaft, Wirtschaft und Verwaltung, Parteien und gesellschaftlichen Gruppen zur Verfügung. Dieses innovative Konzept unterscheidet die Akademie von ähnlichen Einrichtungen, die als Institutionen nur der Politikberatung an Parlamente bzw. Parlamentsausschüsse angebunden sind.

Die Akademie nimmt eine Mittlerrolle zwischen Wissenschaft und Gesellschaft ein; das gilt sowohl bezüglich der Partner - Netzwerk und Kuratorium - als auch inhaltlich in der Auswahl der Arbeitsthemen und der Durchführung der Projekte. Die Akademie wird auch eigene Forschungen durchführen; der Schwerpunkt der Akademie-Tätigkeit wird mit dieser Rollenzuweisung aber auf Kommunikation und Koordination liegen, d. h.

❑   der Kommunikation mit den unterschiedlichen Partnern,

❑   der Entwicklung von Projekten im Diskurs,

❑   der Leitung von Projekten,

❑   der Auswertung und Zusammenfassung von Projektergebnissen und

❑   deren Vermittlung an die interessierte Öffentlichkeit.

Diese kommunikativen Tätigkeiten der Akademie ergeben sich nicht automatisch aus der inhaltlichen Arbeit; sie erfordern besondere methodische und organisatorische Anstrengungen. Zur Steuerung der Kommunikationsprozesse, zur Entwicklung geeigneter Methoden für die unterschiedlichen Diskursformen der Akademie, für die Organisation der Diskurse und für die Vermittlung der Arbeitsergebnisse in die Öffentlichkeit ist ein eigenständiger Bereich *Diskurs und Öffentlichkeitsarbeit* vorgesehen, der als Querschnittsfunktion an allen Projekten der Vorstandsbereiche beteiligt sein wird, die ihrerseits die inhaltliche Verantwortung für die Durchführung und Auswertung der Projektarbeiten tragen.

Diese durch die Struktur der Stiftung und die Aufgabenverteilung zwischen den Stiftungsorganen vorgegebene Konzeption für das Zusammenwirken von Netzwerk, Kuratorium und Akademie muß sich in der praktischen Umsetzung noch präzisieren und ausformen.

Die Akademie hat am 1. April 1992 ihre Tätigkeit aufgenommen, nachdem die ersten Personen für die Leitung der Funktionsbereiche gewonnen waren. Im September 1992 waren die Leitungspositionen vollständig besetzt und im November auch die satzungsmäßigen Gremien - Stiftungsrat und Kuratorium - gebildet, so daß die Akademie seit Beginn des Jahres 1993 voll handlungsfähig ist. Noch im Dezember 1992 wurden mit dem Kuratorium die ersten Arbeitsschwerpunkte diskutiert, die im Januar 1993 im Stiftungsrat in der Form von Themenfeldern verabschiedet wurden und die in zwei weiteren Sitzungen mit dem Kuratorium im ersten Halbjahr 1993 in ein Forschungsprogramm mit zunächst 14 Projekten umgesetzt wurden. Dieses Forschungsprogramm wurde im Juni dem Stiftungsrat vorgestellt und liegt seit Juli 1993 in gedruckter Form vor. Dieser enge Kommunikationsprozeß sowohl mit dem Stiftungsrat als auch mit dem Kuratorium in drei Arbeitssitzungen in einem halben Jahr ist ein erstes Beispiel für die Umsetzung der Akademie-Konzeption in die Praxis und weist daraufhin, daß diese Konzeption von den Beteiligten mitgetragen wird.

Auch für den Aufbau des Netzwerks wurden die ersten Schritte eingeleitet. Sowohl die Landesrektorenkonferenz als auch die Rektorenkonferenz der Fachhochschulen haben Arbeitskreise gebildet, über die die Zusammenarbeit zwischen Akademie und den Hochschulen institutionalisiert werden wird.

5 Themenfindung und Projektdurchführung

Zur Themenfindung und Durchführung von Projekten muß die Akademie in der praktischen Arbeit jeweils drei Schritte vollziehen:

(1) sie muß Themen bestimmen, die als Projekte der Technikfolgenabschätzung geeignet sind,

(2) sie muß die Themen in Projekte, d. h. in inhaltlich und zeitlich begrenzte Aufgaben umsetzen und

(3) sie muß die Projekte durchführen und auswerten.

Für die Themenfindung (Bild 2) steht der Diskurs im Mittelpunkt. Da die Akademie als öffentliche Einrichtung für alle zugänglich ist, können Anregungen für die Behandlung bestimmter Themen von den verschiedensten Stellen an die Akademie herangetragen werden. Der Vorstand der

Akademie wird in enger Abstimmung mit dem Kuratorium aus diesen Vorschlägen diejenigen Themen auswählen, die mit Priorität aufgegriffen werden sollen. Für diese ausgewählten Themen sind dann

❏   die Fragestellung, die untersucht werden soll, zu präzisieren,

❏   die Wirkungsmechanismen im Problemfeld aufzuklären, die möglichen Folgenbereiche und Wirkungen zu identifizieren und

❏   der Wissensstand zu den einzelnen Teilen des Problems festzustellen.

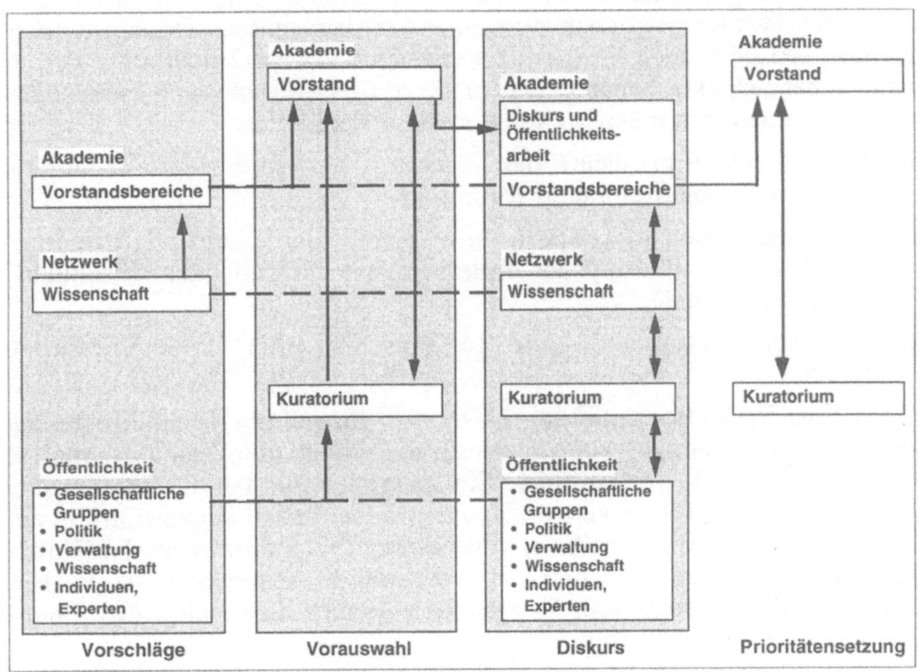

Bild 2   Themenfindung

Das Ziel ist dabei, das Problem, seine Struktur und sein Umfeld so zu beschreiben, daß eine Entscheidung darüber gefällt werden kann, ob und mit welcher Zielsetzung eine Technikfolgenabschätzung durchgeführt werden könnte. Um dieses Ziel zu erreichen, muß die geeignete Diskursform gefunden werden: Vortragsveranstaltungen, Workshops oder einer Abfolge von Diskussionen, die vor allem sicherstellen muß, daß in endlicher Zeit ein adäquates Ergebnis erreicht werden kann.

Die Ergebnisse dieser Prozesse sind öffentlich zugänglich und bilden die Grundlage für die Begründung, ob und in welcher Weise der nächste

Schritt - die Projektformulierung - eingeleitet werden kann oder soll. Diese Entscheidung wird vom Vorstand der Akademie in enger Abstimmung mit dem Kuratorium gefällt, wobei die gesellschaftliche Bedeutung des Themas, seine wissenschaftliche Behandelbarkeit und natürlich die verfügbaren Ressourcen der Akademie zu beachten sind.

Die Projektformulierung wird in der Regel wieder einen mehrstufigen Diskussionsprozeß erfordern. In seinem Verlauf müssen die erkannten Einflußgrößen, Wirkungsbeziehungen und Folgenbereiche in wissenschaftliche Fragestellungen übersetzt und interessierte Forschungseinrichtungen als Partner gewonnen werden. Außerdem müssen Organisationen, Institutionen oder auch bestimmte Personen zur Berücksichtigung gesellschaftlicher Aspekte benannt und in die Projektformulierung einbezogen werden. Gemeinsam müssen dann von allen Beteiligten

❏   das Projektziel präzisiert, das Untersuchungsfeld eingegrenzt und die Forschungsfragestellungen formuliert,

❏   die Projektarbeit in Teilprojekte aufgeteilt und gleichzeitig die Frage der Zusammenführung der Teilergebnisse zur geplanten Gesamtaussage geklärt und

❏   der Projektbeirat und seine Rolle im speziellen Projekt bestimmt werden.

Die genaue Projektformulierung ist für den Prozeß der Technikfolgenabschätzung ein wichtiger Schritt, da sie die erzielbaren Arbeitsergebnisse beeinflußt und z. T. vorbestimmt. Einflußgrößen, die bei der Abgrenzung des Untersuchungsfeldes vernachlässigt werden, haben keinen Einfluß auf das Ergebnis, und die von ihnen verursachten Folgen treten in den Untersuchungsergebnissen auch nicht in Erscheinung. Andererseits ist es aber, zumindest aus Kosten- und Zeitgründen, immer notwendig, das Untersuchungsfeld zu begrenzen.

Die notwendige Abgrenzung eines Projektes erfolgt auf der Basis von Bewertungen wissenschaftlicher und nicht-wissenschaftlicher Art, die von den am Projekt Beteiligten vorgenommen werden. Wenn die Projektergebnisse in der Praxis berücksichtigt werden sollen, dann müssen Projektformulierung und Abgrenzung so erfolgen, daß die Probleme und Bewertungen der möglichen Nutzer - am besten unter deren Beteiligung - berücksichtigt werden. Wenn also die Projekte der Akademie anwendungsorientiert durchgeführt werden sollen, dann empfiehlt es sich, die möglichen Adressaten und Anwender der Ergebnisse in die Projektarbeit einzubeziehen.

Die Bearbeitung des einzelnen Projektes verläuft in großen Teilen ganz konventionell: die Teilprojekte arbeiten an ihren Aufgaben, die Projektleitung koordiniert die Teilprojekte, überwacht Termine und Kosten und führt die Ergebnisse schließlich im Gesamtbericht zusammen. Unkonventionell ist die Projektbegleitung durch einen Diskurs, der hier die spezifische Aufgabe hat, die Kommunikation zwischen den Teilprojekten und der Teilprojekte mit dem Projektbeirat während der gemeinsamen Arbeit am Projekt zu gewährleisten. Typische Projekte der Technikfolgenabschätzung zeichnen sich dadurch aus, daß sie fach und institutionenübergreifend durchgeführt werden müssen, und daß sie komplexe Zusammenhänge behandeln, die sich nicht durch lineare Überlagerung von Teillösungen beschreiben lassen.

Derartige Projekte müßten daher von allen Beteiligten simultan und wirklich interdisziplinär bearbeitet werden. Projekte der Technikfolgenabschätzung in weitgehend selbständige Teilprojekte zu zerlegen, ist dem Untersuchungsgegenstand in der Regel nicht angemessen; diese Zerlegung ist aber aus Kostengründen oder wegen der großen räumliche Entfernung zwischen den Beteiligten in der Praxis nicht zu umgehen. Die Addition der Ergebnisse, die in Teilprojekten parallel erarbeitet werden, führt im allgemeinen nicht von selbst zu einem in sich konsistenten Gesamtergebnis; hierzu ist eine enge Verklammerung der Teilprojekte in allen Zwischenschritten erforderlich. Um dies zu erreichen, müssen besondere methodische Ansätze z. B. über Modellbildung und Simulation verfolgt werden; vor allem aber muß ein hohes Maß an ständiger Kommunikation zwischen allen am Projekt Beteiligten sichergestellt sein. Der projektbegleitende Diskurs ist die institutionalisierte Form dieses notwendigen Kommunikationsprozesses. Die mit seiner Hilfe erreichte Konsensbildung im Projekt bildet eine wesentliche Grundlage für die Zusammenfassung der Teilergebnisse im Gesamtbericht.

Die Vermittlung der Ergebnisse eines Projektes an die Öffentlichkeit ist eine zusätzliche Aufgabe für die Akademie, die hierfür geeignete Instrumente und Kommunikationswege entwickeln und je nach Adressatenkreis unterschiedlich anwenden muß.

In der Akademie für Technikfolgenabschätzung in Baden-Württemberg werden also die Themenfindung für Projekte, die Projektformulierung und die Projektdurchführung als selbstorganisierter Prozeß von Wissenschaft und Gesellschaft gestaltet sein; Initiator und Moderator dieses Prozesses ist die Akademie, Netzwerk und Kuratorium bilden die Schnittstellen zu Wissenschaft und Gesellschaft. Die geplante Vorgehensweise ist für alle Beteiligten neu und sie wird ihre endgültige Form erst im Prozeß ihrer Umsetzung finden. Wichtig wird dabei sein, die vorgesehenen Kommunikationsprozesse in allen Arten des Diskurses so effektiv zu gestalten, daß auch tatsächlich konkrete Ergebnisse erzielt und veröffentlicht werden, und sich die Akademiearbeit nicht in endlosen Diskussionen erschöpft.

6   Technikfolgenabschätzung in der Akademie

Im Hinblick auf dieses neuartige und innovative Konzept der wissenschaftlich und gesellschaftlich organisierten Technikfolgenabschätzung ist auch der Begriff *Technikfolgenabschätzung* neu zu interpretieren.

In seiner ursprünglichen Verwendung als *technology assessment* war Technikfolgenabschätzung ein Instrument zur Unterstützung und Verbesserung politischer Entscheidungen: "Technology assessment is a term used to identify a process for generating accurate, comprehensive, and objective information about technology to facilitate its effective social management by political decisionsmakers. Specifically, technology assessment is the thorough and balanced analysis of all significant primary, secondary, indirect and delayed consequences or impacts, present and foreseen, of a technological innovation on society, the environment or the economy. ... It is important to note that "technology" includes the so called "soft" or social technological innovations along with the more commonly thought of physical objects and material" /5/. "Effective social management of technology by political decisionmakers" war und ist das Ziel von technology assessment. In diesem Sinne sind Technikfolgenabschätzung und Technikbewertung auch bei uns in Deutschland in Verbindung mit der Einrichtung einer Institution für Technikbewertung beim Deutschen Bundestag diskutiert worden /6/.

Da die Akademie für Technikfolgenabschätzung nicht im Auftrag politischer Entscheider handelt, ist diese an der Politikberatung orientierte Deutung des Begriffs Technikfolgenabschätzung zu eng. In ihrem Grundgedanken ist Technikfolgenabschätzung ein Hilfsmittel, um Entscheidungen besser vorzubereiten: die erkennbaren und denkbaren Auswirkungen der Handlungen, die aus den zu fällenden Entscheidungen folgen, sollen systematisch und möglichst vollständig in den Entscheidungsprozeß einbezogen werden. Politisches Handeln stellt nur einen Spezialfall dieses allgemeinen Grundgedankens dar. Im engeren Sinne bezieht sich Technikfolgenabschätzung auf Entscheidungen über oder in Verbindung mit Technologien. Da Entscheidungen immer nur im Rahmen der Möglichkeiten gefällt werden können, die den Personen oder Institutionen, die über etwas entscheiden, zur Verfügung stehen, ist Technikfolgenabschätzung auch immer auf ein bestimmtes Handlungsfeld bezogen. Politik ist ein derartiges Handlungsfeld; Forschung, Produktentwicklung, Energieversorgung z. B. sind andere Handlungsfelder mit anderen Akteuren.

Die Erweiterung des Begriffs Technikfolgenabschätzung auch auf nicht-politische Entscheidungsvorbereitung ist sprachlich unbefriedigend, aber nicht zu umgehen, wenn man auf den eingeführten Begriff der Technikfolgenabschätzung nicht verzichten will. Technikfolgenabschätzung bedeutet damit für die Akademie das Erarbeiten von Wissen für unterschiedliche Akteure oder Entscheider, die die Entwicklung oder Weiterentwicklung von Technologien beeinflussen oder beeinflussen können. Derartige Akteure können Parlamente, Verwaltungen, Unternehmen, gesellschaftliche Gruppe oder auch Individuen sein. Im konkreten Projekt ergeben sie sich aus der Abgrenzung des Untersuchungsfeldes.

Wenn Technikfolgenabschätzung umfassende Informationen zur Entscheidungsvorbereitung liefern soll, dann ist ein mehrstufiger Prozeß zu durchlaufen (Bild 3):

❑ Zunächst ist das technisch-gesellschaftliche System, in dessen Rahmen die Entscheidung gefällt werden soll, in seinen Einflußgrößen und Wirkungsmechanismen zu analysieren und zu beschreiben.

❑ In einem zweiten Schritt muß versucht werden, die künftige Entwicklung dieses Systems im Zusammenwirken der Einflußgrößen abzuschätzen. Bei der überwiegenden Zahl der untersuchten Probleme wird dies nicht in Form einer Prognose, d. h. einer Voraussage der Entwicklung, sondern nur über die Konstruktion denkbarer Zukunftsbilder - Szenarien - möglich sein.

❑ Vor dem Hintergrund dieser Zukunftsbilder sind die Handlungsoptionen zu bestimmen und auszuwählen, die für die anstehende Entscheidung in Frage kommen können.

❑ Die Auswirkungen und Folgen der verschiedenen Handlungsoptionen im Kontext des betrachteten technisch-gesellschaftlichen Systems bilden dann die Grundlage für die Bewertung der Optionen und die Auswahl der besten Handlung.

Die Schritte bis zur Abschätzung der Folgen sind im Schaubild als *Technikfolgenabschätzung im engeren Sinne* bezeichnet; sie stellen das Wissen bereit, das die Basis für die Bewertung der Optionen und die Auswahl der günstigsten Option durch denjenigen liefert, der die Entscheidung treffen und die daraus folgenden Handlungen einleiten muß.

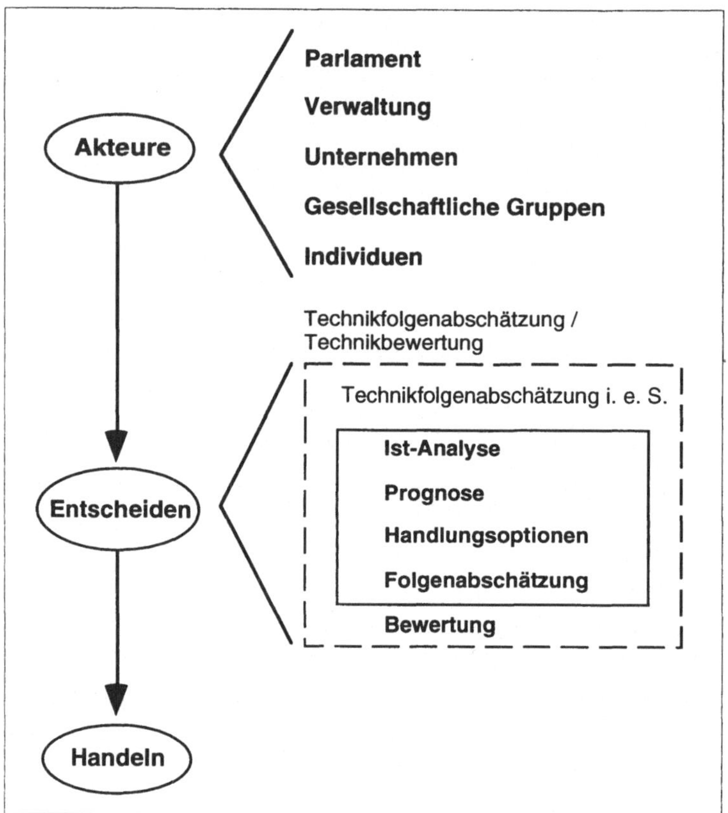

Bild 3   Technikfolgenabschätzung als Prozeß zur Entscheidungsvorbereitung

Die Akademie für Technikfolgenabschätzung wird überwiegend Technikfolgenabschätzung im engeren Sinne in der hier abgegrenzten Weise,
durchführen, d. h. selten oder nur unter bestimmten Bedingungen Bewertungen vornehmen bzw. darauf aufbauende Empfehlungen für bestimmte
Handlungsoptionen ableiten. Der Grund dafür liegt vor allem darin, daß
in einem technisch-gesellschaftlichen System mehrere oder viele Akteure
handeln und daß diese verschiedenen Akteure die gleichen Tatbestände,
die sich als Ergebnis einer Technikfolgenuntersuchung ergeben, unterschiedlich bewerten können und häufig unterschiedlich bewerten müssen,
weil sie die in der Technikfolgenabschätzung betrachteten Handlungsoptionen in den Kontext ihrer gesamten Handlungsmöglichkeiten und Ziele
einordnen müssen.

Wird beispielsweise eine Technikfolgenabschätzung mit dem Ziel durchgeführt, den städtischen Verkehr zu verbessern (Bild 4), so ergibt sich eine Reihe von Handlungsmöglichkeiten mit spezifischen Folgen. Welche der möglichen Maßnahmen z. B. eine Kommune auswählen und umsetzen wird, hängt dann nicht nur vom untersuchten Ziel der Verbesserung der Verkehrsverhältnisse ab, sondern auch von den übrigen gleichzeitig verfolgten Zielen. Der Rückbau des Straßennetzes wird anders bewertet werden, wenn gleichzeitig versucht wird, Industrie anzusiedeln oder eine stärke funktionale Durchmischung von Wohnen und Arbeiten zu erreichen, als wenn dies nicht der Fall ist. Kostenintensive Maßnahmen - wie der Ausbau von Schienensystemen für den Nahverkehr - werden geringere Chancen haben, wenn die Ausgaben für den Verkehr begrenzt werden müssen, als wenn die Kassen voll sind. Ähnlich würde eine Entscheidung, in bestimmten Zonen nur noch Stadtfahrzeuge mit besonderen Eigenschaften zuzulassen, keineswegs alle Fahrzeughersteller dazu bewegen, derartige Fahrzeuge zu liefern. Jeder Hersteller muß vor dem Hintergrund seiner Präferenzen seine eigene Entscheidung fällen.

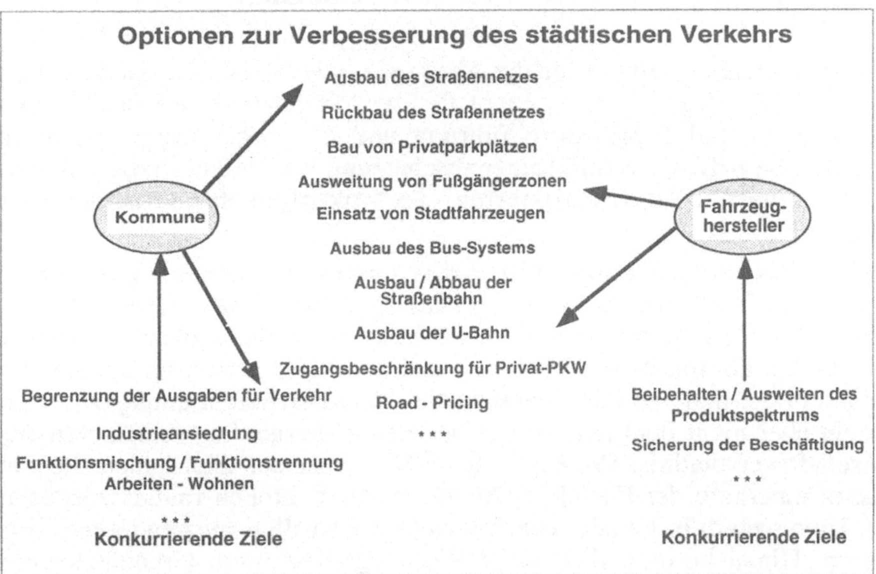

Bild 4   Optionen zur Verbesserung des städtischen Verkehrs

Bewertungen und daraus abgeleitete Handlungsempfehlungen durch die Akademie für Technikfolgenabschätzung sind dann möglich,

❑   wenn im wesentlichen nur ein Akteur betroffen ist und die Gesamtheit seiner Ziele bei der Bewertung berücksichtigt werden kann, d. h.
    die Bewertung im Sinne des Akteurs und in Kooperation mit diesem
    erfolgt, und

❑   wenn übergeordnete Ziele, die in der untersuchten Fragestellung
    nicht explizit enthalten sind, bei der Bewertung zu berücksichtigen
    sind - wie Umweltschutz oder Ressourcenschonung bei der Verbesserung des städtischen Verkehrs.

In jedem Fall wird die Akademie in ihren Aussagen und Stellungnahmen
immer offenlegen müssen, wo die Grenze zwischen Technikfolgenabschätzung (im engeren Sinne) und Bewertung liegt und nach welchen
Kriterien die jeweilige Bewertung durchgeführt wurde.

7 Technikfolgenabschätzung zwischen Wissenschaft und Gesellschaft

Mit der Aufgabenstellung für die Akademie, wie sie aus der Satzung folgt,
dem darauf aufbauenden Konzept für die Vorgehensweise bei Themenbestimmung und Projektdurchführung und der zugehörigen Interpretation des Begriffes Technikfolgenabschätzung sind keineswegs alle Probleme einer institutionalisierten Technikfolgenabschätzung gelöst
(Bild 5).

Technikfolgenabschätzung will ihrem Grundgedanken entsprechend in
erster Linie vorhandenes Wissen zusammenführen, um es für die Lösung
von Problemen in der realen, komplexen Welt verfügbar zu machen.
Dieses Ziel kommt dem Denken etwa in den Ingenieurwissenschaften, der
Medizin oder anderen eher angewandten Wissenschaften entgegen, es entspricht aber nicht dem klassischen auf Erkenntnisgewinn gerichteten Wissenschaftsverständnis. Projekte, die nicht primär das Ziel haben, Spezialwissen innerhalb der Fachdisziplin zu vertiefen, stoßen immer wieder auf
das Unverständnis gerade von fachwissenschaftlich ausgewiesenen Forschern. Hinzu kommt, daß unser Wissenschaftssystem Grenzüberschreitungen zwischen den Fachdisziplinen nicht honoriert, und daß praktisch
auch alle Förderinstitutionen nur fachdisziplinäre Forschung unterstützen.
Obwohl der Gedanke der Technikfolgenabschätzung auch in der Wissenschaft zunehmend Unterstützung findet und die Notwendigkeit von fachübergreifender Forschung gesehen wird, steht die praktische Realisierung
von wirklich interdisziplinären Projekten ganz am Anfang. Eine Mög-

lichkeit zur Überwindung dieser praktischen Schwierigkeiten liegt im Rahmen unseres heutigen Wissenschaftssystems in der ausreichenden Ausstattung von Projekten der Technikfolgenabschätzung mit finanziellen Mitteln. Dabei ist zu beachten, daß derartige Projekte besonders teuer sind. Interdisziplinäres Arbeiten bedeutet, daß viele Fachwissenschaftler im mehreren Institutionen zusammenarbeiten, und damit sind die Personalkosten interdisziplinärer Projekte hoch. Ob die Akademie über die Mittel verfügen wird, um einen Anreiz zu interdisziplinärer Forschung in größerem Umfang schaffen zu können, muß die Zukunft zeigen.

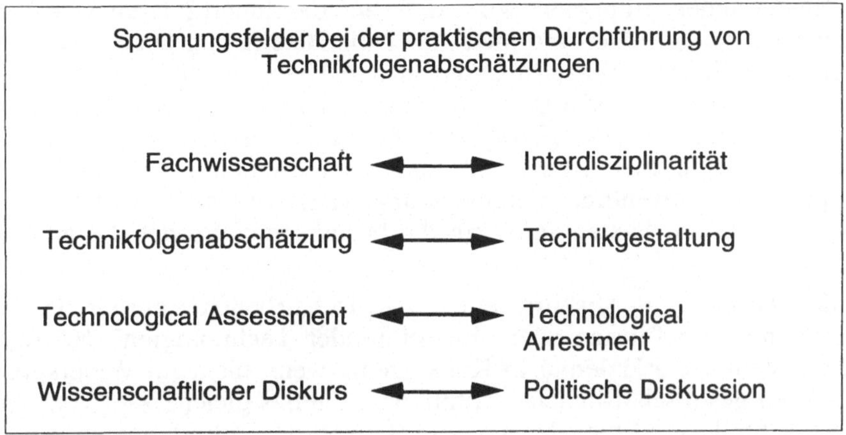

Bild 5   Spannungsfelder

Technikfolgenabschätzung wurde und wird in den Sozialwissenschaften sehr stark im Hinblick auf die Notwendigkeit von Technikgestaltung unter Berücksichtigung gesellschaftlicher Aspekte gefordert. Gestalten können aber nur diejenigen, die auch tatsächlich handeln. Zum Handeln gehört die Auswahl der besten Handlungsoption und damit die Bewertung. Die oben getroffene Aussage, daß die Akademie keine oder nur unter speziellen Bedingungen Handlungsempfehlungen aussprechen wird, ist somit keineswegs generell akzeptiert. Es ist zu erwarten, daß diese handlungsorientierte Sichtweise der Technikfolgenabschätzung auch in der Arbeit der Akademie Geltung beanspruchen wird. Wie groß die daraus entstehenden Konflikte sein werden und wie sie gelöst werden können, wenn sie auftreten, ist heute schwer abschätzbar.

In engem Zusammenhang mit der Zielsetzung der Technikgestaltung aus der Sicht der Sozialwissenschaften steht die Befürchtung von *technological arrestment* aus der Sicht der Unternehmen. Technikfolgenabschät-

zung richtet sich danach nicht auf eine neutrale Untersuchung negativer
wie positiver Folgen, sondern ausschließlich auf das Aufzeigen negativer
Wirkungen von Technik und führt dann in der Konsequenz vor allem zur
Behinderung von technischer Entwicklung. Diese Befürchtung hat in
vielen Fällen zu einer reservierten bis ablehnenden Haltung gegenüber
Technikfolgenabschätzung in Unternehmen geführt. Die Bereitschaft,
sich an Projekten der Technikfolgenabschätzung außerhalb des Unternehmens zu beteiligen und in derartige Projekte das eigene Wissen einzubringen, ist dementsprechend häufig gering. Die Akademie ist von ihrem
Konzept her auf eine *Konstruktive Technikfolgenabschätzung*, wie sie in
den Niederlanden propagiert wird, d. h. auf das Identifizieren von Tech-
nikchancen, ausgerichtet und bietet über die Beteiligung auch von Unternehmen die Chance, Einseitigkeiten in den Untersuchungszielen zu vermeiden. Für das Realisieren einer Konstruktiven Technikfolgenabschätzung und damit für den Erfolg der Arbeit der Akademie ist aber die
gleichgewichtige Mitwirkung der unterschiedlichen gesellschaftlichen
Gruppen eine notwendige Voraussetzung. Hier wird noch manche Über-
zeugungsarbeit zu leisten sein, um die bestehenden Vorbehalte zu überwinden.

Mit der Aufgabe, im Diskurs "einen gesellschaftlichen Konsens über die
Beurteilung eingeführter oder einzuführender Technologien" /1/ zu erreichen, steht die Akademie in Konkurrenz, wenn nicht im Widerspruch,
zu anderen gesellschaftlichen Institutionen, die das gleiche Ziel verfolgen.
An erster Stelle steht hier der gesamte Bereich der Politik, dessen zentrale
Aufgabe darin besteht, diese Konsensbildung letztlich in den Parlamenten
herbeizuführen. Die Berücksichtigung gesellschaftlicher Aspekte bei der
Technikfolgenabschätzung bedeutet ja, daß bewußt Probleme und Fragen
angesprochen werden sollen, die gesellschaftliche Bedeutung haben. Derartige Probleme werden dann in aller Regel auch politisch diskutiert und
die unterschiedlichen gesellschaftlichen Gruppen und Parteien sind be-
strebt, ihre Lösungen für diese Probleme politisch durchzusetzen. Es ist
mit großer Wahrscheinlichkeit zu erwarten, daß die politische Diskussion
auch in den Gremien der Akademie geführt wird und bei Themenfindung
und Projektformulierung zu Konflikten und Verzögerungen führen wird.
Wie diese Konflikte dann gelöst werden können, ist derzeit kaum vorauszusagen, zumal ja gesellschaftliche Aspekte - die bei der Technikfolgenabschätzung berücksichtigt werden sollen - nur schwer von den Lösungen
zu trennen sind, die politische Parteien und gesellschaftliche Gruppen für
erkennbare Probleme anbieten und durchsetzen wollen.

In enger Verbindung mit der politischen Bedeutung einzelner Themen
steht auch die Frage, wie Betroffene oder Beteiligte in den Diskurs einzubeziehen sind. Allein aus pragmatischen Gründen kann nicht jeder, der an

einem Thema interessiert ist, an der Arbeit der Akademie beteiligt werden. Für einen Diskurs, der als rationaler, argumentativer Konsensbildungsprozeß verstanden wird, kann nur eine Beteiligung von Personen in Betracht kommen, die aufgrund ihrer Kompetenz - sei es wissenschaftlicher oder nicht-wissenschaftlicher Art - zu diesem Prozeß beitragen können. Auswahlkriterium muß also das Ausgewiesensein im jeweiligen Themenfeld, nicht aber politische Überzeugung sein. Technikfolgenabschätzung ist damit eine Aufgabe, für deren Lösung noch viele Fragen offen sind. Technikfolgenabschätzung ist aber auch eine lohnende Aufgabe, weil

(1) mit dem umfassenden Anspruch versucht wird, den komplexen Problemen unserer technikbestimmten Welt gerecht zu werden,

(2) durch die interdisziplinäre Arbeitsweise neue Forschungsfragestellungen in den Fachwissenschaften angeregt werden,

(3) durch die Beteiligung gesellschaftlicher Gruppen das Gespräch zwischen Wissenschaft und Gesellschaft gefördert wird und

(4) auf diese Weise auch der politischen Diskussion eine wissenschaftlich fundierte Basis geboten werden kann.

8   Literatur

/1/ Arbeitsgruppe Technikfolgenabschätzung: Empfehlungen zur Errichtung einer Akademie für Technikfolgenabschätzung in Baden-Württemberg, November 1989.

/2/ Bekanntmachung der Landesregierung über die Errichtung der Stiftung "Akademie für Technikfolgenabschätzung in Baden-Württemberg", GBl. 1991, Nr. 27, S. 673.

/3/ Habermas, J.: Erläuterungen zur Diskursethik. Suhrkamp Taschenbuch Wissenschaft 975 (1991), S. 154.

/4/ Gräfrath, B. u. a.: Einheit, Interdisziplinarität, Komplementarität. Akademie der Wissenschaften zu Berlin, Arbeitsgruppe: Einheit der Wissenschaften, Forschungsbericht 3. De Gruyter, Berlin 1991, S. 69.

/5/ U S. Senate: Technology Assessment Act of 1972. Report of the Committee on Rules and Administration, 13.9.1972.

/6/ Deutscher Bundestag, Drucksache 10/5844 v. 14.7. 1987. Bericht der Enquête-Kommission "Einschätzung und Bewertung von Technikfolgen; Gestaltung von Rahmenbedingungen der technischen Entwicklung".

3

Technikfolgenabschätzung im Spiegel von Wissenschaft, Gesellschaft und Politik

Klaus Kornwachs

Philosophie und ethische Praxis der Technikfolgenabschätzung

Vorbemerkung

Das Verhältnis von Technologie und bestimmten Teiltechniken ist ein besonderes Thema. Da niemand alle diese Teiltechniken übersehen kann, ist auch im Bereich der Technikfolgenabschätzung eine Spezialisierung eingetreten, die gerade dem interdisziplinären Anspruch der Technikfolgenforschung zuwider laufen muß. Auch ich werde mich im folgenden bei den Beispielen auf den Bereich der Technikfolgenabschätzung bei Informations- und Kommunikationstechnologien beschränken müssen[1].

Dabei fällt auf, daß alle diese Technologiebereiche darauf angelegt sind, die materiellen, biologischen, kognitiven und sozialen Grundlagen im Hinblick auf ihre Analyse, Beherrschbarkeit und Umgestaltung zu verändern. Die Veränderungsmöglichkeiten sind dabei – operativ gesehen – wesentlich radikaler als unser tatsächliches Grundlagenwissen auf diesen Gebieten. Wir gleichen den römischen Baumeistern, die Gewölbe ohne unsere heutigen Statikkenntnisse bauten - der Erfolg gab ihnen recht. Aber reicht diese Begründungsfigur heute aus?

Was hat ein Philosoph zur Technikfolgenabschätzung zu sagen? Ist es die Reflexion, was das Wesen der Technik ausmacht (Ontologie), ist es der Zusammenhang von naturwissenschaftlich gewonnenem Wissen und dem daraus entwickelten Know-how (Wissenschaftstheorie), das die Technikfolgenforschung verstehen muß, oder sind es Fragen nach der Verant-

---

1   Zum Zeitpunkt der Erstellung des Manuskripts war der Autor Leiter der *Interdisziplinären Arbeitsgruppe Technikfolgenabschätzung* (IATA) am Fraunhofer-Institut für Arbeitswirtschaft und Organisation (IAO), Stuttgart.

wortlichkeit des technischen Handelns, bei dem Disziplinen wie Ethik, politische Philosophie und Handlungstheorie gefordert sind?

Ich möchte plausibel machen, daß auch hier die klassische Auftrennung der philosophischen Disziplinen nicht mehr weiterhilft, sondern wir *quer- und neudenken* müssen. Unser Verhältnis zur Wissenschaft und Technik hat sich offenbar grundlegend gewandelt. Warum empfinden wir es geradezu als eine Obszönität, wenn Edward Teller, mit den Begriffen *Wasserstoffbombe* und *SDI* berüchtigt verknüpft, sagt: "Der technische Mensch soll das, was er verstanden hat, anwenden und sich dabei keine Gesetze setzen ... Was man verstehen kann, soll man auch anwenden."

Nun sind Warnungen vor der ungehemmten "Perfektion der Technik", z. B. bei G. Jünger schon 1946 zu hören gewesen - es sind aber eher Warnungen vor den Folgen einer ungehemmten Produktionsweise. Heute ertönen die Warnungen radikaler, fundamentaler - so verlangen heute viele kritisch eingestellte Naturwissenschaftler, daß der Beginn der Verantwortung nicht erst beim Handeln, also der Anwendung zu beginnen habe, sondern schon bei der Wahl der Begriffe, mit denen wir Natur beschreiben.

Freilich ist eine Naturwissenschaft, die sich nicht zerschneidender Begriffe (Francis Bacon: *dissecare naturam*), sondern sozusagen weichere Begriffe bedient, weder wissenschaftstheoretisch, praxeologisch noch begrifflich in Sicht. Gleichwohl ist eine Hoffnung damit ausgesprochen, das Problem der individuellen Verantwortung des Wissenschaftlers und Technikers für die Auswirkungen seiner Entdeckungen, Erfindungen und Entwicklungen in den Prozeß der Entdeckung, Erfindung und Entwicklung selbst zu verlagern. Damit ist auch die Frage angesprochen, ob es möglich ist, eine Pflicht zum Wissenserwerb über die möglichen Folgen von Entdeckungen, Erfindungen, Entwicklungen und der angewandten Forschung im Rahmen einer Verantwortungsethik zu begründen und ob es möglich ist, den Erwerb des Wissens und die Abschätzung der begrenzten Reichweite dieses Wissens methodisch und institutionell zu verankern. Dies sei durch den Vergleich von ethischem und technologischem Diskurs in Bild 1 illustriert: Öffentliche Technologieentscheidungen werden auf fachlicher Ebene lange diskutiert, die ethische Diskussion hierüber nimmt erst dann heftige Formen an, wenn die Entscheidung E schon gefallen ist. Bei betrieblichen Entscheidungen ist in der Regel nach der Entscheidung die Fachdiskussion beendet, die Begründungsdiskussion (je nach Widerstandskraft der Personalvertretung) *nagelt* noch ein bißchen nach. Dies gilt auch für wirtschaftspolitische Entscheidungen. Wünschenswert wäre im Idealfalle ein kongruenter Verlauf von Fach- und Begründungsdiskussionen.

Die Frage, ob *Technikfolgenabschätzung* als ein ethisches Projekt aufgefaßt werden kann oder muß, möchte ich in vier Schritten entfalten. Diese Schritte sind durch folgende Unterfragen gekennzeichnet:

(1) Wie hängen eine Verantwortungsethik und die Notwendigkeit einer Technikfolgenabschätzung zusammen?

(2) Ist Technikfolgenforschung und Technikfolgenabschätzung ein technisch-politisches und/oder ein philosophisches Unternehmen - nämlich der praktischen Philosophie?

(3) Welche ethischen Probleme treten bei einer konkreten Durchführung einer Technikfolgenabschätzung auf?

(4) Wie wäre Technikfolgenabschätzung zu organisieren, und welche Rolle spielt dabei der institutionalisierte Diskurs?

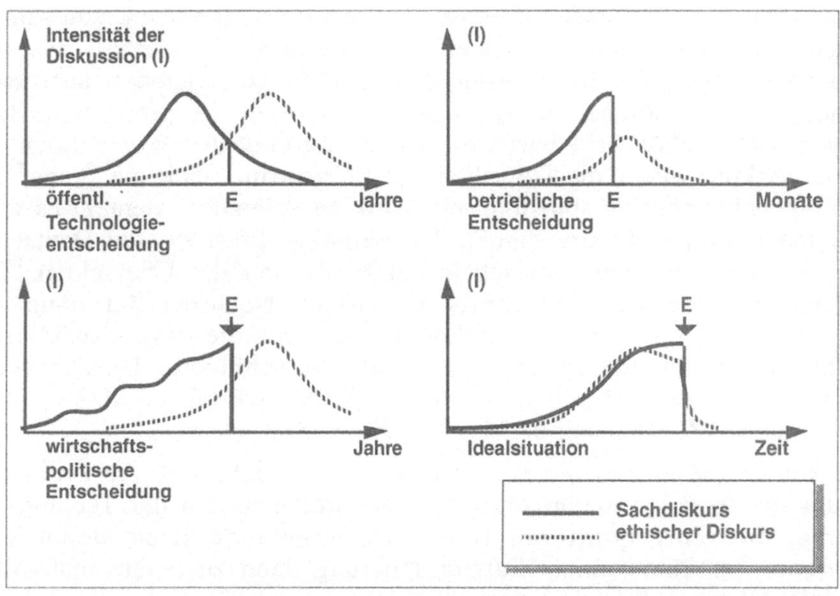

Bild 1   Phasenverschiebung zwischen ethischem Diskurs und Entscheidungsprozeß

1   Verantwortungsethik und die Notwendigkeit einer Technikfolgenabschätzung

Die Gegenüberstellung zweier Aussagen zeigt, gerade weil sie nicht ganz gleichgewichtig sind, die Veränderungen unserer Auffassung über die Rolle von Technik und Fortschritt und dem Auseinanderfallen beider als gegenseitig synonyme Metaphern. Das erste Zitat stammt aus dem Vorwort eines populären Buches über die Großtaten der Technik von 1956. Es berichtet über die Talsperre in Kaprun, über den Bau des damals höchsten Turmes, über Entwicklungshilfe, über Pipelines, über die friedliche Nutzung der Kernkraft in Sellafield. Der Herausgeber stellt dem Buch voran: "Dies ist ein Buch technischer Großwerke von heute. Aber es ist nicht nur ein Technikbuch. Es ist ein Buch vom Menschen, von seinem Willen, seinem Können und seiner Kraft. Denn große Werke - das sind nicht unbedingt jene, welche mit den größten Dimensionen aufwarten können, sondern solche, in denen am deutlichsten die persönliche Leistung des Menschen offenbar wird. Weder die Glut der Wüste, noch das Eis der Arktis, weder die Gewalten der Bergstürme noch die Fieber des Dschungels können ihn abhalten, sein Werk zu vollenden, wenn er es will" (Weihmann 1956). Hubert Marckl, der vormalige Präsident der Deutschen Forschungsgemeinschaft, schrieb in der FAZ unter der Überschrift "Die gebrannten Kinder des Fortschritts" die Sätze: "Nach der Befreiung von der selbstverschuldeten Unmündigkeit, die uns die erste Aufklärung brachte, muß nun die Befreiung von selbstverschuldeter Unbändigkeit, von selbstverschuldetem Übermut und selbstverschuldeter Maßlosigkeit kommen." (FAZ, Dienstag 07.01.1992, Nr. 5, S. 21).

Man könnte die Zitate interpretieren als die Einsicht, daß die Probleme, die uns der technische Fortschritt und das Fortschreiten der Technik bescheren, mit einer Form von Hybris zu verknüpfen seien, deren Verschwinden im Sinne einer Haltungsänderung dann zu einem maßvollen Handeln führen sollte, das womöglicherweise primär nichttechnisch ist, sondern ethisch ist. Bestärkt wird man in dieser Interpretation, wenn Hubert Marckl weiter vorne in seinem Essay fordert, daß "Forschung als Selbsterfahrung, Kenntnis als Selbsterkenntnis, Bewußtsein unserer selbsterzeugten Lage als Selbstbewußtsein unserer Verantwortung ... , Wissen als Herausforderung unseres Gewissens ..." (ebenda) gedeutet oder umgedeutet werden müsse.

Der durch die beiden Zitate markierte Übergang der Bedeutungsverknüpfung von Technik und menschlichem Durchsetzungswillen, verbunden

mit unverhohlenem Triumph über die erreichte Leistung hin zu einem
warnenden, fast beschwörend klingenden Appell an Vernunft, Gewissen
und Verantwortung - dieser Übergang läßt sich auch nachvollziehen in
dem Wiederaufstieg der Ethik als zeitgenössischem Thema der Philosophie. Sicher mit ein Grund hierfür (wenngleich nicht der einzige) ist das
immer noch nicht verarbeitete Erschrecken vor der Technik in Gestalt der
Kernwaffen, der Atombombe. So weist Günther Anders in seinem Buch
über die "Antiquiertheit des Menschen" auf einen gewissen Entzug bisheriger ethischer Grundlagen hin: "Mit ihr verlassen wir das Reich der
praktischen Vernunft, wo man Zwecke mit angemessenen Mitteln verfolgt. Die Bombe ist längst kein Mittel zu einem Zweck mehr, denn sie ist
das maßlose Mittel, das jeden möglichen Zweck übersteigt." (Anders, zit.
nach Sloterdijk 1983, S. 258). Nun ist spätestens auch im deutschsprachigen Raum seit der Diskussion um die VDI-Richtlinien 3780 über
Technikbewertung klar geworden, daß technisches Handeln nicht wertfrei
ist - bewundernswert an dieser Diskussion erscheint mir, daß hier erstmals
in der Standesorganisation der deutschsprachigen Technik ethischen wie
technikphilosophischen Überlegungen mehr als nur ein dekorativ-sonn-
täglicher Rahmen eingeräumt wird. Das verweist auf einen bestehenden
Leidensdruck, der aus der Praxis kommt und in die Praxis wirkt. Gründe,
sich mit dem Zusammenhang von Ethik und Technik zu befassen, sind
breit diskutiert worden und bekannt:

(1) Wir bekommen immer mehr die *Folgen und Nebenfolgen des Handelns* in den Blick. Dies hängt mit der historisch erstmaligen Situation zusammen, daß diese Nebenfolgen oder auch Hauptfolgen globaler Natur
sein können (man denke an den nuklearen Winter, die radioaktive Ver-
seuchung, Waldsterben, Ozonloch, Ölpest), die nicht nur den Fortbestand
von Individuen, Klassen oder Völkern, sondern des Menschen als Gattung
fraglich werden lassen.

(2) Die Auswirkungen des politischen, organisatorischen und individuellen Handelns haben *technische Folgen* im Sinne einer gewissen Technikentwicklung. Beispiele: Unser Reproduktionsverhalten erzeugt eine Veränderung der Soziodemographie; wie wird eine Technik aussehen, die
überwiegend auf Benutzer in der zweiten Lebenshälfte zugeschnitten sein
muß; bestimmtes Verbraucherverhalten und Wünsche führen zu präferier-
ten Technikfunktionalitäten (z. B. in der Unterhaltungselektronik, Haus-
haltstechnik und im Verkehr); Grundsatzurteile (wie das der informationellen Selbstbestimmung) bestimmen Entwicklungslinien der Kom-
munikations- und Produktionstechnik und damit auch die Alltags- und
Sozialtechnik. Ein weiteres Beispiel wäre die Benutzung vorhandener
Funktionalitäten bei Technologien, die zunächst nicht intendiert, aber
schon vorhanden sind.

(3) Die *Auswirkungen des technischen Handelns* sind post hoc offenkundig, aber im voraus schlecht abschätzbar.

(4) Die Maßstärke der Kriterien für die *Zumutbarkeit der Nebenfolgen* industrieller Produktionsprozesse haben sich ebenso geändert wie deren tatsächliches Ausmaß. Die Frage, was "in Kauf genommen" werden muß, wird zunehmend unter normativen Gesichtspunkten geführt.

(5) Das Erleben und Erleiden von *Technokratie*: Sachzwänge werden als *Menschenzwänge*, d. h. der instrumentell vermittelten Herrschaft von Menschen über Menschen zu entlarven versucht. Man meint auch feststellen zu können, daß die Bestimmung des sozialen Geschehens durch Wertvorstellungen, die aus der technischen Sicht stammen wie Effizienz, Effektivität, Leistung, Funktionstüchtigkeit, Zuverlässigkeit, Exaktheit etc. als ungerechtfertigtes Primat der instrumentellen Vernunft ein sittliches Handeln erschweren.

Es gibt sicher weitere, triftige Gründe - dies alles sind aber auch Gründe, die für die Notwendigkeit einer Technikfolgenabschätzung angeführt werden.

2   Technik erzeugt Technik

Technik und instrumentelles Handeln gehören im Vorverständnis zunächst einmal zusammen. Das heißt, daß der oder die Handelnde sich bei der Handlung immer eines Mittels bedient, und wenn dies auch nur die Sprache oder der eigene Körper sein sollte. Das Mittel, mit Hilfe dessen die Handlung ausgeführt wird, hat aber, wenn man so will, seine eigenen Gesetze oder eingeschränkter gesagt, Eigenschaften, die von der Absicht des Handelnden zunächst einmal als unabhängig gelten dürfen. Ein Messer ist scharf, ein Auto schnell, unabhängig davon, ob der Handelnde mit ihm töten, Brot schneiden, einen Versicherungsbetrug begehen oder jemanden heimfahren will.

Die Gesetze des Instruments sind also von der Absicht des Handelnden unabhängig, nicht aber davon, was man mit dem Instrument alles tun kann. Mit einem Computer kann man keine Fliegen fangen (noch nicht) und mit einem Schwert kann man nicht pflügen. Wenn wir nun instrumentelles Handeln verstehen als Handeln, das die Gesetze und Eigenschaften eines Instruments ausnutzt, um etwas zu bewerkstelligen, dann sagt uns die Alltagserfahrung sofort, daß jedes Instrument weiter reicht, als nur Mittel zum momentan Gewollten zu sein. Es scheint in der Natur des

Menschen zu liegen, daß er seinen Handlungsspielraum zu erweitern trachtet. Das vorhandene Instrument, mit dem man noch mehr tun kann, als nur das soeben Gewollte, bringt den Menschen dazu, auch noch zusätzlich das zu wollen, was mit dem Instrument ebenfalls möglich ist. Kann man mit einem Faustkeil ein Tier erlegen, so kann man auch seinen Rivalen damit erschlagen. Weil man seinen Rivalen damit erschlagen kann, wird man danach trachten, ihn zu erschlagen - arteigene Tötungshemmungen und deren Mechanismen seien einmal dahingestellt.

Es geht also darum, daß der Zweck, zu dem ein Mittel benutzt wird, nicht dieses Mittel ausschließlich bestimmt, es wären ja auch noch andere Mittel denkbar, die das gleiche leisten. Wird jedoch ein Mittel bei einem vorliegenden Zweck gewählt, dann hat es auch noch andere als die auf den Zweck bezogenen Eigenschaften. Und genau diese zusätzlichen Eigenschaften des Instruments rufen neue Zwecke hervor. Eine der Möglichkeiten, einen Markt zu manipulieren, nutzt diesen Umstand zielbewußt aus: Ein Produkt kommt oftmals nicht auf den Markt, weil es dafür ein Bedürfnis gibt, sondern die Verfügbarkeit über das Produkt (weil es billig, chic, en vogue ist etc.) soll das Bedürfnis wecken, wenn nicht gar die Begierde darauf.

Dieses wechselseitige Verhältnis zwischen Zweck oder Bedürfnis einerseits und dem Mittel oder der technischen Lösung andererseits ist die Wurzel für das Phänomen, daß Technik Technik erzeugt. Ein einzelnes technisches Gerät ist in den wenigsten Fällen absolut, d. h. losgelöst für sich brauchbar. Ein Korkenzieher, den ich hier einmal als technisches Gerät bezeichnen mag, dient zur Entkorkung von Weinflaschen. Ohne Weinflasche und damit ohne Wein, also ohne die organisatorischen, technischen und sozialen Gegebenheiten des Weinbaus, ist ein Korkenzieher lediglich ein Stück Metall mit einer etwas seltsamen spiraligen Form. Am Auto wird der Zusammenhang deutlicher: Ein Auto setzt zu seinem Gebrauch Straßen oder Wege voraus, eine funktionierende Infrastruktur, von der Benzinversorgung bis hin zur Verkehrsgesetzgebung, ein hochtechnisiertes Wartungs- und Reparaturnetz und vieles mehr. Als einzelnes Stück ist ein Auto ein nutzloses Stück Blech, allenfalls in ästhetischen Kategorien meßbar. Die Wertlosigkeit des Instruments ohne ein weiteres Ineinandergreifen von weiteren Instrumenten, ohne ein Netz von Zwecken und Mitteln und ohne soziale Institutionen, die diese Zwecke vermitteln, ist leicht einzusehen.

Da aber nun *Zwecke* und *Mittel* sich wechselseitig beeinflussen, und da der Mensch offenkundig danach strebt, sofern man ihn nicht durch eine kulturelle, soziale und philosophische Anstrengung daran hindert, mit den verfügbaren Mitteln auch immer die Zwecke auszudehnen, ist die Verhaftetheit eines technischen Instruments mit seinem organisatorischen, sozialen und menschlichen Umfeld der Boden, auf dem die sogenannten Sachzwänge entstehen: Ab einem bestimmten Investitionsvolumen werden technische Projekte zu Selbstläufern - der ursprünglich angestrebte Zweck ist vielleicht gar nicht mehr erfüllbar, aber andere, organisatorisch oder politisch vermittelte Zwecke sind durch das pure Vorhandensein des schon errichteten Instrumentariums an die Stelle getreten und rechtfertigen das Mittel durch eben diese neuen Zwecke. Dies ist der Sinn des Satzes: *Technik erzeugt Technik.* Dies ist auch der Grund, weshalb die Debatte um die Technik immer politisch sein wird: Beim menschlichen Expansionsstreben im Reich der Zwecke geht es nur vordergründig um die Eigenschaften oder Gesetzmäßigkeiten des Mittels. Die Diskussion um technische oder ingenieurwissenschaftlich bestätigte oder widerlegte Ergebnisse einer Untersuchung um ein umstrittenes technologisches Projekt führt hier in die Irre. Denn diese Eigenschaften, so sagten wir, bestehen unabhängig von der Intention des damit Handelnden.

Damit wird aber die Intention des Handelnden selbst thematisiert: Was wird mit einem bestimmten Großprojekt oder mit dieser oder jener Technik wirklich gewollt? Hier geht es letztlich um Machtfragen, also um die Frage, wie weit der Bereich der Absichten und Zwecke, der Intentionen und Bedürfnisse ausgeweitet werden kann, vermittelt durch ein technisches Instrumentarium. Das technische Instrumentarium hat vermöge seiner Eigenschaften, die unabhängig von den Intentionen sind, Auswirkungen, die sich zum Teil mit den Intentionen, mit denen es eingesetzt wird, in Einklang zu bringen ist, mit anderen nicht. Hier kommen die Kategorien der Erwünschtheit und der Unerwünschtheit ins Spiel. Was an Technikwirkungen nun erwünscht und was nicht erwünscht ist, ist nicht nur eine Frage dessen, der über das Instrumentarium verfügt, sondern auch dessen, der betroffen ist. Aufgrund der Unterscheidung zwischen der Technik, deren Auswirkungen im engeren Horizont übersehbar sind und einer Technik, bei der Merkwelt und Wirkwelt auseinanderfallen, ist es im letzteren Falle ungemein schwierig auszumachen, wer betroffen ist oder sein wird.

Man kann folgendes einmal annehmen: Der Betroffene der Auswirkung einer Technik (wobei dies der Betreiber sogar selbst sein kann) sei nicht in der Lage, beim Betrieb die nicht erwünschten Auswirkungen zu verhindern. Für den Fall, daß die Macht des Technikbetreibers auf den Technikbetreiber selbst zurückschlägt, indem er nicht mehr in der Lage ist, die Auswirkungen des Betriebs zu begrenzen, so daß wenigstens er selbst keinen Schaden mehr erleidet, kann man getrost von unbeherrschbarer Technik sprechen. Dies gilt insbesondere, wenn der Betreiber eine Gruppe, eine soziale Einheit oder eine Institution oder Nation ist. Damit stellt sich die Frage neu, wer nun für eine solche Technikfolge verantwortlich ist.

3   Das Subjekt der Verantwortung

In diesem Zusammenhang hat W. Zimmerli (Zimmerli 1987, 1991) gezeigt, daß es eine Folge der Technisierung unserer Welt ist, daß bei der Frage nach der Verantwortung das Handlungssubjekt als diejenige Institution, Gruppe, Team, Firma etc., die eine Technologie entwickelt, betreibt, benutzt etc., nicht identisch ist mit dem Verantwortungssubjekt, d. h. der einzelnen Person, dem Individuum, das nach klassischer ethischer Auffassung moralisches Subjekt und Rechtssubjekt ist. Dieses Dilemma hat Hans Jonas angesprochen, wenngleich nicht gelöst, wenn er von einem "Neuland der kollektiven Ethik" spricht, d. h. von der Notwendigkeit, daß Kollektive auch moralische Subjekte sein können.

Nun ist eine Verantwortungsethik als Anwendungsfall einer teleologischen Ethik so aufgebaut, daß die Bewertung der Resultate einer Handlung (und deren Folgen und unbeabsichtigten Nebenfolgen) zu einer Bewertung der Handlung selbst führen. Die normativen Aussagen (in ihrer Ganzheit eine bestimmte Moral) werden ebenfalls danach beurteilt, zu welchen Handlungen sie führen. Letztlich ist sogar das ethische Prinzip (wie z. B. der kategorische Imperativ), aus dem unter Festlegung von Werten und Präferenzen zwischen ihnen normative Aussagen ableitbar sind, dieser folgenorientierten Bewertung unterworfen (Bild 2). Ein ethisches Prinzip, dessen Anwendung zur Zerstörung der Lebensgrundlagen zukünftiger Generationen führt oder führen kann, taugt nicht viel und ist wohl auch nicht sinnvoll begründbar.

Beim Dilemma des Auseinanderfallens von Handlungssubjekt und Verantwortungssubjekt ist im Rahmen einer Verantwortungsethik ein Weg zu suchen, der es ermöglicht, daß das Handlungssubjekt, hier die Institution, die Technik betreibt, zum Subjekt der Verantwortung werden kann. Dies ist aber an bestimmte Voraussetzungen geknüpft:

(1) Das Subjekt der Verantwortung muß die Verantwortung gegenüber einer Instanz wahrnehmen können. Beim Individuum ist dies, je nach entworfener Ethik, das Gewissen, der andere, der Vorgesetzte, eine Institution bis hin zu Metaphern wie Verantwortung vor der Geschichte, der Menschheit, oder der religiösen Verantwortung vor Gott.

(2) Diese Instanz muß sanktionsfähig sein, d. h. bestimmen, wofür das Verantwortungssubjekt einzustehen hat und womit.

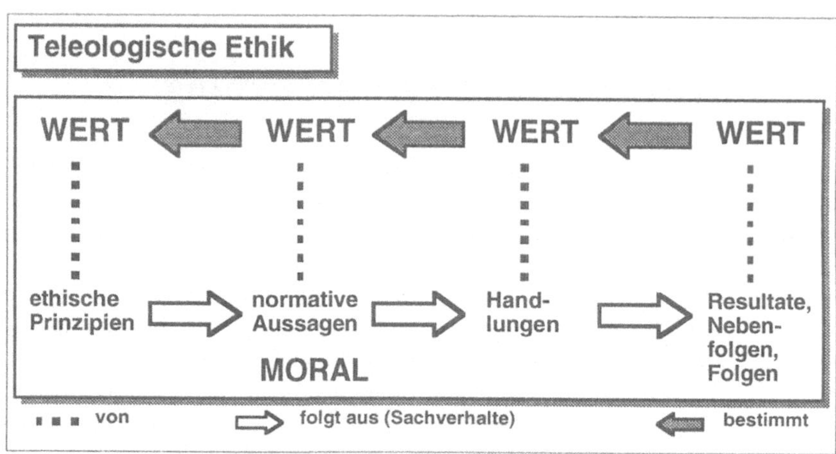

Bild 2   Teleologische Ethik

Folge: Ist das Verantwortungssubjekt eine Institution, so muß die entsprechende Instanz eine Sanktionsmöglichkeit gegenüber der Gruppe, dem Kollektiv, der Institution haben. Diese Sanktionsmöglichkeiten sind, wie wir wissen, äußerst begrenzt - es werden immer nur Verantwortliche bestraft oder zur Rechenschaft gezogen, nie aber die Institution als Ganzes. *Vorschlag*: Eine Möglichkeit besteht darin, in der permanenten Bewertung des Handelns einer Institution eine Sanktionsmöglichkeit zu schaffen, die durch den Entzug oder Zusammenbruch des Konsenses zwischen handelnder Institution und den Betroffenen ausgelöst wird. Mit anderen Worten: Soll eine Institution (Gruppe etc.) als Handlungssubjekt im Rahmen technisch-organisatorischen Handelns einer Instanz gegenüber auch Verantwortungssubjekt sein, kann diese Instanz nur die wie immer auch konstituierte Gesamtheit der Betroffenen dieses Handelns sein.

Da die Institution eines Betroffenenkollektivs angesichts der schwer abschätzbaren Auswirkungen technischen Handelns in räumlicher wie zeitlicher Hinsicht so gut wie praktisch unmöglich ist, wird das Aushandeln über die Zumutbarkeit des Handelns zu einer öffentlichen Sache, d. h. zu einer gesellschaftlichen Angelegenheit.

Man kommt daher zum Schluß, daß die Abschätzung der Folgen eines Handelns, das technisch und/oder organisatorisch durch ein institutionelles oder kollektives Handlungssubjekt geplant oder ausgeführt wird, wegen der offenkundigen Schwierigkeit dieser Abschätzung eines öffentlichen Konsenses bedarf, der wiederum nur, methodisch wie praxeologisch, in einem Diskurs möglich ist, wie er in der Ethikdebatte seit den siebziger Jahren umrissen worden ist. Damit ist auch klar, daß Technikfolgenabschätzung als eine notwendige Konsequenz aus diesem ethischen Dilemma, das grundlegende ethische Problem der Verantwortung nicht lösen kann - sie muß aber das Wissen bereitstellen, ohne das der Diskurs nicht geführt werden kann.

Wir können es auch anders ausdrücken: Nicht eine Kollektivierung der Entscheidungen wäre zu fordern, sondern eine institutionalisierte Technikfolgenabschätzung, die – als ein ethisch notwendiges Projekt – dem Handlungssubjekt hilft, durch eine permanente *Inszenierung des Wissens*, seine Verantwortung gegenüber den Betroffenen, d. h. denen, die Technik erleiden oder sie genießen, wahrzunehmen.

4   Die Wahrnehmung von Verantwortung

Unser Verhältnis zur Technik ist im Umbruch. Nicht nur nehmen wir wahr, daß, wie D. Mieth schreibt, "die Technik in radikaler Weise in die elementarsten Grundbedingungen des Lebens eingreift" (Mieth 1992), sondern wir konstatieren auch den durchweg ersetzenden Charakter der Technik:

❏   die Ersetzung der menschlichen Arbeitskraft,

❏   die Ersetzung der menschlichen Reproduktionskraft,

❏   die Ersetzung von Teilbereichen menschlicher kognitiver Fähigkeiten (Denkkraft) bis hin

❏   zur propagierten Zuwendungsersetzung durch quasi-intelligente Roboter in Altenheimen, die nicht nur pflegen und füttern können, sondern eines Tages auch zuhören sollen im Sinne eines hinwendenden Verstehens.

Neben der Ersetzung ist die Optimierung des Ersetzten auffallendes Merkmal moderner Technik. Diese Optimierung verrückt die Maßstäbe ins Gigantische, oder, wie H. Jonas fragt: "Nach wessen Bild soll der Mensch ... optimiert werden in Intelligenz und physischer Ausstattung?" Hier erscheint das Dilemma nun sehr deutlich: Wir nehmen ja durchaus wahr, daß sich Verantwortungsfragen von höchster Dringlichkeit stellen, aber wir wissen nicht, wie wir Verantwortung wahrnehmen können im Sinne von Verantwortung zu übernehmen oder Verantwortung zu tragen.

Oft wird kritisiert, daß man, gerade auf der Suche nach Maßstäben für politisches und technisch-organisatorisches Handeln, auf Experten angewiesen ist, so daß öffentliche *Hearings* in aller Regel nach den ersten Minuten zu weltanschaulichen Auseinandersetzungen, zur Äußerung der jeweiligen bestellten parteilichen Meinung entarten. Man hat es - so scheint es - weniger mit Expertokratie, sondern mit Expertenanarchie zu tun. Genau dies ist aber konstitutiv für die Art und Weise, wie wir mit Wissen umgehen müssen: Mein Vertrauen in Wissenschaft und Expertentum wäre nachhaltig erschüttert, wenn alle Fachleute bezüglich eines Problems mit demselben Wissen, derselben Beurteilung dieses Wissens und derselben Einschätzung über Reichweite und Tragweite dieses Wissens auftreten würden. Hier hat sich eine differenziertere Sichtweise eingebürgert. So schreibt Mittelstraß: "... es kommt darauf an, daß sich die Wissenschaft im institutionellen Sinne wieder stärker als ein die Welt nicht nur erforschendes, sondern auch klug beratendes Subjekt begreift. ..." (Mittelstraß/ Gethmann 1992). So ist Vielfalt und nicht Endgültigkeit in der Klugheit angelegt. Für die Technikfolgenabschätzung bedeutet dies, daß sie, obwohl selbst keine wissenschaftliche Disziplin, sich des wissenschaftlich gewonnenen Wissens, das selbst nicht ethik-begründend ist, annimmt und es benutzt.

Das heißt auch, daß eine Methodik der Technikfolgenabschätzung darauf angelegt sein muß, nicht irgendwelche Prognosen über eine Technikentwicklung der Zukunft für einen unrealistisch großen Zeitraum zu machen, sondern Abschätzungen für die nächsten drei bis maximal fünf Jahre im Sinne eines iterativen Prozesses ständig vornimmt und ihre Ergebnisse weiter- und überschreibt. So wird denn auch Technikfolgenabschätzung bei den notgedrungen interdisziplinären Teams in Teilprozessen (oder -schritten) betrieben (vergleiche auch die Arbeitsschritte, wie sie im Beitrag von H.-J. Bullinger in diesem Band ausgeführt sind):

❑ Bestimmung der möglichen (ggf. sich ausschließenden) Entwicklungspfade einer Techniklinie (technikzentriert) oder eines Problemkreises (probleminduziert, viele Techniken);

❑ Ermittlung möglicher Faktoren, die die Entwicklung beeinflussen könnten;

❑ Ermittlung von Auswirkungsfeldern in Abhängigkeit von den verschiedenen Entwicklungspfaden und einzelnen Auswirkungen;

❑ Bewertung der verschiedenen Auswirkungsmöglichkeiten in Kategorien der Erwünschtheit oder Erträglichkeit;

❑ Beschreibung möglicher Handlungsoptionen, auch im Hinblick auf die die Entwicklung beeinflussenden Faktoren.

Man sieht schon aus diesem Arbeitsplan, daß Technikfolgenabschätzung methodisch wie institutionell eine Klärung dessen voraussetzt, was als Bewertungsmaßstab gelten soll. Das beginnt bei der Auswahl der relevanten Themenstellungen (Kriterien hierfür, förderpolitische Entscheidungen), geht über die Wertepräferenzen der beteiligten Forscher, Auftraggeber und Adressaten eines solchen Projekts (die deshalb offen diskutiert und klargelegt werden müssen) bis hin zu den Präferenzen, mit denen Handlungsoptionen formuliert werden.

Gerade die Frage nach Bewertung eines Einsatzes oder Nicht-Einsatzes einer Technologie, die ja auch gesetzgeberische Konsequenzen nach sich ziehen kann, evoziert eine Problematisierung von Werten, wie dies im ethischen Diskurs zu geschehen pflegt. Das Anstrengende an einem solchen Diskurs ist, daß die Werte explizit gemacht werden müssen, will man den anderen auch nur zu verstehen suchen. Dabei geht es noch nicht einmal darum, um jeden Preis einen - womöglich voreiligen - Konsens herbeizuführen, sondern sich Konflikte und Widersprüche zwischen den Wertvorstellungen der Beteiligten erst klar zu machen. In seiner Richtlinie über Technikbewertung hat der VDI explizit solche möglichen Werte genannt und auch die Konfliktrelationen (Bild 3) aufgezeigt.

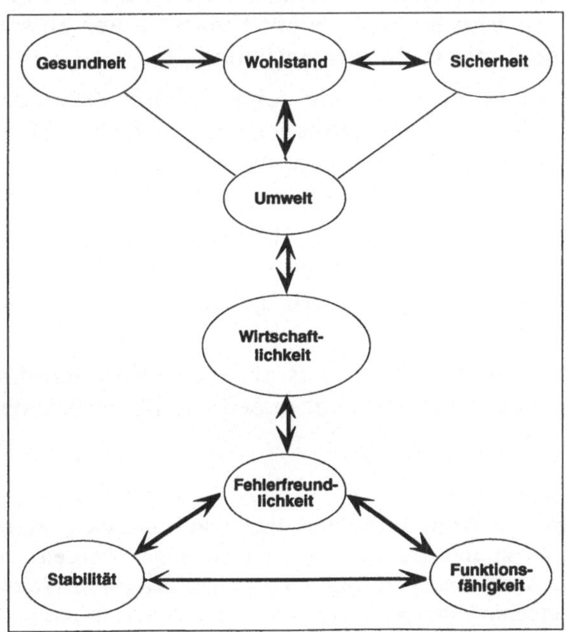

Bild 3   Konfliktrelationen zwischen Werten (nach VDI 3780, erweitert um die Werte Fehlerfreundlichkeit und Stabilität)

Eine solche Struktur könnte - im Sinne eines praxeologischen Vorgehens - am Beginn eines Diskurses stehen, ihn begleiten und von ihm im Laufe der Zeit modifiziert werden. Ein Beispiel für die Prüfung, ob ein bestimmtes System eingesetzt werden soll oder nicht, kann in folgenden Fragen bestehen:

(1) Welche Folgen für Menschen und Sachen (Güter) hat ein Systemfehler der Produktionsanlage, der bei menschlicher (Nach-) Kontrolle mit größerer Wahrscheinlichkeit hätte vermieden werden können?

(2) Welche Folgen für Menschen und Sachen (Güter) hat ein Systemfehler der Produktionsanlage, der bei maschineller (z. B. expertensysteminduzierter) Kontrolle mit größerer Wahrscheinlichkeit hätte vermieden werden können?

(3) Sind die Folgen abschätzbar, überhaupt vergleichbar und sind sie in abwägender Haltung durch den Systembetreiber zu verantworten?

(4) Auf welcher Norm begründet sich die vom Systembetreiber eingeschätzte Verantwortbarkeit der Folgen und ihrer Eintretenswahrscheinlichkeit in beiden Fällen?

(5) Sind die Fragen nicht oder nur mit sehr großem Aufwand zu beantworten, den der Systembetreiber nicht vertreten will, so ist nach der Norm zu fragen, die ein Einsatz oder Nicht-Einsatz einer entscheidungsautomatisierten Technologie rechtfertigen kann.

Diskutiert man solche Fragen, dann zeigt sich immer wieder, daß es drei Prinzipien sind, die es erst ermöglichen, daß zwischen Handlungssubjekt (Betreiber) und Instanz (Betroffenem) ein Diskurs entsteht, der schließlich eine Entscheidung als (immer) vorläufig legitimiert herbeiführen kann:

(1) Prinzip der Mehrwertigkeit: Es gibt keinen einzelnen, primären Wert, dem sich alle anderen Werte unterordnen müßten. Es kann Werte geben, die gleichrangig sind. Es kann Werte geben mit einer in der Zeit veränderlichen Präferenzrelation.

(2) Prinzip der Kontextualität: Was in einer Kommunikationsgemeinschaft einen Wert darstellt, ist nicht unbedingt für eine andere Kommunikationsgemeinschaft ein Wert[2].

---

2   Auf die Frage, wie Werte selbst entstehen und begründet werden können, kann hier, auch aus Umfangsgründen, nicht eingegangen werden. Diese Frage setzt nicht nur eine Auseinandersetzung mit der Geschichte von Werten, sondern auch mit den in verschiedenen Kommunikationsgemeinschaften und Begründungs- und Instandsetzungsmethoden voraus. Eine *Technikfolgenabschätzung* selbst wird diese Auseinandersetzung wohl nicht leisten können. Deshalb muß sie ja auch in den ethischen Diskurs kulturell und politisch eingebettet sein.

(3) Prinzip der Interkontextualität: Zwischen den Werten, den Präferenzrelationen und den Diskursregeln verschiedener Kommunikationsgemeinschaften müssen Transformationsregeln erarbeitet werden. Das Erarbeiten solcher Transformationsregeln wird als Bedingung der Möglichkeit von ethischen Diskursen zwischen den Kommunikationsgemeinschaften zur Pflicht[3].

Und gerade die letzte Forderung scheint mir eine notwendige Voraussetzung bei der Institutionalisierung zu formulieren: Nur eine Technikfolgenabschätzung, die in Eigenforschung, in *Inszenierung des Wissens* durch Einbeziehen eines Netzwerkes, d. h. anderer Institutionen und Wissensquellen und durch die themengeleitete Organisation des Diskurses auch in der Lage ist, Konsens verhandelbar zu machen und Konsens zwischen Handlungsobjekt und Instanz zu stiften, ist als ein ethisches Projekt legitimierbar.

5   Einige Beispiele aus dem Bereich der Computer-Technik

Im folgenden möchte ich als Beispiel acht Fragen diskutieren, die oft, auch im öffentlichen Disput, gestellt werden und die mit dem Einsatz und der Reichweite der Computer-Technik zu tun haben[4]. Es zeigt sich dabei, wie ethische Fragestellungen bei der Technikfolgenabschätzung in ihrer Durchführung auftreten.

(1) Wie kann angesichts der fast vollständigen Durchdringung fast aller Lebensbereiche mit Computern die gesellschaftliche Vernunft und Verantwortung gegenüber der technisch-instrumentellen Rationalität erhalten bleiben? Das Ausspielen von gesellschaftlicher Vernunft und Verantwortung einerseits gegenüber der technisch-instrumentellen Rationalität führt bei dieser Fragestellung in die Irre, weil damit unterstellt wird, daß technisch-instrumentelles Handeln primär un- oder nicht vernünftig sei und Verantwortung dadurch nicht wahrgenommen würde. Wie unsinnig die strikte Trennung ist, sieht man an den Sicherheitstechniken und den dazu gehörigen Organisationsformen: Ohne technisch-instrumentelle Rationali-

---

3   Anders wäre ein vernünftiges Gespräch zwischen Befürwortern und Gegnern einer bestimmten Technologie nicht möglich - man denke an die Auseinandersetzung um Umweltbelastung, Toxizität oder Kernenergie.

4   So wurden solche Fragen beispielsweise bei Anhörungen vor Technologieausschüssen in verschiedenen Landtagen gestellt.

tät wären wir gar nicht in der Lage, Brände zu bekämpfen, Krankheiten zu heilen, bei Katastrophen Hilfe zu leisten etc. Es geht bei dieser Frage also vielmehr darum, wie die technisch-instrumentelle Rationalität eingebunden und angewendet werden kann, um gesellschaftliche Verantwortung wahrzunehmen. Hierzu gehört eine durchgängige analytische Durchdringung des Computereinsatzes und der damit sich ausbildenden Organisationsformen, ein offener Diskurs über die Gestaltung einer solchen Technologie, der Optionen für die Gestaltung von Organisationsformen möglichst lange offenhält und eine Vermeidung von zentralen Strukturen resp. großen technisch-organisatorischen Systemen. Es ist wichtig, Wege und Verfahren zu finden (von Bürgeranhörung bis zur Mitbestimmung etc.), das Offenhalten von Optionen mit der technischen, sozialen und politischen Willensbildung zu kombinieren. Wir brauchen auch eine gewisse technisch-instrumentelle Rationalität für das Finden und Entwickeln von Instrumenten für den Diskurs und die Willensbildung.

(2) Gibt es denkbare Nutzungsmodelle oder Szenarien für einen gesellschaftlich und kulturell beherrschbaren Umgang mit Computern in der Industriegesellschaft? Eine Zeit vor dem Computer wird es nicht geben. Gesellschaftlich und kulturell beherrschbarer Umgang bedeutet wohl ein Funktionieren des Computers (und des Netzes) in der entsprechenden organisatorischen Umgebung ohne unerwünschte organisatorische und technische Nebenfolgen. Das eine Nutzungsmodell ist bekannt und heißt Dezentralisierung, was durch den Wegfall von Rechenzentren und Main Frames unterstützt wird. Eine Weiterentwicklung hiervon ist die Lokalisierung, d. h. die Bildung von Computernetzen für bestimmte Orte, Zwecke und Benutzer, die autark sind und auch nicht zum Anschluß an globale Netze gezwungen werden dürfen. Zur kulturellen Beherrschbarkeit: Optimierte Lösungen durch den Computer (wie Stundenpläne, Speisezettel, Spielpläne, Einsatzpläne bei der Arbeit) geben lediglich die "Konsequenzmenge" derjenigen Überlegungen wieder, die davon ausgehen, daß man solche Prozesse oder Probleme nach einem formalen quantitativen Kriterium optimieren kann. Kulturell beherrschbarer Einsatz heißt primär, die Freiheit zu haben, ob, wann und in welchem Bereich der Computer ein Instrument sein soll. Wo man ihn nicht haben will, hat er nichts zu suchen.

(3) In welchen Bereichen ist die Gesellschaft überwiegend von Computern abhängig bzw. droht diese Abhängigkeit? Vermutlich in allen Bereichen, in denen formalisierbare, im Prinzip zeitlich wie strukturell stark aufteilbare und repetitive Vorgänge, Aufgaben und Prozesse bewältigt werden müssen. Daher liegen Produktion, Verwaltung und Sicherheitsfragen nahe. Dies legt dann auch die Felder fest, in denen der meiste Diskussionsbedarf entstand: die rechnerintegrierte Fabrik, die allwissende Ver-

waltung und die Akkumulation von Wissen bei den Sicherheitsorganen. Die Emotionalität der Debatte um die Expertensysteme und um die Künstliche Intelligenz speist sich aus dem Ärgernis, geistige Arbeit durch die Delegation an eine Maschine zu einem formalisierbaren, arbeitsteiligen und repetitiven Prozeß zu degradieren. Will man eine Abhängigkeit (im Sinne von: Den Stecker kann man jetzt nicht mehr herausziehen) vermeiden, müssen reversible organisatorische Strukturen für den Einsatz in diesen Bereichen geplant und entwickelt werden. Wir brauchen, wie auf den Autobahnen, ein System von Umleitungen, die es erlauben, Abhängigkeiten zu umgehen und "Kontrollgänge" zu ermöglichen.

(4) Ist der Prozeß der Computerisierung "zwangsläufig" oder gesellschaftlich bzw. politisch steuerbar? Ab einem bestimmten Grad kann der Prozeß der Computerisierung zwangsläufig werden. Dies hängt von den Randbedingungen ab. In der Produktion ist in der Serienfertigung der Computer nicht mehr rückgängig zu machen, aber ein einheitliches rechnerintegriertes Konzept gibt es, trotz Hochglanzankündigungen, immer noch nicht. Die Frage ist, ob Computer Integrated Manufactoring (CIM) überhaupt wünschenswert ist oder ob es eine zwangsläufige Folge notwendiger Rationalisierungsstrategien darstellt. Es ist im Augenblick so gut wie unmöglich, so etwas wie Rationalisierungsschutz tarifpolitisch für den CIM-Bereich überhaupt fachlich hieb- und stichfest zu formulieren, weil kein Mensch weiß, wie eine wirkliche CIM-Fabrik aussehen würde (Techniker!) oder müßte (Gewerkschaften!). Da politische Steuerung von Technik wohl nur über das Schaffen von (ordnungspolitischen) Randbedingungen (wenn überhaupt) geschehen kann, kommen neben Computerrecht, Datenschutz etc. vielleicht Gesetze in Betracht, die die Größe von Netzen und/oder ihre ausschließliche Kontrolle (privatwirtschaftlich) durch den Betreiber einschränken, für Verwaltungen entsprechende Kontroll- und Aufsichtsinstanzen vorschreiben etc. Auch ist eine bedingte Steuerung über die Prozeduren der Normierung (DIN, VDI) und die Richtlinienarbeit der Verbände möglich und wird de facto auch genutzt.

(5) Welche Instrumente können die Beherrschbarkeit von Computern sicherstellen? Neben den bisher genannten Vorschlägen gäbe es einen Vorschlag, der allerdings noch genauer durchdacht werden müßte: So wie die Aktiengesellschaften ihre Bilanzen offenlegen müssen, so könnte man sich vorstellen, daß die Betreiber großer Computersysteme und -netze die verwendete Softwarearchitektur offenlegen müssen. Dies müßte für Behörden sowie für Betriebe gelten, die ein noch festzulegendes Kriterium an "Netzgröße" überschreiten. In der normalen Sicherheitstechnik gibt es bestimmte Grenzwerte (wie Konzentration von Stoffen, Temperatur etc.), die nicht überschritten werden dürfen bzw. dann bestimmte weitere Aufsichtsmaßnahmen erfordern. Wir müßten solche Grenzwerte für den Com-

putereinsatz herauszufinden versuchen, die sich auf organisatorische Größen beziehen könnten (z. B. Vernetzungsdichte, Anzahl der angeschlossenen funktionellen Einheiten, Art der Prozesse, welche die ausgetauschten Informationen steuern und kontrollieren etc.).

(6) In welchen Bereichen könnte und sollte auf Computerunterstützung verzichtet werden? Das ist eine zwei- bis n-schneidige Frage. Sicher könnten manche Büros und Betriebe auch ohne Computer auskommen - der Rechner hat bei der Einführung vielleicht lediglich das schon bestehende Chaos verstärkt. Ob man Computer einsetzt oder nicht, ist in solchen Fällen mehr eine organisatorische Frage. Großproduktion, Sicherheitstechnik und Verwaltungen sind bereits schon irreversibel so organisiert, daß auf Computer nicht verzichtet werden kann. Man sollte jedoch überall da auf Computereinsatz verzichten, wo menschliche Zuwendung, Hinhören, intuitives Erfassen, Kreativität, lebenslange Erfahrung, ethisch-moralische Entscheidungen etc. durch computergesteuerte Prozesse (technisch wie organisatorisch) ersetzt werden sollen. Eine Unterstützung durch Computer soll nicht in Ersetzung münden. Eine Unterstützung ist überall da sinnvoll, wo sie mehr Freiheitsgrade schafft als sie abbaut.

(7) Welche Nutzungsformen von Computern sind denkbar, die sozial, kulturell und ethisch unbedenklich sind? Der Computer ist ein Instrument, das den Prozeß, in dem es eingesetzt wird, verändert. Was als sozial, kulturell und ethisch unbedenklich gilt, ändert sich mit eben diesen Verhältnissen. Der internationale Vergleich der Debatte über den Datenschutz zeigt die Relativität dieser Gültigkeiten. Deshalb muß auch instrumental argumentiert werden. In der Ethik lautet die Frage also nicht, wo und wie Computer eingesetzt werden dürfen, sondern ob eine Handlung, deren Folgen bekannt sind, sittlich gerechtfertigt ist oder nicht. Ob dabei ein Instrument, z. B. ein Computer, verwendet werden darf/soll, ist ethisch erst dann relevant, wenn die Benutzung eines Computers bei einer Handlung zu einem Spektrum von Folgen führen kann, die für den Anwender nicht mehr absehbar sind. Kann man also nicht ausschließen, daß der Computer-Einsatz im Rahmen einer Handlung Folgen hat, die nicht verantwortet werden können (z. B. weil sie für andere Betroffene nicht akzeptabel sind), wäre das Durchführen einer solchen Handlung unmoralisch, sofern nicht vorher mit den Betroffenen ein Konsens erreicht worden wäre. Das kann man nun für viele Bereiche durchspielen. Was eine soziale und kulturelle Unbedenklichkeit ist, ist ad hoc nicht zu bestimmen. Dies erscheint mir eher im Sinne von K. O. Apel danach zu beurteilen zu sein, ob ein Einsatz nicht die Bedingung der Möglichkeit des Diskurses verletzt. Wenn er dies tut, dann ist er abzulehnen, tut er dies nicht, heißt das noch lange nicht, daß man ohne weiteres dann ein "nihil obstat" erteilen müßte. Eine Überlegung zeigt hierzu Bild 4.

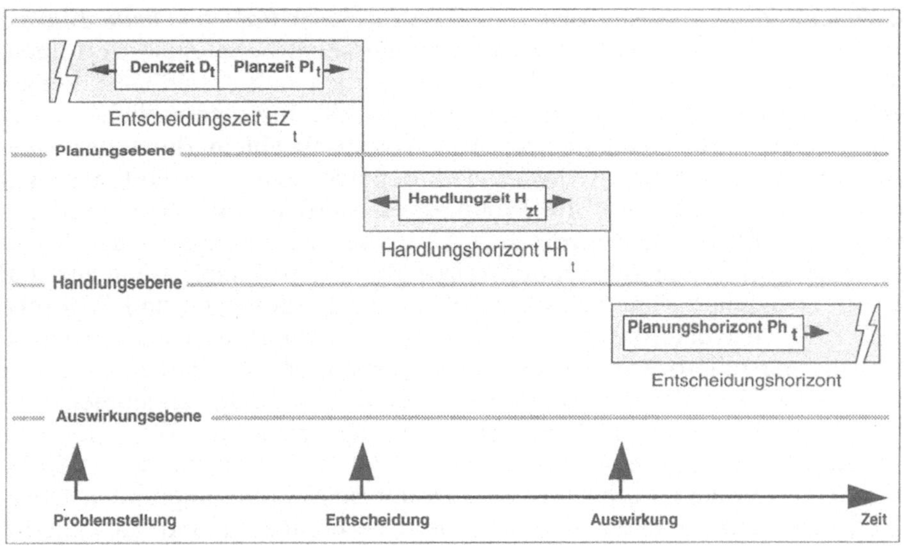

Bild 4   Zeithorizonte bei Entscheidungen

Die Verhältnisse zwischen den verschiedenen Zeithorizonten bei einer
Entscheidung sind im Alltag in etwa ausgeglichen. Die Denkzeit wäre die
Zeit, die man benötigt, um zu einem vernünftigen Konzept zu kommen.
Die Planzeit ist diejenige Zeit, in der die Planungsaufgabe erledigt werden
muß. Der Planungshorizont hingegen bezeichnet den Zeitraum, über den
sich die Planung erstreckt. Der Entscheidungshorizont ist der Zeitraum,
für den eine gefällte Entscheidung gültig sein soll. Der Handlungs-
horizont ist die absehbare Zeit, in der bestimmte Handlungen durchführ-
bar sind. Die Entscheidungszeit ist die Zeit, in der die Entscheidung gefällt werden kann oder muß. Die Handlungszeit ist die Zeit, die man zum
aktuellen Handeln braucht. Zwar laufen viele Schritte bei einer Entscheidung iterativ ab, jedoch ist klar, daß z. B. Denkzeit und Planzeit als
Summe in das Zeitintervall der Entscheidungszeit hineinpassen müssen.
Auch sollte der Planungshorizont nicht wesentlich kleiner sein als der
Entscheidungshorizont. Es ist nun durchaus denkbar, daß durch die ent-
scheidungsunterstützenden Systeme, die ja auch schon als entscheidungs-
ersetzende Systeme propagiert worden sind, diese Zeitverhältnisse etwas
durcheinander geraten können. Dann aber wäre eine der Bedingungen
für verantwortliches Handeln nicht mehr gegeben, nämlich daß lang-
reichweitige Entscheidungen lange genug Zeit zum Nachdenken
brauchen.

(8) Welche Ziele sollten Computerhersteller beim Bau und beim Einsatz von Computern verfolgen? Sie werden wirtschaftliche Ziele verfolgen, selbst wenn sie es "gut meinen". Und sie werden sich nur an Gestaltungsoptionen orientieren, wenn sie durch politische resp. gesetzliche Randbedingungen dazu angehalten werden. Moralisch einem Hersteller Ziele vorschreiben zu wollen, ist Unsinn. Die Benutzer müssen artikulieren, was sie brauchen und wollen, die Produzenten werden versuchen, Produkte auf dem Markt durchzusetzen und Akzeptanz zu erzeugen - der Markt hat keine politischen oder moralischen Ziele. Anwender, Benutzer und Betroffene können Ziele haben und diese als Forderungen und Wünsche (auch z. T. über den Markt) zu artikulieren und durchzusetzen versuchen. Von den Herstellern würde man sich wünschen, daß sie stärker als bisher am Diskurs über Technikfolgen und Technikgestaltung teilnehmen, daß sie auf unrealistische und rein ankündigungsorientierte Werbung verzichten (siehe Expertensysteme u. a.) und sich auf die Herstellung brauchbarer Systeme konzentrieren, anstatt aus Marketinggründen Überfunktionalitäten zu erzeugen. Von den Verbrauchern und Anwendern würde man sich jedoch wünschen, daß sie sich ihrer marktbestimmenden Macht bewußt werden und sie auch anwenden.

6   Interesse und Verantwortung

Somit verbleibt die scheinbar *nur* praxeologische Frage, wie Diskurs im und für die Technikfolgenabschätzung zu organisieren wäre. Man wird Hans Jonas schon darin beipflichten, wenn er meint die ... "Anerkennung der Unwissenheit wird dann die Kehrseite der Pflicht des Wissens und damit Teil der Ethik." (Jonas 1984, S. 28) Jedoch wird ein Diskurs sich wohl nicht in der Ritualisierung dieser Anerkennung erschöpfen dürfen.

Vielleicht beginnt der Diskurs bei jedem einzelnen. Selbst so etwas wie der Dialog mit dem eigenen Gewissen setzt beim Individuum, beim einzelnen Wissenschaftler bis hin zum Entscheidungsträger doch voraus, daß unterschiedliche Meinungen, Sichtweisen, Disziplinen kognitiv repräsentiert sein müssen und aktualisiert im Bewußtsein des einzelnen gegeneinander streiten. Dies setzt eine - wenn man so will - internalisierte Interdisziplinarität beim einzelnen voraus. Das ist nicht neu. Der römische Architekt Vitruv beschreibt im ersten der zehn Bücher über Architektur, wie die Ausbildung eines Baumeisters verlaufen sollte, und daß er mehrfache wissenschaftliche und mannigfaltige elementare Kenntnisse besitzen müßte. Die Liste enthält neben der Forderung nach wissenschaftlichem Talent, stilistischer Bildung, Geometrie- und Zeichenkenntnissen sowie dem Beherrschen mathematischer Fächer und der Optik auch weitergehende Qualifikationsmerkmale: Er soll "... mehrfache geschichtliche Kenntnisse besitzen, die Philosophen fleißig gehört haben, sich auf Tonkunst verstehen, der Heilkunst nicht unkundig sein, mit den Entscheidungen der Rechtsgelehrten vertraut sein, die Sternenkunde und die Gesetze des Himmels kennengelernt haben." Das Gesagte gilt sicher für jeden Industrieausrüster, der Produktionstechnologie entwickelt und bereitstellt.

Der Diskurs als konstitutiv-methodisches Element institutionell betriebener Technikfolgenabschätzung bedeutet,

❑ alle über ein Problem der Technikfolgen mit berechtigten Interessen Argumentierende,

❑ in einem organisatorischen Rahmen, der von den Beteiligten zwanglos akzeptiert werden kann,

❑ unter Regeln, wie sie in der Diskursethik diskutiert werden und legitimiert werden,

❑ in einem dem Problem angemessenen zeitlichen Rahmen zu einem Austausch von Wissen und Meinungen von Werten und Einstellungen, von Interessen und Absichten zu bewegen,

❑ der nach einem vorläufigen Abschluß in einer Konsensbildung resultiert, die in Handlungsempfehlungen mündet und

❑ der bei Bedarf oder nach einer gewissen Zeit wieder aufgenommen wird und zur Weiter- oder Überschreibung des Konsenses führen kann.

Der iterative Charakter dieses Verständnisses von Diskurs ist unübersehbar - aber nur so kann vermieden werden, daß sich Technikfolgenabschätzung als eine Art *Heiliges Offizium* installiert, das den Technikbetreibern vorschreibt, wo es mit der technischen Entwicklung entlang zu gehen habe. Gleichwohl muß bei einer Technikfolgenabschätzung nicht nur die Bedingung der Möglichkeit von Interessenausgleich im wohlverstandenen Sinne diskutiert werden, sondern verantwortlich institutionalisierte und betriebene Technikfolgenabschätzung ist, jenseits aller noch so gut und neutral gemeinten Moderatorenfunktion, eine immense gesellschaftspolitische Aufgabe. Dies ist sie auch deshalb, weil sich niemand den Auswirkungen unklug sich entfaltender Technologien entziehen kann und technologie-politische Entscheidungen immer auch ordnungspolitische Entscheidungen sind.

Es ist völlig richtig, hinter dem Zusammenhang von Technikgestaltung, Betroffenheit (im Sinne von ein davon Betroffener zu sein), Akzeptanz und Technikkritik auch Machtfragen zu vermuten, die verhandelt werden. Trotzdem und gerade deshalb wird das Verhältnis von Technikhersteller und -betreiber und Technikkonsument oder -betroffenem öffentlicher als bisher werden müssen. Das bedeutet auch, daß der Diskurs nicht auf Fachleute beschränkt bleibt. Das Wahrnehmen individueller Verantwortung unterstützt das Wahrnehmen von kollektiver Verantwortung. Beide ersetzen einander nicht, sondern sind qualitativ verschieden. Eine Verbindung zwischen beiden könnte die Technikfolgenforschung darstellen. Dies ist eine Aufgabe der Wissenschaft und damit der Universitäten.

Der Streit um die Institutionalisierung, den es bisher noch immer gegeben hat, sei es bei der Gründung des OTA in Washington, sei es bei der Einrichtung der Technikfolgenabschätzung für den Deutschen Bundestag oder auch jüngst bei der Projektierung der Akademie für Technikfolgenabschätzung in Baden-Württemberg - alle Beteiligten bejahen zunächst heftig die Notwendigkeit der Technikfolgenabschätzung, und danach beginnt der Konflikt, der eben auch Machtfragen tangiert. Der Streit um die Institutionalisierung wird aber auch zur Folge haben, daß sich die Technikfolgenabschätzung womöglich von dazu eigens gegründeten Institutionen weg verlagert in die Gruppen, in das Netzwerk, und besser noch, in die Köpfe der neuen Ingenieurs- und Wissenschaftlergeneration. Institutionen sollen unterstützen, nicht ersetzen. Das gilt auch für die Verantwortung.

Ich möchte mit einem Zitat von A. Einstein schließen: "Deine Ansicht, daß der wissenschaftliche Mensch in den politischen, d. h. menschlichen Angelegenheiten im weitesten Sinne schweigen soll, teile ich nicht. Du siehst ja gerade an den Verhältnissen in Deutschland, wohin solche Selbstbeschränkung führt. Es bedeutet, die Führung den Blinden und Verantwortungslosen widerstandslos zu überlassen. Steckt nicht Mangel an Verantwortungsgefühl dahinter? Wo stünden wir, wenn Leute wie Giordano Bruno, Spinoza, Voltaire, Humboldt so gedacht und gehandelt hätten?" (A. Einstein an Max von Laue, Brief vom 16. Mai 1933)

7   Literatur

Einstein, A. ; Laue M. v.: Briefwechsel.

Erlach K.: Gibt es eine Pflicht zu wissen? - Ein sokratischer Dialog. In: Kornwachs, K. (Hrsg.): Reichweite und Potential der Technikfolgenabschätzung. C. E. Poeschl, Stuttgart 1991, S. 199 - 226.

GLOBAL 2000: Bericht an den Präsidenten. Hrsg. von R. Kaiser. Verlag zweitausendeins, Frankfurt a. M. 1980.

Jonas, H.: Prinzip Verantwortung. Suhrkamp, Frankfurt a. Main 1985.

Kornwachs, K.: Was möchten Entscheidungsträger gerne hören? Bei der Ethik gibt es keine Managementfassung. In: Nörz, M.; Dingwerth, P. Öhlschläger, R. (Hrsg.): Moral als Kapital. Akademie der Diözese Rottenburg Stuttgart 1990, S. 197 - 310.

Krämer, J.: Technik, Gesellschaft und Natur: Versuch über ihren Zusammenhang. Campus (Forschung Band 262), Frankfurt a. M. 1982.

Marckl H.: Gebrannte Kinder des Fortschritts. FAZ 1992.

Mittelstraß, J.; Gethmann, H.: Maße für die Umwelt. In: GAIA 1 (1992), Nr.1, S. 16 - 25.

Schulz, W.: Philosophie in der veränderten Welt. Neske Pfullingen 1974.

Schulz, W.: Verdächtige Kreatur Mensch - Interview mit M.-L.Bott. In: Die ZEIT, Nr. 43, 18. Oktober 1991, S.74.

Sloterdijk, P.: Kritik der zynischen Vernunft. Erster Band. Edition Suhrkamp, Frankfurt 1983.

Weihmann (Hrsg.): Großtaten moderner Technik. Union Dt. Verlagsgesellschaften, Stuttgart 1956.

Wils, J. P.; Mieth, D. (Hrsg.): Ethik ohne Chance. Attempto, Tübingen 1991, Vorwort des Herausgebers, S.7 ff.

Zimmerli, W. CH.: Wandelt sich die Verantwortung mit dem technischen Wandel? In: Lenk; H., Ropohl, G.: Technik und Ethik. Reclam, Stuttgart 1987, S. 92 - 111.

Zimmerli, W. CH.: Was hat Ethik mit Technik zu tun? Der Mensch und sein Handeln im technologischen Zeitalter. In: Wils, J. P.; Mieth, D. (Hrsg.): Ethik ohne Chance? Attempto, Tübingen 1991, S. 69 - 88.

Rafael Capurro

Reparaturethik oder Lebensgestaltung?

1   Einleitung

Was haben ethische Vorschriften mit einer TÜV-Checkliste gemeinsam? Brauchen wir so etwas wie einen *Ethischen Überwachungsverein,* der sich um die Einhaltung ethischer Gebote z. B. bei Industrie, Wissenschaft und Politik kümmert, sogar mit dem Auftrag der Vergabe von Ethik-Preisen für besonders tugendhafte Leistungen? So absurd ist vielleicht eine solche Vorstellung nicht, zumal, wenn man bedenkt, daß die Motivationsgrenzen des Rechtsstaates überall sichtbar sind: Skandale in Politik und Wirtschaft, fahrlässiges Verhalten bei technisch-wissenschaftlichem Handeln vor allem bei Großprojekten (von der Kernenergie über die Chemie bis zur Gentechnologie), überall stoßen wir auf Grenzen der technischen, politischen und juristischen Verhaltensregulierung. Es bleibt dennoch ein Feld offener Möglichkeiten, das aber durch Handeln oder Unterlassen so miß- bzw. gebraucht werden kann, daß die Sachen sich verschlimmern oder eben nicht besser werden, ohne daß man dafür bestraft werden könnte oder sollte. Mit dem Aufkommen der Säkularisation, dem Zerfall der Ideologien und der deutlich gewordenen Ambivalenz des technischen Fortschritts wird der allgemeine gesellschaftliche Orientierungsbedarf immer größer.

Man kann argumentieren, daß eine allgemeine ethische Zielvorgabe, z. B. in Gestalt der Menschenrechte, bereits vorhanden ist. Es scheint aber so zu sein, daß dieser Code eben primär auf den Menschen bezogen ist, und so den Bereich der sonstigen belebten Natur in seiner eigenen Würde aus- spart, und daß seine Forderungen vielfach spezifizierungsbedürftig sind. Man denke nur an das Menschenrecht auf das eigene Leben und auf die Achtung des Lebens der anderen Menschen in Zusammenhang mit Fra- gen der Abtreibung, der Gentechnologie, der aktiven Sterbehilfe, des Selbstmordes usw. Es sieht so aus, als ob die technische Zivilisation ihrem

Wesen entsprechend genauere jederzeit und überall anwendbare Vorschriften braucht, die aber den Spezifizierungsgrad von technischen und juristischen Normen überschreiten sollten, ohne wiederum in leere Formeln auszuarten. Die technische Zivilisation braucht also nicht nur eine formale, sondern eine angewandte materielle Ethik, die konkret und positiv das Handeln leitet und bei Pannen stets behilflich sein soll.

Im folgenden werde ich zunächst die Frage nach einer Ethik für die technische Zivilisation in Anschluß an die Mittelstraßsche Kritik der von ihm apostrophierten *Reparaturethik* erörtern[1]. Es ist dann die Frage, ob die an Kants kategorischem Imperativ orientierte *Vernunftethik* die passende(re) Alternative zur besagten Reparaturethik ist.

In einem zweiten Schritt werde ich in Anschluß an Michel Foucault zeigen, daß die ethische Orientierungsfrage, verstanden als Frage nach der Möglichkeit der Lebensgestaltung, die Übung im Umgang mit einer nicht kodifizierbaren Dimension menschlichen Seins voraussetzt. Die Auseinandersetzung mit dieser Dimension bildet den Kern der abendländischen Ethik spätestens seit Sokrates.

Im dritten Teil werde ich den Reflexionsweg dieses Vortrags anhand einer alten chinesischen Parabel versinnbildlichen. Zunächst also zur *Reparaturethik* und ihrer vermeintlichen Alternative.

2   Vernunftethik statt Reparaturethik?

Es mutet beinahe zynisch an, unsere technische Welt als eine "Leonardo-Welt" (Mittelstraß) zu bezeichnen, zumal, wenn man mit dem Namen Leonardo einen Künstler-Ingenieur meint, der die Natur keineswegs als Gegenstand maßloser Ausbeutung betrachtete, und der seine Ingenieurkunst eben als Kunst und nicht rein instrumentell auffaßte[2]. Der Ausdruck *Leonardo-Welt* verwischt mit anderen Worten den Unterschied zwischen der künstlerisch-technischen Welt der Renaissance und unserer aus den Fugen geratenen technischen Welt, die man eben besser eine *Unfug-Welt* nennen sollte. Damit will ich aber keineswegs bestreiten, daß unsere gegenwärtige technische Hybris eine Wurzel im, wie Carl Friedrich von

---

1   Vgl. J. Mittelstraß: Leonardo-Welt. Über Wissenschaft, Forschung und Verantwortung (Frankfurt: Suhrkamp 1992), S. 251, vgl. auch: J. Mittelstraß: Auf dem Wege zu einer Reparaturethik? In: J.-P. Wils, D. Mieth (Hrsg.), Attemtoverl. 1991, 2. erw. Aufl., S. 89 - 108.
2   J. Mittelstraß: Leonardo-Welt, op. cit.

Weizsäcker es nennt, "Titanismus" der Neuzeit hat, der zugleich ein technischer und ein geistiger ist[3]. Dieser doppelte Titanismus ist, so Weizsäcker, in mehrfacher Hinsicht zugleich verheißungs- und verhängnisvoll, entwicklungsgeschichtlich aber notwendig, wollten wir nicht an den Folgen unseres eigenen technischen Tuns zugrundegehen. Wenn unser Tun Folge unseres Denkens ist, dann, so scheint es, können wir den realen Unfug unseres Tuns nicht anders als durch ein umfassenderes Verständnis der möglichen praktischen Folgen unseres Denkens korrigieren bzw. reparieren. Wir brauchen also *Technologiefolgenabschätzung* und *Technologiefolgenreparatur.*

Wie weit läßt sich aber durch Vor-Denken das Handeln bestimmen? Ist es nicht vielmehr so, daß eine solche Vorstellung von der Macht unseres Denkens erst recht dem praktischen Titanismus Vorschub leistet. Denn, wenn wir glauben, daß wir die Folgen richtig abgeschätzt haben, dann dürfte für ein entsprechendes Tun nichts im Wege stehen. Genauso verhält es sich aber vielleicht auch mit der Umkehrung des Satzes, nämlich, daß unser Denken die Folgen unseres Tuns bloß abschätzen, es also nicht bestimmen kann. Da wir die Folgen nur im Nachhinein richtig abschätzen können, müssen wir also zunächst handeln. Der nächste dialektische Schritt liegt aber dann nahe: Es verhält sich vermutlich so, daß unser Denken und Tun sich zirkulär gegenseitig bedingen. Die Konsequenz aus dieser hermeneutischen Einsicht wäre dann, daß der menschliche Titanismus, sei es in der Gestalt einer totalisierenden Geschichtsphilosophie, sei es in Form eines technischen Fortschrittsglaubens, nicht in der Lage ist, sich selbst in ihrer zugleich bedingenden und bedingten Funktion zu erkennen, und wir so den Delphischen Spruch *Erkenne Dich selbst* nicht befolgen mit, wie man weiß, tödlichen Konsequenzen.

Vielleicht können wir den Teufelskreis unserer *Unfug-Welt* nur dann durchbrechen, wenn wir der Weisheit des *Daudedsching* folgend 'nicht handeln'[4]. Die Konsequenz wäre dann, daß wir keine positive, sondern

---

3   C. F. v. Weizsäcker: Der deutsche Titanismus. In: ibid.: Wahrnehmung der Neuzeit (München/Wien: Hanser 1983), S. 19 - 32.

4   Vgl. Laudse: Daudedsching (Übers. u. herausg. v. E. Schwarz, Leipzig: Reclam 1990), Kap. 10. Als Antithese zu 'wu we' (*Nicht-Handeln*), der Wirkungsweise des Weisen, gilt, so Schwarz (S. 105 - 106), 'yo we' (*Handlungen haben*) die Wirkungsweise des 'Herren'. Während der Weise dem Wesen der Dinge (der Gesetze der Natur) nicht zuwiderhandelt, tun die 'Herren' zuviel. Und er fügt hinzu: "Auf der politischen Ebene bedeutet 'wu we' soviel wie 'Tatenlosigkeit', und zwar im Gegensatz zu den 'Taten' der Fürsten und Herren, - ihren Kriegstaten und Maßnahmen zur Knechtung des Volkes". Vgl. Liu, Xiaogan: Taoism. In: Arvind Sharam (ED.): Religions of the World (New York, Harper & Row,

eine "negative Ökologie" (Schönherr) brauchen[5]. Wir könnten dann den teilweise delirierenden Charakter unserer globalen Vorstellungen und Unternehmungen erkennen und statt in Quietismus oder Resignation zu verfallen, uns in Abstinenz und Sparsamkeit beim Denken und Tun üben. Das Resultat wäre eine nicht-titanische "schwache Technik", der ein "schwaches Denken" (Vattimo)[6] entspricht. Ich vergleiche die Suche nach einer empirischen, transzendentalen oder metaphysischen Letztbegründung der Wissenschaft mit der Suche nach einer definitiven Sicherheit großtechnischer Systeme. Die wissenschaftstheoretische Debatte der letzten Jahrzehnte hat überzeugend gezeigt, daß nicht die Stärke, sondern sozusagen die Schwäche einer wissenschaftlichen Theorie, ihre Falsifizierbarkeit also, ein entscheidendes Merkmal ihres wissenschaftlichen Charakters ausmacht. Dementsprechend meine ich auch, daß nicht das Streben nach der größten Sicherheit insbesondere bei jenen großtechnischen Systemen, die die Möglichkeit von katastrophalen Auswirkungen einschliessen, sondern paradoxerweise ihre Verletztlichkeit, d. h. die nicht Notwendigkeit von titanischer Absicherung, ein entscheidendes Kriterium ihrer Güte ist[7]. Die Frage ist aber dann, was wir als eine für diese oder für künftige Generationen nicht zumutbare Katastrophe definieren, ob wir sie rechtzeitig erkennen und natürlich, wer darüber urteilen soll.

Mittelstraß wendet sich gegen die Vorstellung einer Reparaturethik als Mittel zur Bändigung des entfesselten Prometheus. Gemeint ist eine technische Vorstellung unserer Verantwortlichkeit gegenüber der *Leonardo-Welt*, die, wenn sie einmal aus den Fugen geraten ist, durch Heranziehen von entsprechenden Normen sich wieder reparieren ließe. Jene Normen, die unserem Handeln eine umfassende Orientierung bieten sollen, nennt man ethische Normen. Der Unfug unseres technischen Handelns bestünde

---

i. Dr.): "In Chinese, 'wu-wei' literally means 'no behavior' or ' doing nothing'. But no one advocates absolute non- action. 'Wu-Wei' is, rather, a concept or idea which is used to negate orrestrict human action. In other words, 'wu-wei' means the cancellation or limitation of human behavior, particularly social activities. There are a number of gradations in the Taoist theories of 'wu-wei': 'wu-wei' as non-behavior or doing nothing; 'wu-wei' meaning taking as little action as possible; 'wu-wei' as taking action spontaneously; 'wu-wei' as waitig for the spontaneous transfornation of things; and 'wu-wei' as taking action according to objective conditions and the nature of things... 'wu-wei' indicates the special values of passivity, and quietude, which are beneficial and suitable especially for unfortunate or weak people. Only 'wu-wei' can help weak people conquer the opponent and become strong".

5   H.-M. Schönherr: Die Technik und die Schwäche. Ökologie nach Nietzsche, Heidegger und dem 'schwachen Denken'. (Wien: Passagen Verl. 1989).

6   Vgl. G. Vattimo: Das Ende der Moderne (Stuttgart: Reclam 1990).

7   Vgl. v. Vf.: Informationstechnik in der Lebenswelt. In: P. Gorney (Hrsg.): Informatik und Schule 1991 (Berlin u. a.: Springer 1991), S. 16 - 26.

darin, daß wir ohne Rücksicht auf ethische Normen handeln, daß wir sie also vergessen. Nach der technischen Analogie lassen sich umfassende Orientierungsanweisungen z. B. in Form von Wertekatalogen oder nach systemtheoretischen Gesichtspunkten als Schaubild erstellen, so daß man sie ständig bei der Hand, ich meine, im Netzwerk hat, sie z. B. bei der Technologiefolgenabschätzung nicht vergißt, sondern sozusagen per Programm abruft und sie schließlich bei Reparaturbedarf heranzieht. Damit verwechselt man aber, so Mittelstraß, ethische Normen mit DIN-Normen.

Bei dieser Überzeichnung von Sinn und Funktion von ethischen Normen, deren gesteigerte Nachfrage seitens der technischen Intelligentzia besonders in Berufsverbänden zu spüren ist, kommt deutlich hervor, daß eine lineare Vorstellung des Verhältnisses zwischen Denken und Tun zu einer technischen Vorstellung ethischen Denkens führt. Man versucht, den Teufel mit dem Beelzebub auszutreiben. Ich spreche von Überzeichnung, weil es unbestreitbar ist, daß ethische Reflexion bereits in frühen Anfängen - wie z. B. bei den Sprüchen der griechischen Sieben Weisen oder beim mit Recht nicht weniger berühmten Hippokratischen Eid oder auch bei den biblischen Zehn Geboten - zu symbolischen Ausdrücken kommt, und daß diese Symbolisierungen nicht nur einen allgemeinen Charakter haben, sondern zugleich Ausdruck bzw. Verdichtungen von historisch gewachsenen Lebensformen sind. Moral-Formeln, und somit auch z. B. berufsethische Kodizes, haben also nicht so sehr eine kognitivistische als vielmehr eine kulturelle Funktion[8]. Gerade deshalb bedeutet ihre technisch-instrumentelle Funktionalisierung eine Verzerrung ihres ursprünglichen Sinnes.

Schauen wir uns jetzt die Alternative von Mittelstraßs an. Sie lautet: *Vernunftethik*. Mittelstraß faßt Vernunftethik zunächst als Kritik der Reparaturethik auf. Diese verwechselt die technische mit der praktischen Vernunft. Letztere hat nichts mit einer fertigen Welt zu tun, die es nach einem festen Plan zu leiten bzw. zu reparieren gilt, sondern sie stellt eine grundsätzliche Widerstandsdimension gegen bestehende Verhältnisse und eine Aufforderung zu ihrer Umgestaltung dar. Zugleich aber, so Mittelstraß, soll die praktische Vernunft etwas leisten, nämlich sie soll die moderne Welt "mit ihren wissenschaftlichen und technischen Rationalitäten" dem Menschen zurückgeben oder, mit anderen Worten, sie soll die Entfremdung des Menschen von der Leonardo-Welt "wieder rückgängig" machen[9]. Denn es ist die technische Welt, die jetzt die Oberhand genommen hat, so daß nicht die Welt das Werk des Menschen, sondern der

---

8   Vgl. v. Vf.: Zur Frage der professionellen Ethik. In: P. Schefe, u. a. (Hrsg.): Informatik und Philosophie (I. Dr.).

9   J. Mittelstraß: Auf dem Wege, op. cit., S. 107.

Mensch das Werk der technischen Welt ist. Damit verliert er nicht nur Kontrolle und Orientierung, sondern er verliert auch die in seiner Vernunft gegründete Einheit der Welt. Das Resultat ist eine Zersplitterung von Rationalitäten, die Einzelfunktionen in der Leonardo-Welt erfüllen, ohne aber eine Gemeinsamkeit zu finden. Die Strategie von Mittelstraß ist also zugleich modern und restaurativ. Er möchte keineswegs auf die Leonardo-Welt mit ihren Rationalitäten verzichten, sondern sie auf die Einheit der menschlichen praktischen Vernunft zurückführen: "Vernunft zugleich als der erklärte Wille, wieder in einer Welt, und zwar in einer menschlichen Welt, zu leben"[10]. Man fragt sich an dieser Stelle erneut, warum Mittelstraß diese zersplitterte Welt ausgerechnet als Leonardo-Welt bezeichnet. Denn eine Leonardo-Welt wäre eigentlich das zu restaurierende Ziel und nicht das, wogegen die praktische Vernunft Widerstand leisten soll. Die Reparaturethik würde diesen Widerstand nicht leisten, sondern sich bloß mit Reparaturarbeiten beschäftigen.

Mittelstraß betrachtet die Vernunftethik als Alternative sowohl zu einer überhöhten ökologischen als auch zur theologischen bzw. metaphysischen Ethik. Letztere beruft sich auf einen göttlichen Willen, erstere auf eine Einebnung des Unterschieds zwischen Mensch und Natur[11]. Beide entsprechen nicht dem rationalen Wesen der Leonardo-Welt, wobei eine Vernunftethik durchaus ökologische Maximen einschließt, aber eben jenem Prinzip untergeordnet, das "am besten zu einer Leonardo-Welt paßt", nämlich Kants kategorischem Imperativ[12]. An dieser Stelle ist sich Mittelstraß allerdings im klaren, daß ein solcher Imperativ, sowohl in der Gesetzes-Formel als auch in der Fassung über die Menschenwürde, Raum für gegensätzliche Beurteilungen - z. B. bei der Frage, ob eine befruchtete menschliche Eizelle schon als Mensch zu bestimmen ist - offen läßt. Dabei wird auch deutlich, daß Vernunftethik für bloße Reparaturzwecke wenig geeignet ist.

Diese Ethikkonzeption ist in mehrfacher Hinsicht fragwürdig. Mittelstraß möchte "wieder" nicht nur eine "gemeinsame", sondern auch eine "einheitliche" Welt[13]. Hier liegt offenbar eine moderne Verwechslung vor. Denn die ethische Forderung nach einer gemeinsamen Welt bedeutet, daß wir sie *mehrheitlich* und nicht *einheitlich* gestalten bzw. gestalten lassen. Die Frage ist also nicht nach der Rückgewinnung der Einheit im Sinne von Einheitlichkeit, sondern nach der Transformation der zersplitterten Vielheit in eine kommunizierende Vielfalt. Nicht die eine Welt zentriert in

---

10   ibid.
11   J. Mittelstraß: Leonardo-Welt, op. cit., S. 118 - 119.
12   J. Mittelstraß: Leonardo-Welt, op. cit., S. 113.
13   J. Mittelstraß: Leonardo-Welt, op. cit., S. 107.

der einen Vernunft, sondern eine gemeinsame plurizentrische Welt stellt sich als eine mögliche Perspektive bei der Transformation (nicht also bloß bei der Reparatur) unserer Unfug-Welt in einer vom Menschen zwar mitgestalteten, aber letztlich von ihm nur mitbestimmten Welt dar. An dieser Stelle mutet seltsam an, daß Mittelstraß sich gerade auf Kants Auffassung von der *Würde eines vernünftigen Wesens* als Träger von Vernunft beruft, zumindest wenn man, wie bei Mittelstraß, metaphysische Alternativen verwirft und auf die Einheit von Mensch und Welt abzielt. Entweder akzeptiert man mit Kant, daß der Mensch nicht bloß ein Naturwesen, sondern als *moralisches Wesen* dem *Reich der Zwecke* angehört, und daß dieses eben nicht gleich mit der biologischen Zugehörigkeit zur Gattung Mensch gleichzusetzen ist, oder man nimmt eben die natürliche Erscheinung der Rationalität aus unerfindlichen Gründen als Grundlage für unsere besondere *Würde* an, womöglich unter Ausschaltung ihrer Entwicklungsstufen, z. B. bei der befruchteten Eizelle und wohl auch darüber hinaus (Naturalisierungsthese). Kants Ethikkonzeption paßt eben gerade nicht zu Leonardo-Welt von Mittelstraß', sondern sie steht quer zu ihr. Dies kommt auch deutlich zum Ausdruck in seiner Betonung der "einen" Welt, während wir für Kant zwei Welten angehören. Eine naturalisierte Vernunftethik muß also dogmatisch die menschliche Rationalität zum obersten Wert erheben, d. h. sie gibt nur scheinbar die Idee einer materialen Wertordnung auf.

Schließlich möchte ich, als Überleitung zum zweiten Teil, auf die Problematik der Vernunft bzw. der Person als *Träger der Vernunft* hinweisen. Es ist eine Binsenwahrheit, daß der Mensch nicht als vernünftiges Wesen wie Athena aus dem Haupte des Zeus geboren wird. Die vernunftgemäße Gestaltung unseres Lebens ist uns nicht gegeben, sondern aufgegeben. Wir sind nicht bloß *Träger der Vernunft*, sondern Vernunft heißt Wahrnehmung (griechisch: *aisthesis*) der Vollzugsmöglichkeiten unseres Lebens. Dabei können wir die sinnliche Konkretion unseres Lebens in ihren durch die faktische Vergangenheit bedingten aber auf die Zukunft hin offenen Gestaltungsmöglichkeiten wahrnehmen. Mit anderen Worten, eine *Vernunftethik* wird erst dann geschichtlich-konkret, wenn wir sie als Ästhetik der Existenz auffassen.

3   Michel Foucaults *Ästhetik der Existenz*

In Anschluß an die späten Arbeiten des französischen Philosophen Michel Foucault läßt sich zeigen, daß die ethische Orientierungsfrage, verstanden als Frage nach der Möglichkeit der Lebensgestaltung, die Übung im Umgang mit der nicht kodifizierbaren bzw. offenen Dimension menschlichen Seins voraussetzt[14]. Die Auseinandersetzung mit dieser Dimension bildet den Kern der abendländischen Ethik spätestens seit Sokrates.

Foucault stellt vier Typen von Technologien, wodurch wir uns selbst verstehen und unser Leben gestalten, dar, nämlich:

(1) Technologien der Produktion: sie dienen der Erzeugung bzw. Umformung von materiellen Dingen;

(2) Technologien der Zeichen: sie ermöglichen uns Sprache und Zeichen zu manipulieren;

(3) Technologien der Macht: sie bestimmen das zwischenmenschliche Verhalten anhand von Herrschaftsstrukturen;

(4) Technologien des Selbst: sie sind Operationen der Individuen mit sich selbst und mit den anderen.

Diese Technologien sind, so Foucault, nicht voneinander zu trennen und die Analyse ihrer Wechselwirkungen ermöglicht uns unterschiedliche Einsichten über uns selbst. Philosophen wie Karl Marx haben den entscheidenen Einfluß der Produktionstechnologien auf Individuen und Gesellschaft analysiert. Die Frankfurter Schule hat die Bedeutung der Herrschaftstechnologien herausgearbeitet. Es ist bereits offensichtlich, daß die elektronischen Technologien, ähnlich wie beim Übergang in die Gutenberg-Ära, unser Leben in all seinen *technischen* Dimensionen verändern. Foucault zeigt, daß wir uns gerade durch Selbstpraktiken individuell und sozial konstituieren. Das besagt, daß die Vorstellungen von der *einen* menschlichen Vernunft und der menschlichen Subjektivität als Träger dieser Vernunft abstrakte Konstruktionen oder, mit Kant gesprochen, "regulative Ideen" sind. Die von Foucault hervorgehobene Gestaltbarkeit menschlicher Subjektivität ist aber wiederum nicht beliebig, sondern sie wird durch eine kontingente *Genealogie* von Praktiken mitbestimmt. Im Gegensatz zu einer an Kant orientierten Reflexion, die nach einer transzendentalen Struktur als Bedingung der Möglichkeit solcher Praktiken fragen würde, zeigt Foucaults "Archäologie", daß die Aufklärung über ihre Kontingenz zugleich die Einsicht in die Möglichkeit unserer partiel-

---

14 Vgl. M. Foucault: Technologien des Selbst. In: L. H. Martin, H. Gutman, P. H. Hutton (Hrsg.): Technologien des Selbst (Frankfurt: Fischer 1983). Zu Foucaults "Ästhetik der Existenz" vgl.: W. Schmidt: Auf der Suche nach einer neuen Lebenskunst (Frankfurt: Suhrkamp 1991). Vgl. auch: P. Hadot: Philosophie als Lebensform. Geistige Übungen in der Antike (Berlin: Gatza 1991) oder H. Krämer: Integrative Ethik (Frankfurt: Suhrkamp 1992).

len Neugestaltung bedeutet[15]. Damit wendet sich Foucault gegen globale *revolutionäre* Projekte und plädiert für partielle Transformationen. Diese gehen nicht primär von einem unwandelbaren moralischen Code aus, sondern sie betrachten solche Codes aus der Sicht unserer praktischen oder *asketischen* Selbstformung (griechisch: *askese* = Übung). Diese asketische Dimension betrifft aber nicht bloß die Anwendung von Codes durch den *Träger der Vernunft*, sondern umgekehrt: Die "Sorge um sich", wie Foucault mit Hinweis auf die Sokratische Ethik betont, entfaltet sich in jener offenen Dimension, in der ein ethisches Subjekt sich konkret-geschichtlich konstituieren und verändern kann. Daher auch Foucaults Unterscheidung zwischen Code- und Ethik-orientierten Moralen, d. h. zwischen Moralen, die den Vorrang einem bestimmten Code vor der *Sorge um sich* einräumen, wie im Falle der Reparaturethik, aber auch der Vernunftethik von Mittelstraß und den Moralen, die solche Codes vor dem Hintergrund einer faktisch bedingten, aber offen bleibenden Aufgabe der Lebensgestaltung stellen[16].

Ob bei griechischen und hellenistischen Philosophenschulen, in fernöstlichen geistigen Traditionen, im Christentum oder in der Psychoanalyse, die Bedeutung von Praktiken der Selbstformung - von der Selbstanalyse und dem Dialog, über das Schreiben und die Techniken der Meditation bis hin zur Traumdeutung - läßt sich kaum überschätzen. Es ist dann die Frage, wie wir uns in unserer technischen Zivilisation in diesen Praktiken, nicht zuletzt vor dem Hintergrund der neuen Technologien der Zeichen, üben.

Im Unterschied zu Mittelstraß' Vernunftethik meine ich, daß im Falle einer Ethik-orientierten Moral keine einheitliche Rationalität wiederherzustellen ist, sondern daß wir uns fragen müssen, wie wir unser Verhältnis zur Natur und zur Technik verändern, indem wir das Verhältnis zu uns selbst praktisch-asketisch verändern. Das bedeutet, daß wir zunächst über Möglichkeiten der Transformation der überlieferten Selbstpraktiken nachdenken und sie auch erproben. Ich meine, mit anderen Worten, daß Foucaults *Ästhetik der Existenz* im Zusammenhang mit den Informationstechnologien, genauso wie mit den Herrschafts- und Produktionstechnologien,

---

15   Vgl. M. Foucault: Was ist Aufklärung? In: E. Erdmann, R. Forst, A. Honneth (Hrsg.): Ethos der Moderne. Foucaults Kritik der Aufklärung (Frankfurt/New York: Campus 1990), S. 35 - 54.

16   Zum Unterschied zwischen Ethik-orientierten und Code-orientierten Moralen vgl. M. Foucault: Sexualität und Wahrheit 2. Der Gebrauch der Lüste (Frankfurt: Suhrkamp 1989), S. 39 - 45.

zu reflektieren ist[17]. Besonders in dieser Hinsicht scheint mir Mittelstraß' Vernunftethik fragwürdig. Mittelstraß sieht in der "Informationswelt", das heißt in der technischen Vernetzung zwischenmenschlicher Mitteilungen, eine Einebnung des Unterschieds zwischen Wissen und Meinung[18]. Damit trennt er aber, was zusammengehört. Denn das "Vermögen einer selbständigen Wissensbildung" hängt entscheidend von der Teilnahmc an einem offenen Mitteilungsprozeß ab. Mittelstraß möchte aber eine saubere Trennung haben zwischen dem Wissensvollzug ("als sei man noch einmal Euklid") und dem bloßen Abruf von verfügbarem Wissen. Damit wiederholt er einige der Einwände Platons gegen die Schrift (Phaidros 274c - 275b)[19]. Es ist aber nicht einzusehen, warum in der sogenannten Informationsgesellschaft das Verfügbarmachen von Wissen "wichtiger als sein Begreifen" sein muß[20]. Eher scheint es mir umgekehrt zu sein, nämlich, daß sowohl die durch Gutenberg eröffnete Ära als auch unsere vernetzte Weltzivilisation allgemeinere Bedingungen des Wissensvollzugs bzw. der Formung des "Vermögens der selbständigen Wissensbildung" geschaffen haben, als es in früheren vorwiegend oralen Gesellschaften der Fall war. Bereits in den Platonischen Dialogen, verstanden als Übungsanleitungen bzw. als eine *Technologie des Selbst*, stehen *Meinungen* und *begründetes Wissen* in einem (auch *technischen* bzw. schriftlichen) Spannungsfeld, das zu einem offenen, aporetischen *Zwischen-Ergebnis* führt, nämlich zu jenem *Zwischen,* worin wir uns als Freunde der Weisheit (*philo-sophen*) befinden, im Gegensatz also zum Weisen (*sophós*), der in scheinbarer Selbständigkeit, losgelöst vom Vermittlungsprozeß, sich selbst bestimmte. Gerade die scheinbare Nivellierung des begründeten Wissens mit anderen Wissensformen könnte Anlaß zu einer *skeptischen*, d. h. prüfenden Haltung geben, vorausgesetzt, wir trennen nicht das begründete Wissen von seinen vielfältigen Quellen und Verbreitungskanälen aus Angst vor Orientierungsverlust. Das ergäbe dann eine andere Sicht von jener idealisierten einheitsstiftenden Vernunft, die jetzt allmählich zu einem Gemeinsamkeit stiftenden und Vielfalt ermöglichenden Mitteilungsprozeß wird. Mittelstraß' restaurative Sehnsucht nach dem "Ideal der Einheit des Wissens", die als Ergänzung zum Informationswissen das "Orientierungswissen" leisten soll, baut eine Dichotomie auf, die allzu deutlich den metaphysischen Stempel der Neuzeit trägt. Kein Geringerer als Kant hat aber die entscheidende Bedeutung der Schrift für den Aufklärungsprozeß her-

---

17 Vgl. v. Vf.: Informationstechnologien und Technologien des Selbst: Ein Widerstreit. In: Dt. Zt. f. Philosophie 49 (1992), 3, S. 293 - 304.
18 J. Mittelstraß: Leonardo-Welt, op. cit., S. 231.
19 Vgl. v. Vf.: Hermeneutik der Fachinformation (München/Freiburg: Alber 1986), S. 111 - 112.
20 J. Mittelstraß: Leonardo-Welt, op. cit., S. 231.

vorgehoben. In seiner Schrift "Was heißt: Sich im Denken orientieren", schreibt er: "Der Freiheit zu denken ist erstlich der bürgerliche Zwang entgegengesetzt. Zwar sagt man: die Freiheit zu sprechen, oder zu schreiben, könne uns zwar durch obere Gewalt, aber die Freiheit zu denken durch sie gar nicht genommen werden. Allein, wie viel und mit welcher Richtigkeit würden wir wohl denken, wenn wir nicht gleichsam in Gemeinschaft mit anderen, denen wir unsere und die uns ihre Gedanken mitteilen, den Menschen entreißt, ihnen auch die Freiheit zu denken nehmen: das einzige Kleinod, das uns bei allen bürgerlichen Lasten noch übrig bleibt, und wodurch allein wider alle Übel dieses Zustandes noch Rat geschafft werden kann"[21]. Uns öffentlich mitteilen tun wir aber für Kant erst dann, wenn wir schreiben. In "Was ist Aufklärung?" heißt es: "der öffentliche Gebrauch seiner Vernunft muß jederzeit frei sein, und der allein kann Aufklärung unter Menschen zustande bringen; der Privatgebrauch derselben aber darf öfters sehr enge eingeschränkt sein, ohne doch darum den Fortschritt der Aufklärung sonderlich zu hindern. Ich verstehe aber unter dem öffentlichen Gebrauche seiner eigenen Vernunft denjenigen, den jemand als Gelehrter von ihr vor dem ganzen Publikum der Leserwelt macht. Den Privatgebrauch nenne ich denjenigen, den er in einem gewissen ihm anvertrauten bürgerlichen Posten oder Amte von seiner Vernunft machen darf"[22]. Mit anderen Worten, Orientierungswissen, das sich nicht als Informationswissen - zur Zeit Kants in gedruckter Form, heute vorwiegend elektronisch - darbietet, ist eigentlich kein Orientierungswissen, auch wenn die Tatsache seiner Vermittlung eine zwar notwendige, aber keine hinreichende Bedingung ihres Orientierungscharakters ausmacht. Letzteres kommt erst dann hinzu, wenn wir die Informationstechnologien in Wechselwirkung nicht nur mit Produktions- und Herrschaftstechnologien, sondern primär mit den "Technologien des Selbst" betrachten.

Die "Ästhetik der Existenz", die sich in die *Wahrnehmung* und Gestaltung offener Dimensionen unseres Lebens übt, ist aber keine Ethik der (Selbst)-Veränderung um der Veränderung willen. Sie gründet in einer, wie ich sie nenne, *synthetischen* Reflexion, welche die Phänomene Natur, Mensch, Technik in ihren Wechselwirkungen bedenkt, ohne sich aber anzumaßen, daß die menschliche Vernunft die Garantie für eine gelingende Synthese - z. B. in der Vorstellung von einem durch uns gesteuerten und auf eine ideale Welt von Erkenntnissen gerichteten Evolutionsprozeß -

---

21   I. Kant: Was heißt: Sich im Denken orientieren (Akademie-Textausgabe, Berlin: de Gruyter 1968) A, S. 325 ff. Vgl. dazu v. Vf. Hermeneutik der Fachinformation, op. cit., S. 109 ff.
22   I. Kant: Beantwortung der Frage: Was ist Aufklärung? in: ibid. op. cit., S. 484 - 485.

ausstellen kann. Unsere vernünftig-titanischen Anstrengungen mögen sie notwendig sein, sie bleiben stets *schwache*, d. h. scheiternde Synthesen. Darin einen zu überwindenden Nachteil zu sehen, bedeutet eben eine titanische Phantasie. Die künstliche Vernetzung von Mensch, Natur und Technik, welche eine Auszeichnung unserer technologischen Zivilisation ausmacht, bedeutet, daß alle drei jeweils *vergessen* werden müssen, wenn es darum geht lediglich nach einem Maßstab zu suchen.

Unsere durch bestimmte Praktiken geformte Vernunft muß lernen, sich in der elektronischen Agora zu bewähren, indem sie in der Fragilität der Bilder und Mitteilungen eine Möglichkeit ihrer Transformation erkennt, wenn sie wagt, sich darin *einzuschreiben* anstatt sich also anzumaßen, mit einem vorgefertigten Maßstab die *Gefahr* der Informationstechnologien zu beschwören. Dies ist auch der ursprüngliche Sinn einer *asketischen*, d. h. praktizierenden Ethik der Lebensgestaltung, so wie sie seit der Antike mit unterschiedlichem semantischen Gehalt praktiziert wurde. Sie ist keine bloße *Individualethik*, sondern, wie am Fall des Sokrates deutlich zu sehen, sie versteht sich als konkreten Vollzug von Praktiken der Selbstgestaltung im alltäglichen sozialen Leben, d. h. inmitten der Techniken der Produktion, Kommunikation und Herrschaft. Eine Parabel kann diese Zusammenhänge versinnbildlichen.

4   Die Büffel-Parabel

Die Büffel-Parabel stammt ursprünglich aus dem alten China. Der chinesische Chan-Meister Guo´an Shiyuan (um 1150) hat sie in einem berühmten Bildzyklus illustriert. Diese Parabel war in Japan während des 14. und 15. Jahrhunderts weit verbreitet und wurde zur einer klassischen Zen-Parabel. Guo´ans Bilder sind zwar verlorengegangen, aber wir besitzen eine Illustration des japanischen Zen-Meisters Shuhbun (um 1450), die im Shokokuji Tempel in Kyoto aufbewahrt wird[23].

Ich verwende jetzt diese Büffel-Parabel zur Versinnbildlichung der Einübung in das Verhältnis mit unserem Titanismus, d. h. mit unserer Maßlosigkeit in der Unfug-Welt. Hiermit soll keiner weltfremden Innerlichkeit

---

[23]   Vgl. H. Brinker, H. Kanazawa: ZEN. Meister der Meditation in Bildern und Schriften (Museum Rietberg, Zürich 1993), S. 228 - 230 und S. 278 - 279. Vgl. auch die schöne Ausgabe, erläutert von Meister Daizohkutsu R. Ohtsu, übersetzt von Koichi Tsujimura und Hartmut Buchner: Der Ochs und sein Hirte (Pfullingen: Neske 1991, 4. Aufl.).

oder einem weltverneinenden Mystizismus das Wort geredet werden. Sie will bloß die Struktur einer Reflexionsbewegung zeigen, die, wenn sie geübt wird, zur besseren Einsicht (keineswegs also zu einer *heiligen Erleuchtung*) in eine Quelle des Unfugs, d. h. in uns selbst, führen kann.

Was besagt die Parabel? Sie ist in zehn Abschnitte unterteilt, denen jeweils einen knappen Hinweis über das Verhältnis des Hirten mit dem Büffel gegeben wird:

(1) Den Büffel suchen: Wir begeben uns auf die Suche nach dem Titanismus. Wir verfolgen seine Spuren in unseren Technologien.

(2) Die Spur entdecken: Wir entdecken seine Spuren in den großen und kleinen Pannen unserer Unfug-Welt, aber auch in scheinbar selbstverständlichen Phänomenen des Alltags und in vergessenen geistigen Traditionen.

(3) Den Büffel entdecken: Wir lassen uns vom eigenen und fremden Sachverstand leiten, um den Titanismus in seinen offenen und versteckten Dimensionen besser wahrnehmen zu können. Wir betreiben z. B. Technikfolgenabschätzung.

(4) Den Büffel einfangen: Wir entwickeln neue Technologien, um des Titanismus Herr zu werden bzw. um gegebenenfalls die von ihm verursachten Pannen zu reparieren.

(5) Den Büffel hüten und führen: Wir implementieren diese Technologien, um uns den Titanismus dienstbar zu machen. Wir betreiben Technologiemanagement und Reparaturethik.

(6) Auf dem Büffel nach Hause reiten: Wir nutzen den Titanismus, um vernünftige Ziele zu erreichen: Erleichterung von schwerer Arbeit, Produktivitätssteigerung, Mehrung der Wohlfahrt, soziale Sicherheit, sozialer Friede - kurz, um in das Haus der Menschenrechte zu gelangen[24].

(7) Den Büffel vergessen und alleine sein: Wir nehmen Abstand vom Titanismus, indem wir uns um uns selbst kümmern.

(8) Den Büffel und sich selbst vergessen: Wir versuchen eine bessere Einsicht in den vielfachen Sinn des "Nicht-Handelns" zu gewinnen.

(9) Zum Ursprung und zur Quelle zurückkehren: Wir kehren nicht zurück in die eine einheitliche Welt der Vernunft, sondern wenden uns einer gemeinsamen aber vielfältig zu gestaltenden Welt zu.

---

24   Vgl. H. Lübbe: Der Lebenssinn der Technik. In: IBM-Nachrichten, März 1993, 43. Jg, S. 6 - 15.

(10) Die Stadt mit herabhängenden Armen betreten: Der Alltag mit seinen Pannen und seiner Hektik hat uns zwar wieder, aber wir wissen, daß wir nicht primär Maß-Gebende, sondern Maß-Suchende sind.

Ortwin Renn

Wie kann man über Technik kommunizieren?

Grunderfordernisse der Kommunikationsforschung für die Ausrichtung von Diskursen über Technik

1 Einführung

Daß Technikkommunikation eine notwendige Voraussetzung für Technikbewertung ist, mag nur zu einem kleinen Teil die Popularität des Begriffes in jüngster Zeit erklären. Wohin man auch sieht, das Wort *Technikkommunikation* oder *Technikdialog* ist in aller Munde und hat sich zu einer Zauberformel in der aktuellen Debatte um die Akzeptabilität von technischen und anderen zivilisatorischen Risiken entwickelt. Während die eine Seite hofft, mit Hilfe kommunikativer Strategien die von Technik potentiell betroffenen Bürger davon zu überzeugen, daß es in ihrem Interesse ist, die Risiken der technischen Errungenschaften zugunsten des damit verbundenen Nutzens zu akzeptieren, glaubt die andere Seite, daß Kommunikation zu einer Mobilisierung der Bevölkerung und damit zu einer vermehrten Akzeptanzverweigerung führen würde. Kommunikation soll also der Akzeptanzbeschaffung wie der Akzeptanzverweigerung dienen. Diese gegensätzliche Erwartung an die Wirkungen der Kommunikation hat viel zur gegenwärtigen Verwirrung über die Funktion und Leistungsfähigkeit des Konzeptes Technikkommunikation beigetragen. Dabei spiegelt das Interesse an Technikkommunikation in erster Linie die zunehmende Beschäftigung der Gesellschaft mit Risiken der technischen Entwicklung wider. Je zentraler Risiken für gesellschaftliche Kräfte als Anknüpfungspunkte und Mittel ihrer politischen Aktivitäten werden, desto eher lohnt es sich für sie, Risiken der Technik als Themen ihrer Kommunikation aufzugreifen (Renn 1992a, Luhmann 1986). Mit Risiko und Technik kann man im wörtlichen Sinne Politik machen.

Mit der Verbesserung der Prognosefähigkeit und der zunehmenden moralischen Selbstverpflichtung der modernen Gesellschaft, Risiken zu begrenzen, wachsen die Ansprüche der Bürger an gesellschaftliche Gruppen und vor allem an politische Entscheidungsträger, die Zukunft aktiv zu gestalten und antizipativ auf mögliche Gefährdungen durch die natürliche und technische Umwelt zu reagieren. Die Zunahme der Varianz künftiger Entwicklungslinien und die dadurch ausgelöste Instabilität personaler Lebensentwürfe verstärken auf der individuellen Ebene existentielle Ängste und begünstigen auf der sozialen Ebene politische Bewegungen, die sich zur Aufgabe gesetzt haben, die Kontingenzen gesellschaftlichen Handelns zu begrenzen (Lübbe 1987; Mitchell 1980). Sicherheit gegen zukünftige Gefahren und vorausschauendes Technikmanagement sind daher zentrale Anliegen nahezu aller Bevölkerungsgruppen in der Bundesrepublik (Klages 1984, S. 82 f.). Dieses Verlangen nach risikobegrenzenden Maßnahmen und die gleichzeitige Tendenz der technischen Entwicklung hin zu größeren Kollektivrisiken schafft ein politisches Spannungsfeld, in dem Technikkommunikation unabdingbar geworden ist.

2   Funktionen der Technikkommunikation

Was versteht man nun unter dem Begriff Technikkommunikation und wie läßt sich der Begriff sinnvoll operationalisieren? In Anlehnung an die Literatur zur Risikokommunikation soll der Begriff der Technikkommunikation wie folgt definiert werden (Covello; Slovic und von Winterfeldt 1986, S. 172): *Technikkommunikation* umfaßt jeden zielgerichteten Austausch von Informationen über instrumentelle, soziale und symbolische Aspekte, die mit der jeweiligen Technik oder ihrem Einsatz verbunden werden. Dieser Informationsaustausch vollzieht sich zwischen Individuen und zwischen interessierten Gruppen. Als interessierte Gruppen kommen politische Institutionen, Bundes- und Landesämter, einzelne Unternehmen und Unternehmensverbände, Gewerkschaften, Umweltverbände, Bürgerinitiativen, Wissenschaftler und die Medien in Frage.

Diese Definition ist von zwei Leitgedanken getragen: zum einen der *Zielgerichtetheit der Information* und damit der impliziten Annahme, daß Technikkommunikation keine neutrale, über alle Parteien stehende Aktivität sein kann, sondern bestimmte (häufig interessengebundene) Botschaften vermitteln will, zum zweiten von der *Zweiseitigkeit des Informationsaustauschs*, also der Notwendigkeit, gleichzeitig Sender und Empfänger von Botschaften zu sein. Technikkommunikation hat damit die Funktion, durch Appelle an die Öffentlichkeit, durch die Vermittlung von Argumentationszusammenhängen und durch Selbstdarstellung in Beziehung zum Kommunikationspartner zu treten und diesen von der eigenen Sichtweise des Technikeinsatzes zu überzeugen (Wiedemann 1990, S. 345 f.; Majone 1989). Die Kommunikationswissenschaft kann dazu ihr Wissen instrumentell den jeweils beteiligten Gruppen zur Verfügung stellen, etwa um Botschaften verständlicher oder den Sender glaubwürdiger zu machen. Darüber hinaus kann sie den Austausch von Informationen nach bestimmten Kriterien analysieren und evaluieren (Rohrmann 1990). Schließlich läßt sich die Thematik auf die Metaebene verlagern, indem sie nach den Bedingungen und Strukturen forscht, die eine diskursive Auseinandersetzung um Risiken ermöglichen, ohne selbst in den Inhalt der Kommunikation einzugreifen.

Versucht man, diese unterschiedlichen Funktionen systematisch zusammenzufassen, so lassen sich im wesentlichen drei Funktionen von Technikkommunikation und dementsprechend drei Felder für deren Erforschung identifizieren (vgl. Zimmerman 1987, S. 131; National Research Council 1989):

(1) *Verbesserung des Wissens:* Aufgabe dieser Art von Kommunikation ist es, sicherzustellen, daß die Rezipienten von technikbezogenen Informationen in der Lage sind, diese zu erhalten und ihre Bedeutung zu verstehen. Angestrebt wird also eine Gleichheit (Isomorphie) zwischen den Intentionen des Senders und der dekodierten Interpretation der Informationen durch den Empfänger, gleichgültig, wie er diese Informationen bewertet oder ob er seine Meinungen, Einstellungen oder Verhaltensweisen aufgrund dieser Informationen ändert.

(2) *Einstellungs- oder Verhaltensänderung:* Aufgabe dieser Art von Kommunikation ist die Übermittlung und der Austausch von Information, die darauf abzielen, die Meinungen, Einstellungen oder Verhaltensweisen der Rezipienten zu beeinflussen. Dazu ist in der Regel die Verständigung über die Bedeutung der jeweiligen Informationen eine notwendige Bedingung (also die Erfüllung von Funktion 1). Darüber hinaus wird jedoch angestrebt, daß der Rezipient seine bisherige Indifferenz oder Einstellung zugunsten einer durch die Information begünstigten neuen Haltung aufgibt und/oder seine Verhaltensweisen ändert. Die Änderung von Verhaltensweisen setzt nicht notwendigerweise eine Änderung von Einstellungen voraus, diese ist jedoch hilfreich zur Verstetigung einer Handlungsweise über die Zeit (etwa das Rauchen aufzugeben).

(3) *Konfliktschlichtung durch Diskurs:* Aufgabe dieser Art von Technikkommunikation ist es, die Rahmenbedingungen für einen Austausch von Informationen zu schaffen, um zu einem Konsens über die Bewertung von und die weitere Verfahrensweise mit technischen Konflikten zu gelangen. Auch

hier ist die Erfüllung von Funktion 1 eine notwendige Bedingung: Ohne Verständigung über die Positionen der Diskursteilnehmer wird schwerlich ein sinnvoller Konsens möglich sein (Konsens kann natürlich auch auf Mißverständnissen beruhen, ein solcher Konsens wird aber kaum als sinnvoll, d. h. als Manifestation eines fairen und kompetenten Ausgleich unterschiedlicher Interessen und Werte anzusehen sein). Auch die zweite Funktion muß erfüllt sein, sofern ein Diskurs mehr als nur ein Forum zur Selbstdarstellung umfassen soll. Allerdings muß es sich hier um einen gegenseitigen und wechselseitigen Überzeugungsprozeß handeln, da im Diskurs alle Teilnehmer in gleichem Maße Sender und Empfänger von Informationen sind.

Der folgende Beitrag wird sich schwerpunktmäßig mit der dritten Funktion, der Schlichtung von technikzentrierten Konflikten, beschäftigen. Dazu sollen jedoch zuvor einige Grunderkenntnisse der allgemeinen Kommunikationsforschung erläutert werden.

3 Der soziale Kontext der Technikkommunikation

3.1 Das Sender-Empfänger-Modell

Der traditionelle Ansatz, Technikkommunikation zu studieren und zu analysieren, basiert auf dem Kommunikationsmodell des Informationstransfers zwischen Sender, Übermittler und Empfänger. Obwohl das Modell ursprünglich Ende der 40er Jahre (Shannon und Weaver 1949; Lasswell 1948) entwickelt wurde, stellt es doch bis zum heutigen Tag die am meisten benutzte Grundlage für Kommunikationsstudien dar und wird auch von Kommunikationspraktikern als Bezugsmodell empfohlen (Thomas 1987). In einem aktuellen Überblick, der 31 Kommunikationslehrbücher umfaßte, kam P. J. Schoemaker zu dem Schluß, daß sich annähernd die Hälfte dieser Bücher auf das Shannon- und Weaver-Modell (Schoemaker 1987) stützt. Ein alternativer Ansatz ist das Transaktionsmodell, das auf die Herstellung von gemeinsamen Bedeutungsinhalten bei Sender und Empfänger abhebt. Beide Zugänge können offensichtlich miteinander kombiniert werden.

Bild 1 stellt das klassische *Sender-Empfängermodell* dar. Eine Nachricht wird durch die Kommunikationsquelle zusammengestellt und dann an den Übermittler gesendet. Der Übermittler entschlüsselt diese Nachricht und verschlüsselt sie wieder für seine Zielgruppe. Die neue Nachricht wird danach an den Empfänger geschickt, der die Nachricht entschlüsselt und seine Be-

deutung entziffert. Der Empfänger kann auf die Nachricht reagieren, indem
er seine eigene Nachricht entweder an den Original-Sender oder an andere
Interessengruppen (Gruppenmitglieder) weitergibt. Er könnte sich auch veranlaßt sehen, auf die empfangene Nachricht hin selbst aktiv in die Debatte
einzugreifen, etwa durch das Schreiben von Leserbriefen oder auch die Teilnahme an politischen Veranstaltungen. Der Sender kann die Empfänger-
reaktionen sammeln und für Rückantworten bearbeiten. Bevor Rückkoppelungsnachrichten den Sender jedoch erreichen, durchlaufen auch sie in der
Regel eine Übermittlerstation. Die Originalnachrichten und mehr noch die
Rückkoppelungsnachrichten werden durch das Hintergrundrauschen verzerrt,
sobald sie durch verschiedene Kanäle via Übermittler und Signalverstärker
gesendet werden. (Siehe Renn 1991a zu einer detaillierten Diskussion über
Signalverstärker).

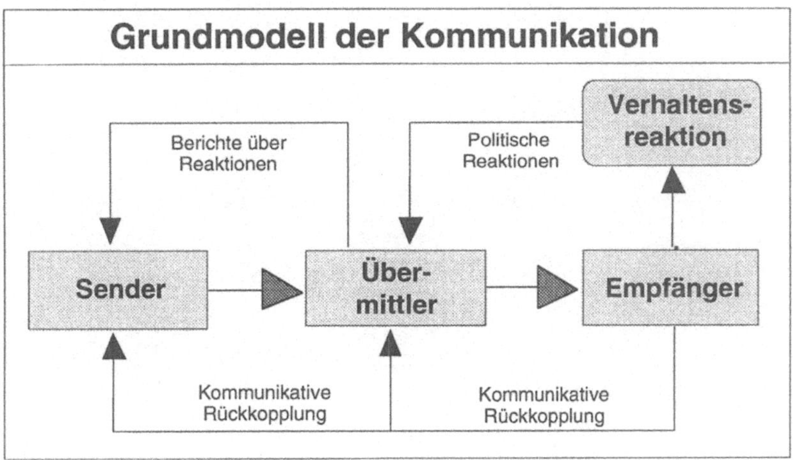

Bild 1   Grundmodell der Kommunikation

Das Sender-Empfängermodell stand und steht im Kreuzfeuer der sozialwissenschaftlichen Kritik, weil es ein mechanistisches Kommunikationsver-
ständnis fördert und Kommunikation als Einbahnstraße darstellt (Otway und
Wynne 1989; Kasperson und Stallen 1991). Wenn das Modell jedoch als Beschreibung eines Ablaufs von Nachrichtenübertragungen von einem Teilnehmer zum anderen verwendet wird und wenn die Rollen von Sender und
Empfänger wechselseitig austauschbar sind, so kann es als wirkungsvolles
Funktionsschema bei der Analyse von Kommunikationsverfahren verwendet
werden. Ein solches Schema ist ein Werkzeug, mit dem sich die bildhafte
Darstellung des Kommunikationsprozesses strukturieren läßt, aber kein

empirisches Modell, wie Kommunikation in einer Gesellschaft tatsächlich abläuft. Bild 2 zeigt die Hauptakteure der Technikkommunikation eingebettet in das klassische Kommunikationsmodell.

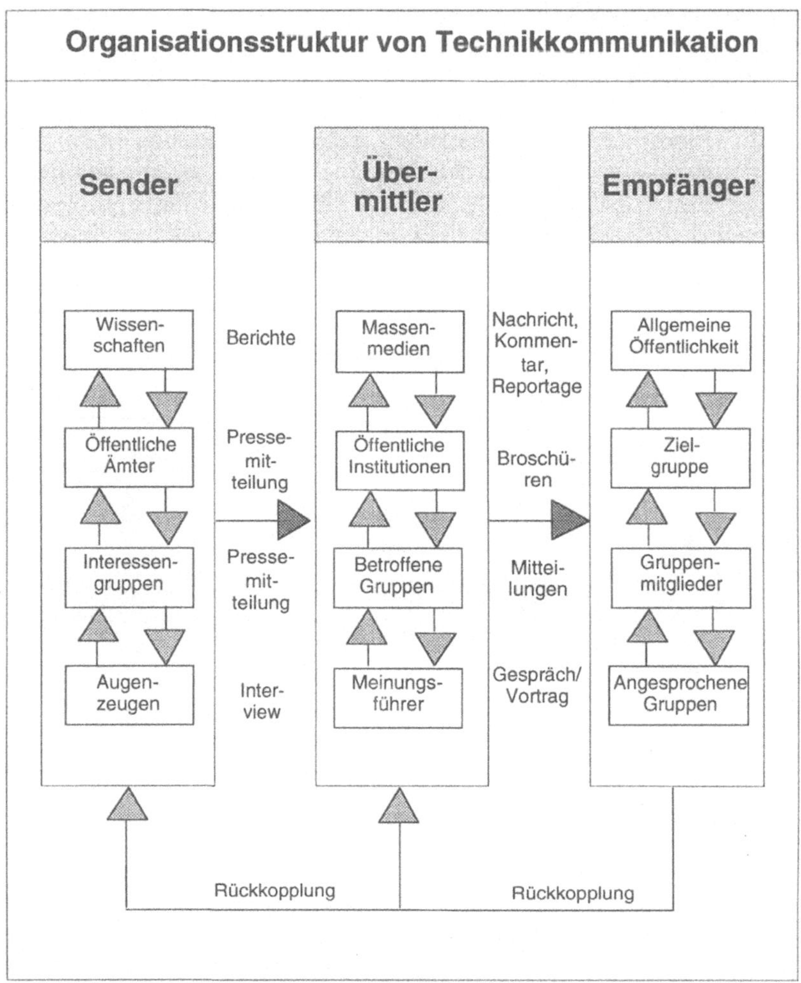

Bild 2   Organisationsstruktur von Technikkommunikation

Sender für technische Informationen sind in erster Linie Wissenschaftler oder wissenschaftliche Institutionen, öffentliche Einrichtungen wie etwa das Bundesministerium für Forschung und Technik, Interessengruppen wie Industrieverbände oder Umweltschützer und Augenzeugen, sofern es sich um gefährliche Ereignisse bzw. Unglücksfälle handelt. Diese Primärquellen kodieren Informationen in Form von Berichten, Pressemitteilungen oder persönlichen Interviews, um sie dann an den Übermittler oder gelegentlich auch direkt an den Empfänger zu senden (Renn 1988, S. 101 ff).

Der zweite Kommunikationsschritt ist das Dekodier- und Rekodier-Verfahren bei den Übertragungsstationen. Medien, oder sonstige öffentliche Institutionen, Interessengruppen und Meinungsführer sind potentielle Übermittler technischer Informationen. Eine Pressemitteilung des Umweltministeriums über Schäden durch Emissionen kann zum Beispiel die betroffene Industrie dazu anregen, eine Pressekonferenz abzuhalten oder einen offenen Brief an das Ministerium zu schreiben. Interaktionen zwischen gesellschaftlichen Gruppen, insbesondere zwischen politischen Gegnern, finden oft über Medien und nicht über direkte Kommunikation statt. Ziel ist es, öffentliche Unterstützung zu mobilisieren und öffentlichen Druck auszuüben (Peters 1984 S. 304; Peters 1990).

Der letzte Schritt im Kommunikationsprozeß ist die Verarbeitung der rekodierten Nachricht beim Empfänger. Hierbei ist es wiederum hilfreich, zwischen den verschiedenen Empfängertypen zu unterscheiden. Die Medien bedienen üblicherweise die allgemeine Öffentlichkeit. Viele Zeitschriften sind jedoch auf einen speziellen Leserkreis innerhalb der allgemeinen Öffentlichkeit ausgerichtet. Die Spezialzeitschriften richten sich entweder an Fach- oder Berufskreise (Wissenschaftler, Geschäftskreise, Sachverständige), Interessentenkreise für Freizeitaktivitäten (Kultur, Sport, Reisen usw.) oder weltanschaulich gebundene Gruppierungen (Umweltschützer, Religionsgruppen, politische Lager etc.). Die Information wird für den jeweiligen Leserkreis so gestaltet, daß seine Aufmerksamkeit sichergestellt ist und auch seinen Erwartungen entsprochen wird. Im folgenden wird etwas ausführlicher auf die drei am Kommunikationsprozeß beteiligten Gruppen eingegangen werden.

3.2 Der Sender von Technikinformationen

Ein Gesprächsthema kann, wie H. P. Peters unterstreicht, nur dann zu einem Thema von dauerhaftem öffentlichem Interesse werden, wenn die Massenmedien darüber berichten und wenn gesellschaftliche Institutionen oder Gruppen es zu ihrem eigenen Anliegen machen (Peters 1984). Ein gutes Beispiel dafür ist ein Ereignis, das sich in den 70er Jahren in den USA abspielte. Es handelt sich dabei um radioaktives Radongas, das aus dem natürlichen Untergrund in Innenräume von Häusern einsickert. Trotz seiner guten Beziehung zur überregionalen Presse konnte Joel Nobel, der in seinem privaten Haus eine Konzentration von 55 Pico-Curie pro Liter (fast das 14fache der gemeinhin als Sicherheitsgrenzwert eingestuften 4 Pico-Curie pro Liter) entdeckte, nicht mehr als nur flüchtige Aufmerksamkeit bei öffentlichen Institutionen und bei der Presse erzielen, da er keine Organisation oder gesellschaftliche Gruppe für sein Anliegen interessieren konnte (Mazur 1987, S. 89). Erst als der Staat von Pennsylvania, alarmiert durch einen weitaus dramatischeren Fall, das Problem erkannte und ein landesweites Überwachungsprogramm initiierte, nahm sich die Presse des Themas ausführlich an und lenkte damit die Aufmerksamkeit von Organisationen, wie etwa der US Bundesumweltbehörde (EPA), auf diesen Einzelfall (Mazur 1987, S. 90; Fisher 1987, S. 27 f.)

Neben der gesellschaftlichen Unterstützung tragen die Bestandteile einer Nachricht wesentlich zur Effektivität des Kommunikationsprozesses bei. Zu den wichtigsten Bestandteilen gehören *Symbole* und *Metaphern*, die besondere Bedeutungsinhalte und Stimmungen nahelegen (Hovland 1948, S. 371; Kasperson et al. 1988). Wird z. B. die Informationsquelle als eine Gruppe von Nobelpreisträgern beschrieben, so wird dem Inhalt der Nachricht ziemlich sicher öffentliche Aufmerksamkeit zuteil werden. Nachrichten aus solchen Sender können durchaus erfolgreich die Selektionsfilter der Übermittler und Empfänger passieren und als glaubwürdig eingestuft werden. Im Gegensatz dazu wird eine Pressemitteilung der Nuklearindustrie weitaus weniger glaubwürdig erscheinen, es sei denn, andere Aspekte der Nachricht kompensierten Zweifel an der Unparteilichkeit dieser Quelle.

Sender oder Übermittler können die Inhalte der Botschaft durch gezielte semantische Gestaltung unter Benutzung von Symbolen und Metaphern einfärben. Angenommen, ein Pressesprecher der Industrie informiert darüber, daß seit zwei Jahren eine bestimmte chemische Substanz aus einem Entsorgungsbehälter sickert. Der eine Journalist könnte dies mit Worten wie *Leck im Abfallcontainer in einem 'High-Tech-Park'* beschreiben, ein anderer könnte den gleichen Vorfall als *Luftverseuchung durch Giftmüll* und *Vergiftung von Atemluft und Trinkwasser* anprangern.

3.3   Die Medien als Übermittler von Informationen

Die Medien sind in unserer Gesellschaft die zentralen Vermittler von Informationen. Sie sind keineswegs nur neutrale Berichterstatter, aber auch ebensowenig ideologisch verbrämte Gesinnungstäter. Ihre Selektionskriterien beeinflussen die Wahl und Relevanz der öffentlich wirksamen Themen

(Gatekeeper Funktion). Durch Selektion und Verstärkung der jeweiligen Ereignisse bestimmen die Medien weitgehend die Prioritäten in der politischen Agenda (Mc Combs und Shaw 1972) und vermitteln den nicht unmittelbar Beteiligten Informationen aus zweiter Hand, die in jedem Falle subjektiv gefärbt sind, selbst wenn sich die jeweiligen Journalisten einer objektiven Berichterstattung verpflichtet fühlen (Sood u. a. 1987, S. 30; Peltu 1985, S. 129 - 130).

Im Gegensatz zu den häufig geäußerten Vorwürfen, die Journalisten seien entweder Gesinnungsfreunde der Linken, so die eine Seite, oder vom Establishment geblendete (oder sogar bestochene) Verteidiger des Status Quo, so die andere Seite, zeigen fast alle empirischen Untersuchungen zu diesem Thema auf, daß Selektion und Verarbeitung von Nachrichten sehr viel stärker von professionellen Standards des Journalismus bestimmt sind als von ideologischen Überzeugungen der einzelnen Journalisten. Diese Standards sind zum großen Teil für alle Medien gültig, zum Teil sind sie medienspezifisch (Battelle 1978; Peltu 1989; Mazur 1987). Zu diesen Standards gehören, daß Medien in der Regel aktuelle Ereignisse aufgreifen und kontinuierliche Entwicklungen meist aussparen. Der Treibhauseffekt als globale Bedrohung der Menschheit wird erst dann zur Nachricht, wenn in den USA Kühe verdursten oder wenn die Deutsche Physikalische Gesellschaft einen eindringlichen Appell an die Öffentlichkeit richtet. Schon die Tatsache, daß die Medien über ein Thema besonders häufig kommunizieren, führt bei den Rezipienten oft zu der Vermutung, daß dieses Thema besonders umstritten und deshalb erhöhte Vorsicht geboten sei (Mazur 1984).

Ebenso bedeutsam ist das Selektionskriterium des Konflikts und der Schuldzuweisung. Wie amerikanische Untersuchungen nahelegen, ist die Intensität der Berichterstattung über Katastrophen weniger von deren physischen Auswirkungen (etwa Zahl der Toten oder Eigentumsverlusten) bestimmt als von der Stärke des Konfliktes über das notwendige Risiko-Management und die Möglichkeit der partiellen Schuldzuweisung für das Ereignis (Adams 1986; Rubin 1987). Daneben spielt naturgemäß die örtliche Nähe zu der Katastrophe eine wichtige Rolle. Medien reflektieren soziale Ereignisse, weniger physische Auswirkungen. Wenn sich also die Akteure in einer Konfliktsituation über die notwendigen Formen des Risikomanagement streiten, wie sich dies etwa nach dem Unfall in Tschernobyl zugetragen hat, oder wenn sie sich gegenseitig die Schuld an negativen Ereignissen zuweisen, dann sind diese sozialen Ereignisse wichtige Auslöser und Verstärker für die Berichterstattung der Medien (Kasperson u. a. 1988; Renn 1991a). Ob es sich bei dem Streit nur um ein Scheingefecht handelt oder ob der Anlaß des Streits ein *objektiv* minimales Risiko darstellt, spielt für die Medientauglichkeit eines Ereignisses kaum eine Rolle. Medien reagieren auf die soziale Konstruktion der Wirklichkeit (Berger und Luckmann 1969; Seiderberg 1984) und nicht auf die "Wirklichkeit selbst" oder ihre naturwissenschaftliche Erfassung (Wilkins und Patterson 1987). Übertragen auf die Debatte um Technik oder Technikeinsatz bedeutet dieser Selektionsmechanismus eine Verstärkung der Konfliktträchtigkeit der Auseinandersetzung und eine Moralisierung der Akteure. Auf der Suche nach Konflikten werden Journalisten in der Frage moderner Technik schnell fündig. Dabei können sie weder die Gültigkeit von Positionen im Sinne wissenschaftlicher Beweisführung, noch die Repräsentativität einer abweichenden Meinung beurteilen (Peltu 1985; Sharlin 1987). Somit wird in der Öffentlichkeit der Eindruck erweckt, daß alle Aussagen zu bestimmten Techniken umstritten seien.

Andere Selektionskriterien wiederum wirken in umgekehrter Richtung: Die Suche nach außergewöhnlichen Ereignissen lenkt die Aufmerksamkeit der Medien auf spektakuläre Aktionen von Chaoten und Militanten, die im Spektrum der jeweiligen Technikgegner einen verschwindend geringen Anteil haben. Ihre Aktionen werden jedoch in den Mittelpunkt der Nachricht über eine Demonstration gesetzt mit dem Effekt, daß sich viele Medienkonsumenten "entsetzt" von diesen Gruppen absetzen und die gesamte Bewegung mit den Ausschreitungen identifizieren (Guggenberger 1987, S. 330 f.). Gleichzeitig haben empirische Untersuchungen in der Bundesrepublik Deutschland offengelegt, daß viele Zeitungen und Zeitschriften journalistisch gut aufgemachte Presseerklärungen von Industrie und staatlichen Organen oft ungeprüft übernehmen, dies jedoch bei Umweltverbänden unterlassen oder sich erst bei Behörden oder Industrievertretern rückversichern (Peters 1984; Peltu 1985).

Selektionskriterien sind ungeschriebene Gesetze, die sich Journalisten im Laufe des journalistischen Trainings aneignen und die über alle ideologischen Lager hinweg gültig sind. Daneben spielen natürlich auch politische Loyalitäten eine wichtige Rolle, vor allem in der Bundesrepublik (Köcher 1986; Kepplinger 1989). Diese Loyalitäten sind aber stärker von der vorgelegten Richtung einer Zeitung oder eines elektronischen Mediums geprägt als von den Werten und politischen Präferenzen einzelner Journalisten.

3.4   Die Empfänger der Informationen

Informationen sind, wie im Kommunikationsmodell beschrieben, Elemente eines Austauschvorgangs, dessen Bedeutung sich erst im sozialen Kontext des Kommunikationsprozesses erschließt. Kommunikationsstudien weisen immer wieder darauf hin, daß die Intentionen des Senders mit den dekodierten Aussagen des Empfängers nur bedingt übereinstimmen. Mehr noch: Die selektive Wahrnehmung und Bewertung durch den Empfänger macht die Deutung der Botschaft von den subjektiven Filtern und Bewertungsmustern des Empfängers abhängig. Was der Empfänger als Botschaft entschlüsselt, ergibt sich aus den semantischen Bedeutungsinhalten, die er den Elementen der Botschaft zuspricht. Diese sind keineswegs beliebig, aber dennoch im Konzert mit anderen Faktoren, wie die vermutete Glaubwürdigkeit der Quelle oder die Reputation des Informationskanals, weit dehnbar. Aus diesem Grunde ist auch die Wirksamkeit von Botschaften oft sehr gering zu veranschlagen, vor allem dann, wenn der Inhalt nicht eindeutig ist, die Handlungsvorschriften umstritten erscheinen und das Vertrauen in die Objektivität des Senders zweifelhaft zu sein scheint.

Von besonderem Interesse ist der Kommunikationsprozeß im Falle eines Konfliktes. Konflikte können über die vermuteten Folgen von Technik oder deren Bewertung, aber auch über die Frage der kollektiven Beschlußfassung über Technikeinsatz bzw. -anwendung entstehen. In diesen Fällen ist das traditionelle Sender-Empfänger Modell wenig hilfreich. Viele Sender versuchen nämlich, ihren speziellen Blickwinkel in den Kommunikationsprozeß einzuspeisen. Sie hoffen, durch gezielte Informationen die Öffentlichkeit auf ihre Seite zu ziehen, um somit Druck auf die Entscheidungsträger auszuüben. Die Pluralität von Informationen und Meinungen wird dann von den Übermittlern rekodiert und oft in einer Gegenüberstellung von Meinungen komprimiert an den Empfänger weitergereicht. Dabei kommt es weniger zu einer bewußten Manipulation der Presse zugunsten des einen oder anderen Standpunktes als vielmehr zu einer parallelen Vermittlung der extremen Positionen. Die Rezeption durch den Empfänger ist aufgrund dieser Vielfalt an Meinungen und Bewertungen noch unbestimmter als bei dem Idealmodell einer einheitlichen Botschaft durch einen Sender. Das Angebot an Informationen ähnelt einem Supermarkt, in dem sich der Empfänger das aussuchen kann, was er gerne *konsumieren* möchte. Der Zwang der kommerziellen Medien, auch vom Konsumenten nachgefragt zu werden, tut das übrige, um die Fülle der sich zum Teil widersprechenden Meinungen und Bewertungen zu einem nachfragegerechten Potpourri zu verarbeiten.

An anderer Stelle habe ich die Mechanismen beschrieben, nach denen der Empfänger die Botschaften entschlüsselt und ihnen eine subjektive Deutung zuspricht (Renn 1992b). Für die Bewältigung technischer Konflikte kommt es vor allem darauf an, die Notwendigkeit eines gezielten zweiseitigen Dialogs herauszustreichen, der sicherstellt, daß die Intentionen des Senders und die entschlüsselten Inhalte durch den Empfänger weitgehend übereinstimmen. Dies geschieht aber selten durch mediale Kommunikation, sondern wie eh und je durch direkte, unmittelbare Gespräche. Wenn es bei diesen Gesprächen um die kollektiv verbindliche Regelung von Konflikten geht, sprechen wir von Diskursen. Die folgenden Kapitel sind dem Thema *Technikdiskurs* gewidmet. Wie läßt sich ein auf Kooperation begründeter Diskurs gestalten und welche Regeln sind notwendig, um die Wahrscheinlichkeit von Verständigung und Einigung zu erhöhen?

4 Technikkommunikation als kooperativer Diskurs zur Konfliktschlichtung

4.1 Was heißt Diskurs?

Das Modell des konfliktschlichtenden, kooperativen Diskurses beruht auf der Annahme, daß mit Hilfe von Kommunikation Kompromisse zwischen Interessengegensätzen und Wertkonflikten unterschiedlicher Parteien erzielt werden können, ohne daß eine Partei ausgeschlossen oder ihre Interessen oder Werte unberücksichtigt bleiben. Ein solcher Diskurs ist durch folgende Charakteristika gekennzeichnet (Renn 1991b):

(1) Die Teilnehmer müssen im Konsens darüber entscheiden, nach welchem Verfahren Einigung über kollektiv bindende Entscheidungen getroffen werden sollen. Die Parteien können Einstimmigkeit, das Mehrheitswahlrecht oder die Einschaltung eines Schlichters vorsehen; wichtig ist aber, daß alle Parteien der vorgesehenen Verfahrensweise zustimmen.

(2) Die Teilnehmer müssen sich vorab darauf verständigen, daß alle in die Verhandlung eingebrachten Tatsachenbehauptungen nachgewiesen oder durch entsprechende Experten (wobei je nach Wissenstyp nicht nur Wissenschaftler in Frage kommen) bestätigt werden. Läßt sich eine Tatsachenbehauptung, wie häufig zu beobachten, nicht eindeutig nachweisen oder widerlegen, müssen alle legitimen, d. h. innerhalb des jeweiligen Wissenstyp zulässigen Aussagen gleichberechtigt in den Diskurs eingebracht werden.

(3) Die Teilnehmer müssen zur Kenntnis nehmen und einem Konsens darüber erzielen, daß unterschiedliche Interpretationsmuster und Rationalitäten gleichberechtigt sind, sofern sie nicht den Regeln der Logik und anderer formaler Argumentationsregeln widersprechen.

(4) Die Teilnehmer müssen sich gegenseitig verpflichten, alle Aussagen in einem Diskurs zuzulassen, sich aber gleichzeitig damit einverstanden erklären, daß alle Aussagen prinzipiell der gegenseitigen Kritik zugänglich gemacht und nach nachvollziehbaren Regeln auf ihre Geltungsansprüche hin untersucht werden.

(5) Die Teilnehmer sollen dazu ermutigt werden, die eigenen Interessen und Werte so weit wie möglich offenzulegen; eine solche Abstinenz vom strategischen Handeln wird sich aber nur dann durchsetzen, wenn Offenheit im Diskurs belohnt und strategisches Lügen wenig Aussicht auf Erfolg hat. Dies mag auf den ersten Blick als *frommer Wunsch* erscheinen. Gemeint ist damit, daß alle Äußerungen von Teilnehmern auf ihre Ernsthaftigkeit und Vertrauenswürdigkeit überprüft werden können und daß sich die Teilnehmer damit von vorneherein einverstanden erklären.

(6) Die Teilnehmer müssen die Bereitschaft mitbringen, eine faire Lösung des Konfliktes anzustreben, bei der alle Interessen und Werte grundsätzlich als legitim und verhandlungswürdig anerkannt werden, ohne damit die Notwendigkeit der Begründung von Interessen oder Werten infrage zu stellen (Bacow und Wheeler 1984, S. 42 ff).

Diese sechs Grundbedingungen eines Diskurses lassen sich weiter konkretisieren. Vor allem bedarf es eines Regelwerkes, um die Überprüfung von Aussagen systematisch, vollständig und effizient vorzunehmen. Häufig läßt sich eine solche Konkretisierung nur am Einzelfall, d. h. unter den Bedingungen einer realen Situation festlegen. Ich habe an anderer Stelle versucht, weiterreichende Vorschläge für Verhaltensnormen der Teilnehmer in einem kooperativen Diskurs zu entwerfen (Renn 1991b). Diese Normen sind z. T. aus praktischer Erfahrung mit Beteiligungsprojekten gewonnen, zum Teil aus der relevanten Literatur übernommen worden:

(1) Zeit: Ein Diskurs kann nicht innerhalb einer Woche oder eines Monates abgeschlossen sein. Die Vorbereitung und die Durchführung verlangen längere Zeiträume, so daß Verhandlungen ohne allzu großen Zeitdruck stattfinden können. Diese Voraussetzung macht deutlich, daß nicht alle umweltbezogenen Entscheidungen durch Diskurs gefällt werden können (etwa im Falle einer dringend gebotenen Notfallschutzmaßnahme). Gleichzeitig aber drängt das politische System häufig auf schnelle Entscheidungen, ohne daß es dafür einen ausreichenden Grund gibt. Allzuoft wird die Umsetzung solcher schnellen Entscheidungen dann aufgrund von Protesten und Widerständen der betroffenen Bevölkerung über wesentlich längere Zeiträume verzögert, als es bei einer langsameren Entscheidungsfindung unter Einbeziehung eines Diskurses der Fall gewesen wäre.

(2) Offenheit des Verhandlungsergebnisses: Ein Diskurs wird niemals sein Ziel erreichen, wenn eine der beteiligten Parteien ihre vorab getroffene Entscheidung an die anderen Parteien "verkaufen" will. Niemand verlangt, daß die Parteien bereit sein müssen, ihre Meinung oder Einstellung zu bestimmten Fragen aufgrund der Kommunikation zu ändern (obwohl die Bereitschaft dazu sicherlich hilfreich ist), aber alle Parteien müssen sich bereit erklären, auf ihre präferierte Handlungsoption zugunsten einer anderen Option zu ver-

zichten, sofern diese Option besser als alle anderen Optionen beim Wettstreit der Aussagen und bei der Ausbalancierung von Interessen und Werte der beteiligten Parteien abschneidet. Die eigene Präferenz für eine Handlungsoption steht also immer zur Disposition. Wenn dies aus rechtlichen oder anderen Gründen für eine der Parteien ausgeschlossen ist, dann sollte man auf den Diskurs lieber verzichten und eine andere Form der Konfliktlösung wählen (etwa ein Hearing oder eine Informationsveranstaltung).

(3) Gleiche Rechte und Pflichten für alle am Diskurs beteiligten Parteien: Diese Bedingung ist bereits in den Grundbedingungen enthalten, sollte aber bei jeder Anwendung immer wieder neu betont werden. Außerhalb des Diskurses bestehen selbstverständlich hierarchische Beziehungen und unterschiedliche Zuständigkeiten, Kompetenzen und Machtverhältnisse. Ob diese immer gerechtfertigt sind oder nicht, spielt hier keine Rolle. Der Diskurs kann diese Struktur nicht auflösen, seine eigene Macht, d. h. die Bindungskraft seiner Empfehlungen, wird sich der rechtlichen und politischen Realität anpassen müssen. Der legitimierte Entscheidungsträger kann das Ergebnis des Diskurses ignorieren, als Empfehlung einbeziehen oder im Ganzen übernehmen, je nachdem wie die Entscheidungsbefugnis strukturiert ist und wie stark sich externer politischer Druck zugunsten der Diskurs-Empfehlung artikuliert. Der Diskurs selbst ist aber an die interne Regelung der strikten Egalität gebunden. Keine Partei, mag sie in der politischen Realität auch noch so mächtig sein, kann im Diskurs Privilegien oder Sonderrechte beanspruchen. Wie jede andere Partei, steht es ihr frei, den Diskurs zu verlassen, aber sie kann und darf die Spielregeln innerhalb des Diskurses nicht verändern.

(4) Bereitschaft zum Lernen: Alle Parteien müssen bereit sein, von den Argumenten und Evidenznachweisen anderer Parteien zu lernen und gegebenenfalls ihre Haltung zu überdenken. Das bedeutet nicht, wie bereits angeklungen, daß einzelne Parteien ihre Präferenzen, Interessen oder Werte zur Disposition stellen müssen, sondern nur, daß sie bereit sind, die von ihnen vorgenommenen Verknüpfungen zwischen Handlungsoptionen und Werten im Lichte neuer Erkenntnisse zu korrigieren. Das gilt auch für die gegenseitige Anerkennung von Wissen. Das anekdotische Wissen der Bevölkerung wird von Experten häufig als irrelevant oder sogar irrational abqualifiziert, während viele Interessengruppen das systematische und auf Generalisierungen beruhende Expertenwissen als Ausdruck technokratischer Arroganz und als Gefühllosigkeit gegenüber dem Einzelschicksal deuten. Erst wenn alle Parteien die argumentative Vorgehensweise der jeweils anderen Partei anerkennen und zu verstehen suchen, wird ein fruchtbarer Dialog möglich sein. Bereitschaft zum Lernen im kooperativen Diskurs ist demnach an drei Bedingungen geknüpft:

❑   die Anerkennung, daß es mehrere legitime Typen von Wissen gibt, die bei der Aufstellung und Beurteilung des Faktenwissens eine Rolle spielen (etwa das Erfahrungswissen der Bevölkerung);

❑   die Anerkennung, daß es mehr als eine rationale Art gibt, aus gegebenem Faktenwissen Handlungsoptionen auszuwählen;

❑   die Anerkennung, daß es bei aller Pluralität von Wissen und Rationalitäten universell gültige Regeln für die Überprüfung der Validität von Aussagen gibt, die für alle Parteien verbindlich sein müssen.

(5) Übersetzung affektiver Aussagen in kognitive oder normative Aussagen: Eng verbunden mit der Forderung nach Lernbereitschaft ist die Notwendigkeit, affektive Gefühlsäußerungen dadurch der Kritik zugänglich zu machen, daß sie in kognitive oder normative Aussagen überführt werden. Ausdrücke wie "Ich habe einfach Angst davor" oder "Mir wird schon nichts passieren" sind keine Indikatoren für Verletzungen von argumentativen Regeln, sondern verdichtete Formen von Argumentationszusammenhängen, die sich in Bildern oder emotionsgeladenen, oft in ihrer Bedeutung unscharfen Begriffen zutreffender und schneller ausdrücken lassen als in logisch aufgebauten Argumenten. Es wäre fatal für den Diskurs und auch meist kontraproduktiv für eine rationale Entscheidung, diese gefühlsmäßigen Reaktionen zu ignorieren oder sogar lächerlich zu machen. Gleichzeitig sind sie aber in der Form, in der sie geäußert werden, unbrauchbar für den Diskurs, weil sie in der Regel nur dichotome Lösungen erlauben (Angst führt zur Verneinung, die Verdrängung der eigenen Verwundbarkeit zur Bejahung von Risiken). Kompromisse erfordern aber "Grautöne", also Zwischenlösungen zwischen den Extremen. Der Diskurs hat demgemäß die Aufgabe, die gefühlsmäßigen Reaktionen in argumentative, d. h. kompromißermöglichende und kommunikationsfähige Elemente zu übersetzen. Wie bei jeder Übersetzung gehen dabei Bedeutungskomponenten verloren, aber dieser Preis ist unvermeidbar.

Die Differenzierung der Ursachen für Gefühle, die Identifizierung der Elemente einer Technologie oder politischen Maßnahme, die solche Gefühle auslöst, die Entschlüsselung von Assoziationen, die bei der Entstehung des Gefühls beteiligt sind, und das Aufdecken von Zusammenhängen zwischen Objekten und ihren symbolischen Bedeutungen sind wichtige Aufgaben, die innerhalb des Diskurses bewältigt werden müssen. Zweckmäßig ist dabei, diese Übersetzungsarbeit durch psychologische Fachkräfte in Klausursitzungen mit den jeweils betroffenen Parteien (also nicht im Plenum) durchführen zu lassen. Die Übersetzung ist aber allein eine Angelegenheit der jeweiligen Partei, die psychologische Beratung bietet dazu nur eine Hilfestellung an und darf in keinem Fall zum Eindruck einer Entmündigung durch professionalisierte Experten führen. Letztendlich muß die jeweilige Partei der Übersetzung zustimmen und die Kongruenz zwischen der Intention der affektiven

Äußerung und ihrer kognitiven bzw. normativen Übersetzung beurteilen.

(6) Verzicht auf moralische Abwertung von Positionen und Parteien: Alle beteiligten Parteien in einem Diskurs sollten sich von vornherein darauf einigen, auf die Moralisierung von Positionen (etwa: "Wer solch ein Risiko propagiert, kann nur ein zynischer oder ignoranter Mensch sein") und von Parteien ("Umweltschützer sind doch alles Chaoten" oder "Ingenieure sind rücksichtslose Macher") zu verzichten. Der Verzicht auf Moralisierung hat eine Reihe von Vorteilen:

❑ Ähnlich wie Gefühlsäußerungen verhindern Moralisierungen die Möglichkeit einer Kompromißfindung. Etwas kann nicht 30 % gut und 70 % böse sein. Das moralische Urteil ist meist kategorisch und schließt ein Nachgeben gegenüber der angeblich unmoralischen Partei aus. Gegenseitige Moralisierung vermindert unnötig den Verhandlungsspielraum und macht Einigungen meist unmöglich.

❑ Moralisierung verhindert die Bereitschaft von Parteien, ihre affektiven Äußerungen in kognitive oder normative Aussagen übersetzen zu lassen. Eine solche Übersetzung macht Parteien oft verwundbar und würde erst gar nicht vorgenommen, wenn eine Partei unter moralischem Rechtfertigungsdruck steht.

❑ Moralisierung verkleistert Verstöße gegen die Argumentationsregeln und vertuscht mangelnde Evidenz für Behauptungen oder Forderungen. Wer moralisiert, kommt meist ohne Sachwissen aus. Wer etwa behauptet, Unternehmer seien profitsüchtige Hazardeure, denen ein Menschenleben nichts wert sei, braucht erst gar nicht nachzuweisen, daß eine konkrete Aktivität dieser Gruppe wirklich zu unzumutbaren Risiken führt. Es ist selbst evident. Wer behauptet, Umweltschützer seien verkappte Kommunisten, die den Staat stürzen wollen, braucht sich auf die Diskussion um wirkliche Umweltbelastungen gar nicht erst einzulassen, weil es den Umweltschützern ja angeblich darum gar nicht gehe, sondern um die Zerstörung des Staatswesens. Beide Beispiele zeigen, daß die integrative Kraft der Aussagenbewertung verloren geht, wenn Positionen oder Parteien mit moralischen Urteilen oder sogar "Verurteilungen" verknüpft werden.

Moralisierung ist eine attraktive Strategie in der öffentlichen Auseinandersetzung und führt oft zu politischen Erfolgen. Da aber jede Partei über ein Arsenal möglicher Moralisierungen verfügt und damit potentiell dem Verhandlungsgegner Schaden zufügen kann, liegt eine Einigung vor Beginn des Diskurses meist im Interesse aller Parteien. Dies gilt in der Regel nur für den geschlossenen Diskurs, während etwa bei Wahlkämpfen jede Seite glaubt, die unbeteiligte Bevölkerung, zumindest aber die eigene Klientel durch Moralisierung für die eigenen Belange mobilisieren zu können. Der Verzicht auf

Moralisierung bedeutet aber keineswegs, daß man Argumente nicht nach moralischen Kategorien bewerten dürfe oder man ethische Argumente aus dem Diskurs verbannen müsse. Im Gegenteil: Ohne ethische Bewertung von Optionen würde eine wichtige Komponente der Evaluation fehlen. Was vermieden werden soll, ist vielmehr die moralische Verurteilung von Parteien und deren Positionen im Diskurs.

4.2 Konfliktschlichtung in kooperativen Diskursen

Unter der Voraussetzung, daß die oben genannten Bedingungen durchgesetzt werden können, wie kann man dann die Parteien in einem Diskurs zu einem gegenseitigen Verständigungs- und möglicherweise auch Einigungsprozeß anregen? Wie kommt es zu Kompromissen? Die Kompromißfähigkeit von Themen in Diskursen ist an drei Bedingungen gebunden: *erstens* müssen genügend Lösungen zwischen den Extremen (ja oder nein) vorhanden sein bzw. geschaffen werden, *zweitens* muß es gemeinsam anerkannte Regeln geben, um die Evidenz von Sachaussagen und Bewertungsregeln zu überprüfen und *drittens* müssen alle Parteien das Gebot der Fairneß anerkennen. Bei Technikdiskursen ist die erste Bedingung meist gegeben. Es ist geradezu das Verdienst der Technikwissenschaften, Entscheidungen über die Zumutbarkeit von Techniken aus der deterministischen *ja - nein* Betrachtung in eine Entscheidungssituation mit einer Unzahl von Optionen der graduellen Modifikation technischer Optionen überführt zu haben.

Bei der zweiten Bedingung tritt allerdings eine Besonderheit der Technikthematik auf: Der Einsatz von Technik ist meist mit Risiken verbunden. Solche Risiken sind mögliche, aber keineswegs zwingende Folgen des Einsatzes von Technik. Wie man aber mit Risiken umgehen sollte, ist keineswegs rational eindeutig abzuleiten. Wenn es auch klare Regeln für die Messung und Behandlung stochastischer Phänomene gibt, so liegt es in der Natur der Stochastik, daß sich daraus sehr unterschiedliche, oft sogar diametral entgegengesetzte Handlungsanweisungen ergeben, selbst wenn alle Parteien identische Interessen und gleiche Zielvorstellungen (etwa Risikominimierung) haben. Die Tatsache, daß ein Ereignis im Durchschnitt einmal in tausend Jahren zu erwarten ist, sagt bekanntlich nichts über den Zeitpunkt aus, an dem das Ereignis wirklich stattfinden wird. Es kann morgen oder auch erst in zehntausend Jahren eintreffen. Habe ich zwei Handlungsoptionen, bei denen das gleiche unerwünschte Ereignis mit unterschiedlicher Wahrscheinlichkeit eintrifft, dann ist die Folgerung für eine Entscheidung unter Unsicherheit eindeutig: Jeder rational denkende Mensch würde sich für die Handlungsoption mit der geringeren Eintrittswahrscheinlichkeit entscheiden. Hätte ich etwa beim russischen Roulette die Wahl zwischen einem Revolver mit einer Kugel oder mit zwei Kugeln, dann ist offenkundig das Spiel mit der einen Kugel weniger risikoreich.

Die überwiegende Zahl der realen Entscheidungen über die Auswahl technischer Optionen ist jedoch komplizierter: Bei vielen Technikeinsätzen sind die Verluste um so größer, je unwahrscheinlicher das Ereignis ist. Habe ich wiederum zwei Handlungsoptionen, diesmal eine Option A mit einer gleichbleibenden Verlustrate pro Zeiteinheit ohne Katastrophenpotential und eine andere Option B mit einer im Durchschnitt geringeren, aber zeitlich variablen Verlustrate, bei der Katastrophen möglich, wenn auch sehr unwahrscheinlich sind, dann gibt es keine eindeutige Entscheidungsregel, die mir vorschreibt, welche der beiden Optionen ich wählen soll. Ich kann beispielsweise das MAXIMIN Prinzip anwenden und den maximalen Schaden minimieren, d. h. ich wähle Option A, da dort keine Katastrophe möglich ist. Wähle ich diese Option aber, so bedeutet das implizit, daß ich bereit bin, im Schnitt mehr Menschenleben zu opfern als unbedingt notwendig (denn Option B hat eine durchschnittlich niedrigere Verlustrate). Folge ich dagegen dem Prinzip der Nutzenmaximierung (expected utility concept) und minimiere meine durchschnittlichen Nutzenverluste, dann muß ich Option B wählen, da dort im Schnitt weniger Menschen ums Leben kommen. Mit dieser Wahl schließe ich aber ausdrücklich die Möglichkeit einer großen Katastrophe ein, bei der viele Menschen auf einmal sterben können. Beide Handlungsoptionen sind rational begründbar, obwohl sie aufgrund identischen Faktenwissens und Zielorientierung zustande gekommen sind.

Diese Überlegungen lassen sich noch weiter verfolgen, wenn man zusätzlich Konfidenzintervalle (wie behandle ich Risiken mit gleichem Erwartungswert, aber unterschiedlicher Varianz der möglichen Handlungsfolgen?) oder wenn man zur Beurteilung noch Kovarianzen und Interaktionseffekte mit anderen nutzengleichen Alternativen (wie etwa in der Portfoliotheorie des Aktienmarktes) einbezieht. Dann erweitert sich die Bandbreite rational begründbarer Auswahlstrategien, und eine Einigung auf eine Strategie ist schwierig zu erzielen. Aufgrund der Charakteristika stochastischer Phänomene reicht also eine Einigung über Faktenwissen und Kongruenz von Zielen nicht aus, um Handlungsoptionen eindeutig zu bestimmen. Als zusätzliches Moment kommt die Risikobereitschaft, d. h. die Aversion gegen oder Vorliebe für unwahrscheinliche, aber katastrophale Ereignisse mit ins Spiel.

Sind auch die Fakten umstritten und liegen unterschiedliche Zielvorstellungen vor, dann ist die Einigung auf eine Handlungsoption noch wesentlich problematischer, da die Risikobereitschaft als zusätzliche Variable die Bewertung von Optionen beeinflußt. In Technikdiskursen ist es deshalb angebracht, die unterschiedlichen Konflikttypen (Fakten, Ziele, Interessen und

Wertgewichtungen) getrennt zu behandeln und nacheinander abzuarbeiten. In Anlehnung an die entscheidungslogische Vorgehensweise lassen sich folgende Konflikttypen identifizieren:

- Konflikte über Vorgehensweisen;

- Konflikte über die Angemessenheit von Werten und Beurteilungskriterien;

- Konflikte über Sachzusammenhänge;

- Konflikte über die Wahrscheinlichkeit von Konsequenzen;

- Konflikte über den Nutzen von Konsequenzen;

- Konflikte über die relative Gewichtung von Werten und Beurteilungskriterien.

In Tab. 1 sind diese verschiedenen Konflikttypen zusammengefaßt und Bearbeitungs- und Lösungsstrategien für jeden Konflikttyp aufgeführt. Am Anfang steht die Diskussion um die beste Verfahrensweise. Dabei ist es Aufgabe des Organisators, die impliziten Regeln des kooperativen Diskurs den Teilnehmern vorzustellen und zu begründen. Alle Vorgaben für die Verfahrensweise lassen sich in einem kooperativen Diskurs nur nach der Einstimmigkeitsregel lösen. Alle Teilnehmer müssen zustimmen, ob etwa am Ende eine Mehrheitsabstimmung über den ausgehandelten Kompromiß stattfinden oder ob auch dort das Konsensprinzip gelten soll (mit Mehrheits- und Minderheitsvoten). Darüber hinaus müssen die Teilnehmer gemeinsame Entscheidungsregeln, die Tagesordnung, die Rolle des Moderators (etwa als Schlichter), die Reihenfolge der Anhörungen, u. a. m. festlegen. Dies sollte ebenfalls nach dem Konsensprinzip erfolgen. Alle Parteien müssen dem Verfahren zustimmen können.

Sobald das Verfahren festgelegt ist, dürfte es zweckmäßig sein, die Bandbreite normativer Aussagen festzulegen. Damit ist eine Einengung auf die Werte und Normen gemeint, die für das anstehende Problem relevant sind. Auf der einen Seite ist es erforderlich, nur die normativen Aussagen zuzulassen, die in einem inneren Zusammenhang mit der Thematik liegen, andererseits erfordert es das Gebot der Fairneß, alle Werte und Normen, die von den jeweiligen Parteien vorgetragen werden, so weit wie möglich zu berücksichtigen. Um dem intuitiven Verständnis von Technik in der Bevölkerung Rechnung zu tragen, erscheint es angebracht, eine breite Palette von Kriterien zur Technikbewertung einzubeziehen, wie etwa der Grad der Freiwilligkeit der Technikübernahme, die Möglichkeit personaler oder institutioneller Kontrolle zur Techniksteuerung oder die wahrgenommene Fairneß der Risiko-Nutzenverteilung. Die Erfahrung zeigt, daß es der Konfliktschlichtung dienlicher ist, eine möglichst vollständige Erfassung aller Werte anzustreben, als eine allzu enge Begrenzung der Relevanz vorzunehmen (Akademie 1992,

S. 377 ff.). Beschränkt man die Diskussion auf die offenkundig relevanten
Werte, dann werden sich einige Parteien immer benachteiligt fühlen und an
anderer Stelle eine neue *Grundsatzdiskussion* vom Zaun brechen. Insofern ist
es besser, daß jede Partei ihre Werte in den Diskurs einbringen kann
(Additivitätsmodell). Technisch läßt sich diese Addition durch das Verfahren
der Wertbaumanalyse zeitsparend und effizient bewerkstelligen (Keeney u. a.
1984).

Konfliktypus	Erklärung des Typus	Beispiel(e)	Inhalte des Konfliktes	Lösungsverfahren
Vorgehensweise	Struktur der Entscheidungsfindung	Mehrheitswahlrecht, Tagesordnung	Prozedurale Gerechtigkeit	Konsens
Angemessenheit von Werten	Kriterien zur Bewertung von Optionen	Wirtschaftlichkeit, Umweltverträglichkeit	Legitimität von Werten und Normen	Aufnahme aller geforderten Werte
Richtigkeit von Aussagen	Kriterien zur Beurteilung von Sachwissen	Physische Messung, Expertenurteil	Dissens unter Experten	Methodische Festlegung, Expertenauswahl
Interpretation von Aussagen	Subjektive Beurteilung aller Konsequenzen	Unzumutbare Gesundheitsbelastung	Variabilität von Präferenzen	Regeln für Begründung von Urteilen
Gewichtungen von Werten	rel. Priorität von Werten	rel. Gewicht Umwelt versus Wachstum	Relative Bedeutung von Werten	Kompensation, Gemeinwohl

Tab. 1   Unterschiedliche Konfliktypen für Entscheidungen über Technik

Sind die zur Beurteilung notwendigen Werte, Normen und Ziele einmal festgelegt, dann erfolgt der Austausch von Behauptungen, Sachaussagen, Appel-
len, Versprechungen und Affektäußerungen. Diese lassen sich jedoch in
einer Diskussion nicht eindeutig voneinander trennen. Dennoch ist es notwendig, auch bei zusammengesetzten Aussagen eine analytische Trennung
nach Aussagetypen vorzunehmen, um die Gültigkeit der gemachten Aussagen nachprüfen zu können. Dazu lassen sich die Aussagen in ihre Kompo-

nenten zerlegen und später wieder zusammenfügen, sofern der jeweilige Sprecher dies wünscht.

Konflikte über Sachzusammenhänge (kognitive Aussagen) sind bei Technikfolgen im Prinzip durch Messungen aufzulösen. In der Praxis zeigt sich aber, daß bei komplexen Technikfolgen einfache Meßanweisungen nicht ausreichen. Die kausalen Zusammenhänge zwischen auslösendem Ereignis und potentielle Folgen sind oft nur durch plausible Modellannahmen herzustellen, da in der Regel die Streubreite der Folgen (Hintergrundrauschen) und die Vielzahl konkurrierender Auslöser eine statistisch signifikante Beziehung ausschließen. Es ist daher schwierig, sich widersprechende Tatsachenaussagen zu falsifizieren. Einigung über Sachzusammenhänge erfordert deshalb einen größeren Aufwand und die Toleranz von Spannweiten des Wissens anstelle eindeutiger Erkenntnisse. Folgende Vorgehensweisen sind dazu geeignet:

❏ Einigung über methodische Regeln oder über eines oder mehrere konkurrierende Modelle, nach denen die Risiken abgeschätzt werden (etwa lineare Extrapolation von großen auf kleine Dosen);

❏ Einigung auf eine Gruppe von Wissenschaftlern, die eine Abschätzung für die Diskursteilnehmer vornehmen sollen;

❏ Vergabe von Gutachten an Experten mit unterschiedlicher Grundeinstellung, wobei die jeweiligen Expertisen die Bandbreite legitimer Expertenschätzungen definieren.

Die gleichen Verfahren lassen sich auch bei Konflikten über die Wahrscheinlichkeiten von Konsequenzen anwenden. Es mag bei besonders strittigen Fragen sinnvoll sein, vor dem eigentlichen Diskurs eine Expertenbefragung oder ein Expertendelphi (iterative Befragung von Experten mit Rückkopplung) zu veranstalten, um die unterschiedlichen Abschätzungen zu identifizieren und ihre Begründungen zu dokumentieren (Webler u. a. 1991). Als Resultat dieser kognitiven Überprüfungsprozesse bleiben viele potentielle Konsequenzen, vor allem wenn sie mit Unsicherheit verhaftet sind, umstritten; jedoch die Bandbreite der möglichen Meinungen wird je nach Stand des Wissensstandes mehr oder weniger eingengt.

Selbst wenn die Sachfragen geklärt sind, ist es noch lange nicht klar, welche Bedeutung einer jeden Konsequenz zukommen soll. Für die eine Partei mag eine Erhöhung der individuellen Eintrittswahrscheinlichkeit für eine Krebserkrankung um ein Promille eine vernachlässigbare Größe darstellen, während für eine andere Partei eine solche Erhöhung ein unzumutbares Risiko bedeutet. Wieviel Nutzengewinn oder Nutzenverlust eine bestimmte Konsequenz mit sich bringt, ist nicht objektiv bestimmbar, sondern ist von individuellen oder sozialen Präferenzen anhängig. Intersubjektiver Nutzenausgleich ist bei

Technikbewertungen besonders schwierig, weil die Qualität der Konsequenzen (Leben, Gesundheit, Umweltschutz) für viele Gruppen als nicht kompromißfähig angesehen wird und gleichzeitig identische Wahrscheinlichkeiten je nach Kontext und subjektiven Einstellungen unterschiedlich bewertet werden. Darüber hinaus verschärfen Verteilungsungleichheiten (Nutznießer und Risikoträger sind nicht identisch) Konflikte über die Höhe des Nutzens, der mit der Realisierung der jeweiligen Technik verbunden ist. Zur Lösung dieser Konflikte kommen nur einige wenige Möglichkeiten in Betracht:

❑ Risikoreduzierung bis zu dem Grad, an dem alle Parteien keinen signifikanten Nutzenverlust mehr erleben;

❑ Erweiterung der Haftung für Technikfolgen, d. h. eine Partei übernimmt die Kosten für den Nutzenverlust, falls der Schadensfall eintritt;

❑ Veränderung der Risiko-Nutzenverteilung, so daß die Risiko-Erleider am Nutzen partizipieren können;

❑ Monetäre Kompensation, bei der Nutzenverluste durch monetäre Nutzengewinne ausgeglichen werden;

❑ Nicht-monetäre Kompensation, bei der Nutzengewinne auf der gleichen Wertdimension (etwa kostenlose Vorsorgeuntersuchungen oder Risikoreduzierung durch einer andere Technik) oder auf anderen Wertdimensionen (etwa Errichtung eines Naturparkes) die Nutzenverluste durch das Risiko ausgleichen sollen;

❑ Ideelle Kompensation durch Einsicht in die Notwendigkeit (etwa eine Technik, die Behinderten zugute kommt), durch Prestigegewinn (Standort für eine zukunftsträchtige Technologie) oder Partizipation (etwa Platz im Aufsichtsrat oder Umweltkontrollrat).

Monetäre Kompensationen werden oft als Bestechung empfunden und Haftungserweiterung als blanker Zynismus. Alle oben aufgezählten Konfliktlösungsstrategien sind an die Austauschbarkeit von Nutzenkategorien gebunden: wer zusätzliche Gesundheitsrisiken rigoros ablehnt, kann nicht kompensiert werden und wird auch durch größere Partizipation am Nutzen nicht umzustimmen sein (O'Hare 1977). Dennoch hat sich in der Praxis gezeigt, daß eine Kombination von Risikoverminderung, fairem Ausgleich von Nutzen und Risiko und Kompensationen (in den USA oft monetär, in Europa eher nicht-monetär) häufig zu einem tragfähigen Kompromiß führt (Susskind et al. 1978; Carpenter und Kennedy 1988).

Sind die erwartbaren Technikfolgen mehrdimensional, also mit Konsequenzen auf unterschiedlichen Lebensbereichen verbunden, können Konflikte schließlich auch auf die Gewichtung der Wertdimensionen, die diese Lebensbereiche berühren, bezogen sein. Der Einsatz bestimmter Techniken mag Menschen, Bäume und Kunstdenkmäler gefährden und mit sozialen

Folgelasten (etwa ständige Kontrollen durch die Polizei) verbunden sein. Stehen mehrere Optionen zur Auswahl oder müssen knappe Ressourcen zur Vermeidung von negativen Folgen auf jede Dimension verteilt werden, dann kommt man nicht umhin, die Konsequenzen auf jeder Dimension miteinander zu verrechnen. Auch hier wird jede am Diskurs beteiligte Gruppe unterschiedliche Gewichtungen zugrunde legen. Im Ausnahmefall gibt es eine dominante Option, die von allen Gruppen als optimal oder nahezu optimal angesehen wird (dies geschieht übrigens häufiger, als man intuitiv annehmen würde). Ist dies nicht der Fall, dann muß weiter verhandelt werden. Im Prinzip lassen sich Gewichtungskonflikte in gleicher Weise wie Nutzenkonflikte lösen; allerdings ist die Situation komplexer, weil Risikoreduzierung auf einer Dimension oft risikoverstärkende Auswirkungen auf andere Dimensionen hat (etwa Verringerung des NO_x Ausstoßes beim Kraftverkehr zur Vermeidung von saurem Regen bei gleichzeitiger Erhöhung des Umweltrisikos bei der Abfallbeseitigung von ausgedienten Katalysatoren).

Diese sechs Konflikttypen sind häufig die Angelpunkte für Konflikte zwischen den am Technikdialog beteiligten Parteien. Ein kooperativer Diskurs setzt voraus, daß diese Konflikte zunächst identifiziert und dann gezielt durch Instrumente der Validierung von Aussagen angegangen werden.

4.3 Motivation zur Teilnahme an kooperativen Diskursen

Wer an einem kooperativen Diskurs teilnimmt, unterwirft sich freiwillig einer Reihe von Regeln und Verhaltensanweisungen und gibt häufig Machtpositionen auf, die außerhalb des Diskurses ihre Gültigkeit behalten. Aus diesem Grund erscheint es auf den ersten Blick fragwürdig, ob überhaupt jemand bereit ist, sich diesen Regeln zu unterwerfen. Allenfalls die schwächsten Akteure in einer politischen Auseinandersetzung können sich von dem egalitären Grundprinzip des kooperativen Diskurses angezogen fühlen, weil sie dadurch ihren Status in der Auseinandersetzung verbessern können. Ist also die Forderung nach Verwirklichung des kooperativen Diskurses ein blauäugiger Vorschlag, der sich in der sozialen Realität niemals wird durchsetzen lassen?

Diese Frage läßt sich nicht einfach beantworten. Unbestritten werden vor allem die mächtigeren Gruppen in der Gesellschaft zunächst versuchen, ihre Vorstellungen durchzusetzen, ohne sich auf das offene Abenteuer des Diskurses einzulassen. Je mehr aber diese Gruppen am Widerstand anderer Gruppen scheitern und sich die Konflikte verschärfen, ohne daß eine Lösung oder ein Kompromiß in Sicht ist, dann wächst die Bereitschaft, sich einem formalen Verfahren der Konfliktaustragung anzuvertrauen. Vor allem in den USA, aber auch zunehmend in der Bundesrepublik Deutschland gewinnen diskursive Verfahren des Aushandelns von politischen Entscheidungen zunehmend an Bedeutung (Amy 1987; Fiorino 1989; Holznagel 1990; Fietkau 1991). Diese Verfahren sind nur selten nach den Regeln des kooperativen Diskurses strukturiert, aber das Egalitätsprinzip innerhalb des jeweiligen Verfahrens ist meistens erfüllt (Bacow und Wheeler 1984).

Die Organisatoren von Diskursen haben aber mehrere Möglichkeiten, Parteien freiwillig zu einer Mitarbeit in Diskursen zu gewinnen. Dazu gehören (Renn 1991b):

(1) Verbindung von Sozialprestige und Teilnahme: Gelingt es dem Organisator eines Diskurses, mit Hilfe der Medien und anderer Teilnehmer den Diskurs selbst als sozial wünschenswert und prestigefördernd zu etablieren (etwa durch eine Berufung durch eine prestigeträchtige Institution), dann wird die Verweigerung der Teilnahme zu Prestigeverlusten führen, die sich die meisten Parteien nicht leisten können.

(2) Verbindung von Macht und Teilnahme: Ist die legitimierte Entscheidungsinstanz willens, ihre Entscheidungsbefugnis zugunsten der im Diskurs entwickelten Empfehlungen einzuschränken, dann ist es für die meisten Teilnehmer vorteilhafter, am Diskurs aktiv teilzunehmen als passiv das Ergebnis abzuwarten. Allerdings kann Totalopposition (bei erwartbarer Unterstützung durch große Teile des Publikums) immer noch erfolgreicher sein als Mitarbeit.

(3) Verbindung von Wertverpflichtung und Teilnahme: Gelingt es dem Organisator, die von den Parteien aufgeführten Werte und Ziele als kongruent mit den Werten und Zielen des Diskurses darzustellen, dann bleibt den Parteien nichts anderes übrig als mitzumachen, wenn sie sich nicht in Widerspruch zu ihren eigenen postulierten Zielen und Werten setzen wollen. Beispielsweise dürfte es für eine Partei, die im Konfliktfall auf Fairneß pocht, kaum möglich sein, sich dem Postulat des fairen Meinungsaustauschs innerhalb des Diskurses zu verschließen.

(4) Verbindung von wissenschaftlichem Sachverstand und Teilnahme: Besitzt der Organisator die Möglichkeit, Zugang zu wissenschaftlichem Sachverstand exklusiv den Teilnehmern am Diskurs zur Verfügung zu stellen, dann kann auch dies manche Parteien zur Teilnahme bewegen. Ein gutes Beispiel ist die Vergabe von Forschungsaufträgen im Verlauf des Diskurses. Wer sich selbst vom Diskurs ausschließt, verliert damit die Möglichkeit, Einfluß auf die Qualität und Quantität der zu sammelnden Erkenntnisse zu nehmen. Da wissenschaftlicher Sachverstand aber vor allem in Technikfragen einen hohen Stellenwert hat, ist die Definition von Forschungsaufträgen

bereits eine strategisch wichtige Vorentscheidung über den Konfliktausgang, so daß es im Interesse aller Parteien ist, daran mitzuwirken.

(5) Appelle an das Gemeinwohl: Viele Gruppen können nur dann in der Öffentlichkeit Punkte sammeln, wenn sie eine Verbindung zwischen ihren Forderungen und dem Gemeinwohl herstellen können. Wenn es dem Organisator gelingt, den Diskurs als Mittel zur Verbesserung des Gemeinwohls in den Augen der Öffentlichkeit zu verankern, dann wächst der soziale und moralische Druck auf die entsprechenden Gruppen, am Diskurs teilzunehmen.

4.4. Ein Verfahrensmodell für einen kooperativen Diskurs

Der kooperative Diskurs, wie er hier charakterisiert ist, stellt das Ideal dar, an dem sich Diskurse in der Realität messen lassen müssen. Es gibt keinen Zweifel, daß ein Diskurs, der alle diese Eigenschaften erfüllt, in der Realität nicht stattfindet. In der Vergangenheit haben meine Mitarbeiter und ich versucht, praktikable Modelle für Diskurse zu entwickeln und praktisch zu erproben (vgl. Renn u. a. 1985, Renn u. a. 1989). Die Erfahrungen mit diesen Projekten haben gezeigt, daß die Verwirklichung von kooperativen Diskursen eine Herausforderung darstellt, die theoretisches Wissen, kreatives Denken und praktisches Geschick erfordert. Alle unsere Projekte haben niemals alle Indikatoren eines kooperativen Diskurses erfüllen können, mit zunehmender Erfahrung haben wir jedoch mehr und mehr dazugelernt. Das im folgenden beschriebene Ablaufmodell dient uns als konzeptionelle Grundlage, auf deren Basis wir die spezielle Vorgehensweise in jedem konkreten Fall beziehen. Dieses Grundmodell beruht auf der sequentiellen Verknüpfung von Werte-Befragung, Evidenz-Ermittlung und Abwägung von Handlungsoptionen. Die Verknüpfung dieser drei Ebenen geschieht in den folgenden drei Schritten:

(1) Alle in einer Arena vorhandenen Parteien werden gebeten, ihre Werte und Kriterien für die Beurteilung unterschiedlicher Handlungsoptionen (etwa Einführung einer neuen Technologie; Modifikation vor Einführung; Ablehnung einer neuen Technologie) offenzulegen. Dies geschieht in Interviews zwischen den Diskurs-Organisatoren und den Repräsentanten der jeweiligen Parteien. Als methodisches Werkzeug dient dabei die Wertbaum-Analyse, ein in den USA entwickeltes interaktives Verfahren zur Bewußtmachung und Strukturierung von Werten und Attributen (Keeney u. a. 1984). Alle Parteien haben das Recht, ihren Wertbaum solange zu modifizieren, bis sie mit dem Produkt einverstanden sind. Die Wertbäume aller Parteien werden dann addi-

tiv zu einem logischen Gesamtbaum verschmolzen, wobei alle nicht-redundanten Eingaben übernommen und in eine hierarchische Struktur überführt werden. Dieser Gesamtwertbaum spiegelt folglich die Wertdimensionen aller beteiligten Parteien wider. Die Einbeziehung aller relevanten Werte in einen logisch kohärenten Bezugsrahmen hilft, potentielle Konflikte über die Angemessenheit von Werten und Berurteilungskriterien zu entschärfen und allen Parteien das Gefühl zu vermitteln, daß ihre Bedenken in den Entscheidungsprozeß eingebunden werden.

(2) Die Wertdimensionen werden in einem zweiten Schritt durch ein Forschungsteam, das möglichst von allen Parteien als neutral angesehen wird, in Indikatoren transformiert. Dies ist der erste Schritt zur Lösung von Konflikten über Sachverhalte. Diese Indikatoren sind Meßanweisungen, um die möglichen Folgen einer jeden Handlungsoption zu bestimmen (Evidenz-Nachweise). Da viele der Folgen nicht physisch meßbar sind und manche auch wissenschaftlich umstritten sein mögen, ist es nicht möglich, einen einzigen Wert für jeden Indikator anzugeben. Dies gilt vor allem für unsichere Folgen. Gleichzeitig sind die Folgen auch nicht beliebig, sondern ergeben sich als logische Folgerung aus dem jeweiligen Wissen und der Anwendung methodischer Regeln innerhalb verschiedener wissenschaftlicher Lager. Für den Diskurs ist es entscheidend, die Spannweite wissenschaftlich legitimer Abschätzungen so genau wie möglich zu bestimmen. Wir schlagen dazu eine Modifikation des klassischen Delphi-Verfahrens vor, bei dem Gruppen von Experten gemeinsam Abschätzungen vornehmen und Diskrepanzen innerhalb der Gruppen in direkter Konfrontation ausdiskutieren (Webler u. a. 1991). Am Ende dieses Schrittes verfügt man bei jeder Handlungsoption über ein Folgeprofil auf jedem Kriterium, das von den beteiligten Parteien vorgeschlagen wurde. Aufgrund der Expertendiskussionen kann man auch die verbalen Begründungen für unterschiedliche Abschätzungen in das Profil einbeziehen.

(3) Hat man die Wertdimensionen bestimmt und die Folgen der jeweiligen Handlungsoptionen abgeschätzt, folgt der schwierige Prozeß der Abwägung. Es geht also um die Lösung von normativen Konflikten. Normative Konflikte basieren nicht auf unterschiedlichen Vorstellungen über die möglichen Folgen von Optionen, sondern beziehen sich auf die Wünschbarkeiten dieser Folgen im Hinblick auf soziale Normen, Werte und Lebensstile. Normative Konflikte lassen sich grundsätzlich in einem Diskurs zwischen den organisierten Parteien klären. Häufig aber sind diese Parteien in ihren Meinungen weitgehend polarisiert und nicht mehr offen für einen Kompromiß. Gleichzeitig repräsentieren sie nur in eingeschränktem Maß die betroffene Bevölkerung. Aus diesem Grund hat P. Dienel vorgeschlagen, die Bevölkerung als *Schöffen* zu gewinnen und es - ähnlich wie bei einem amerikanischen Gerichtsverfahren - einigen, nach dem Zufallsverfahren ausgesuchten Bürgern

zu überlassen, stellvertretend für alle diese Abwägung vorzunehmen (Dienel 1978; Dienel 1989). Dieses Verfahren setzt voraus, daß die am Konflikt beteiligten Parteien einer solchen Lösung zustimmen. Dies wird um so eher geschehen, je mehr die Parteien selber keine Chance mehr wahrnehmen, den Konflikt aus eigenen Kräften zu überwinden und sie gleichzeitig eine Lösung anstreben. Alle Parteien sind daher eingeladen, als Zeugen vor den Bürgern auszusagen und ihre Empfehlungen vorzutragen. Die ausgesuchten Bürger haben mehrere Tage Zeit, die Profile der jeweiligen Handlungsoptionen zu studieren, Experten zu befragen, Zeugen anzuhören, Besichtigungen vorzunehmen und sich eingehend zu beraten. Am Ende stellen sie eine Handlungsempfehlung aus, die sie wie bei einem Gerichtsverfahren eingehend in einem Bürgergutachten begründen müssen. Dafür erhalten sie eine Vergütung. Dieses Verfahren, dem P. Dienel den etwas problematischen Namen *Planungszelle* gegeben hat, hat sich auf kommunaler Ebene wie auch auf regionaler Ebene bereits bewährt und wurde erstmals für einen nationalen Konflikt zu Beginn der 80er Jahre eingesetzt.

Das hier beschriebene Verfahren hat den Vorteil, daß es zwischen Werterhebung, Faktenermittlung und Abwägung trennt und dafür verschiedene Verfahrensschritte vorschlägt. Dadurch werden unterschiedliche Prozesse der Trennung von Ideologie und Wissen wirksam, die sich in einem allumfassenden Diskurs oft vermischen. Innerhalb der Bürgerforen lassen sich darüber hinaus die Regeln des kooperativen Diskurses meist besser durchsetzten als in einer Verhandlung zwischen Parteien. Allerdings beruht dieses Verfahren auf der expliziten Zustimmung aller relevanten Parteien und des Entscheidungsträgers. Gleichzeitig müssen die Profile und faktischen Analysen so aufbereitet sein, daß ein Nichtfachmann mit ihnen umgehen kann. Die Praxis hat jedoch gezeigt, daß Wissenschaftler und Interessengruppen die Urteilskraft des Bürgers meist unterschätzen. Sofern die faktischen Zusammenhänge eingehend erläutert und die Interessen und Werte der beteiligten Parteien transparent gemacht werden, sind Bürger durchaus in der Lage, sachlich richtige und politisch faire Empfehlungen vorzuschlagen. Der Ablauf des Verfahrens ist in Bild 3 schematisch dargestellt.

4.5 Chancen für einen kooperativen Diskurs

Vergegenwärtigt man sich die Probleme, die einem kooperativen Diskurs entgegenstehen, dann wird man nicht um die Frage herumkommen, ob sich der Aufwand überhaupt lohnt. Wäre es nicht besser, die Entscheidung über Technikeinsatz dem freien Spiel der politischen Kräfte zu überlassen anstatt durch eine zu starke Strukturierung der Debatte mögliche Lösungen herauszuzögern und unnötig Staub aufzuwirbeln?

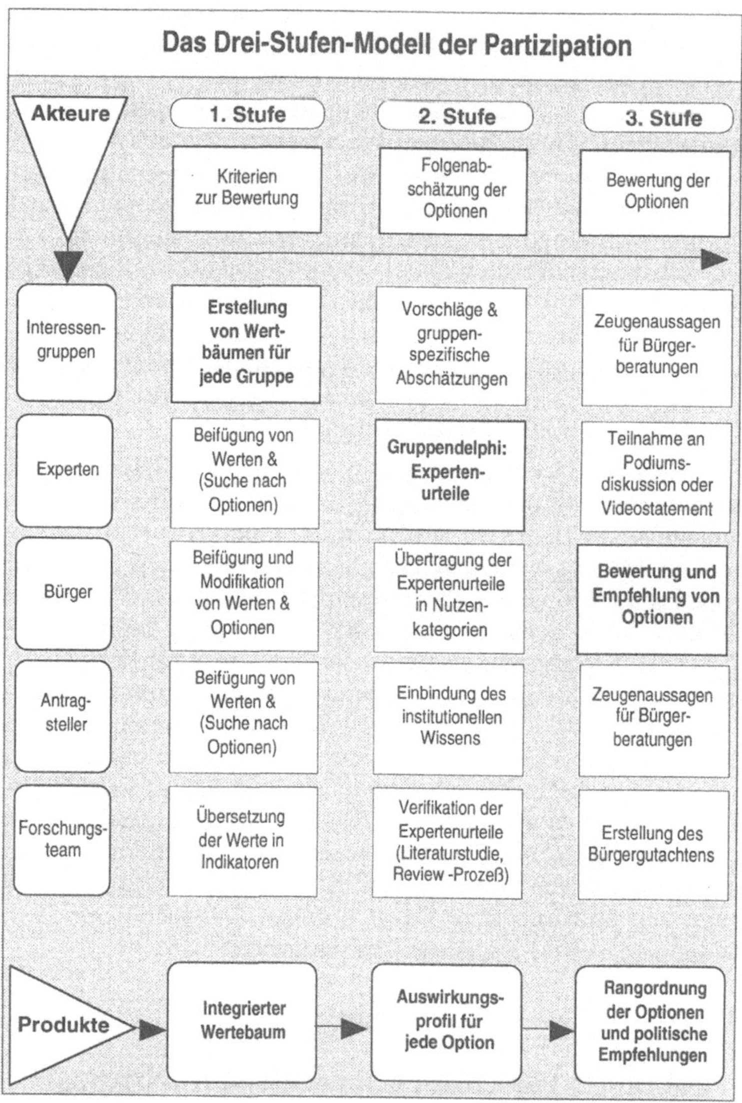

Bild 3   Drei-Stufen-Modell der Partizipation

Diese Auffassung wird oft in der Literatur zur Ökonomie der Politik vertreten. Ähnlich wie in der liberalen Wirtschaftsauffassung die "invisible hand"
des Wirtschaftsgeschehens aufgrund freien Markteintritts und Konsumenten-

souveränität eine optimale Allokation der knappen Güter bewirken soll, so geht die Theorie des "muddling through" davon aus, daß sich im Wettstreit der pluralistischen Akteure im Endeffekt die Auffassung durchsetzen werde, die für alle die geringsten Interesseneinbußen nach sich zieht (Lindbloom 1959). Dies ist im politischen Sinne die optimale Lösung, da jedes Interesse im demokratischen Staatswesen gleich hoch einzuschätzen ist, solange es den gesetzlichen Bestimmungen nicht widerspricht.

Wiewohl die Warnung vor übertriebenen Hoffnungen in die Strategien des Konflikt-Managements berechtigt ist, erscheint mir jedoch der Versuch, ein vorbeugendes Konflikt-Management zu institutionalisieren, nicht nur ein erforderlicher, sondern auch ein politisch praktikabler Weg der Entscheidungsfindung zu sein, und zwar aus folgenden Gründen:

- Die möglichen Konsequenzen unserer Handlungen nehmen inzwischen globale Auswirkungen an (vgl. Klimaeffekt, Ozonloch usw.), so daß die Vernachlässigung des Sachwissens zu unzumutbaren Folgen führen kann.

- Das Wissen um diese Konsequenzen hat nicht nur quantitativ zugenommen, es ist auch in seiner Struktur komplexer und unübersichtlicher geworden. Ohne Einbindung der jeweiligen Experten läßt sich eine sinnvolle (d. h. den Konsequenzen angemessene) Entscheidung nicht mehr treffen.

- Das freie Spiel der politischen Kräfte versagt, wenn Evidenzen über Folgen umstritten und Interessen die Auseinandersetzung dominieren. Da integrative Mechanismen fehlen, kommt es entweder zur Paralysierung von Entscheidungssystemen, oder aber der Zugang zur politischen Macht beziehungsweise das Mobilisierungspotential von politischer Unterstützung beherrschen den Ausgang der Entscheidung. Beide Folgen sind in der Regel kostenintensiv und suboptimal in Bezug auf das angestrebte Zielsystem.

- Moderne Gesellschaften sind immer weniger gewillt, Entscheidungen nach dem *trial and error*-Prinzip zu fällen. Sie erwarten von ihren politischen Repräsentanten eine Antizipation möglicher Folgewirkungen und fordern institutionalisierte Formen des Technik-Managements, um die antizipierten Folgen zu verhindern oder zumindest zu lindern. Dies gilt auch für das Management von Konflikten. Konflikte, die als nicht mehr lösbar erscheinen oder den Einsatz von Gewalt erfordern, werden als Versagen des institutionellen Technik-Managements bewertet und nicht als alternative Strategien, mit Konflikten umzugehen. Vorbeugendes Konflikt-Management wird also von den jeweiligen Institutionen erwartet, wobei Fairneß gegenüber gesellschaftlichen Forderungen und Sachkompetenz zusätzlich eingefordert werden.

❑ Strukturierte Formen des Konflikt-Managements stehen nicht im Gegensatz zu pluralistischen Formen der Konfliktaustragung. Im Gegenteil, sie basieren auf dem Grundsatz, daß nur der Diskurs zwischen den pluralen Gruppierungen eine akzeptable und gleichzeitig rationale Lösung des Konfliktes hervorbringen kann. Allerdings ist es nicht ausreichend, alle Teilnehmer um einen Tisch zu versammeln, sondern es gilt, das jeweils relevante Wissen der Teilnehmer funktional in den Prozeß der Entscheidungsfindung zu integrieren.

In allen westlich orientierten Demokratien sind inzwischen neue Formen des vorbeugenden Konflikt-Managements entstanden. Manche von ihnen sind urwüchsig aus dem pluralistischen Interessenkampf entstanden, andere sind bewußt von Entscheidungsträgern oder Interessengruppen ins Leben gerufen worden. Ohne Diskurs werden Technikkonflikte kaum mehr sachlich kompetent und demokratisch zu bewältigen sein.

5 Schlußbemerkung

Technikkommunikation ist zu einem Zauberwort in der aktuellen Debatte um die Akzeptabilität von technischen Risiken geworden. Nach meiner Auffassung ist es die wichtigste Funktion von Technikkommunikation, Konflikte zwischen unterschiedlichen Positionen über die Zumutbarkeit von Risiken zu schlichten und zu einem fairen und kompetenten Kompromiß beizutragen. Dabei begibt sich der Kommunikationsforscher bzw. Moderator in die Rolle des Katalysators. Er schafft die organisatorischen und strukturellen Voraussetzungen dafür, daß unterschiedliche Parteien sich über Risiken und Chancen der zu diskutierenden Technik verständigen können und sich aufgrund eines fairen und kompetenten Austauschs von Argumenten auf einen Kompromiß einigen können, ohne daß der Moderator selbst Partei ergreift bzw. den Inhalt des Kompromisses bestimmt. Ein solche Funktion von Technikkommunikation erscheint mir im Rahmen des hier thematisierten kooperativen Diskurses gewährleistet. Ein solcher Diskurs schafft die Voraussetzungen, daß Verständigung zwischen den Parteien zustandekommt und daß die Konfliktlösungsversuche den beiden Kriterien der Fairneß und der Kompetenz entsprechen.

Beide Kriterien, Fairneß und Kompetenz, können aber nur gleichzeitig erreicht werden, wenn alle Beteiligten willens sind, sich den Regeln des Diskurses zu unterwerfen und wenn es eine Trägerinstanz gibt, die versucht, alle Strukturmerkmale des kooperativen Diskurses so weit wie möglich in die Tat umzusetzen. Der kooperative Diskurs ist dabei eine von vielen Möglichkeiten, zu einer sinnvollen Konfliktaustragung zu kommen. Ich bin der Überzeugung, daß dieses Modell als Leitlinie für eine Vielzahl von Konflikten im Umwelt- und Technikbereich dienen kann. Eine faire und kompetente Konfliktbewältigung ist mehr denn je notwendig, um das bestmögliche Sachwissen mit den legitimen Werten und Interessen der betroffenen Bevölkerungsgruppen in Einklang zu bringen.

Die Forderung nach einem kooperativen Diskurs ist daher nicht nur ein Anliegen zur Verbesserung der politischen Kultur, sondern auch ein Instrument zur Gestaltung einer lebensfähigen und lebenswerten Zukunft. Die Notwendigkeit solcher Diskurse, gerade im Bereich der Technikpolitik, ergibt sich aus der Problematik, daß kollektive Entscheidungen in immer stärkerem Maße globale Konsequenzen haben, unser Wissen über diese Wirkungszusammenhänge immer komplexer und spezialisierter wird und gleichzeitig die von Entscheidungen Betroffenen Mitspracherechte an der Gestaltung ihrer Lebenswelt einfordern. Wissen ohne Partizipation verletzt das Grundrecht eines fairen Interessenausgleichs zwischen den verschiedenen Parteien; Partizipation ohne Wissen führt zum Diletantismus und damit zu Handlungsfolgen, die sich niemand wünschen kann. Der kooperative Diskurs versucht beiden gerecht zu werden: die Handlungsfolgen müssen rational durchdacht und die damit verbundenen Interessen fair ausgehandelt werden.

Literatur

Adams, W. C.: "Whose Lives Count?: TV Coverage of Natural Disasters," Communication, 36, Nr. 2 (Frühjahr 1986), S. 113 - 122.

Amy, D. J.: The Politics of Environmental Mediation (Cambridge University Press: Cambridge und New York 1987).

Akademie der Wissenschaften zu Berlin: Umweltstandards (De Gruyter: Berlin 1992).

Bacow, L. S. und Wheeler, M.: Environmental Dispute Resolution (Plenum: New York 1984).

Battelle Institut: Die Kernenergiekontroverse im Spiegel der Tageszeitungen - Inhaltsanalytische Auswertung eines exemplarischen Teils der Informationsmedien. Bericht für das Bundesinnenministerium (Bonn 1978).

Berger, P. und Luckmann, T.: Die gesellschaftliche Konstruktion der Wirklichkeit. Eine Theorie der Wissenssoziologie (Teubner: Stuttgart 1969).

Carpenter, S. L. und Kennedey, W. J. D.: Managing Public Disputes (Jossey Bass Publishers: San Francisco 1988).

Covello, V. T.: "The Perception of Technological Risks: A Literature Review," Technological Forecasting and Social Change, 23 (1983), S. 285 - 297.

Covello, V. T.; Slovic P.; und von Winterfeldt, D.: "Risk Communication: A Review of the Literature," Risk Abstracts , 3, Nr. 4 (October 1986), S. 172 - 182.

DeFleur, M. L. und Ball-Rokeach, S.: Theories of Mass Communication , 4. Auflage (Longman: New York 1982).

Dienel, P. C.: Die Planungszelle (Westdeutscher Verlag: Opladen 1978).

Dienel, P. C.: "Contributing to Social Decision Methodology: Citizen Reports on Technological Projects," in: C. Vlek und G. Cvetkovich (Hrsg.): Social Decision Methodology for Technologial Projects (Kluwer Academic Press: Dordrecht 1989), S. 133 - 150.

Fietkau, H. J.: Mediationsverfahren im Umweltschutz - Psychologische Ansätze für Forschung und Praxis (Wissenschaftszentrum Berlin: Berlin 1991).

Fiorino, D. J.: "Technical and Democratic Values in Risk Analysis," Risk Analysis, 9, Nr. 3 (1989), S. 293 - 299.

Fisher, A.: "Risk Communication: Getting Out the Message about Radon," EPA Journal , 13, Nr. 9 (1987), S. 27 - 29.

Guggenberger, B.: "Die Grenzen des Gehorsams. Widerstandsrecht und atomares Zäsurbewußtsein." in: R. Roth und D. Rucht (Hrsg.): Neue soziale Bewegungen in der Bundesrepublik Deutschland (Campus: Frankfurt am Main 1987).

Hovland, C. J.: "Social Communication," Proceedings of the American Philosophical Society, 92 (1948), S. 371 - 375.

Holznagel, B.: Konfliktlösung durch Verhandlungen (Nomos: Baden-Baden 1990).

Kasperson, R. E.; Renn, O.; Slovic P.; Brown, H. S.; Emel, J.; Goble, R.; Kasperson, J. X.; und Ratick, S.: "The Social Amplification of Risk. A Conceptual Framework," Risk Analysis, 8, Nr. 2 (August 1988), S. 177 - 187.

Kasperson, R. E. und Stallen, P. M.: "Introduction," in: R. E. Kasperson und P. M. Stallen: Communicating Risk to the Public (Kluwer Academic Press: Dordrecht 1991), S. 1 - 11.

Keeney, R. L.; Renn, O.; von Winterfeldt, D.; und Kotte, U.: Die Wertbaumanalyse (HTV Edition "Technik und Sozialer Wandel", München 1984).

Kepplinger, H.: Künstliche Horizonte. (Campus: Frankfurt am Main und New York 1989).

Klages, H.: Wertorientierungen im Wandel (Campus: Frankfurt am Main und New York 1984).

Köcher, R.: "Bloodhounds or Missionaries: Role Definitions of German and British Journalists," European Journal of Communication , 1 (1986), S. 43 - 64.

Lasswell, H. D.: The Structure and Function of Communication in Society," in: L. Brison (Hrsg.): The Communication of Ideas (New York 1948), S. 32 - 51.

Lindbloom, C.: "The Science of Muddling Through," Public Administration Review, 19 (1959), S. 79 - 99.

Lübbe, H.: "Technischer Wandel und die individuelle Lebenskultur," in: H. Lübbe (Hrsg.): Fortschritt der Technik- gesellschaftliche und ökonomische Auswirkungen ,(Decker: Heidelberg 1987), S. 49 - 63.

Luhmann, N.: Ökologische Kommunikation (Westdeutscher Verlag: Opladen 1986).

Majone, G.: Evidence, Argument and Persuasion in the Policy Process (Yale University Press: New Haven and London 1989).

Mazur, A.: "The Journalist and Technology: Reporting about Love Canal and Three Mile Island," Minerva , 22 (1984), S. 45 - 66.

Mazur, A.: "Putting Radon on the Public's Risk Agenda," Science, Technology and Human Values, 12, Nr. 3 und 4 (Sommer 1987), S. 86 - 93.

Mitchell, R. C.: "How 'Soft', 'Deep', versus 'Left'? Present Constituencies in the Environmental Movement for Certain World Views," Natural Resources, Band 20. Nr. 2 (1980), S. 345 - 358.

National Research Council: Improving Risk Communication (National Academy Press: Washington, D.C. 1989).

O'Hare, M.:"Not on My Block You Don't: Facility Siting and the Strategic Importance of Compensation," Public Policy, 25 (Fall 1977).

Otway, H. und Wynne, B.: "Risk Communication: Paradigm and Paradox," Risk Analysis , 9, Nr. 2 (1989), S. 141 - 145.

Peltu, M.: "The Role of Communications Media," in: H. Otway und M. Peltu (Hrsg.): Regulating Industrial Risks (Butterworth: London 1985), S. 128 - 148.

Peltu, M.: "Media Reporting of Risk Information: Uncertainties and the Future," in H. Jungermann; R.E. Kasperson; und P.M. Wiedemann (Hrsg.): Risk Communication (Forschungszentrum KFA: Jülich 1989), S.11 - 32.

Peters, H. P.: Entstehung, Verarbeitung und Verbreitung von Wissenschaftsnachrichten am Beispiel von 20 Forschungseinrichtungen , Report Jül-Spez-1940 (Forschungszentrum KFA: Jülich 1984).

Peters, H. P.: "Technik-Kommunikation: Kernenergie," in: H. Jungermann, B. Rohrmann und P. M. Wiedemann (Hrsg.): Technik-Konzepte, Technik-Konflikte, Technik-Kommunikation. Monographien des Forschungszentrums Jülich, Band 3 (Forschungszentrum Jülich: Jülich 1990), S. 59 - 148.

Renn, O.: "Evaluation of Risk Communication: Concepts, Strategies, and Guidelines," in: Managing Environmental Risks. Proceedings of an APCA International Speciality Conference in Washington D.C., Oktober 1987. (APCA: Washington D.C. 1988), S. 99 - 117.

Renn, O.: "Risk Communication and the Social Amplification of Risk," in: R. Kasperson und P.J. Stallen (Hrsg.): Communicating Risk to the Public (Kluwer Academic Publishers: Dordrecht 1991a), S. 287 - 324.

Renn, O.: Technikkommunikation: Bedingungen und Probleme eines rationalen Diskurses über die Akzeptabilität von Risiken, in: J. Schneider (Hrsg.): Technik und Sicherheit technischer Systeme. Auf der Suche nach neuen Ansätzen (Birkhäuser: Basel 1991b), S. 193 - 209.

Renn, O.: "Concepts of Risk: A Classification", in: S. Krimsky und D. Golding (Hrsg.): Social Theories of Risk (Praeger: Westport 1992a), S. 53 - 79.

Renn, O.: "Risk Communication: Towards a Rational Dialogue with the Public,"Journal of Hazardous Materials, 29, Nr. 3 (1992b), S. 465 - 519.

Renn, O.; Albrecht, G.; Kotte, U.; Peters, H. P. und Stegelmann, H. U.: Sozialverträgliche Energiepolitik. Ein Gutachten für die Bundesregierung (HTV Editon "Technik und sozialer Wandel": München 1985).

Renn, O.; Goble, R.; Levine, D.; Rakel, H.; und Webler, T.: Citizen Participation for Sludge Management, Final Report to the New Jersey Department of Environmental Protection (CENTED, Clark University: Worcester 1989).

Rohrmann, B.: "Akteure der Technik-Kommunikation," in: H. Jungermann, B. Rohrmann und P. M. Wiedemann (Hrsg.): Technik-Konzepte, Technik-Konflikte, Technik-Kommunikation. Monographien des Forschungszentrums Jülich, Band 3 (Forschungszentrum Jülich: Jülich 1990), S. 329 - 343.

Rubin, D. M.: "How the News Media Reported on Three Mile Island and Chernobyl," Communication, 37, Nr. 3 (1987), S. 42 - 57.

Sandman, P. M.; Weinstein, N. D.; und Klotz, M. L.: "Public Response to the Risk from Geological Radon," Communication, 37, Nr. 3 (Sommer 1987), S. 93 - 108.

Seiderberg, P. C.: The Politics of Meaning: Power and Explanation in the Construction of Social Reality (University of Arizona Press: Tuscon 1984).

Shannon, C. E. und Weaver, W.: The Mathematical Theory of Communication (The University of Illinois Press: Urbana 1949).

Sharlin, H. I.: "Macro-Risks, Micro-Risks, and the Media: The EDB Case," in: V. T. Covello und B. B. Johnson (Hrsg.): The Social and Cultural Construction of Risk (Reidel: Dordrecht 1987), S. 183 - 197.

Shoemaker, P. J.: "Mass Communication by the Book: A Review of 31 Texts," Communication, 37, Nr. 3 (Summer 1987), S. 109 - 133.

Sood, R.; Stockdale, G. und Rogers E. M.: "How the News Media Operate in Natural Disasters," Communication , 37, Nr. 3 (Sommer 1987), S. 27 - 41.

Susskind, L. E.; Richardson, J. R. und Hildebrand, K. J.: Resolving Environmental Disputes. Approaches to Intervention, Negotiation, and Conflict Resolution. Environmental Impact Assessment Project (MIT: Cambridge, June 1978).

Thomas. L. M.: "Why We Must Talk About Risks," in: J. C. Davies, V. T. Covello und F. W. Allen (Hrsg.): Risk Communication (The Conservation Foundation: Washington, D.C. 1987), S. 19 - 25.

Webler, T., Levine, D., Rakel, H. und Renn, O.: "The Group Delphi: A Novel Attempt at Reducing Uncertainty, " Technological Forecasting and Social Change , 39 (1991), S. 253 - 263.

Wiedemann, P. M.: "Strategien der Technik-Kommunikation und ihre Probleme," in: H. Jungermann, B. Rohrmann und P. M. Wiedemann (Hrsg.): Technik-Konzepte, Technik-Konflikte, Technik-Kommunikation. Monographien des Forschungszentrums Jülich, Band 3 (Forschungszentrum Jülich: Jülich 1990), S. 345 - 367.

Wilkins, L. and Patterson, P.: "Risk Analysis and the Construction of News," Communication, 37, Nr. 3 (Sommer 1987), S. 80 - 92.

Zimmerman, R.: "A Process Framework for Risk Communication," Science, Technology, and Human Values, 12, Nr. 3 und 4 (Sommer und Herbst 1987), S. 131 - 137.

Hans-Joachim Braczyk

Die möglichen Folgen technisierter Kommunikation in Arbeitsorganisationen

1 Einleitung: Informations- und Kommunikationsgesellschaft

Im Bemühen um eine treffende Kennzeichnung moderner Gesellschaften tauchen immer wieder verschiedene Begriffe auf. *Wohlstandsgesellschaft, Dienstleistungsgesellschaft, Informationsgesellschaft, Organisationsgesellschaft* sind Beispiele hierfür. Die Bezeichnungen *Informationsgesellschaft* und *Kommunikationsgesellschaft* haben inzwischen vordere Rangplätze eingenommen. Sie geraten zwar zuweilen in den Schatten von Wortprägungen, denen sehr große Aufmerksamkeit zuteil wird. Erinnert sei an die Rede von der Risikogesellschaft (Beck 1986). Hinter diesen Begriffsbildungen steht immer das Bemühen, den *eigentlichen Kern* moderner Gesellschaften so treffend wie möglich zu akzentuieren. Ob und wieweit dies jeweils gelungen ist, soll hier nicht entscheiden werden. Dies würde uns zu sehr an Probleme der Gesellschaftstheorie heranführen.

Wir sollten an dieser Stelle akzeptieren, daß unabhängig von gesellschafts-theoretischen Grundproblemen die Vielfalt der Erscheinungsformen moderner Gesellschaften eine ganze Palette unterschiedlicher Ansatzpunkte für spezielle Perspektiven bietet, in denen sich die Gesellschaft oder gesellschaftliche Ausschnitte besonders konzentriert und herausgehoben in den Blick nehmen lassen. In dieser Hinsicht hat die seit Jahren anhaltende Präsenz der Konzepte *Informationsgesellschaft* und *Kommunikationsgesellschaft* Berechtigung. In ihnen verdichten sich Beobachtungen von zurückliegenden Entwicklungen, Analysen von gegenwärtigen Situationen und Erwartungen an die Zukunft zu der Grundannahme, daß Information und Kommunikation

zunehmend Basis und Stoff von wissenschaftlichem, technischem und wirt-
schaftlichem Handeln werden. Entsprechend hohe Bedeutung wird der
weiteren Entwicklung, Anwendung und Nutzung von Informations- und
Kommunikationstechnologien (IuK-Technologien) zugeschrieben.

Verschiedene Anwendungen von Informations- und Kommunikationstechnologien sind in Arbeits- und Lebenswelt fest etabliert. Legen wir den Begriff
weitherzig aus, zählen u. a. Sprache, Schrift, Buchdruck, Funk, Telefon, Fax,
Electronic Mail, die Bearbeitung und der Austausch von Daten mit Hilfe von
Computern, Anwendungen von Künstlicher Intelligenz (wissensbasierte Systeme) dazu (Bild 1).

Bild 1   Verschiedene Anwendungen von IuK-Technologien

In einem engeren Sinne könnte man die mikroelektronisch gestützten IuK-
Technologien hiervon als Untermenge abgrenzen (Bild 2). Sie bilden die
technische Basis für eine weitere, subtilere und dichtere Durchdringung der
sozialen Welt mit IuK-Technologien.

> **Mikroelektronisch gestützte IuK-Technologien
> als Untermenge von IuK-Technologien**
>
> Technisierung und Konzepte der Automatisierung
> von Informationsverarbeitung und Kommunikation
>
> Beispiele:
>
> | CIM-Strategien |
> | --- |
> | Vernetzung von CAD und CAM |
> | Kommunikation zwischen Mensch-Maschinen-Schnittstellen |
> | Managementsysteme |
> | Verkehrsleitsysteme |

Bild 2   Mikroelektronisch gestützte IuK-Technologien als Untermenge von IuK-
Technologien

1.1   Technikfolgenabschätzung zu Informations- und Kommunikationstechnologien

Inzwischen hat sich eine thematisch und disziplinär weit verzweigte Forschung etabliert, die sich mit den Voraussetzungen, Wirkungen und Folgen
der Nutzung von IuK-Technologien auseinandersetzt. Im Kern ist hierbei der
Bereich mikroelektronisch gestützter IuK-Technologien Forschungsgegenstand. Von besonderem Interesse sind hierbei die Technisierung und die
Konzepte der Automatisierung von Informationsverarbeitung und Kommunikation. Die technischen Anwendungen können hier nur beispielhaft benannt werden. An vorderer Stelle sind CIM-Strategien erwähnenswert, die an
diesem Ort nicht erläutert werden müssen. Aber auch weniger ambitiöse
Anwendungen wie die Vernetzung von CAD und CAM oder die Kommunikation durch Mensch-Maschine-Schnittstellen, Managementsysteme, Wa-
renwirtschaftssysteme usw. gehören hierzu.

Ein beträchtlicher Ausschnitt dieser Forschungen kann der Technikfolgenabschätzung (TA)[1] zugerechnet werden. Die Ermittlung des Marktpotentials für IuK-Technologien, die mittel- und langfristigen Folgen für den Arbeitsmarkt, Veränderungen von Berufsqualifikationen und Anforderungen an das Bildungssystem, neue Kommunikationsgewohnheiten und nicht zuletzt die Erwartungen an IuK-Technologien als Instrumente wirtschaftlicher Rationalisierung sind vertraute Beispiele hierfür.

1.1.1   Probleminduzierte Technikfolgenabschätzung

In der Perspektive einer probleminduzierten TA interessierte vor allem die Gestaltung von Arbeit und Technik, nachdem schon frühzeitig völlig neue Möglichkeiten der Nutzung von IuK-Technologien in Arbeitssystemen erkannt worden waren (Lullies; Weltz 1983). Allerdings muß wohl eingeräumt werden, daß diese Möglichkeiten nur sehr begrenzt genutzt werden, und daß stattdessen die IuK-Technologien bevorzugt zur Unterstützung von konventionellen Arbeitsformen und Organisationsstrukturen eingesetzt werden (Weltz 1993).

1.1.2   Technikinduzierte Technikfolgenabschätzung

Von einer technikinduzierten TA ausgehend, standen zuletzt vornehmlich Untersuchungen im Vordergrund, die in den Umkreis der Themen Kontrolle, Risiko, Macht, Rationalisierung und Kommunikation einzuordnen sind.

(1) Kontrolle und Risiko: Unter den Aspekten Kontrolle und Risiko sind auf gesellschaftlicher Ebene TA-Untersuchungen im Zusammenhang mit wahrgenommenen Gefährdungen von Rechtspositionen bis hin zu Grundrechten zu sehen (Bild 3). Hier konnte die der Anwendung und Nutzung von Technik sehr oft anhaftende Ambivalenz von Sicherheit und Risiko besonders anschaulich nachvollzogen werden (Rossnagel 1993). Dem zunächst technisch möglich erscheinenden Einsatz von IuK-Technologien zur Erhöhung von Sicherheit - etwa der Bewachung von kerntechnischen Anlagen, der Über-

---

[1]   Technikfolgenabschätzung ist hier umfassend im Sinne der von Bullinger in seinem Beitrag *Was ist Technikfolgenabschätzung?* gegebenen Definition zu verstehen. Aus konzeptionellen Gründen wird allerdings die Technikgeneseforschung im Verständnis einer prospektiven Technikfolgenabschätzung hinzu gerechnet.

wachung von Verdächtigen, der Abwehr von Mißbrauch in Wirtschaft und
Sozialpolitik - wurden dann häufig benennbare Folgen gegenübergestellt, die
bis zur Unterhöhlung des demokratischen Rechtsstaates reichten[2]. Die zurückliegenden Debatten über das informationelle Selbstbestimmungsrecht
und den Datenschutz sind Beispiele hierfür.

Risiko und Kontrolle

Gefährdungen von Rechtspositionen bis hin zu Grundrechten

Ambivalenz von Sicherheit und Risiko

demokratischer Rechtsstaat

informationelles Selbstbestimmmungsrecht und Datenschutz

mikroelektronische gestützte Personalinformationssysteme,
Betriebsdatenerfassungen und Produktionsplanungs- und
steuerungssysteme

Risiko: Verminderung von Systemrisiken (Mensch-Maschinen-
Schnittstellen)

Bild 3   Risiko und Kontrolle

Zumindest in die Nähe der Grundrechtsproblematik rückten auch Themati-
sierungen von speziellen Anwendungen und Nutzungen von mikroelektronisch gestützten Personalinformationssystemen, Betriebsdatenerfassungen
und Produktionsplanungs- und -steuerungssystemen im Betrieb. Zumeist
wurden in entsprechenden Untersuchungen die technisch wesentlich gesteigerten Möglichkeiten einer umfassenden, *systemischen* Kontrolle von Mitarbeitern erörtert und Wege zu einschränkendem Gebrauch der neuen Techniken ausgelotet. Bei einer viel beachteten Untersuchung kam z. B. heraus,
daß in Betrieben des Maschinenbaus das Kontrollpotential der IuK-Technologien nur sehr mäßig ausgeschöpft wird (Hildebrandt; Seltz 1989).

Unter dem Gesichtspunkt Risiko werden vermehrt Fragen nach dem Beitrag
der IuK-Technologien zur Erhöhung und Verminderung von Systemrisiken
bearbeitet. Im Mittelpunkt des Interesses stehen hier die sogenannten
Mensch-Maschinen-Schnittstellen (Perrow 1984; Weissbach; Poy 1993).

(2) Macht: In neueren, vornehmlich organisations- und industriesoziolo-
gischen Untersuchungen interessierten die Implementation von IuK-Technologien und deren sozialen Folgen vor allem unter dem Gesichtspunkt der

---

2   Das Technokratiethema begleitet die technische Entwicklung von Anfang an
     und es wird uns vermutlich auch immer wieder facettenreich begegnen.

Macht. Herausgestellt wird eine zunehmende Optionalität der Einführungs-
und Nutzungsmodi. Man stellte auf der einen Seite Konzepte zentralistischer
und rigide technisierter Kommunikation fest und fand auf der anderen Seite
Ansätze einer partizipativen Technikeinführung, bei denen verstärkt auf die
Interessen und Nutzungsbedürfnisse verschiedener Beschäftigten- und Statusgruppen eingegangen wird (Bild 4).

Macht:

Einführungs- und Nutzungsmodi (zentralistische und rigide
technisierte Kommunikation vs. partizipative Einführung)

Formen und Wirkungen der Einführung von IuK-
Technologien:

Technisierte Kommunikation störanfällig; auf präventive bzw.
störungsbeseitigende Handlungen der Nutzer angewiesen

Effizienz und Effektivität von technisierter Kommunikation
bleiben von der Ausgestaltung durch die Teilnehmer
abhängig (betriebspolitische Aushandlungsprozesse über
Inhalte und Reichweite von technisierter Kommunikation);
dies richtet sich
vor allem auf Form und Umfang von Kontrolle

Veränderung innerbetrieblicher Machtbeziehungen (auch:
Organisationsstrukturen, Rangpositionen und Einflußzonen)

Bedeutung politischer Austauschbeziehungen (abhängig von
institutionellen und kulturellen Bedingungen wie dem
Bildungssystem, den industriellen Beziehungen und dem
Rechtssystem)

Ambivalente Effekte: zunehmende Autonomie am
Arbeitsplatz und Selbstorganisation bei gleichzeitiger
Stärkung zentralistischer Kontrollen.

Bild 4:   Macht

Die Formen und Wirkungen der Einführung von IuK-Technologien werden
zumeist mit zwei Beobachtungen erklärt: (1) technisierte Kommunikation ist
störanfällig; sie bleibt auf präventive bzw. störungsbeseitigende Handlungen
der Teilnehmer oder Nutzer angewiesen; (2) Effizienz und Effektivität von
technisierter Kommunikation bleiben in beträchtlichem Umfang von der
Ausgestaltung durch die Teilnehmer abhängig. Zwischen Management und
Beschäftigten kommt es deshalb zu betriebspolitischen Aushandlungsprozes-

sen über Inhalte und Reichweite von technisierter Kommunikation. Dies richtet sich vor allem auf Form und Umfang von Kontrolle[3].

Die an unterschiedliche Interessen zurückgebundenen Einführungs- und Nutzungsformen von IuK-Technologien verändern innerbetriebliche Machtbeziehungen und unter Umständen auch Organisationsstrukturen, Rangpositionen und Einflußzonen. Mit zunehmender Technisierung von Kommunikation wird die Nutzung von IuK-Technologien politischen Austauschbeziehungen im Betrieb unterworfen. Was dabei herauskommt, ist gesellschaftlich gesehen offenbar abhängig von institutionellen und kulturellen Bedingungen wie dem Bildungssystem, den industriellen Beziehungen und dem Rechtssystem (Lutz 1983; Windolf 1993; Heidenreich 1993; Heidenreich; Schmidt 1993). Auf betrieblicher Ebene variieren die Ergebnisse derartiger Aushandlungen erwartungsgemäß stark. Häufig wird von einem ambivalenten Effekt berichtet: Viele erleben durch die Technisierung von Kommunikation eine zunehmende Autonomie am Arbeitsplatz und praktizieren eine gesteigerte Selbstorganisation von einzelnen Funktionsbereichen bzw. Abteilungen bei gleichzeitiger Stärkung zentralistischer Kontrollen.

(3) Rationalisierung: Hinsichtlich der Rationalisierung von Arbeitsabläufen und Organisationsvorgängen interessierten in der Perspektive einer technikinduzierten TA Weisen und Wirkungen von Bemühungen um Effizienzsteigerung. In der großflächigen Anwendung der IuK-Technologien speziell in Wirtschaftsunternehmen des Dienstleistungssektors (Banken, Versicherungen, Handel) wurden Merkmale einer neuen, sogenannten systemischen Rationalisierung identifiziert. Man vermutete zunächst gewaltige Auswirkungen auf Arbeitsbedingungen und Beschäftigung. Die empirischen Ergebnisse hierzu bestätigten die Erwartungen bisher aber nicht. Es wurden überwiegend sogenannte moderate Nutzungen der IuK-Technologien beobachtet; das der Technik innewohnende Rationalisierungspotential wurde - zumindest im Beobachtungszeitraum - nicht ausgeschöpft (Baethge; Oberbeck 1986). Die Rationalisierungserträge von IuK-Technologien sind speziell in Dienstleistungs- und Verwaltungsbereichen schwer zu erfassen und kaum schlüssig nachweisbar (Berger 1984; Faust 1992; Ortmann 1993). Hierfür werden unterschiedliche Gründe angeführt (Bild 5).

Die Unterschätzung der Folgekosten (z. B. Softwarepflege, der zuweilen recht hohe Aufwand der Selbstbeschäftigung mit dem Gerät, Qualifizierung, Kompatibilisierung, ungebremste Tendenz zur Ausweitung von Massenspeichern, Gleichzeitigkeit der Entwicklung von Dezentralisierung und Zen-

---

3   Bevorzugte Objekte innerbetrieblicher Auseinandersetzung sind z. B. Personalinformationssysteme, Produktionsplanungs- und -steuerungssysteme und Betriebsdatenerfassungssysteme.

tralisierung), die Unterschätzung der Symbolfunktion von neuer Technik und
der damit oft einhergehenden Nachahmungs- und Verbreitungsdynamik, die
Unterschätzung der Konsensabhängigkeit der neuen Technologien und die
mit dem nutzerspezifischen Bedarf an fachlicher Kompetenz einhergehende
Verlagerung von Machtbereichen und Veränderungen von betrieblichen Einflußzonen gehören hierzu.

Rationalisierung:

Weisen und Wirkungen von Ansätzen zur Effizienzsteigerung

Systemische Rationalisierung: Dienstleistungssektor
(Banken, Versicherungen, Handel)

Moderate Nutzungen der IuK-Technologien:
Rationalisierungspotential kaum ausgeschöpft

Rationalisierungserträge schwer zu erfassen und kaum schlüssig
nachweisbar

Unterschätzung der Folgekosten
(z. B. Softwarepflege, Selbstbeschäftigung mit dem "Gerät",
Qualifizierung, Kompatibilisierung, ungebremste Tendenz zur
Ausweitung von Massenspeichern, Gleichzeitigkeit der
Entwicklung von Dezentralisierung und Zentralisierung)

Unterschätzung der Symbolfunktion von neuer Technik
(Nachahmungs- und Verbreitungsdynamik)

Unterschätzung der Konsensabhängigkeit
(fachliche Kompetenz, Verlagerung von Machtbereichen und
Veränderungen von betrieblichen Einflußzonen)

Bild 5   Rationalisierung

(4) Kommunikation: Die häufig beobachtete und in der Literatur gut doku-
mentierte Widersprüchlichkeit der Effekte von IuK-Technologien in Organisationen regen im weiteren zu Überlegungen über die Auswirkungen von
IuK-Technologien unter dem Gesichtspunkt der Kommunikation an. Sie
machen auf Besonderheiten der Rationalisierung durch den Einsatz von IuK-
Technologien aufmerksam. Während auf der einen Seite der Einsatz von
IuK-Technologien als konsequente Fortführung und Erweiterung von Tech-
nisierungs- und Automatisierungslinien in der Produktion wahrgenommen
und in der Forschung auch vornehmlich demgemäß konzeptualisiert wird,
werden seit einiger Zeit Perspektiven und Forschungshypothesen entwickelt,
die von den Besonderheiten des Substrats von Kommunikation ausgehen und

damit über den bisherigen Analyserahmen zur Erforschung von arbeitsbezogenen Technikfolgen hinausweisen (Tacke; Borchers 1993; Rammert 1992; Weissbach; Poy 1993; Weingarten 1990).

In diesem Zusammenhang muß man sich auch mit der Frage auseinandersetzen, ob und inwieweit die Automatisierung von Arbeit einerseits und die Technisierung von Kommunikation andererseits überhaupt Parallelen aufweisen. Die Automatisierung der Arbeit zielt - zumindest im main stream - die sukzessive Ersetzung menschlicher Arbeitsfunktionen durch technisch selbstgesteuerte Funktionen an. Wenn auch das Konzept der menschenleeren Fabrik mittlerweile seine inspirierende und visionäre Wirkung eingebüßt hat und selbst von ihren Promotoren längst nicht mehr so schwungvoll vertreten wird (z. B. Warnecke 1993), so steht dieses Leitbild[4] bei vielen Techniklinien und Technikanwendungen immer noch an bevorzugter Stelle. Gibt es komplementär zur Vision der menschenleeren Fabrik das Bild von der akteurlosen Kommunikation oder, in anderer Akzentuierung, die Vorstellung von der *Information ohne Kommunikation*[5]? Zustände dieser Art hätten weitreichende Konsequenzen. Von weit geringerer Tragweite wäre im Vergleich hierzu die Wirklichkeit des *papierlosen Büros*, die genau mit jenen Techniken erreicht werden sollte, die auch hier im Mittelpunkt des Interesses stehen. Wer nimmt überhaupt noch wahr, daß angesichts des gewaltigen Papierverbrauchs in modernen Büros eigentlich einmal das Gegenteil Ziel war? Insgesamt scheinen die euphorischen Hoffnungen, die in die Rationalisierung durch Einsatz von IuK-Technologien speziell im Dienstleistungsbereich gesetzt wurden, einer gewissen Ernüchterung und Skepsis gewichen zu sein (Oberbeck; Neubert 1992).

Meine These hierzu lautet, daß im Maße der zunehmenden Technisierung von Kommunikation in Organisationen eine spezifische Abhängigkeit von sozialer Kommunikation erhalten bleibt und im Grunde auch nicht vermieden werden kann. Wenn mit der Technisierung von Kommunikation analog zur Automatisierung der Arbeit primär das Rationalisierungsziel der Substitution von Mensch durch Technik verbunden ist, dann muß wohl mit einem Paradox der Technisierung von Kommunikation gerechnet werden. Ich behaupte, Technisierung von Kommunikation bleibt nicht nur an soziale Kommunikation gebunden, am Ende wird über den Erfolg technisierter Kommunikation im Kontext von sozialer Kommunikation entschieden. Es ist davon auszugehen, daß diese These in laufenden und demnächst beginnenden empirischen Forschungen konkretisiert und präzisiert werden kann. Sollte sie sich im Kern bestätigen lassen, wären daraus weitreichende Konsequenzen für die

---

4   Zum Leitbildkonzept siehe im Überblick Deutschmann (1993).
5   So zum Beispiel der Titel eines Buches, das von Rüdiger Weingarten (1990) herausgegeben worden ist.

Konzipierung von Anwendungen und Nutzungen der IuK-Technologien in Arbeitssystemen und Organisationsstrukturen sowie für die berufliche Bildung zu ziehen.

Zunächst wird davon ausgegangen, daß die technische Rationalisierung in Arbeitsorganisationen - unabhängig vom Erreichen von Effizienzzielen - zunehmend zu technisierter Kommunikation führt, die ihrerseits funktional von einer interindividuellen Organisationskompetenz der beteiligten Akteure abhängig bleibt. Das Konzept der Organisationskompetenz versuche ich im Rückgriff auf die Figur der gefügeartigen Kooperation (Popitz u. a. 1957) zu schärfen. Unter Bezugnahme auf das Schema der System-Kopplungsstruktur von Perrow wird die These der steigenden Abhägigkeit technisierter Kommunikation von Organisationskompetenz untermauert. Im Anschluß daran können im Gefolge zunehmender Technisierung von Kommunikation neue Koordinationsprobleme in Organisationen erwartet werden. Diese werden vermutlich Fragen nach der Struktur von Organisationen aufwerfen. Welcher Typus von Organisation ist technisierter Kommunikation angemessen?

2   Wandel der Arbeit[6]

Der Rationalisierungsprozeß industrieller Gesellschaften hat zu einer fortlaufenden Verminderung der unmittelbar herstellenden Arbeitsfunktionen geführt. Sie waren bevorzugtes Objekt von Mechanisierung und Automatisierung der Produktion (Europäische Stiftung 1988). Dieser Rationalisierungstrend wird allen Einschätzungen zufolge anhalten (Troll 1987) und auch Fertigungsbereiche erfassen, die bislang als kaum automatisierbar galten (Beispiel: Montageautomation). Nach einer neueren Analyse ist mit einem gewaltigen Schub technikinduzierter Schrumpfung von Beschäftigungsmöglichkeiten in der unmittelbaren Fertigung zu rechnen (Klumpp; Bonnet 1993).

---

6   Die Abschnitte 2 und 3 sind mit geringfügigen Veränderungen übernommen aus meinem Artikel in Weißbach/Poy (1993).

2.1 Von der materiellen Arbeit zur immateriellen Arbeit

Mit dieser Entwicklung ist ein Strukturwandel der Arbeit verbunden. Die ehemals vorherrschenden direkten, arbeitsteilig auf Herstellung orientierten Arbeitsfunktionen verlieren Zug um Zug an (zumindest quantitativer) Bedeutung zugunsten der reflexiven Arbeitsfunktionen Planen, Steuern, Überwachen.

Den reflexiven Arbeitsfunktionen ist der zusammenfassende Ausdruck "Gewährleistungsarbeit" (Berger 1984) zugedacht worden. Gewährleistungsarbeit soll die produzierende Arbeit vorbereiten, störungsfrei ablaufen lassen und überwachen. Andere Autoren sprechen von der sekundären Arbeit (Springer 1987) bzw. von der wachsenden Bedeutung "immaterieller im Vergleich zu materieller Arbeit" (Schmidt 1989). Immer ist das gleiche Phänomen angesprochen und im Begriff *immateriell* wohl bisher am treffendsten, weil er ausdrückt, daß Arbeit zunehmend auf nicht gegenständliche Arbeitsgegenstände gerichtet wird (Bild 6). Ein aktuelles Beispiel hierfür stellen die neuesten technischen Anwendungen im Bereich der sogenannten Druckvorstufe dar, wo eine gänzliche Digitalisierung von Erstellung, Verarbeitung und Integration von Text und Bild gelungen ist (Kerst 1993).

Wandel der Arbeit

Verminderung der **unmittelbar herstellenden** Arbeitsfunktion

Zunahme der **reflexiven** Arbeitsfunktionen Planen, Steuern, Überwachen ("Gewährleistungsarbeit", sekundäre Arbeit, immaterielle Arbeit)

	materielle Arbeit	immaterielle Arbeit
Technikstrategie	Automatisierung der Produktion	Technisierung der Kommunikation
Rationalisierungserträge	meßbar	?
Kommunikationsintensität	niedrig	hoch

Bild 6   Wandel der Arbeit

Es ist ein Ergebnis bisheriger Rationalisierung, daß materielle und immaterielle Arbeit funktional differenziert wurden und zu eigenständigen Feldern der Organisierung, des spezialisierten Arbeitskrafteinsatzes und der Rationalisierung ausgebaut worden sind. Immaterielle Arbeit kann in sekundärer oder auch tertiärer usw. Beziehung zur materiellen Arbeit stehen. Sekundär bezeichnet etwa die Verarbeitung und Vermittlung von produktionsbezogenen Informationen; eine tertiäre Beziehung würde diesem Verständnis nach beispielsweise die Wartung von Softwareprogrammen bezeichnen, die der Verarbeitung dieser Informationen dienen.

Während materielle Arbeit mit der Automatisierung der Produktion verbunden ist, steht immaterielle Arbeit mit der Technisierung von Kommunikation in Verbindung. Die Nutzung von computergestützten IuK-Technologien zielt auf die Rationalisierung der immateriellen Arbeit. Im Unterschied jedoch zu den Produktionstechnologien werden IuK-Technologien auf ein ziemlich amorphes Rationalisierungsobjekt gerichtet. Immaterielle Arbeit hat - schon aufgrund ihres reflexiven Charakters - weder einen klar geschnittenen Anfang noch ein definitives Ende. Während auf der Seite der Informationsspeicherung und -verarbeitung durch elektronische Datenverarbeitung enorme Leistungssteigerungen erzielt werden, ist keineswegs ausgemacht, daß diese auch zu Rationalisierungsgewinnen führen. Mit den Leistungssteigerungen entstehen vielfach auch neue Aufgaben. Wichtig ist: Es stehen nicht immer zweifelsfreie Kriterien zur Ermittlung des erforderlichen Umfangs von Informationen zur Verfügung, die zur Erledigung eines bestimmten Aufgabenkomplexes gebraucht werden (Berger 1984, Ortmann 1993, Faust 1992).

2.1.1   Kommunikationsintensität immaterieller Arbeit

Im Zusammenhang mit der Anwendung von IuK-Technologien ist ein weiterer Unterschied zwischen materieller und immaterieller Arbeit anzusprechen. Immaterielle Arbeit ist kommunikationsintensiver als materielle Arbeit. In dem Maße, wie der Umfang der materiellen Arbeit abnimmt und der Umfang der immateriellen Arbeit zunimmt, wird die Kommunikationsintensität der Arbeit gesteigert. Hiermit ist die eigentliche Domäne der auf die Organisation und Rationalisierung der Arbeit gerichteten Informationstechnologien bezeichnet.

Mit der zunehmenden Anwendung von IuK-Technologien in Wirtschaftsunternehmen steigt deren Abhängigkeit von organisierter und sinnhafter Kommunikation (Tacke und Borchers 1991). Voraussetzung einer organisierten und sinnhaften Kommunikation ist die organisationsinterne Verfügbarkeit über ein Ensemble von Fähigkeiten, aufgrund derer die Deutung der technisch vermittelten Informationen und die Vorbereitung bzw. Ausführung der daran anschließenden Handlungen gelingen kann. Diese komplexen Fähigkeiten sollen *Organisationskompetenz* heißen. Der Begriff bezeichnet organisierende Fähigkeiten, die einerseits in individuellen Leistungen gründen, die sich andererseits nur interindividuell entfalten können. Organisationskompetenz zielt auf kognitive und assoziative Potenzen, deren Bedeutung darin liegt, in formalen Organisationen für andere Akteure Anschlußhandlungen zu ermöglichen. Malsch (1988) nähert sich der veränderten Struktur von Arbeitsfunktionen in der Perspektive von Informationskonzepten. Diese lassen sich nach dem Modus der Implementation und Anwendung von Informationstechnologien unterscheiden. Idealtypisch werden Zentralsteuerung und Rahmensteuerung miteinander verglichen. Während im Konzept der Zentralsteuerung die Verwendung von IuK-Technologien notwendigerweise auf "informelle Sekundärkompetenzen der Beschäftigten" angewiesen ist, kommen diese Kompetenzen im Konzept der Rahmensteuerung gleichsam in organisierter Absicht zur Entfaltung (ebd.). Der Anwendungsmodus der IuK-Technologien beeinflußt demnach nur die Art und Weise, wie Organisationskompetenz sich herstellt und genutzt wird. Offenbar bestehen gegenwärtig und wohl auch auf mittlere Sicht Grenzen einer vollständigen Abbildung, Algorithmisierung und Antizipation sämtlicher planungs-, steuerungs- und überwachungsbedürftigen Handlungen und Ereignisse in betrieblichen Arbeitsorganisationen.

Im folgenden soll die funktionale Beziehung zwischen der Technisierung von Kommunikation und Organisationskompetenz analysiert werden.

3 Probleme der Technisierung von Kommunikation

3.1 Die drei *Kommunikationselemente*

Der Begriff Kommunikation umfaßt im Sinne der Systemtheorie drei Elemente: Information, Mitteilung und Verstehen (Luhmann 1984). Rückt man die Frage der Herstellung von Anschlußfähigkeit von Handlungen in Organisationen ins Zentrum der Analyse von Kommunikation, dann bietet diese Unterscheidung Möglichkeiten eines fruchtbaren Aufschlusses von Problemen der Technisierung von Kommunikation. Hierbei können den Elementen unterschiedlich konsequenzenreiche Ebenen zugeordnet werden. Bei nicht-technisierter Kommunikation sind diese Elemente weitgehend der kognitiven und sozialen Kontrolle der miteinander kommunizierenden Akteure

unterworfen. Mit der Nutzung von IuK-Technologien kann diese Souveränität auf die Ebene der Mitteilung und von dieser auf die Ebene des Verstehens
eingeschränkt werden und unter rigiden Technisierungsbedingungen verlorengehen.

3.2   Kommunikation, sozialer Kontext, Interpretation

Technisierte Kommunikation entlastet die Akteure von der Informationsverarbeitung. Damit gehen in der Regel standardisierte und auf die Anforderungen der technischen Informationsverarbeitung ausgelegte Prozeduren der Selektion und Aufbereitung von Information einher, die den Effekt haben
können, daß Akteure von den sinnhaften Bezügen der Information abge-
schnitten werden. Kommunikation wird folgenreich rationalisiert und darauf
zusammengezogen, daß Sinnhaftigkeit auf den Ebenen Mitteilung von Informationen und Verstehen von Mitteilungen entsteht bzw. hergestellt wird.
Mitteilung und Verstehen von Informationen sind dann die Ebenen, auf
denen entschieden wird, ob die Kommunikation gelingt. Wenn dann auch
noch die Mitteilung von Informationen automatisiert wird, reduziert sich die
Funktion des Akteurs auf den reinen Verstehensakt. Anders ausgedrückt: Die
Deutungshöfe und Themen (die ihren Sinn aus sozialen Kontexten und Interaktionen beziehen), die bei der Selektion von Informationen und deren Mitteilung immer auch "mittransportiert" (Schmidt 1989) werden, müssen dann
auf der Ebene des Verstehens erst erzeugt werden. Man könnte auch sagen,
daß durch die Technisierung von Kommunikation gleichsam eine *Dekon-
textualisierung* auf den Ebenen Information und Mitteilung entsteht und die
Ebene des Verstehens mit allen Funktionsanforderungen erfolgreicher Kommunikation belastet wird (Bild 7).

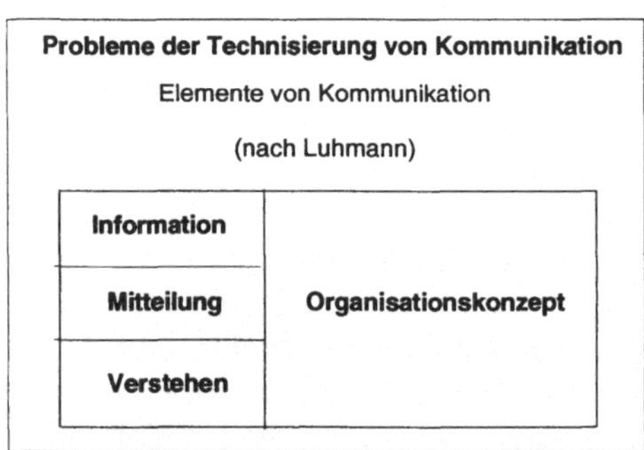

Bild 7   Probleme der Technisierung von Kommunikation

3.2.1   Kommunikative Fehlfunktionen

Die Technisierung von Mitteilungen kann aber bereits dann Probleme aufwerfen, wenn die Elemente Information, Mitteilung und Verstehen in eine
enge temporale Kopplungsstruktur eingebettet sind. Wenn z. B. nur kurze
Responsezeiten für das Verstehen und für eventuelle Anschlußmitteilungen
zur Verfügung stehen, können beide Vorgänge mißlingen. Dann werden
kommunikative Fehlfunktionen erzeugt. Das kann mit unangenehmen Folgen
verbunden sein. Problematisch zugespitzte Situationen können entstehen,
wenn in technisierter Kommunikation keine Redundanzen zum Auffangen
bzw. Überprüfen von kommunikativen Fehlfunktionen vorgesehen sind.

3.2.2   Die Analyse von *Charles Perrow*

Bedeutung und Reichweite von kommunikativen Fehlfunktionen sollen anhand von Forschungsergebnissen verdeutlicht werden, die Charles Perrow
(1984) unter dem Aspekt der Freilegung systemeigener Katastrophenpoten-
tiale von technisch-organisatorischen Großsystemen erzielt hat. Er unter-
suchte Kernkraftwerke, Militäreinrichtungen, Chemiefabriken, Luftfahrt und
Frachtschiffahrt, Raumfahrt usw. auf ihre konstruktiven Auslegungen und organisatorischen Strukturierungen im Hinblick auf die Vermeidung von Störungen und Unfällen und fand u. a. heraus, daß deren Elemente, Komponenten und Subsysteme in unvermeidbare und unbeabsichtigte Interaktionen treten. Sie können sich zu Kettenreaktionen mit unterschiedlich weitreichenden
Konsequenzen ausbilden, kleinere Störungen, aber auch spektakuläre Unfälle
und Katastrophen hervorrufen (Bild 8, Bild 9 und Bild 10).

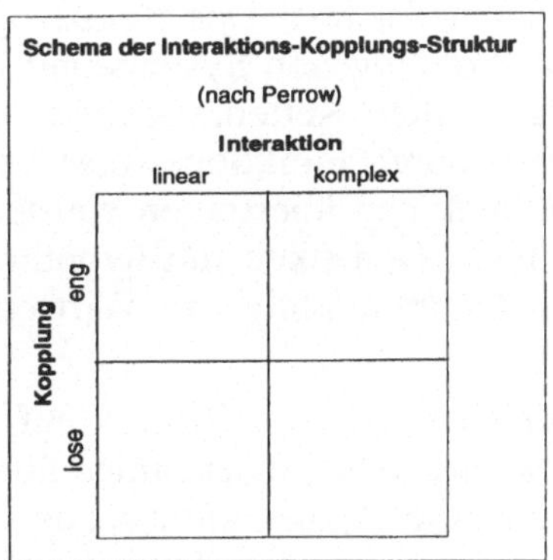

Bild 8   Schema der Interaktions-Kopplungs-Struktur

Merkmale von Systemen mit enger und loser Kopplung

(nach Perrow)

Enge Kopplung	Lose Kopplung
keine Verzögerungen des Betriebsablaufs möglich	Verzögerungen des Betriebsablaufs möglich
Unveränderbarkeit des Ablaufs	Ablauf veränderbar
Produktionsziele nur mit einer Methode realisierbar	alternative Methoden möglich
geringer Spielraum bei Betriebsstoffen, Ausrüstung und Personal	mehr oder weniger großer Spielraum verfügbar
Puffer und Redundanzen konstruktiv vorgeplant	Puffer und Redundanzen durch zufällige Umstände verfügbar
Substitution von Betriebsstoffen, Ausrüstung und Personal begrenzt und vorgeplant	Substitution je nach Bedarf möglich

Bild 9   Merkmale von Systemen mit enger und loser Kopplung

Großsysteme können unter den Gesichtspunkten der Wahrscheinlichkeit selbstinduzierter Katastrophen klassifiziert und bewertet werden. Perrows Befund steht gegen die Standarddiagnose des (individuellen) menschlichen Versagens. Halten wir zunächst fest: Das Katastrophenpotential mancher Großsysteme basiert auf ihren eigenen Systemeigenschaften. Perrow hat in seiner Analyse von ungewollten Kettenreaktionen einige organisatorische Mechanismen aufgedeckt, deren Funktionsweise verallgemeinert und auf normale Wirtschaftsunternehmen übertragen werden können. Ich möchte daran anknüpfen und diesen Gedanken mit hypothetischen Konsequenzen der Technisierung von Kommunikation in Wirtschaftsunternehmen verbinden.

Wenn wir das Analyseinstrument von Perrow auf die Technisierung der Kommunikation im ganz normalen Unternehmen übertragen, dann läßt sich formulieren: Je komplexer die organisationsbezogenen Kommunikationen strukturiert sind und je enger die an Mitteilungen sich anschließenden Handlungen miteinander gekoppelt sind, um so größer ist die Gefahr kommunika-

tiver Fehlfunktionen und um so mehr steigt der Bedarf der Organisation an
organisierter, institutionalisierter Redundanz im Kommunikationsprozeß. Redundanz in diesem Sinne wäre als funktionale Rahmenbedingung für die Entfaltung von Organisationskompetenz unter Bedingungen technisierter Kommunikation zu verstehen.

Merkmale komplexer und linearer Systeme

(nach Perrow)

Komplexe Systeme	Lineare Systeme
enge Nachbarschaft	räumliche Trennung
Common-Mode-Verknüpfungen	festgelegte Verknüpfungen
verknüpfte Subsysteme	getrennte Subsysteme
eingeschränkte Substitutions-möglichkeiten	kaum eingeschränkte Substitutionsmöglichkeiten
Rückkopplungsschleifen	wenig Rückkopplungsschleifen
interagierende Kontroll-instrumente mit Mehrfach-funktion	unabhängige Kontroll-instrumente mit nur einer Funktion
indirekte Informationen	direkte Informationen
beschränkte Kenntnis	umfassende Kenntnis

Bild 10   Merkmale komplexer und linearer Systeme

Diese Hypothese ließe sich noch nach einzelnen Merkmalen spezifizieren.
Zum Beispiel verschärft sich das Problem dann, wenn die Kommunikation in
hohem Maße und in relevanten Hinsichten auf *Scheinwirklichkeiten* gründet,
wenn sie etwa auf die Deutung von Signalen und Indikatoren angewiesen ist,
in das eigentliche Geschehen kein Einblick genommen werden kann und die
an der Kommunikation beteiligten Akteure räumlich voneinander getrennt
sind. Für Systeme mit Katastrophenpotential gibt Perrow interessante Beispiele. Er kann nicht nur den Unfall Three Mile Island bei Harrisburg neu rekonstruieren; er kann auch zeigen, wie über die Verfügbarkeit von Deutungs-
kapazität technisch korrekte Mitteilungen im Kommunikationsprozeß als inhaltlich falsch zurückgewiesen und dadurch auch Unfälle vermieden werden
konnten.

Den Dualismus zwischen technisch (fast) perfekter Automation von Informationsverarbeitung und Informationsmitteilung einerseits und deutungsintensiver Organisierung des Verstehens der Mitteilungen - der funktionalen Entfaltung von Organisationskompetenz - andererseits ist auf das höchste kultiviert im militärischen Frühwarnsystem der USA. In einer Hierarchie von Raketenkonferenzen suchen militärische Experten, die eingegangenen Mitteilungen auf ihren Wirklichkeitsgehalt hin zu deuten. Sie haben zu entscheiden zwischen den Optionen *Angriff und Gegenschlag* und *Entwarnung wegen ungewollter Kettenreaktionen im Warnsystem*. Das Frühwarnsystem teilte in den letzten Jahren immerhin durchschnittlich fünf feindliche Angriffe pro Woche mit (Bild 11). Bisher zumindest sind die technisch perfekten Angriffsmitteilungen aufgrund anschließender, organisiert kollektiver Deutungen als unzutreffend interpretiert worden.

Beispiele für technisierte Kommunikation

SPSS
    all by all

Warenwirtschaftssystem
    enge Kopplung von Verkauf und Lieferung

Finanzwelt
    stop-loss-programme

Militärisches Frühwarnsystem USA
    Institutionalisierte Redundanz (Raketenkonferenz)

Technisierte Kommunikation	Soziale Kommunikation	Häufigkeit
Raketenanzeige auf dem Bildschirm	missile display conference (Telefonkonferenz) niedrige Offiziersränge	> 10 pro Tag (1980)
Übereinstimmende Meldungen von mehr als einem unabhängigem Warnsystem	missile threat assessment conference (Telefonkonferenz) höhere Offiziersränge	alle 5 Tage (1979)
Übereinstimmende Meldungen von mehreren Satelliten-, Radarüberwachungen	missile attack conference ranghöchste Konferenz, Präsident nimmt teil	noch nicht

Bild 11   Beispiele technisierter Kommunikation

Das Beispiel verdeutlicht sehr gut den Deutungsbedarf von Organisationen vor allem dann, wenn sie mit nahezu perfekten, hochkomplexen IuK-Technologien ausgerüstet sind. Dieser gesteigerte Deutungsbedarf ist die Kehrseite technischer Rationalisierung von Kommunikationsprozessen, nämlich der Preis dafür, daß die dekomponierten Elemente der Kommunikation - Information, Mitteilung und Verstehen - jeweils eigenen Wirklichkeitsbereichen zugeordnet und einer koordinierten kognitiven und sozialen Kontrolle durch die an der Kommunikation Beteiligten entzogen werden. Im Fall des amerikanischen Frühwarnsystems bilden die Raketenkonferenzen die Konkretion von Organisationskompetenz und illustrieren die funktional unauflösliche Beziehung zwischen technisierter Kommunikation und Organisationskompetenz. In Fällen weniger spektakulärer Anwendung von IuK-Technologien folgen Systemkonstrukteure jedoch häufig der Annahme, daß aufgrund von Programmierungen in der Kommunikationskette auf Zwischenschritte des Verstehens - etwa beim Auslösen von Anschlußhandlungen - verzichtet werden kann.

3.2.3 Die soziale Einbettung von Informations- und Kommunikationstechnologien in Arbeitsorganisationen

Akteure erfahren einschneidende Veränderungen der arbeitsbezogenen Kommunikation. Es kommt zu Kommunikationsverlusten und zu Formen der Kommunikationsverkürzung. Betriebs- und abteilungsindividuelle Anwendungen von IuK-Technologien entstehen, die den Interessen der beteiligten Akteure am ehesten gerecht zu werden versprechen (Schmidt 1989). In den einschlägigen Studien werden in diesem Zusammenhang die Relevanz des (betriebs-)politischen Charakters der Auswahl, Entscheidung, Planung und Einführung von IuK-Technologien und die gesteigerte Bedeutung eines spezifischen Bedarfes an Einverständnis der verschiedenen Nutzergruppen von IuK-Technologien herausgearbeitet (Littek und Heisig 1986; Behr u. a. 1991; Rammert und Wehrsig 1988; Schmidt 1989; Heidenreich und Schmidt 1989; Hildebrandt und Seltz 1989).

Formalisierte Machtbeziehungen werden teilweise von Machtformen unterhöhlt, die auf speziellem Know-how im Umgang mit IuK-Technologien bzw. auf der Kontrolle über Ungewißheitszonen im Nutzungskontext von IuK-Technologien beruhen (Schmidt und Braczyk 1991). Von diesen Machtphänomenen möchte ich analytisch den Begriff der funktionalen Organisationskompetenz abtrennen.

Bei Implementationen von IuK-Technologien werden die organisationalen Implikationen für die Herstellung und Aufrechterhaltung organisationsinterner Kommunikation häufig unterschätzt (Hormel u. a. 1989). Im Management, in den Planungsstäben und unter den Organisatoren dominieren eine technische Perspektive und die Vorstellung der weitgehenden Substituierbarkeit kommunikativer und deutungsbedürftiger Arbeitshandlungen durch systematisch planbare und technisch gesteuerte Kommunikation (Lutz und Moldaschl 1989).

3.3   Kooperation und Kommunikation

Wesentliche Elemente von technisierter Kommunikation - und damit verknüpfte Anforderungen an Organisationskompetenz - lassen sich aus dem Kooperationsbegriff ableiten. Da die Formen der Kooperation an Beispielen materieller Arbeit rekonstruiert und typisiert worden sind, ermöglicht die Bezugnahme auf Kooperation zugleich auch das Erkennen von Merkmalen, die der immateriellen Arbeit und der technisierten Kommunikation eigen sind.

Während unter teamartiger Kooperation die gemeinschaftliche und zeitgleiche Entfaltung vor allem physischer Potenzen zu verstehen ist, benennt der Terminus der gefügeartigen Kooperation Arbeitshandlungen in einer bedingten zeitlich-räumlichen Kopplungsstruktur, die komplexe Bearbeitungsvorgänge durch das Zusammenspiel menschlicher Arbeitshandlungen mit technischen Produktions- und Bearbeitungseinrichtungen ermöglichen sollen (Popitz u. a. 1957).

3.3.1   Das Beispiel der gefügeartigen Kooperation

Im Typus der gefügeartigen Kooperation werden Formen technisch vermittelter Zusammenarbeit beschrieben. Der gesamte Kooperationszusammenhang kann hinsichtlich der institutionalisierten Leistungserwartungen hinlänglich beschrieben werden; für den einzelnen Teilnehmer sind jedoch nicht sämtliche Produktionsschritte einsehbar. Die spezifische Kooperationsleistung im Typus der gefügeartigen Kooperation liegt darin, Sequenzen von ineinandergreifenden Arbeitshandlungen und technisierten Bearbeitungsvorgängen auszulösen und sicherzustellen, wobei das Auslösen einer Handlungs- oder Bearbeitungssequenz unter Bedingungen der Intransparenz und der Deutungsabhängigkeit einer vorangegangenen Sequenz erfolgt. Von Interesse am Typus der gefügeartigen Kooperation ist mit Blick auf die Gemeinsamkeiten mit dem Begriff der Organisationskompetenz folgendes:

❑   Die einzelne Arbeitshandlung ist in einen interindividuellen Zusammen-
    hang eingebettet;

❑   der gesamte Kooperationszusammenhang ist nicht direkt einsehbar und
    ist sinnlicher Wahrnehmung zumindest teilweise entzogen;

❑   die handlungsauslösenden Informationen werden technisch vermittelt;

❑   die technisch mitgeteilten Informationen sind auf Indikatoren bezogen
    (im Beispiel der damaligen Arbeitsprozesse: die rotglühende Bramme)
    und müssen daraufhin interpretiert werden, ob und wann eine vorpro-
    grammierte Sequenz ausgelöst werden muß;

❑   der Kooperationszusammenhang und die Verzahnung einzelner Sequen-
    zen sind typischerweise nicht über formale Anweisungen herstellbar.

3.3.2   Technisierte Kommunikation braucht Organisationskompetenz der Organisationsmitglieder

Die Grundelemente gefügeartiger Kooperation lassen sich auf das Konzept
der Organisationskompetenz sinngemäß übertragen und um Anforderungen
ergänzen, die unter Bedingungen technisierter Kommunikation gestellt
werden:

(1) Technisierte Kommunikation zielt nicht notwendigerweise auf gegenständliche Bearbeitungsvorgänge, sondern bezieht sich auf Abstraktionen.

(2) Der Zusammenhang der kommunizierenden Akteure läßt sich nicht
einem klar gegliederten Gefüge von aufeinanderfolgenden Handlungs- bzw.
Bearbeitungssequenzen zuordnen. Während die gefügeartige Kooperation der
Vorstellung von einem geschlossenen System entspricht, trifft auf den
Zusammenhang der Akteure unter technisierter Kommunikation eher das
Konzept der Netzstruktur zu. Damit sind zwei spezifische Merkmale verknüpft: Die teilnehmenden Akteure wechseln (die einen blenden sich aus,
andere schalten sich ein, dritte verweigern die Teilnahme). Zur Intransparenz
der Ursache-Wirkungs-Beziehungen im gesamten Zusammenhang der gefügeartigen Kooperation kommt die Intransparenz der teilnehmenden Akteure unter Bedingungen technisierter Kommunikation hinzu.

(3) Technisierte Kommunikation verläuft im Unterschied zu Prozessen unter
Bedingungen gefügeartiger Kooperation nicht unbedingt in der Linie eindeutig beschreib- und programmierbarer Handlungs- und Bearbeitungssequenzen. In technisierte Kommunikation sind iterative Schleifen eingezogen,
und sie bauen eher auf Ereignissen denn auf logisch aufeinander beziehbaren
Sequenzen auf.

(4) Während das Verstehen technisch vermittelter Informationen und das Auslösen von Handlungs- bzw. Bearbeitungssequenzen bei gefügeartiger Kooperation in ziemlich strikt limitierten Zeitintervallen erfolgen und deren Überschreitung zu schwerwiegenden Folgen (teure Ausschußproduktion, Schäden an Produktionsanlagen, Unfälle) führt, besteht bei technisierter Kommunikation dieser Zusammenhang nicht zwingend.

(5) Die Folgen von fehlgeleiteten, mißverstandenen Informationen und die Unterlassung von Handlungsauslösungen sind nicht mit gleicher Sicherheit abschätzbar wie im Rahmen gefügeartiger Kooperation. Nennenswerte Folgen können gänzlich ausbleiben, mit erheblicher Zeitverzögerung eintreten und aber auch unmittelbar eruptive Wirkungen erzeugen. Es ist ein erhebliches Maß an Diffusität zu unterstellen.

Organisationen, deren Kommunikationen aufgrund von massivem und breitem Einsatz von IuK-Technologien komplex strukturiert und eng gekoppelt sind, werden mit dem Paradox der Technisierung der Kommunikation konfrontiert. Aufgrund des sichereren programmierten Ablaufes von Kommunikationen im Vergleich zu nichttechnisierten Kommunikationen werden die Verarbeitungskapazität und -geschwindigkeit von Informationen sowie die Berechenbarkeit der Informationsvermittlung gesteigert. Kommunikation wird aber auch aufgrund des programmierten Ausschlusses von Zwischenschritten des Verstehens und aufgrund der Eigenheiten technisierter Kommunikation deutlich begrenzt. Man muß sich verstärkt auf die Systemeigenschaft einstellen, daß Mitteilungen ausbleiben können, daß Mitteilungen fehlgeleitet werden, daß Mitteilungen nicht verstanden werden, und schließlich, daß Mitteilungen verstanden, aber als irreführend bzw. als nicht zweckdienlich verworfen werden. Und außerdem scheint unter Bedingungen technischer Kommunikation und bei Standardisierung und Formalisierung fast zwangsläufig die Fähigkeit zur Nutzung der vorhandenen Deutungskapazitäten zu erlahmen. Das steigert die Neigung zur standardisierten Handlung. Und dies läßt die zunehmende Relevanz von Organisationskompetenz erahnen.

3.4 Folgen technisierter Kommunikation

Inzwischen sind auf der Grundlage empirischer Untersuchungen Überlegungen und prospektive Abschätzungen über die möglichen Folgen für Organisation und Personal für den Fall angestellt worden, daß Sequenzen organisationsinterner Kommunikation gänzlich bzw. überwiegend technisiert werden. Am Beispiel der industriellen Verwendung von Expertensystemen für die

Steuerung, Überwachung und Wartung von Fertigungseinrichtungen läßt sich genau jenes Problem der Konditionierung standardisierten Verhaltens nachvollziehen. Lutz und Moldaschl (1989) zeichnen in Anwendungsszenarien den möglichen Umschwung von der hohen Organisationskompetenz der Facharbeiter zum teilnahmslosen "Dienst nach Vorschrift" vor. Zwar sehen Experten der IuK-Technologien derartige Phänomene als Erscheinungen des Übergangs an, bis es der Technik gelungen sei, hinreichend "intelligente und lernfähige" Geräte zum Einsatz zu bringen (Siekmann 1988). Ob die Entwicklung von funktionalen Äquivalenten für sinnhafte Kommunikation je gelingen wird, mag indessen bezweifelt werden. Den Untersuchungsergebnissen über Einführungsprozesse von IuK-Technologien zufolge bleibt die tatsächliche Nutzung der IuK-Anlagen häufig weit unterhalb des technisch Möglichen, oder die technische Leistungsfähigkeit der Systeme wird überschätzt (Der Gewerkschafter 1989).

3.4.1   Beherrschung der Kommunikationsintensität

Das Kernproblem der Anwendung von IuK-Technologien liegt in der Beherrschung der gesteigerten *Kommunikationsintensität*. IuK-Technologien dienen einerseits der Rationalisierung immaterieller Arbeit, sie erzeugen andererseits Deutungs- und Kommunikationsbedarf über die rationalisierte Arbeit und über die Funktionsvoraussetzungen und -weisen von IuK-Technologien selbst. Damit werden Fragen nach den organisatorischen, technischen und qualifikatorischen Voraussetzungen von Organisationskompetenz aufgeworfen. Eine differenzierte Anwendung des Perrowschen Schemas zur Organisationsanalyse auf die technische Transformation organisationsinterner Kommunikation kann gezielte Analysen hierzu anleiten. Perrow unterscheidet die Dimensionen Struktur und Kopplung. Struktur hat die Ausprägungen linear und komplex, Kopplung die Merkmale lose und eng. Es ergeben sich vier Felder, in denen unterschiedliche Systeme aufgrund ihres inhärenten Katastrophenpotentials lokalisiert werden. Dieses Instrumentarium soll zum einen modifiziert und zum anderen ergänzt werden.

(1) Die Dimensionen Struktur und Kopplung stellen Spezifikationen der sozialen und zeitlichen Dimensionen von Organisationen dar. Es fehlt die sachliche Dimension. Sie soll mit Blick auf die Fähigkeit der Organisationsmitglieder zu sinnhafter Kommunikation spezifiziert werden. Sinnhafte Kommunikation in diesem Sinne schließt auch das Verstehen (die Deutung) mitgeteilter Informationen ein.

(2) Die Analyse soll auf den Mikrobereich von Organisationen gerichtet werden. Damit ergibt sich im Vergleich zu Perrows Analyse ein anderer

Aggregatbezug. Es kommt nicht darauf an, auf die Merkmalsausprägungen ganzer Organisationen oder Abteilungen abzustellen. Gegenstand der Analyse sollen Kommunikationssequenzen sein, von denen Arbeitshandlungen ausgelöst werden. Mit diesem Analyseschema können beispielsweise latente Probleme eingekreist werden, die durch den Einsatz von IuK-Technologien entstehen können.

Einige hypothetische Beispiele verdeutlichen dies:

(1) Die Elemente einer Struktur von vielfach vernetzten und ineinander greifenden Arbeitshandlungen sind eng miteinander verkoppelt, so daß eine Arbeitshandlung andere Arbeitshandlungen im Sinne von Kettenreaktionen auslöst. Die Fähigkeiten der involvierten Akteure zu sinnhafter Kommunikation sind hoch; sie können jedoch kaum genutzt werden, weil aufgrund der engen Kopplung der Arbeitshandlungen zu wenig Zeit zur Verfügung steht. Mittelfristig besteht die Gefahr, daß die Fähigkeiten der Beschäftigten verkümmern und diese ihre Arbeitshandlungen auf das formal Nötige beschränken. Resultat: Schleichender Prozeß des Abbaus von Organisationskompetenz (vgl. auch Lutz und Moldaschl 1989).

(2) Wie im ersten Beispiel gibt es eine komplexe Struktur und eine enge Kopplung der Arbeitshandlungen. Wegen des betriebsübergreifenden Charakters des Einsatzes von IuK-Technologien (etwa Just-in-time-Konfiguration zwischen einem Hersteller und mehreren Zulieferern) sind der Transparenz in dem gesamten Zusammenhang der "systemischen Vernetzung" (Altmann u. a. 1986; Altmann und Sauer 1989) sehr enge Grenzen gezogen. Die Fähigkeiten der involvierten Akteure zu sinnhafter Kommunikation müssen notwendigerweise auf kleine, überschaubare Ausschnitte des vernetzten Zusammenhangs beschränkt bleiben. Resultat: Die Form der Anwendung von IuK-Technologien bedingt von vornherein eine eingeschränkte Organisationskompetenz der Beschäftigten.

(3) Bei einer teils linearen, teils komplexen Struktur und einer recht engen Kopplung der Arbeitshandlungen werden IuK-Technologien extensiv zur Verarbeitung und Mitteilung von Informationen genutzt. Die Informationen sind hoch abstrakt und werden als Indikatoren höheren Grades ausgegeben (das sind Indikatoren von Indikatoren). Aufgrund der technischen Auslegung des Arbeitssystems ist der Wirklichkeitsbereich, auf den sich die Arbeitshandlungen beziehen, nur über die Interpretation der Indikatoren erschließbar. Es kommt zur "Entsinnlichung" der Tätigkeit (Lutz und Moldaschl 1989). Als deren Folge verkümmern Fachkompetenzen und es wird zunehmend schwierig, diese Fachkompetenzen in Ausbildungsvorgängen auf nachfolgende Generationen zu übertragen (Böhle 1989). Die Fähigkeit zu sinnhafter Kommunikation wird stark beschnitten. Resultat: Aufgrund lückenhafter Fachkompetenz wird die Organisationskompetenz eingeschränkt.

Solche Problemkonstellationen sind folgenreich für Unternehmen und Beschäftigte.

3.4.2   Soziale Komplexität und Technikgestaltung

Im Unterschied zur Technisierung (Mechanisierung, Automatisierung) der materiellen Arbeit stellt sich die Technisierung der immateriellen Arbeit in mehrfacher Hinsicht als komplexer dar. Die Auswirkungen sind kaum exakt einzugrenzen. Auch sind die möglichen Folgen kaum vorherzusehen, zumindest unter den Bedingungen der vorherrschenden Planungs- und Implementationskonzepte. Die Forschungsliteratur unterscheidet hier zwischen eher technokratischen und eher kommunikativen Prozeduren der Einführung (Heidenreich und Schmidt 1989), Zentralsteuerung und Rahmensteuerung (Malsch 1988), Top-down-Entscheidung und Bottom-up-Entscheidung (Braczyk, Kerst, Niebur 1987). Diese Unterscheidungen, mitunter auch als tayloristische versus nichttayloristische Konzepte bezeichnet, werden zuweilen als Alternativen aufgefaßt, zwischen denen die Akteure in Organisationen zu entscheiden hätten (Springer 1987). Einer anderen Auffassung zufolge werden beide Konzepte oft selbst im gleichen Unternehmen nebeneinander praktiziert (Lutz und Moldaschl 1989; vgl. auch Jürgens, Malsch, Dohse 1989). Diese Dichotomisierungen erscheinen überdies als Ergebnis indirekter Bewertungen und veranlassen zu der Annahme, zur tayloristischen Arbeitsorganisation gäbe es eine Alternative. In der Perspektive des Designs von Arbeitssystemen transportiert diese alternative Zuspitzung ungewollt Gestaltungsrisiken und verstellt den Blick auf die grundsätzlich gegebenen Optionen im Umgang mit IuK-Technologien. Fallstudien zur Planungspraxis von Organisationen zum Einsatz von IuK-Technologien enthüllen einen beharrlichen "organisatorischen Konservatismus" (Child ,Ganter, Kieser 1987), der unter Gesichtspunkten der Gestaltung der Arbeit und Technik nur suboptimale Lösungen zuläßt. Eine Analyse von Investitionsplanungen in verschiedenen Wirtschaftsunternehmen ergab überdies, daß die mit IuK-Technologien verbundenen Gestaltungsoptionen gar nicht systematisch ausgeleuchtet und in Planungsalternativen miteinander verglichen werden. Vielmehr werden jene Gestaltungsvarianten realisiert, die dem common sense der Planer und Entscheider am nächsten kommen (Braczyk 1992).

Sowohl für die Gestaltung des Einsatzes von IuK-Technologien als auch für die Abschätzung der Einsatzfolgen empfiehlt sich die Bezugnahme auf eine aufschlußreiche Schlußfolgerung, die einem Großteil der Erfahrungsberichte von Anwendern der IuK-Technologien und der einschlägigen Forschungsliteratur entnommen werden kann: Planung, Implementation und Verwendung von IuK-Technologien gestalten sich im Vergleich zur Produktionstechnisierung als aufwendiger, in Details weniger determinierbar, reichhaltiger an Rückschlägen und unbeabsichtigten Folgen und binden gewollt oder ungewollt mehr Akteure ein, die interessenbezogen auf Planung, Implementation und Verwendung Einfluß nehmen. Schon der amorphe Arbeitsgegenstand immaterieller Arbeit, die mit ihm verknüpfte Deutungsbedürftigkeit von Informationen, die durch Einsatz von IuK-Technologien noch gesteigert wird, spricht dafür, daß es sich hierbei um ein substantielles Problem aufgrund des säkularen Strukturwandels der Arbeit handelt und keineswegs nur um Phänomene des Übergangs.

Hierbei würde die Bezugnahme auf das vorgestellte Analyseschema hilfreich sein. Die bislang häufig unterschätzten personalen und organisationalen Aspekte des Einsatzes von IuK-Technologien könnten rechtzeitig und gleichrangig in Designkonzepte einbezogen werden. So könnte etwa ein auf der Fähigkeitsdimension erkennbarer Bedarf an Organisationskompetenz nach mehreren Richtungen abgesichert werden, etwa durch Qualifizierung, durch Konfigurationen von IuK-Technologien, die den Einsatz der Qualifikationen erlauben und schließlich durch Schaffung von Organisationsstrukturen, die Kommunikationssequenzen mit eingebauten Redundanzen enthalten als Zugeständnis an die Deutungsbedürftigkeit vermittelter Informationen (Rammert und Wehrsig 1988; Heidenreich und Schmidt 1989). In einem spezifischen Sinn bedeutet der Einsatz von IuK-Technologien Organisationsgestaltung. In international vergleichenden Untersuchungen wird dies sehr anschaulich (Cerruti; Rieser 1993). Deutlich wird dann auch: Organisationsgestaltung ist selbst wieder dem Einfluß von institutionellen und kulturellen Faktoren unterworfen. Nicht zuletzt deshalb wurden in einschlägigen Forschungen auch länderspezifische Muster der Einführung, Implementation und Nutzung von IuK-Technologien beobachtet. Was bislang als vor allem arbeitspolitisch relevante Option erschien, nämlich die Gestaltbarkeit von Arbeit und Technik, stellt sich auf dem Hintergrund dieser Überlegungen als zunehmende Herausforderung zur Organisationsgestaltung in Bezug auf immaterielle Arbeit dar.

4   Perspektiven

Seit einigen Jahren wird in Wissenschaft, Arbeitspolitik und Industriepolitik eine Phase gravierenden Umbruchs in der Industrie für wahrscheinlich gehalten. Zug um Zug, aber unwiderruflich, würden die mit Beginn der Industrialisierung und vor allem seit dem Ende des Zweiten Weltkrieges in Deutschland bevorzugten Formen der tayloristischen Arbeitsorganisation von *neuen Produktionskonzepten* abgelöst. Darunter versteht man völlig neue Umgangsformen des Managements mit den Mitarbeitern, Abschied vom *Standardmassenarbeiter*, Hinwendung zum intelligenten Produktionsfacharbeiter, der mitdenkt und partiell mitentscheidet, dessen Qualifikationen in voller Breite genutzt werden. Dies versprach Aussicht auf eine "Re-Professionalisierung" der Industriearbeit (Kern und Schumann 1984).

Eine international vergleichende Untersuchung über die Automobilindustrie kommt zu dem Ergebnis, daß tayloristische Arbeitsteilungskonzepte weiterhin Gültigkeit beanspruchen und auch fortgesetzt werden, daß es aber auch zu neuen Produktionskonzepten kommt (Jürgens, Malsch, Dohse 1989). Die Entwicklung verläuft demnach nicht einheitlich. Die breite Rezeption des "Lean-production-Konzeptes" (Womack et. al. 1991) hierzulande wird allerdings sehr stark zur Veränderung bestehender Produktionskonzepte anregen. In diesem Konzept wird einer breiteren Nutzung von Mitarbeiterqualifikationen ein hoher Rang eingeräumt. Um dies zu ermöglichen, sind kurze und effektive Kommunikationswege wesentlich. Damit wird die Frage dringlich, ob die Umstellung von tayloristischen Prinzipien auf Prinzipien der Lean production auch einen neuen Stil der Nutzung von IuK-Technologien erfordert.

4.1 Organisationswandel und technisierte Kommunikation: Das Beispiel *Lean production*

Die Idee eines neuen Produktionskonzeptes und die gegenwärtig im Zentrum des Interesses liegende Konzeption der Lean production sind nicht identisch. Sie weisen aber gemeinsame Züge auf. Diese bestehen in Formen des Arbeitskrafteinsatzes, in denen Merkmale der Gruppenarbeit bevorzugt werden, in eher flachen Hierarchien und Projektorganisationen. Derartige Formen zeichnen sich durch eine vergleichsweise hohe Nutzung und Abhängigkeit von breit gefächerten Qualifikationen der Organisationsmitglieder aus. Deshalb könnten die konzeptionellen Merkmale von neuen Produktionskonzepten und Lean production mit den Funktionsanforderungen technisierter Kommunikation - vor allem in eng ausgelegten System-Kopplungsstrukturen - eher kompatibel sein als mit den klassischen Merkmalen der tayloristischen Arbeitsorganisation.

4.2   Die Abhängigkeit von Kontext und Interpretation

Der Einsatz von IuK-Technologien zur Rationalisierung der (immateriellen) Arbeit ist an andere Bedingungen geknüpft als die Automatisierung der materiellen, herstellenden Arbeit. Deshalb ist zu fragen, ob der Einsatz von IuK-Technologien eigenständige Technisierungsstrategien erfordert. So kann es zum Beispiel dysfunktional sein, wenn die Technisierung von Kommunikation in Organisationen in Analogie zum Technikeinsatz in der materiellen, herstellenden Arbeit primär auf die Substitution von Arbeitskraft gerichtet wird. Die hohe Selektivität der Kommunikation, die prinzipielle Offenheit für viele (im Zweifel alle) Organisationsmitglieder, die Kontextgebundenheit von Mitteilung und Verstehen und schließlich die Wahrscheinlichkeit von Umweltveränderungen scheinen einer zu weit gehenden Technisierung von Kommunikation prinzipielle Grenzen zu ziehen. Die technisierte Kommunikation dürfte funktional auf soziale Kommunikation angewiesen bleiben (Bild 12).

Perspektiven

Weitere Entwicklung und Anwendung von IuK-Technologien aus der Perspektive von Organisationen und den daraus ableitbaren Kommunikationsanforderungen (nicht so sehr aus der Perspektive der technisch steigerbaren Möglichkeiten)

Formalisierung und Standardisierung würde für Organisationen mit turbulenten Umwelten problematisch; Bedeutung von "neuen" Arbeits- und Organisationsformen (Gruppenarbeit, flache Hierarchien, Projektorganisation, hohe Nutzung und Abhängigkeit von breit gefächerten Qualifikationen der Organisationsmitglieder)

Bild 12   Perspektiven

Wenn die Überlegungen zum Paradox technisierter Kommunikation empirisch erhärtet werden können, dann dürfte im Verlauf der weiteren Durchdringung von Organisationen mit IuK-Technologien der funktionale Bedarf an Organisationskompetenz der Organisationsmitglieder zunehmen. Je stärker die Operationen einer Organisation von erfolgreicher Kommunikation abhängig werden, um so wichtiger wird die Fähigkeit zur Interpretation von ausgewählten und mitgeteilten Informationen. Den abstrakten Informationen muß wieder ein *Deutungshof* zugewiesen werden. Die Nutzungsformen der IuK-Technologien - und wahrscheinlich auch schon die Entwicklung der technischen Anwendungen - müßten dann nicht primär auf die Substitution von Arbeitskraft sondern auf die Unterstützung von sozial-kommunikativen Fähigkeiten ausgelegt werden.

4.3   Anforderungen an die Technikgestaltung

Aus den komplexen Wechselbeziehungen zwischen Strukturwandel der Arbeit, Organisationswandel und technischer Entwicklung resultieren somit auch besondere Anforderungen an die Technisierung von Kommunikation.

Die weitere Entwicklung und Anwendung von IuK-Technologien könnte möglicherweise erfolgversprechend aus der Perspektive von Organisationen und den daraus ableitbaren Kommunikationsanforderungen erfolgen und nicht primär aus der Perspektive der technisch steigerbaren Möglichkeiten (Meyer-Krahmer 1993).

5   Literatur

Altmann, Norbert; Deiss, Manfred; Döhl, Volker; Sauer, Dieter (1986): Ein "neuer Rationalisierungstyp". Neue Anforderungen an die Industriesoziologie, in: Soziale Welt, Jg. 37, Heft 2/3, S. 189 - 207.

Altmann, Norbert; Sauer, Dieter (Hrsg.) (1989): Systemische Rationalisierung und Zulieferindustrie. Sozialwissenschaftliche Aspekte zwischen betrieblicher Arbeitsteilung, Frankfurt.

Baethge, Martin; Oberbeck, Herbert (1986): Zukunft der Angestellten. Neue Technologien und berufliche Perspektiven in Büros und Verwaltung, Frankfurt/M.

Beck, Ulrich (1986): Risikogesellschaft. Auf dem Weg in eine neue Moderne, Frankfurt/M.

Behr, Michael; Braczyk, Hans-Joachim; Gebbert, Christa; Kerst, Christian; Niebur, Joachim (1990): Arbeitsbedingungen im Dienstleistungssektor, RKW Eschborn, Bielefeld.

Behr, Michael; Heidenreich, Martin; Schmidt, Gert; Graf von Schwerin, Hans-Alexander (1991): Neue Technologien in der Industrieverwaltung. Optionen veränderten Arbeitskräfteeinsatzes. Mensch und Technik. Sozialverträgliche Technikgestaltung. Materialien und Berichte, Band Nr. 18, Opladen.

Berger, Ulrike (1984): Wachstum und Rationalisierung der industriellen Dienstleistungsarbeit. Forschungsschwerpunkt "Zukunft der Arbeit", Universität Bielefeld, Frankfurt/ New York.

Böhle, Fritz (1989): Sinnliche Wahrnehmung und Erfahrungswissen im modernen Arbeitsprozeß, in: SFB 333, Entwicklungsperspektiven von Arbeit, Mitteilungen 1, Sonderforschungsbereich 333 der Universität München.

Braczyk, Hans-Joachim (1992): Die Qual der Wahl. Optionen der Gestaltung von Arbeit und Technik als Organisationsproblem, Berlin.

Bullinger, Hans-Jörg (1993): "Was ist Technikfolgenabschätzung? - Einführung und Überblick", Vorlesungsskript für die Ringvorlesung Technikfolgenabschätzung am Institut für Arbeitswissenschaft und Technologiemanagement der Universität Stuttgart.

Cerruti, Giancarlo; Rieser, Vittorio (1993): Information Systems, Computer Systems and New Strategies of Rationalization, in: Heidenreich, Martin (ed.)(1993): Computers and Culture in Organizantions. The Introduction and Use of Production Control Systems in French, Italian, and German Enterprises, Berlin.

Child, John; Ganter, Hans-Dieter; Kieser, Alfred (1987): Technological Innovation and Organizational Conservatism, in: Pennings, Johannes et. al. (eds.), New Technology as Organizational Innovation, Cambrigde, Mass., Bollinger, S. 87 - 115.

Der Gewerkschafter (1989): Neue Fabrik: Technik überschätzt, Interview mit dem Industrieberater Gerhard Wohland, 11/89.

Deutschmann, Christoph (1993): Leitbilder, Technikmythen und Macht im Prozeß informationstechnischer Rationalisierung: Einführende Bemerkungen. Vortragsmanuskript, Blaubeuren.

Europäische Stiftung zur Verbesserung der Lebens- und Arbeitsbedingungen (1988): Technologischer Wandel und Partizipation, Dublin.

Faust, Michael (1992): Computer, Rationalität und Mythen in der politischen Arena. Begründungen und Hintergründe von Entscheidungen über den EDV-Einsatz - am Beispiel der Bundesanstalt für Arbeit, Dissertation, Tübingen.

Fröhlich, Dieter; Hild, Paul (1992): Erhöhen neue Informationstechnologien den Handlungsspielraum in der Arbeit?, in: Arbeit. Zeitschrift für Arbeitsforschung, Arbeitsgestaltung und Arbeitspolitik, Heft 4, 1992, S. 352 - 367.

Harmsen, Dirk-Michael (1993): Dauerhafte Entwicklung - sustainable development, Referat, Internationale Konferenz "Herausforderungen für die Informationstechnik", Dresden 15. - 17. Juni 1993.

Heidenreich, Martin (ed.)(1993): Computers and Culture in Organizations. The Introduction and Use of Production Control Systems in French, Italian, and German Enterprises, Berlin.

Heidenreich, Martin; Schmidt, Gert (1989): Neue Technologien und die Bedingungen und Möglichkeiten ihrer betrieblichen Gestaltung, Arbeitsberichte und Forschungsmaterialien Nr. 41, Fakultät für Soziologie, Universität Bielefeld, Forschungsschwerpunkt "Zukunft der Arbeit", Bielefeld, August.

Heidenreich, Martin; Schmidt, Gert (1993): Gruppenarbeit im internationalen Vergleich, in: Binkelmann, Peter; Braczyk, Hans-Joachim; Seltz, Rüdiger (Hrsg.): Gruppenarbeit in Deutschland, Stand und Perspektiven, im Erscheinen, Frankfurt/M.

Hildebrandt, Eckart; Seltz, Rüdiger (1989): Wandel betrieblicher Sozialverfassung durch systemische Kontrolle?, Berlin.

Hormel, Roland; Kannheiser, Werner; Bidmon, Robert K.; Hugentobler, Sabine (1989): Ergebnisse einer Umfrage zur Einführung neuer Techniken in Betrieben der metallverarbeitenden Industrie, in: Zeitschrift für Arbeits- und Organisationspsychologie 33 (N.F. 7) 4, S. 201 - 206.

Jürgens, Ulrich; Malsch, Thomas; Dohse, Knuth (1989): Moderne Zeiten in der Automobilfabrik, Berlin/Heidelberg.

Kern, Horst; Schumann, Michael (1984): Das Ende der Arbeitsteilung? Rationalisierung der industriellen Produktion, München.

Kerst, Christian (1993): Arbeitsorganisation in der Druckvorstufe - eine empirische Analyse. ASIF-Arbeitspapiere Nr. 36, Bielefeld.

Klumpp, Dieter; Bonnet, Petra (1993): Umwälzungen in Märkten und Technologien: Arbeiterfreie Hochqualifiziertenunternehmen? in: Jahrbuch Arbeit und Technik 1993, Schwerpunktthema: Zukunft der Arbeit - Zukunftsfähigkeit der Gewerkschaften, S. 151 - 161.

Littek, Wolfgang; Heisig, Ulrich (1986): Rationalisierung der Arbeit als Aushandlungsprozeß - Beteiligung bei Rationalisierungsverläufen im Angestelltenbereich, in: Soziale Welt, Nr. 2/3 1986, S. 237 - 262.

Luhmann, Niklas (1984): Soziale Systeme. Grundriß einer allgemeinen Theorie, Frankfurt/M.

Lullies, Veronika; Weltz, Friedrich (1983): Innovation im Büro, Frankfurt/M.

Lutz, Burkart (1983): Technik und Arbeit. Stand, Perspektiven und Probleme industriesoziologischer Technikforschung, in: Schneider, Ch. (Hrsg.): Forschung in der Bundesrepublik Deutschland. Beispiele, Kritik, Vorschläge, Weinheim.

Lutz, Burkart; Moldaschl, Manfred (1989): Expertensysteme und industrielle Facharbeit, Frankfurt/New York.

Malsch, Thomas (1988): Alte Produktionskonzepte - neue Informationskonzepte. Neue Technologien und die Informationskompetenz der Beschäftigten, in: Feldhoff, Jürgen; Kühlewind, Gerhard; Wehrsig, Christoph ; Wiesent-hal, Helmut (Hrsg.), Regulierung - Deregulierung. Steuerungsprobleme der Arbeitsgesellschaft, Beiträge zur Arbeitsmarkt- und Berufsforschung, Beitrag 119, Nürnberg.

Malsch, Thomas; Mill, Ulrich (Hrsg.)(1992): ArBYTE: Modernisierung der Industriesoziologie? Berlin.

Mayntz, Renate (1991): Politische Steuerung und Eigengesetzlichkeiten technischer Entwicklung technischer Entwicklung - zu den Wirkungen von Technikfolgenabschätzung, in: Albach; Schade; Sinn (Hrsg.): Technikfolgenforschung und Technikfolgenabschätzung, Berlin/ Heidelberg/New York, S. 45 - 61.

Oberbeck, Martin; Neubert (1992): Dienstleistungsarbeit zu Beginn der 90er Jahre - vor einem neuen Rationalisierungsschub? in: Jahrbuch sozialwissenschaftliche Technikberichterstattung 1992, Schwerpunkt: Dienstleistungsarbeit. Herausgeber: Institut für sozialwissenschaftliche Forschung (ISF), München Internationales Institut für empirische Sozialökonomie (INIFES), Stadtbergen Institut für Sozialforschung (IfS), Frankfurt/Main, Soziologisches Forschungsinstitut Göttingen (SOFI), Göttingen, Berlin, S. 15 - 102.

Ortmann, Günther (1990): Mikropolitik und systemische Kontrolle, in: Bergstermann, J.; Branherm-Böhmker R. (Hg): Systemische Rationalisierung als sozialer Prozeß, Bonn, S. 99 - 120.

Ortmann, Günther (1993): Dark Stars. Institutionelles Vergessen in der Industriesoziologie. Erscheint in: Beckenbach, Niels; Treeck, Werner van (Hrsg.): Umbrüche gesellschaftlicher Arbeit. Soziale Welt. Sonderheft.

Perrow, Charles (1984): Normal Accidents. Living with High-Risk Technologies, New York.

Popitz, Heinrich; Bahrdt, Hans Paul; Jüres, Ernst August; Kesting, Hanno (1957): Technik und Industriearbeit. Soziologische Untersuchungen in der Hüttenindustrie, Tübingen.

Rammert, Werner (1992): Neue Technologien - neue Begriffe? Lassen sich die Technologien der Informatik mit den traditionellen Konzepten der Arbeits- und Industriesoziologie noch angemessen erfassen? in: Malsch, Thomas; Mill, Ulrich (Hrsg.): ArBYTE: Modernisierung der Industriesoziologie? Berlin, S. 29 - 51.

Rammert, Werner; Wehrsig, Christoph (1988): Neue Technologien im Betrieb: Politiken und Strategien der betrieblichen Akteure, in: Feldhoff u. a. (Hrsg.), S. 301 - 330.

Roßnagel, Alexander (1993): Risikogesellschaft als Organisationsgesellschaft, in: Weißnach, Hans-Jürgen; Poy, Andrea (Hrsg.): Risiken informatisierter Produktion. Theoretische und empirische Ansätze - Strategien zur Risikobewältigung, Opladen, S. 19 - 32.

Schmidt, Gert (1989): Die "Neuen Technologien" - Herausforderung für ein verändertes Technikverständnis der Industriesoziologie, in: Weingart, Peter (Hrsg.), Technik als sozialer Prozeß, Frankfurt, S. 231 - 255.

Schmidt, Gert; Braczyk, Hans-Joachim (1991): Rationalisierungspolitik heute und in der Zukunft - Auswirkungen auf die betriebliche Kommunikation, in: Becker, Thomas A.; Braczyk, Hans-Joachim (Hrsg.), Unternehmenskultur und -ethik. Bollwerk gegen Individualisierung?, Institut für Zeitfragen/ASI-Institut, Buchs-ZH/Bielefeld.

Schumann, Michael; Baethge, Volker; Neumann, Uwe; Springer, Roland (1989): Strukturwandel der Industriearbeit. Entwicklungen in der Automobilindustrie, im Werkzeugmaschinenbau und in der Chemie, in: Lutz, Burkart (Hrsg.), Technik in Alltag und Arbeit, Beiträge der Tagung des Verbundes Sozialwissenschaftliche Technikforschung, Berlin.

Siekmann, Jörg H. (1988): Die Entwicklung künstlicher Intelligenz - eine Bestandsaufnahme, in: Industriegewerkschaft Metall für die Bundesrepublik Deutschland - Vorstand, Aktionsprogramm: Arbeit und Technik, Werkstattberichte, Künstliche Intelligenz.

Springer, Roland (1987): Zur Transformationsproblematik von Produktionsarbeit, in: Verbund Sozialwissenschaftliche Technikforschung, Mitteilungen 1/87, Frankfurt, S. 141 - 157.

Tacke, Veronika; Borchers, Uwe (1991): Organisation, Informatisierung und Risiko: Blinde Flecken mediatisierter und formalisierter Informationsprozesse. Fakultät für Soziologie der Universität Bielefeld, Forschungsschwerpunkt Zukunft der Arbeit. Arbeitsberichte und Forschungsmaterialien Nr. 60, Bielefeld.

Troll, Lothar (1987): Verbreitungsgrad neuer Technologien und Veränderungen seit 1979, in: Bundesinstitut für Berufsbildung - Institut für Arbeitsmarkt- und Berufsforschung der Bundesanstalt für Arbeit (Hrsg.), Neue Technologien: Verbreitungsgrad - Qualifikation und Arbeitsbedingungen, Beitrag 118, Nürnberg.

Warnecke, Hans-Jürgen (1992): Die fraktale Fabrik. Revolution der Unternehmenskultur, Berlin.

Weingarten, Rüdiger (Hrsg.)(1990): Information ohne Kommunikation? Die Loslösung der Sprache vom Sprecher, Frankfurt/M.

Weißbach, Barbara (1993): Über den theoretischen und praktischen Umgang mit Fehlern und Risiken. Ein Materialbericht zur Fehlerforschung, in: Weißbach, Hans-Jürgen; Poy, Andrea (Hrsg.): Risiken informatisierter Produktion. Theoretische und empirische Ansätze - Strategien zur Risikobewältigung, Opladen, S. 103 - 124.

Weißbach, Hans-Jürgen; Poy, Andrea (Hrsg.)(1993): Risiken informatisierter Produktion. Theoretische und empirische Ansätze - Strategien zur Risikobewältigung, Opladen.

Weltz, Friedrich (1993): Die Zukunft der Arbeit im Bereich der Informationsverarbeitung. Forum Zukunft der Arbeit, Heft 2, Bonn.

Windolf, Paul (1993): From Taylorism to Lean Production. A Reverse Convergence? Dept. of Sociology, Columbia University, New York.

Womack, James P.; Jones, Daniel T.; Roos, Daniel (1991): Die zweite Revolution in der Autoindustrie, Frankfurt/M. und New York.

Josef Bugl

Technikfolgenabschätzung: Ein Instrument für Chancenmanagement in der Wirtschaft

1 Einleitung

Mit dem Thema *Technikfolgenabschätzung - ein Instrument für Chancenmanagement in der Wirtschaft* habe ich bereits zum Ausdruck gebracht, daß Technikfolgenabschätzung (TA), ursprünglich als ein Instrument der Politikberatung entwickelt und auch so gesehen, heute in der Wirtschaft Eingang gefunden hat und in zunehmendem Maße von ihr als ein Instrument für Chancenmanagement gesehen wird.

2 Wie sehen Politik und Wirtschaft Technikfolgenabschätzung?

Dazu zwei Zitate:

Dr. Heinz Riesenhuber, Bundesminister für Forschung und Technologie, im Vorwort zum Memorandum Grundsatzfragen und Programmperspektiven der Technikfolgenabschätzung 1989: "Neue Techniken erhöhen das Maß an Chancen; mit dem Maß an Chancen erhöht sich aber auch das Maß an Freiheit. Mit dem Maß an Freiheit muß aber auch das Maß an Verantwortung wachsen. Denn Freiheit, die nicht mit Verantwortung ausgefüllt wird, bricht in sich zusammen. Nur dann, wenn zusätzlichen Chancen die verantwortliche Gestaltung von Freiheit und Verantwortung entspricht, können sich die Chancen weiter auswirken, nicht nur in einer technokratischen Nützlichkeit, sondern in einer Erweiterung der Möglichkeit, Leben menschlich zu gestalten. Eine Forschungs- und Technologiepolitik, die dieses Ziel verfolgt, bedarf methodischer Hilfsmittel, um die unbeabsichtigten Folgen und Nebenwirkungen technischer Entwicklungen verstehen zu lernen, ihre Chancen und Risiken zu analysieren und gegeneinander abwägen zu können. Hier sind nicht zuletzt verläßliche Daten und Fakten für technologiepolitische Entscheidungen zu erarbeiten. Die Technikfolgenabschätzung ist ein solches methodisches Hilfsmittel für die Politikberatung, das - pragmatisch formuliert - als Instrument für die Auswahl der jeweils bestgeprüften technischen Alternative innerhalb politischen Handlungsspielraums geeignet ist."

Dr. Tyll Necker, Präsident des Bundesverbandes der Deutschen Industrie (BDI), 28.02.1989 beim 3. BDI-Technologiegespräch: "Technische Innovation muß sich heute stärker als in den 50er und 60er Jahren legitimieren, um breite gesellschaftliche Akzeptanz zu finden. Neue Risikodimensionen, stärkere Sicherheitsbedürfnisse und intensivere Risikowahrnehmung in der Bevölkerung stellen hohe Anforderungen an Wirtschaft, Wissenschaft und Politik. Gefahren aus technischen Entwicklungsprozessen müssen nach den Maßstäben praktischer Vernunft beherrschbar, das zumindest theoretisch stets verbleibende Restrisiko muß ethisch verantwortbar bleiben. Mittlerweile ist die Diskussion um Technikfolgenabschätzung nicht mehr auf den politischen Raum beschränkt. Bei den Unternehmen wird immer mehr eigene Aktivität sichtbar. Das ist nicht verwunderlich. Da die Wirtschaft, insbesondere die Industrie, Träger und Motor des technischen Fortschritts ist, muß sie sich schon im eigenen Interesse frühzeitig mit Chancen und Risiken ihrer Produkte befassen."

Analysiert man diese Zitate und die Gedankengänge, die diesen Aussagen zu Grunde liegen, dann kommt man zu folgenden Ergebnissen:

(1) Politik und Wirtschaft stimmen überein in der Feststellung, daß alles, was technischer Fortschritt zum Wohle der Menschheit bisher bewirkt hat und auch in Zukunft bewirken wird, auch Schädigungen und potentielle Gefahren für Mensch und Natur mit sich bringen kann; daß die Geschwindigkeit und das Ausmaß der Entwicklung neuer, aber auch die Weiterentwicklung alter Techniken, die Komplexität der von ihnen ausgelösten Effekte, aber auch synergistische und kumulative Wirkungen zu neuen Nutzungschancen und Problemlösungspotentialen zu differenzierten Handlungsoptionen und vielfältigen Gestaltungsperspektiven führen und daß der umfassende Einsatz von Technik in zunehmendem Maße die Umwelt, soziale Strukturen, Verhaltensweisen und Institutionen verändert.

(2) Politik und Wirtschaft machen aber auch gemeinsam die Erfahrung, daß unsere Gesellschaft die Chancen und Problemlösungspotentiale kaum, die Risiken und die Gefahren der Technik verstärkt wahrnimmt.

(3) Politik und Wirtschaft anerkennen die Forderungen unserer Gesell-schaft nach einer Neubesinnung auf die Qualität des technischen Fort-schritts und nach verantwortbar gestalteter Technik.

Daraus folgt: Für Politik und Wirtschaft ist Technikfolgenabschätzung der Schlüssel zur Technikgestaltung und somit ein Instrument für Chancen-management in Politik und Wirtschaft.

3 Sozial- und umweltverträgliche Technikgestaltung

3.1 Rolle und Verantwortung der Wirtschaft

Die Forderung nach Technikgestaltung traf eine Wirtschaft, in der lange Zeit die Meinung vertreten wurde, daß in einer marktwirtschaftlichen Ord-nung die Wirtschaft die treibende Kraft des technischen Wandels und der Wettbewerb das wichtigste Selektionsraster ist.

Hinzu kam, daß die Wirtschaft, aber auch Staat und Wissenschaft, bei der Einführung neuer Techniken in der Vergangenheit viel zu sehr nach der Methode von Versuch und Irrtum gearbeitet haben und Irrtümer lange Zeit nicht wahrhaben wollten oder gar verschwiegen haben. Wer aus-schließlich nach dieser Maxime arbeitet und die Forderung nach Technik-gestaltung negiert, braucht sich auch nicht zu wundern, wenn er unglaub-würdig wird. Er braucht sich dann aber auch nicht über mangelnde Technikakzeptanz zu beklagen. Eine unzureichende Umsetzung von For-schungsergebnissen in die industrielle Praxis und Verzögerungen bei der Errichtung und Inbetriebnahme von Produktionsanlagen sind die Folge. Beispiele gibt es dafür genug. Robert Bosch hat einmal gesagt: "Geld kann man verlieren, nicht aber seine Glaubwürdigkeit." Dies hat die Industrie heute in ihrer Breite erkannt, und so stellt sich immer mehr die Frage: Was muß getan werden, um diese Glaubwürdigkeit zurückzugewinnen?

Horst Dohm hat im vergangenen Jahr nach einer Analyse der neu erschie-nenen Bücher für Führungskräfte der Wirtschaft in der FAZ festgestellt: "Unternehmenskultur, Ganzheitlichkeit, Unternehmensethik, umweltbe-wußtes Management sind in der Industrie die Schlagworte unseres Jahr-zehnts." Ich kann Ihnen aus eigener Erfahrung versichern, daß die lebhaf-ten Diskussionen um Wirtschaftsethik und sozial- und umweltverträgliche Technikgestaltung, wie wir sie gegenwärtig feststellen, der Ausdruck eines Umdenkprozesses in der Industrie sind. Immer mehr Unternehmungen bekennen sich zur Verantwortung für die Auswirkungen der von ihnen erzeugten Produkte und angewandten Produktionsverfahren auf Gesellschaft und Umwelt.

Sicher, die Industrie hat seit Jahrzehnten in Eigenverantwortung ein umfangreiches Netzwerk techniknormierender und technikgestaltender Institutionen aufgebaut (TÜV, Berufsgenossenschaften etc.). Dieses Netzwerk, so sehr es sich auch in der Vergangenheit bewährt hat und weiterhin bewähren wird, reicht aber zur Lösung der anstehenden Probleme nicht mehr aus. Es muß durch eine Institution ergänzt werden, die sich nicht nur mit den technischen Problemen, sondern auch mit den gesellschaftlichen und ökologischen Problemen, die mit der Bewältigung alter und der Einführung neuer Techniken auftreten, auseinandersetzt. Aus diesen Überlegungen folgt, daß Unternehmen zu ihrer eigenen langfristigen Zukunftssicherung die Forderung unserer Gesellschaft nach Technikgestaltung in ihre Unternehmensziele aufnehmen müssen. So steht z. B. im Unternehmensleitbild der Asea Brown Boveri AG, Mannheim:

> **Unsere Werte**
>
> Unsere Technologien ermöglichen u. a. die Verfügbarkeit und den effizienten Einsatz von elektrischer Energie, zukunftsweisende Verkehrskonzepte, wirtschaftliche Produktionsprozesse und die Bewahrung unserer Umwelt.
>
> Unsere Forschung und Entwicklung genießen einen hohen Stellenwert. Sie sichern die technologische Basis und stehen in einer ethischen Verantwortung. Innovation ist unsere Zukunft.
>
> Unsere Aktivitäten unterliegen allen Geboten des Umweltschutzes und der Arbeitssicherheit. Die umweltschonende Entwicklung, Herstellung, Verwendung und Entsorgung unserer Systeme und Produkte sind ein Unternehmensziel.
>
> Unsere Glaubwürdigkeit wird bestimmt durch unsere Leistung und unser Auftreten nach innen wie nach außen. Wir führen einen offenen, ehrlichen und kooperativen Dialog. Wir sind ein aktiver Bestandteil unseres kulturellen, ökologischen, politischen, sozialen und wirtschaftlichen Umfeldes.
>
> Wir tragen Mitverantwortung für unser freiheitliches, demokratisches Land, für unsere Mitarbeiter und für die pluralistische Gesellschaft, in der wir leben.

3.2   Akteure der Technikgestaltung

Entstehung, Einführung und Nutzung von Techniken sind eingebettet in ein System gesellschaftlicher Gruppen und Institutionen, d. h. die Entstehung von Techniken ist von diesen Gruppen beeinflußt. Andererseits verändert der technische Fortschritt diese Gruppen bzw. Institutionen. Wir haben es mit einem wechselseitig verschränkten Prozeß zu tun. Die Akteure sind *Staat, Wissenschaft, Wirtschaft* und *Gesellschaft.* Unter diesen Akteuren gibt es oft Interessenskonflikte, die sehr schwer aufzulösen sind. Der Staat hat für unser Allgemeinwohl Vorsorge zu treffen. Er hat Gesetze und Verordnungen zu erlassen und Grenzwerte festzulegen. Das berechtigte Interesse der Wirtschaft ist Kapitalvermehrung. Dies ist die Voraussetzung für den Erhalt unseres Wirtschaftssystems und damit auch unseres Sozialsystems. Den Zielen der Wirtschaft steht z. B. die hohe Regelungsdichte beim Umweltschutz entgegen. Wenn sie dann noch die auch wieder berechtigten Interessen der verschiedensten gesellschaftlichen Gruppen berücksichtigen, die vielfach Gruppeninteressen und Opportunismus über das Allgemeinwohl stellen, dann wird wohl klar, daß diese Konflikte nicht einfach aufzulösen sind.

Andererseits bin ich überzeugt, und meine Erfahrung als Vorsitzender der Enquête-Kommission *Technikfolgenabschätzung* im Deutschen Bundestag hat es mich gelehrt, sie können aufgelöst werden, wenn sich alle Akteure darüber klar werden, daß sie alle ein gemeinsames großes Ziel haben. Dieses Ziel heißt Befriedigung ichbezogener, sozialer und gesellschaftlicher Bedürfnisse des Menschen durch technischen Fortschritt. Der technische Fortschritt muß aber, wie alles menschliche Handeln, ethisch legitimiert sein. Werte, an denen sich dieses Ziel orientiert, sind wirtschaftlicher, sozialer und ökologischer Natur. Zwischen diesen Wertebereichen bestehen mittelbare und unmittelbare Konfliktbeziehungen.

3.3   Wie kann man Technik gestalten?

Aufgabe der Technikgestaltung ist es, diese Konfliktbeziehungen soweit als möglich aufzulösen, und Systeme, Produkte und Verfahren zu entwickeln, die wirtschaftlich, umwelt- und sozialverträglich sind. Dazu sind drei Gestaltungselemente nötig: *Diagnose, Therapie* und *Prophylaxe* (Bild 1).

In der Diagnose werden vorausschauend und systematisch Chancen und Risiken von Techniken identifiziert und bewertet, das ist Technikfolgenabschätzung. Sie ist der Schlüssel zur Technikgestaltung. Ist die Diagnose erstellt, d. h. sind die Grenzen des Verantwortbaren und Machbaren festgelegt, kann im Falle bereits eingeführter Techniken durch Risikominimierung eine Schadensbegrenzung vorgenommen werden. Im Falle neuer Techniken kommt die Prophylaxe zum Tragen, d. h. Schadensverhütung, indem man von vornherein umweltfreundliche und sozialverträgliche Produkte und Verfahren entwickelt.

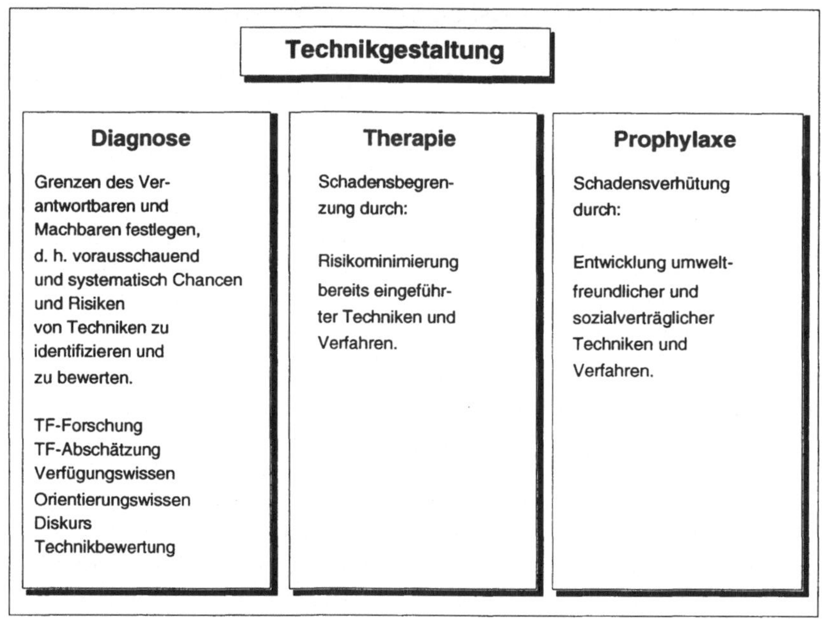

Bild 1   Elemente der Technikgestaltung

Das Problem ist erkannt (Bild 2):

❑ Die *Industrie* hat in der Vergangenheit soziale und ökologische Aspekte zu wenig berücksichtigt;

❑ Die *Gesellschaft* verlangt eine Besinnung auf die Qualität des technischen Fortschritts und übt auf den Staat Druck aus;

❑ Der *Staat* reagiert mit Gesetzen, Verordnungen, Grenzwertfestlegungen und übt auf die Industrie Druck aus (Bild 3).

Industrie	**Gesellschaft**	**Staat**
hat in der Vergangenheit soziale und ökologische Aspekte zu wenig berücksichtigt. Die Wirtschaft war die treibende Kraft des technischen Wandels; der Wettbewerb; das Selektionsraster.	verlangt Besinnung auf Qualität des technischen Fortschritts; Abwägen von Chancen und Risiken. Begrenzung durch Ge- und Verbote. Technikgestaltung	Gesetze Verordnungen Grenzwertfestlegungen Auflagen Hohe Regelungsdichte

Bild 2   Problem

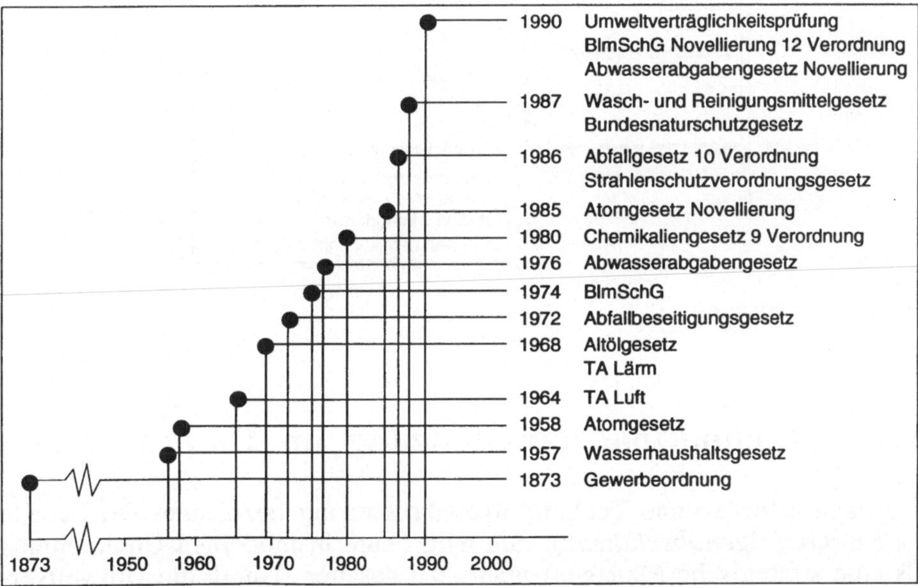

Bild 3   Umweltschutzgesetzgebung

Die Industrie reagiert (Bild 4):

❑   Sie paßt Verfahren und Produkte den Auflagen des Staates an. Dies kann in die Sackgasse führen;

❑   Gefragt ist die Entwicklung sozialverträglicher, umwelt- und ressour-
     censchonender Verfahren.

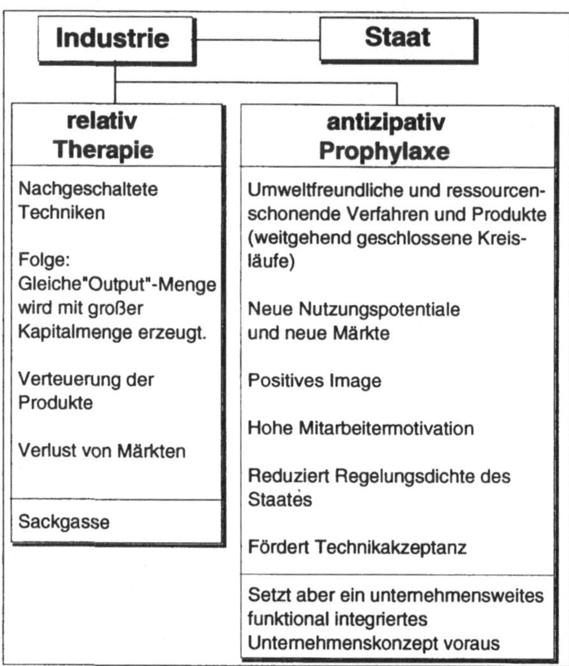

Bild 4   Problemlösung

3.4   Technikfolgenabschätzung im Unternehmen

Die dazu erforderliche Technikfolgenabschätzung bezeichnet Dr. Schade
als *Produktfolgenabschätzung*. Sie wird heute in modernen Unternehmen
als eine strategische Managementaufgabe gesehen. Durch die Umweltverträglichkeitsprüfung (UVP) und das Produkthaftungsgesetz bekommt die
Verantwortung der Unternehmensleitung für die Folgen der von ihr ver-
kauften Produkte und der angewandten Produktionsverfahren eine zusätzliche Bedeutung. So gibt es bereits eine Reihe von Unternehmen, die
eigene Referate für produkt-verfahrensspezifische Technikfolgenabschätzung haben oder gerade einrichten. Diese sind meist den Entwick-
lungs- und Marketingabteilungen zugeordnet. Ziel dieser Technikfolgenabschätzung ist es dabei, den eigenen Bezugsrahmen der ökonomischen

und technischen Kriterien in der Unternehmensplanung bei solchen Entscheidungen der Unternehmensleitung zu erweitern, bei denen fundamentale Änderungen bei Produkten, den Produktionsverfahren sowie bei absatz- und personalpolitischen Strategien diskutiert werden (Dierkes 1989). Dierkes formuliert in diesem Zusammenhang: "Zentrales Ziel von Technikfolgenabschätzungen für Unternehmen ist es hierbei, vor allem solche Auswirkungen zu erfassen, zu messen und zu bewerten, die unbeabsichtigt indirekt oder mit großer Zeitverzögerung (Sekundär-, Tertiär-Effekte) auftreten. Es hat sich gezeigt, daß diese Effekte in den traditionellen Planungsansätzen für die Entwicklung, die Anwendung und das Marketing neuer Technologien nur wenig berücksichtigt wurden, sich aber bei langfristiger Betrachtung oft als weitaus bedeutender herausstellten als die primären Vor- und Nachteile. Sie wurden in der Regel erst nach der Anwendung bekannt und dann nicht mehr oder nur in teuren Feuerwehraktionen beseitigt."

So notwendig ein solcher Ansatz ist, er reicht nicht aus, um die verlorengegangene Glaubwürdigkeit der am technischen Fortschritt beteiligten Akteure zurückzugewinnen. Unser aller Bestreben muß es sein, einen gesellschaftlichen Konsens über die Beurteilung eingeführter oder noch einzuführender Techniken zu erreichen. Dies setzt aber dann eine *umfassendere* Technikfolgenabschätzung voraus, als sie in den Unternehmen betrieben werden kann. Um sie in der vollen Breite durchführen zu können, bedarf es des Zusammenwirkens der Akteure Staat, Wissenschaft, Wirtschaft und Gesellschaft. Dieser TA-Prozeß müßte dann so gestaltet sein, daß ein funktionales Verfahren und ein kontinuierlicher Beratungs- und Kommunikationsdiskurs möglich wird, indem Wissenschaftler, Technikentwickler und Techniknutzer sowie Entscheidungsträger aus Politik, Wirtschaft und Gesellschaft auf der Basis möglichst umfassender Informationen in die Technikfolgenabschätzung einbezogen werden. Eine so verstandene Technikfolgenabschätzung wäre gleichsam der Transmissionsriemen zwischen diesen getrennt operierenden Akteuren. Auf diese Weise könnten auch die Kommunikationsbarrieren zwischen Wirtschaft und Politik und Wirtschaft und Gesellschaft reduziert werden. Gegen einen solchen Ansatz hat sich die Wirtschaft lange gesträubt.

4 Institutionalisierung

Auch wenn sich insbesondere der Beitrag von Herrn Dr. Petermann in diesem Band mit Historie und Institutionalisierung der Technikfolgenabschätzung beschäftigt, so sei mir gestattet, daß ich als Vorsitzender der ersten Enquête-Kommission *Technikfolgenabschätzung* im Deutschen Bundestag dazu einiges sage. Dies schon deshalb, weil immer deutlicher wird, daß diese Kommission 1986 zwar nicht die vorgeschlagene Institutionalisierung durchsetzen konnte, wohl aber eine vertiefte Diskussion über die Technikfolgenabschätzung auch und gerade in der Wirtschaft erreicht hat. Das Konzept der TA-Akademie Baden-Württemberg hat seinen Ursprung in diesen Arbeiten. Dies nicht in Vergessenheit geraten zu lassen, bin ich auch den Mitgliedern dieser Kommission schuldig. Eine meiner tragenden Säulen in dieser Kommission war der Herausgeber dieser Bandes, Herr Prof. Bullinger.

Dieter Klumpp schrieb im August 1989 in Sozialwissenschaft und Technik: "Technikfolgenabschätzung war - zumindest im Zeitraum 1972 - 1985 - das Schibboleth von Oppositionären, sei es der CDU bis 1982, der SPD seit 1982 oder den Gewerkschaften seit 1978 bis heute." In der Tat hat die CDU/CSU-Bundestagsfraktion 1972 aus der Opposition heraus zum ersten Mal den Antrag gestellt, ähnlich wie in den Vereinigten Staaten, beim Parlament eine Institution für Technikfolgenabschätzung einzurichten. Dieser Antrag wurde wie alle nachfolgenden Anträge dieser Art so lange von SPD und FDP abgelehnt, solange diese Parteien die Sozialliberale Koalition bildeten. Sie wurden abgelehnt mit der Begründung, die Exekutive würde sich ohnehin damit beschäftigen, und wenn das Parlament entsprechende Auskünfte benötige, dann solle man sich bitte an die Exekutive wenden. Man befürchtete, daß eine solche Einrichtung zu einer Stärkung der parlamentarischen Informations- und Kontrollmöglichkeiten führen und insbesondere die Opposition stärken könnte. Unmittelbar nach dem Regierungswechsel im Jahr 1982 - ich war Obmann der CDU/CSU im Bundestagsausschuß für Forschung und Technologie - kam Dr. Steger - Obmann im Ausschuß für Forschung und Technologie der SPD - zu mir, und sagte: "Herr Bugl, Sie wollten doch immer das Instrument der Technikfolgenabschätzung haben. Wir sind bereit, jetzt können Sie es haben". In der Regierungsverantwortung lehnten aber meine Parteifreunde mit dem selben Argument wie vorher SPD und FDP eine Institution zur Technikfolgenabschätzung ab. Es dauerte dann auch noch drei Jahre, bis ich meine Fraktion von der Notwendigkeit einer solchen Einrichtung überzeugt hatte.

In den Gewerkschaften gab es, so Klumpp, keinen Konsens, und daher drohten den Unternehmen auch keine Sanktionen. Dort zeichneten sich zwei Flügel ab, die sich gegenseitig blockierten. Klumpp verweist dabei auf Briefs und Hinz und schreibt: "Der alarmierende Topos eines gewerkschaftlichen Forschungsinstitutes: 'Kontrolle und ggf. Steuerung der Technologieentwicklung sind ..., eine Aufgabe, die im Rahmen der Forderung nach überbetrieblicher Mitbestimmung den Wirtschafts- und Sozialräten zufallen würde' (Briefs)", wurde innergewerkschaftlich eher versöhnlich im Sinne auch von hartleibigen Unternehmern mit dem Hinweis gekontert: "Die den technologischen Wandel beschleunigende Innovationspolitik ist zwar notwendig, doch nur dann sozial gerechtfertigt, wenn sie von einer Reihe flankierender Maßnahmen begleitet ist" (Hinz 1979). Klumpp schreibt dann weiter: "Plausiblerweise wurde die Wirtschaft von der Diskussion nicht erfaßt, solange die CDU noch alleine einen zunächst rein parlamentarischen Kampf um eine Institutionalisierung ausfocht. Zum ganz großen Thema unter dieser Bezeichnung wurde es auch nicht, als nach dem Regierungswechsel ´83 die Gewerkschaften die SPD-Programmatik von der 'Sozialverträglichkeit' übernahmen. Zum Thema wurde Technikfolgenabschätzung in den Wirtschaftsunternehmen erst, als es unverkennbar war, daß der Vorsitzende der im Mai ´85 eingesetzten Enquête-Kommission *Technikfolgenabschätzung* sich anschickte, aus einem Sonntagsredenthema ein politisch relevantes Thema zu machen. Josef Bugl, dem als CDU-Parlamentarier und BBC-Manager kaum ein Seitenblick der Wirtschaft galt, weil er für erwartbar zuverlässige Langeweile prädestiniert schien, schreckte in seinem Zwischenbericht zur Enquête-Kommission nicht nur die Industrieverbände auf." Dann zitiert er mich: "Die unaufhaltsame Technisierung aller Lebensbereiche, ein immer schwerer durchschaubares Geflecht technikbedingter, sozialer, ökonomischer und ökologischer Wechselwirkungen fordern auch den Gesetzgeber zu einer entschlosseneren Wahrnehmung seiner Kontroll- und Gestaltungsfunktion heraus, auch um neues Vertrauen bei den Mitbürgern zu gewinnen. Dabei geht es nicht darum, in den Kompetenzbereich der Exekutive hineinzuwirken und deren Entscheidungen nachzuvollziehen. Aufgabe des Parlaments und einer entsprechenden Hilfseinrichtung ist es vielmehr, wichtige Zukunftsfragen der Gesellschaft frühzeitig aufzugreifen (Frühwarnsystem), diese in breitangelegte Programmfelder zu fassen und in einem fortlaufenden Rückkopplungsprozeß zwischen Politik und Wissenschaft und Politik und Wirtschaft unter Beteiligung gesellschaftlicher Gruppen und der Öffentlichkeit aufzuarbeiten, um abschließend auf der Basis der Arbeitsergebnisse politische Handlungsoptionen zu formulieren." Und jetzt Klumpp weiter: "Durchschnittlich gebildete Industrieleute kannten das Wort "Frühwarnsystem" nur als gewerkschaftlichen Kampfbegriff von Heinz-Oskar Vetter und lehnten es daher aus vollem Herzen ab. Bugl griff sogar zu Termini eines Erhard Eppler, um sein im Grunde doch nicht mehr als modern-wirtschaftsliberales Anliegen plastisch zu machen." Dann zitiert er mich wieder: "Heute gibt es einen schlimmen Strukturkonservatismus, der alles beim alten lassen will. Die informationstechnologische Entwicklung erfordert aber auch ein waches Mittun, damit die Chancen genutzt und die Gefahren von Anfang an gering gehalten werden." Dann kommt Klumpp schließlich noch zu der Feststellung: "Hätte die Wirtschaft die Diskussion innerhalb der CDU verfolgt, wäre sie von Bugls Vorstoß nicht so überrascht worden, denn Bugl setzte eigentlich nur das technologiepolitische Konzept der CDU von 1980 um." Da hat er recht, denn schlußendlich habe ich an diesem Programm mitgearbeitet und dort meine Erfahrungen, die ich einerseits als Leiter der Stabsabteilung Kraftwerke Nukleartechnik im Hause BBC und andererseits als energiepolitischer Sprecher der CDU-Fraktion im Landtag von Baden-Württemberg auch und gerade im Zusammenhang mit der Debatte um das Kernkraftwerk Whyl gemacht habe, eingebracht.

4.1 Enquête-Kommission *Technikfolgenabschätzung* im 10. Deutschen Bundestag

4.1.1 Aufgaben

1985 kam es dann endlich zur Einsetzung der Enquête-Kommission *Einschätzung und Bewertung von Technikfolgen und Gestaltung von Rahmenbedingungen der technischen Entwicklung.* Diese Kommission war vor allem auf der Expertenbank sehr hochkarätig besetzt, ich nenne Prof. Bullinger, Prof. Dierkes, Prof. Krupp als Vertreter der Wissenschaft, als Vertreter der Industrie Prof. Grünewald, den damaligen Aufsichtsratsvorsitzenden von Bayer-Leverkusen, und für den DGB das Vorstandsmitglied Siegfried Bleicher. Die Aufgaben dieser Kommission sind in Bild 5 beschrieben. Bei der Lösung der Aufgaben ging die Kommission von folgenden Prämissen aus:

(1) Es sollten solche Problembereiche des technisch-gesellschaftlichen Wandels behandelt werden, bei denen davon auszugehen ist, daß sie auf Grund ihres Nutzens und ihrer Risikostruktur parlamentarischen Beratungs- und Handlungsbedarf erforderlich machen.

(2) Es sollten unterschiedliche Ansätze, Methoden und Fragestellungen erprobt werden, um Hinweise auf zukünftige Verfahren gewinnen zu können, die für den Bundestag angemessen sind.

(3) Es sollte in diese Prozesse der Sachverstand wissenschaftlicher und beratender Einrichtungen einbezogen werden.

Enquête-Kommission
Einschätzung und Bewertung von Technikfolgen
Gestaltung von Rahmenbedingungen der technischen Entwicklung
im 10. Deutschen Bundestag

Aufgaben:

Die Kommission sollte anhand von Fallbeispielen zeigen, wie im Deutschen Bundestag eine Verbesserung des Informations- und Wissensstandes über wesentliche technische Entwicklungslinien, für die in Zukunft ein politischer Beratungs- und Entscheidungsbedarf besteht, herbeigeführt werden kann.

Erörterung, ob und gegebenenfalls in welcher Form TA im Deutschen Bundestag institutionalisiert werden kann.

Die Institution sollte folgende Aufgaben erfüllen:

- Transfer wissenschaftlich-technischer Erkenntnisse ins Parlament
- Vorbereitung von parlamentarischen Entscheidungen
- Förderung der Kontrollfunktion des Parlaments
- Anregung eines öffentlichen Dialogs über wissenschaftlich-technische Entwicklungen

Fallbeispiele:

1. Chancen und Risiken von Expertensystemen in Produktion, Verwaltung, Handwerk und Medizin

2. Möglichkeiten und Grenzen beim Aufbau nachwachsender Rohstoffe für Energieerzeugung und chemische Industrie

3. Alternativen landwirtschaftlicher Produktionsweisen

Bild 5   Enquête-Kommission Einschätzung und Bewertung von Technikfolgen

4.1.2   Institutionalisierungsvorschlag

Die Kommission hat nach intensiver Arbeit dem Deutschen Bundestag im Spätherbst 1986 einen Institutionalisierungsvorschlag vorgelegt. Im einzelnen war an folgendes gedacht (Bild 6).

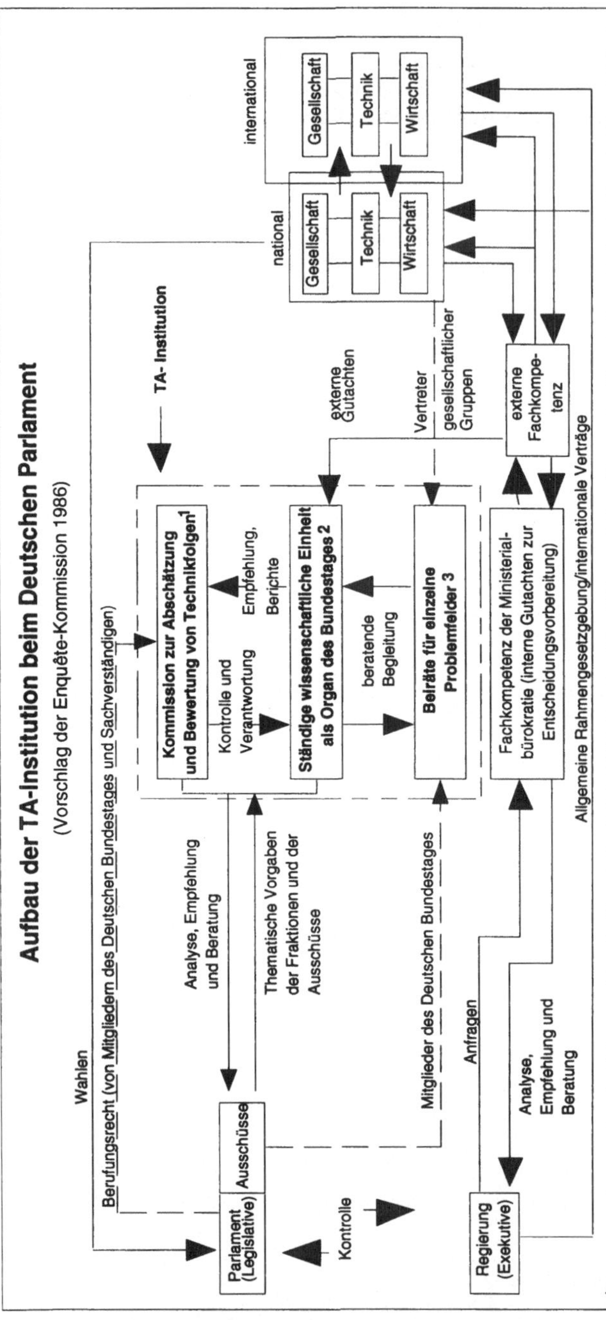

Quelle: Zusammengestellt nach Deutscher Bundestag (Hrsg.) 1986, Drucksache Nr. 10/5844

nach B. Meier

¹Zusammensetzung analog der Bildung von Enquête-Kommission lt. § 56 GOBT Abs. 2,3; 2Funktionen: Unterstützung der Kommissionsarbeit als Organisationseinheit der **Zuständigkeiten und Aktivitäten:** Rahmensetzung, Grundsatzentscheidung über Bundestagsverwaltung durch Durchführung und Gestaltung von TA-Analysen. **Personal:** Programme, Entgegennahme von Empfehlungen und Berichten, Dokumentation und Rund 15 wiss. Mitarbeiter und etwa 15 externe wiss. Mitarbeiter, die von externen Veröffentlichung; Personal-Vorschlag für den Leiter der wiss. Einheit und Zustimmung zur Einrichtungen abgeordnet werden können für spezielle Aufgaben in ausgewählten Einstellung von Personal auf Vorschlag des wiss. Leiters; Entscheidung über die Untersuchungsfeldern. Es sollen vier Problemfelder pro Legislaturperiode bearbeitet Erfüllung programmspezifischer Aufträge der Fraktionen und Ausschüsse an die werden. **Formen der Abarbeitung** von Problemen: TA-Untersuchungen, Gutachten, wissenschaftliche Einheit; politische Repräsentation; Kontakte und Zusammenarbeit mit Anhörungen, Workshops etc. **Ergebnisformen:** Zwischen- und Abschlußberichte, dem Parlament und seinen Organen. Formulierung einer internen Arbeitsordnung. Literatur- und Sachstandsberichte. Empfehlungen bedürfen der Zustimmung der Mehrheit der Mitglieder des Deutschen **Funktionen:** Konzeptionelle und beratende Begleitung einzelner Programmfelder. Bundestages in der Kommission. Der Deutsche Bundestag muß vor jeder 3**Personal:** Mitglieder des Deutschen Bundestages (insbesondere aus den Ausschüssen) Legislaturperiode die Einsetzung der Kommission beschließen. Alle Mitglieder der und Vertreter relevanter und betroffener gesell. Gruppen (Stärkung der Transparenz und Kommission sind gleich stimmberechtigt. Partizipation gegenüber außerparlamentarischer Problem- und Fragestellungen).

Bild 6   Aufbau der TA-Institution beim Deutschen Bundestag

Eine aus Parlamentariern und Sachverständigen zusammengesetzte Kommission, die zu Beginn jeder Legislaturperiode berufen wird, wählt eine begrenzte Zahl von TA-Themen aus, innerhalb derer technikorientierte Forschungs- und Beratungsprozesse parlamentsorientiert durchgeführt werden. Die Kommission, vom Grundsatz her mit einer Enquête-Kommission vergleichbar, trifft die dazu notwendigen Grundsatzentscheidungen, d. h. sie entscheidet über die Durchführung und die erkenntnisleitenden Fragestellungen dieser Prozesse.

Einer ihr zugeordneten, ständigen und damit legislaturperiodenübergreifenden Einheit obliegt die wissenschaftliche Umsetzung dieser Prozesse. Konkret: sie hat TA-Analysen nach außen zu vergeben und ihre Durchführung zu begleiten, weiterhin in begrenztem Umfang aber auch eigene Projekte zu bearbeiten. Ihre eigentliche Leistung wird darin gesehen, die Ergebnisse der TA-Prozesse parlamentsbezogen aufzubereiten und den Transfer technikbezogener Erkenntnisse innerhalb der ausgewählten Problembereiche in das Parlament sicherzustellen. Ergänzt wird diese Institutionsstruktur durch projektspezifische Beiräte, die aus Parlamentariern und Vertretern öffentlicher Interessensgruppen bestehen sollen und die innerhalb der einzelnen Problembereiche zum einen für die Rückbindung für die Beratungs- und Forschungsprozesse an die öffentlichen Interessen sorgen, zum anderen die Kommunikationsdichte zwischen der vorgeschlagenen Beratungskapazität und dem Parlament insgesamt erhöhen sollen. Im Unterschied zu traditionellen Ansätzen der Technikfolgenabschätzung hat die Kommission anhand von Fallbeispielen einen Prozeß entwickelt, in dem es zu einem funktionalen Zusammenspiel von wissenschaftlich-analytischen Verfahren und einem kontinuierlichen Beratungs- und Kommunikationszusammenhang kommt, in dem Wissenschaftler, Experten und Politiker auf der Basis möglichst umfassender Informationen versuchen, die Voraussetzungen, die Folgen, die Chancen und die Risiken zu analysieren und Handlungsoptionen herauszuarbeiten. Und in diesem Sinn ist Technikfolgenabschätzung auch als *Frühwarnsystem* zu begreifen, welches den in der Verantwortung stehenden Entscheidungsträgern rechtzeitig die politischen und gesellschaftlichen Problemdimensionen technikbezogener Entwicklungstrends anzeigen soll. So eröffnet sich die Möglichkeit, durch die Identifizierung künftiger Folgewirkungen zu Politikkonzepten zu kommen, die nicht nur, wie in der Vergangenheit vielfach geschehen, reaktiv, sondern antizipierend und damit natürlich auch entwicklungsanstoßend sein können.

Immer wieder habe ich in Wort und Schrift darauf hingewiesen, daß eine Bewertung von Folgen einer bestimmten Technik nur dann vollständig ist, wenn sie im Vergleich mit entsprechenden anderen vorhandenen oder denkbaren Technikentwicklungen erfolgt. Darum gehört zum Prozeß der

Technikfolgenabschätzung auch immer die Analyse von technischen und gesellschaftlichen Alternativen. Von großer Wichtigkeit ist auch, daß Technikfolgenabschätzung und ihre politische Umsetzung als transparenter Prozeß organisiert wird. Die Partizipation ist ein wichtiges Element unseres Modells. Allerdings darf diese Partizipation nicht zu einem allgemeinen Konsensgeschwafel werden. Der Prozeß selbst soll dann auch zum Bestandteil öffentlicher Diskussionen über die Chancen und Risiken von Techniken werden, für welche das Parlament als Forum dienen sollte. Nur so kann man, das war die Meinung der Kommission, die verlorengegangene Technikakzeptanz unserer Bevölkerung wiedergewinnen.

Diese aus meiner Erfahrung notwendige und aus meinem Demokratieverständnis erforderliche Arbeitsweise lieferte den Gegnern einer solchen Einrichtung, insbesondere dem Bundesverband der Deutschen Industrie, Argumente. Der BDI - oder besser gesagt, BDI-Funktionäre - äußerten die Befürchtung, daß Technikfolgenabschätzung die Forschung behindern, den Innovationsfluß beeinflussen und am Ende den Fortschritt beeinträchtigen könnte. Mit anderen Worten, *Technology Assessment* wird zu *Technology Arrestment*. In Wirklichkeit aber befürchteten Funktionäre des BDI, ebenso wie andere Verbandsfunktionäre, die damit aber nicht an die Öffentlichkeit gegangen sind, von ihrem Einfluß auf die Abgeordneten zu verlieren. Denn, je weniger die Abgeordneten mit Fachwissen ausgestattet sind, um so leichter ist es, sie zu beeinflussen. Gleichwohl muß aber auch gesagt werden, daß namhafte Vertreter der deutschen Industrie - wie auch der Verein Deutscher Ingenieure - die Vorschläge der Kommission nachhaltig und auch in der Öffentlichkeit unterstützt haben. Auch ist zu vermerken, daß der Vertreter des Bundesverbandes der Deutschen Industrie in meiner Kommission, Herr Prof. Grünewald, alle unsere Beschlüsse mitgetragen hat.

Als ich feststellen mußte, daß mein Vorschlag, der lange Zeit auch die Zustimmung meiner Fraktion und des Parlamentspräsidenten fand, in der 10. Legislaturperiode auf Grund massiver Interventionen von BDI-Funktionären und des damaligen BDI-Präsidenten Langmann bei den politischen Entscheidungsträgern nicht mehr angenommen wird, habe ich die Notbremse gezogen, und einen Zwischenbericht abgegeben, so daß sich der 11. Deutsche Bundestag erneut damit beschäftigen mußte. Nach langem Hin und Her kam es dann im 11. Deutschen Bundestag dazu, daß erneut eine Enquête-Kommission *Technikfolgenabschätzung* eingerichtet wurde. Leider haben sich meine Befürchtungen, daß der Institutionalisierungsvorschlag meiner Kommission nicht mehr aufgegriffen wird, bestätigt. Nach Konstituierung der Kommission im 11. Deutschen Bundestag hat der Vorsitzende dieser Kommission als erstes erklärt, der Bugl-Vorschlag ist vom Tisch. Für mich war interessant, daß die CDU zu mauern begann. Das Argument, die Oppositionsparteien nicht schlau zu machen, zieht sich, wenn es auch nicht mehr so deutlich beim Namen genannt wird, nach wie vor durch die ganze Institutionalisierungsdiskussion. Daran wird sich auch solange nichts ändern, solange sich nicht aus einem Selbstverständnis des Parlaments heraus die Einsicht durchsetzt, daß das Parlament als Ganzes in seiner Eigenschaft als Gesetzgeber, durch seine Kompetenz für den Haushalt und als zentrales Forum für öffentliche und politische Diskussionen auch und gerade für die Technikentwicklung und Techniknutzung Mitverantwortung trägt, aus der es nicht entlassen werden kann.

4.2 Ergebnis der Enquête-Kommission im 11. Deutschen Bundestag

Am Ende der 11. Legislaturperiode kam dann der Deutsche Bundestag zu folgendem Beschluß:

(1) Der Bundesfachausschuß für Forschung und Technologie wird in Ausschuß für Forschung, Technologie und Technikfolgenabschätzung umbenannt. Er übernimmt die Initiierung und politische Steuerung von Technikfolgenanalysen im Rahmen der ihm als Ausschuß zustehenden Kompetenzen.

(2) Mit der wissenschaftlichen Durchführung von Technikfolgenanalysen wird eine Institution außerhalb des Parlaments beauftragt, deren rechtliche Form, wissenschaftliche Kompetenz und interdisziplinäre Struktur sie als geeignet ausweist, diese Aufgabe in hoher Selbständigkeit und eigener Verantwortung wahrzunehmen.

Dazu ist zu sagen, daß sich der *Ausschuß für Forschung und Technologie* schon immer mit dem Thema Technikfolgenabschätzung beschäftigt hat, also das Ganze nichts Neues ist, und daß auch in früheren Jahren der Ausschuß für Forschung und Technologie an verschiedene Forschungsinstitute TA-Studien vergeben hat. Neu ist, daß erstmals eine größere Summe (3 Mio. DM) zur Verfügung steht, und daß die Studien professionell von der Abteilung für Angewandte Systemanalyse (AFAS), Kernforschungszentrum Karlsruhe GmbH in Karlsruhe begleitet werden. Prof. Paschen und sein Team leisten gute Arbeit. Wieweit diese Arbeit im Sinne meiner Kommission in praktische Politik umgesetzt werden kann, vermag ich nicht zu sagen.

4.3   Akademie für Technikfolgenabschätzung

Von Max Weber stammt der Satz: "Politik machen heißt, dicke Bretter
bohren." So habe ich mir nach meinem Ausscheiden aus dem Deutschen
Bundestag im Jahr 1987 gesagt, wenn der Deutsche Bundestag nicht in der
Lage und willens ist, mitzuhelfen, die anhaltende öffentliche Diskussion
über Gefahren moderner Techniken zu versachlichen und verlorengegan-
genes Vertrauen wiederzugewinnen, dann müssen von außen Impulse
kommen. Und so habe ich zusammen mit Meinolf Dierkes und dem damaligen baden-württembergischen Ministerpräsidenten Späth, bei dem das
Thema Technikfolgenabschätzung schon immer einen hohen Stellenwert
hatte, den Vorschlag gemacht, eine *Akademie für Technikfolgenabschätzung* zu gründen, in der die Akteure Staat, Wissenschaft, Wirtschaft
und gesellschaftliche Gruppen zusammenarbeiten.

4.3.1   Initiative des Landesverbandes der Baden-
Württembergischen Industrie (LVI)

Dieser Vorschlag wurde möglich, weil der Landesverband der Industrie
(LVI) mittlerweile zu der Überzeugung kam, daß wir unsere verlorengegangene Glaubwürdigkeit und damit die Technikakzeptanz nur dann zurückgewinnen können, wenn es uns gelingt, einen gesellschaftlichen Konsens über die Beurteilung eingeführter oder einzuführender Techniken
und technischer Systeme unter dem Gesichtspunkt gerechtfertigter
Zwecke und einer Langzeitverantwortung zu erreichen. Der LVI setzte
unter der Leitung des Vorsitzenden seines Ausschusses für Forschung und
Technologie, Herrn Prof. Christ, einen ad-hoc-Ausschuß ein, dessen Aufgabe es war, grundsätzliche Aussagen zur Technikfolgenabschätzung zu
formulieren und Vorschläge zu einer Institutionalisierung auszuarbeiten.
Als Mitglied dieses Ausschusses konnte ich das von meiner Enquête-
Kommission erarbeitete Gedankengut einbringen. Die grundsätzlichen
Aussagen wurden nach Verabschiedung im Vorstand im Juli 1988 veröffentlicht. Dort wurde beispielsweise formuliert: "Die Bedingungen dafür
zu schaffen, daß sich die Chancen der Technik entfalten und Gefahren
frühzeitig erkannt und begrenzt werden können, gehört zu den wichtigsten Aufgaben einer auf mehr Wachstum und Beschäftigungsdynamik
ausgerichteten Politik. Wenn sich die Chancen des technischen Fortschritts
entfalten und gleichzeitig die Risiken beherrschbar bleiben sollen, müssen
Wissenschaft, Wirtschaft und Politik im bereits vorhandenen permanenten
TA-Prozeß konstruktiv zusammenarbeiten. Wissenschaft und Wirtschaft

haben dabei die Aufgabe, ihr für Technikfolgenabschätzung nutzbares Instrumentarium sowie die Vermittlungseffizienz zwischen politischem Informationsbedarf und den vorhandenen Beratungsressourcen zu verbessern. Aufgabe der Politik ist es, auf der Basis von gesicherten TA-Erkenntnissen oder -Hinweisen die notwendigen Risikoabwägungen auf gesamtgesellschaftlicher Ebene vorzunehmen und den technischen Fortschritt dort an Regeln zu binden, wo er den gemeinsamen Grundwerten oder Entscheidungen von Verfassungsrang zuwiderzulaufen droht. Dazu gehört aber neben der Vermeidung oder Milderung unerwünschter Technikfolgen vor allem, den für den technischen Fortschritt notwendigen breiten gesellschaftlichen Konsens zu sichern. Die Wirtschaft nutzt im Forschungs- und Entwicklungsstadium bereits verstärkt die begleitende TA-Analyse und diskutiert die absehbaren positiven wie negativen Auswirkungen offen, um einseitigen Darstellungen und Prognosen, die die Menschen verunsichern, entgegenzuwirken. Es besteht die schwierige Aufgabe, das soziale Zusammenleben in einer durch Technik geprägten Gesellschaft so zu organisieren, daß die Handlungsfreiheit der einzelnen möglichst wenig eingeschränkt, andererseits aber auch ein notwendiges Maß an Ordnung, Orientierung und Motivation für die Verantwortlichen gewährleistet wird. Dies ist nur erreichbar, wenn es in der Gesellschaft eine Mindestübereinstimmung über allgemeine Werte gibt. Bei aller Auslegungsbedürftigkeit spielen dafür die Grundsätze der Verfassung eine wichtige Rolle."

Im Februar 1989 haben wir ein Konzept und Vorschläge zur Realisierung einer Akademie vorgestellt, das wichtige Elemente des von meiner Enquête-Kommission erarbeiteten Konzeptes enthält.

4.3.2 Ulmer Fachkommission für Technikfolgenabschätzung

Parallel zur Arbeit des LVI hat im Rahmen der Beratungen über einen geplanten Ausbau der Universität Ulm eine von der Landesregierung Baden-Württemberg einberufene Fachkommission Vorschläge zur Errichtung eines Baden-Württembergischen Institutes für Technikfolgenabschätzung ausgearbeitet. Diese Vorschläge wurden im Februar 1989 in einem Gespräch im Staatsministerium unter dem Vorsitz des Ministerpräsidenten und Vertretern aus Staat, Wissenschaft, Wirtschaft und Gesellschaft diskutiert. Die Diskussion ergab unter anderem, daß die Vorlage zu wissenschaftsbezogen und zu wenig anwendungsorientiert im Sinne einer Politikberatung war. In diesem Gespräch konnten wir als Vertreter der Industrie klarstellen, daß es nicht genügt, die Technikfolgenabschätzung alleine der Wissenschaft zu überlassen. Technikfolgenabschätzung muß an konkreten Beispielen anwendungsorientiert und prozeßhaft durchgeführt werden. Ihre Themen müssen aus der Forschung, der industriellen Praxis und dem gesellschaflichen Alltag kommen, ihre Forschungsergebnisse müssen dorthin zurückvermittelt werden.

4.3.3   Arbeitsgruppe Technikfolgenabschätzung

Im April 1989 hat die Landesregierung unter dem Vorsitz von Prof. Mittelstraß, der schon Mitglied der ersten Kommission war, erneut eine Arbeitsgruppe beauftragt, nach einer institutionellen Lösung zu suchen, die Wissenschaft, Staat, Wirtschaft und Gesellschaft in gleicher Weise problemorientiert einbindet. In dieser Kommission konnten Prof. Bullinger und ich unser in der Enquête-Kommission geübtes Zusammenspiel fortsetzen und zusammen mit Prof. Christ unser LVI-Konzept durchsetzen. Im November 1989 hat die Kommission der Landesregierung ihren Bericht vorgelegt und vorgeschlagen, eine Akademie zu errichten.

4.3.4   Institutionalisierungsvorschlag

Diese Akademie wird von einer Stiftung getragen, in der Staat, Wissenschaft, Wirtschaft und gesellschaftliche Gruppen zusammenarbeiten. Die Akademie soll bei ihren Arbeiten auf das breite nationale und internationale einschlägige Forschungsnetz zurückgreifen, die dort vorhandenen Aktivitäten nutzen, koordinieren und neben eigenen Studien an diese Einrichtungen auch Studien in Auftrag geben. Die Industrieunternehmen sollen, soweit sie eigene Technikfolgenabschätzung betreiben, Teil des Netzwerkes sein (Bild 7).

Bild 8 zeigt die Zusammenarbeit von Stiftungsrat, Vorstand der Akademie, Kuratorium und Projektbeiräten. Während der Stiftungsrat das Beschlußorgan für die Entwicklungsplanung und die Finanzierung ist, ist es Aufgabe des Kuratoriums - das, wie Bild 9 zeigt, aus den drei *Bänken* (Staat, Wissenschaft und gesellschaftliche Gruppen) besteht - Projekte zu initiieren, diskursiv zu begleiten und zu bewerten.

Bei einem Vergleich dieses Schemas mit dem Institutionalisierungsvorschlag der Enquête-Kommission können sie unschwer feststellen, daß dieses Konzept, wenn auch nicht beim Bundestag, zum Tragen kommt.

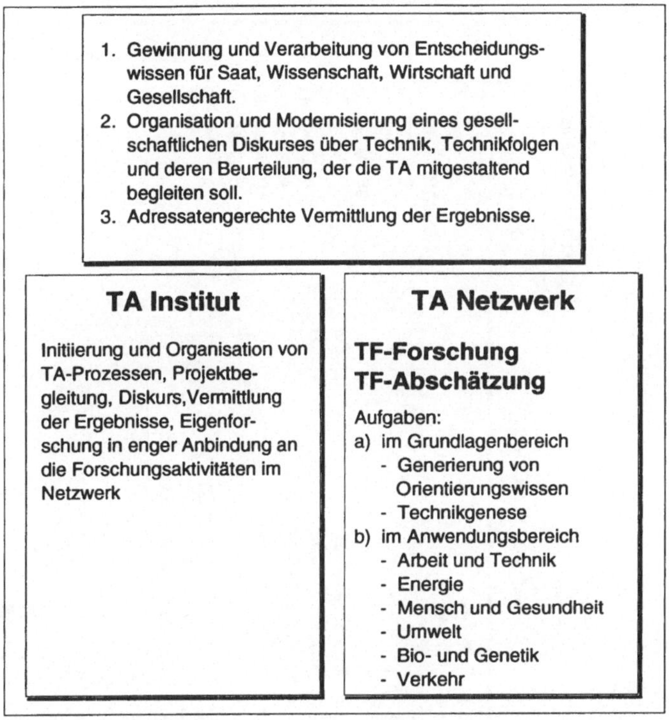

1. Gewinnung und Verarbeitung von Entscheidungs-
   wissen für Saat, Wissenschaft, Wirtschaft und
   Gesellschaft.
2. Organisation und Modernisierung eines gesellschaftlichen Diskurses über Technik, Technikfolgen
   und deren Beurteilung, der die TA mitgestaltend
   begleiten soll.
3. Adressatengerechte Vermittlung der Ergebnisse.

TA Institut

Initiierung und Organisation von
TA-Prozessen, Projektbe-
gleitung, Diskurs,Vermittlung
der Ergebnisse, Eigenfor-
schung in enger Anbindung an
die Forschungsaktivitäten im
Netzwerk

TA Netzwerk

**TF-Forschung
TF-Abschätzung**

Aufgaben:
a) im Grundlagenbereich
   - Generierung von
     Orientierungswissen
   - Technikgenese
b) im Anwendungsbereich
   - Arbeit und Technik
   - Energie
   - Mensch und Gesundheit
   - Umwelt
   - Bio- und Genetik
   - Verkehr

Bild 7   TA-Akademie Baden-Württemberg

4.3.5   Beschluß der Landesregierung zur Errichtung der Akademie

Am 24. Juni 1991 hat die Landesregierung im Gesetzblatt die Satzung für
die Stiftung *Akademie für Technikfolgenabschätzung in Baden-Württemberg* veröffentlicht. Die Akademie hat am 1. April 1992 ihre Arbeit aufgenommen. Einzelheiten hierzu sind dem Beitrag von Herrn Dr. Schade,
Mitglied des Vorstandes dieser Akademie, in diesem Band zu entnehmen,

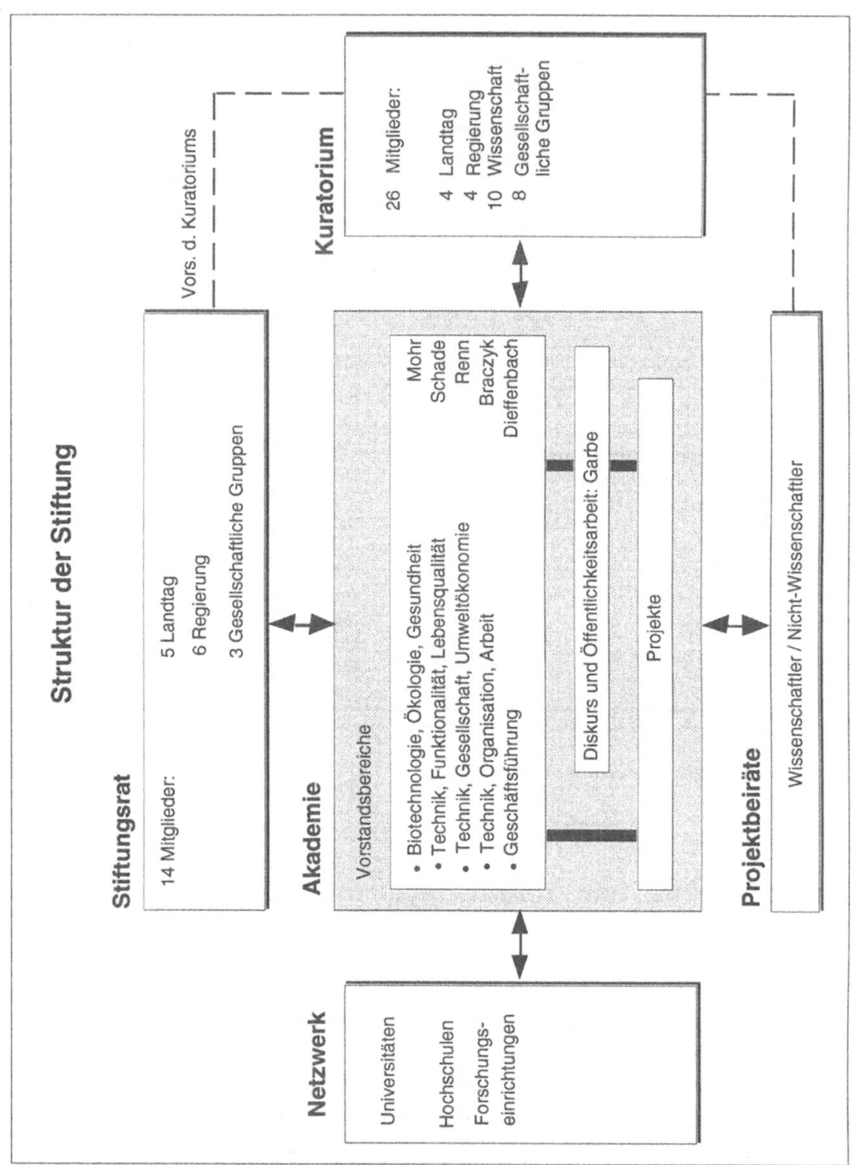

Bild 8   TA-Akademie Baden-Württemberg – Zusammenarbeit von Stiftungsrat, Vorstand, Kuratorium und Projektbeiräten

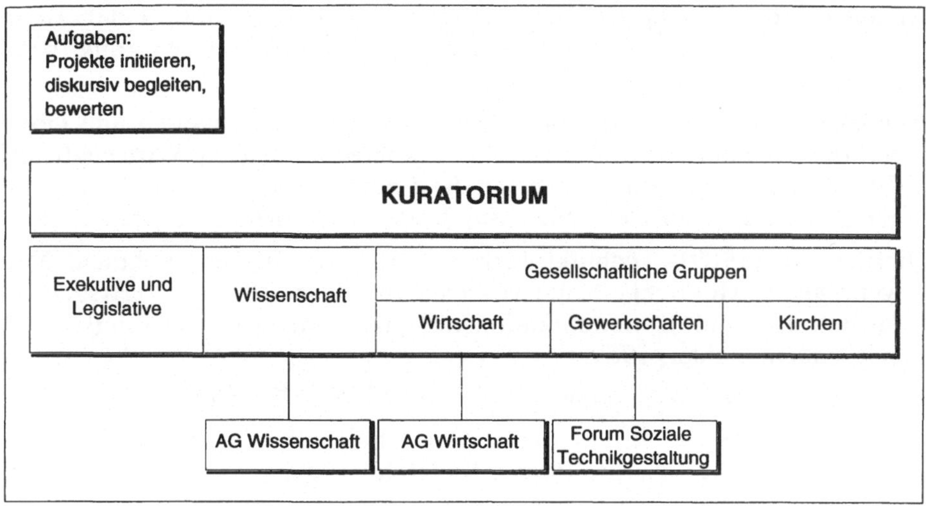

Bild 9   TA-Akademie Kuratorium

Diese Akademie könnte ein Prototyp für eine bundesweite Einrichtung werden. Die Wirtschaft hat erkannt, welchen Beitrag die Technikfolgenabschätzung zum Chancenmanagement leisten kann. Um sie voll wirksam werden zu lassen, ist ein faires, offenes, für jedermann nachvollziehbares Zusammenspiel der Akteure Staat, Wissenschaft, Wirtschaft und gesellschaftliche Gruppen erforderlich. Wenn wir alle diese Möglichkeiten als Chance begreifen, wird die Technikfolgenabschätzung zu einem Instrument für eine umwelt- und sozialverträgliche Technikgestaltung.

5   Literatur

Arbeitsgruppe Technikfolgenabschätzung: Empfehlung zur Errichtung einer Akademie für Technikfolgenabschätzung in Baden-Württemberg. November 1989.

Bekanntmachung der Landesregierung über die Errichtung der Stiftung "Akademie für Technikfolgenabschätzung in Baden-Württemberg" vom 24. Juni 1991.

Bugl, J. (1987): Technikfolgenabschätzung: Politische, wirtschaftliche und rechtliche Aspekte einer Beratungseinrichtung beim Deutschen Bundestag. In: Computer und Recht, März 1987.

Bundestagsdrucksache 10/5844: Zur Institutionalisierung einer Beratungskapazität für Technikfolgenabschätzung und Bewertung beim Deutschen Bundestag 14.7.1986.

Bundesverband der Deutschen Industrie (BDI): Möglichkeiten und Grenzen der Technik sowie der Beurteilung ihrer Folgen für Wirtschaft und Gesellschaft – Stellungnahme für die Enquête-Kommission Technikfolgenabschätzung im Deutschen Bundestag. Dokumentation 26.3.1986.

Dierkes, M. (1989): Technikfolgenabschätzungen in Unternehmen: Notwendigkeit, Möglichkeit und Grenzen In: Bierrert/Dierkes (Hrsg.): Informations- und Kommunikationstechniken im Dienstleistungssektor. Wiesbaden: Gabler, 1989.

Gesetzblatt Baden-Württemberg 1991 Nr. 27 (S. 673 - 675).

Klumpp, D. (1989): In: Manfred Mai (Hrsg.): Sozialwissenschaft und Technik, Beiträge aus der Praxis. Bielefeld: 1989.

Landesverband der Baden-Württembergischen Industrie e. V. (LVI): Grundsätzliche Aussagen zur Technikfolgenabschätzung, Dokumentation Juli 1988.

Landesverband der Baden-Württembergischen Industrie e. V. (LVI): Grundsätzliche Aussagen zur Technikfolgenabschätzung und Vorschläge zur Realisierung einer Akademie, Dokumentation 20.2.1989.

Meier, B.: Technikfolgen: Abschätzung und Bewertung. Ordnungspolitische Kritik an ihrer Institutionalisierung In: Beiträge zur Wirtschafts- und Sozialpolitik des Instituts der Deutschen Wirtschaft 151 4/1987. Köln: Deutscher Institutsverlag, 1987.

Welf Schröter

Soziale Technikgestaltung aus gewerkschaftlicher Sicht

Auf dem Weg zu einer *Kultur der aufgeklärten Kooperation*

1 Einleitung

Der folgende Beitrag will die Frage nach der möglichen Abschätzung von Technikfolgen nicht im Sinne eines wissenschaftssystematischen Ansatzes behandeln. Dazu vermögen die Frauen und Männer aus den jeweiligen Fachgebieten qualifizierter beizutragen. Vielmehr geht es um die Darlegung eines eventuell erweiterten Denk- und Erfahrungsansatzes, aus dem heraus gewerkschaftliche Diskussionen bestimmte Angebote, Erwartungen und Anforderungen auch an die Wissenschaftsorganisation richten. Leitmotivisch gesehen ließe sich der gewerkschaftliche Ansatz als ein Bestreben fassen, das auf eine neue *Kultur der aufgeklärten Kooperation* zielt. Denn nach unserer Auffassung läßt sich eine wirkungsvolle Technikfolgenabschätzung (TA) dann realisieren, wenn es auch zwischen Arbeitswelt und Wissenschaft zu zeitstabilen Vernetzungen kommt. Wir sind auf der Suche nach einem neuen Verhältnis zwischen Beschäftigten und Gewerkschaften gegenüber Forschung und Wissenschaft. Gewerkschaftliche Technologie- und Gestaltungspolitik steht vor einem grundlegenden Paradigmenwechsel: Von der Konfrontation zur Gestaltung.

Um dies zu erläutern, seien zunächst die Ausgangsbedingungen in Erinnerung gerufen, welche die Beratungen im DGB Landesbezirk Baden-Württemberg nachhaltig prägten.

1.1 Wissenschafts- und technologiepolitische Rahmenbedingungen

Das Thema Technikfolgenabschätzung entfaltete sich in den zurückliegenden Jahren vermehrt zu einem der wichtigsten Anliegen gewerkschaftlicher Politik. Dieser Prozeß erfuhr eine Beschleunigung durch die Auseinandersetzung mit der technikzentrierten Industriepolitik der baden-württembergischen Landesregierung. Seit Beginn der achtziger Jahre investierte das Kabinett außergewöhnlich umfangreiche Mittel in die Technologieentwicklung und Technologieförderung. Das Land ließ auf den Gebieten der Mikroelektronik, der Informationstechnik, der Bio- und Gentechnologie, der Fertigungstechnik, im Bereich Neue Materialien und der Künstlichen Intelligenz erhebliche Forschungskapazitäten aufbauen. Der Technologietransfer wurde über eine halbstaatliche Institution stabilisiert. Universitäten und Fachhochschulen erhielten neue Fachbereiche und Institute.

Die Gewerkschaften begrüßten dabei grundsätzlich, daß die Landesregierung zu einer großzügigen Förderung der wissenschaftlichen Kompetenz bereit war. Scharf kritisierten der DGB und die betroffenen Mitgliedsgewerkschaften jedoch das *Wie* des Ausbaus. Die Technologiepolitik des damaligen Kabinettschefs erfolgte industriepolitisch einseitig und unter einem hierarchisch-dirigistischen Imperativ. Mit anderen Worten: Das Technikleitbild der Landesregierung ging von alten technikzentrierten Vorstellungen aus. Synergie war unter Technikern und Ingenieuren nur als technikinduziertes Verfahren vorstellbar. Eine weiche, sozial orientierte Synergie, die problemorientiert und diskursiv Interessensausgleich und Schadensminimierung anstrebt, wurde noch nicht zugelassen. Teile der Wirtschaft erlangten einen verbesserten und beschleunigten Zugang zu wissenschaftlichen Erkenntnissen. Bewußt ausgegrenzt blieben dabei die Interessen von Arbeitnehmerinnen und Arbeitnehmern sowie ihrer Gewerkschaften als auch die Bedürfnisse anderer gesellschaftlicher Gruppen. Der Ausgrenzungsprozeß zeigte sich in der Nicht-Beteiligung der Gewerkschaften in den zahlreich vom Staatsministerium eingesetzten Forschungs- und Technikkommissionen. Ablehnend zeigte sich die Politik hinsichtlich einer Mitwirkung der Gewerkschaften in der Institutionalisierung des Technologietransfers und des Landesforschungsbeirates. Keine Kooperation ergab sich bei der Konzipierung der Landesforschungsprogramme und bei den Strukturplanungen zur Zukunft der Technikforschung in den Universitäten. Um keine Mißverständnisse aufkommen zu lassen, sei an dieser Stelle unterstrichen, daß die Gewerkschaften nicht eine irgendwie geartete Forschungskontrolle über die Wissenschaftseinrichtungen des

Landes anvisierten. Vielmehr ging es um die transparente gleichberechtigte Einbeziehung gewerkschaftlichen Forschungsbedarfs in die öffentlich geförderten Programme und Vorhaben.

Das Verhältnis zwischen Wissenschaftspolitik und Gewerkschaften spitzte sich in der zweiten Hälfte der achtziger Jahre zu, als die Landesregierung zwar mehrere hundert Millionen DM für den Ausbau der Wissenschaftsstadt Ulm bereitstellte, zugleich jedoch nicht gewillt war, dem Modellversuch *Kooperationsstelle Hochschule/Gewerkschaften* in Tübingen die Verlängerung eines jährlichen Zuschusses von gerade einmal 300 000,- DM über das Jahr 1988 hinaus zu gewähren. Der Versuch, die *Kooperationsstelle* in das Ulmer Konzept zu integrieren, scheiterte. Der Nachfrage der Gewerkschaften nach Kooperation mit der staatlich finanzierten Forschung beschied man die Antwort, die Gewerkschaften könnten sich - wie mittelständische Firmen - am Rande der Technopolis Ulm im dortigen Science-Park einmieten und auf eigene Kosten Technikentwicklung betreiben. Hochschulvertreter assistierten mit dem Hinweis, Arbeitnehmer sollten sich erst qualifizieren, bevor sie Mitsprache beanspruchten. Als zudem noch an den Gewerkschaften vorbei ein Institut für Technikfolgenabschätzung auf dem Ulmer Eselsberg geplant wurde, kam es zum offenen Aufbrechen eines politischen Grundsatzstreites zwischen Landesregierung und Gewerkschaften. Mehr als zwei Jahre danach konnte der DGB-Landesvorsitzende Siegfried Pommerenke am 11. April 1990 vor der Presse rückblickend folgende Bilanz ziehen: "Wir betrachten es als einen Erfolg unserer gewerkschaftlichen Arbeit, daß die Landesregierung ihre einseitige unternehmerfreundliche Haltung in der Technologiepolitik korrigieren und einen vom DGB benannten Vertreter in die Ministerpräsidentenkommission aufnehmen mußte. Die massive Kritik von seiten des DGB, der IG Metall und der GEW an der Forschungs- und Technologiepolitik des Landes sowie an den undemokratischen Ausbauplanungen der Wissenschaftsstadt Ulm haben die Landesregierung zu Zugeständnissen gezwungen."

Zwar konnte ein Überleben der Tübinger *Kooperationsstelle Hochschule/Gewerkschaften* nicht durchgesetzt werden, doch gelang es nunmehr, einen vom DGB nominierten Vertreter in jene Landeskommission *Arbeitsgruppe Technikfolgenabschätzung* zu entsenden, die sich mit dem Aufbau der *Akademie für Technikfolgenabschätzung* befaßte. Dieser politische Durchbruch veränderte die Konturen des bisherigen Konfliktes grundlegend. Er wurde zum Beginn eines allseitigen Wechsels von der konfrontativen Technologiepolitik hin zu einer schrittweisen Öffnung für kooperative Modelle.

Festzustellen bleibt, daß es zu Beginn der neunziger Jahre in Baden-Württemberg keine offizielle Möglichkeit für Gewerkschaften gibt, Zugang zu Wissenschaft und Forschung im Sinne eines geordneten Wissenstransfers zu erlangen. Im Gegensatz zu anderen Bundesländern findet sich hier keine Kooperationsstelle, keine Technologieberatungsstelle, kein Forschungsprogramm *Arbeit und Technik*, kein Förderprogramm *Sozialverträgliche Technikgestaltung* und keine öffentlich-rechtliche Einrichtung, die den diesbezüglichen Bedürfnissen von Arbeitnehmerinnen und Arbeitnehmern entgegenkommt. Aus diesem Mangel heraus entstanden zwei kleine eigenständige Forschungsinstitute in Tübingen und Stuttgart, die zwar den Gewerkschaften nahestehen, aber ihre Finanzmittel auf dem freien Drittmittelmarkt einwerben müssen. Zweifellos entwickelten sich in den Jahren auch tragende Arbeitsbeziehungen zu einzelnen Wissenschaftlerinnen und Wissenschaftlern in der Hochschulforschung und in außeruniversitären Einrichtungen wie etwa den Fraunhofer-Instituten in Stuttgart und Karlsruhe. Da die Gewerkschaften jedoch nicht über ausreichende Drittmittel verfügen, bleiben diese Kontakte hinsichtlich beabsichtigter Projekte in Zahl und Umfang begrenzt. Demgegenüber kann die baden-württembergische Wirtschaft auf das umfangreiche Instrumentarium der Steinbeis-Stiftung zurückgreifen. Sie unterhält im Land einen Verbund von 135 Technologietransferzentren. Zum Stab der Stiftung gehören mehr als 2 500 Professoren, Ingenieure, Informatiker und Wissenschaftler. Bei einem Stiftungsvermögen von knapp 53 Mio. DM betrug der Umsatz im Jahr 1992 rund 92 Mio. DM.

Die Beschreibungen und Zahlen verdeutlichen die verzerrten Rahmenbedingungen in der Technologiepolitik. Sie zeigen die Ungleichgewichte, unter denen Gewerkschaften ihre Konzepte zum Thema Technikfolgenabschätzung artikulieren. Bevor ich vor diesem Hintergrund die Bedeutung der *Arbeitsgruppe Technikfolgenabschätzung* - später bekannt unter dem Namen *Mittelstraß-Kommission* - umreiße, will ich zuvor noch auf die Entwicklung der Beziehungen zwischen Hochschulen und Gewerkschaften eingehen.

1.2 *Kooperative Wissenschaft* und *Integrierte Begleitforschung*

Das Modellvorhaben *Kooperationsstelle Hochschule/Gewerkschaften* in Tübingen, das von 1982 bis 1988 andauerte, bildete die Reaktion auf eine Mangelerscheinung, die vom wissenschaftlichen Team der Koop-Stelle folgendermaßen beschrieben wurde: "Lange Zeit war der Wissenschaftsbetrieb aufgrund seiner historisch gewachsenen Struktur und seines Selbstverständnisses von sich aus kaum in der Lage, Probleme der Arbeitswelt und der ArbeitnehmerInnen differenziert zu erkennen und so wissenschaftlich zu bearbeiten, daß Forschungsergebnisse für ArbeitnehmerInnen nutzbar sind. Aufgrund der unterschiedlichen Interessen sowie der verschiedenen Sprach- und Denkwelten waren die Voraussetzungen für den dringend erforderlichen Wissenstransfer sowie die kontinuierliche Zusammenarbeit zwischen Hochschulen und ArbeitnehmerInnen wenig entwickelt. Wissenschaftliche Fragestellungen in den Hochschulen orientieren sich auch heute kaum an den von ArbeitnehmerInnen und Gewerkschaften formulierten Interessen und Problemstellungen. Werden Probleme der ArbeitnehmerInnen aufgegriffen, fehlt den Forschungsprojekten häufig der Praxisbezug und eine Umsetzungsorientierung. Die konkreten Handlungsbedingungen von Gewerkschaften und ArbeitnehmervertreterInnen werden nur selten in die wissenschaftliche Arbeit einbezogen."

Diese im Land einmalige Einrichtung arbeitete nach dem Prinzip einer *Kooperativen Wissenschaft*. Ihre Philosophie basierte auf mindestens drei Kernüberlegungen:

(1) Ausgangspunkt der praktischen Kooperationsarbeit waren die Problemstellungen der ArbeitnehmerInnen und ihrer Gewerkschaften in den Betrieben und im kommunalen Bereich sowie der daraus resultierende Forschungs- und Beratungsbedarf.

(2) Die direkte Beteiligung von ArbeitnehmerInnen, Betriebs- und PersonalrätInnen bei der Konzipierung und Durchführung von Kooperationsprojekten sollte im Sinne eines gemeinsamen Lernprozesses zwischen Wissenschaft und Arbeitswelt organisiert sein.

(3) Durch die Organisierung eines kontinuierlichen Dialoges zwischen WissenschaftlerInnen, ArbeitnehmerInnen sowie GewerkschaftsvertreterInnen wurden Praxisorientierung, Handlungsorientierung und gemeinsame wechselseitige Lernprozesse ermöglicht.

Die *Kooperationsstelle* versah wesentliche Aufgaben: Ermittlung des regionalen Forschungs- und Beratungsbedarfs von Arbeitnehmerinnen und Arbeitnehmern, Ermittlung der Forschungspotentiale der Hochschulen, Initiierung von Projekten in Forschung, Lehre, Weiterbildung, Aufbau regionaler Kontakte Betrieb/Hochschule, Beratung bei der Antragstellung von Forschungsprojekten zu Themen der Arbeitswelt, Vermittlung von wissenschaftlicher Beratung an Betriebs- und Personalräte, Durchführung von Seminaren und Tagungen, Betreuung von Arbeitskreisen, Dokumentation und Publikation. Das Ende des Modellversuchs *Kooperationsstelle* hinterließ bei den Gewerkschaften einen bitteren Nachgeschmack. Angesichts der immensen Investitionen von insgesamt mehr als 500 Mio. DM in die Technologieförderung konnte die Absage des Landes kaum finanziell begründet werden. Schließlich waren 300 000,- DM pro Jahr weniger, als ein Forschungsschwerpunkt an den Universitäten jährlich zu erhalten vermochte. Offenherziger klang die Begründung aus der Mitte der Regierungspartei, wonach der *Faktor Arbeit* in der Wissenschaft nichts zu suchen habe.

Die problem- und bedarfsorientierte Mitwirkung von Arbeitnehmerinnen und Arbeitnehmern sowie den Gewerkschaften in der Forschung mußte zunächst als gescheitert angesehen werden. Parallel dazu hatten die Mitgliedsgewerkschaften sich aus dem Inneren der Hochschulen heraus an die Universitätsgremien und Wissenschaftsgruppen gewandt, um für eine Öffnung der Forschung zu werben. Die gewerkschaftliche Argumentation plädierte für den Aufbau *integrierter Begleitforschung* und für die Berücksichtigung der Themen Technikfolgenabschätzung und Technikfolgenforschung in Forschung und Lehre. Die Einbeziehung dieser Ansätze in die offizielle Ausbau- und Strukturentwicklungsplanung wurde in den meisten Fällen mit dem stereotypen Hinweis abgelehnt, damit ergäbe sich eine verfassungswidrige Einschränkung des grundgesetzlich garantierten Rechts der Wissenschaftsfreiheit nach Art. 5, Abs. 3 GG. Der gewerkschaftliche Wunsch nach kooperativen Kapazitäten für Technikfolgenabschätzung wurde von nicht wenigen Professoren der Forschungsfreiheit gegenübergestellt.

Seit dem Beschluß über die Errichtung der Akademie für Technikfolgenabschätzung ist ein beginnender Wandel in den Gremien der Hochschulen erkennbar. Dazu beigetragen haben sicherlich auch eine Reihe junger Nachwuchswissenschaftlerinnen und -wissenschaftler, Studentinnen und Studenten, die jenseits der offiziellen Hochschulpolitik TA-Arbeitsgruppen bildeten und bei äußeren Trägern Unterstützung suchten.

1.3 Gewerkschaftliche Positionen

Die gewerkschaftlichen Erfahrungen mit der Technologiepolitik des Landes und die schwierigen Annäherungsprozesse an die Hochschulwissenschaft haben lebhafte Diskussionen innerhalb des DGB ausgelöst. Trotz der zuvor dargelegten ernüchternden Erfahrungen kann eine verantwortungsvolle Perspektive nicht in Verhärtung und Konfrontation gefunden werden. Zum Weg einer neuen *Kultur der aufgeklärten Kooperation* gibt es kaum eine Alternative.

Aus den verschiedensten Fachrichtungen heraus liegen Abgrenzungen des Begriffs *Technikfolgenabschätzung* vor. Diesem Expertenstreit soll keine neue Definition hinzugefügt werden. Jedoch scheint es angemessen, der Begriffsfamilie Technikfolgenabschätzung, Technikbewertung, Technikfolgenforschung und Technikpotentialabschätzung entsprechende Kriterien anzulegen. Diese Kriterien münden in den aus gewerkschaftlicher Sicht bevorzugten Terminus *Soziale Technikgestaltung*. Ihre Auflistung ist keineswegs erschöpfend, betont aber einige Kristallisationspunkte der aktuellen Kontroverse. Mit dem Begriff *Soziale Technikgestaltung* verbinden sich die Aspekte Prozeßhaftigkeit, Offenheit und Pluralität der Ansätze, Partizipation und Mitwirkung, Übersetzungs-Kompetenz, Probleminduzierte Fragestellungen, Interdisziplinarität, Gesellschaftlichkeit und Öffentlichkeit, Kategorie Geschlecht, Verträglichkeitskriterien und Diskurs über Zielfindungen und Offenlegung von Interessen.

Die Option *Soziale Technikgestaltung* vermag sich adäquat einer rasch ändernden industriellen Realität in offener und flexibler Form zu nähern. Klaus Kornwachs beschrieb in seinen jüngsten Untersuchungen den sich abzeichnenden Wendepunkt einer möglichen zukünftigen Industriepolitik: "Heute haben wir einen Paradigmenwechsel zu verzeichnen weg von der Arbeitsteilung hin zu einer einheitlichen Betrachtung von Mensch und Arbeit. Man paßt also den menschlichen Rhythmus nicht mehr der Arbeitsaufgabe an, sondern man versucht, Struktur und Inhalt der gesellschaftlich notwendigen Arbeit den menschlichen Fähigkeiten und Bedürfnissen anzupassen." Folgende Interpretationen der Kriterien sind denkbar:

(1) Prozeßhaftigkeit meint in diesem Zusammenhang die Absicht, Technologieentwicklung wieder in die ganzheitliche Betrachtung von Mensch und Arbeit zurückzuholen. Technische Systeme und Architekturen sind demnach nicht mehr als scheinbar fertige und neutrale Endprodukte in ein soziales Umfeld zu implantieren, sondern sie können vom Stadium der Konzipierung bis zur Endfertigung sozialen Bedürfnissen und Interessen angepaßt werden. Technikgestaltung als Prozeß erlaubt die Einbeziehung der Nutzer und Konsumenten vom frühestmöglichen Zeitpunkt an.

(2) Am Beispiel der Informations- und Kommunikationstechnologien im Verkehrssektor und deren grundsätzlicher technisch-flexibler Gestaltbarkeit wird offenkundig, welche Chancen entstehen, wenn die scientific community sich einer Pluralisierung der Handlungsansätze öffnen kann. *Offenheit und Pluralität* trügen dazu bei, mittels Berücksichtigung von Öko-Bilanzen zu volkswirtschaftlich rentableren Verkehrssystemen zu gelangen.

(3) Soziale Technikgestaltung basiert auf einem Konzept der *Partizipation und Mitwirkung.* Arbeitnehmerinnen und Arbeitnehmer, Gewerkschaften und andere gesellschaftliche Gruppen sollen in jeweils handlungsorientiert angemessenen Formen ihre Bedürfnisse und Interessen bei Entwicklung und Einsatz neuer technischer Produkte einbringen können. Dabei steht nicht eine billige Akzeptanzbeschaffung im Vordergrund der Überlegung, sondern die seriöse Prüfung der Akzeptabilität. Auch überzeugte Anhänger der reinen Marktwirtschaft müssen immer mehr zugestehen, daß auf Dauer nur eine wirklich akzeptable Technik marktfähig bleibt.

(4) Besondere Bedeutung in der gewerkschaftlichen Diskussion erhält der Aufbau von *Übersetzungs-Kompetenz.* In der Arbeit der Tübinger Koop-Stelle, aber auch in den Gesprächen zwischen Wissenschaft und Arbeitswelt, wurde schnell erkennbar, daß hier unterschiedliche Erfahrungswelten zusammentreffen. Die auftretenden Kommunikationsschwierigkeiten und strukturellen Mißverständnisse sind nicht allein mit dem Verweis auf die hermetische Fachsprache des akademischen Milieus erklärbar. Die Kompetenz zur wechselseitigen Übersetzung von Erfahrungen in spezifizierte Problemstellungen kann sich erst dann wirklich entfalten, wenn sich akademisches Fachwissen und arbeitsweltliches Erfahrungswissen als gleichberechtigte Partner im Prozeß der Sozialen Technikgestaltung gegenüberstehen. Übersetzungs-Kompetenz wächst zugleich über die Präzisierung differenter methodischer Ansätze. Nicht selten formuliert arbeitsweltliches Erfahrungswissen Forschungsbedarf eher problemorientiert und gerade nicht disziplinbezogen, während akademisches Fachwissen forschungsimmanente Anfragen unterbreitet. Die Bedingungen für die notwendige Übersetzungs-Kompetenz muß zum Wohle beider Wissenskulturen auch institutionell abgesichert werden.

(5) Lange Zeit konzentrierten sich Technik- und Naturwissenschaften auf die Fortentwicklung bestehender Forschungsansätze und vorhandener Technikfamilien. Ein deutlicher Akzent lag auf der technikinduzierten Vorgehensweise. Obgleich darunter wesentliche Forschungsleistungen zu fassen sind, suchen die Gewerkschaften nach einer Aufwertung *probleminduzierter Forschung.* Zu lange wurden Bedürfnisse und Anforderungen des arbeitsweltlichen Erfahrungswissens vernachlässigt. Dahinter verbirgt sich nicht allein der Wunsch nach gleichberechtigter Wahrnehmung. Vielmehr zeigt sich auch, daß ein Primat der Technik an die Grenzen der Effektivität des technischen Systems führen kann, wenn der Mensch als Zentrum der Arbeitsorganisation und Arbeitsgestaltung aus den Augen verloren wird. Der Paradigmenwechsel von der maschinenzentrierten zur menschenzentrierten Technikgestaltung zieht unausweichlich eine Stärkung probleminduzierter Anfragen an die Wissenschaft nach sich.

(6) Interdisziplinarität ist gewiß eine der ältesten Forderungen in der Kontroverse um Technikgestaltung und obendrein eine, die anscheinend am schwierigsten zu realisieren ist. Die Fach- und Disziplingrenzen innerhalb der Technik- und Naturwissenschaften wie auch zwischen Natur- und Gesellschaftswissenschaften lasten noch immer wie schwergewichtige Ruinen auf dem akademischen Alltag. Trotz dieser Mühen bleibt festzuhalten, daß die Sozial-, Kultur-, Geistes- und Gesellschaftswissenschaften elementare Bestandteile eines Konzepts Soziale Technikgestaltung darstellen. Nicht als vorauseilende Akzeptanzbeschafferinnen sind sie gefragt, sondern in ihren methodischen Fähigkeiten, ihren humanorientierten Kriterien und in ihrer Kompetenz als soziale Gedächtnisse. Sie werden als kritische Einmischungswissenschaften im Feld der Technikgestaltung erwartet, zumal sie in ihrer insbesondere jüngeren Fachentwicklung ein enormes gesellschaftsbezogenes Differenzierungsvermögen entwickelt haben.

(7) Die technischen Systeme der nahen Zukunft weisen sich durch eine hohe Komplexität und Verletzlichkeit aus. Sie wirken nicht nur in abgegrenzten und abgeschirmten Räumen. Ihre Anwendung verändert gesellschaftliche Verkehrsformen. Sie beeinflussen Öffentlichkeit. Sie erhalten - beabsichtigt oder unbeabsichtigt - eine eigenständige Mächtigkeit. Der Denkansatz einer Sozialen Technikgestaltung geht dementsprechend davon aus, daß die Hervorbringung neuer technischer Welten stärker den Charakter der *Gesellschaftlichkeit und Öffentlichkeit* tragen sollte. Technikgestaltung kann grundsätzlich kein privater oder nur teilöffentlicher Vorgang sein. Nicht nur das Öffentlichkeitsgebot der Wissenschaft, sondern auch das systemische Wirken der Technologien selbst erfordern eine diesbezügliche Erweiterung des Blickfeldes.

(8) Wenn Soziale Technikgestaltung als interessensorientierter und bedürfnisgebundener Prozeß verstanden wird, muß eine wesentliche Differenzierung beachtet werden. Die Technikdebatte in der aktuellen Frauenforschung weist mit unvermindertem Nachdruck darauf hin - hier seien die Arbeiten der Physikerin Ina Wagner hervorgehoben -, daß die *Kategorie Geschlecht* zu einem essentiellen Gestaltungsaspekt werden sollte. An Beispielen von technischen Modellbildungen, von Simulationen, der Softwareentstehung und der Wahrnehmung von sozialen Zeitrhythmen belegt die innovative Frauenforschung die Notwendigkeit der Pluralisierung von Wertorientierungen. Gerade auch in der Technikgestaltung sollten männliche und weibliche Anforderungen an angepaßte Technologien offen präsentiert werden.

(9) Auf die *Verträglichkeitskriterien* sei an dieser Stelle nur kurz hingewiesen. Dazu liegen zahlreiche ausführliche Arbeiten vor. Neben den sozialen, ökologischen, zivilen, ethischen und kulturellen Gestaltungsaspek-

ten erscheinen die Rückholbarkeit und Fehlerfreundlichkeit als wichtige Rahmenbedingungen. Besondere Aufmerksamkeit muß ein Gestaltungsansatz auf den zunehmenden Grad der Komplexität neuer Technikarchitekturen legen. Hierbei ist zu berücksichtigen, inwieweit der Faktor Komplexität nicht nur im gesellschaftlichen, sondern auch im immanent technischen Sinne zum Risiko neigt, zumal wenn er im Verbund intelligenter Echtzeit-Reaktionen wirkt.

(10) Ein zentrales Merkmal der neuen Kultur der aufgeklärten Kooperation verkörpert der Gedanke *Diskurs über Zielfindungen und Offenlegung von Interessen.* Von der Sache her kann sich Soziale Technikgestaltung bewähren, wenn die Spielregeln klassischer gesellschaftlicher Interessendurchsetzung auf dem Gebiet der Technikentwicklung zugunsten der Erlangung von Gestaltungsräumen und -zeit etwas zurückgenommen werden. Darin läge - vorausgesetzt, die Beteiligten einigen sich auf einen solchen Konsens - eine ungewöhnliche Chance der Versachlichung. Diskurs in diesem Sinne meint den Versuch, offengelegte widersprüchliche Interessen der Diskurspartner im Prozeß der Gestaltung der Technologien zielorientiert auszuhandeln und eventuelle gemeinsame Leitbilder zu formulieren. Geordnete Diskursverfahren schaffen das gegenseitige Vertrauen in die verbindliche Berücksichtigung der jeweils eigenen Vorstellungen. Der wirtschaftsnahe Diskurspraktiker Dieter Klumpp hat die aus der Sicht der Unternehmen entstehenden Chancen immer wieder öffentlich betont und vor Risiken angesichts blockierter Diskurse wie etwa in der Telekommunikation gewarnt. Diskurs als Teil der Sozialen Technikgestaltung stabilisiert die partizipativen Aspekte, organisiert gemeinsames Lernen und erlaubt eine vorbehaltslosere Sichtung von möglichen Übereinkünften und grundsätzlich Strittigem. Ein stabiler und moderierter Diskurs erweitert zudem das Blickfeld auf ausdifferenzierende Wirkungen neuer Technologien. Soziale Belegschaftsgruppen, Berufsprofile und Angestellte sind als potentielle Technologiegewinner oder Technologieverlierer unterschiedlich betroffen. Dieser Verfeinerung der Statusgruppen und Bedürfnisse könnte ein offenes Diskurskonzept gerecht werden.

1.4   Verantwortungspartnerschaft und Diskurskompetenz

Als vor mehreren Jahren die Gewerkschaften vor einem industriellen Absturz der Region Mittlerer Neckarraum warnten und auf der Basis der damaligen IMU-Studien den Verlust von mehr als 30 000 Arbeitsplätzen befürchteten, konterte die Landesregierung mit dem Wort *Horrorgemälde*. Zum Schrecken von Kolleginnen und Kollegen trifft die IMU-Prognose ein und verschlimmert sich noch. Das Jahr 1993 ist für den Maschinenbau, den Automobilbau, die Zuliefererindustrie und die Textilbranche ein Krisenjahr, wie es das *Ländle* seit den siebziger Jahren nicht kannte. Die Krise hat - von Konjunktur- und Marktkrisen einmal abgesehen - mindestens zwei weitere Ursachen: Einerseits ist sie Ergebnis eines *Managementloches*. Das Unternehmensmanagement hat - gemessen an seinen eigenen Kriterien - versagt und ist an der mangelnden Umstellungsbereitschaft gescheitert. Andererseits haben wir die massive Beschleunigung beim Einsatz *intelligenter Produktionsverfahren*, die sowohl Betriebsräte und Vertrauensleute als auch das Management vor Herausforderungen ihres bisherigen Wissens stellen. Im Rahmen eines deutlichen Konjunktureinbruches findet ein markanter Strukturwandel der industriellen Arbeit und des Dienstleistungssektors statt. *Lean production* und *profit center* sind die Zauberworte der Unternehmen.

Für die Gewerkschaften bildet sich die Frage heraus, ob die fehlende Leistungsbereitschaft und die gravierende Kenntnislosigkeit mancher Firmenchefs nicht die Chance eröffnet, mehr Einfluß auf die Umgestaltung der Arbeit und mehr Mitbestimmung bei der Produktkonversion zu erreichen. Vieles deutet darauf hin, daß die Rettung von Arbeitsplätzen - und damit von sozialen Lebenschancen - wahrscheinlicher wird, wenn es innerhalb der Betriebe und in der regionalen Industrie- und Strukturpolitik ein entsprechendes *Co-Management* von seiten der Gewerkschaften gibt. Die Gegenleistung der Kapitalseite müßte im Zugeständnis erweiterter Mitbestimmungsregeln bestehen. Bejaht man diese These, wird zugleich offenkundig, daß auch die Gewerkschaften verstärkt Zugang zum technologischen Wissen der Forschungsinstitute und Hochschulen benötigen. Vor dem Hintergrund dieser Gedanken versuchen die nachfolgenden Überlegungen, dem Verhältnis Hochschule - Gewerkschaften eine veränderte Bedeutung zuzuordnen.

Die Gewerkschaften haben sich in den zurückliegenden zwei Jahrzehnten um ein verändertes Verhältnis zu Wissenschaft und Forschung bemüht. Lange Zeit galt ein unausgesprochener Satz wie *Die Wissenschaft solle der Gesellschaft dienen* als Beleg für eine instrumentelle Haltung gegenüber den wissenschaftlich Beschäftigten. Darin spiegelte sich eine Auffassung wider, die fälschlicherweise vorgeben will, was richtige oder unrichtige, gute oder schlechte Forschung ist. Das Beziehungsgeflecht zwischen Gewerkschaft und Wissenschaft war dementsprechend von einem Mangel an Vertrauen und wechselseitigem Zutrauen geprägt. Ein erster Wandel ergab sich, als gewerkschaftliches Handeln sich vermehrt der Frage der Sozialverträglichkeit neuer technischer Produkte zuwandte. Mit dem Begriff der

Technikfolgenabschätzung versuchten Gewerkschaften am Schlußpunkt der Technologieentwicklung mit sozialen und gesundheitlichen Kriterien einzugreifen. Wie unzureichend dieser Ansatz war, zeigte sich in deutlichem Maße mit der Ausbreitung und Integration der modernen Informationstechnologien in die industrielle Arbeit. Anstelle einer Folgenabschätzung der fertigen Produkte wollten Kolleginnen und Kollegen lieber in den Ablauf der Entwicklung eingreifen. Folgerichtig sprachen von nun an die Gewerkschaften von der Notwendigkeit einer sozialen Technikgestaltung. Der Gestaltungsansatz wollte das Zusammenwirken von Mensch und Maschine ganzheitlich aufnehmen. Berücksichtigung sollten dabei ethische und soziale, kulturelle und ökologische, partizipatorische und geschlechtsspezifische Kriterien finden. Doch auch in diesem Gedankengebäude kamen Gewerkschaften oft nur als Stichwortgeber vor, die ihre Erwartungen gleichsam von außen in das besondere Milieu der Wissenschaft einfließen lassen konnten.

Parallel zum gewerkschaftlichen Wechsel hin auf den Gestaltungsanspruch vollzog sich ein grundlegender qualitativer Wandel der Technologien selbst. Waren beim Beginn der Debatte um Technikfolgenabschätzung noch weitgehend isolierte technische Einheiten zu bewerten, so stehen wir heute mitten in den Trends zur Vernetzung der technischen Potentiale. Wissenschaftler und Techniker selbst sprechen von der zunehmenden Komplexität der Systeme. Industrielle Arbeit und der Dienstleistungssektor der Zukunft sind ohne *intelligente* Basistechnologien nicht mehr denkbar. Damit wurde aber eine Grundannahme früher gewerkschaftlicher Politik aufgehoben, nämlich, daß die eingesetzten Datennetze und Produktionsverfahren - je nach Kräfteverhältnis - einseitig entweder vom Management oder vom Betriebsrat gestaltbar wären. Die hochsensiblen und ineinander verschachtelten Steuerungssysteme in Produktion und Verwaltung werden eine neue Umgangsform der Beteiligten erzwingen. Da diese Netze und Computerarchitekturen äußerst verletzlich sind, lassen sie sich nicht mehr nur von einer Seite führen. Ihre Effektivität und Funktionalität werden sie erst in vollem Umfang erreichen, wenn alle beteiligten Nutzer sich auf gemeinsam entworfene Regeln einlassen.

In der bundesdeutschen Diskussion um die sogenannte *schlanke Produktion* - zumeist als einseitiges Rationalisierungsinstrument mißbraucht - werden diese zukunftsweisenden Trends bereits erkennbar. Um die Vorteile der *lean production* ausschöpfen zu können, müssen Management, Belegschaften und Ingenieure zusammenwirken. Der Irrtum zahlreicher Unternehmensleitungen, den Weg zu neuen Arbeitsorganisationen auf der Basis technischer Vernetzungen allein von oben bestimmen zu können, hat der Produktivität geschadet. Der Kenntnismangel über diese integrierten Verfahren offenbarte in den Betrieben eine *Management-Lücke* großen Ausmaßes. Umgekehrt sind auch Betriebsräte ohne die hinzuziehbaren Kenntnisse aus der Geschäftsleitung und der Wissenschaft kaum in der Lage, die negativen Folgen der Verschlankungen zu vermeiden. Der Einsatz modernster computergesteuerter Produktionsverfahren hat den Tarifpartnern und der Forschung neue gegenseitige Abhängigkeiten gebracht. Sie sind in qualitativ neuer Weise aufeinander angewiesen.

Es ist vor diesem Hintergrund und den kommenden Herausforderungen des europäischen Binnenmarktes angemessen, von einer *Verantwortungspartnerschaft* zwischen Wissenschaft und Gewerkschaft zu sprechen. Beide Partner tragen diese Verantwortung nicht nur im moralisch-ethischen Sinne, sondern auch im konkreten Prozeß industriepolitischer Umwälzung. Akademisches Fachwissen und arbeitsweltliches Erfahrungswissen bedürfen einander. Ohne ihre Bereitschaft zur Kooperation werden Effektivität, Funktionstüchtigkeit und Produktivität neuer Arbeitszusammenhänge bruchstückhaft bleiben. Chancen würden vertan, Risiken erhöht. Verantwortungspartnerschaft zwischen Wissenschaft und Gewerkschaft bringt aber für beide Teile nicht nur veränderte pragmatische Sachbeziehungen, sie erfordert zudem ein Umdenken im Rollenverhalten. Verantwortungspartnerschaft verlangt Selbstveränderung und die Neigung hinzuzulernen.

Die rasche Entwicklung auf dem Gebiet der Informations- und Kommunikationstechnologie und ihr Basischarakter in der industriellen Arbeit haben eine sehr aufschlußreiche Nebenwirkung erbracht. Der Zeitpunkt der Gestaltungsmöglichkeit einer neuen Techniklinie ist im Prozeß der Entwicklung immer weiter nach vorne gerückt. Bereits in frühen Phasen der Technikgenese bieten sich zahlreiche Alternativen und Erfordernisse ihrer Bewertung. Ein Grund dafür liegt in den Fachdisziplinen selbst, in denen - wie etwa in der Informatik - die Grenze zwischen Grundlagenforschung und Anwendungsorientierung immer mehr verschwindet. Ähnliches gilt für die Materialforschung und die maschinelle Sprachverarbeitung. Entwicklungswege verkürzen sich. Gleichzeitig erhöht sich für die Wissenschaft der Druck, in einem sehr frühen Stadium arbeitsweltliches Erfahrungswissen aus der Praxis miteinzubeziehen. Dies geschieht sowohl deswegen, um gegenüber der Konkurrenz Zeit zu sparen als auch aus betriebs- und volkswirtschaftlichen Gründen, um Kosten zu senken und Fehlinvestitionen zu vermeiden. Gerade marktwirtschaftlich ausgerichtete Unternehmensberatungen und Consultingfirmen drängen ihre Manager, zum frühestmöglichen Zeitpunkt die Bedürfnisse und Wünsche von Nutzern und Mitarbeitern zu erkunden. Die Einbeziehung von arbeitsweltlichem Erfahrungswissen der Beschäftigten ist für so manche Geschäftsleitung zu einem Ausgaben sparenden Instrument geworden.

Für die Beschäftigten und die Betriebsräte erwächst aus dieser technikinduzierten Vorgehensweise eine neue Chance. Sie können dieses betriebswirtschaftliche Denken als Möglichkeit erweiterter Mitwirkung auf dem Gebiet der Produktgestaltung und der Veränderung der Arbeitsorganisation für ihre Bedürfnisse nutzen. In diese Gemengelage von Technikgestaltungsansätzen und komplexer werdenden Systemen plazierten der Berliner Sozialwissenschaftler Frieder Naschold und der Konstanzer Philosoph Jürgen Mittelstraß ein neues Verfahrensmodell des Interessenausgleichs. Sie plädieren für die Einführung sogenannter *gesellschaftlicher Technik-Diskurse*. Im wohl verstandenen Sinne des Wortes *Diskurs*, das nicht bloßes Gespräch, Diskussion, Debatte oder Dialog meint, sondern einen methodischen und allseitig vereinbarten Arbeitsgang der Bewertung aufzeigt, offenbart sich eine aussichtsreiche Option für neue Wege der gewerkschaftlichen Forschungs- und Technologiepolitik. Hierauf sollte ein wesentlicher Akzent für die Arbeit der neunziger Jahre liegen. Forschungs- und Technologiepolitik können von seiten der Gewerkschaften nicht mit den Regeln der Tarifauseinandersetzungen umgesetzt werden. In einer Verantwortungspartnerschaft muß ein stabiles Grundvertrauen herrschen, um Interessenunterschiede und Meinungsdifferenzen aushalten und austragen zu können. Das Aushandeln und Realisieren von kontroversen Bedürfnissen im Prozeß der Technikgestaltung bedarf eines offenen Diskurses. Bejahen wir diese Auffassung, so müssen wir zugleich höhere Anforderungen an uns selbst richten. Das Verabschieden von Resolutionen und bekennerhaftes Deklamieren von Forderungen an andere tritt in den Hintergrund zugunsten einer Selbstqualifizierung und konkreten technologisch-gestaltenden Einmischung. Was wir in verstärktem Umfange brauchen, es ist schlicht *Diskurs-Kompetenz* zu nennen.

Wenn Wissenschaft und Gewerkschaften in einer Verantwortungspartnerschaft Diskurskompetenz erwerben wollen, sind sie veranlaßt, eine Reihe bisheriger Handlungsweisen zu überdenken oder gar zu erneuern. In der Forschung entfalteten sich bislang die Prozesse allzuoft an wissenschaftssystematischen, inneren Dynamiken. Die Gewerkschaften haben sich zu lange an einer von der Technik ausgehenden Denkweise, einer Technikinduziertheit, orientiert. Die Herausforderungen der neunziger Jahre und der Charakter des Diskurses verlangen aber nach problembezogenen Gestaltungen. Die auf uns zukommenden Fragen gehen zudem weit über den tradierten Arbeitsansatz von Wissenschaft und Gewerkschaft hinaus. Wir sind beide nicht mehr die alleinigen Sozialanwälte von Risikothemen. Wir werden mit anderen zu gleichberechtigten Diskurspartnern in komplexeren Zusammenhängen. Um in qualifizierter Weise Diskurs-Kompetenz zu erlangen, sollten wir unser jeweiliges Fach- bzw. Erfahrungswissen nach Problemstellungen bündeln. Somit stehen wir vor der Notwendigkeit, die

Organisation unserer in Wissenschaft und Gewerkschaften vorhandenen Ausgewiesenheiten umzubauen.

In fast allen urbanen und industriellen Regionen Europas sind die dort lebenden Bürgerinnen und Bürger vom Zusammenbruch der Verkehrsinfrastruktur bedroht. Die Lösung und der Ausweg aus dem Verkehrsinfarkt als einem gesellschaftlichen Problem ist letztlich ohne eine umfassende Technikentwicklung und -gestaltung unmöglich. Die Suche nach neuen Verkehrssystemen berührt die Fragen der Arbeitsplatzsicherheit in der Automobilindustrie mindestens so stark wie der Wunsch der Allgemeinheit nach sauberer Luft und unversehrten Bäumen. Darüber hinaus berührt sie die Bedürfnisse nach Mobilität und Freizügigkeit. Schon bei diesem einfachen Beispiel wird offensichtlich, daß die technischen Netze der Zukunft weit über betriebliche Gesichtspunkte hinaus weisen. Damit haben wir es mit zusätzlichen gesellschaftlichen Subjekten zu tun, die im Diskurs um eine optimale Verkehrslösung ihre sozialen, kulturellen und demokratischen Forderungen einbezogen sehen wollen. Das Aushandeln neuer Lösungen gelingt eher, wenn wir uns neuen Verfahren öffnen und dabei die Betonung unseres eigenen Wahrheitsanspruches etwas zurücknehmen.

Diskursprojekte werden derzeit auch in verschiedenen großen Unternehmen erprobt. Das Bundesministerium für Forschung und Technologie hat mit dem VDI-Technologiezentrum in Berlin Pilotvorhaben durchgeführt. Die Unternehmen, insbesondere im Bereich Informationstechnik und Telekommunikation, haben nach dem gravierenden Mißerfolg beim Bildschirmtext und angesichts der bevorstehenden Einbußen beim Aufbau der Mobilfunknetze hinzugelernt. Sie bieten Mitwirkung an, um Fehlinvestitionen zu vermeiden. Die Verantwortungspartnerschaft von Wissenschaft und Gewerkschaft sollte dieses Angebot nutzen, um mit eigenen Vorstellungen der probleminduzierten Technikgestaltung einzugreifen. Doch dazu bedarf es zwischen den Partnern einer engeren Abstimmung und eines geregelten Prozesses, der Diskursfähigkeiten einüben läßt. Die Fähigkeit zum Diskurs und das Vertrauen in ein sachliches Verfahren des Interessenausgleichs werden im frühen Stadium der Technikgestaltung in zentraler Weise über die Qualität der Industriestandorte in den Regionen Europas entscheiden. Gelingt ein gemeinsames Diskursregelwerk auf dem Gebiet der Technologieentwicklung nicht, so werden wir erhebliche Produktivitätseinbußen und Arbeitsplatzverluste hinzunehmen haben. Als Gewerkschaften wollen wir der Wissenschaft, aber auch den anderen gesellschaftlichen Kräften, das Angebot der Diskurskooperation unterbreiten. Zugleich müssen wir mit vereinten Kräften der Politik in Land, Bund und in der EU eindringlich vermitteln, daß Investitionen in die Förderung von Diskurskompetenz genauso unumgänglich sind wie Materialkosten. Soziale Technikgestaltung ist ein positiver Standortfaktor.

Im Blick auf die industriepolitischen Herausforderungen der neunziger Jahre lassen sich mehrere herausragende Themen mit Diskursnotwendigkeiten aufweisen. Zur Lösung oder Risikobegrenzung reicht es in keinem Falle aus, wenn nur die Tarifpartner sich zusammenfinden. Einige Themen: Nachhaltige Entwicklung (sustainable development), neue Arbeitsorganisation auf der Basis intelligenter Steuersysteme, Verkehrsnetze und Informationstechnik, Arbeitszeiten, persönliche Zeitsouveränität versus Maschinentakt, regionale Struktur- und Industriepolitik, Bildung und Schlüsselqualifikationen, Reduzierung des Ausstoßes von Kohlendioxyd. Die benannten Fragen sind symptomatisch dafür, daß eine der Gesellschaft verantwortbare Technikgestaltung nur effektiv erscheint, wenn die anderen Nutzer- bzw. Konsumentengruppen am Diskurs beteiligt sind.

Diskurse sind nicht frei von Interessen. Im Gegenteil: Interessen sollen offengelegt und in sachlicher Form bearbeitbar werden. Deshalb benötigen erfolgversprechende Ansätze vertrauensvolle Moderationen und vertrauensvolle Orte der Moderation. Hier liegt die große Verantwortung der Hochschulen als einem öffentlichen Ort pluralen Nachdenkens. Die Hochschulen stehen in der Pflicht, als Forum und lokale Folie der Technikdiskurse zu fungieren. Diese Erwartung ermöglicht ihnen, ihre Einrichtungen wieder in das Zentrum gesellschaftlichen Interesses zurückzuführen und gegenüber den Finanzministern ihre große Bedeutung zu unterstreichen.

Es ist nicht ausreichend, auf die Basis des alten Denkens neue Fragen zu setzen. Es geht um grundsätzlichere Erwägungen, denn nur durch eine genaue Überprüfung unserer traditionellen Denkgewohnheiten werden wir uns die nötige Kompetenz aneignen können, sehr viel schwierigere Probleme der europäischen Zukunft anzugehen. Diese Selbstprüfung kann die Gewerkschaften nicht ausnehmen. Wir tun gut daran, wenn wir unseren Partnern im Diskurs signalisieren, daß wir neugieriger auf kluge und neue Fragen sind als auf die Wiederentdeckung des Mythos vom *Stein der Weisen*. Wir wollen Partner in der Gestaltung sein, unsere Interessen und Bedürfnisse artikulieren und gemeinsam an Lösungen arbeiten. Auch wir - ebenso wie der eine oder andere im Diskurs - brauchen Nachdenklichkeit. Sie ist der Grundstein für eine zukunftsweisende Kultur der aufgeklärten Kooperation.

1.5 Die gesellschaftspolitische Bedeutung der *Mittelstraß-Kommission*

Betrachten wir die angesichts der zuvor beschriebenen Ausgrenzungsprozesse der Gewerkschaften im Verlauf der achtziger Jahre und resümieren wir die Vielfältigkeit der Ebenen im Prozeß *Sozialer Technikgestaltung* und Diskurs-Kompetenz, so läßt sich die unverwechselbare gesellschaftspolitische Bedeutung der Arbeitsgruppe Technikfolgenabschätzung - genannt *Mittelstraß-Kommission* - bemessen. Die Beteiligten der Kommission waren von Arbeitgebern, Gewerkschaften, Kirchen, Wissenschaft und Landesregierung entsandt, um ein Konzept für den Aufbau einer Akademie für Technikfolgenabschätzung in Baden-Württemberg vorzulegen. Neben den fachlichen Annäherungen liegt die große Leistung der Kommission in der Erlangung eines punktuellen gesellschaftspolitischen Konsenses. Was fast ein Jahrzehnt nicht gelingen wollte, ermöglichte diese für die Technologiepolitik auch bundesweit wegweisende Übereinkunft. Der Konsens war und ist ein Kompromiß mit innovativen Gehalten. Dazu zählen die institutionelle Unabhängigkeit der Akademie, ihre vollständige fünfjährige Startfinanzierung durch das Land, die gleichgewichtige Betonung des problemorientierten Ansatzes, die Absicht, offene Zielfindungsprozesse zu initiieren, die Einbeziehung gesellschaftlicher Gruppen, die Betonung der Interdisziplinarität, die Verknüpfung der Akademie mit den Hochschulen, der Aufbau eines TA-Netzwerkes und insbesondere der geordnete gesellschaftliche TA-Diskurs.

Gerade die konsensuell formulierte Bereitschaft der Beteiligten, sich auf einen transparenten Diskurs einzulassen, bildet eine enorme gesellschaftliche Errungenschaft. Dementsprechend war der Streit um die eventuelle Streichung einer Diskursfunktion der Akademie nicht einfach eine Auseinandersetzung um ein immanentes Detail. Dieser - im Kompromiß beendete - Streit rüttelte an einem zentralen gesellschaftlichen Konsens der *Mittelstraß-Kommission.* Aus gewerkschaftlicher Sicht besteht nunmehr die große Chance, die starren Positionen abzubauen, die durch die Gestik der industriepolitischen Einseitigkeit, des Dirigistischen und Monologischen entstanden sind, um sich dem Diskursiven zu öffnen. Der sich vollziehende Paradigmenwechsel in der industriellen Praxis - weg vom Taylorismus hin zu Gruppenarbeit - sollte auch den Prozeß der Technikgestaltung befördern. Komplexe Technologien lassen einseitige Definitionsmonopole immer weniger zu. Der Weg zu einer *Kultur der aufgeklärten Kooperation* unterstreicht die Notwendigkeit eines pluralistischen rationalen Diskurses. Für diese neue Stufe müssen die Gewerkschaften ihr Erfahrungswissen in anderer Weise ordnen, aggregieren und zuspitzen.

1.6   *Forum Soziale Technikgestaltung*

Der DGB Baden-Württemberg hat sich seinerseits auf die Veränderungen vorbereitet. Seit Anfang Oktober 1991 existiert das *Forum Soziale Technikgestaltung*, in dem sich - völlig unabhängig von der Frage, ob jemand gewerkschaftlich organisiert ist - Interessenten des problemorientierten Sachdiskurses treffen. Das Forum leistet seinen Beitrag zur Schaffung von Übersetzungs-Kompetenz, es formuliert gesellschaftlichen Forschungsbedarf für die TA-Akademie und es versteht sich als wichtige Stütze im öffentlichen Diskurs über Soziale Technikgestaltung. Das Forum ist im Laufe von mehr als zwei Jahren auf eine Netzverteilergröße von mehr als 410 Personen angewachsen. Zu ihnen gehören Betriebsräte, Vertrauensleute, Professoren, Studierende, Mitarbeiter freier Forschungseinrichtungen und Einzelinteressierte. In dem regelmäßig tagenden Kreis wirken Vertreter vom *Arbeitskreis Gesellschaft und Technik* des VDI/VDE Stuttgart, der kirchlichen Akademien, der Gewerkschaften IG Metall, ÖTV, HBV, IG Textil, GEW, Deutsche Postgewerkschaft, des DGB, des *Forums InformatikerInnen für den Frieden,* Lehrende aus Universitäten und Fachhochschulen, studentische Vertretungen und Fachschaften, Arbeitslose, Ingenieure industrieller Forschungseinrichtungen, Personalräte, Wissenschaftlerinnen und Wissenschaftler verschiedener Forschungsinstitute der Fraunhofer-Gesellschaft und des Kernforschungszentrums Karlsruhe sowie der *Arbeitskreis Wissenschaftsstadt und Regionalentwicklung Ulm* und Forschende der *Abteilung für Angewandte Systemanalyse* (AFAS) der KfK mit.

Das Forum wurde zwar von Gewerkschaftsseite initiiert, es ist jedoch kein klassisch gewerkschaftliches Gremium. Es kommt in der Gewerkschaftssatzung nicht vor. Das Forum regt an, berät und macht Vorschläge. Seine Wirkung liegt in der Kraft der Argumente und der Kenntnisse. Es hat keine gewerkschaftliche Beschlußkompetenz oder gar gewerkschaftspolitische Entscheidungsmacht. In der Praxis hat sich diese Sachverständigeneinrichtung Vertrauen erworben. Offizielle DGB-Beschlußgremien haben sich die Ansätze und Aussagen des *Forum Soziale Technikgestaltung* zueigen gemacht. Die Arbeit der neuen Einrichtung basiert auf dem Individualprinzip. Gehandelt und entschieden wird von den einzelnen Beteiligten. Es ist kein Korporations- und Organisationsbündnis. Es versteht sich als Sammlung von erfahrenen und interessierten Persönlichkeiten, völlig unabhängig, welchem Verband oder Organisation sie angehören. Viele Forumsmitglieder sind weder Gewerkschaftsmitglieder noch wollen sie es werden. Sie sind aber bereit, ihr Wissen und ihre Kenntnisse für kooperative Gestaltungsprozesse themenbezogen einzubringen.

Für die Informationsinfrastruktur der Beteiligten gibt es einen regelmäßigen themenorientierten Rundbrief, das Forum selbst und die themenbezogenen Arbeitsgruppen. Der DGB Landesbezirk Baden-Württemberg stellt Räumlichkeiten zur Verfügung und übernimmt die Material- und Portokosten. Die Tätigkeit ist ehrenamtlich und öffentlich. Sitzungsleitungen und Einladungen werden vom Moderator des Forums vorgenommen. Den Status eines Vorsitzenden oder das Instrument von Mehrheitsabstimmungen gibt es nicht. Die Forumsmitglieder suchen im Sachgespräch nach tragfähigen Gemeinsamkeiten. Dadurch hat sich eine ganzheitliche, problem- und bedarfsorientierte Sichtweise eingestellt. Das Forum hat sich zu einem Netzwerk entwickelt, das aus anderen Bundesländern mit stetig steigendem Interesse verfolgt wird. Neben dem Plenum organisiert sich das Forum in diversen Arbeitsgruppen. In der *AG I Neue Arbeitsorganisation* werden Erfahrungen von Schlanker Produktion, Schlanker Dienstleistung und Schlanker Verwaltung verglichen und auf ihr Gestaltungspotential überprüft. Die Arbeitsgruppe kooperiert mit der TA-Akademie im neuen Forschungsvorhaben *lean production*. Die *AG II* des Forums *Informationstechnik und Verkehr* will unter dem Blickwinkel von regionalem Bedarf Technikgestaltungspotentiale für neue Verkehrsnetze eruieren. Vertreter der AG arbeiten im bundesweiten Diskursprojekt *Informationstechnik und Verkehr*, das von der Informationstechnischen Gesellschaft ITG im VDE getragen wird. Mit den Problemstellungen des Bereichs *Frauenarbeit und Technikgestaltung* befaßt sich die *AG III* des Forums. Strukturwandel und Standortdebatte, massiver Einsatz intelligenter Techniken und Formen neuer Arbeitsorganisation werfen die Frage auf, ob weibliche Beschäftigte zu den Verliererinnen der Veränderungen werden. Welche Gegenstrategien müßten entwickelt werden? Reicht eine frauenspezifische Qualifizierungsoffensive aus? Zusammen mit der TA-Akademie, Vertretern von Arbeitgebern und VDI will das *Forum Soziale Technikgestaltung* einen Problemfindungsdiskurs zum Thema Nachhaltige Entwicklung - Chancen und Potentiale (sustainable development) für den Wirtschaftsstandort Baden-Württemberg aufbauen. Zu diesem Zweck gründet sich im Forum eine entsprechende Arbeitsgruppe *AG IV*. Darüber hinaus baut das Forum eine Arbeitsgruppe *AG V* zum Themenfeld *Bildung und Schlüsselqualifikationen* auf. Zusammen mit dem AKGuT des VDI/VDE Stuttgart sowie anderen Trägern wird das Forum an einem *Energie-Diskurs* mitwirken. Dabei sollen für den Standort Baden-Württemberg neue Energiesysteme geprüft und auf ihre gesellschaftlichen Konsens/Dissens-Gehalte untersucht werden.

Anfang April 1992 legte das *Forum Soziale Technikgestaltung* nach sechsmonatiger Beratung eine umfangreiche Ausarbeitung vor: Auf rund sechzig Seiten beschreibt das Memorandum *Regionaler Forschungsbedarf und Soziale Technikgestaltung* mehr als zwanzig Problemfelder für die Forschungskorridore Wandel industrieller Arbeit, Arbeit-Verkehr-Umwelt, Regionale Strukturpolitik und Konversion.

1.7   Memorandum *Regionaler Forschungsbedarf und soziale Technikgestaltung* (Auszug)

Das Memorandum bezeichnet eine Zwischenbilanz der vorhandenen Überlegungen. Das *Forum Soziale Technikgestaltung* trägt den aus seiner Sicht erforderlichen regionalen Forschungsbedarf mit der Absicht vor, einen argumentativen Beitrag für einen sachlichen und pluralistischen Diskurs über Ziele und Leitbilder sozialer Technikentwicklung zu leisten. Das Forum folgt in der Art der Zusammenstellung der Themen weniger einer wissenschaftsimmanenten Systematik als vielmehr dem Bestreben, entsprechend sozialer Erfahrungen Forschungsbedarf *von unten* zu sammeln. Das Credo des neuen Denkansatzes lautet: "*Das Forum Soziale Technikgestaltung* sieht in den genannten Forschungskorridoren Vorschläge für den Beginn eines übergreifenden und offenen technologiepolitischen Dialogs zwischen den unterschiedlichen gesellschaftlichen Gruppen. Die strukturellen Krisenerscheinungen in der Wirtschafts- und Arbeitswelt Baden-Württembergs bedürfen zu ihrer Lösung einer neuartigen Kultur der Technikgestaltung und des gesellschaftspolitischen Aushandelns von Zielen und Leitbildern kommender Techniklinien. Qualifizierte Gestaltungsansätze lassen sich nicht durch die Begrenzung auf konfrontative Strategien entwickeln. Der Standort Baden-Württemberg wird den Umbruch in der Erwerbsarbeit - nach Auffassung des Forums - nur dann verantwortungsvoll und erfolgreich bewältigen, wenn die Beteiligten das innovative Zusammenspiel der Faktoren *Technik - Arbeit - Organisation* als entscheidend erkennen. Die Zeit der alten Arbeitsteilung und des Taylorismus geht ihrem Ende entgegen. Die Integration der Informationstechnologien in die Produktion läßt neue Potentiale industriepolitischer Kooperation zu. Alternative Wege der Techniknutzung müssen jedoch qualifizierte Formen der Partizipation ermöglichen. Das *Forum Soziale Technikgestaltung* will in diesem Sinne einen aktiven Gestaltungsbeitrag für eine demokratische Industriepolitik leisten. Die Akademie für Technikfolgenabschätzung kann und sollte mit ihren Forschungen zur sozialen Technikgestaltung ein Eckpfeiler eines kommenden Wandels in der Produktion und im Dienstleistungssektor werden. Die genannten Korridore sind nach Auffassung des Forums nicht nur angesichts vorhandener Forschungsdefizite drängend. Sie bieten zugleich die Chance für die Organisierung exemplarischer Diskurse zwischen Wissenschaft, Arbeitgebern, Gewerkschaften, Kirchen und Umweltverbänden. Von gewerkschaftlicher Seite wurde deutlich die Bereitschaft signalisiert, beim Abbau des von der MIT-Studie ermittelten erheblichen betrieblichen Organisations- und Gestaltungsdefizits mitzuwirken."

Anhand einiger beispielhafter Problemfelder soll der veränderte Denkansatz präzisiert werden; es werden fünf Themen aus dem Memorandum ausschnittweise und in Auszügen in der Fassung vom April 1992 vorgestellt.

2 Problemfeld *Wandel industrieller Arbeit*

"In der aktuellen Diskussion über die Zukunft der industriellen Arbeit zeichnet sich ein Wandel der Themen und Orientierungen ab. Abkehr von tayloristischen Prinzipien, ganzheitlicher Aufgabenzuschnitt, Team- und Gruppenarbeit, Entbürokratisierung und Dezentralisierung ("schlanke Produktion") sind die Stichworte. Die Begründungslinien für den mit diesen Stichworten umschriebenen Wandel industrieller Arbeit sind vielfältig[1].

Technologische Entwicklungen stellen ein Element dar, das den Wandel zu neuen Organisations- und Produktionskonzepten hervorruft bzw. begünstigt.

(1) Der beschleunigte technologische Wandel (Produkttechnologie) verlangt kürzere Entwicklungszeiten für neue Produkte (oftmals in kundenorientierten Varianten), eine schnellere Umsetzung in ein produktionsreifes Stadium und eine engere Verzahnung von Forschung und Entwicklung/Konstruktion mit der Produktion, um eine kostengünstigere Fertigung zu ermöglichen. Aus diesen Gründen setzen Unternehmen zunehmend auf eine Rücknahme der strikten funktionalen Arbeitsteilung zwischen Entwicklung/Konstruktion, Verkauf/Vertrieb und Produktion (projektförmiges Arbeiten, integrierte Produktteams u. ä.).

(2) Ferner verlangen in der Vergangenheit getätigte oder geplante technologische Innovationen (Prozeßtechnologie) allein schon aufgrund der be-

---

1 Das Kapitel *Wandel industrieller Arbeit* im Memorandum des Forums wurde maßgeblich mitformuliert von Reinhard Bahnmüller und Michael Faust vom Forschungsinstitut Arbeit, Technik und Kultur, Tübingen, sowie von Gottfried Schapeler, Betriebsrat und Mitglied des Arbeitskreises Techniker-Ingenieure-Naturwissenschaftler TINA der IG Metall, Verwaltungsstelle Stuttgart.

trächtlichen Kapitalbindung eine hohe Maschinen- bzw. Anlagenverfügbarkeit. Mit dezentraler Qualitätssicherung, Wartung und Instandhaltung, die nur mit polyvalenten Arbeitskräften zu realisieren sind, verspricht man sich hierbei Erfolge.

(3) Moderne Informations- und Kommunikationstechnologien, die variable Einsatzstrategien erlauben, können zur informationstechnischen Unterstützung und Steuerung dezentraler Arbeits- und Organisationsstrukturen eingesetzt werden und damit den Wandel begünstigen. Neben den Begründungslinien, die technologische Einflußfaktoren betonen, spielen ökonomische (Märkte und Unternehmensstrategien) und soziale Faktoren eine zunehmend größere Rolle. Die bisherigen Leitbilder industrieller Arbeits- und Organisationsstrukturen werden verstärkt in Frage gestellt.

(4) Die veränderten Wettbewerbsbedingungen der 80er Jahre haben in verschiedenen Industriezweigen (veränderte) Unternehmensstrategien hervorgebracht bzw. akzentuiert, die auf Qualitätsprodukte, schnelle Innovation, spezialisierte kundenorientierte Produktionsprogramme, zügige und zuverlässige Kundenbelieferung setzen. Diese Unternehmensstrategien lassen die traditionell hoch arbeitsteiligen und funktional und hierarchisch tief gegliederten Organisationsstrukturen von Unternehmen zunehmend schwerfällig und ineffizient werden.

(5) Unternehmen, die auf kurzfristigere Kundenanforderungen reagieren und qualitativ hochwertige Produkte in höherer Variantenzahl und damit oftmals deutlich verringerten Seriengrößen bzw. Losgrößen fertigen müssen, sind bei hocharbeitsteiligen Fertigungsstrukturen mit hohen Bestandskosten und Durchlaufzeiten (und damit auch unbefriedigenden Lieferzeiten) konfrontiert. Neue Organisationskonzepte in der Fertigung versprechen hier Abhilfe.

(6) Das JIT-Konzept (just-in-time), oftmals in Verbund mit einer Reduktion der Fertigungstiefe, verspricht ebenfalls Kosten- und andere Wettbewerbsvorteile durch verringerte Kapitalbindung, kürzere Durchlaufzeiten bei flexiblerer Lieferfähigkeit. Die Realisierung dieser Vorteile ist neben informationstechnischen und verkehrstechnischen Voraussetzungen oftmals an veränderte Fertigungsstrukturen gebunden.

(7) In verschiedenen Branchen bieten die vorhandenen Fachkräfte Leistungs- und Flexibilitätspotentiale, die in der Vergangenheit nicht oder nur unzureichend ausgeschöpft wurden. Vielfach fordern auch die Beschäftigten in der industriellen Produktion eine qualifiziertere und verantwortungsvollere, berufsfachlich zugeschnittene Tätigkeit.

(8) Nicht zuletzt versprechen dezentrale Organisationsstrukturen mit einer verringerten funktionalen und vertikalen Arbeitsteilung einen kostensenkenden Bürokratie- und Hierarchieabbau. Zunehmend werden die Kosten tiefgestaffelter Hierarchien und aufgeblähter indirekter Bereiche, die nicht zuletzt durch die bislang vorherrschenden tayloristischen Rationalisierungstraditionen entstanden sind, hervorgehoben und ins Visier der Rationalisierungsanstrengungen genommen. Standen bislang Strategien globaler Kürzungen im Overhead-Bereich (z. B. Gemeinkostenwertanalyse) und der Einsatz der Informations- und Kommunikationstechnologie zur Bewältigung dieser kostentreibenden Effekte im Vordergrund, so werden heute verstärkt neue Organisationskonzepte in Abkehr von der tayloristischen Rationalisierungstradition ins Auge gefaßt.

All diese Gesichtspunkte bilden in unterschiedlicher Gewichtung den Hintergrund für ein breitflächiges Umdenken.

In der industriellen Praxis erlangen in den letzten Jahren avancierte Reorganisationsprojekte der Fertigungsstrukturen Aufmerksamkeit, bei denen nicht nur die horizontale Arbeitsteilung auf der Werkstattebene zurückgenommen wird, sondern auch die vertikale Arbeitsteilung und die funktionale Gliederung der Organisation unter Veränderungsdruck kommt. In Konzepten wie teilautonome Gruppen, Fertigungsinseln und Fertigungssegmentierung werden in unterschiedlicher Weise Funktionen der Arbeitsplanung, Fertigungssteuerung, Qualitätssicherung und -kontrolle, Instandhaltung und Wartung auf die Ebene der Werkstatt verlagert. Je nach Branche/Sparte, technologischer Entwicklung und vorhandener Qualifikationsstruktur werden unterschiedliche Ausprägungen solcher dezentraler Organisationskonzepte realisiert. Zentrale Unterschiede beziehen sich v. a. auf den Grad der Kompetenzverlagerung aus Vorgesetztenbereichen und indirekten Abteilungen in die Werkstatt und auf die Art der Kompetenzbündelung. Verschiedentlich wird über neue Teamstrukturen und projektförmiges Arbeiten in Konstruktion/Entwicklung bzw. Verkauf/Vertrieb, bei denen funktionale Arbeitsteilung zurückgenommen wird, berichtet.

Die hier grob umrissenen neuen Organisations- und Produktionskonzepte sind nun keineswegs breitflächig umgesetzt. In manchen Industriezweigen ist auch weiterhin mit tayloristischen Rationalisierungsstrategien und traditionellen Arbeits- und Organisationsstrukturen zu rechnen, zu denen allenfalls Standortverlagerungen als Alternative realisierbar erscheinen. Trotz der noch zögerlichen Verbreitung ist mit einer wachsenden Bedeutung neuer Organisations- und Produktionskonzepte als neuem Orientierungspunkt der Rationalisierungsbestrebungen für die Zukunft zu rechnen. Insbesondere gilt dies für die in Baden-Württemberg bedeutenden Branchen des Maschinenbaus, der Automobilindustrie und Teilen der

Elektroindustrie. Hier gibt es deutliche Signale für den skizzierten Wandel.

Sollte sich dieser Wandel breitflächig vollziehen, ist mit weitreichenden ökonomischen und sozialen Folgewirkungen zu rechnen, die einer genaueren Analyse und Bewertung zu unterziehen sind. Weithin geteilten Annahmen über betrieblich und gesellschaftlich wünschbare Effekte (Aufwertung industrieller Produktionsarbeit, verbesserte Wettbewerbsfähigkeit in verschiedenen Industriezweigen) stehen Annahmen über mögliche negative Effekte gegenüber (v. a. verstärkte Ausgrenzung Un- und Angelernter, älterer und leistungsgeminderter Beschäftigter und damit verstärkte Segmentation des Arbeitsmarktes, steigende und veränderte Leistungsanforderungen und damit Belastungen, negative Beschäftigungseffekte für bestimmte Beschäftigungsgruppen).

Die Unternehmen betreten mit den skizzierten Konzepten Neuland und gehen z. T. noch unbekannte Risiken ein. Auch auf ihrer Seite ist mit Forschungsbedarf über Chancen, Risiken und Bedingungen neuer Organisations- und Produktionskonzepte zu rechnen. Hierbei sind durchaus Überschneidungen mit von Gewerkschaftsseite an die Forschung heranzutragenden Fragestellungen denkbar.

Für die Gewerkschaften stellen die neuen Organisations- und Produktionskonzepte eine große Herausforderung dar. Sie unterstützen in der Haupttendenz wohl die neuen Konzepte, insofern sich für Beschäftigungsgruppen eine aufgewertete (fachlich-arbeitsinhaltlich, dem Status und der Bezahlung nach) Arbeit realisieren läßt. Unterstützung findet auch der entbürokratisierende und enthierarchisierende Grundzug der Konzepte, sofern verbesserte Beteiligungsmöglichkeiten für die Beschäftigten herausspringen, die nicht zu Lasten abgesicherter Mitbestimmungsrechte gehen. Nicht zuletzt die Hoffnung auf eine mittelfristige Sicherung der Standorte und Arbeitsplätze läßt die Gewerkschaften die neuen Konzepte unterstützen.

Diesem positiven Grundtenor stehen aber eine Reihe gewichtiger Befürchtungen und Probleme gegenüber. Die wichtigsten Herausforderungen liegen auf folgenden Feldern:

(1) Die Absicherung eines neuen Leistungskompromisses unter den veränderten Bedingungen von Gruppen- und Teamarbeit angesichts der Erosion klassischer Leistungslohnformen und neuer Herausforderungen durch externen und internen Leistungsdruck in Arbeitsgruppen.

(2) Die Herausbildung neuer Belastungskonstellationen im Zuge der Dezentralisierung von Kompetenzen durch veränderte und erhöhte Qualifikationsanforderungen, geforderte Qualifizierungs- und Weiterbildungsan-

strengungen und insbesondere durch Verantwortungsübernahme für Termine, Qualität und Kosten unter ungünstigen Rahmenbedingungen.

(3) Die Sicherung von Beschäftigungschancen für An- und Ungelernte, ältere und leistungsgeminderte Beschäftigte.

(4) Die Entwicklung und Durchsetzung von geeigneten Qualifizierungs- und Weiterbildungskonzepten.

(5) Vertretungsprobleme bei Beschäftigtengruppen, die dem veränderten Rationalisierungszugriff ausgesetzt sind (z. B. Meister, Instandhaltungsarbeiter, Beschäftigte aus der Qualitätssicherung, verschiedene Angestelltengruppen wie Techniker/Ingenieure), gerade in dem Moment, in dem die Bedeutung dieser Gruppen als (z. T. neue) gewerkschaftliche Zielgruppe in den Blickpunkt rückt. Der Spagat, den die Interessenvertretung zu bewältigen hat, wird akrobatischer.

(6) Herausforderungen an die gewerkschaftlichen und betrieblichen Interessenvertretungsstrukturen und -kulturen durch neue Beteiligungskonzepte und die organisatorischen Innovationsprozesse, auch im Hinblick auf das Verhältnis von Tarif- zu Betriebspolitik."

3 Problemfeld *Arbeit - Verkehr - Umwelt*

"Die derzeitige öffentliche Diskussion über die Problemfelder Verkehr und Umwelt ist - soweit es sich um die Bestandsaufnahme und das Klagen über die absehbaren Folgen handelt - von einem erfreulichen Konsens geprägt. Das Wachstum im Verkehrssektor hat die Grenze des Vertretbaren überschritten; über die alltägliche Überfüllung in Innenstädten und auf Autobahnen wird in Krankheitsbildern mal von Kollaps, mal vom Verkehrsinfarkt gesprochen. Unbestritten ist auch der Verkehrssektor, und darin vor allem das Automobil, Hauptverursacher der Umweltprobleme, seien es Abgase, Lärm oder die Veränderung der Landschaft. Andere negative Begleiterscheinungen sind geringe Energieeffizienz, Reisezeitverlängerungen, Verkehrsunfälle mit Verletzten und Toten oder nicht zuletzt Kosten, die auf die Allgemeinheit abgewälzt werden.

Mit welchen Strategien den beschriebenen Problemen begegnet werden soll, darüber gehen die Meinungen allerdings weit auseinander. Der problemorientierten Technikfolgenabschätzung kommt in dieser Situation die Aufgabe zu, der Diskussion über Handlungsalternativen und mögliche Folgen eine solide Grundlage zu geben. Die TA-Akademie Baden-Württemberg ist hier gefordert, Szenarien verschiedenster Optionen der

Verkehrsentwicklung im allgemeinen und der dabei einzusetzenden Techniken im besonderen anfertigen zu lassen. Entsprechend der Breite des Problemfeldes gibt es auch einen breiten Kreis potentiell betroffener Arbeitnehmer, die in die Beratungen über Chancen und Risiken technischer Entwicklungen einzubeziehen sind: unmittelbar im Verkehrssektor Beschäftigte, diejenigen, die die Verkehrsmittel herstellen, vor allem im Automobilbau und deren Zulieferer, beim Bau und Unterhalt der Verkehrsinfrastruktur Tätige, z. B. im Strassen- oder Gleisbau.

Die IG Metall hat 1991 einen Vorstoß unternommen und Vorschläge zur Lösung der Verkehrsprobleme gemacht. Die zehn Thesen lassen sich unter drei zentrale Maßnahmenbereiche subsumieren, die zur Lösung der derzeit akuten Probleme vorrangig angegangen werden sollten:

(1) Verkehrsvermeidung: Hierzu zählen Untersuchungen, wie ein weiteres Wachstum des Verkehrsaufkommens begrenzt werden kann. So darf weder durch weiteren Straßenbau zur ungehinderten Weiterbenützung des Pkw eingeladen werden; ebensowenig darf der erzwungenen Mobilität der Bevölkerung Vorschub geleistet werden durch Zersiedlung und das städtebauliche Auseinanderreißen der Lebensbereiche Wohnen, Arbeiten, Kultur usw. Ordnungspolitisch wäre z. B. vonnöten, das Verursacherprinzip anzuwenden und externe Kosten nicht der Allgemeinheit anzulasten. Die Forderungen an die Verkehrspolitik lauten: Neue Verkehrskonzepte und Unternehmensstrategien (Sicherheit, Umwelt und Gesundheitsschutz stärker berücksichtigen und strategische Orientierung auf die Transportfunktion und die Verkehrsproblematik und weg von der Fixierung der Autos als Prestige-, Luxus- und Sportgeräte, konzeptionelle und strategische Überlegungen und Initiativen zur künftigen Funktion des Autos im Rahmen eines integrierten umweltverträglichen Gesamtverkehrssystems), vernünftiges Verkehrs- und Verbrauchsverhalten (gemeinsame Gestaltung des Verkehrsraums, Verkehrserziehung), staatliche Aufgaben (bessere Grenzwerte und Preisreform, politische Initiativen) und demokratische Beteiligung (Senkung der Abgas- und Lärmgrenzwerte auf das beste Niveau im internationalen Vergleich und internationale Vereinheitlichung der Grenzwerte, Planung und Koordination eines integrierten Gesamtverkehrssystems unter Beteiligung der Betroffenen).

(2) Verkehrsverlagerung: Hier gilt es, in Projekten zu erproben, wie die verbleibenden Verkehrsströme auf umweltverträgliche Verkehrswege umgeleitet und gebündelt werden können, um die vorhandene Infrastruktur und die bestehenden Verkehrssysteme besser auszulasten: Aufbau eines integrierten Verkehrssystems (differenziertes Einsatzkonzept der Verkehrsträger vom bisherigen Konkurrenzmodell zu einem Kooperationsmodell der Verkehrsträger), Ausbau des öffentlichen Verkehrs (Verdich-

tung des öffentlichen Verkehrsnetzes, Ausbau des Verkehrsnetzes der Bahn, Erhöhung der Attraktivität des öffentlichen Verkehrsnetzes, Kurswechsel in der Politik der Bundesregierung, Aufstockung der Mittel für die Gemeindeverkehrsfinanzierung), Vernetzung der Verkehrsträger (Ausbau aller Formen des Kombiverkehrs und Nutzung der Verkehrsinformations- und Leitsysteme, um das Auto sinnvoller nutzen zu können), Sicherheit für alle und besserer Verkehrsfluß statt Raserei (Verbesserung der aktiven und passiven Sicherheit, differenzierte Tempolimits).

(3) Verbesserung der Verkehrsmittel: Automobilproduktion ohne Gift und Schadstoffe (ohne Asbest, Kadmium oder andere Schwermetalle, CKWs, lösungshaltige Lacke und Füller, Kunststoffe und Klebstoffe mit giftigen Dämpfen), Rohstoffverbrauch durch Recycling der Altautos senken (recyclinggerechte Konstruktion, Identifizierung der Materialien, recyclingfähige Kunststoffe, Rücknahmegarantie der Hersteller für Altautos, Aufbau regionaler Recyclingzentren) und weniger Emission und Energieverbrauch beim Autofahren (Senkung der Schadstoffemissionen, weniger Lärm, Verbrauchsreduzierung fossiler Energieträger, Ersatz der fossilen durch regenerierbare Energieträger).

In der Umsetzung hätten diese zehn Thesen allerdings unmittelbare Auswirkungen auf die Herstellung und Nutzung des Autos, auf den Aufbau eines integrierten Verkehrssystems, auf neue Fahrzeugkonzepte und Unternehmensstrategie, aber auch auf Verbraucher und Verkehrsverhalten. Dies bleibt allerdings dann nicht ohne Folgen für die Automobilproduktion und das Produkt Auto. Die Reihenfolge beinhaltet zugleich eine Prioritätensetzung.

Wenn nicht steuernd eingegriffen wird, nehmen die Probleme zu, denn die Ansprüche an den Umschlag von immer mehr Personen, Daten und Gütern wachsen. Der Begriff *Mobilität* ist weitgehend positiv besetzt; die Verfügbarkeit (und Nutzung) eines komfortablen Individualverkehrssystems gelten - anders als in anderen europäischen Ländern - als Indikator für Wohlstand. Der Mittlere Neckarraum als industrielles Ballungsgebiet verlangt eine zügige Entlastung vom Individualverkehr. Es bedarf alternativer Verkehrskonzepte, die zu einer Reduzierung der Abgase und zu einer Minderung des Treibhauseffektes führen. Die Forschung sollte integrierte Verkehrsmodelle *Auto-Schiene* prüfen, Szenarien für Alternativen zum bisherigen Individualverkehr im kommunalen Sektor erarbeiten und unter der Maßgabe der Arbeitsplatzsicherung neue Perspektiven für den industriepolitischen und ökologischen Umbau des Verkehrsnetzes in der Region und in den Kommunen entwickeln.

Im Verhältnis von Auto, Umwelt und Verkehr liegen zugleich Ansatzpunkte auch für betriebliches Handeln, z. B. bezogen auf die Entwicklung
von integrierten Verkehrssystemen. Hier wäre interessant zu erfahren, ob
politische Vorgaben in Richtung umweltverträgliche Verkehrssysteme von
den Automobilfirmen aufgegriffen werden und ob Unternehmen Vorsorge für ihre Beschäftigten in dieser Richtung treffen. Interessant ist hierbei,
ob Pkw-Hersteller durch jetzt bereits beschrittene Produktkonversion den
aufgezeigten Gefährdungspotentialen begegnen."

4   Problemfeld *Automobilbau*

"Dieses Forschungsmodellvorhaben sollte in engem Zusammenwirken mit
Arbeitnehmerinnen und Arbeitnehmern, ihren Gewerkschaften und mit
Umweltschutzverbänden den zukünftigen Wandel der Arbeitsplätze im
Automobilbau untersuchen. Eine eventuelle Krise in der Fahrzeugpro-
duktion würde - gemäß der von der IG Metall in Auftrag gegebenen IMU-
Studien - eine sehr große Anzahl von Arbeitsplätzen im Mittleren Neckarraum gefährden. Die enge Verflechtung von Automobilindustrie und
ihren jeweiligen Zulieferfirmen erzeugt im Krisenfall - unter anderem
über die computergestützte *just-in-time*-Verknüpfung - einen Gefähr-
dungssog, der branchenübergreifend wirken würde. Zwei Fragestellungen
stehen für ein solches Projekt im Vordergrund:

(1) Die Automobilindustrie in Baden-Württemberg ist ein wesentlicher
Träger der industriellen Beschäftigung. Etwa jeder vierte industrielle Arbeitsplatz hängt an dieser wohl nur noch mittelfristig boomenden Branche. Hier wäre es interessant zu erfahren, welche Produkt- und Produk-
tionsstrategie die drei baden-württembergischen Automobilproduzenten
Mercedes-Benz, Porsche und Audi (alle drei im oberen Marktsegment) in
Zukunft beschreiten werden.

(2) Für die Beschäftigungssituation bei den Herstellern und Zulieferern
sind von entscheidender Bedeutung die Entwicklung der Weltautomobilin-
dustrie, die Entwicklung in West- wie auch in Osteuropa, die qualitativen
Veränderungen in den Beziehungen von Herstellern und Zulieferern sowie die erkennbaren Grenzen des motorisierten Individualverkehrs in den
Bereichen des Verkehrs und der Umweltbelastung. Hier wäre von besonderem Interesse, vor dem Hintergrund der Produkt- und Produktions-
strategie der Hersteller, die technologische und arbeitsorganisatorische
Entwicklung bei den Zulieferern."

5 Problemfeld *Regionale Strukturpolitik*

"Verschiedene Forschungsprojekte der jüngeren Zeit lassen die Entwicklung einer regional ausgerichteten und thematisch-fachlich integrierten Strukturpolitik dringend erforderlich erscheinen[2]:

(1) Gerade die Region Mittlerer Neckar befindet sich mitten in einem strukturellen Umbruch: Im dominierenden verarbeitenden Gewerbe werden die direkte Fertigung und damit auch die unmittelbar ausführenden Tätigkeiten stark an Bedeutung gegenüber produktionsnahen Dienstleistungen und Headquarter-Funktionen verlieren.

(2) Dies gilt in besonderem Maße für international operierende Unternehmen, welche aber in den Branchen Fahrzeugbau, Elektrotechnik und EDV die Region dominieren. Mit ihrer zunehmend internationalen Ausrichtung der Produktion erfährt die Tendenz zum *Europa der Regionen* im Bereich der Wirtschaft eine besondere Bedeutung. Sie drängt im wachsenden Maße auf eine Flexibilisierung der Standorte in Konkurrenz zueinander. Die damit einhergehend verlangte räumliche Flexibilität kollidiert mit den Zielen einer langfristigen Sicherung der regionalen Arbeits- und Lebensbedingungen.

(3) Der zu erwartende Arbeitsplatzabbau im Gefolge von weltweiten Konkurrenzbedingungen und Rationalisierungsmaßnahmen (Stichwort: Lean Production) wird diesem Umbruch möglicherweise krisenhaften Charakter verleihen.

(4) Zunehmend problematisch stellt sich die Frage nach möglichen Entwicklungsformen und -perspektiven von großräumigen Ballungsgebieten. Hierzu gehören der mit *dual city* umschriebene Problemkomplex wachsender sozialer und räumlicher Polarisierungen, die aufgehäuften ökologischen Altlasten, sowie die Themenkomplexe Wohnungssituation, Verkehrssituation, Müllsituation, Wasserversorgung und Flächenknappheit.

Die marktwirtschaftliche und industrielle Integration Europas über den kommenden Binnenmarkt weist auch den Regionen eine neue Bedeutung zu. Durch gezielte staatliche Industriepolitik ließ Ministerpräsident Späth dem Land Baden-Württemberg als Technologie-Zone eine Schlüsselfunktion im Regionenverbund mit Burgund, Katalonien und Lombardei zukommen. Die sogenannten *Vier-Motoren* sollen frühzeitig die gemeinschaftlichen industriellen Umwälzungsprozesse beschleunigen, um zu-

---

[2] Das Kapitel *Regionale Strukturpolitik* im Memorandum wurde mit maßgeblicher Hilfe von Frank Iwer, Außenstelle Stuttgart des Münchner IMU-Institutes, verfertigt.

künftige Marktvorteile und Vorsprünge in der Entwicklungsforschung zu sichern. Bisher gibt es keine Begleitstruktur, die sich mit den sozialen und ökologischen Auswirkungen dieses Überholmanövers vermeintlicher Technologiegewinner auseinandersetzt. Die Folgen der regional bezogenen Umbrüche für Leben und Arbeit von Arbeitnehmerinnen und Arbeitnehmern müssen ebenso frühzeitig untersucht wie vergleichend abgeschätzt werden, um vorhersehbare Risiken zu vermeiden.

Ein an der Akademie angesiedeltes Forschungsprojekt *Regionale Strukturpolitik* könnte vor diesem Hintergrund folgende Ansatzpunkte verfolgen:

(1) Es wäre zu untersuchen, den oben skizzierten Strukturwandel in seinen Konsequenzen wissenschaftlich zu untersuchen in bezug auf die Bereiche Stadt - Umlandentwicklung, Sozialstruktur, neue Formen der Umweltbelastung, Flächen und Ressourcenverbrauch etc.

(2) Es wäre zu untersuchen, wie unter diesen Bedingungen gleiche Arbeits- und Lebensbedingungen unter Berücksichtigung des ökologischen Paradigmas in den Regionen hergestellt werden können. Hierbei muß zugleich der globale Aspekt weltweit gleicher Entwicklungschancen seinen Niederschlag finden.

(3) Es wäre gut, zu untersuchen, welche spezifischen endogenen Entwicklungspotentiale - auch zur Lösung der angesprochenen Problemkomplexe - in der Region vorhanden sind bzw. welche gezielt weiterentwickelt werden müssen.

(4) Es wäre gut, zu untersuchen, ob und in welchen Formen heute eine Rückkopplung dieser Potentiale mit den spezifischen regionalen Bedürfnissen stattfindet. Hierzu zählt die Frage nach möglichen Hemmnissen dieser Rückkopplung und damit auch nach ihrer Begrenzbarkeit.

(5) Es gibt einen erheblichen Bedarf an intelligenten technologischen Konzeptionen für die genannten Problembereiche. Dabei ist das notwendige Know-how zur Lösung solcher Probleme in der Regel nur betriebs- und branchenübergreifend vorhanden; zudem stellt sich bei jedem Lösungsansatz unmittelbar die Akzeptabilitätsfrage für die Bevölkerung.

(6) Es wäre zu untersuchen, inwieweit Impulse für eine branchenübergreifende Produktpolitik bezogen auf die regionalen Bedarfe in Form von *Verbundprojekten* gegeben und begleitet werden können. Themenfelder solcher Verbundprojekte könnten die Bereiche Verkehrsentwicklung (Personal- und Güterverkehr), Kommunikationstechnologie und Arbeitsplatz, Flächenrecycling und Abfallwirtschaft sein.

(7) Es ist zu untersuchen, inwieweit zur Mobilisierung der endogenen Potentiale kooperative Strukturen zwischen den beteiligten Partnern (öffent-

liche Hand, Unternehmen, Gewerkschaften, Bürgerinitiativen, Umweltverbände, Kirchen, Wissenschaft) sich herausbilden lassen und wo es ggf. Hemmnisse für einen solchen Prozeß gibt.

(8) Letztlich leistet das Forschungsprojekt damit einen Beitrag dazu, daß die unterschiedlichen regionalen Entwicklungsszenarien und damit auch die spezifischen sozialen, ökologischen und kulturellen Bedürfnisse artikuliert in einem offenen Dialog verglichen werden können. Dieses Forschungsprojekt wäre als Modellstudie in der Weise auszugestalten, daß es für soziale Regionalplanungen in Nachbarräumen übertragbar wird."

6 Problemfeld *Konversion und Diskurs*

"Der Sektor der industriellen Produktion wird in zunehmendem Maße mit der Notwendigkeit und dem Bedarf nach Konversionslösungen konfrontiert werden. Der Druck in Richtung eines Umbaus industrieller Fertigungsorganisation und Produktpaletten erwächst aus abrüstungspolitischen, ökologischen, marktwirtschaftlichen und technisch-innovativen Veränderungen:

(1) Der Abrüstungsprozeß in Europa und die Auflösung der alten Blockkonfrontation verringern die staatlichen Rüstungsaufträge und veranlassen die Firmen zur Umstellung auf zivile Produktionszweige.

(2) Die wachsenden Müllberge, die Schwierigkeiten der Abfallbeseitigung und die Probleme des Recyclings drängen die Hersteller zur Verwendung umweltschonender Grundstoffe und wiederverwertbarer Materialien.

(3) Die rasche technologische Entwicklung läßt Produktlinien in schnellerer Folge veralten und sie auf dem Warenmarkt für Kunden unattraktiv erscheinen. Die Flexibilisierung der Produktgestaltung und die steigende kundennahe Fertigung widersetzen sich Bestrebungen einer starren Produktionsorganisation.

(4) Die Integration der Informationstechnik in die Warenangebote lassen traditionelle Produktlinien und Verfahren zusehends als unwirtschaftlich und zu teuer erscheinen.

Schon allein diese vier Begründungszusammenhänge unterstreichen den hohen Stellenwert, den Konversionsstrategien in Zukunft für die Betriebe erhalten werden. Bislang verfügt Baden-Württemberg nicht in ausreichender Form über Forschungspotentiale, die diesen Umbauprozeß begleiten und erleichtern könnten.

Für die meisten Betriebe bedeutet der Zwang zur Konversion ohne Unterstützung einer Forschungsinfrastruktur den Verlust von vielen tausend Arbeitsplätzen. Zahlreiche Beschäftigte in solchen Betrieben leben in dem Zwiespalt, daß sie einerseits einen sicheren Arbeitsplatz nicht gefährden wollen, aber andererseits die umweltbelastende oder sozial schädliche Produktion nicht mehr mittragen möchten. Insgesamt ist für die Produktkonversion ein erheblicher Beratungsbedarf feststellbar, bei dem Wissenschaftlerinnen und Wissenschaftler, Fachleute aus verschiedenen Bereichen wie Fertigungstechnik, Arbeitswissenschaft, Marketing, Betriebswirtschaft etc. wichtige Hilfestellung für die Betriebe und die Belegschaft leisten könnten. Langfristig könnte aus den betrieblichen und regionalpolitischen Konversionsansätzen ein Gesamtkonzept von alternativer Wirtschafts- und Sozialpolitik entstehen. Die Akademie für Technikfolgenabschätzung könnte - unter anderem über das wissenschaftliche Netzwerk - eine industriepolitisch wertvolle Hilfestellung zum Erhalt von Produktionsstandorten und Arbeitsplätzen leisten. Denn die Infrastruktur, die für Management und Belegschaften das nötige Fachwissen bereitstellt, ist noch nicht in erkennbarer Weise vorhanden. Erforderlich wäre der parallele Aufbau von interdisziplinären Produktionswissenschaften und Konversionsforschung an den Hochschulen des Landes. Vor allem aber fehlt für den Umbauprozeß ein zeitstabiler und transparenter Diskurs über Konversionsmöglichkeiten. In der Organisierung eines solchen Diskurses sollte eines der zentralen Anliegen der Akademie bestehen."

6.1   Auf neuen Wegen der Kooperation

Die Reaktionen auf das Memorandum und den damit dargelegten Ansatz können als überraschend positiv bewertet werden. Aus fast allen gesellschaftlichen Gruppen heraus wird der Wille zu einer neuen Form der kooperativen Technologiegestaltung formuliert. Dies geschieht sicher mit unterschiedlichen Interessen und mit unterschiedlichem Grad der Kooperationsbereitschaft.

Zum ersten Mal seit dem Beginn einer forcierten technikinduzierten Industriepolitik in Baden-Württemberg geben sich *Diskurspartner* zu erkennen. Der gemeinsame *Arbeitskreis Gesellschaft und Technik* von VDI/VDE antwortete auf das gewerkschaftliche Statement mit einem eigenen offiziellen Diskursbeitrag zur Zukunft der Technologiegestaltungspotentiale. Die beiden großen Kirchen nehmen über ihre wissenschaftlichen Akademien ihre kooperative Diskursrolle wahr.

·Auf Seiten der Arbeitgeber organisierte sich ein gemeinsamer Arbeitskreis aus dem Landesverband der Baden-Württembergischen Industrie LVI, der Industrie- und Handelskammer IHK Mittlerer Neckarraum, der Handwerkskammer und dem zuständigen Bereich des Bundesverbandes der Deutschen Arbeitgeberverbände. Zu dessen erster Tätigkeit gehörte die Befassung des Memorandums aus dem Forum Soziale Technikgestaltung. DGB und LVI werden eine engere Verzahnung des LVI/IHK-Arbeitskreises mit dem gewerkschaftlichen Forum vorbereiten.

Die Universitäten des Landes Baden-Württemberg bildeten einen TA-Ausschuß, um ihre Diskursrolle zu erarbeiten. Insbesondere der Vorsitzende der Landesrektorenkonferenz und der Rektor der Wissenschaftsstadt Ulm signalisieren eine neue Offenheit gegenüber dem gewerkschaftlichen Technikforum.

Hinzu tritt die gewachsene Bereitschaft von wissenschaftlichen Fachverbänden, sich an dem neuen Diskursmodell aktiv zu beteiligen. Insbesondere im Feld der Informatik eröffnen sich neue Möglichkeiten.

Schrittweise wird von den Partnern einer aufgeklärten Kooperationskultur der Ansatz des geordneten Diskurses als zentraler Bestandteil von Gestaltungsprozessen wahrgenommen. Die Formeln *Akzeptabilität statt Akzeptanz, Kooperation statt Konfrontation, Diskurs statt Dekret* könnten als Leitmotive über dem Diskurs als Weg, divergierende Interessen und Bedürfnisse in einem technisch frühen Stadium zu berücksichtigen, angebracht werden.

6.2 Qualitatives Wachstum und neue Arbeit

Gewerkschaftliche Politik wird sich auf dem Feld der Technikgestaltung neu formulieren lassen müssen. Ein Umdenken innerhalb gewerkschaftlicher Technologiepolitik wird zwingend erforderlich. Einen wesentlichen Anstoß dazu versuchte der DGB Baden-Württemberg und das Forum Soziale Technikgestaltung in der Reaktion auf den Abschlußbericht der *Zukunftskommission 2000 - Aufbruch aus der Krise* zu geben: "Die Gewerkschaften haben erkannt, daß sie nicht nur vorhandene Arbeitsplätze verteidigen, sondern sich auch strukturpolitisch für die Schaffung neuer Arbeit einsetzen müssen. Während der Zukunftsbericht die Verantwortung für die Krisen-Verlierer, d. h. die Arbeitslosen, großteils scheut, plädiert der DGB für eine große Kraftanstrengung, um die Chancen neuer Produkte und neuer Arbeitsplätze auszuloten. Der DGB unterstützt nachdrücklich die Idee eines gruppenübergreifenden Problemfindungsdiskurses zum Thema *Qualitatives Wachstum und neue Arbeit*. Hierin können Erfahrungen aus den Bereichen Recycling, Energieeinsparung, soziale Dienstleistungen, Verkehr und ökologische Produktkonversion einfließen. Das gewerkschaftsnahe *Forum Soziale Technikgestaltung* wird aktiv an solcherart Gestaltungsinitiative teilnehmen."

7   Literatur

Siegfried Bleicher: Forschung, Entwicklung und Produktion für die Menschen, in: Deutscher Gewerkschaftsbund Landesbezirk Baden-Württemberg (Hrsg.): Dokumentation der Forschungskonferenz 'Wissenschaft für Arbeitnehmerinnen und Arbeitnehmer' am 1. Juli 1989 in der Universität Ulm, S. 209 - 221.

Deutscher Gewerkschaftsbund Landesbezirk Baden-Württemberg (Hrsg.): Forum Soziale Technikgestaltung, 'Memorandum - Regionaler Forschungsbedarf und soziale Technikgestaltung', Stuttgart, 1992.

Dieter Klumpp: Anmerkungen zur 'sozialen' Technikgestaltung, in: Arbeitskreis Wissenschaftsstadt und Regionalentwicklung (Hrsg.): Die Region fordert die Wissenschaft heraus, Ulm und Talheim, 1993, S. 136 - 152.

Klaus Kornwachs: Mensch und Technik in Kommunikationssystemen, in: Arbeitskreis Wissenschaftsstadt und Regionalentwicklung (Hrsg.): Die Region fordert die Wissenschaft heraus, Ulm und Talheim, 1993, S. 106 - 113.

Frieder Naschold: Bedingungen der praktischen Umsetzung für institutionelle Technikfolgenabschätzung in Baden-Württemberg, in: 'Soziale Gestaltung der Technik - Die Folgen von Wissenschaft und Technik - Ihre Bedeutung für Forschung und Lehre an den Hochschulen'. Dokumentation einer Anhörung im Hause des Landtages von Baden-Württemberg am 5. März 1990 auf Einladung der Gewerkschaft Erziehung und Wissenschaft, der Fraktionen von SPD, FDP und Grünen, Stuttgart, Dezember 1990, S. 43 ff.

Welf Schröter: Chancen gewerkschaftlicher Mitbestimmung bei der Technikgestaltung, in: Deutscher Gewerkschaftsbund Landesbezirk Baden-Württemberg (Hrsg.), Forum Soziale Technikgestaltung, Stuttgart, 1991.

Welf Schröter: Kein Out für die elektronische Maut. Einige Überlegungen zu road pricing aus gewerkschaftlicher Sicht, in: Zeitschrift 'Wechselwirkung', Nr. 62, August 1993, S. 30 - 32.

Johann Löhn

Technikfolgenabschätzung als Politikberatung und TA-Förderpolitik

1 Die Steinbeis-Stiftung für Wirtschaftsförderung

Die Steinbeis-Stiftung wurde 1971 gegründet. Ihr *Namenspatron* ist Ferdinand von Steinbeis, ein Pionier, der sich bereits im letzten Jahrhundert um die Gewerbeförderung in Württemberg verdient gemacht hat.

Ihre Aufgabe sieht die Steinbeis-Stiftung in der Förderung - vor allem der mittelständischen Wirtschaft - durch Innovation, qualifizierte Technologie- und Managementberatung und konkreten Projekttransfer. Darauf ausgerichtet sind neben der Struktur dieser Institution insbesondere die Prinzipien ihrer Schaffensweise:

❏ *Dezentrale Organisation durch ein flächendeckendes Transfernetz:* Die Zentrale der Steinbeis-Stiftung hat ihren Sitz in Stuttgart: als *Dach* einer dezentralen Organisation, die aus einem Verbund von 175 regionalen Steinbeis-Transferzentren besteht. Ein Pool von mehr als 2 500 Professoren, Ingenieuren, Wissenschaftlern, Informatikern u. v. a. arbeitet hier im Dienst der Stiftung. Die Transferzentren befinden sich meist an Hochschulen. Dadurch kann die bestehende Infrastruktur als direkte Technologiequelle für die Wirtschaft erschlossen werden.

❏ *Effizienter Technologie-Dialog auf privatwirtschaftlicher Basis:* Als Stiftung bürgerlichen Rechts arbeitet die Steinbeis-Stiftung privatwirtschaftlich. Subventionen sind minimiert. Bei allen Projekten orientiert sich ihre Tätigkeit am konkreten Bedarf und dem maximalen Nutzwert für das Unternehmen. Entwicklungsergebnisse unterliegen der Geheimhaltung und sind der auftraggebenden Firma vorbehalten.

❏ *Ganzheitlicher Transfer als Ausgangspunkt für sämtliche Problemlösungen:* Eine entscheidende Grundlage für die erfolgreiche Tätigkeit der Steinbeis-Stiftung ist die Konzentration auf das Prinzip der Ganzheitlichkeit. Das bedeutet bei jeder Problemlösung die Einbindung aller relevanten Faktoren in bezug auf sämtliche Unternehmensbereiche (z. B. Forschung und Entwicklung, Produktion, Finanzen, Personal, Marketing) und in bezug auf das Unternehmensumfeld (Technologiestand, Markt, Politik, Ressourcen usw.). Kurz: das interdisziplinäre Denken und Handeln im Dienst des effektiven Technologietransfers.

❏ *Optimaler Informationstransfer durch Verknüpfung von Wirtschaft und Staat:* Eine in ihrer Art einzigartige Konstruktion ist die Personalunion Regierungsbeauftragter für Technologietransfer und Vorstandsvorsitzender der Steinbeis-Stiftung. Diese Doppelfunktion sorgt für einen konstanten Informations- und Kommunikationsfluß zwischen Wirtschaft und Staat und bildet die Basis für eine optimale Synergie.

Im Bereich der Wirtschaftsförderung in Baden-Württemberg kommt der Steinbeis-Stiftung heute eindeutig eine Schrittmacherfunktion zu. Bedingung dafür ist das Selbstverständnis aller Mitarbeiter, sich nicht an Geleistetem von gestern, sondern an den Aufgaben der Zukunft zu orientieren. Es ist oft entscheidend, die richtige Auskunft zur richtigen Zeit zu bekommen. Die Steinbeis-Stiftung verfügt über einschlägiges Informationspotential, wenn es um Fragen zum Stand der Technik, um Marktbeobachtung oder Beratung zu Kooperationen und Fördermaßnahmen geht. Das Leistungsangebot umfaßt in diesem Segment drei Bereiche:

(1) Allgemeine Informationsvermittlung zum aktuellen Stand der Technik: Die Unternehmen sind darauf angewiesen, die Weichen in puncto Investitionen, Wachstum und Wandel frühzeitig zu stellen, um ihre Wettbewerbsfähigkeit zu erhalten, und um im internationalen Markt bestehen zu können. Wir leisten für sie einen konkreten Beitrag dazu durch die Vermittlung von neuesten Erkenntnissen aus den Zukunftstechnologien, Expertenwissen, Marktvergleichen und -analysen.

(2) Vermittlung von Kontakten zu Forschungs- und Entwicklungseinrichtungen: Wir unterhalten inzwischen Kontakte zu mehreren tausend Wissenschaftlern allein in Baden-Württemberg. Bei Fragen zu Patenten oder individuellen Aufgabenstellungen und Problemen zu Verfahren und Produkten vermitteln wir Ihnen kompetente Ansprechpartner.

(3) Förderberatung: Dieses Leistungsangebot bezieht sich vor allem auf die technologieorientierten Förderprogramme des Landes Baden-Württemberg. In enger Kooperation mit der Landeskreditbank beraten wir interessierte Firmen, bewerten Risiken und Chancen und unterstützen sie auf Wunsch bei der Antragstellung. Darüber hinaus informieren wir selbstverständlich auch über Förderprogramme des Bundes und der EU. Hier besteht besonderer Handlungsbedarf, vor allem im Hinblick auf den EU-Binnenmarkt. So muß sich die baden-württembergische Wirtschaft schon heute auf die neuen Wettbewerbsbedingungen und -anforderungen einstellen, um von den Vorteilen eines gemeinsamen Marktes profitieren zu können. Für internationale Vorhaben vermitteln wir ausländische Partner, beziehen mögliche EU-Förderprogramme mit ein und begleiten das Entwicklungsprojekt bei der Realisierung.

2 Methodik der Technikbewertung bei der Steinbeis-Stiftung

2.1 Überblick

Die Steinbeis-Stiftung erstellt und beurteilt am Schnittpunkt zwischen Wissenschaft und Unternehmen jährlich rund 1 000 technologisch orientierte Gutachten (bis 1991 über 15 000 Gutachten). Die Gutachten entscheiden, ob und in welchem Umfang ein (Technologie-) Projekt gefördert werden soll. Damit liegt mittlerweile immenses Erfahrungswissen zur Beurteilung von Technologievorhaben vor. Grundlage der Entscheidungen ist im Rahmen eines Bottom-Up-Approaches die Technikbewertung.

Technikbewertung soll ein objektiver und nachvollziehbarer Prozeß sein, der nicht an ein konkretes Problem gebunden ist. Um dies zu erreichen, wird nach einer allgemeinen Vorgehensweise, die sieben Schritte umfaßt, vorgegangen. Diese Schritte sind im einzelnen:

1) In welchem System wird die Entscheidung getroffen?

2) Welche Ziele hat dieses System?

3) Welche Werte liegen der Entscheidung zugrunde?

4) Wie sieht das Lösungsvolumen aus?

5) Wie ist die Bewertung?

6) Wie ist die Lösung?

7)   Was ist zu tun?

Im folgenden sollen Inhalt und Problematik der Teilschritte aufgezeigt werden.

2.2   System

Die Bewertung einer Technik geschieht innerhalb eines definierten *Systems*. Das jeweilige System muß in seiner Größe und seinen Grenzen gegenüber anderen Systemen genau festgelegt werden. Die eindeutige Definition eines Systems ist notwendig, um einen Diskussionsrahmen zu schaffen, innerhalb dessen Entscheidungen getroffen werden können.

Für die Technikbewertung relevante Systeme sind:

A)   das Individuum;

B)   das Unternehmen;

C)   die Gesellschaft.

Diese Systeme überschneiden sich und können nicht unabhängig voneinander betrachtet werden. Das Individuum z. B. ist Teil der Gesellschaft und kann gleichzeitig Teil des Unternehmens sein.

2.3   Systemziele

Ein weiteres wichtiges Merkmal eines Systems sind neben der Größe und den Grenzen die *Systemziele*. Für oben genannte Systeme lassen sich z. B. folgende Ziele anführen:

A)   Individuum: höhere Lebensqualität, größere Mobilität;

B)   Unternehmen: Wettbewerbsfähigkeit, Gewinn;

C)   Gesellschaft: Wettbewerbsfähigkeit, Wohlstand, Umwelterhaltung.

Es zeigt sich, daß es innerhalb eines Systems und zwischen den Systemen sowohl Zielübereinstimmungen als auch Zielkonflikte gibt.

Die Festlegung der Systemziele erfolgt unter Berücksichtigung verschiedener Gesichtspunkte. Folgende Fälle können auftreten:

❑   *Bestehen Zielkonflikte innerhalb des Systems?* Dies kann innerhalb des Systems Gesellschaft z. B. dann der Fall sein, wenn die Erhaltung der Umwelt durch eine Verkleinerung der technischen Kapazitäten und damit einer ggf. verminderten Wettbewerbsfähigkeit erreicht werden soll.

❑ *Sind Zielkonflikte zwischen verschiedenen Systemen gegeben?* Bei den angeführten Beispielen kann es z. B. Divergenzen geben zwischen dem Wunsch des Individuums nach höherer Lebensqualität in Form von mehr Freizeit und dem Unternehmensziel Gewinn, das durch höhere Kapazitätsauslastung angestrebt wird.

❑ *Sind kurzfristige oder langfristige Systemziele sinnvoll?* Ob ein System seine Ziele lang- oder kurzfristig formuliert, ist abhängig von der Dynamik sowohl des Systems als auch seiner Umwelt. So spielt bei Unternehmensentscheidungen z. B. die Länge einer Legislaturperiode eine Rolle. Zwischen lang- und kurzfristigen Systemzielen können Konflikte entstehen, z. B. wenn schneller Gewinn auf Kosten des Langfristzieles Umwelterhaltung angezielt wird.

❑ *Müssen indirekte Ziele zur Erreichung direkter Ziele verfolgt werden?* Die Ziele eines Systems können nach ihrer Wichtigkeit geordnet werden. Da sie im allgemeinen stark vernetzt sind, können scheinbar weniger wichtige Ziele nicht unberücksichtigt bleiben. Sie sind oft notwendig, um die Primärziele zu erreichen. Die langfristige Wettbewerbsfähigkeit kann sich ein Unternehmen z. B. nur mit motivierten, nicht überlasteten Mitarbeitern erhalten.

Art und Aufbau eines Systems und seiner Umwelt haben wesentlichen Einfluß auf die Formulierung und die Durchsetzung der Ziele. Der Zielkatalog des Systems Unternehmen kann z. B. von vornherein durch das übergeordnete System Gesellschaft/Staat eingeschränkt werden. Andererseits erschwert eine ausgeprägt demokratische Systemordnung mit großen individuellen Spielräumen die Durchsetzung übergeordneter Systemziele.

2.4 Werte

Der Beurteilung von Zielen innerhalb eines Systems müssen *Werte* zugrunde liegen. Ohne die Formulierung von Werten können Ziele nicht ausgewählt und gewichtet, Zielkonflikte nicht gelöst und Entscheidungen nicht getroffen werden.

Oft werden ein Ziel und ein Wert gleich bezeichnet, obwohl sie sich inhaltlich unterscheiden. Bei gleicher Bezeichnung muß deshalb streng differenziert werden zwischen Ziel und Wert. Hierzu ein Beispiel: Gesundheit als Ziel eines Individuums verlangt nach einer Aktion zur Erreichung dieses Ziels. Diese Aktion könnte sein, Sport zu treiben. Der Wert Gesundheit dagegen dient zur Beurteilung einer Aktion. Die Fragestellung könnte z. B. sein, *ob* Sport treiben gesund ist und *wie* gesund dies ist.

Die Werte, die innerhalb eines Systems formuliert werden, sind wie dessen Ziele stark abhängig von Art und Aufbau des Systems und seiner Umwelt.

2.5 Aufbau des Lösungsvolumens

Nach der Festlegung von Zielen und Werten werden diese diskutiert und im Verlauf dieser Diskussion der *Lösungsraum* aufgebaut.

Zur Entwicklung des Lösungsraumes stehen *interne und externe Quellen* (persönliche Kontakte, Fachpresse, Fachveranstaltungen) sowie diverse *Problemlösungstechniken* (Brainstorming, morphologische Methode, Synektik) zur Verfügung.

2.6 Bewertung des Lösungsvolumens

Anschließend an den Aufbau des Lösungsraumes erfolgt dessen *Bewertung*. Durch Konvergenz von Zielen und Werten werden konkrete Lösungen herausgearbeitet. Dabei sind folgende Punkte zu beachten:

❑ Viele Ziele und Werte lassen sich nicht in Zahlen ausdrücken. Es muß deshalb zwischen qualitativen und quantitativen Beurteilungsmaßstäben unterschieden werden.

❑ Expertenwissen ist zwar hilfreich, bei der Diskussion um Details darf jedoch der Blick für das Wesentliche nicht verlorengehen.

❑ Einzelaussagen, die sich ergänzen, können unter einem Überbegriff zusammengefaßt werden.

❑ Um nicht an einer Vielzahl von Zielen und Werten zu scheitern, sollten bei der Problemlösung lieber wenige einfache Ziele und Werte verfolgt werden.

❑ Bei der Bewertung kann es zu Diskrepanzen kommen. Dies ist z. B. dann der Fall, wenn *Exekutive* - hier: die Bewerter - und *Legislative* - hier: diejenigen, die den Lösungsraum entwickelt haben - getrennt sind, und die *Exekutive* (möglicherweise unbewußt) bei der Bewertung eigene Maßstäbe anlegt.

2.7 Lösung

Als Ergebnis der Bewertung des Lösungsvolumens erhält man *eine* konkrete Lösung.

2.8 Handeln

Die Umsetzung des Ergebnisses erfordert Aktionen, die sich an der gefundenen Lösung orientieren und diese verwirklichen.

Bei der Technikbewertung wird also, ausgehend von einem definierten System mit festgelegten Zielen und Werten ein Lösungsvolumen zu einem Problem erarbeitet. Durch Bewertung dieses Lösungsvolumens erhält man eine Problemlösung, die durch konkretes Handeln verwirklicht wird.

3 Literatur

Bericht 1991 der Steinbeis-Stiftung für Wirtschaftsförderung. Erhältlich bei: Steinbeis-Stiftung für Wirtschaftsförderung, Haus der Wirtschaft, Willi-Bleicher-Str. 19, 70174 Stuttgart, Postfach 10 43 62, 70038 Stuttgart.

4

Technikfolgenabschätzung in der Praxis: Beispiele, Projekte

Detlef Garbe

Technikfolgenabschätzung in der Telekommunikation

Beispiele für die Realisierung unterschiedlicher TA-Ansätze

1   Einleitung

Zur Einordnung der Projekte zur Technikfolgenabschätzung in der Telekommunikation erscheint es sinnvoll, zunächst einige Informationen über das Wissenschaftliche Institut für Kommunikationsdienste (WIK) und die Arbeiten der Forschungsgruppe *Technikfolgenabschätzung* dieses Institutes zu geben[1].

Das WIK ist 1982 mit dem Ziel gegründet worden, ökonomische Forschung in den Bereichen der Telekommunikation und der Postdienste zu betreiben. Mit der Aufgliederung der Deutschen Bundespost in das Bundesministerium für Post und Telekommunikation sowie die drei Post-Unternehmen wurde das WIK eine eigenständige, gemeinnützige GmbH, deren Anteile von den zuvor genannten Institutionen gehalten werden

Die Forschungsarbeiten werden in zwei Abteilungen *Regulierung von Post und Telekommunikation* und *Marktstrukturen und Technologie* sowie der 1990 eingerichteten Forschungsgruppe *Technikfolgenabschätzung* realisiert. Der Haushalt des Instituts betrug 1991, incl. der eingeworbenen Dritt-Mittel, knapp 5 Mio. DM.

Die Arbeit der Forschungsgruppe *Technikfolgenabschätzung* zielt auf die

---

[1]   Zum Zeitpunkt der Erstellung des Manuskripts war der Autor Leiter der Forschungsgruppe *Technikfolgenabschätzung* beim WIK, Bad Honnef.

❏   empirische Analyse der Funktionen und Effekte von Telekommuni-
    kation;

❏   Entwicklung von Technikfolgenabschätzung- und Evaluierungs-
    methoden;

❏   Förderung nutzerorientierter Technikentwicklung durch partizipative
    Einbindung der Nutzer von Kommunikationsdiensten;

❏   Beteiligung an öffentlichen Diskursen.

Seit der Arbeitsaufnahme zu Beginn des Jahres 1990 sind die in Bild 1
aufgeführten Projekte realisiert bzw. aufgenommen worden. Über einige
dieser Projekte soll nach der Darstellung unserer TA-Konzepte exemplarisch berichtet werden (siehe Kap. 3.1-3.3)[2].

**Projekte im Forschungsfeld
Technikfolgenabschätzung**

Seit 1990 hat die "TA"-Forschungsgruppe
folgende Projekte realisiert:

o Bürgergutachten

o ISDN Anwendungsprojekte: Evaluierung

o Datenschutz

o Telebüros und Telehäuser

o Videokonferenzen

o Elektronische Post

o Telekommunikation und ältere Menschen

o Mobilkommunikation

o Multimedia Teleschool for European
  Personnel Development

Bild 1   Projekte des WIK im Forschungsfeld Technikfolgenabschätzung

---

2   vgl. auch Garbe, D.; Lange, K. (Hrsg.): Technikfolgenabschätzung in der Tele-
      kommunikation (Springer), Berlin, Heidelberg, New York, 1991.

2 Konzepte der Technikfolgenabschätzung

2.1 Aktuelle Tendenzen

Technology Assessment (TA), um den englischen und weniger eng gefaßten Fach-Terminus zu gebrauchen, in der Telekommunikation ist ein junges, aber prosperierendes Aktionsfeld. Immer mehr Fachwissenschaften, die Informatiker, die Nachrichtentechniker, die Juristen, die Wirtschaftswissenschaftler und nicht zuletzt die Sozialwissenschaftler wenden sich dem faszinierenden, weil ökonomisch erfolgreichen und gleichzeitig wenig erforschten Gebiet der Telekommunikation zu. Parallel zu diesem Interesse von Wissenschaftlern *entdeckt* vor allem die Politik bzw. die ihr verbundene Forschungsadministration auf europäischer Ebene sowie in Bund und Ländern *TA - Telekommunikation* als Aufgabengebiet.

Die Zielorientierung der laufenden bzw. in der Entwicklung befindlichen FuE-Programme ist in der Regel eine doppelte: Einerseits soll Europa bzw. die Bundesrepublik als Forschungs- und Entwicklungsstandort der Informations- und Kommunikationstechnik gestärkt werden, andererseits sollen gleichzeitig die Folgen dieser Techniken ermittelt werden, um eine sozialverträgliche Technikgestaltung zu ermöglichen. Diese Zielorientierungen werden exemplarisch im bisherigen Zukunftskonzept Informationstechnik des BMFT[3] und im Arbeitsprogramm der Teletech-Initiative und der ISDN-Forschungskommission des Landes NW deutlich[4].

In den europäischen Programmen, z. B. von RACE und ESPRIT, wird eher die Technik- und Anwendungsentwicklung betont, während im Programm FAST (= Forecasting and Assessment in Science and Technology) die Akzente eher auf die Technikfolgen und die Technikgestaltung gelegt werden.

Im vierten Rahmenprogramm TELEMATICS faßt die EU die bisherigen Aktivitäten in der Förderung von Anwendungsprogrammen zusammen; durch die damit intensivierte Förderung von IuK-Anwendungen hofft die EU-Kommission, u. a. eine verbesserte Wettbewerbssituation für die europäischen Produzenten und eine schnellere Marktdurchdringung zu er-

---

3   Bundesminister für Forschung und Technologie; Bundesminister für Wirtschaft: Zukunftskonzept Informationstechnik, Bonn, August 1989.
4   Ministerium für Wirtschaft, Mittelstand und Technologie des Landes Nordrhein-Westfalen: Teletech NRW-Landesinitiative Telekommunikationsatlas (15 Bände), Düsseldorf, Oktober 1988.

reichen. Im Bereich TELEMATICS, der für die Technikfolgenabschätzung besonders interessant ist, werden folgende Aktionsfelder gefördert:

- ❑ DRIVE mit dem Ziel der Verbesserung der Verkehrsverhältnisse auf den europäischen Straßen und der Reduzierung der verkehrsbedingten Umweltbelastung;

- ❑ DELTA zur Unterstützung des Einsatzes moderner (Tele-)Kommunikationstechnologien im Fernunterricht;

- ❑ AIM zur Förderung von IuK-Anwendungen in der Medizin;

- ❑ ENS zur Erkundung von Möglichkeiten der Vernetzung europäischer Verwaltungen;

- ❑ ORA zur Verbesserung der Lebensbedingungen im ländlichen Bereich durch IuK-Einsatz;

- ❑ LINGUISTICS zur Entwicklung eines automatischen Übersetzungssystems;

- ❑ LIBRARIES als FuE-Programm mit dem Ziel des elektronischen Zugriffs auf Büchereien.

Die EU stellt für die Anwendungsprogramme insgesamt 380 MECU zur Verfügung, die wie folgt verteilt werden sollen:

DRIVE	124,4 MECU
AIM	97,0 MECU
DELTA	54,5 MECU
ENS	41,3 MECU
ORA	14,0 MECU
LINGUISTICS	22,5 MECU
LIBRARIES	22,5 MECU

Tab. 1   Mittelverteilung TELEMATICS (Quelle: EURO tele-bits)

In Deutschland hat das Aufgabengebiet *TA-Telekommunikation* öffentliche Aufmerksamkeit durch die Diskussionen über Folgen von Telekommunikationstechniken auf sich gezogen. Beispiele dafür sind die Debatten um den Datenschutz im ISDN oder um die Beherrschbarkeit und die Zuverlässigkeit von Netzen sowie die Datensicherung. Während für die Etablierung als Arbeitsfeld solche aktuellen Debatten eher günstig sind, scheint dabei die wissenschaftliche Fundierung und Weiterentwicklung bis hin zu einem interdisziplinären *Fach* eher vernachlässigt zu werden.

Angesichts der zunehmenden Anforderungen an die Technikfolgenabschätzung in der Informations- und Telekommunikationstechnik aus Politik, Verbänden, Unternehmen und Öffentlichkeit sowie in Anbetracht der stetigen Diskussion um die Weiterentwicklung und Anpassung von Forschungsprogrammen auf nationaler und europäischer Ebene scheint es notwendig, sich verstärkt der wissenschaftlichen Grundlagen des Arbeitsgebietes zu vergewissern und, darauf aufbauend, Projekte zu realisieren und weitergehende Forschungsperspektiven zu entwickeln.

2.2 Technikfolgen - oder das klassische Paradigma von Technology Assessment

Technology Assessment als Aktions- und Forschungsgebiet ist jung: nimmt man die Geschichte der Wissenschaft als Maßstab, befindet sie sich eher noch im Geburtsstadium. Folgt man dem Wissenschaftshistoriker Thomas Kuhn[5], steht am Beginn des Weges zu einer normalen Wissenschaft die Suche nach erkenntnistheoretischen Ansätzen und nach anerkannten Methoden. Die Haupttätigkeit der *normalen* Wissenschaft besteht dann darin, mit diesen Methoden die gefundenen Erkenntnisse und formulierte Theorieansätze weiterzuentwickeln, Erkenntnisse hinzuzufügen und gegebenenfalls die Theorieentwürfe zu reformulieren. Das Vorgehen der normalen Wissenschaft basiert auf den anerkannten Methoden, Erkenntnis- und Theorieansätzen.

In Deutschland hat Technology Assessment seine Fundierung vor allem durch die Arbeiten von Paschen und Böhret in der zweiten Hälfte der 70er und zu Beginn der 80er Jahre erfahren[6]. Unabhängig von der jeweils zu betrachtenden Technik ergeben sich folgende Erkenntnisansätze:

(1) eine technikinduzierte Technikfolgenabschätzung, die durch die Analyse der Folgen einer bestimmten Technik bzw. von Telekommunikationsdiensten (z. B. ISDN, Mobilfunk, TEMEX, Btx) gekennzeichnet ist;

---

5   Kuhn, Thomas: Die Struktur wissenschaftlicher Revolutionen, Frankfurt, 1976
6   Paschen, H.; Gresser, K.; Conrad, F.: Technology Assessment, Frankfurt, New York, 1978; Böhret, C.; Franz, P.: Technologiefolgenabschätzung. Institutionelle und verfahrensmäßige Lösungsansätze, Frankfurt, New York, 1982; Böhret, C.: Technology Assessment: Anlaß, Methode, Organisation, Hochschule für Verwaltungswissenschaften Speyer, 1983.

(2) eine wirkungsorientierte Technikfolgenabschätzung, die ihre Themenfelder an Wirkungsbereichen (z. B. Fernsehen -> Kinder; Telefon -> ältere Menschen [Vereinsamung und Integration]) festmacht;

(3) eine projektinduzierte Technikfolgenabschätzung, die an konkreten
Fällen die Folgen des Einsatzes von Telekommunikationstechnik bzw.
-anwendungen (z. B. Breitband- oder ISDN-Projekte, Bürokommunika-
tion) untersucht[7] oder - noch relativ neu und wenig angewandt -

(4) eine probleminduzierte Technikfolgenabschätzung, die gesellschaftliche Problemlagen (Umweltverschmutzung, Verkehr) zu ihrem Anliegen
macht.

Die letztgenannte Form wird häufig mit einem TA-Ansatz verwechselt, der
an ein erkanntes, aus der Technik resultierendes Problem anknüpft. Ein
solcher Fall ist z. B. die mit der Einführung digitalisierter Vermittlungsstellen verbundene Möglichkeit und die durch die Trennung von Vermitt-
lungs- und Gebührenberechnungsfunktion resultierende Notwendigkeit,
die Verbindungsdaten von A- und B-Teilnehmer über das Verbindungs-
ende hinaus zu speichern.

Die Praxis des Technology Assessment hat bisher ihren Schwerpunkt in
der Analyse von Technikfolgen gehabt; sie ist also den drei erstgenannten
Erkenntnisansätzen gefolgt. Diese Praxis ist in der TA-Community u. a.
durch die Richtlinien des VDI zur Technikfolgenabschätzung abgesichert[8]. Auch das sich entwickelnde Aufgabengebiet *TA - Telekommunikation* orientiert sich bislang am Paradigma der *Technikfolgen-Analyse.*

Technikinduzierte Studien liegen zum Beispiel zum Bildschirmtext, zur in
der fortschreitenden Telematik anwachsenden Bildschirmarbeit oder zum
Einsatz von Videokonferenzen vor. Aus der Technik resultieren auch gewisse Probleme, die zu entsprechenden Studien führen; Beispiele für
Studien dieser Art im Telekommunikationssektor sind die Arbeiten zum
Datenschutz im ISDN von der ITG[9] oder SCS[10] oder die noch zu unter-
suchende Problematik des Telefonierens während des Autofahrens. Eben-

---

7   Rotach, M. C. u. a.: Wissenschaftliche Begleituntersuchung zum Projekt
    "Kommunikations-Modellgemeinden der Schweiz (KMG)", 1. Zwischenbericht,
    ETH Zürich, 1990.
8   Verein Deutscher Ingenieure (VDI): Richtlinienvorentwurf "Empfehlungen zur
    Technikbewertung", Düsseldorf, 1988.
9   Informationstechnische Gesellschaft (ITG) im Verband Deutscher Elektrotech-
    niker (VDE) (Hrsg.): Datenschutz im ISDN, Frankfurt, 1990.
10 Informationstechnik GmbH SCS: Datenschutztechniken für offene digitale
    Telekommunikationsnetze, Mülheim, Februar 1990 (Band 6 der Schriftenreihe
    "Teletech NRW", s. Fußnote 2).

so können die bisher für Deutschland vorliegenden Studien zur Telearbeit eher zu den technikinduzierten Studien gezählt werden, da sie die aus dem Einsatz von Telekommunikationstechnik resultierenden Probleme für Teleheimarbeit analysieren und weniger das Problem einer anders gearteten Art von Arbeitsorganisation, -teilung und -differenzierung durch den Einsatz unterschiedlicher Techniken untersuchen. Projektinduzierte Studien, als Begleit- oder Evaluierungsforschung konzipiert, sind nicht nur ein Hauptarbeitsgebiet, sondern liefern auf Grund der detaillierten Analyse von Fällen oft genug auch das Material für die übergreifende Formulierung von Theorieansätzen (vgl. 3.3).

Im Sinne von Thomas Kuhn ist die Bearbeitung von Technikfolgenforschung Ausübung *normaler* Wissenschaft. Im eigentlichen Sinne probleminduzierte Ansätze sind neu; sie erfordern andersartige Methoden, möglicherweise andere Organisationsformen und Förderungsprogramme.

2.3　Das Paradigma einer probleminduzierten Technikfolgenabschätzung

Wissenschaftliches Denken mit dem Ausgangspunkt *Problemlösung durch Technik* zwingt methodisch zu einem Denken in Alternativen, zur Institutionalisierung von Kreativität.

Aktuelle, gesellschaftlich relevante Problemlagen mit gewissen Lösungschancen durch Telekommunikationstechnik können bereits jetzt für zwei Bereiche skizziert werden. Für den Bereich *Verkehr* heißt das, nicht allein nach Optimierungen des Verkehrs durch Leitsysteme wie im Programm DRIVE der EU zu suchen, sondern den Verkehr so weit wie möglich, z. B. durch den Transport von Informationen statt von Personen, zu substituieren. Das bedeutet aber auch, ein neues Konzept von Tele-Arbeit incl. ihrer Organisations- und Kooperationsstrukturen zu entwickeln. In diesen Bereich fällt auch das Projekt *Lebensraum Stadt*, das im Beitrag von E. Minx und Th. Waschke in diesem Band vorgestellt wird.

Für die künftige *Lebenssituation älterer Menschen* kann dies die Suche nach Alternativen zur Heimunterbringung bedeuten; nicht nur aus finanziellen Gründen, sondern auch, weil die älteren Menschen in der Mehrzahl in ihrer Wohnumgebung so lange wie möglich verbleiben wollen. Solche Alternativen sind aber nur wünschbar, wenn sie mit einer Steigerung von Sicherheit und Integration der Älteren verbunden sind. Die Absicherung könnte durch Notrufsysteme erfolgen; parallel zur technischen Absicherung müßte die Re-Organisation dezentraler Altenhilfe in den

Kommunen durch die Nutzung moderner Informations- und Telekommunikationstechnik treten sowie die Entwicklung von Kommunikationsdiensten für die in ihrer Mobilität eingeschränkten Älteren.

In methodischer Perspektive ist nicht das systematische und akribische Aufspüren von Technikfolgen die Richtschnur des Arbeitens, nicht das strikt analytisch-empirische Vorgehen mit seinen aus der Übersteigerung des Rationalitätsimperativs resultierenden immanenten Problemen[11], sondern der Einsatz und die Entwicklung kreativer Verfahren in der Phase der Entdeckung funktionaler Äquivalente sowie Freiräume zum Experimentieren, zum Ausprobieren von technischen Alternativen mit und durch die Betroffenen. Die Voraussetzung, effektive alternative Lösungen für gleichartige Problemlagen zu entdecken, hat der Anthropologe Levy-Strauss aufgezeigt; notwendig dafür sind entsprechende Freiräume - eben "Orte wilden Denkens"[12]. Hierin könnte ein sachimmanentes Problem für die Institutionalisierung von TA-Forschung verborgen sein: Je progressiver und kreativer TA-Forschung ist, desto eher führt dies zu Konflikten mit den etablierten Institutionen in Politik und Wirtschaft.

2.4 Die Integration von Partizipation und Diskurs

In der bundesdeutschen und europäischen TA-Community ist man sich weitgehend einig darüber, daß die Einbindung der Nutzerperspektive in die Bewertung von Technikfolgen notwendig ist, aber vor allem auch in der Technikgestaltung, also der Technikentwicklung bis hin zur Standardisierung, wünschenswert ist[13]. Trotz dieses Postulats ist die Realisierung entsprechender Vorhaben selten, zum einen, weil sie aufwendiger sind als eine *desk research*, zum anderen, weil sie politisch häufiger nur in den sogenannten Sonntagsreden gewollt werden. Die Sozialwissenschaften, insbesondere im engeren Sinne die Partizipationsforschung, bieten jedenfalls eine Reihe von entsprechenden Konzepten an.

So sind im *SoTech-Programm* des Landes NRW bei der Einführung neuer Techniken Arbeiter und Angestellte vorab beteiligt worden. Als allge-

---

11 Carl Böhret: Folgen. Entwurf für eine aktive Politik gegen schleichende Katastrophen, Opladen, 1990.
12 Levy-Strauss, Claude: Das wilde Denken, Frankfurt/M. (Suhrkamp).
13 Höller, Heinzpeter: Kommunikationssysteme. Normung und soziale Akzeptanz, (Vieweg), Darmstadt, 1993.

meine, übertragbare und ausbaufähige Konzepte sind die Zukunftswerkstatt von Robert Jungk und die Planungszelle von Peter Dienel bekannt.
Letztere ist im TA-Kontext bereits mehrfach eingesetzt worden, so in
einem Projekt zur Bewertung zukünftiger Energieversorgungskonzepte
für die Bundesrepublik[14] und bei der Bewertung neuer Informationstechnologien[15]. Wie diese Partizipationsmethode im Kontext *TA-Telekommunikation* realisiert wurde, wird später am Einzelfall dargestellt.

Die Diskussionen in einer Partizipationsveranstaltung zwischen Bürgern,
Experten und Politikern ähneln dem vielbeschworenen Diskursmodell,
alle argumentieren aus ihrer Perspektive, geleitet vom Motiv der Koopera-
tions- und Verständigungsbereitschaft. Aus den Partizipationskonzepten
läßt sich methodisch manches für die Institutionalisierung von Diskursen
lernen. Solche Diskurse sind auch unter Experten durchaus mit kontroversen Positionen in der Sache möglich sind. Das Gelingen dieser Diskurse darf aber nicht darüber hinweg täuschen, daß die Etablierung von
Diskursen in der TA-Szene noch viel zu selten gelingt, aber notwendig
wäre, um insbesondere bei der Bewertung von Technikfolgen Einseitigkeiten zu vermeiden und um für die Ergebnisse des TA-Prozesses eine
breitere Basis - in der Wissenschaft und in der Öffentlichkeit - zu finden.

2.5   Technikfolgenabschätzung auf dem Weg zur Technikgestaltung

Mit der Institutionalisierung von TA-Kapazität dürfte es möglich werden,
die Rolle des hinter der Technikentwicklung herhechelnden, Technikfolgen aufspürenden Wissenschaftlers zu überwinden und mehr und mehr
Erkenntnisse für den Prozeß der Technikentwicklung bereitzustellen. Dies
wird möglich durch die Konzipierung und Realisierung entsprechender
Technikgestaltungsvorhaben.

Ein Beispiel soll diese Einschätzung verdeutlichen: Am WIK wird etwa seit
einem Jahr ein Vorhaben *Telekommunikation und ältere Menschen* realisiert. In dieser Projektfamilie sind bisher folgende Einzelvorhaben durchgeführt worden:

---

14   Dienel, P., Garbe, D. (Hrsg.): Zukünftige Energiepolitik. Ein Bürgergutachten,
      München, 1984.
15   Dienel, P. (Hrsg.): Regelung sozialer Folgen der Informationstechnik, Wupper-
      tal, 1987, 3. Auflage.

❑   eine state-of-the-art-study als Bestandserhebung[16] und

❑   eine qualitativ angelegte empirische Untersuchung mit Tiefeninter-
    views und Gruppendiskussionen[17].

Aus den Interviews und Gruppendiskussionen sind eine Fülle von Erkenntnissen angefallen, wie ein zukünftiges Endgerät *Vitaphone* aussehen
sollte. Beipielsweise ist eine Beschränkung auf drei Funktionstasten funktionaler als der Einbau von fünf oder mehr Funktionstasten. Ein farbiger
Notrufknopf am Endgerät wäre eine erste Stufe zu einem gewünschten
Notrufsystem. Die Größe der Tasten sollte so gewählt sein, daß man für
die Kennzeichnung des Direktrufs nicht nur den Namen in großen Buch-
staben schreiben kann, sondern evtl. auch ein Bild stattdessen wählen
kann usw. Solche Ergebnisse wären auch in Gruppendiskussionen zwischen den Älteren und Technikentwicklern zu erzielen, diese böten aber
den Vorteil, sich iterativ - von Modell zu Modell - an das optimale Endgerät heranzuarbeiten. Technikgestaltung mit Nutzern ist auch in der Telekommunikation möglich, sie muß nur von den Herstellern gewagt werden.

2.6   Verortung von Projekten des WIK in das methodologische Konzept

Als Zusammenfassung der methodologischen TA-Konzepte und als
Übersicht über die im WIK realisierten bzw. initiierten TA-Projekte dient
Bild 2.

---

16   Wald, R.; Stöckler, F.: Telekommunikation und ältere Menschen. WIK-Dis-
     kussionsbeiträge Nr. 62, Bad Honnef, 1992, aktualisierte Auflage.
17   vgl Kordey, N.: Nutzung der Telekommunikation durch ältere Menschen. Quali-
     tative Studie in ausgewählten Lebenslagen und sozialen Situationen. WIK-Dis-
     kussionsbeiträge Nr. 117, Bad Honnef, 1993.

method. Ansatz / TA-Ansatz	empirisch-analytisch	partizipativ	diskursiv
technikinduziert	- ISDN-Anwendungen - Bündelfunk - Mobilfunk in der Arbeitswelt	Bürgergutachten ISDN	Datenschutz und ISDN Mobilfunk
wirkungsorientiert	Telekommunikation für ältere Menschen a) state-of-the-art b) qualitativ-empirische Analyse	- Zukunftswerkstatt: Neue Telekommunikationsdienste für ältere Menschen - Neue Telekommunikationstechnik in der lokalen Altersversorgung	
probleminduziert	Telelernen		Verkehr
technikgestaltend		Telelernen Endgeräteentwicklung für ältere Menschen "Vitaphone"	

Bild 2   Konzeptuelle Verortung von TA-Projekten im WIK

3   Beispiele aus der TA-Arbeit des WIK

3.1   Das technikinduzierte Partizipationsprojekt *Bürgergutachten ISDN*

Mit der Einführung von ISDN öffnet die Deutsche Bundespost den Zugang zu einer neuen Ära der Telekommunikation. Das alte Telefon hat sowohl wesentliches zur Entwicklung der sozialen Beziehungen der Menschen als auch zur Entwicklung des industriellen Fortschritts beigetragen. Mit ISDN werden nun verschiedene Dienste (z. B. Telefon, Telefax, Btx, Bildtelefon, Teletex) in einem Netz zusammengefaßt und eröffnen dem Anwender schnellere, preiswertere und komfortablere Kommunikationsmöglichkeiten. Die Netzintegration und die Verknüpfung der Telekommunikationsnetze bietet insbesondere der Wirtschaft neue Möglichkeiten der Kommunikationsqualität und der Organisation von Kommunikation.

Spätestens seit die Deutsche Bundespost ihre Absicht bekundet hatte[18], die Fernmeldenetze zu digitalisieren und zu integrieren, sah sie sich massiver Kritik ausgesetzt. Sowohl in der Studie *Mikropolis*[19] als auch in der vom

---

18   Bundesminister für das Post und Fernmeldewesen (Hrsg.): Konzept der Deutschen Bundespost zur Weiterentwicklung der Fernmeldeinfrastruktur, Bonn, 1984.

19   Kubicek, Herbert; Rolf, Arno: Mikropolis. Mit Computernetzen in die Informationsgesellschaft, Hamburg, 1986, 2. Auflage.

Land Nordrhein-Westfalen geförderten Studie *Optionen der Telekommunikation*[20] begründeten die Kritiker die Ablehnung des ISDN-Konzeptes der Deutschen Bundespost. Einerseits beklagen sie die Wissensdefizite um die sozialen Folgen der Einführung von Kommunikationstechnologien und forderten umfangreiche Technologiefolgen-Untersuchungen; andererseits rückten sie die Bedrohung der gesellschaftlichen Ordnung und Entwicklung in das Zentrum der Kritik und nahmen postulierte Folgen als faktische an.

Reizworte wie *Kommunikationsverarmung, Erfahrungsentzug, Nivellierung und Entfremdung* oder *Mediatisierung* kennzeichnen die Zielrichtung der Kritik auf der individuellen Ebene. Auf der gesellschaftlichen Ebene wird die *soziale Beherrschbarkeit* der Netze angezweifelt, die *Verletzlichkeit* der Informationsgesellschaft thematisiert und die technische *Aushöhlung* und *Digitalisierung* der Grundrechte beschworen[21]. Als akzeptabel erscheint den Kritikern eine menschliche, fehlerfreundliche Technik, die unter Einschluß der Anwender konzipiert wird sowie der Verzicht auf die Totalintegration der Netze. Aufhänger für derartige Forderungen ist in der Regel die Debatte um den Datenschutz und die Datensicherung.

Um zu erfahren, wie die Bürger die technischen Möglichkeiten von ISDN beurteilen, seinen Nutzen für den Alltag einschätzen und wie der Schutz der Kommunikationsdaten des Bürgers aus seiner Perspektive gestaltet sein sollte, hat die DBP bereits Mitte 1989 ein *Bürgergutachten: ISDN im privaten und beruflichen Umfeld* bei der Forschungsstelle Bürgerbeteiligung & Planungsverfahren der Universität Wuppertal in Auftrag gegeben. Ich selbst habe damals noch als Geschäftsführer der Forschungsstelle mit Prof. Dienel das Konzept für dieses Forschungsprojekt entwickelt und das Projekt als Mitglied des WIK während seiner Durchführung und Auswertung für die Deutsche Bundespost wissenschaftlich betreut. Hier wird über das Verfahren auf wichtige Ergebnisse der Studie berichtet[22].

---

20 Berger, Peter; Kubicek, Herbert; Kühn, Michael; Mettler-Meibom, Barbara; Voogd, Gerhard: Optionen der Telekommunikation, o. O.
21 Mettler-Meibom, Barbara: Soziale Kosten der Informationsgesellschaft. Überlegungen zu einer Kommunikationsökologie, Frankfurt, 1987; Kubicek, Herbert: Probleme der sozialen Beherrschbarkeit integrierter Fernmeldenetze. Vortrag im Gesprächskreis Politik und Medien der Friedrich-Ebert-Stiftung am 2.10.1984; Roßnagel, Alexander; Wedde, Peter; Hammer, Volker; Pordesch, Ulrich: Die Verletzlichkeit der "Informationsgesellschaft", Opladen, 1989.
22 Vgl. Dienel, P. C.; Fischer, A.; Moog-Kopp, B.; Reinert, A.: Bürgergutachten ISDN, unveröffentl. Manuskript, Wuppertal, 1991.

3.1.1   Das Bürgergutachten ISDN und seine Teilnehmer

Im Rahmen des Projekts konnten 519 Bürger in 22 Gruppen je vier Tage lang Chancen, Effekte und Risiken von ISDN gemeinsam mit Experten diskutieren, bewerten und Empfehlungen abgeben. Wesentliche Unterschiede des bereits in vielen Projekten erprobten Verfahrens *Bürgergutachten* zu Repräsentativ-Befragungen sind die Möglichkeit der ausführlichen Information über ISDN, des Ausprobierens von Diensten und Endgeräten sowie der intensiven, z. T. nach dem Pro- und Contra-Verfahren ablaufenden, Debatten mit Experten. Die Urteile der Teilnehmer basieren auf einem Informationsstand über ISDN, den die Masse der Bevölkerung erst in einigen Jahren erreichen wird.

Die angestrebte Heterogenität der Gruppenzusammensetzung wurde voll erreicht: Männer und Frauen waren zu je 50 % vertreten, obwohl den Frauen nachgesagt wird, weniger an technischen Fragen interessiert zu sein, und obwohl Frauen in allen sonstigen Beteiligungsverfahren unterrepräsentiert sind. Die Alterszusammensetzung zeigt einen leichten Überhang der jüngeren Jahrgänge bis zum Alter von 25 zuungunsten der älteren Jahrgänge. Über 120 unterschiedliche Berufe waren in den Planungszellen vertreten, dabei fällt eine überdurchschnittliche formale Bildung ebenso auf wie eine Überrepräsentanz bei den Angestellten und Beamten. Diese im Vergleich zur Gesamtbevölkerung leichten Verzerrungen erklären sich durch die Vorgabe der Durchführungsorte für die Planungszellen, die alle mit ISDN-Anschlüssen ausgerüstet sein mußten. Diese Orte waren alle Universitätsstädte bzw. lagen in deren unmittelbarem Einzugsbereich.

Für die Einschätzung der Aussagen über ISDN ist es außerdem wichtig zu wissen, welche generellen Technik-Einstellungen in den Gruppen dominierten. Eine deutliche Mehrheit der Teilnehmer - je nach Fragestellung zwischen 90 % und 75 % - befürworten den technischen Fortschritt, weil dieser die Wettbewerbsfähigkeit der Wirtschaft, den eigenen Lebensstandard und auch die Weiterentwicklung der Gesellschaft garantiert; dennoch löst die Technik nicht alleine die Probleme der Gesellschaft (90 %) und der Technikglauben fördert die Gefahr, daß das Menschliche in der Gesellschaft auf der Strecke bleibt. Damit ist klar, daß die Mehrzahl der Teilnehmer der Technik gegenüber positiv, aber nicht blind euphorisch eingestellt sind. Deshalb sind kritische Urteile gegenüber der ISDN-Technologie eher im ISDN begründet als auf einer generellen technikfeindlichen Einstellung basierend.

3.1.2 Ergebnisse des Verfahrens

ISDN-Impressionen:

44 % der Teilnehmer hatten von ISDN gehört, bevor sie den Einladungsbrief zum Bürgergutachten erhielten, aber nur wenige konnten mit dem Begriff vorab die richtigen Assoziationen verbinden. Die Mehrzahl der positiven Äußerungen beziehen sich auf die technischen Möglichkeiten; die Übertragungsgeschwindigkeit, die Integration und die Möglichkeit zur parallelen Nutzung unterschiedlicher Dienste beeindrucken. So faszinierend diese Möglichkeiten für die Geschäftswelt sind, so kritisch wird bereits am ersten Tag der Veranstaltung der Nutzen für den privaten Haushalt aufgrund der Kostensituation eingeschätzt. Bereits in der ersten Auseinandersetzung mit ISDN werden Befürchtungen hinsichtlich des Datenschutzes geäußert. Ein Vergleich der Einschätzungen von ISDN am 1. und am 4. Tag zeigt, daß die Skepsis auf den Dimensionen Preis und technische Reife eher zunimmt, stabil bleibt hingegen die von der Technik ausgehende Faszination.

ISDN-Leistungsmerkmale im Telefondienst:

99 % der Bürgergutachter verfügen selber über einen Telefonanschluß; insofern überrascht das große Interesse für die Leistungsmerkmale im Telefondienst nicht; an der Spitze der wünschenswerten Leistungsmerkmale stehen Wahlwiederholung (94,5 %), Gebührenanzeige (86,8 %) und die Kurzwahl (79,1 %). Damit wird gleichzeitig deutlich, und das gilt auch für die weitere Reihenfolge, daß die meisten der von den Teilnehmern für *wünschenswert* gehaltenen Leistungsmerkmale bereits im analogen Telefon erhältlich sind. Relevante digital zu erreichende Leistungsmerkmale sind *Ruhe vor dem Telefon, Umstecken in einen anderen Raum* und die *Rufnummernanzeige.* Dieses Ergebnis ist für das Produkt-Marketing der DBP TELEKOM doppelt problematisch: Einmal sind die meisten dieser Leistungsmerkmale bereits beim analogen Telefon erhältlich, zum anderen lassen sich mit einer auf diese Merkmale abgestimmten Werbung nicht die spezifischen ISDN-Vorteile an den Kunden bringen.

Während der 4-tägigen Planungszellen-Arbeit konnten die Bürger verschiedenste ISDN-Anwendungen über Telefax, Bildtelefon, Bildschirmtext und TEMEX erleben und ausprobieren.

Telefax ist für alle ohne Zweifel aus der geschäftlichen Kommunikation kaum noch wegzudenken. Für eine kleine, aber respektable Minderheit ist dieser Dienst auch im Privatbereich interessant. Die weitere Nachfrageentwicklung ist für den ISDN-Betrieb problematisch, da zwar einerseits der semi-professionelle Bereich wächst, aber andererseits die Preise für Telefax-Endgeräte der Gruppe 4, insbesondere für den Privatsektor, nahezu unüberwindbar hoch sind.

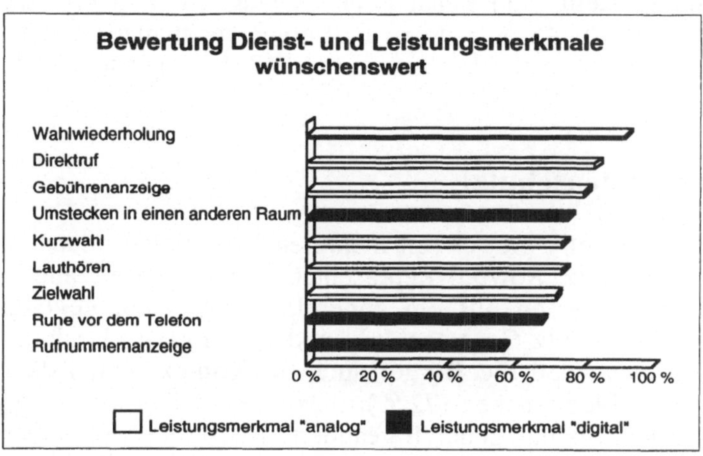

Bild 3   Bewertung von Dienst- und Leistungsmerkmalen im Telefondienst

ISDN-Dienste und Anwendungen:

Für viele ist das Bildtelefon eher ein Spielzeug, aber immerhin 35 % können sich vorstellen, ein Bildtelefon zu kaufen; 73 % glauben, daß das Bildtelefon in unserer Gesellschaft Verbreitung finden wird. Auch hier wird der Preis der Endgeräte über die Diffusion des Dienstes entscheiden.

Aufschlußreich hinsichtlich der technischen Entwicklung war die parallele Nutzung von Bildschirmtext der *alten* und der *neuen* Generation; hier wurden die Vorteile der Digitalisierung z. B. beim Bildaufbau offensichtlich. Trotz aller technischen Fortschritte entscheiden aber die Anwendungsmöglichkeiten und deren Akzeptanz über die Nutzung des Dienstes. Insbesondere zeitsparende Tätigkeiten wie Informationssuche über Urlaubsangebote, Buchen von Fahrkarten und Bankgeschäfte werden von den Teilnehmern akzeptiert, während Alltagsgeschäfte mit Erlebnischarakter (z. B. Einkaufen) wie bisher direkt und live erbracht werden wollen.

Der TEMEX-Dienst wurde selbst für Experten überraschend positiv diskutiert; auf der Wunschliste der Bürger stehen Konzepte für Hausnotruf

und Einbruchsicherung ganz oben. Die Möglichkeiten der Verbrauchs-
datenerhebung werden vor allem aus Datenschutzgründen mit großer Zu-
rückhaltung bewertet.

Fragt man die Bürger abschließend zum Bedarf nach ISDN-Diensten und
Anwendungen, stellt man einen hohen Bedarf für den Geschäftssektor
(50 % = sehr hoch, 45 % = hoch) und einen recht niedrigen Bedarf für
die Privathaushalte fest (29 % = mittel, 48 % = gering, 18 % = sehr
gering).

ISDN und Datenschutz:

In der Bundesrepublik gibt es seit mehreren Jahren eine intensive Debatte
um den Datenschutz. Sowohl Repräsentativ-Umfragen als auch das Bürgergutachten verweisen auf ein generelles Mißtrauen gegenüber dem
Staat, der Datenschutz-Gesetzgebung und der -Praxis. Deshalb kann es
nicht überraschen, daß die Bürger auch im Kontext von ISDN größere
Datenschutz-Probleme sehen (72 %); dieser Wert liegt allerdings nur un-
wesentlich höher als das generell geäußerte Mißtrauen gegenüber der Datenschutz-Gesetzgebung und der -Praxis. Das größte Datenschutz-Pro-
blem im ISDN ist aus der Sicht der Bürger die Speicherung der Verbindungsdaten: "Verbindungsdaten sollen im Regelfall nur zum Zwecke der
Gebührenberechnung gespeichert werden und sind nach Rechnungsstellung zu vernichten" (Dienel u. a.: Bürgergutachten ISDN, S. 12) Die
Mehrzahl der Bürger-Gruppen votiert für die Notwendigkeit einer verkürzten Zielrufnummernspeicherung zum Schutze des Angerufenen.
Darüber hinaus stehen zwei ISDN-Leistungsmerkmale in der Kritik der
Datenschützer: der Einzelgebührennachweis und die Rufnummernanzeige. Ungefähr 20 % aller Teilnehmer würden für sich persönlich den
Einzelgebührennachweis ordern; zusätzlich wünschen 24 % einen entsprechenden Ausdruck, falls es zu Unstimmigkeiten hinsichtlich der Ge-
bührenrechnung kommt; ungefähr 50 % würden auf den EGN und damit
die Speicherung der Verbindungsdaten über die Rechnungsstellung hinaus verzichten.

Viele wollen den Schutz des informationellen Selbstbestimmungsrechts
nicht nur für den A-, sondern auch für den B-Teilnehmer gewährleistet
sehen, deshalb ist man "mehrheitlich der Meinung, daß für die Erstellung
des Einzelgebührennachweises die Verwendung gekürzter Zielrufnummern völlig ausreichend ist" (ebd. S. 170).

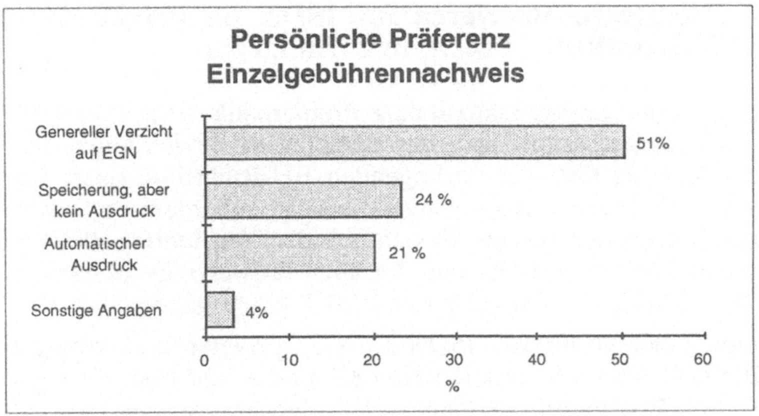

Bild 4   Persönliche Präferenz Einzelgebührennachweis

Bei der Bewertung der Rufnummernanzeige zeigt sich eine unterschiedliche Einschätzung der Situation, je nachdem, ob man Anrufer oder Angerufener ist: Als Anrufer sind 46 %, als Angerufener hingegen nur noch
30 % für die prinzipielle RNA. In beiden Situationen würden mehr als
weitere 40 % die optionale Rufnummernanzeige mit Unterdrückungs-
möglichkeit am Endgerät bevorzugen[23].

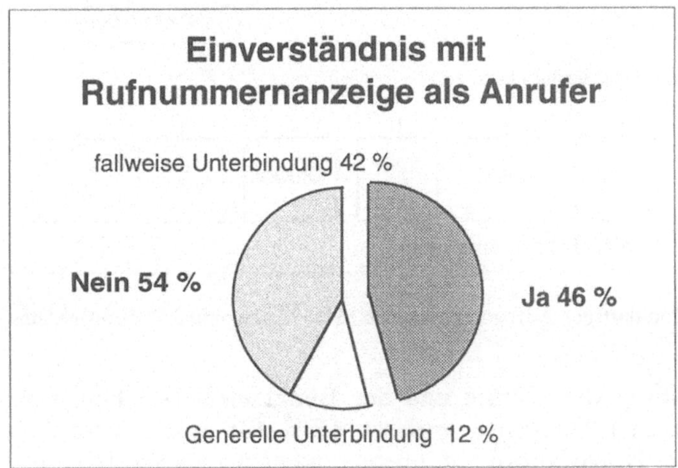

Bild 5   Einverständnis für Rufnummernanzeige

---

23   siehe hierzu auch den Beitrag von W. Andexser in diesem Band.

3.1.3 Akzeptanz-Barrieren für ISDN im Privatbereich: Datenschutz, Preise und Endgeräte

Bei der oben skizzierten Datenschutz-Problematik wird abzuwarten sein, wie die Datenschutzverordnung des BMPT die Vorstellungen der TELE-KOM und der im Entwurf vorliegenden EU-Richtlinie unter einen Hut bringen wird. In diesem Abwägungsprozeß ist außerdem zu beachten, daß die Vorstellungen der Bürger hinsichtlich der Verbindungsdaten-Speicherung, des zu kürzenden EGN und der auch fallweise anzubietenden RNA offensichtlich über die Entwürfe des BMPT hinausgehen.

Die zügige Verbreitung von ISDN steht im privaten und semi-professionellen Bereich vor zwei weiteren Hürden: Preise und Endgerätegestaltung. ISDN ist für Privatleute zu teuer; 72 % der Bürgergutachter halten die Gebühren und 90 % die Endgerätekosten für zu hoch. Die Grundgebühr sollte nicht wesentlich über den Kosten für einen Doppelanschluß liegen; die Endgeräte müssen drastisch verbilligt werden, und die letztgenannte Meinung gilt sicher auch für den Geschäftsbereich.

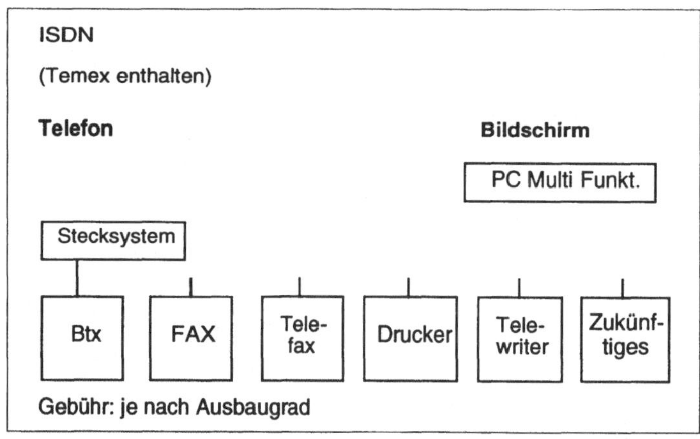

Bild 6   Modulartiger Aufbau des idealen ISDN-Telekommunikationsgerätes

Die Gestaltung der Geräte und der Benutzeroberflächen gibt Anlaß zu Kritik. Bei den Telefonen votieren 63 % für eine Einfachbelegung der Tasten, ein Notrufknopf ist ebenso wünschenswert wie die gute alte Griffmulde. Bei den Telefax-Geräten ist die Bedienungstastatur zu klein; die Bildtelefone hingegen sind zu groß, zu störanfällig und ohne attraktives Design. Für alle Geräte werden einfache Bedienungshinweise und Benutzerführungen über das Display (z. B. mit einer Hilfstaste "?") reklamiert. Das ideale ISDN-Telekommunikationsgerät der Zukunft ist aus der Sicht der Bürger multifunktional und modulartig aufgebaut und ausbaufähig.

3.2   Das projektinduzi te Vorhaben
Evaluierung der 1·DN-Anwendungen

3.2.1   Die ISDN-Anwendungsförderung der DBP TELEKOM

Die DBP TELEKOM unterstützt die Entwicklung von ISDN-Anwendungen, indem sie erfolgversprechende ISDN-Anwendungen fördert und deren Ergebnisse veröffentlicht. Die Nutzungsmöglichkeiten von ISDN sollen auf diese Weise an marktgerechten Kommunikationslösungen demonstriert werden. Im Mittelpunkt der Projekte steht die enge Zusammenarbeit zwischen Anwendern, Herstellern, Systementwicklern und der DBP TELEKOM. Seit dem Start der Anwendungsförderung im Jahre 1989 sind nunmehr über 40 Projekte in der Realisierungsphase, weitere stehen kurz vor der Aufnahme in die Projektförderung. Eine Übersicht der in den einzelnen Projekten genutzten Dienste (Tab. 2) zeigt, daß diese zunehmend auf die integrierte Nutzung von Sprache, Bild, Text oder Datenübertragung ausgerichtet sind.

Projekte	ISDN-Telefondienste	ISDN-Datenübermittlung	ISDN-Telefax	ISDN-Teletex	ISDN-Btx	ISDN-Bildtelefon
FILIS	X	X				
START/ISDN-Btx	X				X	
INDEX	X	X				
Quick response	X	X				
ZV-DFü		X				
Integrata						X
ICB	X	X			X	
DTP-Newsletter Publ.	X	X	X			
IBAK	X	X			X	
INLINE		X				

Projekte	ISDN-Telefondienste	ISDN-Datenübermittlung	ISDN-Telefax	ISDN-Teletex	ISDN-Btx	ISDN-Bildtelefon
DATEV		X				
Telenorma	X	X				
Siegling	X	X	X	X		
SVEA	X				X	
Info Tip	X	X	X		X	
Labor-kommunikation		X				
Börsen-Info mit ISDN		X				
CHIP	X	X	X	X		
EDV-Ferndiagnose	X	X				
Condat	X	X				(geplant)
I`tur tourismus		X			X	
DIFAS		X				
Text- und DV		X				
Medkom im ISDN	X	X				
Transportbeton		X				
STABIS		X				
ISYBAU	X	X				
DTP im Druckgewerbe	X	X				
PATRICK	X					
Print Express		X				
Data Plott		X				
EUROTOP SA		X				
Quelle	X	X				
FIT					X	
Strauss		X				
Wendt & Klütmann		X				
TFH Berlin						

Tab. 2   Übersicht der genutzten Dienste

3.2.2 Ziele der wissenschaftlichen Begleitforschung der ISDN-Anwendungsförderung

Um die Ziele der ISDN-Anwendungsförderung an die aktuellen Bedürfnisse der ISDN-Nutzer anpassen zu können und für die iterative Formulierung und Umsetzung von ISDN-Marketing-Strategien ist die systematische Erhebung und Auswertung des Erfahrungsfundus der ISDN-Anwendungsprojekte notwendig. Die Nutzungsfragen im ISDN sind heute - und sie werden dies mit der zunehmenden Verbreitung der Informations- und Kommunikationstechnologie noch stärker sein - auf allen Kommunikationsebenen der Gesellschaft komplexer als die technische Realisierung. Dies gilt konkret auch für den Einsatz des ISDN in Unternehmen; z. B. werden die Kommunikationsbeziehungen eines Unternehmens sowie die Organisationsabläufe in unterschiedlicher Form durch die ISDN-Implementation betroffen. Art und Ausmaß der Auswirkungen des ISDN-Einsatzes variieren je nach genutztem ISDN-Dienst bzw. Diensten, nach Betriebsgröße, Struktur und Dichte des internen und externen Kommunikationsnetzes sowie des Grades der externen Organisationsvernetzung.

Die Realisierung der von den Gewerkschaften[24] und der Wissenschaft[25] dringlich erhobenen Forderung nach Ermittlung dieser Folgen und nach einer kritischen Begleitung bei der Implementation *sensibler* Technologien in gesellschaftliche Teilbereiche ist notwendig, um im Verlauf der Anwendungsimplementation den Nutzen des ISDN für den konkreten Anwender zu maximieren und für übertragbare ISDN-Anwendungen zu optimieren. Der Schwerpunkt der wissenschaftlichen Betrachtungsweise kann und darf in diesem Zusammenhang nicht allein technikzentriert sein, sondern muß darauf ausgerichtet werden, den ökonomischen und den sozialen Nutzen zu optimieren sowie die Auswirkungen der (erstmaligen) Anwendungen systematisch zu erheben und zu analysieren. Dabei gilt es auch, so weit möglich, die unbeabsichtigten, oft mit beträchtlicher Verzögerung einsetzenden Sekundär- und Tertiäreffekte zu berücksichtigen.

Das im Auftrag der GD Telekom vom Wissenschaftlichen Institut für Kommunikationsdienste (WIK) in Bad Honnef zu realisierende Begleitforschungsvorhaben wird - in Kooperation mit der GD T 224 und den

---

24   vgl. DGB-Bundesvorstand (Hrsg.): Für eine soziale Gestaltung der Telekommunikation, Düsseldorf, 1991.

25   Kornwachs, K.: Der TA-Bedarf bei ISDN, in: Garbe, D., Lange, K. (Hrsg.): Technikfolgenabschätzung in der Telekommunikation, Berlin u. a., 1991, S. 245 - 252; ISDN-Forschungskommission des Landes NRW (Hrsg.): Forschungsdesign, Düsseldorf, Nr. 1/1990.

Sonderstellen für ISDN-Anwendungen (SOFIA) in Berlin und Mannheim - die Erhebung von Erfahrungen in Einzelinterviews und den Erfahrungsaustausch der Anwender in sog. User-Workshops leisten. Erklärtes Ziel des vom WIK durchzuführenden Untersuchungsvorhabens ist es, einen Erfahrungs- und Diffusionskreislauf zu konzipieren, in dem durch die Auswertung und Vermittlung von anwenderorientiertem Wissen die Förderkonzepte weiterentwickelt, neue ISDN-Anwendungen verbreitet und zukunftsweisende Entwicklungslinien für potentielle Anwender aufgezeigt werden können (Bild 7).

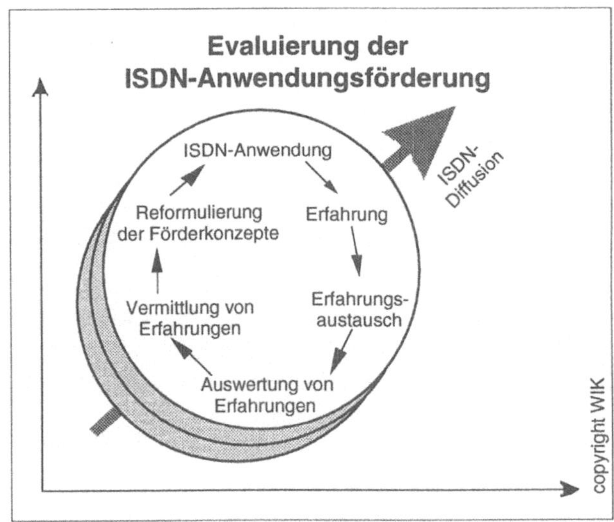

Bild 7   Evaluierung der ISDN-Anwendungsförderung

3.2.3 Aufgaben und Umfang der Evaluierung

Ausgangspunkt für die prozeßorientierte Evaluierung sind die praktischen Erfahrungen der Projektpartner bzw. der von diesen bedienten ISDN-Anwender; diese Erfahrungen werden durch Erfahrungsberichte zu unterschiedlichen Projektphasen erhoben. Als zweites Erhebungsinstrument sind Gruppendiskussionen in Form von User-Workshops vorgesehen, die entweder branchen- oder anwendungsspezifisch zusammengesetzt sein können.

Struktur der Erfahrungsberichte:

Die Erfahrungsberichte der ca. 50 Projekte, die z. T. schriftlich und z. T. mündlich erhoben werden, umfassen folgende Daten bzw. Erfahrungsdimensionen:

(1) Basisdaten (Projektpartner, Branche, Größe der Firma / Zahl der Mitarbeiter, Projektlaufzeit etc.);

(2) ISDN-Anwendungskonzept (z. B. bisherige Ausstattung mit IuK-Technik, technische ISDN-Konfiguration, Anwendungsziele, geplante Entwicklung der Kommunikationskosten);

(3) Zusammenarbeit mit der DBP Telekom (differenziert nach Projektphasen und Sachproblemen);

(4) Einführung der ISDN-Anwendung (z. B. Entscheidungsfindung, technische Einweisung und Schulung des Personals, Funktionszuverlässigkeit, Störungen und Service);

(5) ISDN im Dauerbetrieb (z. B. Nutzungsdauer und -formen, Entwicklung der Kommunikationskosten, organisatorische Effekte, Erfahrungen des Nutzers von Anwendungen und Endgeräten, Perspektiven für die ISDN-Anwendungen im Betrieb).

Die Erfahrungsberichte werden schriftlich dokumentiert.

Auswertung des Materials:

Die Erfahrungsberichte sichern die Basisdaten eines jeden Anwendungsprojektes, diese werden um Dienstinformationen zur Anwendung durch Einzelgespräche mit den ISDN-Nutzern sowie durch Hintergrundinformationen, z. B. zum Marktpotential einer ISDN-Anwendung, ergänzt und zu Fallstudien verarbeitet.

Ganz im Sinne einer formativen Evaluation, die kontinuierlich Erfahrungen auswertet und Einfluß auf das Förderungsprogramm nehmen und haben soll, werden parallel Steuerinformationen zu jedem Anwendungsfall für die DBP Telekom formuliert. In zwei Stufen runden Querschnittanalysen nach dem Vorliegen von ca. 15 bzw. 30 Fallstudien, z. B. zu den Dimensionen *Entwicklung der Kommunikationskosten, Ablauforganisationen* oder *Implementationsbarrieren,* die Auswertung des Materials ab. Die Arbeitsergebnisse können und sollen nicht nur von der DBP Telekom, sondern ebenso für die Information von ISDN-Anwendern genutzt werden.

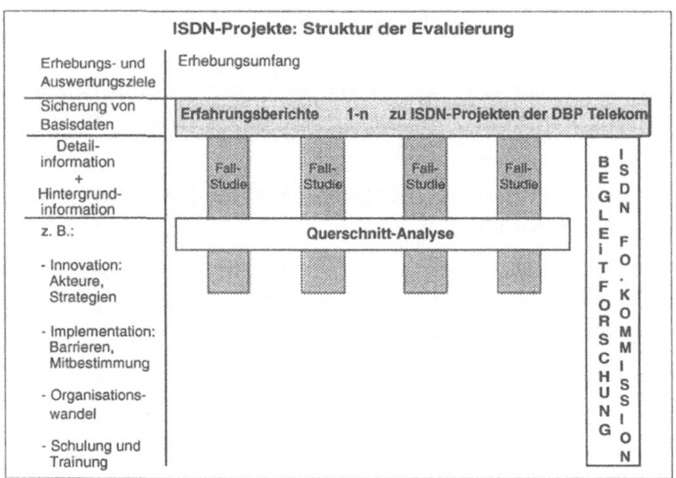

Bild 8   Struktur der Evaluierung der ISDN-Projekte

3.2.4 Erfahrungen mit ISDN-Anwendungen: Der Fall DATEV

Um einen Einblick in die Erkenntnisse aus der Evaluierung der ISDN-Anwendungsförderung zu geben, wird hier exemplarisch ein Fall darge-stellt, der Austausch von Unternehmensdaten zwischen Steuerberatern und ihrer Zentrale, der DATEV, in Nürnberg.

Projektdaten:

Der Kooperationspartner im ISDN-Anwendungsprojekt *Steuerberater* war die DATEV eG[26] in Nürnberg. Die etwa 3 500 DATEV-Mitarbeiter ver-sorgen die ca. 30 000 Mitglieder (Stand 1991) der steuerberatenden und wirtschaftsprüfenden Berufe mit Programmen und Service-Leistungen eines umfassenden Informationssystems. Aktuell zeigt sich ein großer Be-darf an qualifizierter Organisationsberatung, insbesondere zur Optimie-rung der Arbeitsabläufe und zur Überprüfung des Sachmitteleinsatzes. Insgesamt 1,4 Mio. Betriebe wickeln ihre Finanzbuchführung in Zusam-menarbeit mit ihren Steuerberatern über die DATEV ab.

---

26   DATEV = Datenverarbeitungsorganisation des steuerberatenden Berufes in der Bundesrepublik Deutschland e. G.

Bereits seit 1984 - mit der Einführung des DATEV-Verbundsystems (DVS) - können Personalcomputer in den Kanzleien mit Hilfe des Datennetzes autonom erarbeitete Daten mit dem Servicezentrum austauschen, diese on-line-Anwendungen anwählen und so im Dialog kommunizieren, ohne daß für den Anwender im Dialog mit dem Großrechner ein Medienbruch entsteht. Inzwischen ist für die mit Industriestandard kompatiblen PCs eine DATEV-ISDN-Karte verfügbar. Von den über 80 000 zur Verfügung stehen den PCs waren in dem Pilotprojekt 100 PCs mit ISDN-PC-Karten integriert. Die Projektdurchführung erstreckte sich über acht Monate.

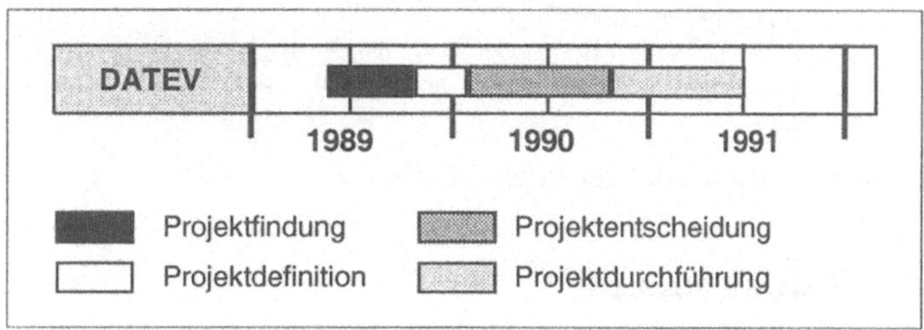

Bild 9   Projektlaufzeit DATEV-ISDN

Bis Ende August 1991 hatten sich bereits 4 000 Anwender entschieden, die Vorteile der ISDN-Anwendung zu nutzen. Die zur Zeit mehr als 60 000 analogen mit dem Servicezentrum in Nürnberg verbundenen Anwendersysteme in den Kanzleien heben das Marktpotential von ISDN-PC-Karten hervor[27]. Die bisherige Nutzung und die Planungsdaten für die zukünftige Entwicklung ISDN-gestützter Anwendersysteme werden in Bild 10 deutlich: Innerhalb eines knappen Jahres ist eine Steigerung genutzter PC-Karten von 1 200 (Feb.) auf über 10 000 geplant (Dez. 1991).

---

[27]   Weber, Dieter: ISDN im DATEV-Verbund mit Steuerberatungskanzleien, Referat auf dem ISDN-Kongreß Nr. 7 in Frankfurt am Main, 13.11.1991.

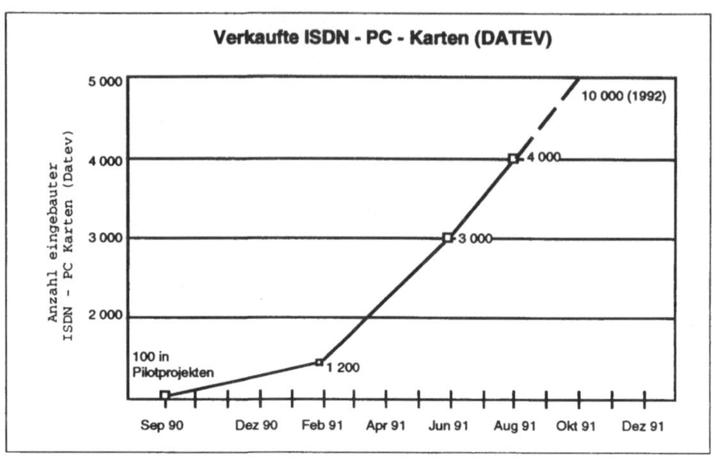

Bild 10   Entwicklungspotential der ISDN-PC-Karten

ISDN-Anwenderkonzept:

Der bisherige Datenaustausch zwischen dem Servicezentrum der DATEV in Nürnberg und der Steuerberaterkanzlei war so ausgelegt, daß in der Regel Verbindungen zum Nahtarif aufgebaut werden konnten. Dies ist über ca. 35 Kopfstellen möglich, die im gesamten Bundesgebiet verteilt sind und die über 730 Standleitungen mit dem Servicezentrum verbunden sind. Abhängig von dem jeweiligen Modemtyp fand die Datenübertragung im Leistungsbereich von 1 200 oder 2 400 bps statt. Das Datenaufkommen ist charakterisiert durch etwa 100 000 tägliche Anschaltungen. Jährlich werden etwa 75 Mrd. Zeichen ins Servicezentrum und etwa 95 Mrd. Zeichen in die Kanzleien zurückübertragen. Während der Projektlaufzeit erfolgte die Datenübertragung praktisch im Dauerbetrieb von 7.00 morgens bis 23.00 am Abend; im Durchschnitt also 16 Stunden. Der Anteil der Datenübertragung bei der ISDN-Anwendung lag bei 100 %. Insgesamt wurden bei der DATEV 4 000 tägliche Anschaltungen à 13 KB im Mittel registriert.

Primäres Entwicklungsziel im Anwendungsprojekt war die Abschaffung der Modemübertragung durch das ISDN, die Erhöhung des Services durch die verkürzten Antwortzeiten und die Möglichkeit, neue Anwendungen und Serviceleistungen anzubieten. ISDN bietet für die Realisierung dieser Ziele folgende Vorteile:

(1) Nutzung der hohen Übertragungsgeschwindigkeit des ISDN für die Datenübertragung von den Kanzleien zum Servicezentrum in Nürnberg.

Gegenüber der alten Modemversion mit 1 200 bit/s konnte die Übertragungsrate um das 50-fache gesteigert und damit die Übertragungszeit und -kosten entsprechend reduziert werden.

(2) Schaffung der Software-Voraussetzungen für die Nutzung weiterer ISDN-Dienste wie Btx, Telefax und Teletex direkt über den *ISDN-fähigen* Personalcomputer mit dem DATEV-Servicezentrum. Durch die Integration des ISDN-Anwendungspotentials in vorhandene Dienstleistungen soll für die Kanzleien, im Dialog mit dem Servicezentrum und zukünftig auch mit ihrer Klientel, ein Kommunikationsnetzwerk auf ISDN-Basis entstehen. Das DATEV-Servicezentrum ist über die ISDN-Verbindung bereits jetzt zum virtuellen Bestandteil jeder angeschlossenen Kanzlei geworden.

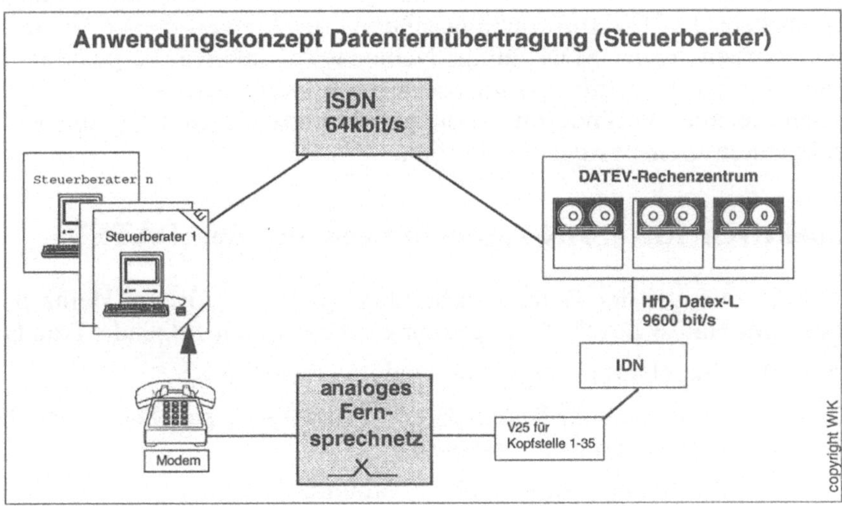

Bild 11   Datenfernübertragung im ISDN

Auswirkungen der ISDN-Anwendung:

Einige Effekte der DATEV-Anwendung sollen kurz skizziert werden:

(1) Ablauforganisation: "Der Erfolg im Feld zeigt, daß wir auf dem richtigen Weg sind"[28]. Bei der Realisierung des Programmtransfers und durch die Fernwartung werden erhebliche Auswirkungen auf den organisatorischen Ablauf erwartet. Durch die Einführung eines Laserdruckers bei

---

28   ebd.

den Beratern (seit 08/91) werden gleiche Formate wie im Servicezentrum übertragen, dadurch könnte ein schrittweiser Abbau des Postversands erfolgen. Das würde im Extremfall täglich 35 Tonnen Papier aus dem Auswertungsversand einsparen. Dabei ist die Einsparung an Portokosten ebenfalls zu berücksichtigen.

(2) Arbeitsinhalte: Durch kurze Anschaltphasen, schnelle Datenbearbeitung und verkürzte Übertragungszeiten fand keine tageszeitliche Verschiebung der Kommunikation mehr statt. Bearbeitungsvorgänge konnten häufiger abschließend bearbeitet werden. Die übermittelten Daten konnten ohne Medienbruch weiterverarbeitet werden, was nicht nur zu einer Zeitersparnis, sondern auch zu einer Qualitätsverbesserung führte.

(3) Personalschulung: Die DATEV organisierte für die Anwender in Zusammenarbeit mit den SOFIA Schulungsveranstaltungen und Präsentationen in den DATEV-Informationszentren. Im Kontext dieser Veranstaltungen wurden auch ISDN-fähige Nebenstellenanlagen vorgestellt. Bei den Schulungen und Informationsveranstaltungen traten keine Verständnisprobleme auf. Veränderung von Anforderungsprofilen an die Mitarbeiter konnten nicht festgestellt werden.

Perspektiven für ISDN-Anwendungen bei der DATEV:

Der Strukturwandel der Datenverarbeitung, so Vorstandschef Heinz Sebiger aus dem Hause DATEV, ist gekennzeichnet durch folgende Trends[29]:

❑   von der Stapelverarbeitung zur Dialogverarbeitung;

❑   von der physischen Datenträgerübermittlung zur Datenfernübertragung und Datenfernverarbeitung;

❑   vom Zentralrechner zum Rechnerverbund;

❑   Trend zur integrierten Verarbeitung von Daten, Text, Bild und Sprache.

Die Infrastruktur für diese multifunktionale Kommunikation bietet das ISDN-Netz. Die weitere Planung setzt daher auf die Nutzung des Knowhow der ISDN-Hard- und -software für die Kommunikation. Dabei ist auch an die Integration der Steuerberaterklientel und Finanzverwaltungen gedacht; die Kanzleien der steuerberatenden Berufe können so zur Kommunikationsdrehscheibe für den gesamten beratenden Dialog im Buchhaltungs- und Steuerwesen werden. Insgesamt wird für die nächsten

---

29   Vollmer, Raimund: Das Milliardenmandat, Die Geschichte der DATEV, Campus 1990, S. 210.

Jahre eine zunehmende Nutzung erwartet und angestrebt. Die DATEV
nutzt zur Zeit 24 B-Kanäle (Stand 09/91). Bis Dezember werden etwa 60
B-Kanäle verfügbar sein. Bis Ende 1992 wird die Zahl voraussichtlich auf
120 erhöht, um die erwartete Spitze des Datenaufkommens verarbeiten zu
können, die durch die erstmalige Nutzung des Programms *Fernwartung*
(Einspielung von Software aus dem DATEV-Servicezentrum) erwartet
wird[30]. Mögliche weitere Anwendung wird in der Übertragung von Gra-
fiken gesehen. Die erweiterte Nutzung von ISDN-Leistungsmerkmalen
wird von den Steuerberatern in erster Linie nach den Kriterien der Nützlichkeit und Funktionalität bewertet. Von der DATEV ist weiterhin geplant, gemeinsam mit den Steuerberatern ISDN-Dienstemerkmale von
TK-Anlagen zu testen und hinsichtlich der Praxisrelevanz zu definieren.

Rahmenbedingungen für die ISDN-Diffusion aus der Sicht von DATEV:

Der Rückgang von Teletex und die Zunahme von File-Transfer veranlaßte
die DATEV Gespräche mit Finanzämtern und Krankenkassen über die
Akzeptanz des Datentransfers zu führen. Dem Filetransfer wird auf beiden Seiten große Bedeutung zugemessen und gilt als zuverlässige Datenübertragung. Die Tarifierung spielt nach Aussagen der Befragten eine wesentliche Rolle für den Umstieg auf ISDN. In der *Spitztarifierung* wird ein
großer Anreiz für den Einstieg ins ISDN-Netz gesehen. Wesentlicher
Aspekt neben dem Senken von ISDN-Gebühren ist die Notwendigkeit
von Planungssicherheit durch eine verläßliche Tarifpolitik[31].

Übertragbarkeit der DATEV-ISDN-Anwendung:

Die Kanzleien der Steuerberater können als beispielhaft für die zunehmend wichtiger werdende Dienstleistungsfunktion *Beratung* gelten. Bera-
tungsaktivitäten erfordern intensive Kommunikationsbeziehungen mit
Zugriffs- und Austauschmöglichkeiten verschiedenster Daten zwischen
Beratern, Kunden und Behörden. Komplexe Beratungsfunktionen werden
nicht nur von Steuerberatern, sondern auch von Architekten, Ingenieuren
und auch Wirtschaftsprüfern wahrgenommen. Für diese Kommunikationsfunktionen kann auf den DATEV-Lösungen aufgebaut werden, um
situations- und anwenderspezifische ISDN-Anwendungen zu gestalten.

---

30 Weber, Dieter: ISDN-Kongreß Nr. 7, a. a. O.
31 Weber, Dieter: Integration von ISDN-PC-Adapterkarten in den DATEV-Netz-
    verbund mit Steuerberatern, Referat auf dem 3. Kölner ISDN-Tag, 28.6.1991

Ausblick:

Die ISDN-Anwendungsförderung der DBP Telekom hat durch die Realisierung unterschiedlicher ISDN-Anwendungen ein Erfahrungspotential
erschlossen und bereitgestellt, das den potentiellen Anwendern in großen,
mittleren und kleinen Unternehmen und in vielen Branchen zur Verfügung gestellt werden muß. Die vertiefte Kenntnis der Vorteile des ISDN,
aber auch der Implementierungsprobleme, verhilft zu einem realistischen
Bild des (noch) schlummernden ISDN-Potentials. Dieses Potential wird
aber nicht nur durch steigende Anschlußzahlen, sondern vor allem durch
effektive Lösungen von Kommunikationsproblemen für die Anwender
aktiviert. Jeder Anwendungsfall, nicht nur die beschriebenen, scheint
Multiplikationseffekte zu besitzen; sie müssen durch geeignete Maßnahmen der Marktkommunikation, der Optimierung der ISDN-Implementierung vor Ort, aber auch durch eine konsequente ISDN-Förderungsstrategie der DBP Telekom zur Wirkung gebracht werden.

3.3 Das probleminduzierte Projekt *Telelernen*

Seit dem 1.1.1992 beteiligt sich das WIK gemeinsam mit 10 weiteren
Partnern aus sechs europäischen Ländern an einem von der EU geförderten Forschungsvorhaben mit dem Ziel, eine *Multimedia Teleschool* für die
Fortbildung von Mitarbeitern in Unternehmen zu realisieren. Das WIK ist
in diesem Konsortium für die Evaluierung des Vorhabens zuständig und
wird dabei von der Polytechnischen Universität Madrid unterstützt. Der
folgende Beitrag skizziert dieses spezifische Projekt und ordnet es in den
Rahmen der europäischen Forschungsaktivitäten im Delta-Programm ein.

3.3.1 Das DELTA-Programm 1992 - 1994

Im Rahmen dieses Programms werden von 1992 an 22 unterschiedliche
Projekte gefördert, diese können nach drei Kategorien klassifiziert
werden:

a) Die sogenannten *horizontalen Projekte* mit den Aufgaben Marktforschung und -implementation, Information, Evaluierung des DELTA-Programms und Technologien für ein Europäisches Trainingsnetzwerk
haben die Aufgabe, alle anderen Projekte zu unterstützen sowie die Erkenntnisse aus den Projekten der Öffentlichkeit zugänglich zu machen.

b) Die sogenannten *Technologie-Projekte* haben Prototypen für Hard- und Software für Lerner-Arbeitsplätze, einheitliche Benutzeroberflächen, Konferenzsysteme und das aufzubauende Trainingsnetzwerk zu entwickeln.

c) Die sogenannten *Experimente unter realen Einsatz- und Marktbedingungen* testen die Funktionalität der genutzten (Tele-) Kommunikationstechnologien, die Effizienz und die Anpassungsqualität der Kurse, die Akzeptanz bei Lernern, Tutoren und Unternehmen sowie Marktchancen.

3.3.2 Das Projekt *Multimedia Teleschool for European Personnel Development*

Idee:

Der europäische Markt für Personalentwicklung und Fortbildung von Mitarbeitern in Unternehmen wird zur Zeit auf einen Umsatz von 27 Mrd. DM geschätzt (Capital 2/92); Umsatzsteigerungen sind aufgrund der begrenzten Kapazitäten an Trainern und Tagungsorten kaum zu realisieren. Der Fortbildungsbedarf wächst durch die neuen Bundesländer und den kommenden europäischen Binnenmarkt sprunghaft. In dieser Marktsituation bietet die *Multimedia Teleschool* (MTS) ein Fernunterrichtskonzept unter Nutzung moderner Lerntechnologie am Arbeitsplatz sowie der Telekommunikation an (Bild 12).

Technische Infrastruktur:

Zur Überbrückung der Distanzen zwischen Kursanbietern, Unternehmen bzw. Mitarbeitern und Tutoren und zur Unterstützung der Lernziele wird in der 1. Phase des Projektes ein Computer-Konferenz-System über DATEX-P mit 3 Hosts in London, Paris und Berlin eingesetzt. In der 2. Phase wird der Daten-Transfer sowie die online-Interaktion zwischen Lerner - Tutoren über ISDN abgewickelt; als unterstützende Software wird dabei das in Kooperation mit der DBP Telekom (FB 224) von der Fa. Condat, Berlin, entwickelte Teletutor-System eingesetzt.

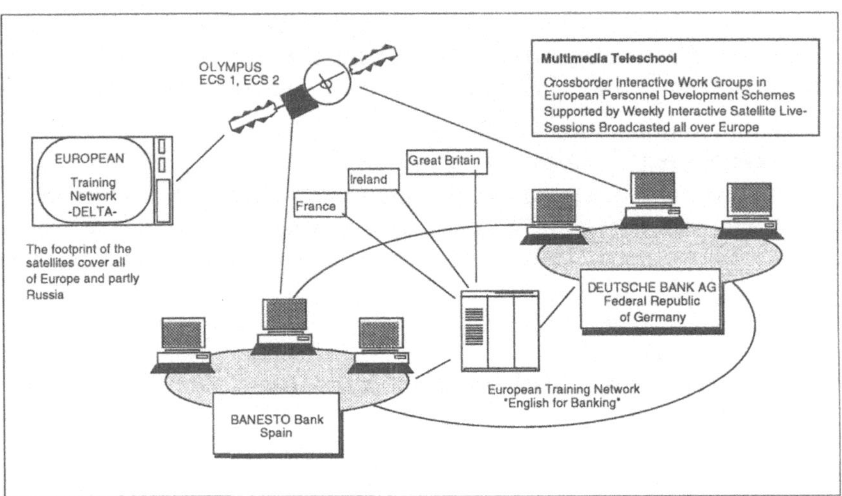

Bild 12   Multimedia Teleschool for European Personnel Development

Diese Übertragungs- und Kommunikationsmöglichkeiten werden durch Satellitenübertragung von Kurseinheiten ergänzt; für jede Fernsehstunde sind synchrone und asynchrone Feedback-Möglichkeiten für Lerner und Tutoren zu entwickeln (Bild 13). Die technische Infrastruktur wird außerdem für das Projektmanagement innerhalb des Konsortiums als auch für die Administration der Kursanbieter genutzt.

Fernunterrichtskurse:

Im Rahmen des MTS-Projektes werden sechs Kurse für ca. 1 600 Lerner in acht europäischen Ländern angeboten (Tab. 3). Mit DATEX-P und der Satelliten-Technologie bietet sich grundsätzlich die Chance, Lerner in Osteuropa bis hin zu den Baltischen Staaten und Rußland zu erreichen. Erste Ansätze, dem dortigen Bedarf gerecht zu werden, werden über das TEMPUS-Programm der EU realisiert. In didaktischer Perspektive versucht die MTS, 4 Lern-Szenarien zu realisieren:

❏ individuelles Lernen (Lerner - Tutor):

❏ Lernen im Team (Lerner A, B, C - Tutor);

❏ Betriebsübergreifendes Lernen (Niederlassung A: Lerner1-n - Tutor - Niederlassung B: Lerner1-n);

❏ Länderübergreifendes Lernen (Land X: Lerner1-n - Tutor - Land Y: Lerner1-n).

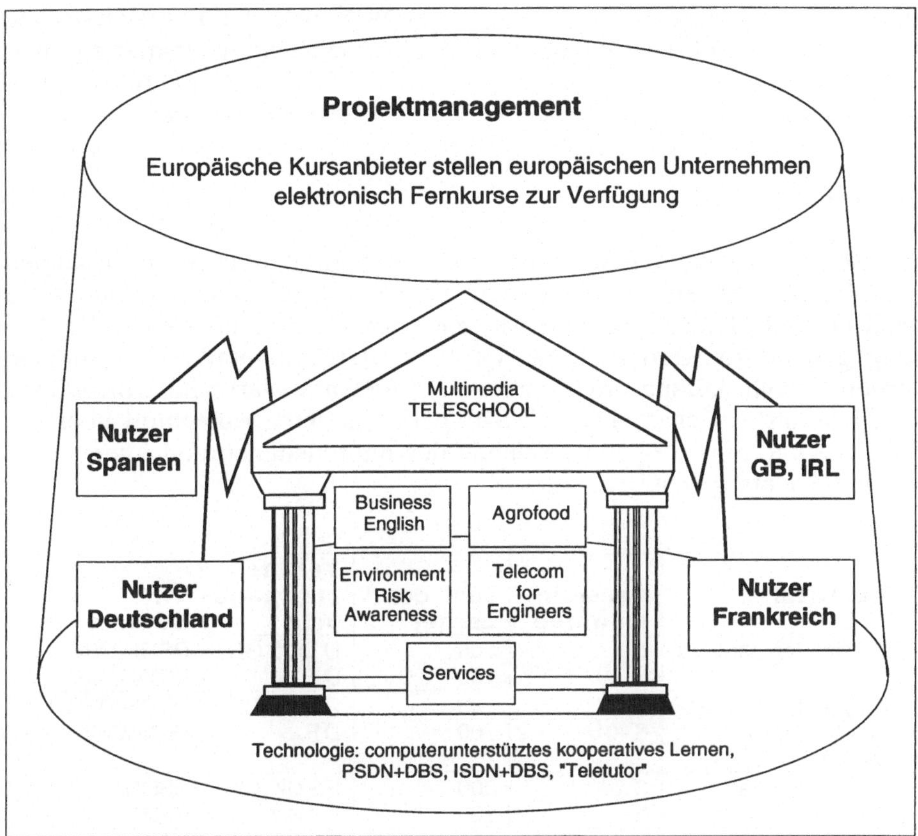

Bild 13   Feedback-Möglichkeiten für Lerner und Tutoren

Das letztgenannte Szenario ist bei aller Realisierungsproblematik aus der Sicht der EU besonderer Anstrengungen wert, weil es der Idee der europäischen Integration verpflichtet ist.

MTS-Konsortium:

Koordinator des Projektes ist Berlitz. Die Kurse werden angeboten von CLEO (F), der Universität von Southampton (GB), Ericsson (IRL) und Berlitz. Die Kommunikationssoftware für die Computer-Konferenz liefern die Firmen CECOMM (GB) und Condat; für die Satellitenübertragung sind der europäische Kulturkanal La Sept, Eurostep, France Telecom, und das University College Dublin zuständig. Die Evaluierung liegt,

wie bereits erwähnt, in den Händen des WIK und der Polytechnischen
Universität Madrid. Das Projekt wird durch eine Reihe namhafter europäischer Unternehmen, insbesondere aus dem Telekommunikations- (u. a.
auch der DBP Telekom), Bank- und Chemie-Sektor unterstützt.

MTS-Ziel:

Die MTS versucht, auf der Basis von Telekommunikationstechnologien
virtuelle Studienzentren für Lerner aus europäischen Unternehmen zu
schaffen und gleichzeitig dem Anspruch nach realer, effizienter Fortbildung gerecht zu werden. Diese Form des telekommunikativ gestützten
Fernunterrichts könnte einen enormen Anteil am Markt für Fortbildung
und Training ereichen. Das MTS-Experiment wird Aufschluß über die
Effizienz und die Vor- und Nachteile des multimedialen und interaktiven
Fernunterrichts geben.

Kurstitel	Dauer in Monaten	Zahl der Lerner	Veranstaltungsorte	TK-System
English for Banking	6 6	500 100	D ES F GR D F	PSDN/DBS ISDN/DBS
English for Telecommunications	6 6	100 100	D ES F GR D F	PSDN/DBS ISDN/DBS
Environmental Risk Awareness	3 3	200 200	ES UK ES UK	PSDN ISDN
Agrofood	3 3	100 100	F B UK F B UK	PSDN/DBS ISDN/DBS
Bank Training (General)	3 3	50 50	F B F B	PSDN ISDN
Training on Telecom	3 3	100 50	D S UK F IRL S UK	PSDN/DBS ISDN/DBS
Zahl der Kurse	insges. 48	insges. 1 650	insges. 8	

Tab. 3   Kurse der Multimedia Teleschool 1992 - 1994

3.3.3   Die Aufgabe des WIK: Evaluierung

Die Implementation der MTS als reale Trainings- und Fortbildungssitua-
tion für Lerner und Unternehmen einerseits sowie Tutoren und Kurs-

Anbieter andererseits ist ein echter Test für die Idee eines europäischen, über Telekommunikation realisierten Trainingsnetzwerkes, deshalb ist in das Projekt eine umfassende Evaluierung integriert. Das Evaluierungskonzept des WIK sieht inhaltlich eine Konzentration auf drei Aspekte vor:

(1) Kosten-Nutzen-Analyse: Klassifikation von Kosten- und Nutzen-Kategorien, Erfassung direkter und indirekter Kosten, Lernerfolge und -effizienz;

(2) Einsatzfähigkeit und Akzeptanz bei Lernern und Tutoren der DATEX-P und ISDN gestützten Lern- und Konferenzsysteme, Funktionalität der Feedback-Varianten bei Satellitenübertragungen, Effektivität der verschiedenen didaktischen Szenarien bei Nutzung unterschiedlicher TK-Technik;

(3) Organisation und Implementierungsstrategien auf seiten der beteiligten Unternehmen und der Kursanbieter, Lernorganisation und Einbindung der MTS in die unternehmensinternen Fortbildungsplanungen als motivationelle Rahmenbedingungen für die Lerner.

In methodischer Perspektive sind in der Feldforschung standardisierte Interviews (z. T. elektronisch ausgeliefert und ausgefüllt mit Hilfe des MTS-Konferenzsystems), Expertengespräche, Gruppendiskussionen und Einzelfall-Studien vorgesehen. Methodologisch realisiert das WIK ein Mix aus formativer und summativer Evaluation. Das Evaluierungskonzept wird bis Mitte des Jahres vorgelegt werden; danach beginnt die intensive, zweijährige Phase der Feldforschung. Die abschließenden Reports werden über das DELTA-Office in Brüssel zugänglich sein.

4 Ausblick auf künftige Vorhaben

Ein Ausblick auf künftige TA-Vorhaben im WIK darf nicht als Programm mißverstanden werden, das Projekt für Projekt erfüllt werden soll, vielmehr möchte ich wünschenswerte Entwicklungsrichtungen deutlich machen. Wünschenswert deshalb, weil sie uns methodisch und sachlich im Bereich Telekommunikation voranbringen sollen; wünschenswert aber auch deshalb, weil sie m. E. zur Fundierung der TA-Methodologie und der Institutionalisierung von Technikfolgenabschätzung beitragen.

Es wäre schön, wenn es uns gelingen könnte, in zwei Richtungen methodisch progressiv zu sein. Zum Beispiel wäre vorstellbar:

❏   die Realisierung einer Zukunftswerkstatt *Reorganisation der Kommunikation in der lokalen Altenhilfe durch Nutzung moderner Telekommunikationstechnik*;

❏   die Realisierung eines Technikgestaltungsvorhabens zum *Vitaphone für Ältere* oder besser: die Konzeption von Easyline-Endgeräten.

Strategisch scheint mir eine der wichtigsten Aufgaben in der nahen Zukunft zu sein, Technikfolgenabschätzung einzubinden in die betriebliche Schnittstelle von F&E und des Marketing. Denn bei Technikprodukten reicht eine funktionsübergreifende Abstimmung zwischen F&E und Marketing nicht aus[32]. Die frühzeitige Einbindung von TA-Erkenntnissen in diesen Kommunikationsprozeß könnte die Erfolgschancen neuer Technikprodukte bzw. Techniklinien maßgeblich erhöhen. Bevor solche Möglichkeiten in breitem Umfang und nicht nur innerhalb eines Unternehmens realisiert werden können, bedarf das Rollenspiel im TA-Prozeß zwischen Politik, Unternehmen, Gewerkschaften, Wissenschaft und Technik-Nutzern intensiver Diskussionen und - wie mir scheint - einer Re-Formulierung.

---

[32]   vgl. exemplarisch Domsch, M., Gerpott, T., Gerpott, H.: Qualität der Schnittstelle zwischen F&E und Marketing: Ergebnisse einer Befragung deutscher Industrieforscher, in: Zeitschrift f. betriebswirtschaftliche Forschung, 12/1991, S. 1048 ff.

Werner Andexser

ISDN und Mobilkommunikation aus der Sicht von Datenschutz, Datensicherheit und anderer gesellschaftlich relevanter Aspekte

Vorbemerkung

Zunächst sollen einige Angaben zur Informationstechnischen Gesellschaft (ITG) im Verband Deutscher Elektrotechniker (VDE) gemacht werden. Aus der Satzung der ITG ist hierzu folgendes ausgesagt: Die ITG bezweckt:

a) die Förderung der wissenschaftlichen und technischen Weiterentwicklung der Informationstechnik sowie der mit ihr in Zusammenhang stehenden Zweige des Ingenieurwesens und der Naturwissenschaften;

b) die Förderung der beruflichen Fortbildung der auf diesem Gebiet tätigen Ingenieure und Wissenschaftler;

c) die Förderung der Anerkennung von wissenschaftlichen und technischen Leistungen auf dem Gebiet der Informationstechnik;

d) Herstellung und Pflege des Kontaktes mit wissenschaftlichen Gesellschaften des In- und Auslandes, welche sich auf dem Gebiet der Informationstechnik betätigen.

In Verfolgung dieser Ziele soll die ITG insbesondere *wissenschaftliche Fachtagungen und Diskussionssitzungen* zur Weiterbildung ihrer Mitglieder und zur Aussprache über spezielle Gebiete veranstalten, *wissenschaftliche Veröffentlichunge*n anregen und fördern, in den *Gremien des VDE* mitarbeiten, *Vorschläge für Bezeichnungen und Begriffsbestimmungen* auf dem Gebiet der Informationstechnik machen, einheitliche

Prüf- und Meßverfahren der Informationstechnik ausarbeiten und *wissenschaftlich-technische Sonderfragen* bearbeiten.

In den letzten Jahren hat die ITG einen eigenen Fachausschuß gegründet, der sich vor allem mit übergreifenden gesellschaftspolitischen Aspekten der Informationstechnik und ihrer Darstellung in der Öffentlichkeit befaßt. Aufgaben und Arbeitsweise des Fachausschusses *Informationstechnik und Öffentlichkeit* lassen sich wie folgt beschreiben:

(1) Zielsetzung des Fachausschusses: Die Förderung von Diskursen zwischen der ITG und der Öffentlichkeit mit dem Ziel einer sach- und gesellschaftsgerechten Entwicklung der Informations- und Kommunikationstechnik in Deutschland und Europa.

(2) Ergebnisse des Fachausschusses: Vor allem Diskursveranstaltungen und begleitende Dokumentation. Je nach Themenstellung kämen z. B. einmalige Veranstaltungen bei gut abgrenzbaren Fragestellungen oder eine Reihe von Diskursen bei komplexen Fragestellungen, die nur in einer Folge von Diskussionsschritten abgearbeitet werden können, in Frage.

(3) Zielgruppen: Entscheidungsträger auf der jeweiligen nationalen und europäischen Ebene in Politik, politischer Administration, Medien (Rundfunk und Presse), Wirtschaft, Verbänden, Wissenschaft; betriebliche Fachkräfte bei Herstellern, Betreibern und Nutzerunternehmen; Interessenvertreter der Nutzer (Datenschutzbeauftragte, Verbraucherberatungen, Gewerkschaften ...) sowie die eigenen Mitglieder der ITG.

(4) Distributionskanäle: Medien (Rundfunk, Presse, Verlage); verbandseigene Publikationsorgane im VDE/ITG wie z. B. ITG-Rundbrief, NTZ und Meinungsmultiplikatoren in allen gesellschaftlich relevanten Gruppen.

Der folgende Beitrag befaßt sich vor allem mit zwei Themen, welche die ITG mit ihrem Fachbereich 8 in den Jahren 1990 bis 1992 bearbeitet hat. Hierbei handelt es sich insbesondere um die Datenschutzproblematik im ISDN und um allgemeine Problemstellungen beim Mobiltelefon.

1   Datenschutz im ISDN

Die hier dargestellten Ergebnisse wurden aus einer von der ITG herausgegebenen Broschüre *Datenschutz im ISDN*, Frankfurt 1990, entnommen.

1.1   Vorbemerkung

Die umfassende Modernisierung der Fernmeldenetze durch die Digitalisierung der Vermittlungsstellen und die Schaffung eines dienste-integrierenden digitalen Fernmeldenetzes (ISDN) wird in der Öffentlichkeit kontrovers diskutiert. Dabei werden vor allem die (vermuteten) sozialen Folgen der Ausweitung von Informations- und Kommunikationstechnologien für das Individuum wie für die Gesellschaft mit Skepsis betrachtet. In Bezug auf das Individiuum kennzeichnen Reizworte wie *der gläserne Mensch* oder Erstellung von *Kommunikationsprofilen* die kritische Debatte. Auf der gesellschaftlichen Ebene wird die *soziale Beherrschbarkeit* der Netze angezweifelt und die *Verletzlichkeit* der Informationsgesellschaft thematisiert. Darüber hinaus befürchten die Kritiker die Verletzung von Grundrechten durch die Form der Einführung durch eine Rechtsverordnung ohne vorherige ausreichende parlamentarische Beratung und die technische Auslegung von ISDN. Letztere führt zu einer Aufzeichnung von Verbindungsdaten und zu einer Speicherung von Kommunikationsdatensätzen, die über einen Zeitraum von mehreren Monaten (80 Tagen) Informationen über die Rufnummer des anrufenden und des angerufenen Teilnehmers, Zeitpunkt und Dauer der Verbindung ermöglichen. Damit ist das *informationelle Selbstbestimmungsrecht* berührt, das seit dem Volkszählungsurteil des Bundesverfassungsgerichts vom 15.12.1983 zum Schlüsselwort und Synonym für den personenbezogenen Datenschutz geworden ist. Ein Eingriff in das Recht auf informationelle Selbstbestimmung würde eine Verletzung des grundgesetzlich geschützten Persönlichkeitsrechts bedeuten und damit das ISDN-Konzept u. U. zur Disposition stellen.

Sowohl auf Tagungen, Messen und in der Fachpresse bis hin zu Tages- und Wochenzeitungen fokussiert sich die Kritik auf Aspekte des Datenschutzes und der Datensicherheit. Nahezu typisch für eine auf diese Weise verbreitete öffentliche Debatte sind einerseits zu große Ungenauigkeiten in Darstellung und Argumentation, zum anderen die parallel laufende Emotionalisierung. Um ein ausgewogenes Verständnis sowohl der technischen Konzeption als auch der juristischen und gesellschaftspolitischen Argumente im Detail erzielen zu können, bedarf es des interdisziplinären Sachverstandes. Ein derart vertieftes Verständnis der Sachverhalte ist eine wesentliche Voraussetzung für die notwendige Versachlichung der öffentlichen Debatte um die Digitalisierung des Fernmeldenetzes und die Einführung von ISDN.

Aus dieser Ausgangslage heraus initiierte die Informationstechnische Gesellschaft (ITG) im VDE im Sommer 1989 einen Arbeitskreis *Datenschutz im ISDN.* Dieser Arbeitskreis hat sich nicht die Aufgabe gestellt, eine umfassende Technikfolgenabschätzung des ISDN-Konzeptes vorzunehmen, sondern thematisiert ausschließlich den Datenschutzaspekt mit dem Ziel, Lösungen bzw. Lösungsansätze für die Optimierung des Datenschutzes zu analysieren und zu bewerten. Dabei hatte der Arbeitskreis nicht die Möglichkeit, durch eigene Forschungen Lösungen zu entwickeln oder entsprechende Forschungsarbeiten anzuregen. Vielmehr wurde der vorhandene Wissensstand erfaßt und ausgewertet.

In diesem Arbeitskreis haben Vertreter der Herstellerindustrie, des BMPT, der DBP TELEKOM, des Bundesbeauftragten für den Datenschutz sowie der Fachwissenschaft und Politik mitgewirkt. Der Arbeitskreis wurde geleitet durch Werner Andexser, Mitglied des ITG-Vorstands, und betreut durch den Leiter des ITG-Fachausschuß 1.6 *ISDN-Anwendungen,* Dietrich Becker. Die Arbeit wurde durch das Bundesministerium für Forschung und Technologie (BMFT) maßgeblich gefördert. Dafür sei an dieser Stelle herzlich gedankt.

Seit dem Juli 1989 tagte der Arbeitskreis in Abständen von 6 - 8 Wochen regelmäßig. Die Arbeitssitzungen wurden durch schriftliche, vorab verteilte Stellungnahmen der Arbeitskreismitglieder vorbereitet, hierbei wurde wie folgt vorgegangen:

❑ Funktionsbeschreibung von kritischen ISDN-Dienstmerkmalen im ISDN heute und Berücksichtigung vorgesehener Veränderungen z. B. durch technische Weiterentwicklungen oder durch Standardisierungen z. B. ETSI-Normungen;

❑ Vorteile der heutigen ISDN-Realisierung für den Teilnehmer und für den Netzbetreiber;

❑ Auflistung und Analyse von Bedenken/Nachteilen/Gefahren bei der heutigen Realisierung;

❑ Mögliche Vorkehrungen, um die Bedenken/Nachteile/Gefahren in technischer, betrieblicher oder rechtlicher Hinsicht zu vermeiden;

❑ Bewertung dieser Vorkehrungen hinsichtlich der technischen Realisierbarkeit, der betrieblichen Durchführbarkeit und Wirksamkeit und der Vorteile für Teilnehmer und/oder Netzbetreiber;

❑ Beurteilung der heutigen ISDN-Realisierung und der möglichen Vorkehrungen aus Sicht des Datenschutzes.

Nicht immer konnte innerhalb des Arbeitskreises Einigkeit - vor allem bei der Bewertung der Kritik oder von Vorkehrungen - erzielt werden, dennoch stand am Schluß der Debatten der Versuch, so weit Konsens zu erzielen möglich war, Handlungsempfehlungen zu formulieren. Die so entwickelten Vorstellungen zur Auslegung von ISDN und seiner Dienstmerkmale unter Datenschutzaspekten sind aber nicht isoliert zu betrachten, sie bauen vielmehr aufeinander auf und stellen ein Maßnahmenpaket dar, das insgesamt versucht, u. U. widerstreitenden Interessen gerecht zu werden und den Datenschutz in angemessener Weise zu berücksichtigen.

Die Untersuchungen und Diskussionsergebnisse sind in dieser Dokumentation zusammengestellt. Die Dokumentation greift dabei auf die schriftlichen Stellungnahmen von Einzelmitgliedern zurück, ohne daß diese im Detail von allen Mitgliedern des Arbeitskreises voll mitgetragen werden. Demgegenüber spiegelt die Zusammenfassung der Ergebnisse den im Arbeitskreis erzielten Konsens exakt wider. Zielgruppen für diese Dokumentation sind die Fachöffentlichkeit in Industrie, Wissenschaft, Politik und Verbänden, die Fachjournalisten und entsprechende Publikationsorgane sowie die interessierte Öffentlichkeit.

Für den Arbeitskreis der ITG haben die redaktionelle Arbeit, also das Zusammenstellen des Rohtextes als diskussionsreife Fassung bis hin zur Endredaktion, Detlef Garbe und Thomas Schnöring vom Wissenschaftlichen Institut für Kommunikationsdienste GmbH Bad Honnef, übernommen. Herr Garbe ist in diesem Band mit einem Beitrag zum Thema Technikfolgenabschätzung in der Telekommunikation vertreten.

1.2   Zusammenfassung der Ergebnisse

Die DBP TELEKOM hat auf der CEBIT 1989 das dienste-integrierende Telekommunikationsnetz ISDN in Betrieb genommen. Bis zum Ende des Jahres 1993 sollen ISDN-Anschlußmöglichkeiten flächendeckend verfügbar sein. ISDN bietet die Integration und potentielle Parallelität von Sprach-, Text-, Bild- und Datenübertragung sowie einige neue Dienste wie Fernzeichnen und Bildtelefonieren in einem Netz. Mit der ISDN-Einführung eröffnet die DBP TELEKOM dem Kunden zahlreiche Vorteile, z. B. Qualitätsverbesserungen bei den Übertragungsleistungen, Komfortsteigerungen durch Dienstevielfalt und Endgeräte, Zeitersparnis durch höhere Übertragungsraten und damit letztlich Gebühreneinsparungen sowie neue Kommunikationsanwendungen, die die Wettbewerbsfähigkeit gewerblicher Kunden verbessern können. Auf der Seite des Netzbetreibers wird mit Einsparungen in Millionenhöhe durch die Digitalisierung der Vermittlungsstellen gerechnet, die letztlich dem Kunden durch sinkende Fernsprechtarife zugute kommen können.

Trotz dieser unbestrittenen Vorteile wird das ISDN-Konzept aus Sicht des Datenschutzes z. T. heftig kritisiert. Für diese Kritik gibt es vor allem drei Ansatzpunkte: die *Speicherung* der ISDN-Kommunikationsdaten, den *Einzelgebührennachweis* und die *Rufnummernanzeige*. Aus der Sicht der Kritiker gefährden diese technischen Merkmale und die Form ihrer Einführung nicht nur das Recht auf Privatheit und unbeobachtbare Kommunikation, sondern vor allem das grundsätzlich geschützte *Recht auf informationelle Selbstbestimmung*. Zu den Kritikern zählen u. a. Bundes- und Landesbeauftragte für den Datenschutz, Politiker, Wissenschaftler und in den Kontext sozialer Bewegungen einzureihende Vereinigungen. Kritik wird nicht allein in der Fachpresse oder auf Tagungen geäußert, sondern sie findet auch Aufmerksamkeit in Tages- und Wochenzeitungen. Ein Resultat dieser publizitätswirksamen Kritik ist die Verunsicherung potentieller Anwender im gewerblichen wie im privaten Bereich.

Der notwendige Abwägungsprozeß zwischen den institutionalisierten Regelungen zum Datenschutz in der Telekommunikation und den mit den Dienstmerkmalen verbundenen Vorteilen einerseits und den kritischen Argumenten andererseits findet in der öffentlichen Debatte kaum statt. Die ITG-Arbeitsgruppe *Datenschutz im ISDN* hat versucht, zunächst die technisch-betrieblichen Abläufe im ISDN-Betrieb korrekt darzustellen, mögliche Vorkehrungen zur Verbesserung des Datenschutzes zu identifizieren und diese unter technisch-betrieblichen, wirtschaftlichen und datenschutzrechtlichen Aspekten zu bewerten. Als Ergebnis der Abwägung der unter diesen Aspekten vorgebrachten Argumente sind Handlungsempfehlungen an das Bundesministerium für Post und Telekommunikation, die DBP TELEKOM, die Herstellerindustrie und an die Legislative formuliert worden.

Die Ergebnisse der Arbeit werden im folgenden synoptisch zusammengefaßt. Zu den Themen

❏   Speicherung der Kommunikationsdaten

❏   Einzelgebührennachweis und

❏   Rufnummernanzeige

werden in einem ersten Schritt Vorteile und Kritik gegenübergestellt sowie die möglichen Vorkehrungen zur Verbesserung des Datenschutzes aufgezählt. In einem weiteren Schritt werden die erarbeiteten Bewertungen der Vorkehrungen zusammengefaßt und die jeweils formulierte Handlungsempfehlung aufgeführt. Die Bewertungen der Vorkehrungen und die Handlungsempfehlungen geben den in der ITG-Arbeitsgruppe gefundenen Konsens wider (Bild 1, Bild 2 und Bild 3).

<table>
<tr><td colspan="3">

Speicherung der Kommunikationsdaten über das Verbindungsende hinaus

Im ISDN werden Daten für jede Verbindung über das Verbindungsende hinaus in der Vermittlungsstelle gespeichert und anschließend in davon getrennten DV-Anlagen zu Gebührendaten nachverarbeitet und gespeichert

</td></tr>
<tr><td>

Vorteile

</td><td>

Kritik aus Sicht des Datenschutzes

</td><td>

Mögliche Vorkehrungen

</td></tr>
<tr><td>

- Trennung von Vermittlungsfunktion und Entgeltberechnung führt zu:

  - mehr Flexibilität

  - Wettbewerbsvorteilen

  - geringerer Störanfälligkeit

  - mehr Wirtschaftlichkeit

- Nachweismöglichkeiten der Richtigkeit der Rechnung durch den Netzbetreiber

- Kontrollmöglichkeit der Fernmelderechnung durch den Kunden

- Möglichkeiten des Einzelgebührennachweises

</td><td>

- Die Vollspeicherung der Daten findet ohne Einwilligung der Betroffenen statt

- Die Dauer der Speicherung (mindestens 80 Tage) ist zu lang

- Gerichte können nach § 12 FAG zu leicht auf diese Daten zurückgreifen

- Die Datensätze ermöglichen technisch die Herstellung von Kommunikationsprofilen

- Die Speicherung erfordert eine gesetzliche Ermächtigung

</td><td>

1. Berechnen der Gebührensumme in der Vermittlungsstelle, dann Löschen der Verbindungsdaten

2. Berechnen der Gebühren im Rechenzentrum, dann Löschen nach Rechnungsabsendung

3. Berechnen der Gebühren im Rechenzentrum, dann Speicherung von Kurzdatensätzen

4. Gebührenberechnung in der Vermittlungsstelle, Speicherung der Verbindungsdaten beim Teilnehmer

5. Gebührenberechnung in der Vermittlungsstelle und Abbuchen über Chip-Wertkarte beim Teilnehmer

</td></tr>
</table>

Bild 1   Speicherung der Kommunikationsdaten

2   Mobilfunk und Technikgestaltung

Die ITG im VDE sieht in den Kontroversen bei der Einführung moderner Mobilfunktechnologien in erster Linie strukturelle Versäumnisse in der öffentlichen Diskussion. Hersteller und Betreiber der Mobiltelefone müssen sich vorwerfen lassen, daß sie gegenüber einer wachen und kritischen Öffentlichkeit lange Zeit zu wenig Bereitschaft für einen sachlichen Diskurs gezeigt haben.

Einzelgebührennachweis (EGN)

Der EGN ist ein vom Teilnehmer wählbares, kostenpflichtiges Dienstmerkmal des ISDN, bei dem er für jede Verbindung deren Gebühren und weitere Daten erhält.

Vorteile	Kritik aus Sicht des Datenschutzes	Mögliche Vorkehrungen
• Der EGN bietet in Form der Einzelgebührenrechnung eine verbesserte Kundeninformation	• Zur Kundeninformation wird die volle B-Teilnehmernummer nicht für erforderlich gehalten	1. Einverständnis aller regelmäßigen Mitbenutzer des A-Teilnehmeranschlusses als Voraussetzung für den EGN
• Der EGN bietet eine sichere Grundlage für die Aufteilung der Gebühren auf Dritte	• Bei mehreren Nutzern des A-Anschlusses kann der EGN das Innenverhältnis belasten	2. Verkürzung der B-Rufnummern bzw. Beschränkung auf Ortsnetzkennzahl
• Der EGN im ISDN ist wesentlich preiswerter als die Vergleichzählung im analogen Betrieb	• Die Nutzung telefonischer Beratungsdienste wird erschwert	3. Dezentraler EGN beim Teilnehmer
	• Der EGN verletzt das Recht auf informationelle Selbstbestimmung des B-Teilnehmers, der nicht in die Speicherung und Ausdruck seiner Telefonnummer eingewilligt hat	4. Summarischer Ausweis der Gebühren für bestimmte Rufnummerngruppen
		5. Telefonische Beratungsdienste übernehmen pauschal die Gebühren; bei Beratungsdiensten wird kein EGN zugelassen.

Bild 2   Einzelgebührennachweis

Gerade auf dem Gebiet der Mobilkommunikation sind nach wie vor noch ganz ernsthafte Fragen offen. Da würden TÜV-Experten gerne in einem Feldtest prüfen, ob der Autofahrer nicht allzusehr abgelenkt wird. Datenschützer sehen nicht nur das Problem der nicht angemessenen Speicherung von Kommunikationsdaten, sondern auch das der Ortbarkeit des Telefonierenden durch Dritte. Sozialwissenschaftler denken darüber nach, ob sich das private Medium Telefon durch den Mobileinsatz nicht zu sehr verändert. Gewerkschaftler argwöhnen eine zu große Vermischung von Arbeitswelt und Freizeit. Schließlich will das Bundesamt für Strahlenschutz Obergrenzen der Immission von Funkwellen gewahrt wissen und vereinzelt bilden sich Bürgerinitiativen gegen den angeblich zunehmenden

Elektrosmog, zu dem auch die neuen Mobilfunksendeeinrichtungen beitrügen.

Anzeige der Rufnummer (RNA)		
Die RNA ist ein allgemeines, kostenloses Dienstmerkmal des ISDN, bei dem die Rufnummern des anrufenden Teilnehmers zum angerufenen Teilnehmer übermittelt wird und an seinem Endgerät angezeigt werden kann.		
Vorteile	**Kritik aus Sicht des Datenschutzes**	**Mögliche Vorkehrungen**
• Der A-Teilnehmer kann sich durch die RNA ausweisen und evtl. bevorzugt behandelt werden • Der B-Teilnehmer hat Selektionsmöglichkeiten bei der Anrufannahme • Die Identifikation böswilliger Anrufer ist leichter als im analogen Betrieb • Als Folge davon schützt RNA vor Telefonterror	• Telefonische Beratungsstellen verlieren ohne Anonymität des Anrufers ihre Arbeitsgrundlage • Der B-Teilnehmer kann Rufnummern speichern und kommerziell auswerten • Der A-Teilnehmer kann über das Display Dritten im Bereich des B-Teilnehmers ungewollt offenbart werden • Bei Anruf-Weiterschaltung kann der Verbindungswunsch des A-Teilnehmers mit dem B-Teilnehmer, dem C-Teilnehmer oder weiteren Personen gegen den Willen des A-Teilnehmers bekannt werden	1. Auf Antrag des A-Teilnehmers kann RNA generell unterdrückt werden 2. Der A-Teilnehmer kann fallweise RNA unterdrücken 3. Installation von Endgeräten ohne Display, insbesonders bei telefonischen Beratungsstellen 4. Generelle Unterdrückung von RNA für bestimmte Teilnehmer plus amtliche Bekanntmachung, insbesondere bei telefonischen Beratungsstellen 5. Der B-Teilnehmer hat die Möglichkeit, bei Verbindungen mit ISDN-Anschlüssen nur solche mit RNA zuzulassen

Bild 3   Anzeige der Rufnummern

Hersteller und Betreiber reagieren auf solche Fragen eher gereizt. Die Zeitspanne für den Markteintritt neuer Mobiltelefongenerationen ist knapp, das investierte Geld in Forschung und Entwicklung erheblich, der Wettbewerb drängt. Bei etwas genauerem Hinsehen stellt man fest, daß der eigentliche Gegenstand der Diskussion in diesem Fall nicht die *unvollkommene Technik* ist, sondern die völlig *unzureichende Art*, in der über diese Technik informiert bzw. nicht informiert wurde.

Initiativen, wie sie die Technikverbände - im Fall des Mobilfunks ist es die Informationstechnische Gesellschaft im VDE - mit sogenannten *Diskursprojekten* ergreifen, verbessern das Klima der Diskussion, lösen aber nicht das Glaubwürdigkeitsproblem von Herstellern und Betreibern. Dennoch erwartete die ITG von ihrem Workshop *Gestaltungsfelder beim Mobiltelefon* am 12. Mai 1992 in Frankfurt/M. einen Beitrag zur konstruktiven Technikgestaltung in diesem Bereich. Im Rahmen dieses Forums wurde der aktuelle Sach- bzw. -Problemstand erörtert; Teilnehmer waren neben Experten des Verbandes, Vertreter des Bundesministeriums für Post und Telekommunikation BMPT, der Industrie, des Bundesbeauftragten für den Datenschutz sowie von Universitäten und Forschungseinrichtungen. Schwerpunktthemen der Veranstaltung waren: Datenschutz, Gesundheitsrisiken, Verkehrssicherheitsprobleme und soziale Folgen.

Ziel der Veranstaltung war es, den Handlungs- und Forschungsbedarf in einem der wichtigsten Gebiete der Informations- und Kommunikationstechnik aufzuzeigen und damit zu einer sach- und gesellschaftsgerechten Entwicklung der Mobilkommunikation beizutragen.

Die folgenden Ausführungen sind aus der Broschüre der ITG zum Workshop Gestaltungsfelder beim Mobiltelefon entnommen.

2.1   Datenschutz in der Mobilkommunikation

(Horst Alke, Regierungsdirektor beim Bundesbeauftragten für den Datenschutz)

Zweifellos läßt sich bei einer Gestaltungsdiskussion die Mobilkommunikation nicht auf das Funktelefon reduzieren, auch nicht die Datenschutzproblematik. Aber nicht nur der Entwicklungsverlauf - zunächst schleppender, dann aber stürmisch zu nennender Teilnehmerzuwachs - scheint typisch zu sein. Eine explosive Ausweitung dieses Marktes ist somit vorhersehbar: Bereits um das Jahr 2000 werden 3,5 Mio. Teilnehmer erwartet. Damit wird allerdings der Betrieb eines solchen Netzes nicht nur, wie in der Branche verlautet, zur *legalen Möglichkeit, Geld zu drucken.*

Auch die Frage des Schutzes des Persönlichkeitsrechts aller an der Mobilkommunikation Beteiligten gewinnt rasch wachsende Bedeutung: Allein in Deutschland sollen 3 - 4 Mio. Teilnehmer digital telefonieren können. Spätestens mit dem flächendeckenden Betrieb der beiden D-Netze geht es nicht mehr lediglich um den Schutz von - so im letzten Jahr eine große deutsche Tageszeitung - "Wohnungsmaklern, Anlageberatern, Yuppies und Zuhältern", sondern stark zunehmend um den Schutz auch *normaler Bürger.* Bereits jetzt erreichen den Bundesbeauftragten für den Datenschutz immer wieder Beschwerden und Hilfegesuche von Autotelefonbenutzern. Typisch ist der Fall des Fernfahrers, der sich kurz vor Weihnachten letzten Jahres an ihn wandte und um Hilfe bat. Der Mann fuhr viele Jahre den 40-Tonner seines Arbeitgebers kreuz und quer durch ganz Europa - hunderttausende von Kilometern ohne Beanstandung. Im Frühling des vergangenen Jahres wurde in das Cockpit seines *Brummi* ein Autotelefon eingebaut. Damit konnte ihn der Vertreter seiner Firma nicht nur in Deutschland, sondern auch in Österreich, Luxemburg und den Niederlanden erreichen und auch er selbst konnte entsprechend anrufen. Die Benutzung des Gerätes für Privatgespräche war arbeitsvertraglich verboten. Im vergangenen Jahr kündigte sich in der Familie des Fahrers erfreulicherweise Nachwuchs an. Die Schwangerschaft verlief nicht ganz ohne Probleme. Der Fernfahrer mußte daher oft an seine Frau denken und machte sich große Sorgen, als er im Oktober - eine Woche vor der errechneten Niederkunft - ins benachbarte Ausland zu fahren hatte. Unterwegs gelang es ihm nicht, während der kurzen Fahrtunterbrechungen von einer öffentlichen Telefonzelle aus Telefonverbindung zu seiner inzwischen ins Krankenhaus gebrachten Frau zu bekommen. So erlag er der Versuchung und benutzte auf der Rückfahrt zweimal das Autotelefon, um dann schließlich die erfreuliche Nachricht *Mutter und Kind wohlauf* von seiner Frau selbst zu erhalten.

Sicherlich ist es nicht zu billigen, daß der Fahrer von diesen Telefonaten seinem Arbeitgeber nichts erzählte. Auch als er vier Wochen später vom Prokuristen gefragt wurde, ob er verbotswidrig das Autotelefon für Privatgespräche genutzt habe, stritt er dies zunächst ab. Da hielt ihm der Prokurist eine Aufstellung der Deutschen Bundespost vor, in der für den abgelaufenen Abrechnungszeitraum jedes einzelne Funktelefonat sekundengenau und mit der gewählten Rufnummer registriert war. Als er daraufhin die bewußten Telefonate zugab, wurde ihm fristlos gekündigt. Der Fernfahrer wußte wie mancher andere nicht, daß die Vermittlungsrechner der Deutschen Bundespost jedes Funktelefonat detailliert registrieren, und daß diese Daten dem Anschlußinhaber auch bekanntgegeben werden.

Anliegen des Datenschutzes ist es sicherzustellen, daß - auch in der Mobilkommunikation - Informationen über einen Bürger

❑   nur zulässigerweise und in erforderlichem Umfange erhoben und verarbeitet,

❑   nicht unzulässig weitergegeben und

❑   sorgfältig gesichert werden.

Nicht nur das Bundesdatenschutzgesetz (BDSG) und das Fernmeldeanlagengesetz (FAG) stellen entsprechende Forderungen an die Anbieter von Mobilkommunikationsdiensten, schon das Grundgesetz bestimmt in Artikel 10: "Das Briefgeheimnis sowie das Post- und Fernmeldegeheimnis sind unverletzlich." Dieser Verfassungsgrundsatz schützt nicht nur die Nachricht selbst - also den Dialog zwischen den beiden Telefonierenden - sondern auch die näheren Umstände ihres Gesprächs, wie Zeitpunkt, Dauer, Rufnummern der Beteiligten usw. Aus der Unverletzlichkeit des Fernmeldegeheimnisses folgt nach herrschender Meinung unstreitig nicht nur, daß solche Informationen vom Anbieter oder Betreiber eines Mobilkommunikationsnetzes keinem Dritten bekanntgegeben werden dürfen, er ist vielmehr auch verpflichtet, solche geschützten Informationen überhaupt nur dann zu speichern, wenn dies unerläßlich ist und dann entsprechende Sicherungsmaßnahmen zu ihrem Schutz zu treffen.

Ein Gespräch mit Hilfe der *klassischen* drahtgebundenen Telefonvermittlungstechnik hinterläßt nach seiner Beendigung so gut wie keine Spuren: Wenn der Anrufer den Hörer aufgelegt hat, hat sich lediglich der seinem Apparat zugeordnete Gebührenzähler bei der Deutschen Bundespost Telekom um die entsprechende Anzahl von Einheiten weitergeschaltet. Wann telefoniert wurde und mit wem, ist von niemandem mehr rekonstruierbar. Weitergehende Aussagen über das Gesprächsverhalten eines Bürgers sind schon gar nicht möglich, denn der Gebührenzähler wird nur einmal im Monat abgelesen. Ganz anders sieht dies bereits für ein Gespräch aus, das über einen sog. *ISDN-Anschluß* geführt wird: Für jedes einzelne Gespräch wird ein 64 Byte langer Datensatz angelegt, der genauestens die Verbindungen beschreibt und u. a. Datum, Uhrzeit, Dauer der Verbindung sowie die vollständige Rufnummer des Angerufenen enthält. Die Verbindungsdaten werden täglich einem zentralen Rechenzentrum zugeleitet und dort über drei Monate aufbewahrt.

Was bezüglich des *Drahttelefons* den Protest der Bürger auslöste, ist im C-Netz des Funktelefons seit seiner Inbetriebnahme 1985 Realität: Wie selbstverständlich und ohne daß dies den Betroffenen je gesagt worden wäre, wird hier - ähnlich wie beim ISDN - jedes Gespräch registriert, ja sogar die Funkzonen werden festgehalten, in denen das Gespräch begonnen und beendet wurde. Damit wird nicht nur registriert, wer wann mit wem wie lange telefoniert hat, sondern auch, von wo aus er dies getan hat. Weitere Probleme entstehen in den D-Netzen durch neue Leistungsmerkmale, wie z. B. die Rufnummernanzeige und die Anrufumleitung.

Welche Gefahren für den Datenschutz ergeben sich nun bei nicht sozialverträglicher Ausgestaltung von Mobilkommunikationsdiensten?

A. Gefährdung des Rechts auf informationelle Selbstbestimmung

Das Bundesverfassungsgericht hat in seinem Urteil zum Volkszählungsgesetz 1983 das *Recht auf informationelle Selbstbestimmung* eines jeden Bürgers festgestellt: "Das Grundrecht gewährleistet insoweit die Befugnis des einzelnen, grundsätzlich selbst über die Preisgabe und Verwendung seiner persönlichen Daten zu bestimmen. Einschränkungen dieses Rechts auf informationelle Selbstbestimmung sind nur im überwiegenden Allgemeininteresse zulässig."

Es ist abwegig zu vermuten, daß ein *überwiegendes Allgemeininteresse* daran bestünde, alle Funktelefonate lückenlos zu registrieren. Geschieht dies ohne Einwilligung der Beteiligten, verstößt die Registrierung somit gegen das genannte Grundrecht. Besonders betroffen ist in diesem Zusammenhang derjenige, der von einem Funktelefonanschluß aus angerufen wird: Weiß möglicherweise der Anrufer sogar über Details der Registrierungen, ist dem Angerufenen im Regelfall nicht einmal die Tatsache bewußt, daß der Anruf, den er entgegennimmt, minutiös registriert wird.

B. Gefährdung des Fernmeldegeheimnisses

Ohne erkennbare Erforderlichkeit werden im Funktelefonnetz detaillierte Verbindungsdaten - auch die Rufnummer des Angerufenen - registriert. Ohne Not werden somit riesige Bestände höchstsensibler Daten erzeugt, die zu schützen gesetzliche Verpflichtung der Betreiber ist. Insbesondere bei den D-Netzen wird zu prüfen sein, ob die getroffenen Schutzmaßnahmen ausreichen; mit pauschal vorgetragenen Kostenbehauptungen kann sich jedenfalls niemand diesen Pflichten entziehen.

Über die Verbindungsdaten muß aufgrund einer fernmelderechtlichen Vorschrift aus dem Jahre 1928 dem Gericht - und unter Umständen dem Staatsanwalt - Auskunft erteilt werden. Dabei ist das Auskunftsrecht nicht etwa auf besonders schwere Straftaten beschränkt, sondern muß in jedem Fall erteilt werden. Der Bundesbeauftragte für den Datenschutz hat daher im Dezember letzten Jahres den Bundespostminister aufgefordert, die genannte Vorschrift streichen zu lassen.

C. Speicherung ohne Erforderlichkeit

Die Grundsätze des Datenschutzes lassen die Erhebung und Verarbeitung personenbezogener Daten nur dann zu, wenn dies erforderlich, d. h. unerläßlich ist. Die detaillierten Registrierungen der Funktelefonverbindungen

- insbesondere der Zielrufnummern und des Standorts (*Funkzelle*) - sind jedoch im allgemeinen weder für die Berechnung der Entgelte noch für einen anderen Zweck unerläßlich, zumal die derzeitige Tarifstruktur im C-Netz keinerlei Entfernungsabhängigkeit der Gebühren kennt. Die Verfahrensausgestaltungen müssen daher dringend den datenschutzrechtlichen Vorschriften, insbesondere der Telekom-Datenschutzverordnung (TDSV), angepaßt werden.

D. Fehlende Transparenz für die Betroffenen

Ein weiterer Grundsatz des Datenschutzes ist die Transparenz der Datenverarbeitung für die Betroffenen: Der Bürger soll wissen und bei Anfrage auch detailliert erläutert bekommen, ob Daten über ihn gespeichert sind und ggf. wo dies geschieht und welches die genauen Inhalte sind. Daß selbst routinierte *Autotelefonierer* um die Registrierungen nicht wissen, hat sich seinerzeit in der sog. Barschel-Affäre gezeigt. Sowohl aus den Vorschriften der seit dem 01.07.1991 geltenden Telekom-Datenschutzverordnung (TDSV) als auch aus denen der UDSV - die für private Betreiber von Funktelefonnetzen gilt - folgt unmittelbar die Pflicht, dafür zu sorgen, daß dem Benutzer Tatsache und Umfang der Registrierungen bekannt sind und die Daten so ausgewertet werden können, daß einem Betroffenen zu jeder Zeit gesagt werden kann, was über ihn wo gespeichert ist. Hier ist noch viel zu tun.

3 Wissenschaftliche Grundlagen der Empfehlungen der Strahlenschutzkommission *Schutz vor elektromagnetischer Strahlung beim Mobilfunk*

(Jürgen H. Bernhardt, Institut für Strahlenhygiene, Bundesamt für Strahlenschutz)

3.1 Einführung

In den nächsten Jahren wird sich die Zahl der Mobilfunk-Geräte (Funktelefone) weltweit, speziell auch in der Bundesrepublik, wesentlich erhöhen. Sollten von den Mobilfunk-Geräten gesundheitliche Risiken ausgehen, so wären davon sehr weite Bevölkerungskreise betroffen. Die Antennen der schon betriebenen wie auch der geplanten Mobilfunk-Geräte strahlen Hochfrequenzwellen teilweise in Körpernähe und bei handgehaltenen Geräten in der Nähe des Kopfes ab. Zusätzlich kann es durch Funkfeststationen oder andere Sendeanlagen zu einer Exposition des ganzen Körpers kommen.

Das Institut für Strahlenhygiene, früher Bundesgesundheitsamt, jetzt Bundesamt für Strahlenschutz (BfS), befaßt sich seit vielen Jahren mit möglichen gesundheitlichen Auswirkungen bei Anwendungen von Hochfrequenzenergie (1, 2, 12) sowie z. B. seit 1990 mit Fragen möglicher Risiken durch die moderne Mobilfunktechnologie (3) (vgl. auch BfS-Infoblatt 3/91 v. 19.06.1991). 1991 fanden mehrere Fachgespräche statt, bei denen darüber beraten wurde, wie mögliche gesundheitliche Risiken vermieden werden können. An diesen Fachgesprächen nahmen Betreiber von Mobilfunknetzen, Hersteller von Mobilfunkgeräten, Vertreter des Bundesumweltministeriums, des Bundesministeriums für Post- und Telekommunikation, Mitglieder des Ausschusses *Nichtionisierende Strahlen* der Strahlenschutzkommission, Vertreter nationaler und internationaler Normungsgremien, sowie des Europäischen TELEKOM-Standardisierungsinstituts (ETSI) teil. Auf den Ergebnissen dieser Fachgespräche basiert eine Empfehlung der Strahlenschutzkommission (SSK) (13), die den derzeitigen Kenntnisstand über biologische Wirkungen sowie über mögliche gesundheitsschädliche Auswirkungen von Hochfrequenzstrahlung im Frequenzbereich der modernen Mobilfunktechnik zusammenfaßt und eine Risikobewertung für die Benutzer und die Gesamtbevölkerung enthält, auf deren Basis Grenzwerte vorgeschlagen werden. Hierbei stand das im Aufbau befindliche D-Netz im Vordergrund. Die Empfehlungen berücksichtigen auch Dokumente internationaler Organisationen, in denen das BfS beratend mitarbeitet, wie z. B. die der Internationalen Strahlenschutzassociation (IRPA) (7) und der Weltgesundheitsorganisation (4). Diese Veröffentlichung informiert über die wichtigsten Punkte der SSK-Empfehlung, sowie über die zugrunde liegenden wissenschaftlichen Grundlagen.

3.2 Physikalische und biologische Wirkungen der Hochfrequenzstrahlung

Für die Abschätzung möglicher gesundheitlicher Risiken müssen die Auswirkungen der von den Mobilfunkgeräten bzw. von den Funkfeststationen abgestrahlten Hochfrequenzstrahlung auf Mensch und Umwelt bewertet werden. Eine Beurteilung der dabei denkbaren Gesundheitsrisiken setzt sowohl eine Kenntnis der physikalischen Expositionsbedingungen, als auch eine Berücksichtigung organspezifischer Eigenschaften voraus. Für den Mobilfunk ist der Frequenzbereich zwischen etwa 30 MHz (Kurzwelle) und einigen GHz von Bedeutung.

Die Exposition durch Hochfrequenzstrahlung wird in der Regel durch Angabe der Leistungsflußdichten in der Einheit Watt pro Quadratmeter (W/m^2) beschrieben. Im Nahfeldbereich von Antennen (normalerweise Abstände von weniger als einer Wellenlänge) ist zur Beschreibung des Hochfrequenzfeldes sowohl die Angabe der elektrischen Feldstärke in Volt pro Meter (V/m) als auch der magnetischen Feldstärke in Ampere (A/m) erforderlich. Es können sehr komplexe Feldverteilungen innerhalb und außerhalb des Körpers und seiner Organe entstehen. Die Stärke der elektrischen und magnetischen Felder ist insbesondere im Nahfeldbereich nur einer vieler Faktoren, die zur Auslösung biologischer Wirkungen beitragen. Die in den Geweben des Körpers erzeugte elektrische Feldstärke und der vom Körper absorbierte Energieanteil der Hochfrequenz ist ein besseres Maß für die biologische Wirkung. Vor allem bei den zumeist wasserhaltigen biologischen Systemen wird der größte Teil der absorbierten Energie durch Dipoleffekte in Wärme umgewandelt. Es lassen sich jedoch nicht alle Wirkungen der Hochfrequenzstrahlung mit einer Energieumwandlung in Wärme erklären. So können unter Sonderbedingungen, wie z. B. bei amplitudenmodulierten oder gepulsten Hochfrequenzfeldern, auch direkte Wirkungen auf Makromoleküle, Zellmembranen oder Zellorganellen induziert werden (11, 14). Bei diesen speziellen nichtthermischen Effekten handelt es sich meistens um Veränderungen der Permeabilität von Zellmembranen. Insgesamt wurde eine komplexe Abhängigkeit dieser Effekte von Intensität und Frequenz beobachtet, wobei spezielle Frequenzbereiche besonders wirksam sind. Die physiologische Bedeutung dieser amplitudenmodulierten Effekte ist bisher unklar. Im Hinblick auf das im Aufbau befindliche D-Netz des Mobilfunks besteht hier Forschungsbedarf, da bei den digitalen Systemen des D-Netzes eine pulsförmige Abstrahlung erfolgt. Andere nichtthermische Wirkungen, die von Relevanz für den Gesundheitsschutz sind, konnten bisher bei den zur Anwendung kommenden Frequenzen nicht identifiziert werden.

Da insgesamt von einer Dominanz *thermischer Effekte* auszugehen ist, setzt die Auslösung biologischer Wirkungen in aller Regel eine Überschreitung bestimmter Schwellenwerte der Energieabsorption voraus. Wirkungen, wie etwa Störungen des Stoffwechsels, des Nervensystems oder des Verhaltens sowie degenerative Effekte (z. B. grauer Star) können weitgehend mit der spezifischen Energieabsorption (in Joule/kg Körpermasse J/kg) oder der spezifischen Absorptionsrate (sog. SAR-Wert in Watt/kg Körpermasse W/kg) korreliert werden (10, 14). In internationalen Expertenkreisen besteht heute Konsens darüber, daß zum Schutz der Bevölkerung eine Begrenzung der Energieabsorption (z. B. eine Begrenzung der SAR-Werte) erforderlich ist (7, 10, 14).

Über Wirkungen einer akuten oder chronischen Exposition durch *Hochfrequenzfelder* auf den Menschen gibt es insgesamt nur relativ wenige Untersuchungen. Thermisch vermittelte Wirkungen der Hochfrequenzstrahlung wurden in großem Umfang durch Tierexperimente untersucht. Die tierexperimentellen Daten (einschl. der von Primaten) weisen auf Wirkungen hin, die möglicherweise auch beim Menschen bei einer vergleichbaren Hochfrequenzabsorption auftreten. Die Übertragbarkeit dieser Befunde auf den Menschen wird jedoch durch speziesbedingte Unterschiede in der Thermotoleranz und der Thermoregulation (u. a. durch Blutfluß, Transpiration, Behaarung) eingeschränkt. Zusätzlich muß eine große individuelle Schwankungsbreite berücksichtigt werden. So kann bei Personen mit Fieber, bei Diabetikern, älteren Personen sowie nach Einnahme bestimmter Medikamente der Bereich der Thermoregulation eingeschränkt sein. All diese Unsicherheiten haben dazu geführt, daß in internationalen Grenzwertempfehlungen für die Bevölkerung ein Sicherheitsfaktor von etwa 50 von jenen Schwellenwerten empfohlen wird, die aufgrund der tierexperimentellen Untersuchungen zu einer Schädigung durch hochfrequente elektromagnetische Strahlung führen (7, 14).

3.3 Bewertung gesundheitlicher Risiken durch Hochfrequenzstrahlung

Für die Risikobewertung stehen Wirkungen durch die vom menschlichen Körper absorbierte Hochfrequenzenergie im Vordergrund. Hinzu kommen technische Aspekte der elektromagnetischen Verträglichkeit wie z. B. bei Herzschrittmachern (vgl. BfS-Infoblatt 3/91). In Anlehnung an die Empfehlung der IRPA von 1988 (7) werden hier für die Risikobewertung *Basisgrenzwerte* verwendet, wobei die Angabe von SAR-Werten in W/kg verstanden werden. Für die Erfordernisse der Praxis werden abgeleitete Grenzwerte verwendet wie z. B. die Leistungsflußdichte in W/m^2. Für die Allgemeinbevölkerung, die auch empfindliche Personengruppen umfaßt, wird ein SAR-Wert von 0,08 W/kg (gemittelt über den ganzen Körper und über 6-Minuten-Intervalle) zum Schutz vor thermischen Effekten durch Hochfrequenzstrahlung als ausreichend angesehen. Dieser Basisgrenzwert liegt - wie oben bereits erwähnt - um etwa den Faktor 50 unterhalb derjenigen SAR-Werte, bei denen aufgrund der tierexperimentellen Befunde Schädigungen möglich sind (4 W/kg). Für die berufliche Exposition (z. B. techn. Personal im Bereich von Sendeanlagen), wo die Exposition unter kontrollierten Bedingungen erfolgen kann, sind um den Faktor 5 höhere SAR-Werte (0,4 W/kg) zulässig. Beide Basisgrenzwerte wurden inzwischen weitgehend international akzeptiert. Sie stimmen mit den IRPA-Basisgrenzen von 1988 (7) überein. Die Werte wurden inzwischen auch in den neuen DIN-VDE Entwurf 0848, Teil 2 (1991) (5) übernommen, in dem noch zusätzliche Anforderungen für die Praxis enthalten sind. Diese praktischen Anforderungen berücksichtigen insbesondere, daß die Ermittlung der SAR-Werte z. B. beim Betrieb von Funkfeststationen und HF-Sendern nur schwer möglich ist. Aus diesem Grunde sind im Normenentwurf aus den Basisgrenzwerten abgeleitete Meßgrößen angegeben (z. B. frequenzabhängige Werte für die elektrische oder magnetische Feldstärke). Weitere Anforderungen sind z. B., daß gleichzeitige Einwirkung von Hochfrequenzstrahlungen aus verschiedenen Quellen so zu berücksichtigen sind, indem man sie in die Basisgrenzwerte einbezieht. Im Normenentwurf wird dies mit Summenformeln geregelt.

Im Nahbereich der Sendeantenne eines Mobilfunkgerätes treten sehr inhomogene Energieabsorptionen auf, die von einer Vielzahl von Faktoren abhängen. Die Größe und Verteilung der SAR-Werte, z. B. im menschlichen Kopf, ist nicht nur von der Ausgangsleistung und der Frequenz des Gerätes, sondern auch vom Antennentyp, vom Abstand und der Position der Antenne zum Kopf und von der Betriebsart (z. B. Dauer der Empfangs- und Sprechphasen) abhängig. Die von einem Gerät abgestrahlte Leistung allein ist deshalb kein geeignetes Maß, um auf die möglichen gesundheitlichen Risiken der Hochfrequenzstrahlung zu schließen. Das bisher in der Bundesrepublik Deutschland existierende sog. *7-Watt-Konzept*, in dem angenommen wird, daß der Betrieb von Geräten mit Leistungen unterhalb von 7 Watt zu keiner Beeinträchtigung des Wohlbefindens oder der Gesundheit führt, ist mit den Basisgrenzwerten nicht konsistent. Sowohl Berechnungen als auch experimentelle Untersuchungen an gewebeäquivalenten Phantomen zeigten, daß die Basisgrenzwerte bei Benutzung eines 7 Watt abstrahlenden Mobilfunkgerätes erheblich überschritten werden können (z. B. 4, 9). Auch spezielle Expositionsbedingungen im beruflichen Bereich (z. B. bei dielektrischer oder induktiver Erwärmung oder bei Exposition im Nahfeldbereich von Antennen) zeigen, daß hohe lokale SAR-Werte zu räumlich begrenzten Temperaturerhöhungen führen können (6, 10, 14).

Es ist daher notwendig, zusätzlich zum Ganzkörper-SAR-Wert eine Begrenzung durch einen lokalen SAR-Wert einzuführen. Im Hinblick auf den Mobilfunk muß insbesondere auf das *Auge* als kritisches Organ hingewiesen werden, da mit einer guten Wärmeableitung durch den Blutstrom nur in der Nähe der das Auge umschließenden Aderhaut zu rechnen ist (3). Das Innere des Auges, vor allem die Linse, ist relativ temperaturisoliert. Daher muß eine Mittelung der SAR-Werte über je 10 Gramm erfolgen. Bei einer Mittelung über größere Gewebebereiche kann bei einem stärkeren Temperaturgradienten eine lokale Überwärmung nicht ausgeschlossen werden (3, 8, 14). Lokale SAR-Grenzwerte müssen gewährleisten, daß sich für keinen Körperteil oder Organ als Folge der Hochfrequenzabsorption eine Temperaturerhöhung von mehr als 1 Grad Celsius ergibt. Bei einer Begrenzung des Teilkörper-SAR-Wertes auf 10 W/kg (gemittelt über je 10 Gramm Körpergewebe) bleibt die Erwärmung bei einer Hochfrequenzbestrahlung überall unter dieser Grenze. Die Einhaltung des Teilkörper-SAR-Wertes von 10 W/kg (gemittelt über 10 Gramm) ist die grundlegende Voraussetzung dafür, daß gesundheitliche Risiken bei Verwendung von Mobilfunkgeräten ausgeschlossen sind. Für die Allgemeinbevölkerung ist, wie im Normenentwurf DIN VDE 0848 Teil 2 (5) festgelegt, von 2 W/kg (gemittelt über 10 Gramm) auszugehen. Die Werte können unter Berücksichtigung der Betriebsbedingungen berechnet oder experimentell bestimmt werden.

3.4 Empfehlungen zum Schutz vor elektromagnetischer Strahlung beim Mobilfunk

(1) Im Einklang mit international empfohlenen Grenzwerten ist ein ausreichender Schutz der gesamten Bevölkerung dann gewährleistet, wenn sowohl ein Ganzkörper-SAR-Wert von 0,08 W/kg (gemittelt über 6 Minutenintervalle und über den ganzen Körper) als auch ein Teilkörper-SAR-Wert von 2 W/kg (gemittelt über 6-Minuten-Intervalle und 10 Gramm Körpergewebe) eingehalten werden. Für die berufliche Exposition sind um den Faktor 5 höhere SAR-Werte zulässig. Für die auf dem Markt befindlichen und zukünftig angebotenen Mobilfunkgeräte muß gewährleistet sein, daß die angegebenen Teilkörper-SAR-Werte unter allen angegebenen Betriebsbedingungen nicht überschritten werden. Gegebenenfalls sind in den Gebrauchsanleitungen Anweisungen für die richtige Handhabung der Geräte aufzunehmen.

(2) Bei der Installation von frei zugänglichen Funkfeststationen und anderen Sendeanlagen darf ein Ganzkörper-SAR-Wert von 0,08 W/kg nicht

überschritten werden. Bei mit dem Dosimeter erfaßbaren Leistungsflußdichten von 2 W/m² (0,2 mW/cm²) für den Frequenzbereich zwischen 30 und 400 MHz bzw. 10 W/m² (1mW/cm²) für Frequenzen über 2 GHz sind die Basisgrenzwerte in der Regel eingehalten, für andere Frequenzen können die zulässigen Leistungsflußdichten aus dem Normenentwurf DIN VDE 0848, Teil 2, Einwirkungsbereich 2 (5), entnommen werden. Zusätzlich sind evtl. auftretende Frequenzimmissionen aus anderen Quellen mit zu berücksichtigen. Gegebenenfalls sind für Frequenzen unter 100 MHz auch Zusatzbedingungen zur Vermeidung von Verbrennungen infolge indirekter Einwirkung (Begrenzung von Körperableitströmen) zu beachten.

(3) Nach heutiger Kenntnis kann davon ausgegangen werden, daß bei Einhaltung der unter (1) genannten Basisgrenzwerte in dem für den Mobilfunk relevanten Frequenzbereich keine Funktionsbeeinflussungen elektrisch aktiver Körperhilfen und Implantate (z. B. Herzschrittmacher, Nervenstimulatoren, Insulinpumpen u. a.) auftreten.

(4) Der Nachweis für die Einhaltung der Basisgrenzwerte kann unter Berücksichtigung der Expositionsbedingungen rechnerisch erbracht werden. Für die Ermittlung der Teilkörper-SAR-Werte ist durch Messungen der durch die Hochfrequenzstrahlung erzeugten elektrischen Feldstärke in gewebeäquivalenten Körperphantomen auch eine meßtechnische Bestimmung möglich. Die Forderung nach Einhaltung der Basisgrenzwerte soll die Gerätehersteller und Netzbetreiber veranlassen, wesentliche Gesundheitsaspekte schon in der Aufbauphase von Funknetzen zu berücksichtigen, um negative Folgen zu vermeiden. Das Bundesamt für Strahlenschutz geht davon aus, daß im Rahmen der Zulassungsverfahren von Mobilfunkgeräten die Basisgrenzwerte berücksichtigt werden und schon bei der Geräteentwicklung sichergestellt wird, daß bei Betrieb der Geräte keine Gesundheitsrisiken entstehen (vgl. BfS-Pressemitteilung 4/92 vom 14.02. 1992). Bis zum Nachweis, daß beim Betrieb der auf dem Markt befindlichen Mobilfunkgeräte keine Basisgrenzwerte überschritten werden, muß die Einhaltung von Sicherheitsabständen der Geräte zum Körper empfohlen werden. Solche Sicherheitsabstände von der Sendeantenne sind selbstverständlich nur bei Geräten mit getrenntem Sprech- und Sendeteil sinnvoll. Bei Ausgangsleistungen bis zu 0,5 W ist ein Mindestabstand des Gerätes vom Körper, bzw. vom Kopf aus strahlenhygienischer Sicht nicht erforderlich. Hier beträgt der Abstand der Sendeantenne vom Kopf, bedingt durch die bauliche Konstruktion der Geräte, in denen die Antenne integriert ist, in der Regel ohnehin mindestens etwa 2 cm. Für höhere Leistungen werden in einer Tabelle der SSK-Empfehlung beispielhaft Orientierungswerte für die einzuhaltenden Mindestabstände genannt. Diese sind

für digital bzw. analog betriebene Mobilfunkgeräte unterschiedlich und
liegen bei Geräten mit Spitzenleistungen bis 20 W zwischen 8 und 50 cm.

3.5   Literatur

(1) Bernhardt, J. H., Kossel, F.: Eingreifrichtwerte zur Vermeidung gesundheitlicher Gefährdungen sowie zur Begrenzung von Belästigungen
durch Einwirken elektrischer, magnetischer und elektromagnetischer
Felder auf die Bevölkerung. In: Nichtionisierende Strahlen. N. Krause;
Redaktion Tagungsband der Jahrestagung des Fachverbandes für Strahlenschutz e.V., 7. - 9. Nov. 1988 in Köln Bericht FS-88-47-T des Fachverbandes für Strahlenschutz e.V., S. 158 - 161 (1988). Zu beziehen
durch das Sekretariat, H. Brunner, Paul-Scherrer Institut, CH-5232
Würenlingen und Villigen, 237 Seiten, 1988.

(2) Bernhardt, J. H.: Hochfrequenzstrahlung: Mechanismen der Wechselwirkung, Biologische Wirkungen und Risikobewertung. In: Tagungsband des Kongresses "Elektromagnetische Verträglichkeit", Hrsg.: H. R.
Schmeer, VDE-Verlag GmbH 1 - 18 (1990).

(3) Bernhardt, J. H., Matthes, R.: Mobilfunkkommunikation. Basiskriterien
zur strahlenhygienischen Risikobewertung, Vortrag im Rahmen des
Fachgesprächs: "Mobilfunk", 18./19. April 1991 in Neuherberg. In:
"Schutz vor elektromagnetischer Strahlung beim Mobilfunk", Veröffentlichungen der Strahlenschutzkommission, Band 22, Hrsg.: Bundesminister für Umwelt, Naturschutz und Reaktorsicherheit. Gustav Fischer
Verlag, Mai 1992.

(4) Cleveland, R. F., Athey, T. W.: Specific Absorption Rate (SAR) in Models of the Human Exposed to Hand-Held UHF Portable Radios Bioelectromagnetics 10, S. 173 - 186, 1989.

(5) DIN VDE 0848, Teil 2, Entwurf Oktober 1991: Sicherheit bei elektromagnetischen Feldern; Schutz von Personen im Frequenzbereich von 30
kHz bis 300 GHz. Beuth Verlag GmbH, Berlin.

(6) Fachverband für Strahlenschutz: Nichtionisierende Strahlen, N.
Krause, Redaktion; Bericht FS-88-47-T Tagungsband der Jahrestagung
des Fachverbandes für Strahlenschutz e.V., 7. - 9.11.88 in Köln Zu beziehen durch das Sekretariat, H. Brunner, Paul-Scherrer Institut, CH-
5232 Würenlingen und Villigen, 237 Seiten, 1988.

(7) IRPA/INIRC (1988) Guidelines on Limits of Exposure to Radiofrequency Electromagnetic Fields in the Frequency Range from 100 kHz to 300 GHz, Health Physics, 54, S. 115 - 123, 1988.

(8) IRPA/INIRC (1991) Protection of the Patient Undergoing a Magnetic Resonance Examination. Health Physics 61, S. 923 - 928, 1991.

(9) Kuster, N.: Messung und Berechnung zur absorbierten Hochfrequenzenergie bei körpernah betriebenen Antennen. Vortrag im Rahmen des Fachgesprächs: "Mobilfunk", 18./19.April 1991 in Neuherberg, In: "Schutz vor elektromagnetischer Strahlung beim Mobilfunk", Veröffentlichungen der Strahlenschutzkommission, Band 22, Hrsg.: Bundesminister für Umwelt, Naturschutz und Reaktorsicherheit. Gustav Fischer Verlag, Mai 1992.

(10) NCRP: Biological Effects and Exposure Criteria for Radiofrequency Electromagnetic Fields, NCRP Report No. 86, National Council on Radiation Protection and Measurement, Bethesda, MD, USA, 1986.

(11) Polk, C., Postow, E.: CRC Handbook of Biological Effects of Electromagnetic Fields, CRC Press Inc., Boca Raton, Florida, 1986.

(12) SSK 16: Nichtionisierende Strahlen. Klausurtagung der Strahlenschutzkommission Veröffentlichungen der Strahlenschutzkommission Band 16 Hrsg.: Bundesminister für Umwelt, Naturschutz und Reaktorsicherheit. Gustav Fischer Verlag, 1991.

(13) SSK: Schutz vor elektromagnetischer Strahlung beim Mobilfunk. Empfehlung der Strahlenschutzkommission, verabschiedet auf der 107. Sitzung der SSK am 12./13. Dezember 1991. Bundesanzeiger Nr. 43, S. 1538 - 1540, 3. März 1992.

(14) WHO 1992: UNEP/WHO/IRPA: Environmental Health Criteria Document: Electromagnetic Fields (300 Hz - 300 GHz), WHO, Geneva, erscheint 1992.

4 Verkehrssicherheit - *Telefonieren aus fahrenden Autos*

(Ausarbeitung des Instituts für Verkehrssicherheit des TÜV Rheinland; Bearbeiter: S. Becker, E. Bruckmayr, J. Wallrich)

Im Jahre 1990 waren im Bundesgebiet ca. 180 000 Autotelefonanschlüsse innerhalb des C-Netzes angemeldet. Davon waren ca. 10 % mit sogenannten Freisprechanlagen ausgerüstet, die mit Hilfe eines fest installierten Mikrofons und eines Lautsprechers ein Telefonieren ohne Hörer ermöglichen. Bis 1995 wird mit einer halben Million Systemen im C-Netz gerechnet. Zu erwartende Kostensenkungen der Gerätehersteller und der Bundespost wie auch die geplante Einführung des D-Netzes dürften einen weiteren Anstieg bescheren.

Diese Zahlen mögen die Brisanz der Frage verdeutlichen, ob ein Telefonieren aus dem fahrenden Auto durch den Fahrer selbst eine Beeinträchtigung der Fahrtätigkeit darstellt und damit ein höheres Unfallrisiko impliziert. Zur Beantwortung der Frage wurden von uns sowohl einschlägige Publikationen aus dem Bereich *Aufmerksamkeitsregulation und Verkehrssicherheit* herangezogen als auch ein eigener Fahrversuch unternommen.

4.1   Stand der Forschung

Probleme der gleichzeitigen Bearbeitung zweier Aufgaben werden in der Psychologie unter dem Stichwort *geteilte Aufmerksamkeit* (divided attention) diskutiert. Dabei steht die Frage im Vordergrund, ob und gegebenenfalls inwieweit die Durchführung einer sogenannten Hauptaufgabe (z. B. Autofahren) durch eine Nebenaufgabe (z. B. Telefonieren) beeinträchtigt wird.

Frühe theoretische Ansätze, die sich mit der Beantwortung der Frage beschäftigt haben, gingen entweder von einem *Kapazitäts-* oder einem *Strukturmodell* der Informationsverarbeitung aus. Kapazitätsmodelle besagen, daß die Verarbeitung eines (visuellen, akustischen ...) Reizes zu Lasten der Gesamtverarbeitungskapazität geht. Auf der anderen Seite postulieren Strukturmodelle mehrere voneinander unabhängige Verarbeitungsstrukturen z. B. für akustische und visuelle Reize. (Die Analogie zum Aufbau von Computern ist naheliegend: entweder ein Aufbau mit universellem Zentralprozessor und aufgrund Timesharing begrenzter Verarbeitungskapazität oder mehrere parallel geschaltete spezialisierte Prozessoren). Beide Modelle wurden durch einschlägige experimentelle Befunde in Frage gestellt. So sind z. B. - entgegen gesamtkapazitiven Vorstellungen - geübte Klavierspieler durchaus in der Lage, ein Klavierstück vom Blatt abzuspielen (visueller Kanal) und gleichzeitig Prosa zu hören, zu deren Inhalt nachher Fragen gestellt wurden. Zum Teil ist sogar in diesem und vergleichbaren Experimenten unter der Bedingung geteilter Aufmerksamkeit eine Leistungssteigerung zu beobachten, offensichtlich aufgrund erhöhter zentralnervöser Aktivierung. Andere Befunde widersprechen wiederum strukturellen Vorstellungen (siehe Färber, 1987).

Nach Färber (1987) ist eine Interferenzneigung zwischen Haupt- und Nebenaufgabe von drei Faktoren abhängig:

(1) Natürlichkeit der Verbindung der beiden Aufgaben (auch auf dem Hintergrund der phylogenetischen Entwicklung des Menschen);

(2) Übungseffekt im Sinne eines Übergangs von unspezifischen zu spezifischen Verarbeitungsstrukturen (*Automatisierung*) und

(3) jeweiliger *Schwierigkeitsgrad* der Haupt- und Nebenaufgabe.

Unter der Voraussetzung, daß es sich um einen erfahrenen Autofahrer handelt, der ebenfalls mit dem Autotelefon vertraut ist, dürfte demnach bei normaler Verkehrssituation und einfachen Gesprächen keine Beeinträchtigung der Fahrleistung durch das Telefonieren selbst eintreten. Diese theoretischen Überlegungen werden durch eine einschlägige Studie gestützt (Brown, Tickner & Simmonds, 1969). Hierbei hatten Versuchspersonen, während sie telefonierten, das Auto zwischen zwei Pfosten hindurchzusteuern. Dabei erfolgte das Absetzen und Empfangen von Gesprächen über Kopfhörer mit daran befestigtem Mikrofon (Head-set). War der Abstand relativ groß (einfache Aufgabe), beeinträchtigte das Telefonieren nicht. Je enger jedoch die Durchfahrt wurde, desto stärker interferierten die beiden Aufgaben.

Das bisher Gesagte gilt vor allem für den Prozeß des Telefonierens selbst. Ein spezielles Problem stellt die Bedienung des Apparates dar, verlangt sie doch eine visuelle Abwendung vom Verkehrsgeschehen. Der Fixationswechsel vom Verkehrsgeschehen zum Telefon und umgekehrt erfordert einen altersabhängig bis zu 0,5 Sekunden dauernden Akkomodationsprozeß - ein Wert, der bei hohem Autobahntempo von nicht unerheblicher Bedeutung sein kann. Noch gravierender ist die Ablenkung durch die motorische Tätigkeit des Eintippens, die visuell kontrolliert werden muß. Dementsprechend äußern sich in der Studie von Kames (1978) die Versuchsfahrer besorgt darüber, daß der Wählvorgang das Fahren beeinträchtigen würde. Im übrigen favorisieren die Versuchspersonen eine Montage der Bedienungseinheit im Bereich des Armaturenbrettes. Eine Handheld-Lösung wird als schwierig hinsichtlich der Bedienung eingestuft.

4.2 Ergebnisse unseres Fahrversuches

Der Versuch fand 1990 statt. Als Versuchsfahrzeug diente ein Mercedes-Benz Diesel, Typ W124 Kombi. Eingebaut war ein Motorola CM 451 Autotelefon mit Freisprechanlage (Preis ca. 6 000 DM). Die Auflage für den Handbedienhörer war zwischen den Vordersitzen auf dem Kardantunnel montiert. Im Handbedienhörer sind numerische Funktionstasten integriert. Die Beleuchtung von Tasten und alphanumerischem Display paßt sich automatisch den Helligkeitsverhältnissen der Umgebung an. Es können bis zu 50 Telefonnummern gespeichert werden. Getestet wurde auf der Autobahn Köln Richtung Bonn (bis Tempo 150 km/h) und im Stadtverkehr Köln. Gesprächspartner waren Mitarbeiter des TÜV in Köln. Die Gespräche beschränkten sich auf normale Unterhaltung ohne besondere inhaltliche Anforderungen. Beide Fahrer (Fahrerwechsel) stimmen hinsichtlich der Beurteilung überein.

4.3 Befunde

(1) Beim Freisprechen war keine Beeinträchtigung des Fahrers festzustellen: Zumindest für Fahrer und Beifahrer ist das ankommende Gespräch sehr gut und ohne jegliche Mühe (auch bei Tempo 150 km/h) zu verstehen. Unter dieser Bedingung ist Telefonieren subjektiv mit einem Gespräch im Auto vergleichbar.

(2) Anders beim Telefonieren mit dem Handbedienhörer: Es erfordert vom Fahrer ein hohes Maß an Konzentration, das ankommende Gespräch zu verstehen. Darüber hinaus kann der Wagen nur noch mit der linken Hand gesteuert werden. Erhebliche Probleme resp. Ablenkung bereitet in diesem Rahmen das Schalten der Gänge. Beim Schalten wird der Hörer in der Hand gehalten, was dazu führen kann, daß mit der Handinnenseite ungewollt Tasten des Handbedienhörers gedrückt werden. Eine Gefährdung der Fahrsicherheit ist unter dieser Bedingung wahrscheinlich. Wenn überhaupt, dann sollte diese Art des Telefonierens nur bei Wagen mit Automatikgetriebe erfolgen.

(3) Beide Fahrer erlebten subjektiv am problematischsten die Handhabung des Gerätes: Die Positionierung zwischen den Sitzen bewirkt sowohl visuell als auch motorisch eine erhebliche Ablenkung vom Fahren. Vermutlich wäre eine Plazierung im Bereich des Armaturenbrettes (optimale Position des Radios) sicherer. Wird die Tastatur außerhalb der Auflage bedient, müssen der Hörer in der linken Hand gehalten und gleichzeitig mit der

rechten Hand die Tasten gedrückt werden. Eine sichere Steuerung des Wagens ist somit nicht mehr möglich.

(4) Einen weiteren Ablenkungsfaktor stellt nach dem Wählen die Wartezeit des Gesprächsaufbaus dar.

4.4 Fazit

Beim Freisprechen deuten sowohl die zitierte Arbeit von Brown et al. (1969) als auch unser eigener Fahrversuch auf keine Einschränkung der Fahrsicherheit durch das Sprechen und Zuhören hin. Zumindest in üblichen Verkehrssituationen kann der Wagen dabei durchaus *automatisch* gefahren werden bei gleichzeitiger Konzentration auf das akustische Geschehen. Dies setzt eine gute Verständlichkeit des ankommenden Gespräches voraus, die nach unseren Erfahrungen nur beim Freisprechen gegeben ist. Auch beim Freisprechen ist jedoch eine relevante Beeinträchtigung der Fahrleistung bei Gesprächen auf hohem Schwierigkeitsniveau und/oder bei kritischer Verkehrssituation zu erwarten.

Das Telefonieren mit Handbedienhörer jedoch bewirkt eine erhebliche Einschränkung in der Führung des Fahrzeugs (Lenken mit einer Hand, Schalten, Betätigen anderer Stellteile). Darüber hinaus führt der eingeschränkte Empfang über den Hörer zu einer erhöhten Belastung der Aufmerksamkeit und damit zu einer gefährlichen Ablenkung.

Sowohl beim Freisprechen als auch beim Telefonieren mit Hörer entstehen erhebliche Probleme beim Bedienen des Gerätes, insbesondere beim Senden. Dies stellt eine starke viso-motorische Ablenkung und damit eine gravierende Verkehrsgefährdung dar.

Forschungs- und Entwicklungsbedarf besteht u. a. hinsichtlich der Positionierung und auch in der Bedienung des Gerätes.

5 Literatur zu *Mobilfunktechnologien und Verkehrssicherheit*

Alm, H., Nilsson, L.: Changes in Driver Behaviour as a Function of Hands-free Mobile Telephones. Reprint from DRIVE Project V 1017 (BERTIE), VTI, Linköping, 1990.

Becker, S. Bruckmayr, E. Wallrich, J.: Verkehrssicherheit und Telefonieren aus fahrenden Autos, unveröffentlichtes Manuskript, TÜV Rheinland, Köln 1990.

Brookhuis, K. A., de Vries, G. de Waard, D.: The effects of mobil telephone on driving performance, Accid. Anal. & Prev., Vol. 23, 4, S. 309 - 316, 1991.

Brown, I. D., Tickner, A. H., Simmonds, D. C.: Indeference between concurrent tasks of driving and telephoning. J. of Appl. Psych. 1969, 53, 5, S. 419 - 424.

DRIVE: Guidelines on system safety, man-machine interaction and traffic safety, "car telephones", Brüssel, 1991.

Fairclough, S. H., Ashby M. C., Ross T., Parks A. M. (HUSAT Research Institute, UK): Effects of handsfree telephone use on driving behaviour, proceedings 24th ISATA International Symposium on Automotive Technology and Automation Florenz, 20. - 24.05.1991.

Färber, B: Geteilte Aufmerksamkeit, Reihe Mensch-Fahrzeug-Umwelt, Band 20, Verlag TÜV Rheinland, Köln, 1987.

Herberg, K.-W.: Veränderungen der sicherheitsrelevanten Leistungsfähigkeit mit dem Lebensalter, in: Rompe, K. (Hrsg.) Ältere Menschen im Straßenverkehr, Kolloquium des Institutes für Verkehrssicherheit, Verlag TÜV Rheinland, Köln, 1990.

Kames, A. J.: A study of the effects of mobile telephone use and control unit design on driving performance, IEEE Transactions on vehicular technology, Report No HS 024 667, 28th IEEE Vehicular Technology Conference, Denver, 1978.

Mikkonen, V.: The use of car telephone while driving, Report No VK 89-02, University of Helsinki (ISBN 951-5-4729-2) Helsinki, 1988.

Müller-Limmroth, W: Anforderungen und physiologische Leistungsgrenzen, in ADAC Schriftenreihe Straßenverkehr 19: "Mensch und Modernisierung", S. 50 - 56, 1976.

Nilsson, L., Alm, H.: Effects of Mobile Telephone Use on Elderly Driver's Behaviour - Including Comparisons to Young Diver's Behaviour. Reprint from DRIVE Project V1017 (BERTIE), VTI, Linköping, 1991.

de Vries, G., Brookhuis, A. K.: The effects of using a cellular teplephone while driving, Annual Report 1989, Traffic Research Centre, Konlinglijke Bibliothek, den Haag, 1989.

Gerd Steierwald

Verkehr und Mobilität

Unter *Mobilität* wird im Verkehrswesen ganz vereinfacht die Bewegung, die Ortsveränderung, der Transportvorgang oder, bereits quantifiziert, die Zahl der Wege oder Fahrten von Personen bzw. mit Gütern in einer bestimmten Zeit verstanden. *Verkehr* ist die Folge dieser Ortsveränderungen, ist das, was wir auf der Straße, der Schiene oder allgemein auf dem Verkehrsweg beobachten, also die Zahl der Personen, Fahrzeuge, Güter auf einem Verkehrsweg in einer bestimmten Zeit.

Es ist unmittelbar einsehbar, daß diese vereinfachte Definition nicht ausreicht, um die komplexen Phänomene und Wirkungen zu beschreiben. Die Erweiterung des Mobilitätsbegriffes soll an der historischen Entwicklung des Menschen verdeutlicht werden, denn Mobilität gehört zu den Ureigenschaften des Menschen. Sie ist eine anthropologische Urkonstante, häufig verbunden mit einem Lustgefühl, was sich auch heute leicht an spielenden Kindern, an Joggern, Rad-, Motorrad- und auch Autofahrern nachweisen läßt. Nicht von ungefähr orientieren Automobilfirmen ihre Werbung an diesem Lustgefühl.

Der Mensch als Jäger und Sammler ist angewiesen auf Mobilität. Sie verläßt ihn nicht, selbst in Notzeiten, in denen sie sich durch hormonelle Umschaltung steigert, obwohl man glauben möchte, daß in solchen Perioden größere Aktivitäten kontraproduktiv wären. Auch beim Übergang zur *Seßhaftigkeit*, nach Gehlen der erste Sprung in der anthropologischen Entwicklung, bleibt die Mobilität eine unabdingbare Voraussetzung fürs Überleben. Mit dieser Seßhaftigkeit entwickelt der Mensch seinen privaten Raum, er *behaust* sich. Dennoch dominiert der öffentliche Raum, der Weg, der Platz und die Straße, die die Felder erschließt, Kinder und Erwachsene zur Kommunikation und zum Spiel einlädt und schließlich die Verbindung zwischen den Siedlungen ermöglicht, eine der wesentlichen Voraussetzungen zur kulturellen Fortentwicklung, zum Austausch von Gütern und Informationen.

Damit sind bereits drei Funktionen der Straße formuliert, die bis in die heutige Zeit den Richtlinien und Empfehlungen der Verkehrsplanung zugrundegelegt werden. Die Straße dient dem Aufenthalt, der Erschließung des Raumes und der Verbindung der Räume untereinander. Der absichtliche Gebrauch des Wortes *dienen* soll dabei die dienende Funktion der Straße und damit der Mobilität unterstreichen: Mobilität ist nicht Selbstzweck, sie ermöglicht die Aktivitäten des Menschen im Raum. Der Mensch geht oder fährt, um zu arbeiten, um einzukaufen, um sich zu bilden oder zu erholen. Damit ist der *Zweck* der Mobilität definiert, die erste Erweiterung des Mobilitätsbegriffes, der Hinweise auf die mit dem Verkehr verbundenen Folgen liefert. Dies soll als Fahrtzweck bezeichnet werden und jede Analyse und Prognose der Verkehrsentwicklung muß diesen Fahrtzweck in ihre Betrachtungen einbeziehen.

Damit verbunden und dennoch abzugrenzen ist das räumliche *Ziel*, an dem dieser Zweck erreicht wird oder erreicht werden soll. Mobilität ist zwar auch ohne räumliches Ziel realisierbar, sie unterliegt dennoch einem Zweck. Als Erlebnismobilität bezeichnet, kann sie in ihrer sanften Form, z. B. bei der Wanderung oder der *Fahrt ins Grüne,* der Erholung und dem Naturerlebnis dienen, in ihrer furchtbaren Ausprägung aber auch dem Austoben, der Flucht und dem Abbau von Aggressionen. Die Einbeziehung des räumlichen Zieles in den Mobilitätsbegriff, in dem der Weg nun als vektorielle Größe, als Verbindung eines Quellortes mit einem Zielort gesehen wird, stellt die zweite Erweiterung des Mobilitätsbegriffes dar. Zahlreiche Mißverständnisse lassen sich auf die Annahme zurückführen, Mobilität sei ein Skalar. Als Primitivbeispiel sei angeführt, daß Ihnen ein öffentliches Verkehrsmittel an Ihrer Wohnung erst dann Vorteile bietet, wenn auch Ihr Ziel - z. B. Ihr Arbeitsplatz - mit einem öffentlichen Verkehrsmittel erreicht werden kann. Diese vektorielle Betrachtung ist eine unabdingbare Voraussetzung zur Beurteilung der Auswirkungen politischer Handlungskonzepte oder von technischen, ordnungs-, preis- oder finanzpolitischen Maßnahmen.

Bei der historischen Analyse wurde bereits deutlich, daß die Verbindung der Räume untereinander eine der zentralen Aufgaben der Verkehrswege war und ist. Sie gewinnt mit der Entwicklung des Rades durch die Sumerer im 3. Jahrtausend vor Christus eine noch größere Bedeutung. Dennoch bleibt über fast fünf Jahrtausende seit dieser Erfindung eine zentrale Größe weitgehend konstant, das ist die Geschwindigkeit, mit der sich der Mensch fortbewegt und die seinen Aktionsradius maßgebend determiniert. An der Mobilität ändert sich in dieser Zeit wenig, die täglichen Wege bleiben annähernd gleich, Raum und Zeit bleiben bei konstanter Geschwindigkeit zwei synonyme Begriffe: der kürzeste Weg ist in der Regel der schnellste, und so ist auch heute noch die Verwechslung von kürzestem Weg im Sinne der Zeit oder des Weges häufig anzutreffen. Zwar reduziert das Rad den energetischen Aufwand zum Transport der Güter, die Zeit aber zur Überwindung des Raumes ändert sich nur wenig.

Die gesamte Entwicklung von der Erfindung des Rades bis zur industriellen Revolution, nach Gehlen der zweite Sprung in der anthropologischen Entwicklung, könnte übersprungen werden, wenn nicht eine Reihe von wichtigen Einflüssen aus dieser Zeit auch für die heutige Mobilität von Bedeutung wären. Zum Beispiel resultiert die dezentrale Verteilung der Verdichtungsräume und Oberzentren, die gegenüber einer zentralistischen Ausrichtung als äußerst positiv bewertet wird, aus der Stärke der zahlreichen Territorialgewalten, aus der vielgeschmähten Kleinstaaterei und aus der Schwäche der Habsburger Dynastie, die am Rande des damaligen Reiches angesiedelt war und fast keine zentrale machtpolitische Bedeutung erlangte wie etwa in Frankreich mit der machtpolitischen Zentrale Paris. Welche Folgen dies auf den gesamten Verkehr hat, ist meines Erachtens bis heute nicht eingehend analysiert worden.

Eine neue Phase in der weiteren Entwicklung der Mobilität beginnt erst mit der industriellen Revolution. Der nach Gehlen zweite Sprung in der anthropologischen Entwicklung ist gleichzeitig ein Sprung in der Geschwindigkeit, die plötzlich innerhalb weniger Jahrzehnte auf das 10- bis 20-fache und innerhalb dieses Jahrhunderts auf mehr als das 100-fache ansteigt. Der Aktionsradius weitet sich aus. Den energetischen Aufwand zur Überwindung des Raumes übernimmt nun die Maschine, zunächst die Eisenbahn. Die Straße fällt über Jahrzehnte in ihrer Bedeutung zurück, sie dient zwar ihren alten Funktionen *Aufenthalt* und *Erschließung*, aber ein großer Teil der Verbindungsfunktion wird von der Eisenbahn übernommen. Die Straße dient als Zubringer zu den Haltepunkten und Bahnhöfen.

Mit der industriellen Revolution erhöht sich die Attraktivität der Städte. Die Stadt wächst, sie sprengt ihre mittelalterliche Enge, wird zur offenen Stadt, und auch hier wachsen die neuen Stadtteile im Sinne der kürzesten, energetisch am einfachsten zu überwindenden Wege an den Radialen, eine im Hinblick auf die Nutzung des Automobils unheilvolle Entwicklung. Die ehemalige Stadtmauer, das Bollwerk, wird beseitigt und zum Boulevard. Die Städte wachsen, ihre Attraktivität wächst, aber mit diesem Wachstum ist eine neue Enge und Verelendung verbunden.

In diese Zeit fällt nun die Erfindung des *Automobils* im Jahre 1886. Zwei fundamentale Unterschiede kennzeichnen jene beiden, für die heutige Mobilität relevanten Verkehrsmittel. Der erste Unterschied ergibt sich aus der Tatsache, daß die Eisenbahn ein einheitliches System darstellt, Fahrzeug und Fahrweg eine Einheit bilden. Völlig anders beim Automobil. Das Automobil braucht zunächst keinen eigenen Fahrweg, es bewegt sich auf jenen Straßen, die auch dem Fußgänger und dem Gespann als Fahrweg dienen. Der zweite Unterschied ergibt sich aus der Verfügbarkeit des Verkehrsmittels. Während die Eisenbahn, an Schienenweg und an Fahrplan gebunden, nur eine mittelbare Verfügbarkeit erlaubt, also vom Zu- und Abgang zu diesem Verkehrsmittel und der linienmäßigen Verknüpfung abhängig ist, steht beim Automobil die unmittelbare Verfügbarkeit und die flächenhafte Erschließung zunächst außer Frage.

Die weitere Entwicklung des Systems Straßenverkehr wird in Europa in den ersten 60 Jahren von zwei Weltkriegen beeinflußt. Die Notwendigkeit des Neu- und Ausbaus eines auf das neue Verkehrsmittel ausgerichteten Straßennetzes ist zunächst nicht evident. Es kann sich auf jenen Straßen bewegen, die bereits in der Römerzeit ihren Ursprung hatten und die bis zum Ende der 20er Jahre dezentral verwaltet werden. Neu- und Ausbau der Straßen liegen in der Kompetenz der Kreise und Gemeinden, die mit dieser Aufgabe, insbesondere im Hinblick auf ein großräumiges Netz, völlig überfordert sind. Es müssen fast 50 Jahre vergehen, bis das System Fahrzeug-Straße wenigstens in Ansätzen als Einheit gesehen wird.

Die in den 20er Jahren sich abzeichnenden Möglichkeiten, die das Auto bietet, sprengen die Grenzen der Provinzen und Länder. Hitler versteht es, die Forderung nach einem großräumigen Straßennetz aufzugreifen, und ein großer Teil der Begeisterung, die Hitler insbesondere von den Ingenieuren dieser Zeit entgegengebracht wird, muß auf die Tatsache zurückgeführt werden, daß er damit den Vorstellungen dieser Zeit entspricht. Er beginnt mit dem Neubau der Autobahnen unmittelbar nach der Machtergreifung. Es gehört zu den Grotesken der Verkehrspolitik, daß ausgerechnet die Deutsche Reichsbahn mit der Planung beauftragt wird und sich damit ihr Konkurrenzunternehmen selbst aufbaut, aber es gibt keine andere Behörde, die in der Lage gewesen wäre, eine solche Aufgabe zentral zu übernehmen.

Mit dem Ende des verbrecherischen Systems des dritten Reiches ist gleichzeitig die physische, materielle Zerstörung der großen Städte verbunden. Der Wiederaufbau beginnt in den ersten Hungerjahren und setzt ein mit einer Periode des dynamischen, strukturellen Wandels. Dieser Wandel erfaßt alle kulturellen, ökonomischen und technischen Grundlagen dieser Gesellschaft, deren integrale Erfassung, deren Bedeutung für den Verkehr und damit für die Mobilität im Sinne einer kausalen Interpretation kaum möglich ist. Diese Phase umfaßt auch den Abbruch einer großen Zahl von wenigstens teilweise erhaltenen Bauwerken. Der Leiter des Stuttgarter Denkmalamtes hat mehrfach wiederholt, daß nach dem Krieg mehr historische Substanz zerstört wurde als durch den Krieg selbst. Man denke z. B. an den Abriß des Kronprinzenpalais oder an die

Diskussionen um das Neue Schloß in Stuttgart, das mit nur einer Stimme Mehrheit im Gemeinderat erhalten werden konnte und zwar gegen den Willen mancher Architekten und Stadtplaner. Stuttgart gehörte damit zu den sogenannten fortschrittlichen Städten wie Berlin und Hannover, die den historischen Bezug verloren hatten. Ganz anders dagegen München oder die etwas kleineren Städte wie Aachen, Freiburg und Münster, die zunächst unter ihrer finanziellen Schwäche litten und mit ihrer Aufbauphase in jene Zeit kommen, die sich der historischen Identität wieder zuwendet.

Städtebauliches Leitbild ist die gegliederte und aufgelockerte Stadt, die - vom Architekten und Stadtplaner Reichow als autogerechte Stadt bezeichnet - bis heute ihre abschreckende Wirkung erhalten hat, obwohl Reichow diesen Begriff nicht in dem heute benutzten Sinne verstanden hat. Der Stuttgarter Stadtplaner Humpert erkennt in den 50er Jahren eine unheilvolle Allianz zwischen Städtebauern und Verkehrsplanern. Die Verkehrsplaner glauben nachholen zu müssen, was in der Zeit der beiden Weltkriege und auch zwischen den Weltkriegen versäumt worden war, nämlich jenes Element des Systems Straßenverkehr auszubauen, das bei der Eisenbahn a priori durch den Verbund Fahrweg-Fahrzeug gegeben ist.

Der Wiederaufbau unserer Städte und der gleichzeitige wirtschaftliche Aufschwung in den 50er Jahren vollzieht sich vor dem Hintergrund einer fortlaufenden Zunahme der Motorisierung. Das Automobil begleitet diesen Aufschwung, es erlaubt, die Enge der Stadt zu sprengen. Es setzt jene bekannte Stadtflucht ein, die im Grunde keine Flucht ist, denn die Erreichbarkeit der zentralen kulturellen und wirtschaftlichen Einrichtungen der Stadt schrumpft mit dem Automobil auf jene Zeiteinheiten, die seit Stadtgründung dem Bürger vertraut sind. Damit erhöht sich jener Teil der Mobilität, den wir mit *Verkehrsleistung* bezeichnen in der Dimension Personen-km pro Jahr oder t-km, die mit dem physikalischen Begriff Leistung nichts gemein hat oder nur als Analogon zu betrachten ist. Mit dem Anstieg der Verkehrsleistung wird gleichzeitig die Notwendigkeit nach zusätzlichem Neu- und Ausbau der Verkehrsinfrastruktur verbunden, was einen weiteren Regelkreis initiiert, denn die verbesserte Verkehrsinfrastruktur fördert den strukturellen Wandel und ermöglicht gleichzeitig die flächenhafte Erweiterung der Wohn- und Gewerbestandorte. Die damit einsetzenden Regelkreise verhindern eine eindeutige Zuordnung von Ursache und Wirkung. Jede isolierte Betrachtung eines einzelnen Ereignisses verkennt die Abhängigkeiten dieser Ereignisse untereinander. Hier nach Kausalität zu fragen, hieße dem Flügelschlag jenes Schmetterlings nachzuforschen, der nach der Chaostheorie zur Auslösung eines Orkans führen kann. Dennoch seien einige Gründe wenigstens in Ansätzen genannt.

Eine Ursache der Stadtflucht ist die verheerende *Wohnungsnot* zu Beginn der 50er Jahre. Die spezifische Wohnfläche ist gering und der Wunsch nach größeren und qualitativ besseren Wohnungen und einem verbesserten Wohnumfeld wird aufgrund der steigenden Wirtschaftskraft realisierbar durch den steigenden Wohlstand und die mit dem Auto verbundene Mobilitätserweiterung. Die Enge der Stadt verhindert auch die *Ausdehnung der Gewerbe- und Industrieflächen,* und es ist wiederum das Auto, das die Aussiedlung in die Nachbargemeinden ermöglicht, deren Gemeinderat die notwendigen Flächen gern zur Verfügung stellt. Die Universität wandert auf den Campus, häufig ohne Anschluß an den öffentlichen Verkehr. So wird der Uni-Campus in Stuttgart-Vaihingen erst in den 80er Jahren durch die S-Bahn erschlossen, zwar außergewöhnlich gut erschlossen, allerdings mit einem Mehraufwand gegenüber einer zunächst geplanten direkten Verbindung zu dem benachbarten Stadtteil von etwa 200 Mio. DM. Die S-Bahn ist heute voll, aber die Parkplätze an der Universität sind noch voller, sofern man hier den Komparativ überhaupt benutzen kann.

Der strukturelle Wandel mit dem Übergang vom primären zum sekundären und zunehmend zum tertiären Sektor führt sowohl zu *neuen Arbeitsplätzen* als auch zum *Verlust traditioneller Arbeitsplätze.* Als Beispiel sei die Aufgabe zahlreicher unrentabler Zechen genannt, die zu Beginn der 60er Jahre zum Verlust zahlreicher Arbeitsplätze führt. Konnte der Bergmann seine Zeche noch zu Fuß erreichen, seinen neuen Arbeitsplatz findet er im nächstgelegenen Stahlwerk oder anderen Betrieben, unter Umständen 10, 20 oder mehr km entfernt, mit dem öffentlichen Verkehrsmittel wegen der in der Regel radialen Ausrichtung der Linien, der systembedingten geringeren Reisegeschwindigkeiten und der Zu- und Abgangszeiten nur in 30 bis 40 Minuten, durch den Pkw aber in 10 oder 15 Minuten erreichbar.

Die zunehmende Motorisierung erzeugt in Verbindung mit den genannten Einflüssen einen Nachfragedruck, dem der Neu- und Ausbau des Straßennetzes folgt. Man baut zunächst - nach den alten Prinzipien der kürzesten Wege - die Radialen aus und führt damit den Verkehr durch jene traditionell an den Radialen orientierten Wohnstraßen jener Stadtteile, die vor den Toren der alten entstanden waren. Es ist die kürzeste, aber nun nicht mehr die schnellste und schon gar nicht die umweltschonendste Verbindung. Zunächst verbessern sich damit zwar die Erreichbarkeiten, aber sie sind verbunden mit den heute bekannten negativen Auswirkungen, mit einer erhöhten Lärmbelastung auf allen Straßen, mit der zunehmenden Gefährdung des Wohnumfeldes, den zahlreichen Toten und Verletzten, den schlechten Parkmöglichkeiten und schließlich mit dem Verlust der gewollten Erreichbarkeit. Das heißt, der verkehrsinfrastrukturelle Ausbau verursacht wiederum strukturelle Mängel mit der Folge, daß in den Kernbereichen die Einwohnerzahl weiter abnimmt und die soziale Segregation fortschreitet, indem der jüngere und dynamische Teil der Bevölkerung hinauszieht und den Älteren, den sozial Schwachen und Ausländern die Enge der Stadt überläßt.

Mehr als 20 Jahre müssen vergehen, ehe im politischen Raum ein verkehrspolitischer Wandel einsetzt, obwohl Warnungen und Aufforderungen zur Kurskorrektur schon zu Beginn der 60er Jahre aufkommen. Der Deutsche Bundestag beruft eine Sachverständigenkommission zur Verbesserung der Verkehrsverhältnisse in den Gemeinden, die eine wesentliche Attraktivitätssteigerung des öffentlichen Verkehrs vorschlägt. In England leitet der Stadtplaner Buchanan eine Kommission, die zu Beginn der 60er Jahre einen Bericht vorlegt. Buchanan zeigt den Konflikt auf zwischen Zugänglichkeit durch das Automobil auf der einen Seite und der Umweltbelastung auf der anderen. Seine Kommission schlägt vor und greift damit eine alte englische Idee wieder auf, die Stadt in Zonen oder in Quartiere einzuteilen. Buchanan bezeichnete diese Quartiere als *Environment-Zonen*. Es ist bezeichnend, daß in der deutschen Übersetzung des Buches 'Traffic in towns' *environment* nicht mit *Umwelt* übersetzt wird. Die deutschen Übersetzer lassen diesen Begriff unübersetzt stehen und betonen in der Einleitung, daß das Wort *Umwelt* keine adäquate Übersetzung für den umfassenden Begriff *environment* sei.

Die Ideen Buchanans und die wiederholten Warnungen führten in den 60er Jahren keineswegs zu wesentlichen Änderungen der Verkehrspolitik, bis die Energiekrise 1972/73 schockartig neue Akzente setzte. Plötzlich war man sich der Begrenztheit der natürlichen Ressourcen und der politischen Abhängigkeit von den Ölstaaten bewußt. Die nun folgende Kursänderung läßt mit einem erheblichen Investitionsaufwand im öffentlichen Verkehr die bekannten S-, U- und Stadtbahnnetze entstehen; zum ersten Mal steigt die Mobilität auch im öffentlichen Verkehr, die Zuwachsraten sind erheblich. Dennoch ändert sich die Aufteilung zwischen dem öffentlichen und dem individuellen Verkehr nicht wesentlich, die Verkehrsprognosen und damit die Folgenabschätzung sind geprägt von einer totalen Unterschätzung des Individualverkehrs. Der Energieschock ist bereits Mitte der 70er Jahre vergessen. Ein konjunktureller Aufschwung setzt ein, die Kraftfahrzeugindustrie versichert glaubhaft, den Energieverbrauch erheblich senken zu können und sie erreicht es auch, den spezifischen Verbrauch um mehr als 25 % zu reduzieren. Dennoch bleibt der Verbrauch seit 1975 nahezu konstant bei 10 l/100 km, weil die

Motorleistungen zunehmen und das Käuferverhalten mit dem Trend zu diesen hochmotorisierten Fahrzeugen eine weitere Senkung des Verbrauchs konterkariert. Zu diesem Zeitpunkt hätte die Zusage der Industrie durch Maßnahmen der Ordnungs- und Finanzpolitik gestützt werden müssen, z. B. durch eine erhebliche Besteuerung der großvolumigen Motoren oder durch eine Erhöhung der Mineralölsteuer oder durch eine Verbrauchsbegrenzung.

Aus diesen Erfahrungen wird ersichtlich, daß technische Maßnahmen verpuffen, wenn sie nicht durch entsprechende ordnungs-, preis- oder finanzpolitische Maßnahmen gestützt werden. Nur wenige Entwicklungen kennzeichnen die mit *Technikfolgenabschätzung* verbundene Problematik in so eklatanter Weise wie die weitere Entwicklung des Verkehrs und der Fahrzeug- bzw. Motorentechnik. Die erwähnte Verbrauchsreduktion wird in den 70er Jahren erzielt durch eine wesentliche Zunahme der Motorverdichtung mit der Folge eines erheblichen Anstiegs der Stickoxidemissionen. Die sich daraus ergebenden Probleme sind heutzutage bekannt, aber waren sie zu jenem Zeitpunkt erkennbar - insbesondere im Hinblick auf die heutige Ozonproblematik? Dies darf bezweifelt werden. Meines Erachtens konnte sich nichts Wesentliches ändern, zumindest nicht in der Verkehrsentwicklung, weil der sektorale strukturelle und siedlungsstrukturelle Wandel weitergegangen ist. Die Rahmenbedingungen haben sich nicht geändert. Um die Kerne der Verdichtungsräume wachsen die Siedlungen und Gewerbebetriebe, im mittleren Neckarraum sind bereits heute 125 000 neue Wohnungen durch rechtskräftige Bebauungspläne der Gemeinden ausgewiesen, die sicher nicht ausreichend durch öffentliche Verkehrsmittel bedient werden können. Der sektorale Wandel setzt sich fort, die Siedlungsstruktur scheint irreversibel oder höchstens langfristig beeinflußbar. 82 % der Verkehrsleistung entfällt bereits auf das Automobil und davon ist mehr als 50 % Freizeit- und Urlaubsverkehr.

Alle bisherigen prognostischen Aussagen zur Verkehrsentwicklung sind geprägt von einer *totalen Unterschätzung des Verkehrsaufkommens im Individualverkehr* (IV). Trotz der erheblichen, unbedingt notwendigen, aber zu spät begonnenen Investitionen im Öffentlichen Verkehr (ÖV), trotz des Neu- und Ausbaus der S- und Stadtbahnen, ist es nicht gelungen, den Anteil des ÖV am Gesamtverkehr zu erhöhen. Er liegt in der Stadt Stuttgart bei 35 % und in der Region Stuttgart bei etwa 25 %. Ohne in den Kanon über die fast unerträglichen Verkehrsverhältnisse einstimmen zu wollen, die Verhältnisse sind schlimm genug, scheint es mir notwendig, die wesentlichen Zielsetzungen unserer Strategien und Maßnahmen wenigstens in einem Satz zu formulieren: es geht um die Reduktion der Unfälle, der Schadstoff- und Lärmemissionen, des Flächenanspruchs und des Energieverbrauchs, kurz um die Erhaltung und Verbesserung der humanen und natürlichen Lebensgrundlagen unter Aufrechterhaltung marktwirtschaftlicher Prinzipien und der ökonomischen Effizienz. Über diese Zielsetzungen, die permanent im politischen Raum vorgebracht werden, kann eine rasche Einigung erzielt werden. Weit schwieriger wird die Frage zu beantworten sein, welche Strategien und Maßnahmen uns vor den negativen Folgen der weiter zunehmenden Motorisierung und Verkehrsbelastungen bewahren können. Versucht man, die in der Diskussion befindlichen Strategien auf Kurzformeln zu bringen, so lassen sie sich auf drei einfache Begriffe zurückführen: *Vermeiden*, *Verlagern* und *Verbessern*, d. h. die Effizienz zu stärken.

Ich darf an dieser Stelle betonen - um keine Mißverständnisse zu erzeugen - ich bin für die Vermeidung von Fahrten oder Verlagerung von Fahrten auf umweltfreundliche Verkehrsmittel, aber nach mehr als 30jähriger Erfahrung im Verkehrswesen bin ich mir der Begrenztheit dieser Strategie bewußt und dies darf ich kurz erläutern. Daß diese nur scheinbar nichttechnischen Lösungen mittelbar dennoch mit Technikfolgenabschätzung zu tun haben, wird an meinen weiteren Aussagen deutlich.

Bei der Vermeidung von Fahrten steht im Vordergrund die Frage nach den primären Ursachen des Verkehrs. Diese wurden bereits genannt und seien hier nur kurz ergänzt: Die gebaute Umwelt ist eine statische Größe. Die Nutzung ihrer Elemente unterliegt dynamischen Prinzipien und einem permanenten Wandel, der eine ungeheure Flexibilität und Mobilität der Menschen erfordert. Die Dynamik dieses Wandels offenbart sich in den sektoralen Veränderungen; in der Region Mittlerer Neckar mit etwa 2,2 Mio. Einwohnern fiel z. B. der Anteil der im Produzierenden Gewerbe Tätigen von 1970 bis 1987 von 60 % auf 46 %, demgegenüber stieg der Anteil der Beschäftigten im tertiären Sektor von 40 % auf 54 % mit der Tendenz, die Mobilität im motorisierten Individualverkehr zu erhöhen, ebenso wie die Änderungen in der Siedlungsstruktur. Und ist es nicht eine Illusion, zu glauben, die Siedlungsstruktur so verändern zu können, daß die Wohn-, Arbeits-, Ausbildungs-, Einkaufs- und Freizeitstätten näher aneinanderrücken könnten, um Verkehr zu vermeiden? Selbst die vielfach erhobene Forderung, nur dort weitere Nutzungen zu erlauben, wo die Erreichbarkeit durch öffentliche Verkehrsmittel gegeben ist, konnte in der Vergangenheit in der Regel nicht erfüllt werden. Die erheblichen Zweifel sollten nicht zur Resignation führen, das Leitbild eines ökologisch verträglichen Städtebaus und seine Bedeutung für die Mobilität wird uns in der Forschung auch weiterhin beschäftigen.

Welche weiteren Strategien zur Vermeidung von Verkehrsleistung oder Verlagerung der Verkehrsleistung auf umweltfreundlichere Verkehrsmittel stehen nun zur Verfügung. Dazu ein Blick auf das *Verkehrsverhalten*. Aus Umfragen ist bekannt, daß neben anderen drei wesentliche Gründe die Wahl des Verkehrsmittels beeinflussen:

- die Reisezeit,

- der Fahrkomfort und

- der Preis.

Die Reihenfolge ist auch die Rangfolge der Entscheidungsgründe. Betrachten wir zunächst die *Reisezeiten*, die sich innerhalb der Region und zwischen den einzelnen Verkehrsmitteln erheblich unterscheiden. Sie werden darüber hinaus subjektiv unterschiedlich bewertet. In der Region Mittlerer Neckar sind die Reisezeiten im öffentlichen Verkehr im Durchschnitt um 50 % höher als im Individualverkehr. Zur Beeinflussung des Verhaltens bieten sich drei Strategien an, man kann den öffentlichen Verkehr verbessern und damit seine Reisezeiten verringern oder die Bedingungen für den Individualverkehr verschlechtern oder man kann beides tun.

Die Reisezeiten im ÖV lassen sich noch reduzieren, z. B. durch Busspuren oder Priorisierung an signalgesteuerten Knoten. Es konnten gerade in Stuttgart Verbesserungen erzielt werden: Die SSB haben die geringsten außerbetrieblichen Verlustzeiten. Aber im Hinblick auf die von mir genannten Reisezeitdefizite des ÖV gegenüber dem IV sind dies marginale Größenordnungen. Zum Abbau der Disparitäten müßte ein ganz restriktiver Kurs gegen das Auto gefahren werden, z. B. durch Rückbau der radialen Hauptverkehrsstraßen, der nach einem Szenario im Rahmen des Luftreinhalteplans Stuttgart die Reisezeiten im Straßenverkehr um mehr als 20 % erhöhen würde. Dies bedeutet allerdings - und hier setzt wieder die Technikfolgenabschätzung ein - ein Verlust von etwa 40 Mio. Personenstunden im Jahr, bei einer Bewertung von nur 10 DM/Personenstunden also Verluste von 400 Mio. DM. Dies ist meines Erachtens nicht tragbar, zumal auch andere Fahrtzwecke betroffen würden, z. B. der Wirtschafts- und Lieferverkehr, dessen Zeitverluste zu einer Schwächung dieser Region führen würde.

Es stellt sich also die Frage, ob es nicht marktwirtschaftlich orientierte Strategien und Maßnahmen gibt, mit denen gerade zeitsensitive Transportaufgaben priorisiert werden, bei denen wir auch bereit wären, für Zeitgewinne einen entsprechenden Preis zu zahlen. Damit sind wir beim *Preis*, der in der Rangfolge der Beurteilung durch den Fahrer erst an dritter Stelle erscheint. Hier hat sich in der Vergangenheit gezeigt, daß die bisherige Variationsbreite im Benzinpreis nur geringe Auswirkungen auf die Verkehrsmittelwahl und die Fahrleistung gehabt hat: grob formuliert beträgt die Preiselastizität zwischen 10 % bis 20 % , d. h. ein Zuwachs der variablen Kosten oder des Benzinpreises in der Größenordnung von 10 % bewirkt also einen Rückgang der Fahrleistung von etwa 1 % bis 2 %. Die letzte Erhöhung der Mineralölsteuer um fast 25 Pfennig mit einer Erhöhung der variablen Kosten um etwa 20 % hat daher die Fahrleistung, d. h. den Verkehr auf unseren Straßen, um etwa 3 % reduziert. Dies kompensiert gerade den Verkehrszuwachs eines Jahres. Ursache dieser geringen Preiselastizität ist der mit 20 % bis 30 % geringe Anteil der variablen Kosten an den Gesamtkosten für ein Automobil. Eine Erhöhung des Benzinpreises um 0,10 DM/Liter erhöht die variablen Kosten nur um etwa 10 DM je Monat, bringt aber etwa 4 Mrd. DM in die Staatskasse. Man sollte sich nicht der Illusion hingeben, daß eine in diesem Rahmen bleibende Mineralölsteuererhöhung eine wesentliche Reduktion oder Verlagerung des Verkehrs auf öffentliche Verkehrsmittel bewirken wird.

Wenn marktwirtschaftliche Grundsätze auch im Verkehr ansetzen sollen, dann müssen sie an jenen Stellen einsetzen, an denen der Verkehrsraum knapp und darüber hinaus umweltbelastet und deshalb mit höheren Preisen zu belegen ist. Eine Vignette kann diese Funktion ebensowenig übernehmen wie die zur Zeit geplante Straßennutzungsgebühr auf Autobahnen, da sie zu Verdrängungseffekten mit einer zusätzlichen Belastung sensibler Räume führen kann und die Bündelungsvorteile der Autobahn konterkariert. Die in der Diskussion befindlichen Straßennutzungsgebühren können höchstens europäische Disparitäten in der Kfz-Steuer für Lastkraftwagen abbauen, für ein marktwirtschaftliches Instrumentarium bedarf es einer flächenhaften, zeit- und fahrleistungsabhängigen Straßennutzungsgebühr:

❏ *flächenhaft*, um bei Einfahrt in hochbelastete Räume eine Gebührenabbuchung vornehmen zu können,

❏ *zeitbezogen*, um zeitlich gestaffelte Preise (z. B. in Spitzenzeiten also höhere Preise) zu erheben,

❏ *fahrleistungsbezogen*, um den Preis in Abhängigkeit von der gefahrenen Strecke zu gestalten.

Eine derart gestaffelte Gebühr würde in den Verdichtungsräumen, in denen Alternativen durch den ÖV bestehen, Substitutionseffekte, d. h. Verlagerungen erzeugen, den Verkehrsraum frei machen, also Zeitgewinne für diejenigen bringen, die im wirtschaftlichen Interesse ihr Auto nutzen, sozial verträglich sein, da es Alternativen gibt und die strukturschwachen Räume aussparen. Ein solches Road-pricing ist natürlich mit einem erheblichen infrastrukturellen Aufwand verbunden, aber auch die Geräte im Fahrzeug wären teuer und es bedarf einer europäischen Lösung. Aber das technische Problem ist lösbar und in seinen Folgen zwar nicht umfassend, aber wenigstens in Ansätzen abschätzbar. Auch hier handelt es sich um ein wichtiges Problem der Technikfolgenabschätzung.

Ein ähnliches marktwirtschaftliches Instrument bietet die Parkraumbewirtschaftung. Nach einigen Untersuchungen über Parkraumbeschränkung im Stuttgarter Westen bin ich allerdings skeptisch, ob diese Maßnahme eine wesentliche Reduktion des Individualverkehrs zur Folge haben kann. In den echten Kernbereichen hat nämlich bereits ein erheblicher Verdrängungswettbewerb stattgefunden. Wenn daher im Rahmen der Kampagne *autofreie Innenstadt* es schon als Erfolg bewertet wird, daß etwa 200 Stellplätze innerhalb der Stadt Stuttgart in absehbarer Zeit eingezogen werden könnten, dann zeigt sich hier die Begrenzung einer derartigen, in der politischen Diskussion überbewerteten Strategie. Bezogen auf den einstrahlenden Verkehr (350 000 Fahrzeuge/Tag) ist diese Reduktion eine marginale Größe.

Das heißt nicht, daß öffentlicher Parkraum kostenlos zur Verfügung gestellt werden sollte. Die im Augenblick vorherrschende Tendenz, die Parkgebühren erheblich zu erhöhen, muß weiter verfolgt werden, um auch hier marktwirtschaftliche Strategien zu verfolgen, d. h. den knappen Raum zu verteuern. Aber wir sollten doch nicht glauben, durch derartige Maßnahmen die Zahl der Fahrten verringern, d. h. Verkehr vermeiden zu können. In München hat man die Parkgebühren drastisch gesteigert auf 5,- DM je Stunde, nach dem man zuvor 2,5 Stunden kostenlos auf der Maximilianstraße parken konnte, mit der Folge, daß Sie dort nur selten einen Parkplatz bekamen. Nunmehr zeigen sich durchaus freie Parkplätze. Da die Fahrzeuge in der Regel nur eine Stunde parken, hat sich der Umschlag und damit die Zahl der Fahrten etwa verdoppelt. Was zurückgegangen sein mag, ist der Parksuchverkehr, jedoch fehlen dazu abgesicherte Aussagen. Eine weitere Bemerkung zur Parkraumbegrenzung: in den letzten 20 Jahren sind in der Stuttgarter Innenstadt bei jedem Neu- und Ausbau der Gebäude neue Stellplätze geschaffen worden. Denken Sie an die Bebauung des Nordbahnhofs, an den Neubau der Südwestbank oder an die Neubauten in Möhringen: Pressezentrum und Daimler-Benz. Wir hoffen, aufgrund unserer derzeitigen Forschungen genauere Angaben über den tatsächlichen Zuwachs der Stellplätze machen zu können.

Die angeführten kritischen Darstellungen sollten jene Probleme thematisieren, die mit den im politischen, aber oftmals auch im fachlichen Raum vorgeschlagenen Maßnahmen zur Reduktion des Verkehrs verbunden sind. Es gibt keine einfachen Lösungsansätze. Nur in der Kombination lassen sich die zahlreichen, z. T. interdependenten Maßnahmen zu Konzepten bündeln und ihre Auswirkungen darstellen. Wir haben im Rahmen der Untersuchungen für die Enquête-Kommission *Vorsorge zum Schutz der Erdatmosphäre* des Deutschen Bundestags ein Reduktionsszenario untersucht, in dem eine Vielzahl der teilweise kritisch benannten Einzelmaßnahmen aus den Bereichen Flächennutzungspolitik, Technologie, Ordnungspolitik, Preispolitik und Investitionspolitik unter Berücksichtigung organisatorischer Maßnahmen und Einstellungsänderungen zusammengefaßt und bezüglich ihrer Wirksamkeit analysiert wurde. Dieses Reduktionsszenario umfaßt für den Personenverkehr zahlreiche drastische Maßnahmen zur Attraktivitätsminderung des Individualverkehr, z. B. Parkraumbewirtschaftung, Zufahrtsbeschränkung für Innenstadtbereiche, Umorientierung der Flächennutzung im Sinne einer *Stadt der kurzen Wege.* Dazu kommen die Förderung des Fußgänger- und Radverkehrs und die Attraktivitätserhöhung der öffentlichen Verkehrsmittel im Hinblick auf Preis, Zeitvorteil, Bedienungshäufigkeit und Komfort. Einzelmaßnahmen sind z. B. die Priorisierung öffentlicher Verkehrsmittel an Lichtsignalanlagen, die Einrichtung von Busspuren, die Förderung differenzierter Nahverkehrskonzepte, die Erhebung eines Grundtarifs für öffentliche Verkehrsmittel im Sinne einer Nahverkehrsabgabe sowie im Fernverkehr der Ausbau eines Schnellfahrnetzes der Deutschen Bundesbahn mit Höchstgeschwindigkeiten bis zu 250 km/h. Ähnliche Überlegungen wurden zur Verlagerung des Güterverkehrs angestellt, auf den ich hier nicht eingehen möchte.

Die Ergebnisse können trotz weitreichender und harter Maßnahmen keineswegs befriedigen. Die vorgegebenen Zielsetzungen der Enquête-Kommission, nämlich eine Reduktion des CO_2-Ausstoßes im Verkehr um 18 % bis 2005 und um 80 % bis 2050, können aufgrund dieser Maßnahmen nicht erreicht werden. Sogar das mit ganz erheblichen Restriktionen verbundene Reduktionsszenario führt nur zu einem Rückgang der CO_2-Reduktionen um 13 %. Lassen Sie mich daher an dieser Stelle zwei Feststellungen treffen:

(1) Durch eine notwendige Attraktivitätssteigerung des öffentlichen Verkehrs wird man aus realistischer Sicht es schon als Erfolg ansehen müssen, wenn der Anteil des öffentlichen Verkehrs am Gesamtverkehr in den nächsten Jahren konstant bleibt. Ein Durchbruch zur Verbesserung der Umwelt durch Vermeidung und Verlagerung kann damit allein meines Erachtens nicht erreicht werden. Ich befürchte, es ist eine Illusion, zu glauben, durch Vermeidung und Verlagerung des motorisierten Individualverkehrs eine wesentliche Reduktion des Energieeinsatzes und der Umweltbelastungen zu erzielen.

(2) Eine durchgreifende Verbesserung der Umwelt wird nur möglich sein, wenn die Umweltplanung und der Umweltschutz in einem erheblich stärkeren Maße als bisher auf das Automobil ausgerichtet wird, um es zu ei-

nem umweltgerechten und sicheren Verkehrsmittel zu machen. Stadtgestaltung, Verkehrsplanung, Entwurf von Straßen und Knotenpunkten, Verkehrsleittechnik und vor allem aber die Fahrzeugtechnik müssen auf eine Versöhnung des Automobils mit der Umwelt ausgerichtet sein. Dazu bedarf es erheblicher Investitionen und zwar vom einzelnen Verkehrsteilnehmer für sein eigenes Fahrzeug, von der Industrie zur Bereitstellung neuer, umweltfreundlicherer Fahrzeuge und von der öffentlichen Hand zur Förderung umweltfreundlicher Fahrzeuge. Die variablen Kosten des Individualverkehrs müssen steigen, auch zur Verbesserung der Konkurrenz alternativer Antriebsarten. Neben dem weiteren Ausbau des öffentlichen Verkehrs wird es notwendig sein, die Straßenbauinvestitionen erneut zu prüfen und sie im Hinblick auf ihre Bedeutung zur Verbesserung der Umwelt und Sicherheit, aber auch zur Verbesserung der wirtschaftlichen Attraktivität zu analysieren. Der knappe und belastete Verkehrsraum muß mit einer Straßennutzungsgebühr belegt werden, so daß für diese Fahrten ein erheblicher Preisvorteil für das öffentliche Verkehrsmittel gegeben ist. Die erzielbare Verringerung der Verkehrsdichte bedeutet einen Reisezeitgewinn und eine Kostensenkung für den notwendigen Wirtschafts- und Lieferverkehr.

Ich hatte versucht, deutlich zu machen, daß der Begriff der Mobilität durch die industrielle Revolution und insbesondere durch das System Straßenverkehr einem erheblichen Wandel unterzogen wird. Mobilität ist kein Skalar, kann nicht auf einfache Weise definiert werden als Zahl der Wege, auch nicht als Verkehrsleistung. Sie ist vielmehr eine vektorielle, durch den Zweck indizierte Größe, bei der die Geschwindigkeit eine zentrale Rolle spielt. Historisch betrachtet bleibt über Jahrtausende für den Fußgänger und das Pferdegespann der kürzeste Weg auch der schnellste. Erst als die Bewegungsenergie bedeutungslos wird, die Hierarchisierung des Straßennetzes zu abgestuften Geschwindigkeiten führt, die zwischen 10 und 100 km/h variieren, klaffen der kürzeste und der schnellste Weg auseinander. Der Umweg wird unter Umständen der schnellste Weg und bietet damit die Möglichkeit, Städte oder sensible Wohnbereiche zu umgehen. Mit der größeren Entfernung verbunden ist aber eine wesentliche Erhöhung des energetischen, vom Fahrzeug übernommenen Aufwandes. Der Energieverbrauch, der Flächenanspruch und auch die Emissionen nehmen zu und zwar exponentiell mit wachsender Geschwindigkeit.

Geschwindigkeit wird daher - wie bereits erwähnt - zu einem zentralen Begriff im Rahmen der Mobilitätsdefinition. Aber auch der erweiterte Mobilitätsbegriff, in den der Zweck, die vektorielle Betrachtung und die Geschwindigkeit eingehen, reicht zur Abbildung des Verkehrsgeschehens keineswegs aus. Jeder Weg, jede Fahrt und jede Reise umfassen nicht nur diese Größen, sondern auch den Zeitpunkt von Beginn und Ende. Sie werden damit zu komplexen Vorgängen in der Zeit und im Raum, deren Gesamtheit betrachtet werden muß. Die direkte Verfügbarkeit eines Verkehrsmittels vom Beginn eines Weges von der Wohnung bis zum Ende aller Aktivitäten und Rückkehr zur Wohnung gewinnt zunehmend an Bedeutung für die Mobilität. Dazu gehören aber auch der Komfort und die Flexibilität, mit der man während der Reise auf Unvorhergesehenes reagieren und neu disponieren kann.

Das Automobil könnte den Ansprüchen der Mobilität gerecht werden, wenn es nicht mit den bekannten negativen Implikationen verbunden wäre. Der Zeitpunkt ist absehbar, an dem es seine Verfügbarkeit verliert und sich selbst ad absurdum führt, wenn es nicht zu der von mir genannten Versöhnung von Umwelt und Automobil kommt. Wir dürfen jedoch nicht glauben, daß wir auf einfache Weise aus diesem Prozeß aussteigen können. Hier folge ich der Auffassung von Hermann Lübbe, der dem einfachen Ausstieg eine eindeutige Absage erteilt: "Wer unter der Last der unerwarteten Folgen seines früheren Handelns dieses verflucht, kann sich nunmehr von dieser Last nicht allein durch Unterlassen befreien ...." Vor dieser Konfliktsituation stehen wir, und es stellt sich die Frage, welche Möglichkeiten wir besitzen, dieser Herausforderung gerecht zu werden. Ziel aller Strategien und Maßnahmen muß es sein, die heutigen gesellschaftlichen Wertvorstellungen zu realisieren, d. h. die Erhaltung und Verbesserung der humanen und natürlichen Umwelt und die Sicherung des menschlichen Lebens. Ich bin davon überzeugt, daß dies mit der sinnvollen Nutzung eines umweltgerechten und sicheren Automobils möglich ist.

Eckard Minx; Thomas Waschke

Werkstattbericht zum probleminduzierten TA-Projekt *Lebensraum Stadt*

1 Hintergründe des Forschungsprojektes

Der Technik und insbesondere deren Neben- bzw. Folgewirkungen wie auch der Dynamik des technologischen Entwicklungsprozesses wird heute mehr Aufmerksamkeit zuteil als jemals zuvor. Dafür lassen sich unterschiedliche Gründe anführen: Die fachdisziplinäre Spezialisierung der Wissenschaften und, in deren Folge, auch der planenden und gestaltenden Instanzen hat in den zurückliegenden Jahrzehnten dieses Jahrhunderts nicht nur zu beeindruckenden Erfolgen geführt, sie ist auch maßgeblich an der Entstehung gravierender Probleme beteiligt. Lösungen im großen Wurf zu suchen und vermeintliche Nebenwirkungen auszublenden, war, überspitzt formuliert, oftmals die Devise.

In dem Maße aber, wie sich die Anwendungen von Technik verbreiterten und intensivierten, wurden die Belastbarkeitsgrenzen der Umwelt deutlich. Umweltverträglichkeit hat sich zu einem wesentlichen Kriterium der Beurteilung und Bewertung von Technik entwickelt. Es verwundert denn auch keineswegs, daß der gesellschaftliche Diskurs über Technik ganz wesentlich den Aspekt der Sozialverträglichkeit hervorhebt. Die These der Moderne, gesellschaftlichen Fortschritt über Technikeinsatz bzw. Techniknutzung risikofrei zu erzielen, bleibt zumindest seit Mitte der 70er Jahre - und insbesondere seit Tschernobyl, Seveso, Bhopal und Basel - nicht mehr unwidersprochen.

Geht es bei letzterem vor allem um die Folgen bzw. Wirkungen des technischen Fortschritts und hier um die Frage seiner gesamtgesellschaftlichen Akzeptanz bzw. Akzeptabilität, so wird andererseits den Mechanismen und Bedingungen des technischen Fortschritts, seiner wettbewerblichen Bedeutung, besondere Aufmerksamkeit zuteil. Seitdem nicht allein die Zahl der relevanten Wettbewerber größer geworden ist, sondern damit einhergehend sich auch die Intensität des Prozesses weltweiter Konkurrenz ungeahnt verstärkt[1], gerät die Diskussion um technologische Entwicklungsprozesse aus sehr unterschiedlichen und widerstreitenden Gründen auf die tagespolitische Agenda.

Trotz aller diesbezüglichen Kontroversen sollte aber eines feststehen: Ohne technologische Dynamik ist gesellschaftliche Entwicklung nicht denkbar. Diese These bedeutet jedoch keineswegs - wie nicht selten voreilig und falsch gefolgert -, daß einem blinden, die Risikodimension vernachlässigenden bzw. ausblendenden Fortschrittsglauben das Wort geredet wird. Vielmehr handelt es sich um ein Plädoyer für eine so weit als möglich kalkulierbare wissenschaftlich-technische Dynamik, bei der das Augenmerk auf *qualitative* Aspekte des technischen Fortschritts gelenkt wird. Und dies mit der Maßgabe, daß die Durchsetzbarkeit technischer Produkte am Markt heute weit mehr eine Frage ihrer gesellschaftlichen Akzeptanz als der technischen Realisierbarkeit darstellt. In diesem Sinne ist der von Unternehmen forcierte technische Fortschritt ein gezielter und bewußter Beitrag zum Prozeß unternehmerischer - sowie gesamtgesellschaftlicher - Entwicklung und Differenzierung. Daß gerade dies unter den erreichten Bedingungen keine leichte Aufgabe darstellt, wird vor allem aus drei Gründen deutlich:

(1) Die Areale menschlicher Handlungsmöglichkeiten wie auch deren Folgen haben sich umfassend erweitert. Zudem hat sich die "Wandlungsgeschwindigkeit" (Odo Marquard) derart beschleunigt, daß sie nicht mehr in jedem Fall als erträglich angesehen wird. Denn die Zeitspannen zwischen Invention, Innovation und Diffusion technischer Produkte verkürzen sich rapide und dies bei gleichzeitig steigender Durchdringung nahezu aller privater und öffentlicher Lebensbereiche mit Technik. Durch den Verkürzungseffekt wird der gesellschaftliche Prozeß der Reflexion über Technik schwierig, wenn nicht gar vielfach unmöglich. Die Zukunft droht sich vermehrt von der erfahrenen und erfahrbaren Herkunft abzukoppeln. Das Tempo der Neuerungen nimmt zu, aber unsere Fähigkeit, mit den Entwicklungen in Wissenschaft und Technik Schritt zu halten, wird immer mehr begrenzt. Die Konfrontation des Menschen mit fundamentalen, zudem noch vernetzten Problemstellungen sowie tiefgreifenden sozialen wie ökologischen Entwicklungen stellt seine Identität

---

1   vgl. hierzu auch Minx, E.: Von der Liberalisierungs- zur Wettbewerbspolitik. Internationale Wirtschaftspolitik zwischen Industrieländern nach dem Zweiten Weltkrieg. Berlin, New York 1980, passim.

daher zunehmend in Frage[2] - Unsicherheit, aber auch Angst vor Technik resp. dem Technisierungsprozeß ist oftmals die Folge.

(2) Viele der Folgen und Nebenwirkungen (externe Effekte) von Technik sind, wie wir feststellen müssen, weitgehend irreversibel. Zudem verstehen wir immer weniger die Tragweite unseres Handelns zu analysieren, abzuschätzen und zu bewerten, sind doch an die Stelle von vermeintlich linearen Kausalbeziehungen komplexe Vernetzungen - Ursache-Wirkungs-Ketten - getreten. Folglich ist es nicht die vielfach ins Feld geführte Komplexität an sich, die neue Herangehensweisen und Lösungsanforderungen stellt, sondern die Radikalität unserer Eingriffe in das Geschehen. Unser Agieren ähnelt immer mehr dem "Handeln", wie es von Hannah Arendt[3] beschrieben wurde: "Wir werden vermehrt des Prozeßhaften unseres Tuns gewahr".

(3) Die zunehmende Interdependenz von wissenschaftlich-technischem Fortschritt und sozialer Dynamik hat nicht nur die Wechselwirkungen undurchschaubarer werden lassen. Hinzu kommt, daß durch den Entwicklungsprozeß auch vertraute Orientierungsmuster und Beurteilungsmaßstäbe zur Disposition gestellt werden. Damit aber gewinnen fatalerweise oftmals die scheinbar *einfachen* - populistischen - Lösungsvorschläge an politischer Durchschlagskraft.

Wenn dies in groben Strichen die Bühne skizziert, auf der wir agieren, so wird eines immer wichtiger: Zukunftsgestaltung benötigt Vorstellungen über die anzustrebenden Ziele sowie die Erarbeitung möglicher Entwicklungspfade zu deren Erreichung. In diesem Sinne sind Zukunftsentwürfe vor allem Orientierungsinstrumente zur Abschätzung von Chancen und Risiken potentieller Gestaltungsräume. Beurteilungsmaßstab ist dabei wesentlich das Prinzip der Verantwortbarkeit, die ethische Dimension der Technikentwicklung als besonderer Fall unseres Handelns. Oder wie Hans Jonas es ausdrückt: "... daß Technik ethischen Erwägungen unterliegt, folgt aus der einfachen Tatsache, daß die Technik eine Ausübung menschlicher Macht ist, d. h. eine Form des Handelns, und alles menschliche Handeln moralischer Prüfung ausgesetzt ist"[4].

2　　Fritsch, B.: Orientierungshilfe über die Existenzbedingungen einer offenen Gesellschaft. In: Wissenschaftszentrum Berlin (WBZ), IIVG/dp, S. 83 - 118, Berlin 1983.

3　　Arendt, H.: Vita activa oder Vom täglichen Leben. München 1981.

4　　Jonas, H.: Warum die Technik ein Gegenstand für die Ethik ist: Fünf Gründe. In: Lenk, H./Ropohl, G. (Hrsg.): Technik und Ethik. Stuttgart 1987, S. 81. Vgl. auch ders.: Prinzip Verantwortung - Zur Grundlegung einer Zukunftsethik. In: Daimler-Benz AG (Hrsg.): Philosophische Betrachtungen zur Zukunft der Technik. Report 7. Düsseldorf 1986, S. 6 - 14.

Wir wollen im folgenden ein Forschungsprojekt vorstellen, das sich in diesem Sinne mit einem der brisantesten Themenfelder unserer Zeit auseinandersetzt: dem Lebensraum Stadt mit dem Fokus auf Mobilität und Kommunikation. Der interdisziplinäre Forschungsverbund *Lebensraum Stadt*, der nach einer knapp zweijährigen Konzeptionsphase vor kurzem mit seiner Arbeit begann, hat sich zum Ziel gesetzt, Unverträglichkeiten zwischen den Bedingungen urbaner Lebensqualität und den Anforderungen, die sich aus der Funktionserfüllung großer Ballungsräume ergeben, zu analysieren. Außerdem sollen in Szenarien mögliche Maßnahmenkonzeptionen entworfen und bewertet werden, die den thematisierten Unverträglichkeiten entgegenwirken.

Da sich der Forschungsverbund u. a. die Aufgabe gestellt hat, das gewählte Forschungsthema - modellhaft - als probleminduziertes TA-Projekt zu bearbeiten, werden wir diesem Gesichtspunkt im nachfolgenden Kapitel einige grundsätzliche Anmerkungen widmen.

2   Technikfolgenforschung in der Industrie

Technikfolgenabschätzung (TA) und Technikbewertung (TB) sind keineswegs neu, beide gab es praktisch schon immer. Als Begriffe allerdings wie auch als wissenschaftliche Disziplin sind sie eine Entwicklung der letzten zwanzig Jahre. Technikfolgenabschätzung ist von seinem Ursprung her ein Instrument der Politikberatung und wird folglich vorzugsweise im Rahmen ordnungspolitischer Instrumente diskutiert. In der Industrie betriebene Technikfolgenforschung bzw. sozialwissenschaftlich ausgerichtete Technikforschung ist auch weiterhin eine Besonderheit, selbst wenn mittlerweile in einzelnen Unternehmen Referate für das Themenfeld Technikfolgenabschätzung existieren[5].

In einer Welt permanenten technologischen und gesellschaftlichen Wandels stellt vorausschauendes und langfristig orientiertes Denken und Forschen eine unabdingbare Grundlage von Wettbewerbsfähigkeit und Zukunftsvorsorge dar. Entwicklungschancen - bzw. auch Gefahren und Risiken - im Unternehmensumfeld frühzeitig zu identifizieren und für interne Planungsprozesse verfügbar zu machen, ist eine der herausfor-

---

5   vgl. die Pilotstudie von Fleischmann, G./Paul, I.: Technikfolgen-Abschätzung in der Industrie der Bundesrepublik Deutschland. Ergebnisse einer empirischen Untersuchung im Auftrag des Bundesministers für Forschung und Technologie. Frankfurt a. M. 1987.

derndsten unternehmerischen Aufgabenstellungen. Zumal sich das Unternehmensumfeld nicht nur vermehrt als instabil herausstellt und Änderungen nicht allein über Marktsignale zu interpretieren sind, sondern auch noch in seiner Bedeutung für das Unternehmen entscheidend erweitert.

Nicht mehr nur technologische Entwicklungen und Märkte sind zu kalkulieren, vor allem die Sensibilisierung des Umfeldes aufgrund von Fern- und Nebenwirkungen der Produkte bzw. des unternehmerischen Handelns in ökologischer und gesellschaftlicher Hinsicht gewinnt an strategischer Bedeutung. Um aber schwache Signale in unternehmensrelevanten Umfeldbereichen erkennen zu können und hinsichtlich ihrer Relevanz zu bewerten, bedarf es eigenständiger Forschungsaktivitäten in einer Reihe von Themenfeldern[6].

Die Daimler-Benz AG hat schon vor über zehn Jahren derartige Forschungsaktivitäten begonnen, kontinuierlich den sich ändernden Bedingungen angepaßt und in die zentrale Konzernforschung integriert. Nachdem als *Forschungsgruppe Berlin* begonnen wurde, ist heute, infolge der Neuorganisation der Konzernstruktur, die sozialwissenschaftlich orientierte Forschung eine sog. Querschnittsfunktion *Technik und Gesellschaft (TEG)* mit Sitz in Berlin innerhalb des Vorstandsressorts *Forschung und Technik (FT)*.

Sozialwissenschaftlich orientierte Forschung in der Industrie hat eine Transmissionsfunktion analog zur naturwissenschaftlich-technischen Industrieforschung. Letztere transformiert auf der Grundlage eigener Forschung das außerhalb des Unternehmens vorhandene technische Grundlagenwissen in neue produktspezifische Prinziplösungen, führt damit zu Innovationen und dies entweder durch Initiierung neuer Lösungen für das vorhandene Produktspektrum (inkrementale Verbesserungen) oder durch die Vorbereitung grundsätzlich neuer Produkte/technischer Prozesse (Innovation).

Eine sozialwissenschaftlich ausgerichtete Industrieforschung verfolgt in diesem Sinne eine dreifache Aufgabenstellung: Sie trägt *erstens* zu Prozeßinnovationen durch die Verbesserung der die Unternehmenstätigkeit ausmachenden Planungs-, Steuerungs- und Kommunikationsfunktionen bei. Dazu gehört auch, daß über das Kreieren neuer Produkte und Verfahren hinaus die technologischen und organisatorischen "Architekturen" (John Seely Brown) von Unternehmen im Blickfeld von Erneuerungsbemühungen zu stehen haben (Weiterentwicklung von Planungs- und

---

6   vgl. hierzu auch Schade, D.: Sozialwissenschaftlich orientierte Umfeldforschung in der Industrie. In.: Daimler-Benz AG (Hrsg.): Von der strategischen Planung zum unternehmerischen Handeln, Report 12. Düsseldorf 1990, S. 53 - 61.

Steuerungsprozessen). *Zweitens* sind die ablaufenden Prozesse im Unternehmens- und Produktumfeld ihr Forschungsgegenstand, da diese wesentliche Rahmendaten für die unternehmensinternen Planungsaufgaben darstellen (Umfeldforschung). Da aber die sozialwissenschaftlich fundierten Forschungsergebnisse weit mehr qualitativ denn quantitativ, eher *soft factors* denn *hard factors*, vielfach schwache Signale denn unumstößliche Tatbestände darstellen, besteht die *dritte Forschungsaufgabe* in der methodischen Entwicklung - und Anwendung - von Transferinstrumenten für die Kommunikation dieses Wissens in die Unternehmensprozesse (Kommunikations- bzw. Transferforschung). Wegen der spezifischen thematischen, aber auch zeitlichen und methodischen Unterschiede, existieren hierbei keine Überschneidungen z. B. zur naturwissenschaftlich ausgerichteten Wirkungsforschung wie auch nicht zur Marktforschung. Aber, wie auch bei der naturwissenschaftlich-technischen Industrieforschung, stehen eindeutig nur die für das Unternehmen relevanten Forschungsthemen im Vordergrund: Industrieforschung ist in diesem Sinne immer angewandte Forschung. Dies gilt auch - und sogar im besonderen - für eine sozialwissenschaftlich-technisch ausgerichtete Forschung.

Über ein Jahrzehnt hat sich diese sozialwissenschaftliche Forschungsaktivität bei uns im Spannungsfeld von Forschungskapazitäten, Forschungsthemen und Unternehmensinteressen entwickelt. Sie wurde dabei naturgemäß sowohl durch Personen als auch durch Umfeldentwicklungen geprägt und in - oftmals nicht voraussehbare - Richtungen gelenkt. Dies ist ein typischer Prozeß für Forschungen, und so sind die Entwicklungsperspektiven von heute aus betrachtet in jeglicher Hinsicht offen.

Das Thema Technikfolgenforschung stand allerdings schon frühzeitig auf der Agenda der zu bearbeitenden Themen. Erste Ergebnisse wurden 1987 auf einem Seminar zur Diskussion gestellt[7].

Uns ging es von Beginn an sowohl um die Relevanz, die Methodik und die unternehmensstrategischen Perspektiven von Technikfolgenabschätzung (TA) sowie Technikbewertung (TB) als auch um die differenzierte Betrachtung des Problemfeldes technischer Folgen unter politischen wie auch unternehmerischen Aspekten.

Wurde zwar schon in den 80er Jahren die Diskussion um Technikfolgen in der Sache nicht mehr grundsätzlich kontrovers geführt, so zeigte sich aber, daß das am Handlungsspielraum des Parlaments orientierte Basiskonzept von TA sowie die darin intendierten Zielsetzungen sich nicht ohne Modifikationen auf die Bedingungen der Wirtschaft anwenden las-

---

7   vgl. Daimler-Benz AG (Hrsg.): Technikfolgenabschätzung und Technikbewertung. Konzeption, Anwendungsfälle, Perspektiven. Report 10. Düsseldorf 1988

sen[8]. Technikfolgenabschätzung und Technikbewertung werden als Instrumente der Entscheidungshilfe für den Staat verstanden und beziehen sich ganz wesentlich auf die staatliche Verantwortung zur Abwendung negativer Technikfolgen für Gesellschaft und Umwelt. Die jeweiligen technikbezogenen Gesetzgebungsfelder skizzieren dabei die Dimension staatlicher Handlungsspielräume. Staatliche Handlungsfelder aber sind deutlich zu denen von Unternehmen zu unterscheiden.

Notwendig ist somit die sinngemäße Übertragung des Konzeptes "... auf die Handlungsfelder in Unternehmen und die (dort) bestehenden Entscheidungsabläufe ..."[9]. Und dies unter Berücksichtigung von Wertgesichtspunkten der Unternehmen wie auch Wertkategorien der Gesellschaft. Gesellschaftliche Wertkategorien lassen sich aber nur insofern im unternehmerischen Bewertungsprozeß berücksichtigen, als sie in Gesetzen ausgedrückt sind oder absehbar sich in solchen niederschlagen werden. Dies bedeutet, daß sich der Prozeß der Technikbewertung in Unternehmen auch in seiner praktischen Umsetzung von der politischen Technikbewertung wird unterscheiden müssen.

Aus betriebswirtschaftlicher Sicht besteht darüber hinaus eine Gefahr in der schlichten Übertragung der in der politischen Sphäre entwickelten Konzepte auf die Unternehmen dadurch, daß der "technokratische Ansatz .. den pluralistischen Entwicklungs- und Anwendungsvorgang von Technik in Marktwirtschaften (ignoriert) und .. den wettbewerblichen und daher *chaotischen* Verlaufscharakter mit dem Anspruch einer vorausschauenden Regelung"[10] kontert. Über den damit thematisierten Zusammenhang von beabsichtigter Regelung des technischen Entwicklungsprozesses und dem Innovationsprozeß müßte noch genauer nachgedacht werden.

Um Mißverständnisse und Begriffsverwirrungen zu reduzieren, scheint uns der Begriff *Produktfolgenabschätzung* (PA) für den Prozeß der Technikbewertung in Unternehmen angebracht und durch die drei folgenden Merkmale charakterisiert:

❑ "Produktfolgenabschätzung ist ein Prozeß, der der Entscheidungsvorbereitung im Unternehmen dient;

---

[8]   vgl. hierzu auch Schade, D.: Technikfolgenabschätzung im Staat, Produktfolgenabschätzung in der Wirtschaft. In: Daimler-Benz AG (Hrsg.): Technikfolgenabschätzung und Technikbewertung. A. a. O., S. 7 - 14, hier S. 9.

[9]   Schade, D.: Technikbewertung und Produktfolgenabschätzung: Möglichkeiten und Grenzen. In: VDI (Hrsg.): Integrierter Umweltschutz. Ingenieurkonzepte für eine umweltfreundliche Technikgestaltung. VDI-Bericht Nr. 899. Düsseldorf 1991, S. 24.

[10]   Staudt, E.: Die betriebswirtschaftlichen Folgen der Technikfolgenabschätzung. In: Zeitschrift für Betriebswirtschaft, 61. Jg. (1991), Heft 8, S. 884.

❑ Produktfolgenabschätzung soll zusätzlich zu den technischen, wirt-
    schaftlichen und marktbezogenen Daten Informationen über die
    ökologischen und gesellschaftlichen Wirkungen von Produkten
    liefern;

❑ Produktfolgenabschätzung ist auf die Handlungsfelder des Unter-
    nehmens bezogen - die Gestaltung der Produkte und der Prozesse, die
    zu ihrer Herstellung erforderlich sind"[11].

Entsprechend der jeweiligen Problemstellung sind auch bei der Produktfolgenabschätzung idealiter zwei Typen zu unterscheiden: Vorhandene, durch den Einsatz von Technik verursachte gesellschaftliche bzw.
ökologische Problemlagen verringern oder zu beseitigen, ist das Ziel der
probleminduzierten Produktfolgenabschätzung. Sie hat damit ihren Adressaten in der Unternehmensplanung und/oder der Forschungsplanung
(Forschungsstrategie). Anders dagegen bei der *technikinduzierten Produktfolgenabschätzung,* die potentielle Folgen des Technikeinsatzes in
Produkten oder Verfahren zu ermitteln sucht. Sie will damit möglichen
Folgen vorbeugen und zielt auf Produkt- und Verfahrensentwicklung.

Gleichgültig ob technikinduziert oder probleminduziert, entsprechend des
Anspruchs von PA - und auch TA - liegt das Hauptaugenmerk der Analysen und Bewertungen auf den nicht unmittelbar zu erkennenden Folgen.
Zu erfassen gilt es vor allem die langfristig zu erwartenden, erst mit Zeitverzögerung auftretenden oder zu erkennenden, die nichtintendierten und
indirekten sowie die gesellschaftlich und kulturell relevanten Folgen.

Ohne Zweifel ein großer Anspruch, zumal man damit leben muß, daß für
Folgenabschätzungen - gleichgültig, ob TA oder PA - keine spezielle
Methodik oder ein grundlegendes theoretisches Konzept existiert und
auch nicht existieren kann. PA wie auch TA sind als allgemeine Rahmen-
konzepte und programmatischer Anspruch zu verstehen[12].

---

11   Schade, D.: Technikbewertung und Produktfolgenabschätzung: Möglichkeiten
     und Grenzen. A. a. O., S. 24.
12   So auch Paschen, H.: Technology Assessment - Ein strategisches Rahmenkon-
     zept für die Bewertung von Technologien. In: Dierkes, M./Petermann, Th./v.
     Thienen, V. (Hrsg.): Technik und Parlament. Berlin 1986, S. 21 - 46.

Die Umsetzung in die Praxis stößt auf vielfältige Probleme. Dies gilt zwar gleichermaßen für die politische Ebene (TA)[13] wie auch die unternehmerische Ebene (PA)[14], aber es bedarf hier einer differenzierten Betrachtung.

Gerade in unternehmerischer Hinsicht besteht umfangreicher Klärungsbedarf. Es geht hier, worauf Staudt eindrücklich hingewiesen hat, um das Problem "Innovation trotz Regulation durch Technikfolgenabschätzung"[15]. Unbenommen dieser wichtigen - und offenen - Frage erfordert die praxisgerechte Umsetzung entsprechend der jeweiligen Problemstellung die Nutzung des Fachwissens, aber auch die methodische Kompetenz der beteiligten Fachdisziplinen. Gerade in dieser Hinsicht erfordert die Durchführung von PA-Prozessen das gezielte und systematische Überschreiten der Wissenschaftsgrenzen traditioneller Prägung. Es sind nicht mehr nur allein die Einzelwissenschaften gefordert, sondern interdisziplinär arbeitende Forschungsverbünde mit einer auf die Ziele hin ausgerichteten spezifischen interdisziplinären Methodik. Wäre eine solche zu entwickeln, dann könnte sich die Folgenforschung "... zu einer Wissenschaft, nämlich einer speziellen Systemwissenschaft..."[16] ausbilden.

Die Institutionalisierung von PA-Prozessen in Unternehmen ist vor allem unter dem Gesichtspunkt der Früherkennung wie auch als Teil der strategischen Managementaufgabe zu sehen. PA als Instrument der Technikgestaltung - und nicht, wie noch vor einigen Jahren mit der Befürchtung des technologischen *arrestment* assoziiert - bedeutet dann einen Gewinn an Handlungsfähigkeit, wenn die systematische Integration in die internen Geschäftsprozesse gelingt. Handelt es sich auf der Seite der Forschung und der Entwicklung dabei eher um Fragen z. B. des Werkstoffeinsatzes und des Recycling etc., also um das Abwägen von Handlungsoptionen, so geht es auf der Ebene der Unternehmensplanung um Fragen des Leitbildes und der Unternehmenskultur. Letzteres mit internen wie auch externen Wirkungen.

---

13   Einer Klassifizierung von Schade folgend muß von sog. Wissens-, Methoden-, Kommunikations- und Machtbarrieren ausgegangen werden. Vgl. Schade, D.: Technikbewertung und Produktfolgenabschätzung: Möglichkeiten und Grenzen. A. a. O.

14   Leitner unterscheidet das Komplexitäts-, Informations-, Kommunikations-, Methoden-, Prognose-, Bewertungs- und Realisierungsproblem. Vgl. Leitner, M.: Zur Begründung, Organisation und Arbeitsweise von Technology Assessment im Unternehmen. München 1991, mimeo.

15   Staudt, E.: Die betriebswirtschaftlichen Folgen der Technikfolgenabschätzung. A. a. O., S. 893.

16   Schade, D.: Technikbewertung und Produktfolgenabschätzung: Möglichkeiten und Grenzen. A. a. O., S. 22.

Vor diesem - sehr vielschichtigen - Hintergrund ist unser Forschungsthema *Lebensraum Stadt* zu sehen. Allerdings keineswegs mit dem Ziel,
die oben geforderte bzw. vermißte interdisziplinäre Methodik in toto entwickeln zu wollen - oder besser: entwickeln zu können. Unser Ziel ist um
einiges geringer. Da wir von der Notwendigkeit einer institutionalisierten
Form von Produktfolgenabschätzung in Unternehmen überzeugt sind, gilt
als *Anwender* unser besonderes Interesse der Erprobung und Weiterentwicklung der bei uns in anderen Zusammenhängen genutzten Methoden.
Obwohl der interdisziplinäre Forschungsverbund *Lebensraum Stadt* zu
einem nicht unerheblichen Teil ein Thema aus dem Bereich der Technikbewertung (TB) - also der politischen Ebene - aufgreift, scheint gerade er
uns als ideales Experimentier- und Erprobungsfeld sowohl für inhaltliche
Fragestellungen wie auch methodische Konzepte geeignet.

3 Der Interdisziplinäre Forschungsverbund *Lebensraum Stadt*

Das Konzept des Forschungsverbunds gliedert sich in vier Ebenen
(Bild 1): Die *erste Ebene* stellt das Themenfeld Stadt als Kristallisationspunkt einer Vielzahl von Problemstellungen, die unter anderem im Spannungsfeld von Mobilität, Kommunikation und den damit auf das engste
verbundenen Gestaltungs- und Planungsprozessen angesiedelt sind, dar.
Oswald Spengler vertrat die Auffassung, daß Weltgeschichte ganz wesentlich Stadtgeschichte sei. Und der französische Wissenschaftler und Stadt-
forscher Thierry Paquot sieht den Zivilisationsprozeß per se als ein Phänomen der Städtebildung, wie auch die Zukunft des Menschen maßgeblich
mit städtischer Durchdringung verbunden sein wird. Die Städte in den Industrieländern sind immer mehr zu intellektuellen Phänomenen geworden,
wird betont. Ob aber dieser Herausforderung durch intelligente Konzepte
zur Stadtgestaltung bzw. Stadtentwicklung geantwortet wird, ist nicht nur
aus unserer Sicht eine offene Frage. Zumindest sind wohl die Jahre der
nicht enden wollenden, großen Diskurse über Städte und Stadtentwicklung
vorbei. Es ist die Zeit der konkreten Maßnahmen gekommen. Hier nun
setzen wir inhaltlich mit unserem Projekt an. Es sollen Ansätze zur Bewältigung einer der dringendsten Aufgaben der Gegenwart und nächsten Zukunft entwickelt werden: Eines ständig anschwellenden Verkehrs Herr zu
werden, der die Lebensräume in den Städten zu ersticken droht; in den
Städten, deren Wesensmerkmal gerade die Konzentration von Verkehr
und Kommunikation ist, wo die Erfüllung der spezifisch städtischen Funk-

tionen den schnellen, permanenten und möglichst ungehinderten Austausch von Personen, Nachrichten und Gütern zur Voraussetzung hat. Eben dies ist das Dilemma großstädtischer Verkehrspolitik: Die doppelte Zielsetzung, urbane Lebensqualität und Funktionsfähigkeit gleichermaßen zu gewährleisten, während sie durch eine kollabierende Verkehrsentwicklung zunehmend beeinträchtigt werden.

Forschungskonzept auf vier Ebenen

• Themenfeld Stadt, Mobilität und Kommunikation

• Probleminduzierte Technikfolgenforschung/Produktfolgenforschung

• Interdisziplinarität

• Methoden der Zukunftsforschung

Bild 1   Forschungskonzept auf vier Ebenen

Zweitens geht es uns darum, das skizzierte Themenfeld im Sinne probleminduzierter Technikfolgenforschung zu behandeln. Die Stadt als räumliche Manifestation vielfältiger Konflikte, Fehlentwicklungen, aber auch von Experimenten und Perspektiven für neue Formen menschlichen Daseins, scheint uns hierfür als hervorragendes Analyse- und Forschungsobjekt geeignet. Zumal herausragende Kenner der Materie - wie z. B. Wolfgang Pehnt - gerade jetzt wieder darauf verweisen, daß "Stadtentwicklungspolitik ... heute mehr mit Software als mit Hardware gemacht wird ..., mehr mit den Bildern im Kopf als mit den Tatsachen in der Hand"[17].

Mobilität und Kommunikation in Agglomerationen erfordert aus unserer Sicht eine gesamthafte Herangehensweise. Das partialanalytische Denken zum Beispiel in Verkehrs-, Wohnungsbau-, Stadtentwicklungspolitik oder Planungsfragen kann der eigentlichen Problematik, wie sie sich heute darstellt, nicht gerecht werden. Es besteht die handfeste Notwendigkeit, die existierenden sowie die erwarteten Phänomene als Ganzes zu verstehen und nicht nur ihre Teilprozesse. Unsere Überzeugung ist, daß nur, wir nennen sie bei aller begrifflichen Problematik, ganzheitliche Analyse- bzw. Forschungsansätze für derart komplizierte und komplexe Fragestel-

---

17   Pehnt, W.: "Das Licht am Ende des Stollens". Zukunft in der Stadt, IV. In: FAZ vom 22.01.1992.

lungen zielführend sind. Ob uns der Technikfolgen-Ansatz hier weiter-
führende Erkenntnisse ermöglicht, ist nicht sicher, aber, wie wir meinen,
der Prüfung wert. Doch, und das möchte ich sogleich anfügen, auf methodische Erfahrungen kann hier nur begrenzt zurückgegriffen werden. Und
das Thema Technikfolgenforschung/Technikbewertung hat - wie oben
angesprochen - seine eigenen Begrenzungen, Barrieren und Unwägbar-
keiten. Diesen Umstand verstehen wir aber als Herausforderung und betreten somit bewußt methodisches Neuland.

Der *dritte Themenschwerpunkt* schließt hier unmittelbar an. In unserem
Projekt soll der Komplexität des Problemfeldes mit einem entsprechend
komplexen, interdisziplinären Forschungsansatz begegnet werden. Pro-
blemorientiertes Forschen erfordert das gezielte Überschreiten der diszi-
plinären Grenzen und die Zusammensetzung des Forscherteams ist daher
notwendigerweise interdisziplinär. Eine Erfahrung und Arbeitsform, die
wir seit nunmehr über 10 Jahren in unserer Forschungsgruppe Berlin
praxisnah und, wie wir meinen, auch erfolgreich, praktizieren. Interdisziplinäre Zusammenarbeit ist hier um des Forschungsobjektes Willen geboten, das von seiner Natur her die Vielfalt der Blickwinkel erfordert, um
sachgerecht analysiert zu werden. Andererseits aber stellt Interdisziplinarität seit geraumer Zeit ein eigenes und nicht unproblematisches For-
schungs- und Erfahrungsfeld dar. Als gesichert kann zwar gelten, daß
durch die Kombination verschiedenartiger Fragestellungen, Standorte,
Methoden und Perspektiven eine Bereicherung im Bemühen um das Verständnis der Phänomene bzw. Problemlagen erzielt wird. Aber über das
Wie, die Art und Weise der Realisierung, ist damit noch nichts gesagt. Unsere Fragestellung lautet daher: Wie muß ein Forschungsprozeß gestaltet
werden, der durch interdisziplinäre Prinzipien beschrieben ist und gibt es
notwendige Voraussetzungen für einen erfolgreichen Verlauf? Eines ist
ganz sicher, daß nämlich die Ergebnisse des Forschungsprojektes anders
zustande kommen müssen als es in traditionellen Forschungsverbünden
vielfach der Fall ist. Nicht das bloße Nebeneinander von Einzelbefunden
bzw. das kapitelweise Zusammenfügen von Teilprojektergebnissen in
einem Abschlußbericht, wobei während der Projektlaufphase weitgehend
unverbunden nebeneinander gearbeitet wird, ist unser Ziel, sondern die
intensive Zusammenarbeit während der gesamten Projektlaufzeit und
vielleicht sogar noch darüber hinaus. Das ist das Forschungsziel, oder besser noch: unsere Prozeßaufgabe. Es gilt, die spezifischen Aspekte der vertretenen Fachrichtungen zu einer ganzheitlichen Problemsicht und integrierten Problemlösungsstrategien zusammenzufügen.

Wir kommen damit zu dem *vierten Forschungsfeld*. Die eben skizzierte
Prozeßaufgabe, die auch als Integrations- und Verknüpfungsaufgabe der
Teilergebnisse zu einem stimmigen und konsistenten Gesamtbild be-

schrieben werden kann, ist noch um den Aspekt Zukunftsorientiertheit zu ergänzen. Wir wollen mögliche Bilder des Lebensraumes Stadt entwerfen, die jeweils unterschiedliche Handlungsimplikationen beinhalten. Hier knüpft die scheinbar einfache Frage an: Welche Methoden der Zukunftsforschung stehen hierfür zur Verfügung und wie sind sie für unsere Aufgabenstellung einzusetzen oder zu modifizieren? Auch dies eine Forschungsaufgabe, die uns bei unserer unternehmensinternen Arbeit beschäftigt und nicht etwa nur im traditionellen Bereich der Politikberatung angesiedelt ist.

Tatsache ist, daß die Methoden für langfristig orientierte Analysen rar gesät und leider vielfach mit einem Hauch von Mystik, vielleicht sogar Scharlatanerie umgeben sind. Zwischen Kaffeesatzlesen, also Prophetie, und seriösen und damit für Prozesse der Entscheidungsunterstützung verwendbaren Zukunftsanalysen besteht zwar ein himmelweiter Unterschied, aber es ist oftmals eben doch nur ein schmaler Grat zwischen den scheinbar extrem entgegengesetzten Formen der Zukunftsanalytik. Hier existieren ganz offensichtlich methodische Defizite, aber vielleicht auch nur Klarstellungen, damit nicht Unmögliches erwartet wird[18]. Zumal die Hoffnung, man könne die Welt und das, was deren Entwicklungsprozesse treibt, berechenbar machen. Aber diese Hoffnung, ganz wesentlich von der Euphorie der sozialwissenschaftlichen Zukunftsforschung in den 50er und 60er Jahren getragen, hat sich als unerfüllbar erwiesen. Trotzdem steigt der Bedarf an der *Produktion von Zukünften* ungebrochen weiter. Zukunftsgestaltung braucht Visionen über mögliche Zukünfte. Derartige Visionen können auf der Grundlage von Szenarien entwickelt werden. Daher betrachten wir das Instrument Szenario als eine der tragenden Säulen der Prozeßgestaltung unseres interdisziplinären Forschungsverbundes *Lebensraum Stadt*. Im folgenden werden wir versuchen, den methodischen Rahmen des interdisziplinären Forschungsverbundes von seiner Konzeptionierung bis zu den ersten Schritten der Realisierung zu skizzieren und, soweit das heute möglich ist, auch etwas über die Perspektiven zu berichten. Auch möchten wir den Eindruck vermeiden, als könnte man hier ein in allen Facetten geschlossenes Prozeßkonzept bezüglich interdisziplinär organisierter Technikfolgen-Projekte vorstellen, das voll ausgearbeitet ist und gewissermaßen als generelles und standardisiertes Vorgehensschema gelten kann. Wir geben, im Gegenteil, gerne zu, daß wir, die an diesem Forschungsverbund teilnehmen, sowohl bei den inhaltlichen wie auch den prozeßorientierten Themen permanent dazulernen und so die Prozeßgestaltung ständig weiter verbessern. Dazu gehört auch der Mut

---

18   vgl. Daimler-Benz AG (Hrsg.): Langfristprognosen. Zahlenspielerei oder Hilfsmittel für die Planung. Report 5. Düsseldorf 1985, passim.

und die Offenheit einzugestehen, daß wir in dem einen oder anderen Falle schon jetzt klüger sind als zu dem Zeitpunkt, als das Projekt konzipiert wurde und wir vor den ersten gemeinsamen Sitzungen standen. Wir denken aber, daß diese Erkenntnis eher generellen Charakter hat denn ein Spezifikum interdisziplinären Forschens darstellt.

Der Forschungsverbund *Lebensraum Stadt* - Mobilität und Kommunikation in Agglomeration - hat sich die Ziele gesetzt,

❑ die Problemzusammenhänge aufzuarbeiten, die sich aus den Zielkonflikten funktionaler Anforderungen heutiger Ballungsräume und den Lebensbedingungen der dort lebenden Menschen unter den Fokus von Mobilität und Kommunikation ergeben,

❑ Szenarien möglicher zukünftiger Entwicklungen zu entwerfen und

❑ vor deren Hintergrund Handlungsmöglichkeiten auf ihre Wirkungen zu untersuchen.

Gleichzeitig liegt die Ergebniserwartung des Forschungsprogramms auf der Ebene von Erkenntnissen und Erfahrungen mit multidisziplinären Arbeitsmethoden zur Lösung komplexer Fragestellungen wie sie das Thema Stadt repräsentieren (Bild 2). Es wird von der Prämisse ausgegangen, daß das themenrelevante Wissen der Fachdisziplinen heute weitestgehend vorhanden ist. Es ist daher keine Grundlagenforschung im klassischen Sinne erforderlich. Allerdings mangelt es an Versuchen, dieses sektorale Fachwissen in Systemzusammenhängen so einzusetzen, daß der Anspruch integrierter Lösungsvorschläge tatsächlich eingelöst werden kann.

Das Konzept des Forschungsprogrammes ist bewußt so angelegt, daß die kontinuierliche und intensive Kommunikation zwischen den ständig beteiligten Wissenschaftlern gefördert wird. Um diese Absicht umzusetzen, ist die erforderliche Kommunikation zwischen den Beteiligten als begleitender Prozeß konzipiert. Die notwendige Fühlungsnähe wird erreicht, indem im Kreis der ständig beteiligten Wissenschaftler ausschließlich Vertreter Berliner Forschungseinrichtungen zusammenarbeiten.

Darüber hinaus ist selbstverständlich vorgesehen, notwendige thematische Ergänzungen durch projektexterne Expertisen vorzunehmen. Der Grundgedanke für die Entstehung des Forschungsprogrammes im Jahre 1989 lautete: Der Kreis der ständig beteiligten Wissenschaftler definiert gemeinsam die Arbeitsabsichten (Bild 3). Das hieß in der Praxis, daß bereits die Problemdefinition interdisziplinär und interaktionell erfolgte. Dieser Ansatz versucht sicherzustellen, daß die Komplexität des Themas angemessen in das inhaltliche Forschungskonzept einfließt. Diese Komplexität sollte vor allem deshalb abgebildet werden, weil es den Initiatoren nicht auf die Behandlung vermeintlicher monokausaler Zusammenhänge ankam. Viel-

mehr ging im Laufe des gemeinsamen Definitionsprozesses unter Feder-
führung der Forschungsgruppe *Technik und Gesellschaft* der Daimler-
Benz AG als Ergebnis ein thematisches Netzwerk hervor, von dem aus die
Bearbeitung der Beziehungen, Wirkungen und Abhängigkeiten begonnen
werden konnte. Gleichzeitig zeigte sich während des zweijährigen Definitionsprozesses, daß die aus den Erfahrungen früherer interdisziplinärer
Prozesse immer wieder als Problem dargestellte Unvereinbarkeit von wissenschaftlichen Denkmustern und entsprechendem wissenschaftlichem
Sprachjargon unterschiedlicher Fachdisziplinen im Laufe des begonnenen Arbeitsprozesses entschärft werden konnte.

Top-Ziele im Forschungsverbund Lebensraum Stadt

Objektbereich:

• Abbildung des Realitätsbereichs „Stadt" unter dem Aspekt „Mobilität und
  Kommunikation" in einem System von Schlüsselgrößen.
• Ermittlung möglicher System-Konstellationen (Szenarien) mit einem
  Zeithorizont von 15-30 Jahren.
• Entwicklung, Bewertung und Auswahl von Strategien zur Lösung/Milderung
  heutiger und abzusehender Probleme von Mobilität und Kommunikation in
  Großstädten.

Methodologische Grundlagenforschung:

• Analyse der Voraussetzungen und Hemmnisse interdisziplinärer
  Zusammenarbeit und Forschung.
• Entwicklung von kommunikationsorientierten Methoden und Instrumenten
  interdisziplinärer Zusammenarbeit und Forschung.
• Untersuchung und Bewertung innovativer Konzepte zur Vermittlung von
  Forschungsergebnissen.

Bild 2   Top-Ziele im Forschungsverbund *Lebensraum Stadt*

Die Ergebnisse des Forschungsprogramms entstehen aus der Analyse des
Systemzusammenhangs Stadt. Orientierungs- und Handlungswissen
werden in diesem Forschungsprogramm zunächst nicht für die konkrete
verkehrstechnische Planung bereitgestellt, sondern stehen aufgrund ihres
Charakters der fachlichen Öffentlichkeit und der interessierten Allgemeinheit zur Verfügung, um hier einen Beitrag zur fundierten Diskussion
mittel- und langfristiger Wege der Weiterentwicklung städtischer Räume
zu liefern. Darüber hinaus kann es planenden Instanzen als Erfahrung in
der Herangehensweise und Basis des Hintergrundwissens für die Lösung
jeweils spezifischer Aufgaben dienen.

Beteiligte Wissenschaftler und Institutionen

Prof. Dr. Dieter Sauberzweig
Sprecher des Forschungsverbundes, bisher Leiter des Deutschen Instituts für
Urbanistik, Berlin

Dr.-Ing. Dieter Apel
Deutsches Institut für Urbanistik, Berlin

Prof. Dr.-Ing. Hermann Appel
Institut für Fahrzeugtechnik, Technische Universität Berlin

Prof. Dr.-Ing. Klaus Fellbaum
Institut für Fernmeldetechnik, Technische Universität Berlin

Dr. Dietrich Henckel
Deutsches Institut für Urbanistik, Berlin

Prof. Dr.-Ing. Günter Hoffmann
Institut für Verkehrsplanung und Verkehrswegebau, Technische Universität Berlin

Prof. Dr.-Ing. Eckhard Kutter
Deutsches Institut für Wirtschaftsforschung, Berlin

Prof. Dr. Rainer Mackensen
Institut für Soziologie, Technische Universität Berlin

Dr. Eckard Minx
Forschungsgruppe "Technik und Gesellschaft", Daimler-Benz-AG, Berlin

Prof. Dr. Gernot Wersig
Arbeitsbereich Informationswissenschaft, Freie Universität Berlin

Prof. Dr. Hellmut Wollmann
Zentralinstitut für Sozialwissenschaftliche Forschung, Freie Universität Berlin

Bild 3   Beteiligte Wissenschaftler und Institutionen

Der Lebensraum Stadt wird von einer Vielzahl politischer, sozio-ökonomi-
scher, kultureller und technologischer Einflußfaktoren bestimmt, die - als
Elemente des Gesamtsystems Stadt - in enger Verknüpfung sowie wechsel-
seitiger Beziehung zueinander stehen (Bild 4).

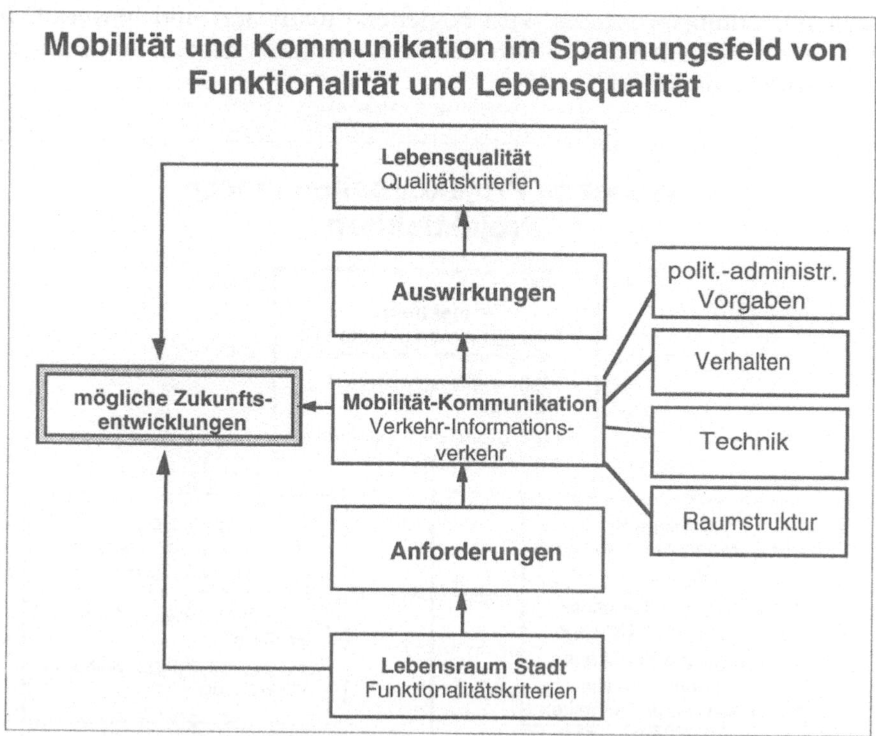

Bild 4   Mobilität und Kommunikation im Spannungsfeld von Funktionalität und
           Lebensqualität

Im Bewußtsein dieser inhaltlichen Vernetzung aller Teilaspekte, aber auch
unter Berücksichtigung der vorgenommenen Fokussierung auf die
Schwerpunkte Mobilität und Kommunikation als zentrale Erkenntnisob-
jekte der Stadtforschung, ist die Gesamtthematik von den beteiligten Wissenschaftlern in vier Projektfelder analytisch untergliedert worden
(Bild 5). Die Projektfelder bilden den organisatorischen Rahmen und inhaltlichen Bezugspunkt für die einzelnen Projekte, die ihrerseits schon ein
hohes Aggregationsniveau aufweisen und somit nur interdisziplinär bearbeitet werden können (Bild 6).

Im *Projektfeld I: Bezugsrahmen und Methoden* werden methodische
Fragen der interaktionellen und interdisziplinären Forschung geklärt und
im Gesamtprojekt angewendet, so z. B. Methoden der zusammenfassenden
Interpretation von Teilprojektergebnissen. Hier liegt auch die Verantwortung für die Durchführung des Szenarioprozesses und die Integration
quantitativ beschreibbarer Zusammenhänge. Der Verlauf des gemein-

samen Forschungsprozesses wird begleitend analysiert und bewertet, Erkenntnisse finden bereits in den nächsten Arbeitsschritten ihren Niederschlag (Bild 7 und Bild 8).

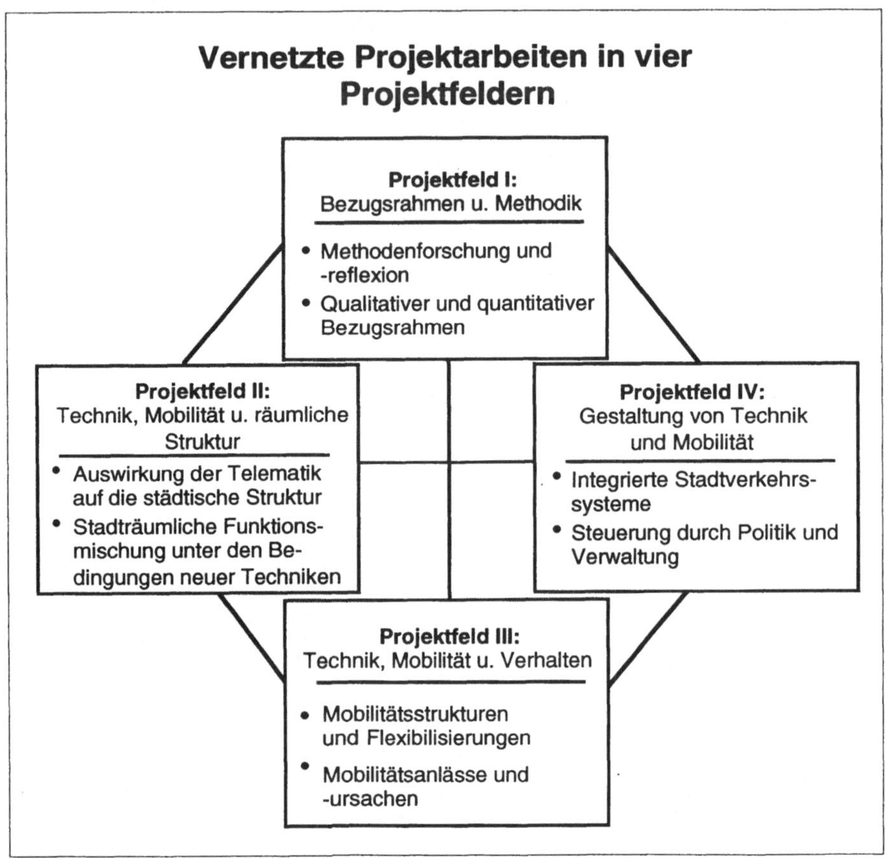

Bild 5   Vernetzte Projektarbeiten in vier Projektfeldern

Wie gehen wir dabei im einzelnen vor?

Die konkrete Integration der Projektinhalte erfolgt schrittweise über die Entwicklung eines projektüberspannenden Begriffsnetzes. Die Deskriptoren haben Schlüsselcharakter und repräsentieren Inhalt und Zielgrößen des Projektthemas. Sie schaffen eine Basis der sprachlichen Verständigung über die Fachgrenzen hinaus und sind damit essentiell für den projektprägenden Kommunikationsprozeß.

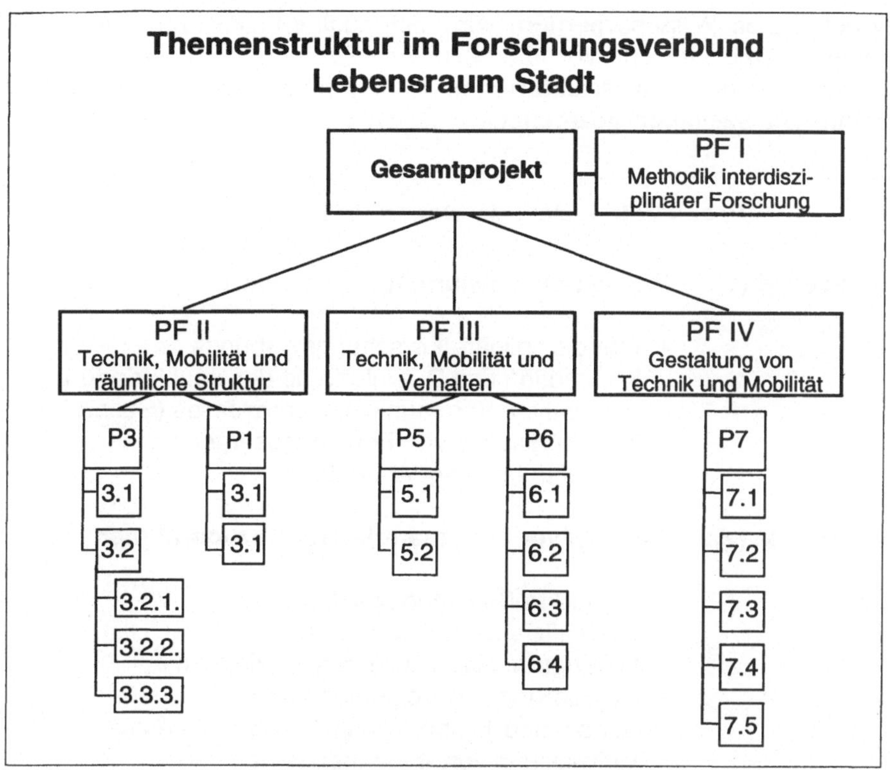

Bild 6   Themenstruktur im Forschungsverbund *Lebensraum Stadt*

Sie ermöglichen es, die Profile der inhaltlichen Projekte aufeinander zu beziehen: das Ziel einer integrierten Bearbeitung des Themenfeldes Stadt wird dadurch erreichbarer. Unterstützt wird dieser Ansatz durch den Entwurf eines Bezugsrahmens relevanter quantitativer Größen. Diese zweite Ebene eines quantitativen Netzes unterstützt die Szenarienentwicklung in der Phase der Konsistenz-Kontrolle und trägt zur Folgenabschätzung im dritten Teilbereich des Verbundprojektes bei, in der Handlungsmöglichkeiten auf ihre Wirkungen hin untersucht werden sollen (Bild 9).

Die Bewertung anhand projektbezogener Kriterien wird konzeptionell als Stadtverträglichkeitsprüfung durchgeführt. Die Form der projektinternen Kommunikation verläuft strukturiert und mehrstufig (Bild 10). Der Projektbeginn wurde durch ein dreitägiges Klausurtreffen markiert. Dabei entstand auf der Basis der in der Definitionsphase des Verbundprojektes festgelegten Arbeitsabsichten die Grundstruktur des Begriffsnetzes. Die gemeinsame Kommunikation auf der Verbundebene zwischen allen stän-

dig beteiligten Wissenschaftlern wird sich nach einigen Monaten der individuellen Arbeit jeweils vor aktuellem Arbeitshintergrund fortsetzen: Sukzessive wird in einem strukturierten Kommunikationsprozeß an der Entstehung der Szenarien gearbeitet.

Projektfeld I: Bezugsrahmen und Methodik

Projekt (1):   **Methodenforschung und -reflexion**

- Interdisziplinäre Forschungsverbünde
- Konzeption und Durchführung des strukturierten,
  interaktiven Kommunikationsprozesses (Szenario)
- Kommunikation von Forschungsergebnissen
  (Projektmarketing, Animation)

Projekt (2):   **Qualitativer und quantitativer Bezugsrahmen**

- Einflußgrößen, Modellbildung
- Quantifizierbarkeit von Daten
- Datengrundlagen, Trendentwicklungen
- Typisierung von Agglomerationen
- Allgemeine Tendenzen und Hypothesen zur
  Entwicklung von Agglomerationen
- Kriterien und Bewertungsverfahren zur
  Stadtverträglichkeitsprüfung

Bild 7   Projektfeld I: Bezugsrahmen und Methodik

Die individuellen Arbeitsphasen sind geprägt durch zwei Arbeitsformen:
zum einen wird die Thematik aufbereitet, für die die inhaltliche Verantwortung übernommen wurde. Gleichzeitig finden auf der Ebene der the-
ma-tischen Projektfelder häufig Arbeitstreffen statt, die der Information,
Klärung und Verstärkung des gegenseitigen Themenbezugs dienen. Diese
Workshops üben wiederum Einfluß auf die weitere inhaltliche Arbeit aus.
Die Wissenschaftler des Verbundprojektes haben die Verpflichtung übernommen, diesem Kommunikationsprozeß gleichen Stellenwert zuzumes-
sen wie der individuellen inhaltlichen Arbeit. Sie werden darin unterstützt
durch die konzeptionelle und strukturierende Arbeit im Projektfeld I, gemeinsam mit der Projektleitung, die als Koordinationsstelle für die übergreifenden Informations- und Integrations-Prozesse fungiert. Ebenfalls

während des Start-Workshops wurde das Grundkonzept für das parallel einzurichtende Kolleg der Gottlieb Daimler- und Karl Benz-Stiftung diskutiert (Bild 11).

Methodenforschung sowie Durchführung und Evaluation des Forschungsprozesses

- Methoden prospektiver Technikfolgenforschung

- Interaktionelle Forschungsprozesse
    - Theoretische Aufarbeitung
    - Konzeption für den Referenzfall "Lebensraum Stadt"
    - Reflexion über den Forschungsprozeß
    - Bewertung von Methoden und Verfahren

- Strukturierte Kommunikationsprozesse in komplexen Fragestellungen mit prospektivem Charakter
    - Mehrstufige Szenarioprozesse

- Kommunikation von Forschungsergebnissen
    - Methoden des Projektmarketing
    - Animation

Bild 8   Methodenforschung sowie Durchführung und Evaluation des Forschungsprozesses

Die Stiftung fördert den interdisziplinären Forschungsverbund *Lebensraum Stadt*. Unter dem Titel *Entwicklungspotentiale von Städten zwischen Vision und Wirklichkeit* wird das Kolleg mit insgesamt fünf Seminaren die Arbeit des Forschungsverbundes begleiten und das Thema *Lebensraum Stadt* in grundsätzliche Betrachtungen zur Zukunft der Städte einbetten. In dem rund 20-köpfigen Kolleg werden neben den Beteiligten des Forschungsverbundes *Lebensraum Stadt* auch Vertreter der kommunalen Praxis und weitere Fachwissenschaftler an Antworten auf die Frage nach der urbanen Zukunft arbeiten.

Die Projektfelder II - IV tragen die inhaltliche Verantwortung für die einzelnen Fachthemen:

❑   Technik, Mobilität und räumliche Struktur (Feld II),

❑   Technik, Mobilität und Verhalten (Feld III),

❏   Gestaltung von Mobilität und Technik (Feld IV).

Die wesentliche Blickrichtung des *Projektfeldes II: Technik, Mobilität und räumliche Struktur* ist die zukünftige stadträumliche Entwicklung und ihre Veränderung durch die Telematik. Es geht im Kern um die Auswirkungen der I + K-Techniken auf die Stadtstruktur und die Arbeitsteilung einzelner Teilräume, sowie die Wirkung neuer I + K-Techniken auf die stadträumliche Funktionsmischung (Bild 12).

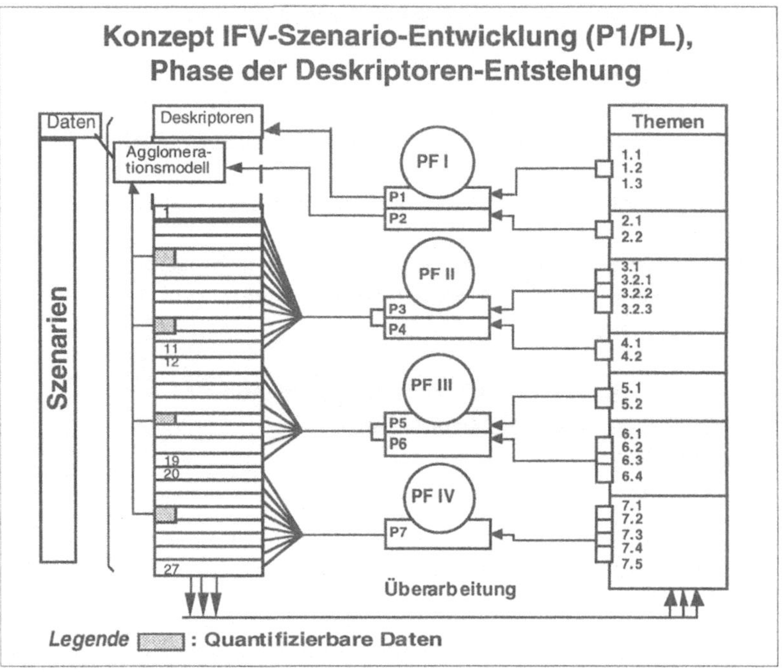

Bild 9   Konzept IFV-Szenario-Entwicklung (P1/PL), Phase der Deskriptoren-Entstehung

Dabei werden technische Konzepte der Telematik dargestellt und bewertet. In Teilprojekten geht es um die Fragen, welche Folgen die Anwendung von I + K-Techniken auf die räumliche Struktur der Städte hat. Die Rolle der neuen Techniken bei der Entwicklung oder Revitalisierung von Stadtvierteln sowie die Möglichkeiten zur Dezentralisierung von Funktionen, also der städtischen und regionalen Arbeitsteilung, werden anhand aktueller Erkenntnisse aufgearbeitet.

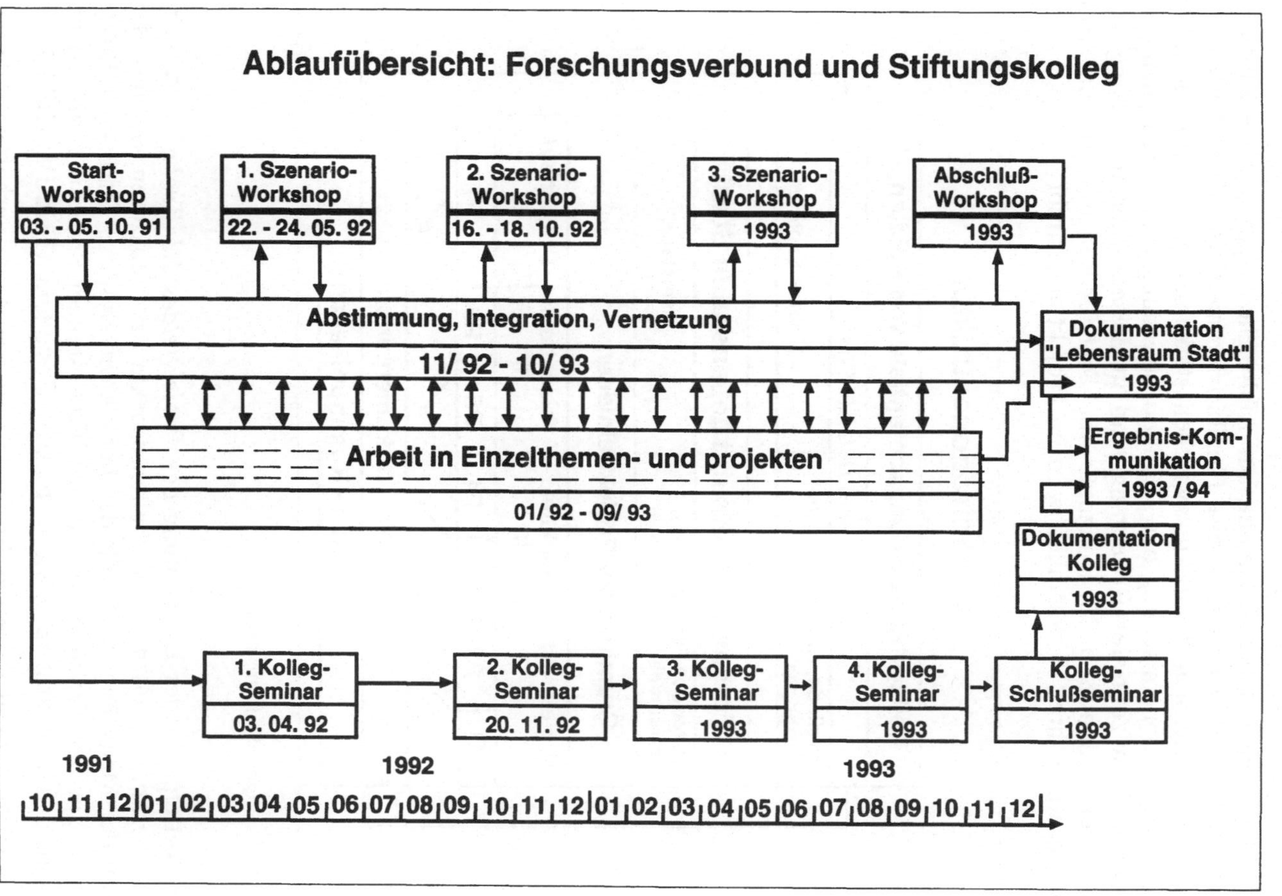

Bild 10   Ablaufübersicht: Forschungsverbund und Stiftungskolleg

Implikationen hat die Telematik auf zahlreiche Aspekte des städtischen
Lebens, indem sie beispielsweise Flexibilisierungen von Zeitabläufen vorantreibt. Es können Konflikte zwischen städtebaulichen Leitbildern, die
sich an Funktionsmischung bzw. Funktionstrennung orientieren, analysiert
werden. Von zentraler Bedeutung sind in diesem Zusammenhang ver-
kehrsvermeidende neue Konzepte für Standortkonzentrationen. Eine
Überprüfung ihrer Wirksamkeit wird im Projekt angestrebt.

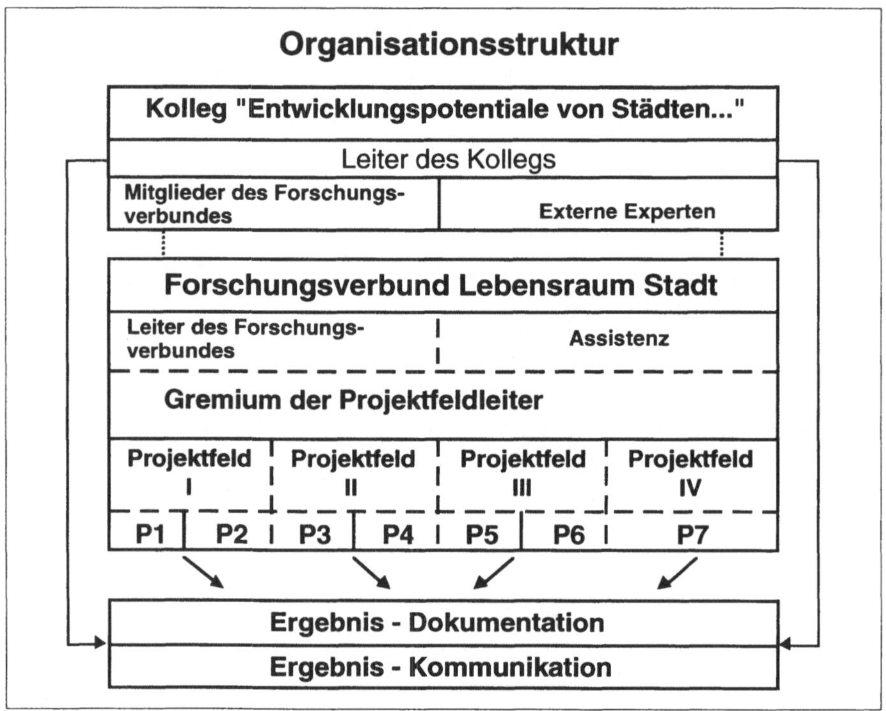

Bild 11   Organisationsstruktur

Im Mittelpunkt der Betrachtung des *Projektfeldes III: Technik, Mobilität
und Verhalten* stehen die Verhaltensaspekte bzw. -faktoren, die das Handeln der Menschen innerhalb des komplexen Systems Stadt beeinflussen
sowie die Interdependenzen zu den Teilsystemen Struktur (Feld II) und
politisch-administrative sowie technische Gestaltung (Feld IV) (Bild 13).

In der Definitionsphase des Projekts sind eine Reihe verhaltensändernder
Einflüsse identifiziert worden. Neben den Technologien zählen dazu auch
die allgemeinen verhaltensändernden Faktoren wie Wertewandel, Lebens-

stilentwicklungen, Verhältnis von Arbeit und Freizeit, verändertes Freizeitverhalten, Zeitempfinden, Belastbarkeit durch verkehrsbedingten Organisationsaufwand, Aktivitäts- und Zeitstrukturen. Diese Faktoren gilt es zu identifizieren, auf ihre Plausibilität und potentielle Wirkrichtung hin zu überprüfen und zu systematisieren. Verursachungsfaktoren sowie ihre Auswirkungen auf das Kommunikations- und Mobilitätsbedürfnis und -verhalten werden auch in ihrer alters- und geschlechtsspezifischen Differenzierung untersucht.

Projektfeld II: Technik, Mobilität und räumliche Struktur

Projekt (3):   **Auswirkungen der Telematik auf die städtische Struktur**

- Technische Telematikkonzepte
- Telematikorientierte Stadtentwicklungskonzepte
- Räumliche Arbeitsteilung informationsorientierter Wirtschaftsfunktionen
- Funktion und Qualität von Innenstädten

Projekt (4):   **Stadträumliche Funktionsmischung unter den Bedingungen neuer Informationstechniken**

- Verträglichkeit von Funktionen
- Flexibilisierung von (Zeit-)abläufen
- Konzepte zur Vermeidung von Verkehrsaufwand

Bild 12   Projektfeld II: Technik, Mobilität und räumliche Struktur

Der Lebenszyklus, der sowohl die gesellschaftliche Prägung wie die jeweilige individuelle Gestaltung des Lebenslaufs auch im Familien- (oder Haushalts-) Zusammenhang beschreibt, unterliegt der gesellschaftlichen und technologischen Dynamik sowie den veränderlichen individuellen Präferenzen und wird im Themenzusammenhang als Untersuchungskonzept herangezogen. Auch der erhebliche Einfluß der Wirtschaftsunternehmen als Akteure, beispielsweise durch die Gestaltung von Produktionsstrukturen und Transportlogistiken, wird im Zusammenhang mit Wirtschaftsverkehr und neuen Kommunikationstechnologien als Teilthema bearbeitet. Es wird nach sekundären Konsequenzen der I + K-Technologien für Aufkommen und Verteilung städtischen Verkehrs gefragt.

Projektfeld III: Technik, Mobilität und Verhalten

Projekt (5):   Mobilitätsstrukturen und Flexibilisierungen

- Verkehrsentwicklung nach Zwecken
- Aktivitäts- und Zeitstrukturen
- Produktionsstrukturen und Wirtschaftsverkehr
- Veränderungspotentiale im
  Dienstleistungssektor

Projekt (6):   Mobilitätsanlässe und Mobilitätsursachen

- Systematik der Flexibilisierungsfaktoren
- Mobilitätsanlässe und Lebensstil,
  Lebenszyklus, Freizeit, Kultur
- Mobilitätssubstitution durch I u. K-Techniken

Bild 13:   Projektfeld III: Technik, Mobilität und Verhalten

Dem *Projektfeld IV: Gestaltung von Technik und Mobilität* ist die Aufgabe gestellt, die wesentlichen Steuerungsinstrumente, die für ein integriertes Stadtverkehrssystem ausschlaggebend sind, zu beschreiben und hinsichtlich ihrer Wirkungen zu untersuchen (Bild 14).Thematisch erfaßt werden hierbei die Verlagerungspotentiale zwischen Verkehrsmitteln, Konsequenzen für die dazu erforderliche Leistungsfähigkeit sowie verhaltenswirksame Steuerungsspielräume, Einsatzmöglichkeiten und notwendige Rahmenbedingungen für spezialisierte Stadtautos, die Verbesserung der Verkehrsverhältnisse durch organisatorische Strategien und deren informationstechnischen Aspekte.

4 Resümee

Der gesamte zweijährige Arbeitsprozeß des interdisziplinären Forschungsverbundes ist dem Ziel gewidmet, Unverträglichkeiten zwischen den Bedingungen urbaner Lebensqualität der dort lebenden und arbeitenden Menschen und den Anforderungen, die sich aus der Funktionserfüllung großer Ballungsräume ergeben, zu beschreiben.

Projektfeld IV: Gestaltung von Technik und Mobilität

Projekt (7):   **Integrierte Steuerungsinstrumente, Wirkungen, Bewertungen**

- Verlagerungspotentiale zwischen Verkehrsmitteln
- Belastbarkeit von Straßen und Verkehrssystemen
- Rahmenbedingungen und Einsatzmöglichkeiten für Stadtautos
- Kommunikationstechnologie zur Verbesserung der Verkehrsverhältnisse
- Restriktive Maßnahmen und Konsequenzen
- Politische und administrative Gestaltungsspielräume

Bild 14   Projektfeld IV: Gestaltung von Technik und Mobilität

Außerdem sollen in Szenarien mögliche Maßnahmekonzeptionen entworfen und bewertet werden, die den thematisierten Unverträglichkeiten entgegenwirken (Bild 15).

Ergebnisse des Forschungsprogramms:

- Zukunftslösungen für Mobilitäts- und Kommunikationsprobleme in der Stadt

- Erkenntnisgewinn in den Methoden zur fachübergreifenden wissenschaftlichen Zusammenarbeit in komplexen Fragen der Zukunftsgestaltung

- Gestaltungsmöglichkeiten für die Stadtentwicklung

- Neue Fragestellungen in der Stadtforschung

Bild 15   Ergebnisse des Forschungsprogramms

Beispielsweise könnte betrachtet werden, wie sich die Lebensbedingungen in der Stadt entwickeln werden, wenn Leistungsfähigkeit und Attraktivität des Öffentlichen Nahverkehrs gesteigert würden, die Video-Konferenz-Technik weit verbreitet wäre, das Ladenschlußgesetz gelockert und die

Stadtplanung eine veränderte stadträumliche Funktionsmischung erreichen würde. Diese Zukunftsbilder ihrerseits werden auf einer Analyse der wichtigsten Einflußgrößen von Verkehr und Kommunikation und des sie verknüpfenden Beziehungsgeflechtes basieren. Der Rahmen dafür wird mit der Konstruktion des erwähnten Systems der Deskriptoren geschaffen, wobei das methodische Grundprinzip auf der Zusammenführung und Verknüpfung bereits vorhandener Einzelerkenntnisse beruht.

Die Identifikation und Diskussion dieser Schlüsselgrößen dient neben der Erfassung des Problemfeldes vor allem auch dem Ziel, zu einer gemeinsamen wissenschaftlichen Sprache zu gelangen, ohne die jede fachübergreifende Arbeit zum Scheitern verurteilt bleibt. Der bisherige Verlauf des Projektes macht uns sicher, daß die Ziele des Forschungsverbundes erreicht werden können. Da mit der Projektdurchführung Neuland betreten wird, ist der immer wieder gestellten Frage nach methodischen Patentrezepten allerdings klar zu entgegnen, daß die Art der inhaltlichen Fragestellung und der Grad ihrer Komplexität die Entwicklung der geeigneten Methodenkombination entlang des inhaltlichen Arbeitsfortschritts notwendig macht. Dieses Vorgehen enthält Elemente der Unberechenbarkeit und erfordert ein hohes Maß an Flexibilität der Beteiligten. Es ist zu früh, um zu bewerten, ob der Verzicht auf sektorale Tiefenforschung, der durchaus von einigen Beteiligten als Einschränkung empfunden wird, sich als nachteilig erweisen wird. Es ist aber andererseits auch klar, daß die Erfüllung dieses Anspruchs die Problemzusammenhänge wiederum nur unzureichend beleuchten würde. Die zweijährige Arbeitsphase wird auf jeden Fall eine Vielzahl von Anknüpfungspunkten für weitere Forschungsthemen ergeben.

Die Anforderungen, die der Kommunikationsprozeß an die beteiligten Wissenschaftler stellt, sind hoch und zudem überwiegend ungewohnt. Es zeigt sich, daß der Gedanke der Vernetzung zunehmend als notwendig anerkannt wird, und daß das angesammelte sektorale Fachwissen für andere Fächer Voraussetzungen darstellt bzw. als Voraussetzung für die eigene Arbeit benötigt wird.

Eine der Grundlagen des Forschungsverbundes liegt in der Überzeugung, daß es Kommunikation ist, was interdisziplinäre Arbeit im Innersten zusammenhält. Es ist kein Geheimnis, daß hier die größten Probleme fachübergreifender Zusammenarbeit liegen. Aber nur Kommunikation hilft hier weiter, wollen wir nicht in den Tiefen der einzelnen Fachdisziplinen versinken.

Die kommenden Arbeitsschritte im Forschungsverbund werden daher der weiteren Konsolidierung des Begriffsnetzes und des Fortganges des Szenarioprozesses dienen. Begleitet wird dies durch die Arbeit in den abgestimmten Themen. Es ist zudem geplant, die methodische Konzeption interdisziplinärer Arbeit in einer externen Arbeitsgruppe noch stärker an den Erfahrungen anderer interdisziplinär zusammengesetzter Forschungsgruppen zu orientieren. Außerdem wollen wir versuchen, die Ergebnisse unserer gemeinsamen Forschung in unterschiedlicher Form der Öffentlichkeit zu präsentieren. Neben der herkömmlichen Form der abschließenden schriftlichen Dokumentation ist vorgesehen, andere Wege bei der Kommunikation wissenschaftlicher Ergebnisse zu gehen. Exemplarisch soll mit Hilfe eines informationswissenschaftlichen Ansatzes geprüft werden, inwieweit die multimediale Informationsvermittlung der Forschungsergebnisse neue Erkenntnisse liefert und z. B. die Kommunikation wissenschaftlicher Ergebnisse generell verbessern kann. Dieser Ansatz multimedialer Ergebnisvermittlung wird gegenwärtig in einer ersten Stufe konkretisiert. Insgesamt wird die thematische Struktur unter Ergänzung einiger externer Themen beibehalten werden, ebenso wie der für die Interdisziplinarität so unverzichtbare Prozeß stetiger gemeinsamer Kommunikation.

Alfred Voß; Rainer Friedrich

Energie und Umwelt: Was kann Technikfolgenabschätzung leisten?

1   Problemstellung

Die Nutzung neuer Energietechniken und die Verfügbarmachung neuer Energiequellen waren wesentliche Voraussetzungen für die Entwicklung unserer modernen Industriegesellschaft. Die zunehmende Nutzung von Energie hat aber auch unerwünschte Nebeneffekte und nicht intendierte Wirkungen deutlicher hervortreten lassen. Die Umwelt- und Klimawirkungen der Energienutzung, die Risiken einzelner Energietechniken, die gesamtwirtschaftlichen Konsequenzen des Verzichts auf eine Energieoption, aber auch die sozialen und gesellschaftlichen Wirkungen von Energietechniken stehen seit fast zwei Jahrzehnten im Zentrum der energie- und gesellschaftspolitischen Diskussion und verdeutlichen den hier bestehenden Bedarf fundierter Technikfolgenforschung und Technikfolgenabschätzung als Grundlage einer rationalen Technikbewertung.

Einige wenige Beispiele sollen die Bedeutung der Energieumwandlung bei der Entstehung von Umweltbelastungen verdeutlichen, wobei auch der Sektor Verkehr der Energieumwandlung zugerechnet wird. Bild 1 zeigt den Anteil der Energieumwandlung einschließlich des Verkehrs an den gesamten Luftschadstoffemissionen einiger wichtiger Schadstoffe in der Bundesrepublik. Energieumwandlungsprozesse verursachten 1990 99 % der NO_x-Emissionen, 90 % der SO_2-Emissionen, 92,5 % der CO-Emissionen und ca. 54 % (1989) der anthropogenen VOC-Emissionen in der Bundesrepublik Deutschland und tragen damit entscheidend zu den Problemen, die die Luftverschmutzung mit sich bringt, bei.

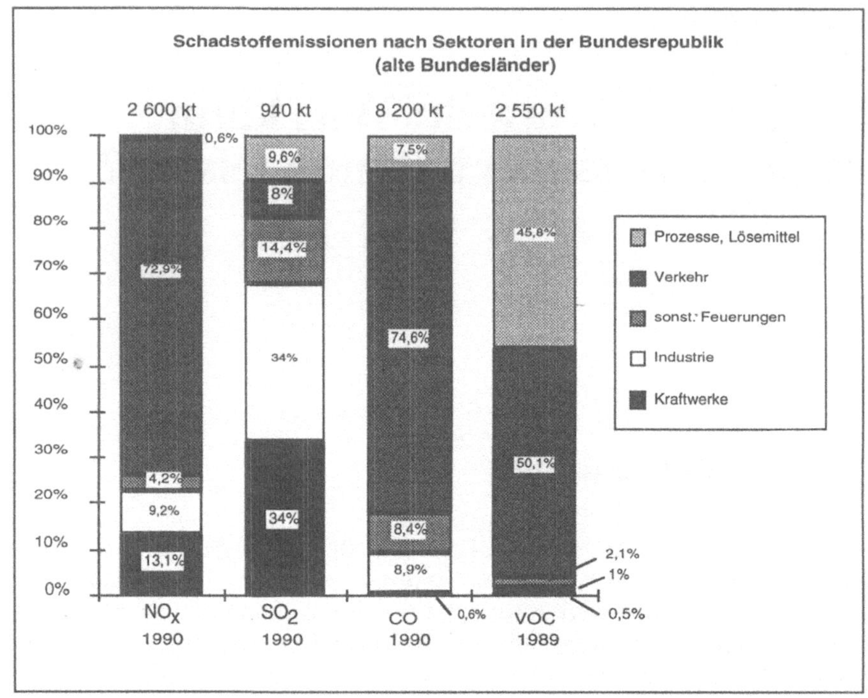

Bild 1   Schadstoffemissionen nach Sektoren in der Bundesrepublik 1990 bzw. 1989
            (alte Bundesländer) /1/

Eines der derzeit meist diskutierten Umweltprobleme ist der *Treibhauseffekt*. Bild 2 zeigt, daß der Anteil der Energienutzung am anthropogen verursachten Treibhauseffekt ca. 50 % beträgt. Speziell der Bereich Verkehr verursacht noch eine Reihe weiterer Risiken und Umweltprobleme. So wurden in der Bundesrepublik (gesamt) 1992 10 627 Personen bei Straßenverkehrsunfällen getötet /8/. Zusätzlich wurden 1992 130 000 Personen schwer und 386 000 Personen leicht verletzt.

Nach /7/ fühlen sich etwa 23 % der Bevölkerung der alten Bundesländer, das sind ca. 14 Mio. Menschen, durch Straßenverkehrslärm stark belästigt. 12 % der Bevölkerung (7 Mio. Menschen) sind tagsüber einem Geräuschpegel von 65 dB(A) und mehr ausgesetzt, der Gesundheitsschäden hervorrufen kann. Nachts müssen etwa 28 % der Bevölkerung (17 Mio.) Geräuschpegel von 50 dB(A) und mehr, die zu Schlafstörungen führen können, erdulden /4/.

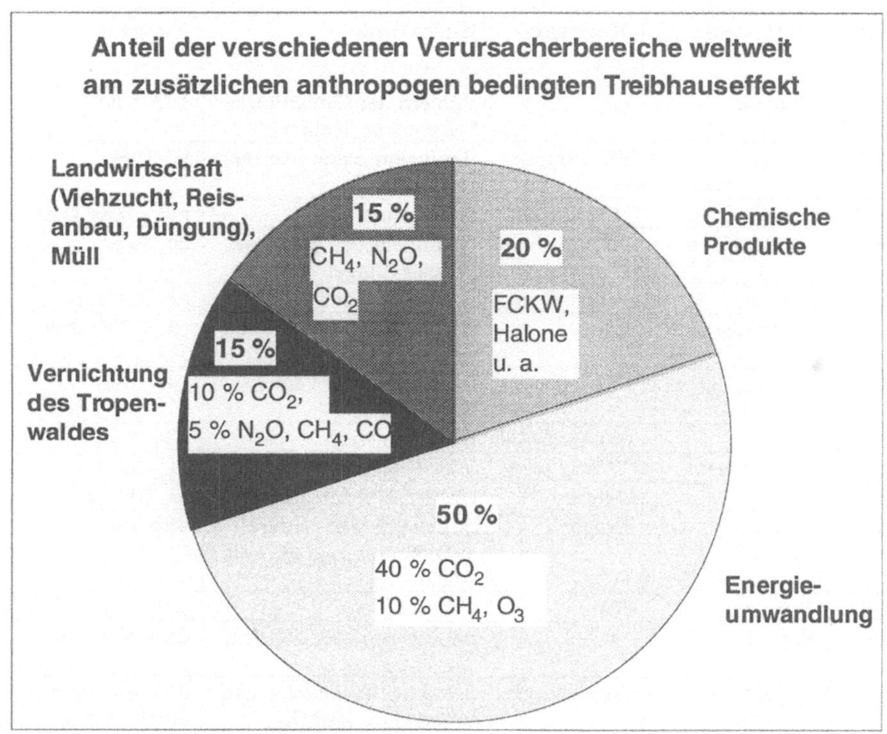

Bild 2   Anteil der verschiedenen Verursacherbereiche weltweit am zusätzlichen
          anthropogen bedingten Treibhauseffekt /2/

Als weitere, vom Verkehr verursachte Umweltauswirkung ist der Flächenverbrauch zu nennen. Derzeit werden sowohl in den alten Bundesländern
insgesamt als auch in Baden-Württemberg 5 % der Gesamtfläche als Ver-
kehrsfläche genutzt; Siedlungs- und Verkehrsflächen zusammen machen
bereits ca. 12 % der Gesamtfläche aus. Auch außerhalb des Sektors Verkehr verursacht die Energieversorgung Beeinträchtigungen durch Flächenverbrauch und Risiken für die menschliche Gesundheit. So nimmt
die Braunkohleförderung in Ost- und Westdeutschland große Flächen in
Anspruch. Sollten in Zukunft erneuerbare Energieträger einen größeren
Anteil an der Energieversorgung übernehmen, so würde dies zu weiteren
ganz erheblichen Flächenverbräuchen für die Energieversorgung führen.
Daß mit der Energieversorgung auch erhebliche Risiken verbunden sein
können, zeigt Tab. 1. Hier sind im letzten Jahrzehnt geschehene schwere
Unfälle, die im Zusammenhang mit der Energieversorgung stehen, aufgeführt.

Jahr	Ort/Land	Energie-art	Unfallart	Folgen
1980	Nordsee	Öl	Kentern der Ölplattform "Alexander Kielland"	123 Tote
1980	Türkei	Flüssiggas	Explosion einer Flasche und Brand	97 Tote
1980	Indien	Wasserkraft	Staudammbruch	rd. 2 000 Tote
1982	Neufundland	Öl	Untergang der Bohrinsel "Ocean Ranger"	84 Tote
1982	Liberia	Wasserkraft	Staudammbruch	rd. 200 Tote
1982	Afghanistan	Öl	Zusammenstoß von Tankwagen in Tunnel	rd. 1 100 Tote
1982	Venezuela	Öl	Explosion von Öltanks in Kraftwerk	145 Tote
1982	China	Kohle, Müll	Haldeneinsturz	284 Tote
1983	Kolumbien	Wasserkraft	Staudammbruch	rd. 150 Tote
1984	China	Kohle	Gruben-Explosion	rd. 100 Tote
1984	Mexiko	Erdgas	Explosion einer Erdgas-Verarbeitungsanlage und Brand	452 Tote
1984	Taiwan	Kohle	Grubenbrand	121 Tote
1984	Brasilien	Öl	Explosion einer Pipeline und Brand	über 500 Tote
1986	UdSSR	Kernenergie	Leistungs-Explosion und Brand eines RBMK-Reaktors	31 Soforttote, erhebl. Langzeitfolgen noch nicht quantifizierbar
1988	Schottland	Öl	Explosion der Förder-Plattform "Piper Alpha"	166 Tote
1989	Tscheljabinsk (Ural/UdSSR)	Flüssiggas	Explosion einer Leitung während des Vorbeifahrens von 2 Zügen	607 Tote
1989	Prince-William-Sund (Alaska)	Öl	Havarie eines Tankers	Ölpest

Tab. 1   Schwere Unfälle im Energiesektor seit 1980 (ab etwa 100 Tote)

Da der Nutzen und die Risiken bzw. unerwünschten Nebeneffekte der uns heute zur Verfügung stehenden Energieträger und Energiesysteme ebenso wie die der sich im Entwicklungsstadium befindlichen neuen Energieträger und Energiesysteme sehr unterschiedlich sind, kommt fundierten und umfassend angelegten Technikfolgenabschätzungen als Grundlage einer Technikbewertung zur Realisierung eines Energiesystems, das ausreichende Energiemengen für eine wachsende Weltbevölkerung bereitstellt und die Inanspruchnahme der knappen Ressourcen

Umwelt und Natur so begrenzt, daß die natürlichen Lebensgrundlagen auf Dauer erhalten und die Klimaveränderungen auf ein noch tolerierbares Maß begrenzt werden, eine wichtige Aufgabe zu.

Bevor im folgenden exemplarisch auf einige Technikfolgenabschätzungen im Energiebereich näher eingegangen wird, soll noch ein Aspekt angesprochen werden, der im Zusammenhang mit der Abgrenzung von Technikfolgenabschätzung und Technikbewertung sowie der Rolle und Aufgabe von Wissenschaft, technischen Experten, Wirtschaft, Politik und anderen gesellschaftlichen Gruppen in diesem Prozeß wichtig erscheint.

2   Zum Verständnis wissenschaftlicher Technikfolgenabschätzung

Gerade in der Diskussion über die Zukunft der Energieversorgung und die Bewältigung der energiebedingten Umweltprobleme ist in den letzten Jahren eine bedauerliche Vermischung von Politik und Wissenschaft, von Werturteil und wissenschaftlich gesicherter Erkenntnis eingetreten. Dabei sind die klaren Verantwortungsbereiche der Beteiligten verwischt worden. Dies hat der Wissenschaft und den Experten geschadet, der Politik nicht geholfen und die Bürger zunehmend verunsichert.

Grundsatzentscheidungen über die zukünftige Ausgestaltung unserer Energieversorgung sind letztlich keine technisch und wissenschaftlich ableitbaren Entscheidungen. Bei dem dabei notwendigen Abwägen von Nutzen und Risiken geht es um mehr als um technisch-ökonomische oder naturwissenschaftliche Sachverhalte. Die hiermit angedeutete Differenzierung zwischen Fakten und mehr oder weniger gesicherten Erkenntnis auf der einen Seite und politischem Werturteil auf der anderen Seite umreißt in unserem demokratischen Gemeinwesen den Aufgaben- und Zuständigkeitsbereich von Wissenschaft und Technikexperten gegenüber dem der Politik und anderen gesellschaftlichen Gruppen und grenzt sie gegeneinander ab. *Wissenschaft* und wissenschaftliche Politikberatung, also auch Technikfolgenabschätzung (TA), haben die Aufgabe wissenschaftliche Wahrheiten, also zutreffende Aussagen über die Wirklichkeit bereitzustellen. *Politik* fällt Wertentscheidungen. Im Unterschied zur *wissenschaftlichen Wahrheit* gibt es keine *politische Wahrheit*, sondern nur ein politisches Werturteil.

Die Wissenschaft und die technischen Experten müssen der Politik Grenzlinien mitteilen, bis zu denen wissenschaftliche Wahrheiten und Erkenntnisse gewonnen werden können, denn darüber besteht keine Freiheit der Werturteile. Der zweite Hauptsatz der Thermodynamik läßt sich nicht durch Parlamentsentscheid außer Kraft setzen. Andererseits gilt aber auch, daß die politische Schlußfolgerung aus dem, was wissenschaftlich gesichert ist, in einem demokratischen Gemeinwesen nicht Sache der Wissenschaft oder der Experten ist. Dies ist von einzelnen Experten und Wissenschaftlern in der Vergangenheit nicht beachtet worden, sie haben unter dem Mantel der Wissenschaft Wertentscheidungen gerade in der Öffentlichkeit vertreten. In bezug auf politische Werturteile kann aber der Wissenschaftler oder Experte keine besondere moralische und sachliche Autorität für sich in Anspruch nehmen.

Nun ist eine ganz strikte Trennung zwischen Fakten und Werturteil bei komplexen Technikfolgenabschätzungen nur eingeschränkt möglich, weil auch in Annahmen, Vereinfachungen, Berücksichtigung und Nichtberücksichtigung von Relationen usw. Bewertungen einfließen. Es ist in diesen Fällen sicherzustellen, daß die impliziten Wertentscheidungen das Ergebnis um mindestens eine Größenordnung weniger beeinflussen als die in die nachfolgende Bewertung einfließenden Werturteile. Ist dies nicht möglich, so kann und soll durch Parametervariation der Einfluß des implizit einfließenden Werturteils auf das Ergebnis gezeigt werden. Jedenfalls ist eine weitgehende Trennung zwischen Fakten und Werturteil anzustreben, weil die bedenkenlose Vermischung ohne Zweifel zum Elend der Experten geführt und die Wissenschaft in Mißkredit gebracht hat.

Eine striktere Trennung von Fakten und wissenschaftlicher Erkenntnis sowie ihrer politischen Bewertung, also die Trennung von Technikfolgenabschätzung und Technikbewertung, ist eine wesentliche Vorbedingung, um den gesellschaftlichen Diskurs über den Einsatz von Technik zur Bewältigung der vor uns liegenden Herausforderungen fruchtbarer zu machen. Wissenschaftler und Experten müssen im Rahmen der Politikberatung wissenschaftlich anspruchsvoller, aber politisch bescheidener werden. Es muß solchen Methoden der Technikfolgenabschätzung und der Politikberatung der Vorzug gegeben werden, die einer wissenschaftlichen Analyse breiten Raum geben und es erlauben, die wissenschaftlich zwingenden Schlußfolgerungen von denen zu trennen, die der politischen bzw. gesellschaftlichen Entscheidung vorbehalten bleiben müssen.

Dies scheint eine wesentliche Vorbedingung zu sein, damit die Rationalität den ihr gebührenden Platz im Rahmen der vor uns liegenden weitreichenden Entscheidungen zur Bewältigung der Energie- und Umweltprobleme zurückgewinnen kann.

3 Beispiele von TA-Studien im Energiebereich

Im folgenden sollen beispielhaft einige wenige Studien aus den verschiedenen Kategorien von TA-Studien vorgestellt werden. Folgende Kategorisierung der TA-Studien im Bereich Energie bietet sich an:

❑ *Technikinduzierte Technikfolgenabschätzung:* Ermittlung der Potentiale des Einsatzes sowie der Folgen des Einsatzes einer Technik oder Technikfamilie (z. B. Wasserstoff als Sekundärenergieträger, Windenergiekonverter, Kernfusion, Photovoltaik).

❑ *Probleminduzierte Technikfolgenabschätzung:* Erarbeitung von Strategien zur Lösung akuter oder zukünftiger zu erwartender Probleme. Dabei dient die *bedarfsinduzierte Technikfolgenabschätzung* der Ermittlung von Möglichkeiten zur Deckung eines zukünftigen Bedarfs an Energiedienstleistungen und der Folgen (Vor- und Nachteile) alternativer Wege der Bedarfsdeckung; die *folgeninduzierte Technikfolgenabschätzung* ermittelt Möglichkeiten zur Verringerung von negativen Folgen bzw. unerwünschten Effekten, die mit der Energieumwandlung verbunden sind (z. B. Klimaänderung, hohe Ozonkonzentration) und versucht eine möglichst weitgehende Quantifizierung der Vor- und Nachteile dieser Möglichkeiten.

Das methodische Vorgehen und einige exemplarische Ergebnisse solcher Studien sollen im folgenden an jeweils einem Beispiel von konkret durchgeführten TA-Studien für jede TA-Kategorie aufgezeigt werden. In den beschriebenen Beispielen wird kein Anspruch auf eine vollständige Behandlung aller Aspekte einer Technikfolgenabschätzung erhoben, vielmehr soll die prinzipielle Vorgehensweise deutlich werden.

3.1 Technikinduzierte Technikfolgenabschätzung: Bedingungen und Folgen von Aufbaustrategien für eine solare Wasserstoffwirtschaft

Unter dem Eindruck, daß die Folgen moderner Technik in ihren Nutzen- und Risikodimensionen an Bedeutung gewinnen und daß die Bevölkerung auch die negativen Folgen der Technikanwendung zunehmend wahrnimmt, wurden im Deutschen Bundestag Forderungen nach einer

Verbesserung des Informations- und Wissenstandes über Techniken, für die in Zukunft ein Entscheidungsbedarf besteht, laut. Daraufhin wurde 1985 die Enquête-Kommission *Einschätzung und Bewertung von Technikfolgen, Gestaltung von Rahmenbedingungen der technischen Entwicklung* ins Leben gerufen, die u. a. Arbeiten auf den Gebieten *Expertensysteme, Nachwachsende Rohstoffe* und *Alternative landwirtschaftliche Produktionsweisen* begonnen hat. In der nachfolgenden 11. Wahlperiode des Deutschen Bundestages wurde dann 1987 erneut eine Enquête-Kommission *Einschätzung und Bewertung von Technikfolgenabschätzung, Gestaltung von Rahmenbedingungen der technischen Entwicklung* eingesetzt, die die Arbeit der vorhergehenden Kommission fortführte und zusätzlich das Arbeitsfeld *Bedingungen und Folgen von Aufbaustrategien für eine solare Wasserstoffwirtschaft* aufgriff. Im Rahmen dieses Arbeitsfeldes sollten die folgenden Fragen untersucht werden:

❑ Welche Entwicklungslinien führen zum Einsatz von solarem Wasserstoff?

❑ Unter welchen Bedingungen kann der solare Wasserstoff einen nennenswerten Beitrag zur Energieversorgung leisten?

❑ Welche Folgen hat die Nutzung solaren Wasserstoffs?

Zur Beantwortung dieser Fragen wurde folgendes Vorgehen gewählt /5/: Zunächst wurde eine Datenbasis zu technischen, ökonomischen und umweltrelevanten Parametern von Schlüsseltechnologien für den Aufbau einer solaren Wasserstoffwirtschaft erstellt. Ausgehend von dieser Datenbasis und festgelegten Rahmenbedingungen wurden dann verschiedene konsistente Szenarien (sog. Aufbaustrategien) mit unterschiedlichen, aber immer erheblichen Anteilen an solarem Wasserstoff bis 2050 für die Bundesrepublik (alte Bundesländer) entwickelt. Diese Strategien wurden mit Fachleuten und den Mitgliedern der Kommission diskutiert. Anschließend wurden technische, ökonomische, soziale und politische Folgen sowie Realisierungsbedingungen der Szenarien analysiert. Entscheidend für die Aussagekraft der Ergebnisse sind natürlich die für die Szenarien gewählten Randbedingungen und Annahmen. Insbesondere wurden folgende Annahmen getroffen:

(1) Die CO_2-Emissionen werden zur Verringerung der Folgen des Treibhauseffekts bis 2005 um 25 % und bis 2050 um 75 % reduziert. Diese Vorgabe ist eine entscheidende Vorbedingung für den Einsatz solaren Wasserstoffs, weil damit die Begrenzung des Einsatzes fossiler Energieträger begründet werden kann.

(2) Um den unterschiedlichen Ansichten über die Vertretbarkeit der Kernenergie Rechnung zu tragen, werden zwei *Hauptpfade* gebildet. Im

Hauptpfad I erfolgt ein Abschalten der Kernenergie bis 2005, im Hauptpfad II erfolgt ein deutlicher, aber ohne weitere Begründung begrenzter Ausbau der Kernenergie auf etwa das Doppelte der heutigen Kapazität bis 2050.

(3) Bei allen Pfaden wird die gleiche demographische Entwicklung und das gleiche Wirtschaftswachstum unterstellt.

(4) Der Primärenergieverbrauch sinkt bei Hauptpfad I ab 1988 um 26 % bis 2005 und um 44 % bis 2050. Bei Hauptpfad II wird ein Absinken um 7 % bis 2005 und um 23 % bis 2050 unterstellt.

(5) Der Primärenergieverbrauch fossiler Energieträger sinkt bei allen Aufbaupfaden von 2709 TWh 1988 auf 651 TWh 2050.

(6) Nach und nach werden die folgenden technischen Potentiale an erneuerbaren Energieträgern im Inland dezentral genutzt:

- solarthermische Kollektoren: 127 TWh (th)/a;

- Wärmepumpen: 31 TWh (th)/a;

- Biomasse und Müll-Wärme: 95 TWh (th)/a;

- Biomasse und Müll-Strom: 25 TWh (el)/a;

- Wasserkraft: 30 TWh (el)/a;

- Windenergie: 30 TWh (el)/a;

- Photovoltaik (Dächer/Fassaden): 50 TWh (el)/a.

(7) Zusätzlicher Bedarf wird durch Photovoltaikanlagen, insbesondere im Ausland, und Wasserkraftnutzung im Ausland, gedeckt. Dabei wird Strom z. T. in Wasserstoff umgewandelt und als Wasserstoff transportiert und gespeichert.

(8) Der Anteil erneuerbarer Energieträger am Primärenergieverbrauch beträgt 2050 im Hauptpfad I 63 %, im Hauptpfad II 39 %. Solarer Wasserstoff ist 2050 beim Hauptpfad I zu ca. 25 %, bei Hauptpfad II zu ca. 12 % am Primärenergieverbrauch beteiligt. Bild 3 zeigt den Primärenergieverbrauch der beiden Hauptpfade bis 2050.

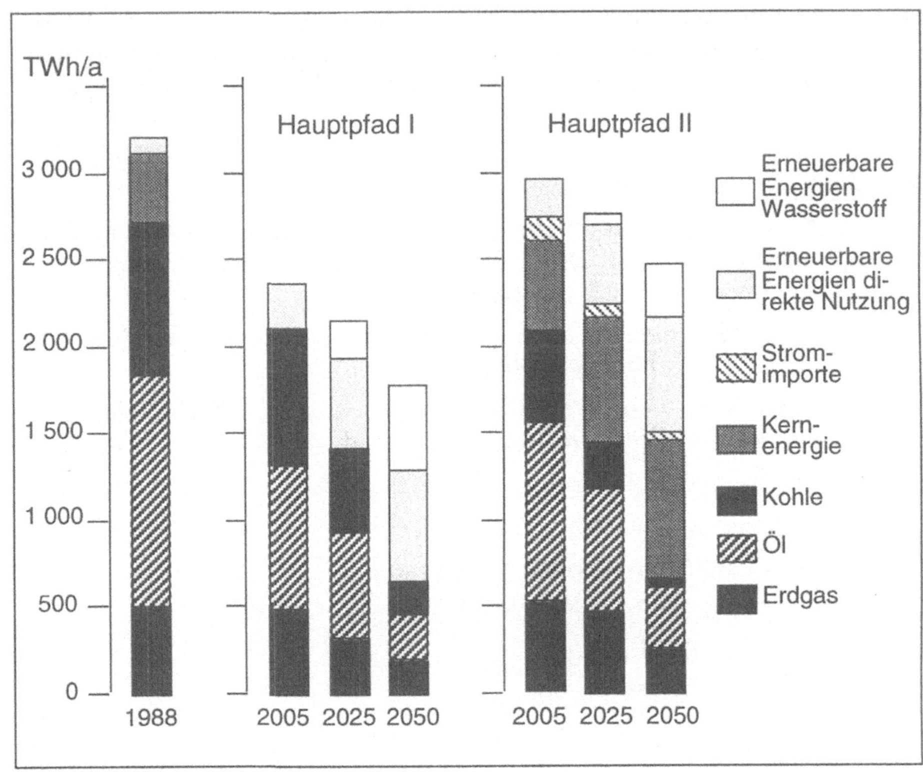

Bild 3   Primärenergieverbrauch und Energieträger in den Szenarien der TA-Studie
             Solare Wasserstoffwirtschaft /5/

Die Analyse der Pfade ergab u. a. die nachfolgend beschriebenen Ergebnisse. *Wesentliche Bedingungen* für einen Einstieg in eine solare Wasserstoffwirtschaft sind:

❑ Notwendigkeit einer erheblichen CO_2-Minderung,

❑ Verdoppelung der realen Energieträgerpreise bis 2005, z. B. durch Einführung einer CO_2-Steuer von 200 DM/t CO_2,

❑ 5 - 8-fach höhere reale Preise der fossilen Energieträger bis 2025,

❑ erhebliche Kostensenkungen der regenerativen Energiesysteme (z. B. bei Photovoltaik um ca. 90 %),

❑ Abbau von Hemmnissen bei der Durchsetzung von Techniken zur rationellen Energieanwendung und zur Nutzung erneuerbarer Energieträger,

❑ Weiterentwicklung der Schlüsseltechnologien für die solare Wasserstoffwirtschaft im Rahmen einer allgemein verstärkten Forschungsförderung für erneuerbare Energiequellen,

❑ keine Erzeugung von Wasserstoff aus Kernenergie im Hauptpfad II.

Folgende wesentliche Folgen des Aufbaus einer solaren Wasserstoffwirtschaft wurden identifiziert: Der *Flächenbedarf* für die solaren Systeme ist erheblich, aber nicht unrealistisch hoch. Neben vorhandenen 2 800 km² Dachflächen werden im Inland je nach Variante zwischen 700 km² und 3 900 km² (0,3 - 1,6 % der Landflächen der alten Bundesländer) benötigt. Im Ausland kommen maximal 3 900 km² (ca. 0,04 % der Fläche der Sahara) hinzu.

Es müssen erhebliche *Investitionen* getätigt werden. Insgesamt müssen beim Hauptpfad I 3 850 Mrd. DM bis 2050 (ca. 47 Mrd. DM/a), beim Hauptpfad II 2 621 Mrd. DM (ca. 30 Mrd. DM/a) investiert werden. Die realen Stromerzeugungskosten steigen im Hauptpfad I um das 3,3 - 4-fache, im Hauptpfad II um das 2,2 - 2,5-fache bis 2050 an.

Treibstoffe und *Brennstoffe* werden erheblich (um den Faktor 7 - 8!) teurer als derzeit. Die Umstrukturierung der Energieversorgung führt zu einer erhöhten Nachfrage bei der Investitionsgüterindustrie, Mineralöl und Automobilindustrie schrumpfen.

In der *Struktur der Energiewirtschaft* ergeben sich große Änderungen. So wird es durch staatliche Eingriffe zu wesentlich höheren Energiepreisen kommen. Der Zubau von verschiedenen kleineren Energieanlagen zur Nutzung erneuerbarer Energieträger führt zu einer stärkeren Einspeisung kleinerer Anlagen in das Netz. Hierfür müssen Regeln bezüglich Technik und Einspeisevergütung aufgestellt werden. Schließlich wird die Bedeutung leitungsgebundener Energieträger (Strom, Gas, Fernwärme) zunehmen. Eine stärkere staatliche Regulierung ist die Folge.

Der Import von Strom oder Wasserstoff aus dem Ausland, insbesondere aus Nordafrika, kann zu *außenpolitischen Problemen* führen. So wird die Abhängigkeit von den OPEC Staaten zum Teil durch die Abhängigkeit von anderen sonnenreichen Staaten ersetzt.

Schließlich sind auch *im Inland gesellschaftliche Auswirkungen* denkbar. Insbesondere stellt sich die Frage, ob die Bevölkerung drastisch höhere Energiepreise akzeptiert. Auch die Akzeptanz von Solaranlagen mit hohem Flächenverbrauch und von zusätzlichen Stromleitungen ist offen.

Insgesamt hat die Studie eine ganze Reihe von Erkenntnissen über Bedingungen und Folgen einer solaren Wasserstoffwirtschaft gebracht. Allerdings sind auch eine Reihe von Fragen noch offen geblieben. So wurden die Auswirkungen einer solaren Wasserstoffwirtschaft auf die Umwelt und die menschliche Gesundheit nur rudimentär behandelt. Das gilt auch für den wichtigen Fragenkomplex, welche Auswirkungen die hohen Kosten der Energieversorgungssysteme auf die Volkswirtschaft haben. Zwar wurden die Kosten und auch die Aufteilung der Kosten auf die Verbraucher abgeschätzt, die Rückkopplung dieser Kosten auf die ökonomischen Parameter, z. B. das Wirtschaftswachstum, wurde jedoch nicht untersucht. Schließlich läßt sich mit den Ergebnissen dieser Studie allein die Frage, ob man denn politische Schritte zum Aufbau einer solaren Wasserstoffwirtschaft unternehmen soll, ob der Aufbau einer solaren Wasserstoffwirtschaft also wünschenswert ist, nicht beantworten.

Nimmt man an, daß Konsens über das Ziel einer weitreichenden CO_2-Minderung erreicht wird, so bleibt dennoch die Frage offen, ob es nicht andere Möglichkeiten als die solare Wasserstoffwirtschaft gibt, mit denen sich eine vergleichbare CO_2-Reduzierung mit geringeren Nachteilen realisieren läßt. Diese Frage läßt sich nur durch vergleichbare Analyse aller in Frage kommenden Alternativen beantworten (solche Alternativen sind z. B. die Entsorgung bzw. Speicherung von CO_2, eine verstärkte Energieeinsparung, Fusion und fortgeschrittene Kernreaktoren, verstärkte Nutzung von Biomasse aus Energieplantagen, Maßnahmen zur Eingrenzung der Folgen des Treibhauseffekts).

Durch Betrachtung einer Technik im Rahmen einer technikinduzierten Technikfolgenabschätzung läßt sich daher über die Wünschbarkeit der Technik noch nichts aussagen, weil es für die Bereitstellung von Energiedienstleistungen in der Regel immer Alternativen gibt, deren Vor- und Nachteile gegeneinander abgewogen werden müssen.

3.2 Bedarfsorientierte Technikfolgenabschätzung: Perspektiven der Energieversorgung Baden-Württembergs

Das Reaktorunglück von Tschernobyl im Jahr 1986 war für alle, die in der Energiepolitik und Energiewirtschaft Verantwortung tragen, Anlaß, die Vorstellungen über die zukünftige Ausgestaltung der Energieversorgung und die Rolle der Kernenergie kritisch und in aller Gründlichkeit zu überprüfen.

In Wahrnehmung ihrer energiepolitischen Verantwortung hat daher die Landesregierung von Baden-Württemberg ein Gutachten in Auftrag gegeben, das die Perspektiven der Energieversorgung und insbesondere die Möglichkeiten der Umstrukturierung der Energieversorgung Baden-Württembergs unter besonderer Berücksichtigung der Stromversorgung analysieren sollte /6/. Angesichts dessen, daß die Untersuchung der Rolle bzw. der Vor- und Nachteile der Kernenergie allein nicht ausreicht, um energiepolitische Entscheidungen zu treffen, weil erst eine Abwägung der Option Kernenergie mit allen anderen Optionen und deren Vor- und Nachteilen Bewertungen zuläßt, sollte die Untersuchung nicht auf die Rolle der Kernenergie beschränkt bleiben. Vielmehr war es das Ziel des Gutachtens, technisch mögliche Wege einer langfristig gesicherten Energieversorgung Baden-Württembergs umfassend zu analysieren und hinsichtlich ihrer ökologischen, ökonomischen und gesellschaftlichen Auswirkungen zu bewerten. Das Gutachten sollte, aufbauend auf dem gegenwärtigen Stand des Wissens, Entscheidungshilfen für eine sachgerechte, an den Belangen der Bürger sowie einer modernen Industriegesellschaft und der Entwicklungsnotwendigkeiten der Dritten Welt orientierten Energiepolitik bereitstellen, um heute diejenigen Entscheidungen zu treffen bzw. Entwicklungen einleiten zu können, die zur langfristigen Sicherung einer ausreichenden, preisgünstigen, umwelt- und sozialverträglichen Energieversorgung notwendig sind. Nicht zuletzt hatte das Gutachten aber auch das Ziel, für die Energiediskussion eine solide, möglichst breit akzeptierte Faktengrundlage für die notwendigen energiepolitischen Abwägungs- und Wertungsprozesse bereitzustellen.

Um der umfassenden Aufgabenstellung des Gutachtens und der Komplexität des Energieproblems in der zur Verfügung stehenden Zeit gerecht zu werden, wurden die Untersuchungen auf die folgenden drei übergeordneten Themenfelder konzentriert:

(1) Analyse der Eigenschaften, Potentiale und Kosten der verschiedenen Energieversorgungsoptionen und der Möglichkeiten zur Reduzierung des Energieeinsatzes.

(2) Analyse unterschiedlicher technisch möglicher Wege der langfristigen Energieversorgung Baden-Württembergs (Szenarioanalyse).

(3) Analyse der gesamtwirtschaftlichen, ökologischen und gesellschaftlichen Implikationen verschiedener Energiesysteme.

Im Zentrum des *ersten Themenfeldes* stand die sorgfältige Erhebung des Wissens über die Techniken zur Bereitstellung und Nutzung von Energie sowie zur Energieeinsparung, die heute in absehbarer Zukunft zur Energieversorgung Baden-Württembergs beitragen können. Hierbei wurden der derzeitige Entwicklungsstand und die Entwicklungsperspektiven, die Kosten und Kostenentwicklungen, die Umweltauswirkungen sowie die möglichen quantitativen Versorgungsbeiträge der Techniken und Systeme zur Nutzung fossiler, nuklearer oder erneuerbarer Energiequellen sowie zur Reduzierung des Energieeinsatzes systematisch untersucht.

Für das *zweite Themenfeld,* die systematische Analyse möglicher energetischer Zukunftsperspektiven sowie der energiepolitischen Gestaltungs- und Handlungsmöglichkeiten wurde der Szenario-Ansatz benutzt. Unter einem Szenario ist dabei die Beschreibung einer zukünftigen Entwicklung auf der Basis vernünftiger, in sich konsistenter Annahmen zu verstehen. Mit Hilfe verschiedener Szenarien wurde versucht,

❑ die Auswirkungen unterschiedlicher, exogener Einflußfaktoren auf die Energieversorgung Baden-Württembergs aufzuzeigen, deren Entwicklung unsicher ist und die primär nicht von den Entscheidungen über ein zukünftiges Energiesystem in Baden-Württemberg mitbestimmt werden wie z. B. die Entwicklung des Wirtschaftswachstums oder der Preise auf den Weltenergiemärkten;

❑ unterschiedliche Vorstellungen über die zukünftige Energieversorgung quantitativ darzustellen, um sie damit rational diskutierbar zu machen;

❑ die Möglichkeiten und Wege zur Erreichung energiepolitischer Ziele zu identifizieren sowie die Grenzen energiepolitischen Handelns zu ermitteln.

Im Rahmen der Szenarioanalysen kommt der Energienachfrageseite und ihren Beeinflussungsmöglichkeiten der gleiche Rang wie der Analyse der Versorgungsmöglichkeiten zu. Die mit den Szenarien beschriebenen möglichen zukünftigen Entwicklungen von Energiebedarf und Energieversorgung dürfen dabei nicht als Prognosen, also Vorhersage der zukünftigen Entwicklung mißverstanden werden. Es geht nicht darum, vorherzusagen, wieviele Kraftwerke im Jahr 2020 installiert sein werden oder wieviel Mineralöl im Jahr 2000 noch verbraucht wird - Aussagen, die in Anbetracht der bestehenden Unsicherheit ohnehin nicht möglich sind - sondern darum, Informationen und Erkenntnisse über mögliche Zukunftsentwicklungen und ihre Zusammenhänge und Konsequenzen zu gewinnen, die notwendig und hilfreich bei der Festlegung der heute zu treffenden Entscheidungen sind. Die technisch-energetische, ökonomische und emissionsseitige Quantifizierung der Szenarien wurde mit einem System von Energiemodellen vorgenommen. Die Modelle bildeten die Zusammenhänge und strukturellen Änderungen des Energiesystems von Baden-Württemberg energieträgerspezifisch ab und zwar ausgehend von den Determinanten des Energiebedarfs über den Energieeinsatz bei den Endverbrauchern in den Bereichen Industrie, Verkehr, Haushalte und Kleinverbraucher sowie die Umwandlung in Kraftwerken, Heizwerken, Raffinerien usw. bis hin zum Primärenergieeinsatz.

Im *Themenfeld drei* wurden die Auswirkungen analysiert. Bei den gesamt- und einzelwirtschaftlichen Konsequenzen verschiedener Entwicklungen des Energiesystems in Baden-Württemberg waren die durch Preisveränderungen induzierten Anpassungsprozesse und Wirkungen auf das Wachstumspotential der Volkswirtschaft ebenso zu berücksichtigen wie die unterschiedlichen sektoralen Wettbewerbs- und Beschäftigungseffekte. Bei den ökologischen Auswirkungen bildeten die Entsorgungsaspekte sowie die Luftschadstoffemissionen und ihre Wirkungen auf die Natur und das Klima den Schwerpunkt. Darüber hinaus wurden Risiken für die menschliche Gesundheit, die mit der Nutzung verschiedener Stromerzeugungssysteme verbunden sind, vergleichend untersucht und überprüft, ob eine objektivierbare Beurteilung der Sozialverträglichkeit von Energiesystemen möglich ist und inwieweit dieses Kriterium operational für die Beurteilung der gesellschaftlichen Aspekte von Energiesystemen eingesetzt werden kann.

Um der fachlichen Breite der Aufgabenstellung des Gutachtens gerecht zu werden, waren mehr als achtzig Wissenschaftler und Experten aus achtzehn Institutionen direkt an den Arbeiten beteiligt. Darüber hinaus sind zwei Workshops durchgeführt worden, um Ergebnisse und Teilergebnisse der Arbeiten mit nicht an der Erarbeitung des Gutachtens beteiligten Fachleuten mit dem Ziel zu diskutieren, die wissenschaftliche Basis der Ergebnisse weiter abzusichern. Darüber hinaus haben zahlreiche Fachleute aus der Industrie, aus Verbänden, Behörden und wissenschaftlichen Institutionen mit Anregungen, Daten und kritischen Kommentaren zu den Gesamtergebnissen des Gutachtens beigetragen. Im folgenden sollen aus der Fülle der vorliegenden Ergebnisse lediglich einige wenige exemplarisch vorgestellt werden, um die Möglichkeiten in bezug auf die Technikfolgenabschätzung anzudeuten.

Um die Auswirkungen der verschiedenen, in der Studie zu untersuchenden energetischen Zukunftsperspektiven (Szenarien) beurteilen und vergleichen zu können, ist es hilfreich, sich als Vergleichsmaßstab eine Referenzentwicklung vorzugeben und daran die quantitativen Wirkungen und Veränderungen in den verschiedenen Szenarien aufzuzeigen. Die diesem Zweck dienenden *Referenzszenarien* sind also nichts weiter als eine Meßlatte für die anderen Szenarien. Sie sind nicht dadurch ausgezeichnet, daß sie im Sinne einer Prognose die wahrscheinlichsten Entwicklungen repräsentieren. Die Referenzszenarien, die im Rahmen des Gutachtens verwendet werden, sind dadurch charakterisiert, daß sie von einer Fortsetzung der bisherigen Energiepolitik und einem Fortbestehen der energiewirtschaftlichen Rahmenbedingungen ausgehen. Wegen der Unsicherheiten, die mit der zukünftigen Entwicklung exogener Bestimmungsfaktoren für Energiebedarf und Energieversorgung verbunden sind, reicht ein Referenzszenario als Status quo-Variante nicht aus. Es wurden vielmehr drei Referenzszenarien erstellt, die sich insbesondere durch unterschiedliche Annahmen bezüglich des Wirtschaftswachstums und der Weltmarktpreise für Energieträger unterscheiden. Diese drei Szenarien sollen eine Bandbreite möglicher Entwicklungen, bei denen wesentliche Rahmenbedingungen, insbesondere energiepolitische Einwirkungen, konstant bleiben, aufzeigen.

Die drei Varianten des Referenzszenarios sind gekennzeichnet durch ein unterschiedliches Wachstum des Bruttoinlandproduktes (0,6 %/a, 2 %/a und 2,6 %/a). In drei Preisvarianten wurde ein Anstieg des Preises von Rohöl auf 26, 30 bzw. 48 Dollar pro Barrel angenommen. Als zusammenfassende Ergebnisse der sehr detaillierten Analyse der Entwicklung von Energieverbrauch und -versorgung in den Referenzszenarien zeigen Bild 4 und Bild 5 die Entwicklung des Endenergieverbrauchs und des Stromverbrauchs bis 2020 in Baden-Württemberg.

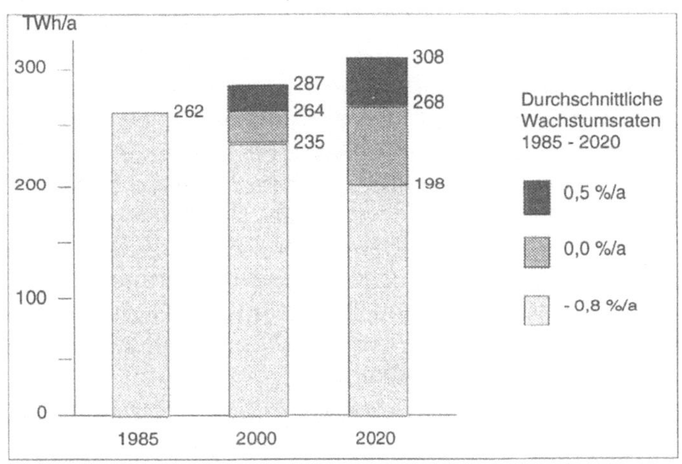

Bild 4   Entwicklung des Endenergieverbrauchs in Baden-Württemberg in den Referenzszenarien des *Energiegutachten Baden-Württemberg* /6/

Es zeigt sich, daß der Endenergieverbrauch unter Status-quo-Bedingungen eher stagnieren wird. Wachstumsraten wie vor 1973 werden nicht mehr erreicht. Die Wachstumsraten des Stromverbrauchs liegen deutlich höher als die des Endenergieverbrauchs.

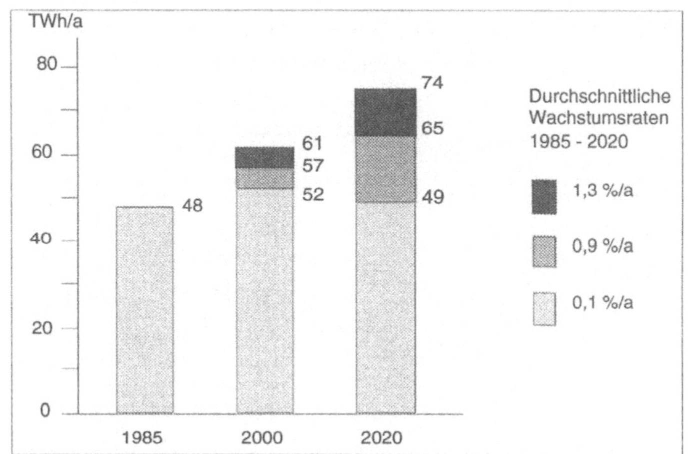

Bild 5   Entwicklung des Stromverbrauchs in Baden-Württemberg in den
          Referenzszenarien des *Energiegutachten Baden-Württemberg* /6/

Die Erstellung der Szenarien alternativer Entwicklungen des Energiesystems soll anhand des Szenarios *verstärkter Ausbau erneuerbarer Energieträger* erläutert werden. Betrachtet wurden die erneuerbaren Energiequellen und Nutzungssysteme, die nach dem gegenwärtigen Stand des Wissens für eine Energieerzeugung in Baden-Württemberg von Bedeutung sein können. Es sind dies

❑   die Wasserkraftnutzung,

❑   die Windenergienutzung,

❑   die photovoltaische Nutzung der Solarstrahlung,

❑   die thermische Nutzung der Solarstrahlung,

❑   die energetische Nutzung von Biomasse, Abfällen und Müll und

❑   die Nutzung geothermischer Energie.

Für jede dieser Energiequellen wurden das Energieangebot und die grundsätzlichen Erschließungsmöglichkeiten, die Techniken zur Nutzung des Energieangebots, die Energiebereitstellungskosten ausgewählter Nutzungssysteme und ihre zukünftige Entwicklung, die technischen und wirtschaftlichen Nutzungspotentiale und ihre Ausschöpfungsmöglichkeiten sowie die Umweltauswirkungen untersucht.

Typische Ergebnisse sollen am Beispiel der Windenergie erläutert werden. Tab. 2 zeigt die derzeitigen sowie die zukünftig erwarteten Kosten von drei Referenztechniken von Windenergiekonvertern (WEK) mit jeweils

75 kW, 200 kW und 1 200 kW. Die Stromerzeugungskosten sind insbesondere stark von der mittleren Windgeschwindigkeit abhängig.

	Technik 1	Technik 2	Technik 3
Rotordurchmesser (m)	15,5	25	60
Nennleistung (kW)	75	200	1 200
Investitionskosten (1 000 DM)	156/117	635/385	8 400/4 200
Spezifische Kosten:			
- DM/m Rotorfläche	821/615	1 300/790	2 970/1 485
- DM/kW Nennleistung	2 080/1 560	3 175/1 925	7 000/3 500
Stromerzeugungskosten (DM/kWh)			
bei v = 6,0 m/s	0,18/0,12	0,24/0,13	0,50/0,16
v = 4,5 m/s	0,29/0,20	0,39/0,22	0,92/0,30
v = 3,5 m/s	0,48/0,32	0,68/0,39	2,09/0,68

Tab. 2   Kosten von Windenergiekonvertern (Referenztechniken) (linke Zahl: Kosten 1986 / rechte Zahl: Kosten 2000/2020)

Das Potential der Windenergienutzung hängt von den zur Verfügung stehenden Flächen und der Verteilung der Windgeschwindigkeit auf diesen Flächen ab. Maximal ein Viertel der Gebietsfläche Baden-Württembergs kommt überhaupt für eine Windenergienutzung in Frage (mittlere Windgeschwindigkeit > 3 m/s). Die gut geeigneten Gebiete (Jahresmittel der Windgeschwindigkeit > 4 m/s) betragen jedoch nur 6 % der Gebietsfläche. Unter Beachtung ökologischer Gesichtspunkte und anderer Nutzungen stehen jedoch nur 10 bis 20 % dieser Flächen für eine Windenergienutzung zur Verfügung. Die somit erzielbare maximale Elektrizitätserzeugung beträgt rd. 2 400 GWh/a, dazu wären rd. 16 500 Windenergiekonverter mit einer Leistung von 200 kW zu installieren.

Durch Verknüpfung der technischen Daten und Kosten mit der Verteilung der Windgeschwindigkeit läßt sich das Potential in Abhängigkeit von den Stromerzeugungskosten ermitteln - als Ergebnis erhält man die in Bild 6 gezeigte Potential-Kosten-Funktion. Eine solche Funktion erlaubt die Ermittlung des wirtschaftlichen Beitrags von Windenergie in Abhängigkeit von den anlegbaren Vergleichskosten von Alternativen zur

Stromerzeugung. Die erforderliche Höhe und die Wirkungen von Fördermaßnahmen lassen sich ebenfalls anhand dieser Kurve ableiten.

Nach Durchführung ähnlicher Analysen für die anderen erneuerbaren Energieträger lassen sich Aussagen zum technischen und wirtschaftlichen Potential aller erneuerbaren Energiequellen machen. Das technische Potential ist dabei dasjenige Potential, das unter Berücksichtigung der verfügbaren Nutzungstechniken und ihrer Nutzungsgrade, des zeitlichen Verlaufs und der räumlichen Verteilung von Energieangebot und -bedarf, der Verfügbarkeit von Standorten und konkurrierenden Nutzungen sowie struktureller und ökologischer Beschränkungen technisch nutzbar ist.

Für das Jahr 2000 ergibt sich ein maximaler Versorgungsbeitrag zu 6 300 GWh/a Strom und ca. 10 500 GWh/a an sonstiger Endenergie und für das Jahr 2020 lauten die entsprechenden Zahlen 12 500 GWh/a Elektrizität und 45 100 GWh/a sonstige Endenergie. Dies entspräche einem Anteil am Endenergieverbrauch beim mittleren Referenzszenario von 6,4 % im Jahr 2000 und 22 % im Jahr 2020.

Im einzelnen ergeben sich folgende Beiträge erneuerbarer Energieträger am *technischen Potential* im Jahr 2020:

- ❑ Solare Strahlung   28,5 TWh;
- ❑ Windenergie   2,4 TWh;
- ❑ Wasserkraft   6,3 TWh;
- ❑ Biomasse und Müll   16,3 TWh;
- ❑ Geothermie   4,5 TWh.

Das *wirtschaftliche Potential* beschreibt den Beitrag von Energieversorgungssystemen bzw. Einsparmaßnahmen, der im Vergleich zu konkurrierenden Systemen zu gleichen oder geringeren Kosten bereitgestellt werden kann. Es hängt naturgemäß von der Preisentwicklung der fossilen Energieträger ab und beträgt je nach angenommener Preisentwicklung zwischen 15 und 50 TWh/a (5,7 - 15 % des Endenergieverbrauchs). Davon werden ca. 7,4 TWh bereits heute genutzt.

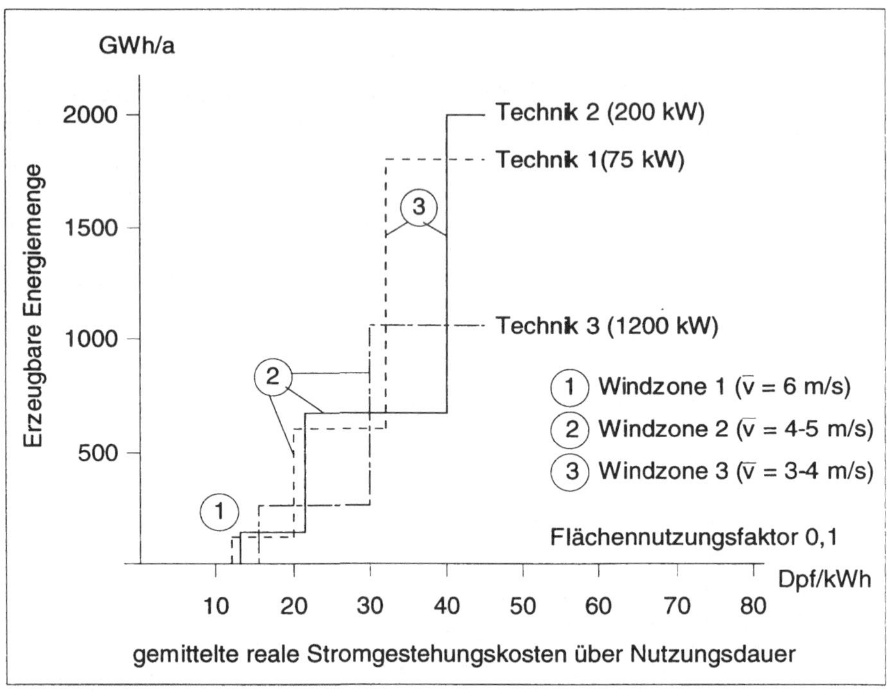

Bild 6   Windenergiepotential in Abhängigkeit von den Stromgestehungskosten

Um die Auswirkungen (Folgen) einer verstärkten Nutzung erneuerbarer
Energieträger abzuschätzen, wurde ein Szenario *max. Ausschöpfung erneuerbarer Energieträger* erstellt, das insbesondere den Einsatz des gesamten ermittelten technischen Potentials der erneuerbaren Energieträger
vorsieht. Die Analyse dieses Szenarios zeigt u. a. folgende Vor- und
Nachteile: Es ergeben sich jährliche Minderemissionen in folgender Höhe (in Klammern ist der Anteil der Minderung an den gesamten Emissionen angegeben):

	SO_2	NO_x	CO_2
2000	- 2,4 kt (2 %)	- 2,1 kt (1 %)	- 2,8 Mio. t (4 %)
2020	- 12,2 kt (13 %)	- 9,3 kt (3 %)	- 11,4 Mio. t (17 %)

Diesen Minderungsemissionen stehen jedoch Mehrkosten gegenüber. So betragen allein die Mehrkosten der Stromerzeugung etwa 500 Mio. DM/a bzw. 1 Pf/kWh$_{el}$.

Ähnliche Analysen wie für erneuerbare Energieträger wurden auch für die Möglichkeiten

❑   zur rationellen Energieverwendung und Energieeinsparung,

❑   zur Kraft-Wärme-Kopplung (zentral und dezentral),

❑   der Kernenergie und

❑   von Energieversorgungsoptionen für das nächste Jahrhundert (Kernfusion, Import von Elektrizität und Wasserstoff aus solarer Energietechnik, Methanol und Wasserstoff als Sekundärenergieträger)

durchgeführt. Diskutiert wurden auch Aspekte der Sozialverträglichkeit; allerdings konnten hier wegen der vorhandenen Probleme, Kriterien für die Bestimmung des Ausmasses der Sozialverträglichkeit im Einzelfall zu bestimmen, keine quantitativen Aussagen gemacht werden. Mit den Ergebnissen des Energiegutachtens wurde eine breite Faktengrundlage zur Bewertung von Energietechniken und eine Grundlage für Entscheidungen zur Sicherung einer ausreichenden, umwelt- und sozialverträglich und kostengünstigen Energieversorgung vorgelegt. Die Ergebnisse wurden in zahlreichen Diskussionsveranstaltungen und Seminaren mit Vertretern der baden-württembergischen Ministerien, verschiedener gesellschaftlicher Gruppen, der Energieversorgungsunternehmen und in der Öffentlichkeit diskutiert. Sie wurden bei einer ganzen Reihe von energiepolitischen Entscheidungen und Initiativen der Landesregierung berücksichtigt.

3.3 Folgeninduzierte TA-Studie: Möglichkeiten zur Minderung von CO_2 in der Bundesrepublik Deutschland

Anlaß, über eine Umstrukturierung der Energieversorgung nachzudenken, besteht vor allem dann, wenn

❑   *Techniken* zur Energieumwandlung oder zur rationellen Energieverwendung neu oder weiter entwickelt wurden und deren Rolle im Energiesystem zu definieren ist oder wenn

❑   erhebliche *Folgen* der derzeitigen Energieversorgung deutlich werden, z. B. auf Grund von Beobachtungen von Schäden wie den neuartigen Waldschäden oder von neuen wissenschaftlichen Erkenntnissen wie etwa über die Folgen des Anstiegs der Konzentration der Treibhausgase in der Atmosphäre.

Im letzteren Fall ist es erforderlich, tragfähige Lösungen bzw. Lösungsansätze für die neu erkannten Probleme zu erarbeiten. Dazu sind im Rahmen einer *folgeninduzierten Technikfolgenabschätzung* alle aus heutiger Kenntnis denkbaren Handlungsmöglichkeiten zu analysieren, d. h. es ist der Beitrag dieser Möglichkeiten zur Bewältigung der Probleme im Zeitablauf zu quantifizieren sowie deren unerwünschte Nebeneffekte, Risiken und Kosten abzuschätzen.

Dies soll am Beispiel des bereits erwähnten Problems der Klimaänderungen durch die Emissionen von Treibhausgasen verdeutlicht werden. Dabei soll auf den Kenntnisstand der Klimaforschung und auf die zu erwartenden Klimaänderungen hier nicht eingegangen werden. Trotz der hier noch bestehenden Wissenslücken wird im weiteren davon ausgegangen, daß der gegenwärtige Wissensstand und die Indizien für eine anthropogene Klimaveränderung so weitreichend sind, daß zumindest aus Vorsorgegründen Gegenmaßnahmen eingeleitet werden müssen, um die drohenden Klimaveränderungen in tolerierbaren Grenzen zu halten.

Um die Klimaänderungen und ihre Konsequenzen auf ein tolerierbares Maß zu begrenzen, hat die Weltkonferenz *The Changing Atmosphere* von Toronto gefordert, die weltweiten CO_2-Emissionen bis zum Jahr 2005 um 20 % und bis zum Jahr 2050 um 50 % gegenüber dem Niveau des Jahres 1987 zu reduzieren und die zweite Weltklimakonferenz von Genf weist daraufhin, daß es notwendig wäre die weltweiten CO_2-Emissionen kontinuierlich um 1 % pro Jahr zu reduzieren, um bis zur Mitte des nächsten Jahrhunderts den Anstieg der atmosphärischen CO_2-Konzentration auf ein Niveau zu begrenzen, das 50 % über dem der vorindustriellen Zeit liegt. In ähnlicher Weise sind auch die Freisetzungen der anderen Treibhausgase zu vermindern. Diese Reduktionen der globalen CO_2-Emissionen bzw. die damit verbundenen Einschränkungen des Verbrauchs fossiler Energieträger sind dabei vor dem Hintergrund zu sehen, daß nahezu alle Energieprognosen von einem weiteren Anstieg des weltweiten Verbrauchs an fossilen Energieträgern ausgehen.

Was aber bedeuten diese globalen Minderungsziele für die einzelnen Staaten? Welche Treibhausgasemissionsminderungen resultieren daraus für die Bundesrepublik, damit sie ihren Beitrag zur Erreichung der globalen Ziele leistet?

Einen allgemeinen akzeptierten Schlüssel zur Ableitung nationaler Treibhausgasminderungsziele gibt es bisher nicht. Angesichts des Faktums, daß die energiebedingte Freisetzung von Treibhausgasen in der

Vergangenheit nahezu ausschließlich durch die Industrieländer erfolgt ist, die auch heute noch für rund 75 % der CO_2-Emissionen verantwortlich sind, werden sie den Hauptbeitrag zur Minderung der Treibhausgasemissionen leisten müssen. Eine erste Orientierung über die Größenordnung der CO_2-Reduktion in unserem Land zur Erreichung der zuvor genannten globalen Minderungsziele mag die folgende einfache Überlegung geben. Um die Zielvorgaben der Toronto-Konferenz aus dem Jahr 1988 zu erreichen, wären die weltweiten CO_2-Emissionen des Jahres 1987 in Höhe von rd. 20 Mrd. t zu verringern. Bei rd. 6,5 Mrd. Menschen im Jahr 2005 und rd. 10 Mrd. Menschen im Jahr 2050 würden diese Minderungsziele bedeuten, daß im Weltdurchschnitt jeder Erdenbürger dann 2,5 bzw. 1 t CO_2 pro Jahr durch die Nutzung fossiler Energieträger freisetzen dürfte.

In der Bundesrepublik Deutschland betrugen die CO_2-Emissionen je Einwohner im Jahr 1987 rd. 12 t und in der ehemaligen DDR rd. 21 t. Gleiches Emissionsrecht vorausgesetzt, müßten wir also unsere CO_2-Emissionen bis 2005 um weit mehr als 50 % und bis zur Mitte des nächsten Jahrhunderts um mehr als 90 % reduzieren. Diese Zahlen mögen zum einen die Dimension der notwendigen Umstrukturierung unserer vornehmlich auf fossilen Energieträgern beruhenden Energieversorgung zur Erreichung eines klimaverträglichen Energiesystems umreißen und zum anderen andeuten, mit welchen Reduktionsforderungen an die Industrieländer, z. B. von Seiten der Entwicklungsländer, im Rahmen der internationalen Verhandlungen zur Erreichung einer Konvention über den Schutz der Erdatmosphäre zu rechnen ist.

Unter Berücksichtigung der berechtigten Belange der Entwicklungsländer ergibt sich, daß die von der Bundesregierung angestrebte Minderung der CO_2-Emissionen um 25 % bis zum Jahr 2005 bzw. die von der Enquête-Kommission *Vorsorge zum Schutz der Erdatmosphäre* geforderte Reduktion um 30 % nicht ausreichen werden, um die weltweiten Zielvorgaben der Toronto-Konferenz zu erreichen.

Unabhängig von dem letztendlich notwendigen Umfang der Treibhausgasminderung kommt bei der Formulierung von energiepolitischen Strategien und Konzepten zur Erreichung einer klimaverträglichen Energieversorgung der Differenzierung zwischen dem technisch Möglichen, dem wirtschaftlich Darstellbaren und dem ökologisch Effizienten eine besondere Bedeutung zu. Rein technisch gesehen stehen uns zumindest auf längere Sicht sehr weitgehende Treibhausgasminderungsmöglichkeiten zur Verfügung. Aber nicht alles was technisch machbar ist, ist auch wirtschaftlich darstellbar und schon gar nicht effizient im Sinne der Nutzung

knapper verfügbarer Ressourcen zur Vermeidung von Klimaveränderungen.

Eine Politik, die die Klimagefahren auf ein tolerierbares Maß eingrenzen
will, ist auf ein gleichgerichtetes Handeln aller Staaten angewiesen. Dies
wird wohl nur zu erreichen sein, wenn die Lasten gerecht verteilt und so
gering wie möglich sind, damit insbesondere die Länder der Dritten Welt
auch ihre anderen, ihnen derzeit viel wichtigeren Entwicklungsziele erreichen können. Aus diesem Grund gewinnen kosteneffiziente CO_2-Reduk-
tionsmaßnahmen ihre große Bedeutung. Anders ausgedrückt, eine klima-
verträgliche Begrenzung der Treibhausgasemissionen wird wohl nur erreicht werden können, wenn die dafür verfügbaren, begrenzten Aufwendungen streng nach dem ökonomischen Prinzip verwendet werden, mit
jeder aufgewendeten Mark eine möglichst hohe Treibhausgasminderung
zu erreichen. Dies ist ein zentrales Kriterium für die Erarbeitung von
Strategien und Konzepten zur Abwendung der Klimagefahren.

Im folgenden wird nun auf die Möglichkeiten zur Minderung der CO_2-
Emissionen in der Bundesrepublik Deutschland (ohne die Gebiete der
ehemaligen DDR) näher eingegangen. Dabei werden Untersuchungser-
gebnisse verwendet, die im Rahmen eines Studienprogramms für die Enquête-Kommission *Vorsorge zum Schutz der Erdatmosphäre* des Deutschen Bundestages /1/ erarbeitet wurden. Als Bezugszeitpunkte für
quantitative Aussagen dienen dabei die Jahre 1987 und 2005. Die nachfolgend erläuterten Ergebnisse sind jedoch nur als erste Stufe einer umfassenden Technikfolgenabschätzung zu verstehen, da wichtige Aspekte
wie z. B. die Umweltauswirkungen der CO_2-Minderungsmaßnahmen, die
ökonomischen Auswirkungen der CO_2-Minderungsstrategien und sonstige Aspekte wie Auswirkungen auf die Versorgungssicherheit oder die
internationalen Energiemärkte nicht mit einbezogen wurden.

CO_2-Minderungsmöglichkeiten

Im Jahr 1989 betrugen die energiebedingten CO_2-Emissionen in der
Bundesrepublik Deutschland (ohne die neuen Bundesländer) rd. 700
Mio. t CO_2. Davon entfielen auf den Umwandlungssektor und hier insbe-
sondere die Stromerzeugung rd. 295 Mio. t oder 42 %. Die Sektoren
Haushalte und Kleinverbraucher, Industrie und Verkehr waren mit 17 %
bis 20 % an den Gesamtemissionen beteiligt.

Grundsätzlich lassen sich die energiebedingten CO_2-Freisetzungen in die
Atmosphäre reduzieren durch

❑   eine Minderung des Verbrauchs fossiler Energieträger durch rationellere Energieverwendung oder Energieeinsparung,

❑   den Ersatz fossiler Energieträger durch CO_2-freie Energiequellen
    wie die Kernenergie und die erneuerbaren Energiequellen,

❑   eine Substitution kohlenstoffreicher (z. B. Kohle) durch kohlenstoffärmere (z. B. Erdgas) fossile Energieträger sowie

❑   durch eine Vermeidung der Freisetzung des bei der Verbrennung
    fossiler Energieträger entstehenden CO_2 in die Atmosphäre (CO_2-
    Rückhaltung und Entsorgung).

Rationelle Energienutzung und Energieeinsparung

Auf allen Stufen der Prozeßkette von der Energiegewinnung über die
Umwandlung bis zur Nutzung beim Verbraucher konnten in den letzten
Jahren deutliche Fortschritte in bezug auf eine Steigerung der Energieeffizienz erzielt werden. Gleichwohl gilt die Feststellung, daß mit den in
der Vergangenheit erreichten Nutzungsgradverbesserungen und Effizienzsteigerungen die technischen Möglichkeiten zur Minderung des
Energieverbrauchs bei gleicher Energiedienstleistung, d. h. ohne
Konsumverzicht, noch keineswegs ausgeschöpft sind.

Im Rahmen der Arbeiten für die Enquête-Kommission *Vorsorge zum
Schutz der Erdatmosphäre* wurden die aus heutiger Sicht technisch möglichen Energieeinsparungen und die damit verbundenen CO_2-Minderungen abgeschätzt. Bild 7 zeigt diese technisch möglichen CO_2-Reduktionspotentiale für verschiedene Verwendungsbereiche der Energie. In
Summe belaufen sie sich auf 35 bis 45 % der CO_2-Emissionen des Jahres
1987.

Die Realisierung dieser durch Einsparmaßnahmen rein technisch möglichen CO_2-Minderungen ist dabei je nach Maßnahme mit einem unterschiedlichen Aufwand verbunden, der in der Regel mit einer steigenden
Ausschöpfung des technischen CO_2-Minderungspotentials überproportional ansteigt, d. h. die Grenzkosten der CO_2-Minderung nehmen zu.
Eine Quantifizierung der CO_2-Minderungskosten durch Energieeinsparung oder gar die Angabe von CO_2-Minderungs-Kosten-Funktionen
der verschiedenen Energieeinsparmaßnahmen ist gegenwärtig nur für
Teilbereiche möglich.

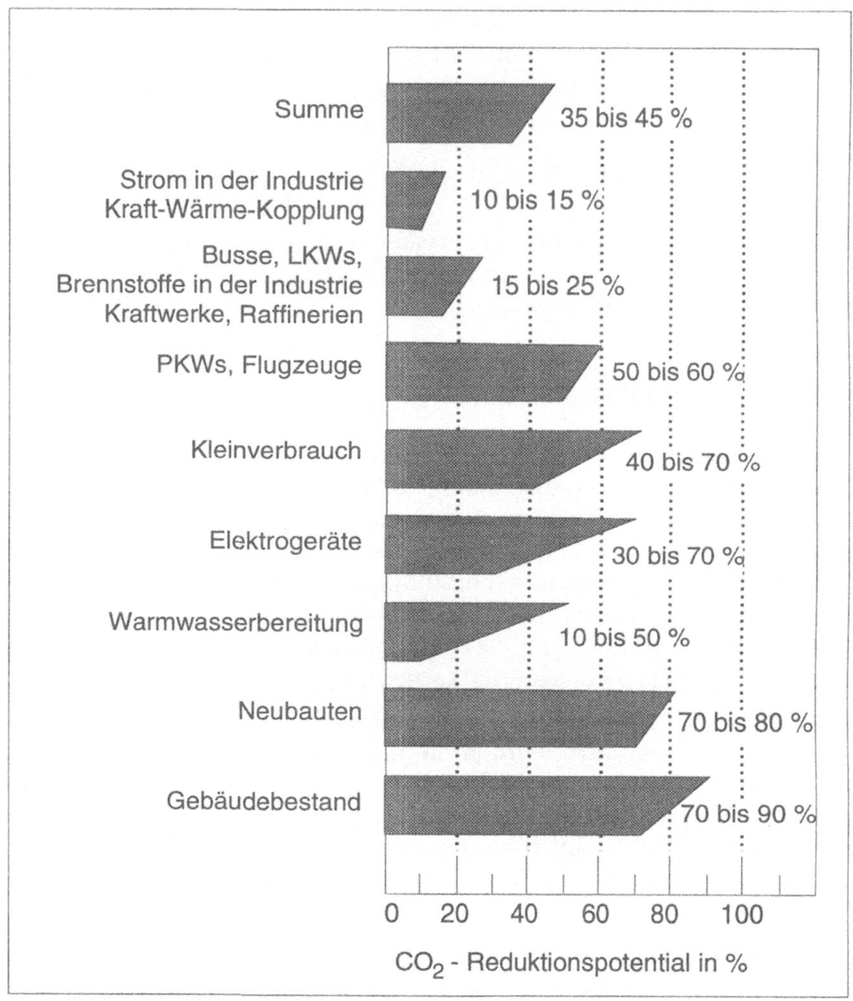

Bild 7   Technische Potentiale der Energieeinsparung in der BRD in Prozent des
Energieverbrauchs im Jahre 1987

In Tab. 3 sind für einige ausgewählte Energieeinsparmaßnahmen die damit verbundenen CO_2-Minderungskosten angegeben. Als Maß für die Effizienz der CO_2-Minderung werden dabei die spezifischen CO_2-Minderungskosten verwendet, die den Aufwand in DM angeben, um die Emissionen einer Tonne CO_2 zu vermeiden. Die hier und im weiteren genannten spezifischen CO_2-Minderungskosten sind dabei anhand einer für das Jahr 2005 unterstellten Energiepreissituation ermittelt worden, die dadurch gekennzeichnet ist, daß die Importpreise von Öl, Erdgas und Kohle gegenüber 1987 um rund 50 % ansteigen, während die Strompreise nur leicht zunehmen. Die in Tab. 3 aufgeführten negativen Minderungskosten bedeuten, daß unter den getroffenen Preisannahmen für das Jahr 2005 diese Einsparmaßnahmen auch ohne eine Bewertung ihrer CO_2-Minderung wirtschaftlich sind, d. h. die Kostenersparnis durch geringeren Energieverbrauch ist, über die Nutzungsdauer betrachtet, größer als der Aufwand für die Energieeinsparmaßnahme. Die große Bandbreite der angegebenen spezifischen CO_2-Minderungskosten einer Maßnahme resultiert zum einen aus den unterschiedlichen Einsatzbedingungen (z. B. Leistungsgröße, jährliche Nutzungsstunden, usw.) und zum anderen aus der Art des eingesparten fossilen Energieträgers (Kohle, Mineralöl oder Gas). Dennoch machen die Zahlen eindrucksvoll deutlich, daß mit demselben Kostenaufwand je nach durchgeführter Energieeinsparmaßnahme viel oder wenig Minderung des CO_2-Ausstoßes erreicht werden kann.

Maßnahme	Energie-einsparung (%)	spez. CO_2-Mind.-kosten (DM/t CO_2)
Wärmedämmung		
• Schwedenstandard	30	0 bis 90
• Niedrigenergiehaus	60 bis 80	220
Gasbrennwertkessel	15 bis 20	-90 bis 55
Wirkungsgradsteigerung fossiler Kraftwerke (GuD-Anlagen)	5 bis 20	-155 bis 290
Kompaktleuchtstofflampe	70 bis 80	-80 bis 130
Gesamtpotential: 140 bis 350 Mio t CO_2/a		

Tab. 3   Energieeinsparung und spezifiche CO_2-Minderungskosten einiger Energiesparmaßnahmen

In ähnlicher Form wie die Maßnahmen zur rationalen Energieanwendung werden auch die Maßnahmen:

❑   Austausch fossiler Energieträger untereinander,

❑   Kernenergie,

❑   Erneuerbare Energieträger und

❑   Rückhalte- und Entsorgungsmöglichkeiten von CO_2

untersucht. In Bild 8 sind die ermittelten technischen CO_2- Reduktionspotentiale der im Prinzip zur Verfügung stehenden CO_2-Minderungsmöglichkeiten im Vergleich dargestellt. Die einzelnen Potentialangaben bezeichnen die CO_2-Minderungen, die aus technischer Sicht unter Vernachlässigung ökonomischer und sonstiger Aspekte für die Bundesrepublik Deutschland (ohne die Gebiete der ehemaligen DDR) mittels erheblicher Anstrengungen gegebenenfalls bis zum Jahr 2005 erreichbar wären. Die technischen CO_2-Minderungspotentiale der einzelnen Optionen können nicht zu einem Gesamtpotential aufsummiert werden, da sie sich teilweise auf denselben fossilen Energieverbrauch beziehen. Dennoch erscheint die Feststellung gerechtfertigt, daß für die Bundesrepublik Deutschland bereits mittelfristig nennenswerte CO_2-Minderungen technisch möglich erscheinen.

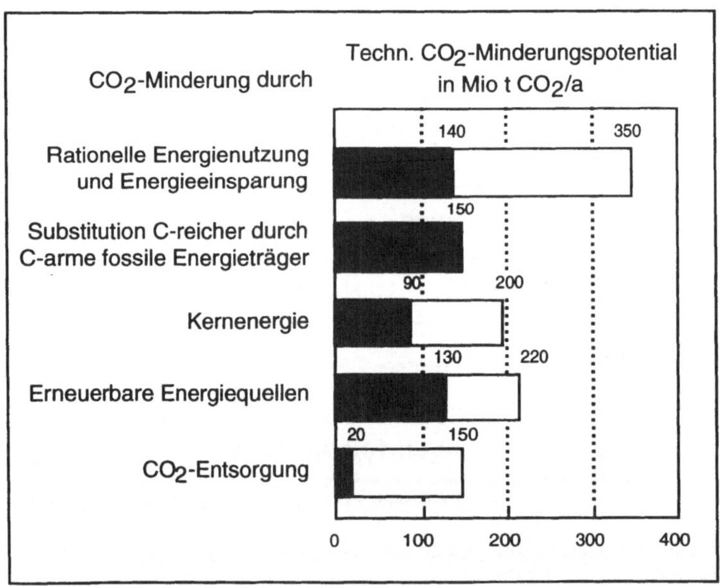

Bild 8   Technische CO_2-Minderungspotentiale in der Bundesrepublik Deutschland bis zum Jahr 2005

Das Vorhandensein nennenswerter technischer CO_2-Minderungsmöglichkeiten sagt aber, wie anfangs bereits erläutert, noch nichts darüber aus, welche gesamtwirtschaftlichen Belastungen mit der Minderung von CO_2-Emissionen verbunden sind, und welche CO_2-Minderungsmöglichkeiten es erlauben, vorgegebene Minderungsziele mit den geringsten gesamtwirtschaftlichen Belastungen zu erreichen, oder wie die Aufwendungen für die CO_2-Emissionsminderungen möglichst effizient genutzt, d. h. in maximale CO_2-Minderungen umgesetzt werden.

CO_2-Reduktionsstrategien

Im Rahmen der Arbeiten für die Enquête-Kommission *Vorsorge zum Schutz der Erdatmosphäre* sind, aufbauend auf den Einzelanalysen der verschiedenen CO_2-Minderungsoptionen, erste Überlegungen bezüglich der Ausgestaltung von Strategien zur Verminderung energiebedingter CO_2-Emissionen angestellt worden. Nach Vorgabe der Enquête-Kommission waren dabei drei Reduktionsszenarien für das Jahr 2005 zu erarbeiten, die sich an dem Ziel einer etwa 30 %igen CO_2-Minderung (bezogen auf die Emissionen des Jahres 1987) orientieren und unterschiedliche energiepolitische Auffassungen reflektieren sollten. In einem ersten Szenario *Hemmnisabbau und Preispolitik* sollte der Energieeinsparung Priorität gegeben werden. Die Kernkraftwerkskapazität sollte auf dem gegenwärtigen Niveau eingefroren, aber höher ausgelastet werden und der Erdgaseinsatz sollte um nicht mehr als 30 % zunehmen. In einem zweiten Szenario *Kernenergieausstieg* sollten die CO_2-Minderungen unter der Annahme eines Verzichts auf die Nutzung der Kernenergie ab dem Jahr 2005 untersucht werden. Schließlich war ein drittes Szenario mit Ausbau der Kernenergie zu erstellen.

In Bild 9 ist der Versuch gemacht worden, wesentliche Ergebnisse der Reduktionsszenarien im Vergleich darzustellen. Die mit *Trend* bezeichnete Entwicklung der CO_2-Emissionen beruht auf der Annahme, daß die gegenwärtigen Rahmenbedingungen der Energieversorgung im wesentlichen unverändert fortbestehen. Insbesondere werden keine speziellen Eingriffe zur Minderung der CO_2-Emissionen unterstellt. Unter diesen Status-quo-Bedingungen bleiben die CO_2-Emissionen bis zum Jahr 2005 nahezu unverändert auf dem Niveau des Jahres 1987.

In Anbetracht des im Jahr 2005 gut 50 % höheren Bruttoinlandsproduktes und einer gestiegenen Energiedienstleistungsnachfrage bedeutet dies aber, daß die dem Trendszenario zugrundeliegenden Effizienzsteigerungen und Energieträgersubstitutionen bereits zu einer deutlichen Minderung des spezifischen CO_2-Ausstosses geführt haben. Diese implizite

CO_2-Minderung, die ja aus heutiger Sicht auch noch zu leisten ist, läßt sich näherungsweise quantifizieren, wenn man die energetischen Nutzungsgrade und die Energieträgerstruktur des Jahres 1987 bis zum Jahr 2005 festschreibt. Unter dieser Annahme der *frozen efficiency* würde sich für das Jahr 2005 ein Anstieg der CO_2-Emissionen auf rund 920 Mio. t CO_2 ergeben. Die Differenz zu den CO_2-Emissionen der Trendentwicklung in Höhe von 240 Mio. t CO_2 ist als Minderungsbedarf mit zu beachten, wenn man die angestrebte CO_2-Minderung, d. h. die Minderungsziele, an dem CO_2-Emissionsniveau des Jahres 1987 orientiert.

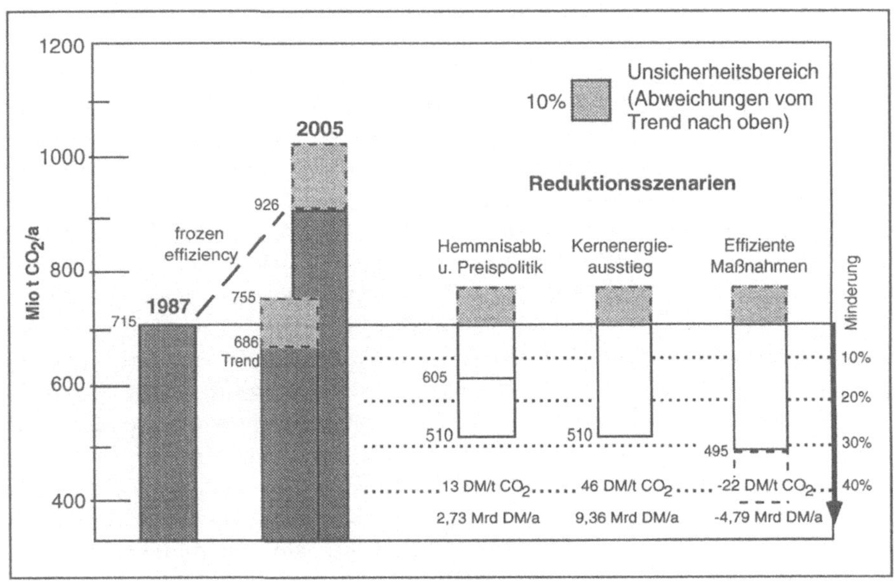

Bild 9 CO_2-Reduktionsszenarien im Vergleich

Im Reduktionsszenario *Hemmnisabbau und Preispolitik* ist die CO_2-Minderung zurückzuführen auf eine weitgehende Ausschöpfung der Einsparmöglichkeiten in allen Endverbraucherbereichen, eine Verlagerung und Reduktion von Verkehrsleistungen, eine erhebliche Ausweitung der Strom- und Wärmeerzeugung mittels erneuerbarer Energiequellen, nahezu eine Verdoppelung der KWK-Erzeugung und einen um 20 % zunehmenden Erdgaseinsatz. Des weiteren werden CO_2-Emissionen in Höhe von 27 Mio. t CO_2 durch eine bessere Auslastung der bestehenden Kernkraftwerke vermieden.

Das Reduktionsszenario *Kernenergieausstieg* weist mit 510 Mio. t CO_2 die selben CO_2-Emissionen und damit auch dieselben Emissionsreduktionen wie das Szenario *Hemmnisabbau und Preispolitik* aus. Um dies zu erreichen, wären aufgrund der Beendigung der Nutzung der Kernenergie im Jahr 2005 die Energieeinsparungen weiter zu verstärken, die Nutzung der erneuerbaren Energiequellen auszuweiten und der Erdgaseinsatz zu erhöhen. Die dazu notwendigen Maßnahmen seien an einigen Beispielen verdeutlicht. Für den Raumwärmebereich wird unterstellt, daß nahezu 40 % des Altbaubestandes wärmetechnisch so saniert werden, daß der durchschnittliche Heizenergieverbrauch um zwei Drittel absinkt und alle Neubauten bis zum Jahr 2005 im Durchschnitt einen spez. Nettoheizenergiebedarf von 40 kWh/m^2a bei Einfamilienhäusern bzw. 25 kWh/m^2a bei Mehrfamilienhäusern aufweisen. Die Stromerzeugung in der Kraft-Wärme-Kopplung müßte etwa 2,8 mal so hoch sein wie 1987. Die Stromerzeugungskapazität auf Basis erneuerbarer Energiequellen wäre bis 2005 um etwa 11,3 GW_{el} auszuweiten, allein auf die Windkraft entfielen davon 5,2 GW_{el}.

Im Reduktionsszenario mit Ausbau der Kernenergie sind die einzelnen CO_2-Minderungsmaßnahmen weitgehend nach den Effizienzkriterien ausgewählt worden. Im Sinne einer effizienzorientierten CO_2-Minderungsstrategie werden dabei alle im Rahmen der erwarteten Energiepreissteigerungen aus volkswirtschaftlicher Sicht sinnvollen Energieeinsparmöglichkeiten, auch durch eine verstärkte Kraft-Wärme-Kopplung, ebenso genutzt, wie die diesbezüglichen Potentiale der erneuerbaren Energiequellen. Durch den Ausbau der Kernenergie werden CO_2-Emissionen in Höhe von 92 Mio. t CO_2/a vermieden. Dabei wird unterstellt, daß sich die installierte Bruttoengpaßleistung der Kernkraftwerke von heute 23,6 GW_{el} auf 36,6 GW_{el} im Jahr 2005 erhöht. Insgesamt ergeben sich in diesem effizienzorientierten Reduktionsszenario mit Kernenergieausbau CO_2-Emissionen im Jahr 2005 in Höhe von 495 Mio. t. Dies entspricht einer Minderung um 220 Mio. t CO_2 oder 31 % gegenüber dem Jahr 1987.

Vergleicht man die drei Reduktionsszenarien untereinander, so ergeben sich trotz der in der Größenordnung vergleichbaren CO_2-Minderungen einige wesentliche Unterschiede. Sie liegen einmal in dem unterschiedlichen Kostenaufwand für die Erreichung der CO_2-Minderung. Die jährlichen Nettokosten für die CO_2-Minderungsmaßnahmen belaufen sich im Falle des Reduktionsszenarios *Hemmnisabbau und Energiepolitik* auf rund 2,7 Mrd. DM/a und im Fall des Reduktionsszenarios *Kernenergieausstieg* auf mehr als 9 Mrd. DM/a, wobei hier wegen fehlender Daten nicht alle Zusatzkosten erfaßt werden konnten und im Falle des Kernenergieausstiegs z. B. auch die Kapitalvernichtung durch die vorzeitige Stillegung der Kernkraftwerke nicht bewertet worden ist. Die Minderung der CO_2-Emissionen im effizienzorientierten Reduktionsszenario mit Ausbau der Kernenergie wäre dagegen gegenüber der Trendentwicklung mit einer Kostenentlastung der Volkswirtschaft von rund 4,8 Mrd. DM/a verbunden. Im Vergleich zum Kernenergieausstiegsszenario ergäbe sich damit bei einer CO_2-Minderung von rund 30 % eine jährliche Kostendifferenz von mehr als 14 Mrd. DM.

Ein weiterer wesentlicher Unterschied zwischen den drei Reduktionsstrategien besteht im Hinblick auf ihre Möglichkeiten, falls notwendig, weitergehende CO_2-Minderungsziele zu erreichen. Diese sind im Falle des Kernenergieausstiegs wohl nicht vorhanden. Würde man hingegen bei der Reduktionsstrategie mit Ausbau der Kernenergie, die in den beiden anderen Szenarien unterstellten weitergehenden Maßnahmen im Bereich der Energieeinsparung, der Ausweitung der Nutzung erneuerbarer Energiequellen und von Erdgas auch durchführen, so ließen sich die CO_2-Emissionen um weitere 65 Mio. t/a reduzieren.

Obwohl die hier erläuterten CO_2-Minderungsmöglichkeiten sich auf das Gebiet der alten Bundesländer beziehen, geben sie dennoch einen ersten Hinweis auf die in den neuen Bundesländern bestehenden Minderungspotentiale, wenn sich die Strukturen der Energieversorgung langfristig in eine ähnliche Richtung entwickeln.

Die hier erläuterten Ergebnisse von Untersuchungen zur Reduzierung der energiebedingten Treibhausgase sind nur als erste Phase einer Technikfolgenabschätzung zu betrachten und in vielerlei Hinsicht zu erweitern und abzusichern. Für einzelne Minderungsmaßnahmen liegen belastbare Kostenangaben und insbesondere Angaben zu Kosten in Gestalt von Zielverzichten nicht oder nur rudimentär vor. Eine umfassende Analyse und Bewertung der Vor- und Nachteile unterschiedlicher Treibhausgasminderungsstrategien, die auch die gesamtwirtschaftlichen Effekte, die umweltseitigen Vor- und Nachteile sowie die möglichen Preisrückwirkungen auf den internationalen Energiemärkten einbeziehen, ist noch zu leisten.

Dennoch lassen sich für den politischen Abwägungsprozeß erste Orientierungen gewinnen. Für die Bundesrepublik Deutschland (einschließlich der neuen Bundesländer auf die zuvor nicht eingegangen worden ist) existieren bereits mittelfristig, d. h. bis zum Jahr 2005, beachtliche technische Möglichkeiten zur Minderung der energiebedingten Treibhausgasemissionen. Ein Teil dieser Minderungspotentiale ließe sich ausschöpfen, ohne die Energiewirtschaft bzw. die Volkswirtschaft mit zusätzlichen Kosten zu belasten. Eine Ausnutzung dieser CO_2-Minderungsmöglichkeiten, deren ökonomischer Nutzen allein schon größer ist als ihre Kosten, würde es der Bundesrepublik Deutschland zusammen mit den übrigen Industrienationen erlauben, eine Schrittmacherrolle zu übernehmen, ohne die Volkswirtschaft einseitigen Belastungen auszusetzen.

4 Schlußbemerkungen

Aus den bisher vorliegenden TA-Studien im Energiebereich und den dabei gemachten Erfahrungen lassen sich u. a. folgende *Schlußfolgerungen* ableiten:

(1) Die großen Herausforderungen, denen wir uns an der Schwelle zum dritten Jahrtausend gegenübersehen, sind durch Komplexität und Vernetzung sowie eine immer stärkere internationale und globale Dimension gekennzeichnet. Die Energieprobleme und die mit ihr eng verknüpften Belastungen von Umwelt und Natur sowie die Gefahren einer Veränderung des Klimas sind angesichts einer weiter wachsenden Weltbevölkerung zentrale Aspekte dieser Weltproblematik. Die Erarbeitung tragfähiger Lösungen bzw. Lösungsansätze erfordert einen ganzheitlichen Ansatz und eine umfassende Analyse aller aus heutiger Kenntnis denkbaren Handlungsmöglichkeiten im Sinne einer möglichst genauen Quantifizierung ihrer im Zeitablauf möglichen Beiträge zur Bewältigung der Probleme, aber auch ihrer unerwünschten Nebeneffekte und Risiken.

(2) Technikfolgenabschätzung erfordert die Aufbereitung des vorhandenen Fachwissens aus verschiedensten Gebieten und die Einordnung dieses Fachwissens in den Systemzusammenhang. Zur Bearbeitung von TA-Studien sind daher interdisziplinäre Ansätze und interdisziplinäre Zusammenarbeit erforderlich.

(3) Nicht nur negative Folgen, sondern auch positive Auswirkungen des Technikeinsatzes sollten aufgezeigt werden, da nur so eine Gesamtwertung einer Technik möglich ist.

(4) Technikfolgenabschätzung ist zukunftsgerichtet - es geht um die Folgen von Technik und deren Veränderung in der Zukunft. Um die Wechselwirkung der Technik mit der Systemumgebung zu untersuchen, muß daher die zukünftige Systemumgebung (z. B. der zukünftige Strombedarf und die Deckung dieses Bedarfs) vorgegeben werden. Eine Prognose (im Sinne einer Vorhersage) ist aber nicht möglich. Es müssen daher mehrere Szenarien (Referenzszenarien) herangezogen werden, die die Bandbreite möglicher zukünftiger Entwicklungen darstellen.

(5) Zur Abbildung und Analyse des Energiesystems mit seinen vielfach vernetzten Strukturen im Rahmen von Technikfolgenabschätzungen sind

Energiemodelle (Simulations- und Optimierungsmodelle) ein unverzichtbares Hilfsmittel.

(6) Nicht alle Folgen der Energieumwandlung lassen sich heute bereits befriedigend quantifizieren. So ist z. B. noch nicht endgültig geklärt, auf welche Weise und in welchem Ausmaß Luftschadstoffe zu den neuartigen Waldschäden beitragen. Auch der Zusammenhang zwischen Luftschadstoffkonzentrationen und Atemwegserkrankungen wird noch kontrovers diskutiert. In solchen Fällen sind die Abschätzungen von Technikfolgen noch mit Lücken oder Unsicherheiten behaftet, Technikfolgenforschung ist erforderlich.

(7) Technikfolgenabschätzung wird nur dann eine brauchbare Grundlage für den notwendigen Diskurs zur Technikbewertung sein können, wenn sie der Erarbeitung von Fakten und der wissenschaftlichen Analyse breiten Raum gibt und die Bearbeiter sich eigener Wertungen so weit wie möglich enthalten.

(8) In der Energiepolitik und die Energiewirtschaft müssen derzeit und in Zukunft Entscheidungen mit großer Tragweite gefällt werden. Eine systematische Weiterentwicklung von Instrumenten zur Technikfolgenabschätzung im Energiebereich und die Anwendung dieser Instrumente scheint dringend geboten.

Abschließend sei angemerkt, daß die bisher für den Energiebereich durchgeführten *probleminduzierten Technikfolgenabschätzungen* auch gezeigt haben, daß, wie Carl Friedrich von Weizsäcker es einmal ausgedrückt hat, "alle Gefahren, die wir vor uns sehen, keine technischen Ausweglosigkeiten sind, sondern eher umgekehrt, die Unfähigkeit unserer Kultur, mit den Geschenken ihrer eigenen Erfindungskraft vernünftig umzugehen."

5   Literaturverzeichnis

/1/ Bundesministerium für Wirtschaft (Hrsg.): Energiedaten 1991, Bonn, Sept. 1992.

/2/ Dritter Bericht der Enquête-Kommission Vorsorge zum Schutz der Erdatmosphäre, Bundestagsdrucksache 11/8030, Bonn, 24.5.1990.

/3/ Statistisches Bundesamt (Hrsg.): Statistisches Jahrbuch 1990, Stuttgart 1990.

/4/ Umweltbundesamt (Hrsg.): Daten zur Umwelt 1988/89, Berlin 1989.

/5/ Bericht der Enquête-Kommission "Gestaltung der technischen Entwicklung; Technikfolgenabschätzung und Bewertung": Bedingungen und Folgen von Aufbaustrategien für eine solare Wasserstoffwirtschaft; Bundestagsdrucksache 11/7993, Bonn 24.9.90.

/6/ A. Voß (Hrsg.): Perspektiven der Energieversorgung Baden-Württembergs unter besonderer Berücksichtigung der Stromversorgung, Stuttgart November 1987.

/7/ Umweltbundesamt (Hrsg.): Daten zur Umwelt 1990/91, Berlin 1992.

/8/ Bundesminister für Verkehr (Hrsg.): Verkehr in Zahlen 1993, Berlin 1993.

Hans Mohr

Energie aus Biomasse

Erfahrungen aus einem paradigmatischen TA-Projekt

1 Einleitung: Energie und Kultur

Energie ist eine der fundamentalen Größen, auf denen menschliche Kultur beruht. Für Energie, für die Fähigkeit, Arbeit zu leisten, gibt es keinen Ersatz. Menge und Art der Energie, die den Menschen jeweils zur Verfügung standen, waren Marksteine der Kulturgeschichte. Als unsere Vorfahren vor etwa 500 000 Jahren von Afrika aus in die gemäßigten Breiten vordrangen, konnten sie nur überleben, weil sie das Holzfeuer hatten. Die Entwicklung der kohlebefeuerten Dampfmaschine hat die erste industrielle Revolution eingeleitet, und die technische Entwicklung der leicht transportablen elektrischen Energie hat die Welt vermutlich mehr verändert als jeder andere Einzelfaktor in der Geschichte des Menschen. Derzeit stellt die einfache und billige Versorgung mit dem Gut Energie einen entscheidenden Pfeiler für den wirtschaftlichen Wohlstand dar. Es kommt darauf an, die Energieversorgung durch eine günstige Kombination von Versorgungssicherheit, Wirtschaftlichkeit, Sozialverträglichkeit und möglichst geringer Umweltbelastung zu sichern.

Indirekt wurden alle Kulturen unserer Geschichte von *Sonnenenergie* angetrieben. Holz, Torf, Braunkohle, Steinkohle, Nahrung lassen sich auf die Photosynthese von Landpflanzen zurückführen, sind kompakte Biomasse, sozusagen konzentrierte Sonnenenergie. Erdgas und Erdöl sind aus Kleinlebewesen, aus dem Plankton des Meeres, unter der Einwirkung geologischer Kräfte entstanden. Auch das Plankton lebt energetisch von der Sonne. Wind- und Wasserkraft entstammen dem Wechselspiel der Kräfte aus Sonneneinstrahlung, Erdbewegung, Erdoberfläche und Atmosphäre.

Lebten vergangene Kulturen im energetischen Überfluß? Natürlich nicht!
Energiekrisen - Mangel an Holz, Mangel an Nahrung - hat es in allen Kulturen gegeben, und gerade die Hochkulturen waren ständig von Energiekrisen bedroht. Für uns und die beiden nächsten Generationen ist das
Energieproblem aber von besonderer Art, weil wir einen ganzen Komplex
historisch gewachsener Probleme zu lösen haben:

❑   Wir stehen inmitten einer ungeheuren Bevölkerungsexplosion (1830:
    1 Mrd., 1930: 2 Mrd., 1980: 4 Mrd., 2000: über 6 Mrd.). Ein Großteil
    dieser Menschen hat einen Nachholbedarf an Energie, der durch Ein-
    sparungen in den Industrienationen nicht aufgefangen werden kann.

❑   Die Reichweite der billigen fossilen Energieträger (Erdöl, Erdgas) ist
    eng begrenzt - an dieser Tatsache ändert auch ein vorübergehend reich-
    liches Ölangebot nichts. Bei der gegenwärtigen Förderrate werden die
    derzeit sicher nachgewiesenen Öl- (und Erdgas-)Reserven in absehbarer
    Zeit erschöpft sein. Zur Zeit werden zwei Drittel des Weltenergiebedarfs
    durch Öl und Gas gedeckt.

❑   Das Entsorgungsproblem für die Verbrennungsrückstände von Kohle,
    Öl und Erdgas ist aller Voraussicht nach zumindest hinsichtlich des CO_2
    unlösbar. Es ist eine Tatsache, daß der CO_2-Gehalt der Atmosphäre
    ständig zunimmt. Die daraus resultierende Verstärkung des atmosphä-
    rischen Treibhauseffekts und die zu erwartenden globalen Temperatur-
    änderungen halten manche Fachleute für das größte ökologische Pro-
    blem, das auf uns zukommt. Fossile Energieträger - Erdöl, Erdgas,
    Kohle - müssen deshalb nicht nur wegen schwindender Versorgung
    (wie im Fall von Öl und Gas), sondern auch aus Gründen der Entsor-
    gung innerhalb der nächsten Jahrzehnte durch andere Energieträger
    weitgehend ersetzt werden. Kann die Biomasse hier eine bedeutsame
    Rolle spielen?

Biomasse ist eine regenerierbare Primärenergieform. Bei einer Nutzung entsteht zwar CO_2, aber nicht mehr, als bei ihrer Bildung gebunden wurde.

2   Biomasse

Unter *Alternativen Energien* (Bild 1) verstehen wir Energieformen, die nicht
auf fossile Energieträger zurückgehen. Regenerative Primärenergieformen
sind solche, die vom Sonnenlicht abstammen. Die wichtigste regenerierbare
Primärenergieform ist die Biomasse.

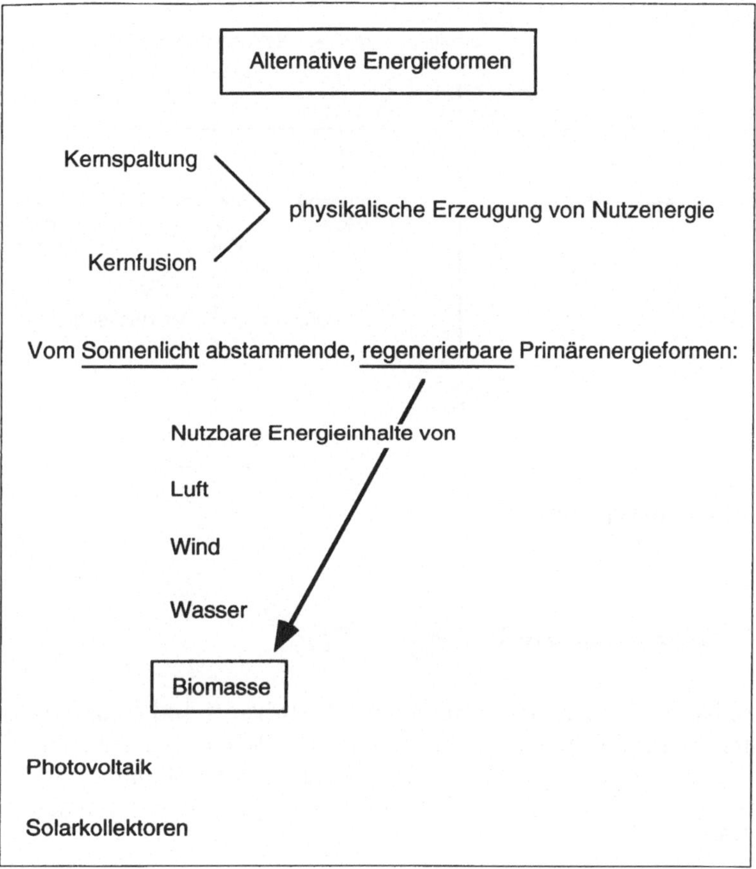

Bild 1   Alternative Energieformen

Biomasse ist das Ergebnis der Nettoprimärproduktion (Bild 2) der Biosphäre. Darunter versteht man die Bruttoproduktion der Photosynthese betreibenden Pflanzen minus deren energetischen Eigenbedarf. Von der Nettoprimärproduktion lebt alles, was kreucht und fleucht. Die Nettoprimärproduktion der Landflächen beträgt derzeit etwa 132 Pg Biomasse pro Jahr. Sie wird vom Menschen bereits zu etwa 40 % für sich in Anspruch genommen, direkt oder indirekt.

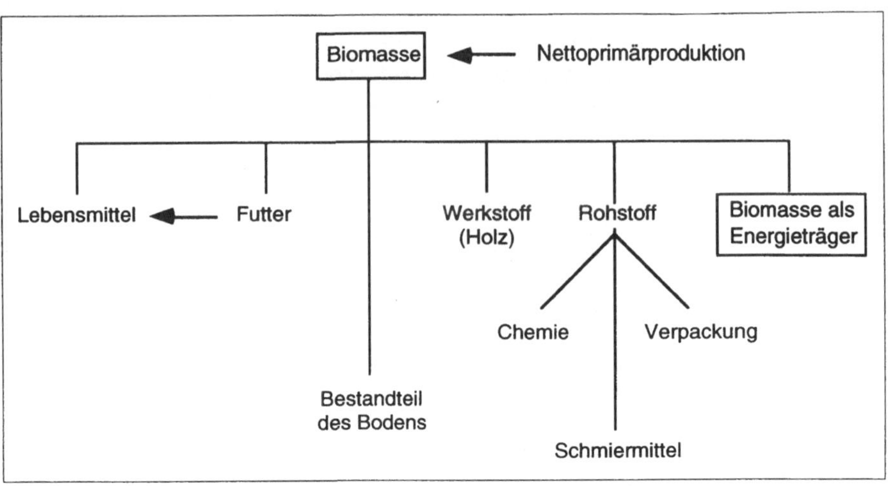

Bild 2   Nettoprimärproduktion

2.1   Biomasse als Energieträger

Biomasse hat auch energetisch (nicht nur als Rohstoff und Nahrung) die Kulturgeschichte angetrieben. Die Frage ist, in welchem Ausmaß hier in Mitteleuropa der Energieträger Biomasse in modernen Verbrennungsanlagen für die Erzeugung von Dampf und elektrischer Energie nutzbar gemacht werden kann (Bild 3).

Im einzelnen geht es um die Gewinnung von Energie aus pflanzlichen und tierischen Rest- und Abfallstoffen sowie aus speziell angebauten Energiepflanzen. Heizen mit Holz ist ebenso Energiegewinnung aus Biomasse wie das Verbrennen von Stroh oder ganzen Getreidepflanzen, das Betreiben von Motoren mit Bioalkohol oder Rapsölmethylester und die Nutzung von Biogas.

3   Einbettung des Projekts

Das TA-Projekt *Energie aus Biomasse* ist in das Themenfeld *Bedingungen einer nachhaltigen Entwicklung* (in Baden-Württemberg) eingebettet. Nachhaltiges Wirtschaften bedeutet, daß die gewählte Wirtschaftsform auf Dauer angelegt ist. Dies schließt technologischen Wandel und Strukturwandel nicht aus. Nachhaltigkeit schließt aber ein, daß der Kapitalstock an natürlichen Ressourcen soweit erhalten bleibt, daß die Lebensqualität künftiger Generationen gewährleistet ist.

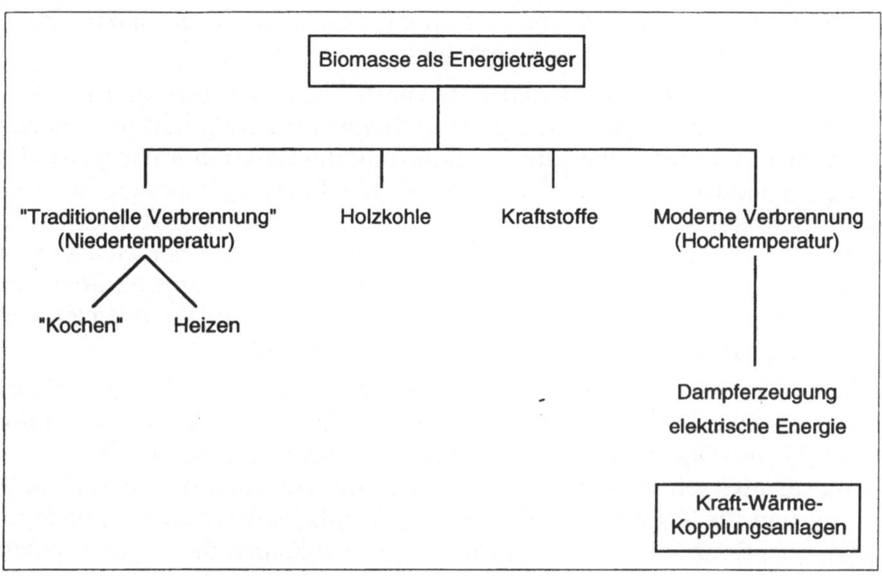

Bild 3   Biomasse als Energieträger

3.1   Ausgangslage für das Projekt

Landwirtschaft und Energiewirtschaft stehen vor entscheidenden Umwälzungen und müssen mit grundlegenden Strukturveränderungen fertig werden. Die Energiewirtschaft ist durch das Versprechen der Bundesregierung, den CO_2-Ausstoß der Bundesrepublik bis zum Jahre 2005 um 25 % gegenüber der Emission im Jahre 1987 zu senken, in die Pflicht genommen, soweit wie möglich zur Realisierung dieses weitgesteckten Zieles beizutragen. Das bedeutet Energieeinsparmaßnahmen, rationelle Energieverwendung und die sukzessive Substitution fossiler Energieträger durch alternative Energien, die gleichzeitig weitgehend CO_2-neutral sind. Dazu gehört die Biomasse.

Die deutsche Landwirtschaft macht seit über 40 Jahren einen kontinuierlichen Strukturwandel durch. In Baden-Württemberg ist die Zahl der landwirtschaftlichen Betriebe seit 1960 um etwa 62 % zurückgegangen (Stand 1991). Gleichzeitig werden die Betriebe immer größer. Die neueren Entwicklungen der Agrarpolitik lassen erwarten, daß sich diese Tendenz weiter verstärkt. Viele Bauern fühlen sich durch die agrarpolitischen Weichenstellungen demotiviert. Hinzu kommen massive Nachwuchsprobleme und ein stetiger Rückgang der Einkommen, vor allem im Vergleich zur Einkommensentwicklung außerhalb der Landwirtschaft.

In der Produktion Nachwachsender Rohstoffe, von Industrie- und Energiepflanzen, sehen die Landwirte eine neue Herausforderung und die Chance, als Unternehmer einen über die Nahrungsmittelproduktion hinausgehenden Beitrag zur Industriegesellschaft zu leisten. Die Energiegewinnung aus Biomasse bildet somit ein Thema, das für die Energiewirtschaft wie für die Landwirtschaft gleichermaßen bedeutsam ist und über diese beiden essentiell wichtigen Wirtschaftsbereiche die Gesellschaft als Ganzes angeht. So ist das Thema auch für den Umweltschutz und für die Zukunft des Fremdenverkehrs von zentraler Bedeutung.

Bis zum Jahre 2005 werden voraussichtlich etwa 4 - 5 Mio. ha Ackerfläche in Deutschland und 16 - 20 Mio. ha in den Ländern der Europäischen Union nicht mehr zur Nahrungs- und Futtermittelerzeugung benötigt. Der größte Teil dieser überschüssigen Flächen (abzüglich des Bedarfs für Industriepflanzen und für Zwecke des Biotop- und Landschaftsschutzes) stünde für den Energiepflanzenanbau zur Verfügung. Hinzu kämen die Reststoffpotentiale von Stroh und Holz.

3.2   Zielsetzung des Projekts

Das Projekt gehört in die Kategorie *Probleminduzierte Technikfolgenabschätzung:* Das Problem ist vorgegeben; Technikfolgenabschätzung kann Pfade (Optionen) zur Problemlösung aufzeigen; die intuitive Problemlösung wird durch eine wissensgestützte Problemlösung ersetzt. Es möchte insbesondere zur Klärung folgender Fragen beitragen:

❑   Welchen Beitrag zur Energieversorgung kann die Biomasse (in Deutschland, in Baden-Württemberg) leisten?

❑   Welchen Beitrag zur CO_2-Entlastung der Atmosphäre kann die energetische Nutzung von Biomasse in Deutschland leisten?

❑   Kann der Anbau von Energiepflanzen einen Beitrag zur Entschärfung der Agrarstrukturkrise leisten, ohne daß zusätzliche ökologische Probleme entstehen?

3.3   Themenbereiche des Projekts

Die behandelten Themenbereiche des Projektes umfassen

- Mengen- und Flächenpotentiale;
- Anbau und Erzeugung geeigneter Energiepflanzen;
- Verarbeitung und Verbrennung von Reststoffen und Energiepflanzen;
- Feuerungsanlagen, Logistik und Emissionen;
- Energiebilanzen;
- ökologische Implikationen;
- ökonomische Bilanzen;
- Kooperation zwischen Erzeuger und abnehmender Hand;
- Kooperation mit den Kommunen und Energieversorgungsunternehmen;
- politische Implikationen;
- ethische und entscheidungstheoretische Gesichtspunkte.

Das Projekt beschäftigt sich in der Hauptsache mit der Verwendung von Rapsöl bzw. Rapsölmethylester als Schmiermittel und als Treibstoff (vor allem in umweltsensitiven Bereichen) sowie mit Festbrennstoffen zur direkten thermischen Nutzung und zwar aus Reststoffen (Stroh, Holz) und aus speziell angebauten Energiepflanzen.

Zunächst werden geeignete Energiepflanzen und ihre Verwendungsoptionen dahingehend evaluiert, ob sie technisch machbar, ökologisch vertretbar und ökonomisch vernünftig erscheinen. Dann wird der mögliche Beitrag der energetischen Nutzung von Biomasse zur Primärenergieversorgung Deutschlands und zur CO_2-Emissionsminderung abgeschätzt. Den Abschluß bilden konkrete Empfehlungen an die politischen Entscheidungsträger.

Der folgende Gesichtspunkt war für die Schwerpunktsetzung der Studie von besonderer Bedeutung: Bei Energieversorgung und CO_2-Entlastung kann die energetische Nutzung von Biomasse nicht mehr als eine Komponente in einem Bündel mehrerer Maßnahmen sein. Die Studie der Akademie kam zu dem Ergebnis, daß 5 - 10 % des Primärenergiebedarfs der Bundesrepublik Deutschland durch Biomasse gedeckt und der CO_2-Ausstoß in etwa derselben Größenordnung gesenkt werden kann. Für die Landwirtschaft hingegen hat die Thematik direkte und weitreichende Auswirkungen. Der Schwerpunkt der Studie liegt daher auf der letzten Frage.

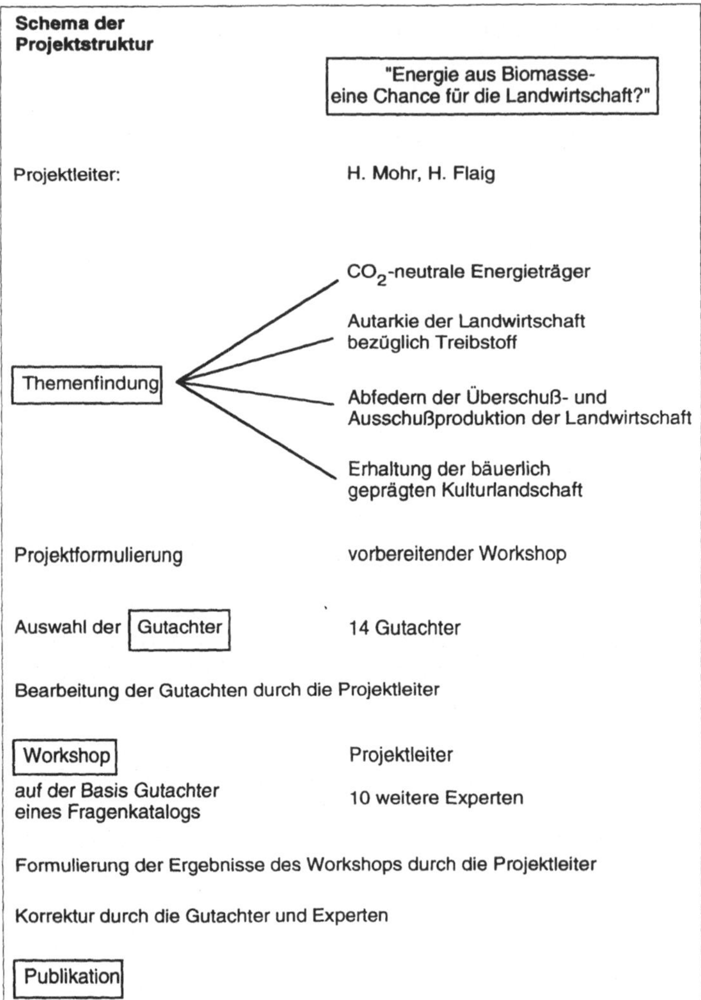

Bild 4   Schema der Projektstruktur

Die wichtigsten Gesichtspunkte, die bei der Themenfindung und Projektformulierung eine Rolle gespielt haben, sind ausdrücklich aufgeführt, um die
Spannweite der vorbereitenden Überlegungen anzudeuten.

3.4   Gutachtenliste

Bei der Auswahl der Gutachter und Experten waren die folgenden Gesichtspunkte maßgebend: fachliche Kompetenz; einschlägige praktische Erfahrungen; Bereitschaft, sich mit dem Thema des Projektes in der ganzen Breite diskursiv zu befassen. Auf der Liste der Gutachter waren vertreten:

Ch. Ahl: Energie aus Biomasse - Anbaupotentiale und Nutzungsperspektiven aus der Sicht der europäischen Gemeinschaft;

W. Dambroth: Biomasse als Energiequelle - Züchtung, Anbau und Ertrag;

L. Leible und *D. Wintzer:* Energiebilanzen bei nachwachsenden Energieträgern - Bedeutung und Beispiele;

W. Kleinhanß: Pflanzenöle als Treibstoff - Erzeugung, Nutzung, Perspektiven;

B. Widmann: Pflanzenöl als Energieträger - Stoffeigenschaften und Emissionen;

K. Scheffer: Anbau von Energiepflanzen und ihr Einsatz über Verbrennung oder Vergasung - logistische Anforderungen und ökologische Bewertung;

L. Dimitri: Einsatz schnellwachsender Baumarten im Kurzumtrieb zur Energiegewinnung;

A. Strehler: Aufbereitung und Verfeuerung von Biomasse als Festbrennstoff;

H. Busch: Strohverfeuerungsanlagen - Stand der Technik;

E. Ortmaier: Ökonomische Aspekte der direkten thermischen Verwertung von Biomasse;

H. Lüschen: Energie aus Biomasse - aus der Sicht eines Energieversorgungsunternehmens;

S. Rettich: Energie aus Biomasse - aus der Sicht der kommunalen Energieversorger;

H. Mohr: Politische Bewertung und Akzeptanz;

J. Nida-Rümelin: Energie aus Biomasse - ethische und entscheidungstheoretische Aspekte

sowie Stellungnahmen von *H.-H. Dölle* (Mitglied im Kuratorium der Akademie): Stellungnahme des Naturschutzverbandes Baden-Württemberg zu "Energie aus Biomasse - eine Chance für die Landwirtschaft?"; *E. Löhle* (Badischer Landwirtschaftlicher Hauptverband): "Energie aus Biomasse und Rohstoffe für den Nicht-Nahrungsmittelbereich aus der Sicht des Landwirts" und Staatssekretär *L. Reddemann* (Ministerium für ländlichen Raum, Ernährung, Landwirtschaft und Forsten Baden-Württemberg): "Nachwachsende Rohstoffe aus der Sicht der Landespolitik".

3.5 Fragenkatalog zum Workshop

Der Fragenkatalog wurde aufgrund der Gutachten formuliert. Dabei wurden die Richtlinien einer Konvergenzstrategie befolgt. Dies impliziert den Versuch, strittige Fragen einer Lösung zuzuführen (Konsens) bzw. die Gründe für den Dissens der Gutachter oder Experten offenzulegen (Konsens über den Dissens).

Kardinalfragen für das gesamte Projekt:

(1) Welches Flächenpotential steht für den Anbau von Energiepflanzen tatsächlich zur Verfügung (EU, Deutschland, Baden-Württemberg)?

(2) Welche Energiepflanzen kommen ernsthaft in Frage? (Ertragshöhe, Anbausicherheit, Logistik, Entsorgung, Energiebilanz, ökonomische Bilanz, leichte Revertierbarkeit der Flächenumwidmung) - Schwerpunkt Baden-Württemberg.

(3) Wie gestaltet man die Kooperation zwischen dem Erzeuger von Biomasse und der abnehmenden Hand?

(4) Ist eine verläßliche Ökobilanz für den Einsatz von Energiepflanzen derzeit möglich? Ansätze dazu?

Spezielle Fragen:

(1) Fragen von allgemeiner Relevanz:

(1.1) Welche unerwünschten Änderungen des Bodens, z. B. starke Nitrifikation oder Denitrifikation, erfolgen auf stillgelegten Flächen? *(Dambroth, Löhle)*

(1.2) Welche "Behandlung" müßte den stillgelegten Flächen zuteil werden (Änderungen im Boden, Ausbreitung von Unkraut, Versteppung, Aufkommen von Gehölzen)? Gibt es dafür Ökobilanzen, monetäre Bewertungen, Vorschriften? Mit welchem Aufwand müßten sie im Bedarfsfall wieder in ertragsfähiges Ackerland zurückverwandelt werden? *(Dambroth, Löhle)*

(1.3) Ist die Konzentration unserer Diskussion auf Raps und Massengetreide als Energiepflanzen auch von den Energiebilanzen her gerechtfertigt? *(Leible)*

(1.4) Werden die Landwirte in der Lage sein, eine gleichbleibende Qualität der Biomasse zu gewährleisten? *(Löhle)*

(1.5) Gibt es (ordnungspolitische) Möglichkeiten, starke Fluktuationen im Verhältnis Rapsanbau/Getreideanbau zu dämpfen? Kann man z. B. eine Fruchtfolge durch Verordnung vorschreiben? *(Ahl, Kleinhanß)*

(2) Rapsöl/Rapsölmethylester als Treibstoff::

(2.1) Wie groß ist das potentielle Anbaugebiet für Raps in Deutschland? Welche Begrenzungen gibt es? *(Dambroth, Kleinhanß)*

(2.2) Welche Potentiale gibt es für Rapsöl als Schmier- und Hydrauliköl oder für sonstige Nicht-Treibstoffzwecke? *(Kleinhanß)*

(2.3) Welche Absatzmöglichkeiten bestehen für Rapsschrot und Glyzerin? Gibt es für diese Produkte neue Nischen? *(Kleinhanß, Widmann)*

(2.4) Wie kann die Qualitätskonstanz des Pflanzenöls mit unterschiedlichen Kulturpflanzen erreicht werden? *(Dambroth, Widmann)*

(2.5) Lassen sich Rapsöl und Dieselkraftstoff mineralischer Herkunft mischen? Ließe sich auf diese Weise für einen Teil des Rapsöls die Umesterung vermeiden? *(Widmann)*

(2.6) Hat es einen Sinn, auf die Entwicklung serienreifer Motoren zu warten, die Rapsöl direkt verbrennen können (insbesondere im Bereich der Landwirtschaft selbst)? *(Kleinhanß, Widmann)*

(2.7) Hat Rapsölmethlyester Nachteile bei der Verbrennung (gegenüber mineralischem Dieselkraftstoff)? *(Widmann)*

(2.8) Was kostet die Umesterung tatsächlich? *(Kleinhanß, Widmann)*

(2.9) Welche ordungspolitischen und finanziellen Maßnahmen sind nötig, um Rapsöl von Umwidmungsflächen als Energieträger konkurrenzfähig werden zu lassen? Reicht die 90 %ige Minderung der Mineralölsteuer aus, um "Subventionen" unnötig zu machen? Gibt es eine monetäre Bewertung der positiven externen Effekte, die geeignet wäre, die Steuerminderung "politisch" zu begründen? *(Ahl, Kleinhanß, Ortmaier)*

(3) Verfeuerung fester Brennstoffe:

(3.1) Ist feuchte Biomasse (Feuchtegehalt 30 - 50 %) tatsächlich thermisch zu nutzen (Speicherung, Logistik, Verbrennung, Wirkungsgrad, Emissionen, ökonomische Bilanzen)? *(Scheffer, Strehler)*

(3.2) Können Mehrbrennstoff-Öfen mit vertretbarem Aufwand die Emissionsauflagen erfüllen? *(Strehler)*

(3.3) Ist die energieintensive Pelletierung von Halmgut tatsächlich unabdingbar für eine optimale Brennstoffzuführung? Wie schneiden (im Experiment, in der Praxis) Briketts gegenüber Großballen ab? Gibt es beim Kleinverbraucher, z. B. Gewerbebetrieb, eine Alternative zu Pellets? Kommen Großballen für Ganzpflanzenbiomasse (also mit dem Korn) überhaupt in Frage? *(Busch, Leible, Strehler)*

(3.4) Läßt sich das dänische Beispiel auf deutsche Verhältnisse übertragen? *(Busch, Strehler, Voss)*

(4) Reststoffe (Stroh, Holz):

(4.1) Mit welchen Potentialen kann man in der Bundesrepublik rechnen, ohne die Bodenstruktur von Ackerland und Wald und die Nährstoffversorgung im Wald zu gefährden? *(Strehler, Voss)*

(4.2) Lohnt sich der Einsatz von Stroh und Holz in Baden-Württemberg? Oder macht der Einsatz von Biomasse erst Sinn, wenn der Energiepflanzenanbau dazu kommt? *(Voss)*

(4.3) Wie schneiden die Stroh-befeuerten Heizkraftwerke Dänemarks in der monetären Bilanz ab im Vergleich zu einer Befeuerung mit Importkohle? Läßt sich das ganze System über die unterschiedliche Besteuerung regeln? *(Busch)*

(4.4) Welcher Leistungsbereich kommt für Biomasse-befeuerte Heizkraftwerke in Frage (in MW_{th})? Wo liegt das Optimum? *(Busch, Lüschen, Ortmaier, Rettich)*

(4.5) Wird die Vergasung von Biomasse auch heute noch als eine ökonomische Alternative angesehen? *(Busch, Lüschen, Ortmaier, Rettich)*

(5) Getreide:

(5.1) Welche Ergebnisse (Anbausicherheit, Ertragshöhe, energetische Verwertung) hat man mittlerweile mit Triticale gewonnen? Warum wird diese Option nicht stärker in den Vordergrund gerückt? Empfehlen sich z. B. als Alternative alte, strohreiche Getreidesorten? *(Dambroth, Sutor)*

(5.2) Gibt es neben Raps und Massengetreide in absehbarer Zeit weitere praxisreife Kandidaten? *(Dambroth, Ortmaier, alle)*

(5.3) Wie weit kann man die N-Düngung im Getreideanbau reduzieren, ohne daß massive Ertragseinbußen auftreten? *(Dambroth, Leible, Scheffer)*

(5.4) Gibt es Akzeptanzprobleme in der Öffentlichkeit ("Brot gegen Energie", Getreideverbrennung)? *(alle)*

(6) "Neue Energiepflanzen":

(6.1) Kann der Anbau von Miscanthus nach dem gegenwärtigen Wissensstand überhaupt in Betracht gezogen werden (Ertragsunsicherheit, hohe Pflanzkosten, Festlegung auf ca. 10 Jahre, Umwidmungsprobleme)? *(Dambroth, Scheffer, Sutor)*

(6.2) Ist der Anbau schnellwachsender Baumarten speziell in Baden-Württemberg eine Alternative zu Raps und Massengetreide für Energiezwecke? Wie steht es mit Standortansprüchen, Ertragssicherheit und der Möglichkeit einer raschen Revertierung der Umwidmung? *(Dimitri)*

(6.3) Gibt es verläßliche Energiebilanzen und vollständige ökonomische Bilanzen für die Nutzung schnellwachsender Baumarten aus Energieholz-Plantagen? *(Dimitri)*

(6.4) Gibt es Fortschritte bei der Erntetechnik? Wie ist der Energieaufwand für Ernte, Herstellung der Transportform und Speicherung? *(Dimitri)*

(6.5) Wären die Veränderungen der Landschaft bei großflächigem Anbau (bis zu 1 Mio. ha) Miscanthus oder Kurzumtriebsplantagen noch akzeptabel? *(Dambroth, Dimitri, Löhle, alle)*

(7) Ökonomie und Politik :

(7.1) Bei welcher der in Frage kommenden Energiepflanzen scheint eine Markteinführung am schnellsten machbar? Wo liegen die ökonomischen Präferenzen? *(Kleinhanß, Ortmaier)*

(7.2) Warum werden entfallende Marktordnungskosten dem Energiepflanzenanbau nicht generell gutgeschrieben? Welche agrarpolitischen Maßnahmen kann man vorschlagen, um nachwachsende Energieträger konkurrenzfähiger zu machen? *(Kleinhanß, Ortmaier)*

(7.3) Wie hoch muß eine CO_2-/Energiesteuer bemessen sein, um z. B. Getreide-Ganzpflanzennutzung konkurrenzfähig zu machen? Reicht der Vorschlag der EU-Kommission aus? *(Ortmaier)*

(7.4) Welche Umstrukturierungen sind bei der Energieversorgung gerade auf kommunaler Ebene nötig, um den Einsatz von Biomasse möglich und wirtschaftlich zu machen? Sind hier die Kommunen bereit, zugunsten des Einsatzes von Biomasse "Opfer zu bringen" (Preisgestaltung bei Anlagen der Kraft-Wärme-Kopplung)? *(Lüschen, Rettich)*

(7.5) Über welche Wege wird die Kraft-Wärme-Kopplung durch die künftige "Stromfreiheit" in Frage gestellt? Werden hohe Strompreise gebraucht, um den kommunalen Wärmemarkt zu "subventionieren"? *(Lüschen, Rettich)*

(7.6) Über welche Wege kann man die vorgesehenen inpraktikablen Verwaltungsvorschriften der EU-Behörden bezüglich "Nachwachsender Rohstoffe" für Erzeuger und Abnehmer sachgerecht modifizieren? *(Ahl, Löhle)*

(7.7) Kann das erfolgreiche dänische Modell (Brennstoffpreise politisch reguliert) für Deutschland ein Vorbild sein? *(Busch, alle)*

4   Ergebnisse der Studie

Die Präsentation der Ergebnisse erfolgt als Frage- und Antwortspiel. Die Studie ist in extenso inzwischen publiziert: Flaig, H., Mohr, H. (Hrsg.) Energie aus Biomasse - eine Chance für die Landwirtschaft? - Projektberichte der Akademie für Technikfolgenabschätzung in Baden-Württemberg, Band 1, Springer-Verlag, Heidelberg (1993).

(1) Wie beurteilen wir die Chancen für den Einsatz nachwachsender Rohstoffe in Industrie und Energiewirtschaft? Falls die ökonomischen Rahmenbedingungen stimmen, ist der Energiemarkt für regenerative Energieträger (fast) beliebig aufnahmefähig und bietet daher gute Chancen. Der Markt für Industriepflanzen ist hingegen begrenzt und weitaus anspruchsvoller.

(2) Ist der Einsatz agrarisch erzeugter Biomasse zur Energiegewinnung ökologisch zu verantworten? Ökologisch erscheint der Energiepflanzenbau attraktiv, da er bei sachgerechter Praxis eine deutliche Extensivierung (verminderter Einsatz von Düngemitteln und Pflanzenschutzmitteln) erlaubt, und daher eine nachhaltige Bewirtschaftung der freigesetzten Ertragsflächen gefördert wird. Eine Intensivierung wäre beim Energiepflanzenbau weder ökologisch zu vertreten, noch ökonomisch zu begründen. Eine Bewässerung von Flächen für den Energiepflanzenbau sollte man ebenso wenig in Betracht ziehen wie einen über den Anbau von Mähdruschfrüchten hinausgehenden Einsatz von Betriebsmitteln. Die Emissionssituation bei der Verbrennung ist durch den Einsatz entsprechender Technik beherrschbar. Folgende Maximen sind bei der Flächenumwidmung auf Energiepflanzenanbau zu beachten:

❏ keine zusätzlichen ökologischen Belastungen;

❏ keine Einschränkung der Fruchtfolgen;

❏ keine Bewässerung;

❏ Anbau und Ernte mit bereits bewährter Technik (Ausnahme: Pelletier-maschine);

❏ Reversibilität der Flächenumwidmung (womöglich innerhalb einer Vegetationsperiode) ("Brot hat im Notfall den Vorrang vor Energie");

❏ Nachhaltigkeit;

❏ keine (Dauer-)Subventionen.

(3) Wie beurteilen wir den Einsatz von Raps als Energiepflanze? Das umweltverträgliche Rapsöl bzw. der Rapsölmethylester kann (und sollte) in sensitiven Bereichen (Gewässer, Wasserschutzgebiete, Küsten- und Bergregionen, Wald, Agrarflächen) die entsprechenden Erdölprodukte ersetzen. Auf dem größeren Teil der freigesetzten Flächen empfehlen wir eher den Anbau von Energiepflanzen zur direkten thermischen Nutzung.

(4) Warum plädieren wir für den Anbau von Ganzgetreidepflanzen als Energieträger und nicht für den großflächigen Anbau von "Schilfgras" (Miscanthus sinensis)? Wir halten das "Schilfgras" (Miscanthus sinensis) gerade in pflanzenphysiologischer/ertragsphysiologischer Hinsicht für noch nicht ausreichend erforscht. Wir ziehen deshalb die als Futtergetreide etablierten Wintergetreidearten (z. B. Triticale oder Hybridroggen) vor. Das Getreide wird als Ganzpflanze (Stroh plus Körner) geerntet und auf dem Feld entweder zu Pellets oder zu Großballen verarbeitet. Futtergetreide bietet den Vorteil, daß die Agrarflächen jederzeit wieder auf Brotgetreide umstellbar sind und etablierte Fruchtfolgen, Produktions- und Erntetechniken (Ausnahme: Pelletiermaschine) verwendet werden können.

(5) Muß man nicht damit rechnen, daß der gezielte Anbau von Energiepflanzen auf (vielleicht) 15 % der Ackerflächen die thermische Nutzung von Reststoffen (Stroh, Restholz) behindert? Keineswegs! Wir gehen vielmehr davon aus, daß ein stark erhöhtes Angebot an Biomasse - vor allem in Form von leicht handhabbarem Schüttgut (Pellets) - entscheidend dazu beitragen wird, die logistischen und technischen Probleme zu lösen, die im Moment einer Nutzung besonders von Restholz in Heizwerken und in Anlagen der Kraft-Wärme-Koppelung (KWK) entgegenstehen. Es besteht also keine Konkurrenz zwischen Energiepflanzen- und Restholznutzung, sondern eher eine Synergie, eine Art "Sogwirkung". Das Restholz-/Schwachholz-Potential ist in der Tat erheblich. Das Problem liegt bei der ungeklärten Logistik der Nutzung, z. B. sind die derzeit üblichen Ernteverfahren viel zu teuer.

(6) Ist der Einsatz von Biomasse auf dem Energiemarkt wirtschaftlich? Der Einsatz von Biomasse zur Energiegewinnung ist derzeit noch nicht wirtschaftlich, aber eine Preiserhöhung von Heizöl auf mehr als 70 Pfennige pro Liter, z. B. über eine CO_2-Energiesteuer auf fossile Brennstoffe in der Größenordnung von 100 DM/t CO_2, könnte die aus Ganzpflanzen gewonnene Biomasse (Pellets) konkurrenzfähig machen. Dann könnten dem Erzeuger statt bisher unzureichenden 100 - 120 DM/t die notwendigen 200 DM pro Tonne feldtrockener Biomasse (Pellets) bezahlt werden.

(7) Setzt der verstärkte Einsatz von Biomasse in Heizwerken und in den Anlagen der KWK eine Neuordnung des Wärme- und Strommarktes voraus? Nein! Es handelt sich lediglich darum, in einem gewissen Umfang fossile Energieträger (Kohle, Heizöl, Erdgas) durch regenerierbare Energieträger zu ersetzen. Allerdings werden in der Regel technische Anpassungen bei der Verbrennung notwendig sein, die unter Umständen eine Anschubfinanzierung erforderlich machen. Eine Förderung dezentraler Heiz(kraft)werke ist dabei durchaus erwünscht.

(8) Die thermische Nutzung der Biomasse läuft also auf neue Subventionen hinaus? Falsch! Wie entsprechende Studien zeigen, würde eine faire Internalisierung der negativen externen Effekte, die bei der Nutzung fossiler Energieträger anfallen, die thermische Nutzung der Biomasse sofort konkurrenzfähig machen. Positive externe Effekte der Landwirtschaft sind dabei ebensowenig berücksichtigt wie entfallende bisherige Agrarsubventionen.

(9) Was sind "positive externe Effekte" der Landwirtschaft? Hierzu rechnen wir die bäuerlich geprägte Kulturlandschaft als emotionale und ästhetische Ressource, die vom Land- und Forstwirt unentgeltlich der Allgemeinheit zur Verfügung gestellt wird. In der Regel bildet die bäuerlich geprägte Kulturlandschaft die Grundlage für die Wertschöpfung des Fremdenverkehrs. Die Landwirtschaft bildet darüber hinaus die Grundlage für die Wertschöpfung der Ernährungsindustrie und damit die Grundlage für eine verläßliche Ernährungsbasis. Diese positiven Effekte lassen sich monetär internalisieren, d. h. gegen "Subventionen" verrechnen.

(10) Welche konkreten Vorteile bietet die von uns favorisierte thermische Nutzung von Getreideganzpflanzen?

- Agrarflächen jederzeit auf Brotgetreide umzustellen;
- in etablierte Fruchtfolgen integrierbar;
- Produktions- und Erntetechnik vorhanden (Ausnahme: Pelletiermaschine);
- keine Wartezeiten bis zum ersten Ertrag;
- Energiebilanz r enorm positiv (r >10);

(Energiebilanz r = Energie im gebrauchsfertigen Energieträger / Investierte terrestrische Energie, um den Energieträger zu erzeugen)

❑ nachhaltige Erträge 11 - 17 t/ha feldtrockene Pellets;

❑ (Gentechnik-gestützte) Züchtung auf Trockenmasse aussichtsreich;

❑ minimale SO_2-Emission;

❑ wiederverwertbare Aschen;

(11) Welche Nachteile hat Biomasse als Brennstoff gegenüber Heizöl und Erdgas?

❑ höhere technische Ansprüche an die Verbrennungsanlagen;

❑ Rauchgasreinigung und Entsorgung der Aschen;

❑ Umständliche Handhabung des Brennstoffs (Transport, Speicherung, Beschickung) und Schwierigkeiten bei der Gewährleistung eines Qualitätsstandards;

❑ Verkehrs- und Logistikprobleme bei der Versorgung;

❑ Gewährleistung der Versorgungssicherheit und des Qualitätsstandards.

(12) Unter welchen Rahmenbedingungen erscheint der Einsatz von Biomasse besonders attraktiv? Nach dem derzeitigen Kenntnisstand kommen in erster Linie dezentrale, mit Mehrstoffbrennöfen ausgestattete Heizkraftwerke in Betracht. Die in Form von Großballen, Pellets (oder Hackschnitzeln) angelieferte Biomasse sollte im stetigen Betrieb, also in der Grundlast, eingesetzt werden. Eine Fallstudie erbrachte folgende Ergebnisse:

❑ Kraft-Wärme-Koppelung, 15 MW_{th};

❑ 5 000 Jahresbetriebsstunden;

❑ Bei einem Flächenertrag von 15 t/ha feldtrockene Pellets besteht ein Flächenbedarf von 1 500 ha.

Falls 1/100 der Fläche um die Anlage Energiepflanzen trägt, beträgt das Einzugsgebiet 1 500 km^2 und die maximale Tansportentfernung 16 km (bei 15% Getreidefläche, was realistisch erscheint, 9 km).

Offene Fragen, die aber im Prinzip leicht zu klären sind, betreffen die Lagerkapazität bei der Anlage (2-3 Monate), die Versorgungssicherheit (Genossenschaften), die Garantien für EVUs (> 20 Jahre) oder Angepaßte LKWs (analog zu Tankwagen).

Konrad Ott

Ist das Raumfahrt-Projekt *SÄNGER* vernünftig ?

Einleitung

In den nächsten Jahren muß eine politische Entscheidung über das künftige Schicksal des SÄNGER-Projektes getroffen werden. Solche Entscheidungen beanspruchen, niemals nur unter der Logik opportunen politischen Handelns, sondern immer auch unter der Idee demokratischer Willensbildung, folglich unter Abwägung sämtlicher Gründe und Gegengründe, gefällt worden zu sein. Nur dann können sie als *fundiert* oder *verantwortlich* gelten. Über Gründe bzw. Argumente ist das politische System u. a. durch Technikfolgenabschätzung (TA) mit der räsonierenden Öffentlichkeit verbunden. Ergebnisse öffentlicher Meinungsbildung und TA-Resultate binden Entscheidungsträger zwar nicht direkt, diese dürfen sie aber nicht ignorieren.

Mit dem ersten Ministerwechsel im BMFT schienen sich die Akzente innerhalb der Weltraumpolitik zu verlagern[1]. Herr Wissmann lehnte neue nationale Großprojekte ab und wollte die Weltraumforschung stärker auf Erdüberwachung und Klimaforschung hin orientieren[2]. Die angedeutete Richtung weg von "abstrakten Projekten"[3] hätte auf das SÄNGER-Projekt bezogen werden können. Der erneute Ministerwechsel läßt zur Zeit eine Aussage über den gegenwärtigen politischen Meinungsstand zum SÄNGER-Projekt nicht zu. Dies kann man auch als Chance begreifen, durch TA an der Bildung eines politischen Willens mitzuwirken.

---

[1] In den USA hat Clinton eine Überprüfung der Weltraumprojekte, insbesondere des *Freedom*-Projektes angekündigt.

[2] Vgl. Frankfurter Allgemeine Zeitung vom 17. März 1993, S. 15.

[3] Wissmann in: Die ZEIT vom 19. März 1993, S. 60.

SÄNGER, das als "nationaler Kristallisationspunkt" der künftigen technologischen Leistungsfähigkeit Deutschlands bezeichnet worden ist[4], wurde
mehrfach zum Gegenstand von Technikfolgenabschätzung gemacht. Die
VDI-Vorstudie (1990) und die vom Büro für Technikfolgen-Abschätzung des Deutschen Bundestages (TAB) vorgelegte Studie (1992) sind im
Tenor nüchtern bzw. wertenthaltend (VDI 1990) oder skeptisch (TAB
1992). Ablehnend äußerten sich Ott/Mutschler (1992), Weyer (1992) und
Scheffran (1993). Die SAPHIR-Berichte (1991 und 1993) mit ihrer Betonung transutilitärer Argumente wenden sich dem SÄNGER-Projekt
zwar nicht direkt zu, deren Empfehlungen zur bemannten Weltraumfahrt
erlauben jedoch Schlüsse auf SÄNGER.

Hier soll unter Voraussetzung eines auf höherer Allgemeinheitsstufe an-
gesiedelten Konzepts von *Technikbewertung*[5] die Frage gestellt werden,
ob das SÄNGER-Projekt vernünftig ist. Daher wird unterstellt, daß begründete Kriterien praktischer Vernunft als Maßgabe für die Bewertung
von technischen Innovationen dienen können und sollen. Damit sei nur
ernst genommen, was in unzähligen Reden über eine zu verantwortende
Technik gesagt worden ist. Die Frage bezieht sich nicht auf instrumentelle
Vernunft, die das technische Können thematisiert, sondern auf praktische
Vernunft, die fragt, ob man soll, falls man kann. Daß ein technisches
Können ein praktisches Sollen oder gar ein Müssen impliziere, ist, wie
Rapp (1978) gezeigt hat, sprachlogisch falsch, weil technologische Sätze
immer nur hypothetische, niemals kategorische Imperative sind[6]. Handeln
wir also vernünftig, wenn wir SÄNGER realisieren? Meine Antwort lautet
nein, und diese Stellungnahme soll in folgenden Argumentationsschritten
zu begründen versucht werden:

(1) Worum handelt es sich bei dem SÄNGER-Projekt?

(2) Welchen Vernunft-Begriff lege ich zugrunde?

(3) Welche Argumente ziehe ich heran und wie gewichte ich sie?

(4) Warum ergibt sich diese Schlußfolgerung und keine andere?

In jedem Punkt wird eine andere Sprecherrolle eingenommen. Dies ist
nicht willkürlich, sondern in der Sache begründet, da Technikfolgenabschätzung ein Unterfangen ist, das auf wissenschaftlichem Wissen basiert,
als Beratung und Folgenabschätzung hingegen unweigerlich Wertungen
vornimmt. In Kap. 1 soll auf dem Standpunkt des *Technikforschers* eine

---

4   VDI (1990), S. 55.
5   Hierzu vgl. Ott in: Hoffmann (Hrsg., 1992), S. 99 - 170.
6   Ich gehe daher davon aus, daß der Technikdeterminismus eine falsche Position
      ist.

werturteilsfreie Beschreibung der technologischen Problemfelder sowie die Mittel-Zweck-Struktur von SÄNGER erfolgen. In Kap. 2 wird als *Philosoph* argumentiert, der einen Begriff Praktischer Vernunft entwickelt; die eingenommene Position muß daher auf der Ebene von Rationalitätstheorien kritisiert werden. In Kap. 3 wird eine Bewertung als kundiger *Staatsbürger* vorgenommen. Da es keine Meta-Experten für Argumente und ihre Gewichtung geben kann, ist hier jedermann in dieser Rolle. Die Bewertung ist kein wissenschaftliches Werturteil und nicht deduktiv aus dem Begriff der Vernunft abgeleitet, sondern ein Diskussionsbeitrag, der von seiten des politischen Systems als Ratschlag interpretiert werden kann. Die Erläuterung der Schlußfolgerung ist ein Votum, für das man um Zustimmung wirbt.

1   Zur Beschreibung des *SÄNGER*-Projektes

Die Realisation des SÄNGER-Projektes bedeutete den Einstieg der Bundesrepublik in die bemannte Weltraumfahrt. Deshalb ist eine Entscheidung über SÄNGER, wie immer sie ausfallen mag, zugleich eine industriepolitische Weichenstellung für die Zukunft. Die Bezeichnung *Großprojekt* trifft aufgrund des Zeit-, Forschungs- und Kostenrahmens auf SÄNGER zu. Das SÄNGER-Projekt zielt auf einen bemannten, wiederverwendbaren, zweistufigen Weltraumtransporter. Eine horizontal startende Unterstufe transportiert eine bemannte Oberstufe HORUS und erreicht dabei fast siebenfache Schallgeschwindigkeit. HORUS soll in 30 km Höhe von der Unterstufe aus mit eigenem Antrieb starten und eine mehrköpfige Besatzung[7] in eine niedere Umlaufbahn bringen. Darüber hinaus besteht die Möglichkeit, eine unbemannte Version einzusetzen, die Lasten auch in höhere Umlaufbahnen transportieren kann[8].

SÄNGER war als Nachfolgesystem der Kombination ARIANE 5 / HERMES und somit des aufgegebenen HERMES-Gleiters vorgesehen. Mit SÄNGER verbinden die Befürworter unter dem Oberbegriff *access to orbit* die Aussichten auf deutliche Senkung der Transportkosten, größere Flexibilität bei Startfenstern, Erhöhung der Sicherheit für die Besatzung,

---

[7]   Ursprünglich war von ca. zehn Personen die Rede, das TAB-Gutachten (1992), S. 27) geht nur mehr von drei Kosmonauten zuzüglich 3 000 Kilogramm Nutzlast aus.

[8]   Auch die unbemannte Version soll wiederverwendbar sein. Die Wiederverwendbarkeit wird jedoch mit erheblichen Nutzlasteinbußen erkauft (TAB (1992), S.27).

Vermeidung von Weltraummüll, Rückholbarkeit von Satelliten, verbesserten Transport in den und aus dem Orbit, Einstieg in die intensive Nutzung des erdnahen Weltraums, Optionen auf künftige Projekte (Mondstation, Marsmission) sowie indirekte Vorteile (Technologieschub usw.). SÄNGER wurde im Jahre 1985 im Umkreis von MBB, BMFT und DLR entworfen. 1987 finden sich im *Orientierungsrahmen Hochtechnologie Raumfahrt* der DFVLR Projektskizzen sowie die Empfehlung, verstärkt in solche Systeme zu investieren. Im Jahr darauf ist SÄNGER Förderkonzept des BMFT. In diesem Konzept (BMFT 1988) wird ein vierphasiger Zeitplan aufgestellt:

(1) 1988 – 1992:   Grundlagenforschung;

(2) 1993 – 2000:   Bau des Demonstrators HYTEX[9];

(3) 2000 – 2005:   Flugerprobung HYTEX;

(4) 2005 – 2020:   Bau SÄNGER.

In der ersten Phase geht es um die Grundlagen, in der zweiten um die Reifung, in der dritten um die Anwendbarkeit und in der vierten um die Realisation von SÄNGER. Dieser Zeitplan ist Makulatur, da die erste Phase um drei Jahre verlängert wurde. Am Ende der ersten Phase soll laut BMFT eine Grundsatzentscheidung gefällt werden, ob das Projekt fortzusetzen ist. Diese "Meilensteinentscheidung" (BMFT 1988) wird somit 1995 erfolgen. Die Kosten der ersten Phase bis einschließlich 1992 lagen bei ca. 350 Mio. DM, wovon die Industrie etwa 10 % trug. Die Staatsanteilsquote ist auf unterschiedliche Etats verteilt (BMFT, DLR, DFG). SÄNGER, bislang ein nationales Projekt, soll ab Phase 2 als ESA-Projekt unter deutscher Projektführung fortgesetzt werden. Konsens ist, SÄNGER sei aufgrund der Kosten nur in europäischer Kooperation realisierbar. Ein Einstieg in die zweite Phase impliziert einen Kostensprung.

Daß die erste Phase verlängert wurde, hängt weniger mit der Reduzierung der Fördermittel (194 statt 220 BMFT-Millionen bis 1992), sondern eher mit den technologischen Schwierigkeiten zusammen. Man geht davon aus, daß die SÄNGER-Unterstufe das technologische Hauptproblem darstellt, während sich HORUS, so sagen zumindest die Befürworter, größtenteils aus der vorhandenen HERMES-Technologie entwickeln ließe.

(1) Zu entwickeln sind für die SÄNGER-Unterstufe Triebwerke für Geschwindigkeiten bis zu Mach = 6,8. Ein luftansaugendes Turbinentriebwerk und ein Staustrahltriebwerk sollen kombiniert werden, da sich dieses nicht für den unteren und jenes nicht für den oberen Geschwindigkeitsbereich eignet. Diese Kombination zweier unterschiedlicher Triebwerks-

---

9   HYTEX soll ein unbemanntes SÄNGER-Modell im Maßstab 1 : 4 sein.

typen ist technologisch unbeherrscht. Von ihrer Realisierbarkeit hängt SÄNGER ab. Da außerdem im Hyperschallbereich die Strömungsgeschwindigkeit in der Brennkammer in die Nähe der Schallgrenze rückt und somit höher wird als die Ausbreitungsgeschwindigkeit der Verbrennung, wird es schwierig, diese aufrechtzuerhalten[10]. Problematisch sind ferner die Umschaltphasen der beiden Triebwerksmodi, da beim Reentry zurückgeschaltet werden muß. Zudem sind Probleme beim Einlauf und bei der variablen Düsengeometrie zu lösen. Als Treibstoff ist Kryo-Wasserstoff vorgesehen, wobei ungeklärt ist, ob dieser Treibstoff ausschließlich oder nur in bestimmten Flugphasen verwendet werden soll. Der Demonstrator HYTEX wird noch mit Kerosin betrieben werden (Bulloch 1991). Ein eigenes Problemfeld wirft der Mechanismus der Stufentrennung und die Zündung des HORUS-Raketentriebwerks auf.

(2) Das Materialproblem betrifft die tragende Struktur angesichts extremer Temperaturbelastungen. HYTEX soll noch weitgehend aus Titan bestehen, SÄNGER nicht mehr. Geforscht wird nach Stoffen, die sehr leicht, äußerst hitzebeständig, fest, steif und schlecht wärmeleitend sein müssen. Extremer Leichtbau ist erforderlich, um das Nutzlastverhältnis konkurrenzfähig zu halten[11]. Erwähnenswert ist, daß die erwartete SÄNGER-Transportleistung von 10 - 15 t auf mittlerweile 3 - 7 t, also um ca. 50 %, reduziert wurde (Scheffran 1993). Die Eigenschaften der Stoffe müssen natürlich mit der vorgesehenen Wiederverwendbarkeit und Lebensdauer von SÄNGER kompatibel sein. Die favorisierten Faserverbundwerkstoffe aus einer polymer-metallisch-keramischen Matrix müssen teilweise vor Oxidation geschützt werden. Ein Hitzeschild ist nicht vorgesehen. Die Aufheizung der Außenhaut muß verträglich bleiben mit dem Kryo-Wasserstoff in den Tanks. Die Gesamtwärmebilanz reicht von -260° C bis zu 1 800° C. Problem ist, langlebige Leichtbauweise für extreme Temperaturbelastungen unter dem Ziel verbesserter Nutzlast bei hohen Sicherheitsanforderungen zu realisieren[12].

(3) Problematisch ist auch die Aerodynamik, da SÄNGER vom Design her für den Hyperschallbereich ausgelegt sein muß und daher im Niedergeschwindigkeitsbereich (Start, Aufstieg, Reentry, Landung) in dichter Atmosphäre unvermeidlich schlechte Flugeigenschaften aufweist. Die Steuerbarkeit muß aber gewährleistet sein, da SÄNGER auf Flughäfen in Europa starten und landen soll. Bei bisherigen Reentry-Systemen werden aus aerothermodynamischen Gründen *stumpfe* Formen bevorzugt, die kinetische Energie ableiten. Stumpfe Formen sind jedoch bei horizontal

---

[10] So die Einschätzung der TAB-Studie (1992), S. 22.
[11] Auch die vertikal startenden Raketen werden fortentwickelt.
[12] Vgl. TAB (1992), S. 21.

startenden Systemen ungünstig, die *schlanke* Konfigurationen erfordern. Hier liegt ein innertechnischer Zielkonflikt vor. Das nicht-lineare Flug-verhalten[13] muß von Computersystemen gesteuert sein, die auf Eventuali-täten programmiert sind.

(4) Daher sind Computersysteme zur Entlastung der Piloten von Nöten. Menschliche Fähigkeiten reichen nicht hin zur Beherrschung von SÄNGER. Dies sollte nicht zu dem Werturteil verleiten, SÄNGER sei *nicht menschengemäß*; das technologische Problem aber bleibt. Datenverarbei-tung in Echtzeit sowie Expertensysteme für ein automatisches Situations-informationssystem sind geplant. Man spricht von der Notwendigkeit "intelligenter und dialogfähiger Systeme" (VDI (1990), S. 12). Deren Möglichkeit ist aber in der KI-Diskussion strittig. Ebenfalls strittig ist, ob anspruchsvolles Handlungswissen (*skills*) auf Expertensysteme übertragen werden kann. SÄNGER erfordert daher Technologien, deren Möglichkeit aus gnoseologischen Gründen zweifelhaft ist. In jedem Falle ist SÄNGER abhängig von Fortschritten in diesem Bereich. Die Wahrscheinlichkeit von Systemversagen muß durch redundante Auslegung kompensiert werden. Mögliche *virtuelle* Lösungen kommen bei der Mensch-Maschine-Schnittstelle in Betracht, bei denen dem Piloten eine künstlich erzeugte Außensicht in die Augen projiziert werden könnte.

(5) Sonstige Probleme betreffen Bordenergieversorgung, Wartung, Tank-systeme und die Verbrennung von Kryo-Wasserstoff. Zu leisten ist zuletzt die systemische Integration, da nie sämtliche erwünschten Eigenschaften eines technischen Gerätes gleichzeitig optimal erreicht werden können. Es ist nicht zu sehen, wo bei erwartbaren Zielkollisionen Abstriche gemacht werden könnten. Nun kann man sagen, SÄNGER stelle aufgrund all dieser Probleme eine große Herausforderung für ehrgeizige Ingenieure dar. Aber die Herstellung technischer Geräte rechtfertigt sich nicht durch ihre Schwierigkeit[14]. Schon die Skizze der Technologieproblematik be-rechtigt zur Forderung, bei der Auswertung der Phase 1 sollten Lösungen erkennbar sein. Bislang kann gelten, ein "technisch hinreichend detailliert definiertes" SÄNGER-Entwicklungskonzept liege noch gar nicht vor (TAB (1992), S. 39).

Mehr als technologische Fragen interessiert die Mittel-Zweck-Relation des Gesamtsystems. Bei gegebenem Zweck SÄNGER ist die Lösung jedes Detailproblems trivialerweise vernünftig in bezug auf den Zweck. Hier interessiert jedoch die Frage nach der Vernunft des Zweckes. SÄNGER ist

---

13   Hier bestehen Lücken im nomothetischen Wissensbereich.
14   Wenn man nicht zu Argumentationsmustern zurückgreifen will, der *technische Eros* von Ingenieurseliten solle sich ausleben dürfen.

ein Transportgerät mit begrenzten Fähigkeiten. Insofern ist es einerseits Zweck in bezug auf die technologischen Probleme, die es stellt, andererseits dient es als Mittel zu Zwecken. Es untersteht der allgemeinen *um-zu*-Struktur technischer Geräte, die einem außertechnischen Zweck zugute kommen müssen. SÄNGER dient zum Transport von Dingen und Personen in den Orbit und zurück zur Erde. Dies ist sein Dienstwert. Es ist unwahrscheinlich, daß bei SÄNGER Verwendungseigenschaften entdeckt werden, die heute unabsehbar sind.

Solch ein Transportgerät macht nur Sinn unter der Zweck-Voraussetzung orbitaler Infrastruktur neben der Satellitentechnik, die bei SÄNGER nicht im Vordergrund steht. SÄNGER ist verstehbar als Komponente einer anzustrebenden bemannten europäischen Infrastruktur im erdnahen Weltraum. SÄNGER ist Bedingung und Mittel für den Betrieb einer möglichen Weltraumstation; es macht Sinn nur unter der Prämisse eines expansiven Raumfahrtszenarios[15]; es dient "for the construction and maintenance of the necessary orbital infrastructures" (BMFT (1991), S. 1).

Das BMFT setzt mithin voraus, eine orbitale Infrastruktur sei "necessary". Der Gebrauch der Modalkategorie *Notwendigkeit* ist aber aus logischen Gründen hinsichtlich technischer Geräte fehl am Platz. *Notwendig* sind technische Geräte nie für sich, sondern nur für etwas anderes. *Notwendig* ist orbitale Infrastruktur nur dann, wenn man etwas anderes als Notwendigkeit voraussetzt. Die Frage nach der Vernunft von SÄNGER verlagert sich deshalb auf die Frage, ob es vernünftig ist, eine orbitale Infrastruktur zu errichten. SÄNGER läßt sich daher von der Frage nach der Vernunft bemannter Weltraumfahrt nicht isolieren.

Zu deren Rechtfertigung stehen zwei Argumentationsweisen offen. Die erste stützt sich auf die Nutzenerwartungen, die zweite erklärt solche Infrastruktur zum Mittel, um andere Ziele zu erreichen (Mondbasis, Marsmission, Besiedelung des Mars). Wählt man diese Strategie, verlängert sich die Mittel-Ziel-Kette erneut und man muß visionäre Fernziele rechtfertigen. Dadurch ist man genötigt, transutilitäre Gründe einzuführen, worauf ich in Kap. 3 zurückkommen werde.

---

[15] So die Hauptthese der TAB-Studie (1992), S. 64 u. ö. Ein solches *expansiv-exploratives* Szenario ist aber nicht deskriptiver, sondern evaluativ-präskriptiver Natur.

2   Zum Begriff praktischer Vernunft

Der Begriff praktischer Vernunft enthält *drei* Bedingungen, die erfüllt sein müssen, wenn technologische Innovationen als vernünftig gelten sollen[16]. Der Vernunftbegriff ist präskriptiv in dem Sinne, daß das Vernünftige getan und das als unvernünftig Erkannte unterbleiben sollte[17]. Dieser Begriff ist ein ethisch motivierter Entwurf, der sich als präsumtives TA-Metakonzept versteht[18]. Die erste Bedingung sei *Kalkül*, die zweite *Orientierung*, die dritte *Moral*. Zum Vernunftvermögen zählen Kostendenken, Urteilskraft als Kontextorientierung und Moralität, die nach der Verantwortbarkeit von voraussichtlichen Folgen und Nebenwirkungen fragt.

2.1   Kalkül

Die erste Bedingung schließt an die Rationalitätstheorien an, die zweckrationales Handeln in den Mittelpunkt rücken. Sie geht davon aus, daß man den Aufwand abschätzen sollte, der zur Erreichung eines Ziels erforderlich ist. Ein Ziel kann um seiner selbst willen angestrebt werden oder um seines Nutzens willen. Jenes scheidet hinsichtlich technischer Geräte in der Regel aus. Der Begriff des *Nutzens* kann eng oder weit definiert werden; entsprechend ändert sich die Extension von *utilitären* Gründen.

Rational im Sinne von effizient ist, ein Ziel mit dem Mindestaufwand zu verwirklichen. Die Mindestaufwendungen sind die Opportunitätskosten, die rein begrifflich mit einem Verzicht auf die Realisation anderer Ziele verknüpft sind. Das unbedingte Wollen eines Zieles ist deshalb die Ausnahme. Meist ist es bei gegebener Knappheit von Ressourcen vernünftig, zu fragen, ob das Ziel die Kosten wert ist. Solche Kalkulationen sind uns lebenspraktisch vertraut und in der volkswirtschaftlichen Theorie ein gängiges Thema. Ein Ergebnis einer Kalkulation kann sein, bei hohem Aufwand, fraglichem Nutzen und anderweitigem Verzicht auf ein Ziel zu verzichten. Dieser Verzicht kann als aufgehoben oder aufgeschoben spezifiziert werden.

---

16   Zur ausführlichen Begründung vgl. meinen Beitrag in: Hoffmann (Hrsg., 1992), S. 99 - 170.
17   Praktische Vernunft bindet unseren Willen, aber sie beugt ihn nicht.
18   TA-Metakonzepte sind Konstrukte, die zu Leitlinien von TA-Instituten und -Projekten präsumtiv taugen.

Eine solche Kalkulation hängt immer von der Intensität ab, mit der ein Ziel erstrebt wird. Die Frage, wieviel mir etwas wert ist, hängt mit der Frage zusammen, was mir etwas wert ist. Kostenkalküle setzen Präferenzmuster voraus. Die Präferenz nach Realisierung von SÄNGER ist bei der Gruppe der *space-community* sehr hoch, während sie ansonsten geringer, indifferent oder negativ ist[19]. Folglich wird eine kleine Gruppe für SÄNGER hohe Kosten bejahen, während andere Gruppen das Aufwand-Ertrags-Verzichts-Verhältnis anders kalkulieren und zu anderen Ergebnissen kommen werden. Keine der Gruppen kann der anderen vorhalten, sie kalkuliere falsch; unzulässig ist nur, der anderen Gruppe die eigenen Präferenzen zu unterschieben. Natürlich wird jede Gruppe versuchen, indifferente Gruppen auf ihre Seite zu ziehen. Hierzu muß sie Gründe nennen, die sich entweder auf den Nutzen oder auf die Präferenz beziehen, Weltraumfahrt sei unabhängig vom Nutzen hoch zu schätzen. Präferenzen ihrerseits sind nichts Unhintergehbares, sondern lassen sich anhand etablierter Wertstandards oder normativer Prinzipien diskursiv beurteilen.

Dies impliziert, daß Kalkulationen hinsichtlich kollektiver Großprojekte öffentlich vorgenommen werden müssen, weil nur so geklärt werden kann, welche kollektiven Ziele in einer Welt knapper Mittel und divergierender Präferenzen vorrangig sein sollen. Daher dürfen Lobby-Kalküle nicht privilegiert sein. Wenn das BMFT schreibt, das SÄNGER-Projekt sei eine Anstrengung von "industry and research institutes" und beruhe auf einem "general agreement of objectives to be achieved" (BMFT (1991), S. 1), so ist dies "general agreement" kein Konsens, da bestimmte, leicht erklärliche Präferenzen bevorzugt behandelt werden. Die These, Großprojekte wie SÄNGER seien durch gleichgelagerte Interessen von Funktionseliten *überdeterminiert*, ist wahr, aber rechtfertigt nichts. Die soziologische Erklärung, warum derartige Projekte sich häufig durchsetzen, ist kategorial unterschieden von einer argumentativen Rechtfertigung.

2.2   Orientierung

Die Orientierungsbedingung geht von dem Gedanken aus, praktische Vernunft ist immer auch reflexives Begleitbewußtsein darüber, in welchen Kontexten man steht und auf welche weiteren Kontexte man sich

---

19   Der Enthusiasmus breiter Bevölkerungsschichten angesichts des *APOLLO*-Programms ist Mentalitätsgeschichte. Dies läßt sich demoskopisch bestätigen.

sprechend oder handelnd bezieht (Spinner)[20]. Dies ist für Technik implikationsreich, da technische Geräte immer durch Bezug auf außertechnische Kontexte gerechtfertigt werden müssen, aber nicht mit allen Handlungskontexten in sinnvolle Verbindung gebracht werden können. Irrationale Technikadaption entsteht häufig, indem man ungeeignete Kontexte technisiert oder technomorph denkt[21]. Deckt man die Hypothesenkonstruktion auf, die einer Kontextverschiebung zugrundeliegt, kommen oft seltsame Menschenbilder, Weltanschauungen und Ideologien zum Vorschein.

Präsumtiv irrational ist eine technische Innovation, deren Rechtfertigung maßgeblich auf einer Verschiebung des Technischen in die Kontexte von Spiel, Religion, Erotik, Moral, Metaphysik, Kunst oder Natur beruht. Verschiebt man die Begründung von SÄNGER in solche Kontexte, übernimmt man zumindest Beweislasten. So ist es eine Verwechslung von Kontexten, wenn man Technik als *Evolution* begreift. Evolution ist in der Biologie ein intentionsloses Geschehen von Mutation, Variation und Selektion; Technik ist ohne intentionalitätsbezogene Begriffe nicht denkbar. Man kann also nicht sagen, die Entwicklung von SÄNGER sei als *Kreuzung* von Raketen- und Flugzeug-Technologien evolutionär angelegt.

Technische Geräte beziehen sich primär auf Probleme äußerer Not (Lebenserleichterung, Arbeitsersparnis, Komfort usw.), nicht auf die Lösung von existentiellen Sinnfragen (Ropohl 1985). Technische Geräte wie SÄNGER sollten in ihrem bezug auf die Probleme, zu deren Lösung sie taugen, folglich pragmatisch betrachtet werden. *Orientierung* bezweckt die nüchterne, vom Gerät und seinem Dienstwert ausgehende Argumentation.

2.3 Moral

Moral zählt zur Praktischen Vernunft, weil technisches Handeln nur selten eine zweistellige Relation zwischen einem Akteur und einem leblosen Gerät, sondern immer eine dreistellige Relation zwischen Akteur, Gerät und von Wirkungen betroffener Ko-Subjekte darstellt[22]. Der instrumentelle Gebrauch der Technik ist deshalb die Ausnahme, der rechtlich oder mo-

---

20 Zählt dieser Text noch zur Wissenschaft; wird eine Sachlage juristisch relevant; ist dies eine karitative oder kommerzielle Aktivität?
21 Vgl. hierzu die Beiträge in Hoffmann (Hrsg., 1992).
22 Vgl. Schrödter in: Hoffmann (Hrsg., 1992), S. 79 - 98.

ralisch zu verantwortende die Regel. Diesen Punkt gibt jeder implizit zu, der den Gebrauch eines Geräts *rücksichtslos, riskant* oder *fahrlässig* nennt. Daß der Umgang mit Technik regelungsbedürftig ist, bestreitet niemand; im Unterschied zum Recht, das eher nachträglich normiert, kann die Moral zur ex-ante-Beurteilung von Innovationen beitragen.

Technische Innovationen sind moralisch gerechtfertigt, wenn voraussichtliche Folgen und Nebenwirkungen ihrer Implementation von allen Betroffenen zwanglos akzeptiert werden können und im umfassenden Sinne *verträglich* sind. Die Unterbestimmungen hier sind Verfassungs-, Umwelt- und Sozialverträglichkeit[23]. Andere Binnendifferenzierungen stufen Technologien oder bestimmte Umgangsweisen als *geboten, erwünscht, erlaubt, wertlos, verboten* usw. ein. Andere Ansätze decken diese Vernunftbedingung über einen mehrstelligen Zuschreibungsbegriff von "Verantwortung" ab (Ropohl 1985).

Die genannten drei Vernunftbedingungen stehen nicht in einem äußerlich-additiven Verhältnis zueinander, sondern weisen eine komplexe und dynamische Binnenstruktur auf. Über Präferenzen-Evaluation steht das Kalkül und über Folgen von irrationaler Technikadaption steht die Orientierung in interner Beziehung zur Moral. Desorientierung kann hohe Opportunitätskosten nach sich ziehen; Orientierung kann aber auch zur Folge haben, Techniken nicht moralisieren zu dürfen. Moral wiederum kann gebieten, unrentable Techniken einzusetzen usw.

Ich denke nicht, daß dieses Vernunftkonzept den Vorwurf läuft, es sei anachronistisch. Es ist nachmetaphysisch und kompatibel mit diagnostischen Befunden über Entwicklungen hochmoderner Gesellschaften. Das Kalkulieren ist in einer Welt vieler Wünsche und knapper Güter, das Orientierungsvermögen in systemisch ausdifferenzierten Gesellschaften unabdingbar. Moral ist keine *Welle*. Die rechtlichen und moralischen Probleme, denen sich TA widmet, hat sie nicht selbst erzeugt, sondern findet sie vor. In der Diskussion, ob die Vernunftbedingungen erfüllt sind oder verletzt werden, kann sich idealiter ein kollektiver Wille in bezug auf technologische Innovationen herausbilden[24].

---

23 Zu den Verträglichkeitsdimensionen vgl. Hastedt (1991).
24 In solchen Diskussionen wird implizit die approximative Geltung von Diskursregeln vorausgesetzt, wie sie Habermas (1983) im Anschluß an Alexy formuliert hat.

3   Zur Bewertung von *SÄNGER*

Es lassen sich zur Begründung bemannter Weltraumfahrt zwei Argumentationsweisen unterscheiden, die ich die *utilitäre* und die *transutilitäre* nenne[25]. Die Unterscheidung ist analytisch sinnvoll auch dann, wenn bei einzelnen Argumenten nicht von vornherein klar ist, in welche Kategorie sie fallen. Ob das militärpolitische Argument (DGAP 1992) oder das Argument, langfristige Optionen zur Rohstoff- und Energiegewinnung offenzuhalten (SAPHIR 1993), noch utilitär oder schon transutilitär sind, hängt von Hilfshypothesen ab. In jüngster Zeit ist im Bereich der Weltraumfahrt ein verstärkter Rückgriff auf transutilitäre Argumente und eine Wiederaufnahme visionärer Fernziele zu verzeichnen[26].

Die utilitäre Strategie läßt sich implizit auf ein Kalkül im Sinne von 2.1 ein, die transutilitäre stellt SÄNGER und die bemannte Weltraumfahrt in umfassendere Kontexte im Sinne von 2.2. Außerdem benutzen Befürworter der bemannten Weltraumfahrt moralische Argumente im Sinne von 2.3, so daß sie aufgrund ihrer eigenen Redepraxis auch die dritte Vernunftbedingung anerkennen. So sagt Jesco von Puttkamer (1992, S. 595), ein Ausstieg aus der bemannten Weltraumfahrt würde die "Volksgemeinschaft" um "wesentliche Qualitäten ihres Seinsbereichs"[27] bringen und dies könne als "quasi-kriminelle Vernachlässigung" intergenerationeller Pflichten zur Daseinsvorsorge beurteilt werden. Wenn er an anderer Stelle den Verzicht auf bemannte Weltraumfahrt für "kriminell" erklärt, so kann er dies nicht juristisch meinen[28], sondern muß *kriminell* im Sinne von "unverantwortbar" oder "äußerst mißbilligenswert", also moralisch verstehen[29]. Wer Weltraumfahrt mit einer "Daseinsvorsorgepflicht" begründet, der akzeptiert den Gebrauch moralischer Rede, weil er ihn ausübt. Dies impliziert die Bereitschaft, moralische Gegenargumente zur Kenntnis zu nehmen.

---

25   Dem entspricht die Unterscheidung von "funktionellen" und "nicht-funktionellen" Argumenten in der SAPHIR-Studie (1991) VIII u. ö.).

26   Vgl. SAPHIR (1993), S. 48, wo wieder einmal die Besiedlung des Mars in Aussicht gestellt wird.

27   Dies sind keine klaren Worte.

28   Mir ist kein entsprechender Straftatbestand geläufig.

29   Vgl. von Puttkamer "Die Zukunft liegt im All", in: Frankfurter Allgemeine Zeitung" vom 15.6.1992, S. B 3.

3.1 Wissenschaftlicher Nutzen und Kosten

Als Zwecke, die zugunsten SÄNGERS und der bemannten Raumstation sprechen, werden gemäß der utilitären Strategie wissenschaftliche Forschung, industrielle Nutzung (Produktionsfunktion), Prestige (Symbolfunktion), nationale Interessen (militärische Funktion) sowie weitergehende Missionen (Bahnhofsfunktion) genannt. Dem stehen die Kosten entgegen, die streng als Opportunitätskosten zu denken sind. Wie teuer SÄNGER mitsamt der Bodeninfrastruktur wird, ist nicht exakt vorauszusagen, da jede Schätzung von Variablen abhängt[30]. Kostenpläne sind bei Großprojekten geprägt von dem Interesse der Befürworter, Zahlen niedrig zu halten[31]. Vertretbar ist, von etlichen Dutzend Milliarden DM F&E-Kosten zu sprechen. Scheffran (1993) spricht im Anschluß an die AZURA-Studie von 70 Milliarden DM an F&E-Kosten. Der deutsche Anteil wäre aufgrund der Projektführerschaft hoch. Die Konstruktions- und Betriebskosten einer europäischen Raumstation sind unbekannt, sollten aber mit ins Kalkül gezogen werden. Haushaltspolitisch prohibitiv ist SÄNGER, wenn angesichts der auf hohem Niveau steigenden Staatsverschuldung das Gebot der Sparsamkeit gilt[32].

Der wissenschaftliche Nutzen ist umstritten und kann weitgehend substituiert werden[33]. Die Ausnahme sind Experimente an den Kosmonauten, die aber voraussetzen, daß bemannte Weltraumfahrt sein solle[34]. Sie können nicht zu derer Rechtfertigung dienen, da sie zirkulär sind (TAB (1992), S. 47). Die Produktion von Gütern im Weltraum ist nach gegenwärtigem Wissensstand unrentabel. Chancen von direkter Weltraumökonomie werden mit Ausnahme der Satellitentechnik kaum noch behauptet. Die Kristalle für die Chip-Fertigung kann man auch unter simulierter Mikrogravitation erzeugen. Die Rede vom Weltraummarkt ist kleinlaut geworden.

---

[30] Wie werden die ESA-Anteile verteilt, wieviel SÄNGER-Einheiten sollen gebaut werden, auf welchen Preis wird Kryo-Wasserstoff zu senken sein und welche unerwarteten Probleme werden auftauchen?

[31] Die Erfahrungen von Kalkar, dem Jäger 90 oder *HERMES* können nur schwer bestritten werden.

[32] Wenn nicht alle Zwecke zugleich realisiert werden können, fragt sich, was vordringlich und was nachrangig ist. *First-things-first*-Argumente sprechen gegen SÄNGER.

[33] Hier folge ich der Entschließung, die die Deutsche Physikalische Gesellschaft formuliert hat (DPG, 1991).

[34] Die medizinischen Ergebnisse dieser Forschungen sprechen gegen lange Aufenthalte im All. Als Verweilhöchstdauer gilt ein Jahr.

Das weitere Argument, durch SÄNGER werden die Transportkosten für Weltraumfrachten geringer, ist triftig nur unter drei Prämissen. Die erste Prämisse besagt, daß die F&E-Kosten für SÄNGER nicht in die System-vergleichsrechnungen einzugehen brauchen. Diese Prämisse scheint will-kürlich. Die zweite besagt, daß die Technologie vertikal startender Ra-keten auf dem heutigen Stand bleibt. Diese Prämisse ist empirisch falsch. Die dritte besagt, daß die extrapolierten Bedarfsermittlungen ständig stei-genden Weltraumtransports realistisch sind. Diese Prämisse ist spekulativ. Der Analogieschluß vom wachsenden Flugverkehr auf steigenden Welt-raumtransport ist schwach. Diese Prämisse aber ist unverzichtbar, wenn man SÄNGER durch ein utilitäres Kalkül rechtfertigen will. Nur wenn man ein "progressives" Szenario zugrundelegt und voraussetzt, daß es eine wachsende orbitale Infrastruktur geben werde, "rechnet sich" SÄNGER[35].

Sicherlich kann man visionäre utilitäre Zwecke wie Gewinnung von Son-nenenergie durch ein System von Solar-Energie-Satelliten oder Abbau von ^{3}He-Isotopen aus Mondgestein zum Zwecke der möglichen Helium-Kernfusion einführen und SÄNGER als Schritt auf dem Weg hierzu rechtfertigen; die Beschreibung dieser Zwecke liest sich aber derart phantastisch, daß mehr Fragen auftauchen als beantwortet werden (SAPHIR (1993), S. 46 f.)[36].

Das spin-off-Argument hat methodischen Nachprüfungen nicht standge-halten. SÄNGER-Komponenten, die spin-off-verdächtig sind, sind auch unabhängig erforschbar. Listen mit bisherigen spin-off-Technologien der Raumfahrt gehen von der irreführenden Voraussetzung aus, diese hätten in anderen Forschungskontexten nicht entwickelt werden können. Die von vielen als *Umwegforschung* bezeichnete Forschung über Weltraum-technik ist weniger effektiv als direkte Forschung. Man muß nicht so weit gehen und die Raumfahrt als *Technologienehmer, nicht Technologie-geber* bezeichnen; es genügen die Einschätzungen von Keppler (1992, S. 621) und Krück (1993), um dem spin-off-Argument viel von seiner Zugkraft zu nehmen. Wenn man davon ausgeht, die Schere zwischen technologischen Anforderungen an zivile Güter und Weltraumtechnolo-gien öffne sich zusehens, dann darf man von SÄNGER eher wenig spin-off erwarten. Noch zur Kalkulation rechnet es, wenn man sagt, ein

---

35   In diesem Nachweis liegt eine Pointe der TAB-Studie. Vgl. TAB (1992), S.73 ff., S. 83 und S. 109.

36   SÄNGER mit einer Helium-Kernfusion zu rechtfertigen, wo nicht einmal die Tritium-Fusion beherrscht ist, erscheint riskant.

SÄNGER *made in Germany* sei als eine Werbung nützlich für eine Exportnation. Allerdings ist das Argument nicht an Fakten zu härten[37].

Die Auswirkungen von Weltraumfahrt auf Volkswirtschaften sollten angesichts der Fälle USA und UdSSR genau überprüft werden[38]. Dogmatisch sind die seit Eugen Sänger weitergereichten Behauptungen[39]. ohne bemannte Weltraumfahrt werde die Wirtschaft "zurückfallen". Die Hilfshypothese, die Raumfahrt könne erst dann ihre Schubkraft auf andere Sektoren der Volkswirtschaft entfalten, wenn bei ihr "geklotzt statt gekleckert" werde, nennt ein volkswirtschaftliches Risiko, das entsteht, wenn man sich von ihrer Wahrheit oder Falschheit überzeugen möchte[40]. Ebensogut kann man sagen, derartig gigantische Staatsaufträge bewirken eine Subventionsmentalität, die von Marktorientierung eher ablenke. Weltraumprogramme können in allokationstheoretischer Perspektive auch Fehlsteuerungen von Innovationspotentialen sein. In den USA wird heftig diskutiert, ob die Technologiepolitik mit ihrem Schwerpunkt auf Rüstungs- und Weltraumprojekte mitverantwortlich gewesen sei sowohl für den Rückfall auf Konsumgütermärkten als auch für den Verfall öffentlicher Infrastrukturen[41]. Angesichts dieser Debatten ist es naiv, der Weltraumindustrie die Rolle des *Schrittmachers* zuzuschreiben.

Zum Kalkül zählt zuletzt auch eine international vergleichende Prüfung von Projekt-Alternativen sowie Möglichkeiten von Kooperationen, die 1985 außerhalb des politisch Denkbaren lagen. So weist die TAB-Studie auf Konkurrenz wie den US-amerikanischen *DELTA-CLIPPER* hin und befürchtet, eine Festlegung auf SÄNGER könne in eine technologische Sackgasse führen (TAB (1992), S. 108). Auch ist Weltraum-Kooperation mit den GUS-Staaten eine neue Option.

---

[37] Nur wenige wurden motiviert, einen Chevrolet zu kaufen, weil sie den Shuttle starten sahen. Wer würde einen russischen Computer kaufen, weil er als spin-off-Produkt der Mir-Station angepriesen würde?

[38] Sicherlich gibt es keinen monokausalen Zusammenhang zwischen den Weltraumprojekten beider Staaten und den Strukturproblemen des einen und dem Desaster des anderen. Allerdings wird man skeptisch gegen Stimmen, die Weltraumprogramme und Volkswohlstand linear korrelieren.

[39] Eugen Sänger drohte, ohne "blühende" Raumfahrtindustrie werde Deutschland "auf den Stand eines unterentwickelten Landes zurückfallen" (1958, S. 44). Von Puttkamer (1992), S. 596, wiederholt dies, indem er "schlimme Folgen" androht, die "ohne Zweifel" eintreten werden, wenn Deutschland auf Raumfahrt verzichtete.

[40] So sinngemäß von Puttkamer (1992), S. 597.

[41] So hat Robert Heilbroner in der New York Review of Books vom 15. Februar 1990 argumentiert.

Zu nennen ist das außen- und militärpolitische Argument "nationaler Interessen", das 1992 von der Deutschen Gesellschaft für auswärtige Politik (DGAP) offensiv vorgebracht worden ist[42]. SÄNGER wird von der DGAP u. a. als Aufklärungsflugzeug in Betracht gezogen. Auch spin-off-Effekte werden militärisch gewertet[43] und es wird eine stärkere Kooperation zwischen BMFT und BMVg gefordert. Berührungsängste zwischen wissenschaftlicher Forschung und dem militärischen Bereich sollen "gezielt überbrückt" werden. SÄNGER wäre demnach ein Mittel, damit Deutschland im Konzert der Mächte eine "neue Rolle" spielen könnte. Auch die SAPHIR-Studie (SAPHIR (1993), S. 20) deutet solch ein Argument an ("Mitführung in der Welt"). Sicherlich könnte man vergleichsweise das Ergebnis von SDI (32 Mio. US-$) heranziehen dürfen, um Kosten-Nutzen solcher militärischen Weltraumprojekte abzuschätzen. Sofern *Sicherheit* noch als Nutzen begriffen wird, zählt das Argument noch zum Kalkül; unter anderer Beschreibung kann man es zu den transutilitären Gründen rechnen. Beide Ansichten scheinen vertretbar je nachdem, wie man die Worte *Militär, Verteidigung, Rüstung, Sicherheit* definiert und zueinander und zum Begriff der nationalen Wohlfahrt ins Verhältnis setzt. Ich halte dieses Argument jedoch für ein in erster Linie moralisches, da es Fragen der kollektiven Selbstdefinition berührt. Ich möchte es daher aus dem utilitären Kontext ausklammern und als moralisch relevante Frage wieder aufgreifen.

Eine Kalkulation fällt gegen SÄNGER aus, da hohe Kosten mit weichen, konjekturalen und spekulativen Erträgen gerechtfertigt werden müssen. Nun kann man als SÄNGER-Befürworter dies akzeptieren und dennoch folgendes entgegnen: "Zugegeben, SÄNGER und orbitale Infrastrukturen sind extrem teuer. Die Folgen für die Volkswirtschaft sind ungewiß. Ein Nutzenkalkül rechtfertigt SÄNGER nicht. Unter utilitaristischen Prämissen mag SÄNGER irrational sein. Aber es wird übersehen, daß die eigentlichen Gründe für derartige Projekte gar nicht in ihrem Nutzen liegen."

---

42   Vgl. auch schon DGAP (1986), S. 42, wo es vor dem Hintergrund der damaligen Ost-West-Konfrontation hieß, die sicherheitspolitischen Interessen verlangten, daß sich die BRD stärker als bisher in der Weltraumfahrt engagiere.

43   "SÄNGER erfordert ein Vorantreiben des Technologiestandes (...), die auch für die künftige Fähigkeit zur Rekonstitution von Verteidigungskapazitäten wichtig sind." (DGAP (1992), S. 15). Was unter Rekonstitution zu verstehen ist, bleibt offen.

3.2   Ideeller Wert von *SÄNGER*

Die zweite Argumentationsstrategie weist die Frage nach utilitären Zwecken als falsch gestellt zurück. Jesco von Puttkamer meint, wer Weltraumfahrt kritisiere, weil sie wenig Nutzen verspreche, der rede "oberflächlich" und zeige, wie sehr ihm "die Tiefe und die Intuition" fehle[44]. Durch die Denunziation des Opponenten als Flachkopf können die transutilitären Begründungen gewiß gegen Kritik immunisiert werden. Nur setzt die Denunziation diese Begründung voraus. Ich halte in Übereinstimmung mit der SAPHIR-Studie (1993) transutilitäre Gründe im Diskurs um SÄNGER für zulässig, da viele kulturelle Aktivitäten transutilitär gerechtfertigt werden. Keine derartige Argumentation ist jedoch selbstevident.

Wenig überzeugend sind tautologische Sätze des Typs: "Die Antwort ist der Prozeß selbst - *deswegen* muß Raumfahrt sein"[45]. Solche Sätze haben keinen argumentativen Gehalt, sofern man mit Argumenten immer einen Opponenten überzeugen möchte. Auch wird durch die Wortwahl ("muß sein") verkannt, daß es bei technischen Innovationen niemals ums Müssen, sondern immer um ein Sollen geht.

Häufig wird in transutilitären Begründungen suggestiv mit dem Wort *Schwerelosigkeit* operiert, das mit *schwebend, sorgenfrei, unbeschwert* konnotiert wird. Das Schwerelosigkeits-Motiv zieht sich durch viele Äußerungen von Ziolkovsky bis Egon Flade. Neffe: "Schwerelos schweben, ein alter Traum des zivilisierten Menschen, mit dem er verbindet, den banalen Sorgen des Erdenlebens entfliehen zu können"[46]. Fletcher lobte Eugen Sänger dafür, dieser habe "die Menschheit aus den Fesseln der irdischen Schwerkraft zu befreien" gesucht[47]. Sicherlich unterliegen wir der Schwerkraft; aber man kann kaum sinnvoll sagen, wir seien an sie *gefesselt*. Schwerelosigkeit ist m. E. eine Begleiterscheinung von Raumflügen und nicht die Sache selbst, selbst wenn sie von den Kosmonauten als vergnüglich (für Tage oder Wochen) erfahren werden mag.

Das Argument muß zudem die Frage beantworten, ob und inwiefern die Zurückbleibenden an der Befreiung der Kosmonauten partizipieren, indem sie sich mit ihnen identifizieren. Hier unterschieben die Befürworter den Bürgern ihre eigenen Einstellungen. Ob Kosmonauten Identifikationssymbole und Vorbilder sind, hängt von kulturellen Überzeugungs-

---

44   J. von Puttkamer, FAZ vom 15.6.92, B 3.
45   J. von Puttkamer (1992), S. 601.
46   Jürgen Neffe (1986), S. 49.
47   James Fletcher (1987) bei der Verleihung der Eugen-Sänger-Medaille.

mustern ab. Bemannte Weltraumfahrt, um die sich der Streit dreht, darf jedoch als eine "die Nation motivierende und einigende wichtige Zukunftsaufgabe" (SAPHIR (1993), S. 32) nicht vorausgesetzt werden, um die Identifikation mit Kosmonauten zu begründen. Es wird ein einheitliches kollektives Präferenzmuster unterstellt, das faktisch nicht existiert.

Man kann auch von einer moralischen Pflicht sprechen, das Überleben der Menschheit durch Weltraumfahrt zu sichern (Heiss (1986). Nur ist der dabei unterstellte Kausalnexus schwer nachvollziehbar. Es ist unplausibel, das bekannte Krisenszenario (Überbevölkerung, Kriegsgefahr, Umweltzerstörung) einzuführen und anschließend Weltraumfahrt als Lösung zu präsentieren. Keiner hat je den Nachweis eines sachlichen Zusammenhangs geführt. Dies gilt auch für Behauptungen, Weltraumfahrt werde dem Frieden dienen. Ob und, wenn ja, inwiefern die Weltraumfahrt zur Herausbildung einer friedfertig lebenden Menschheit beizutragen vermag, ist Spekulation. Friedfertigkeit ist eine moralische Einstellung, die nicht durch technische Geräte herstellbar ist. Hier liegt eine Kontextvermischung vor.

Oder man sagt, Menschen müßten in den Weltraum, weil sie eben Menschen seien. Dabei schließt man von dem Explorationsverhalten auf einen *Besiedlungsdrang*, der ins All führe. Unterschlagen wird dabei, daß Explorationsverhalten hinsichtlich seiner Ziele und Gegenstände unbestimmt ist, und vor allem, daß andere Planeten zur Besiedlung völlig ungeeignet sind, sofern Besiedlung immer die Reproduktion eines Kollektivs über Generationen hinweg bedeutet.

Gern redet man vom Erbe des Columbus[48]. Der Columbus-Vergleich ist das historische Kostüm über dem Kosmonautenanzug. In den USA wird der Nationalmythos von der Erschließung des Landes in die Vertikale verlängert (*pioneering the space frontier, building settlements, new gold rushes in space*). Wie damals die "pilgrim fathers" müßten heute Kosmonauten zu Kolonisatoren werden (White (1989). Man bezeichnet die Erde als *cradle*, die die Menschheit verlassen muß, ohne zu bemerken, daß man dabei eine Parallele zwischen Onto- und Phylogenese herstellt und darüber spekuliert, in welchem Lebensalter sich die Menschheit befinde. Genannt wird auch die notwendige Eroberung von new-frontiers-to-mankind, da man es auf der erforschten Erde nicht werde aushalten können (Heiss (1986). Diese Argumente setzen ein Menschenbild voraus, das an die These Spenglers von der "faustisch-prometheischen Natur" des abendländischen Menschen anknüpft. Dieses Menschenbild wird oft gegen Kritik immunisiert. Wer es teilt, zählt zum heroischen, wer es ab-

---

48   Lacoste (1990), S. 4 und S. 32.

lehnt, zum schwächlichen Teil der Menschheit. Widerspruch wird als Charakterschwäche diskreditiert[49]. Andere sog. *Weltraumphilosophien* wie Whites "Overview-Effekt" (1989) sind Rückfälle in schlechte Metaphysik und irrational. Mit kritischer Philosophie haben sie nichts gemein. Sie sind symptomatisch dafür, wie technologischer Sachverstand mit krausen Weltanschauungen vermischt werden kann. In säkularen Gesellschaften scheiden sie als Rechtfertigung technologischer Großprojekte aus.

3.3 Umweltverträglichkeit und militärische Option

Wenden wir uns der dritten Vernunftbedingung zu. Hier scheinen erstens die ökologischen Nebenwirkungen von SÄNGER in einigen Aspekten (Emissionen, Flughafen, Lärm, Risiko eines Absturzes) und zweitens die militärische Option problematisch. Daher bleibt das Argument, man solle sich zukünftige Optionen durch "Vorbereitungen" (SAPHIR (1993), S. 22) offenhalten. Dies kann man moralisch mit einer Vorsorgepflicht gegenüber den Interessen zukünftiger Generationen begründen.

Umweltverträglichkeit

Die Umweltverträglichkeit von SÄNGER erscheint fraglich aufgrund der Emissionen. Sie ist abhängig von der Treibstoff-Frage (s. o.). HYTEX wird teilweise noch mit Kerosin fliegen[50]. Hier wurden also Abstriche gemacht, und die Frage ist berechtigt, welche Auswirkungen bereits HYTEX auf die oberen Schichten der Atmosphäre haben wird. Nehmen wir für SÄNGER den günstigsten Fall ausschließlichen Kryo-Wasserstoffs an. Daß SÄNGER mit arbeitenden Triebwerken durch die obere Atmosphäre und die Ozonschicht fliegt, ist eine Tatsache. Daß diese weit empfindlicher auf den Eintrag von Emissionen reagiert als die Troposphäre, kann auch als Tatsache gelten. Beim SÄNGER-Flug treten notwendig ozonrelevante NO_X-Emissionen sowie Wasserdampf-Emissionen auf, die in der oberen Atmosphäre gleichfalls bedenklich sind. Der Vorteil des luftansaugenden

---

[49]   Beifällig zitiert White (1989), S.153, folgenden Satz: "Die Schwachen sollen die Erde erben. Wir anderen werden zu den Sternen reisen." Ähnlich bezeichnet von Puttkamer (FAZ, 15.6. 1992) die Kritiker als "lasche, weiche Angsthasen".

[50]   Ich stütze mich auf Bulloch (1991).

Antriebs wird mit dem Nachteil der NO_X-Emissionen erkauft. In der SÄNGER-Brennkammer wird der Großteil der NO_X-Emissionen freigesetzt, so daß es sich nicht um ein hypothetisches Risiko, sondern um eine unerwünschte Nebenfolge handelt. Die Emissionen von NO_X in die Ozonschicht sind in ihren Folgen ungeklärt. Ob es zu Korridoreffekten kommen kann, ist ungewiß. Die VDI-Studie (1990) sah in der Emissionsproblematik vorrangigen TA-Bedarf.

Erste Modellrechnungen liegen vor; sie kommen zu dem Urteil, bei Startraten von 24 SÄNGER-Starts pro Jahr sei der Beitrag zur Ozonabnahme gering bis vernachlässigbar[51]. Die Frage ist, in welchem Verhältnis Modellrechnungen, die unvermeidlicherweise mögliche relevante Parameter vernachlässigen (heterogene chemische Prozesse, Austauschvorgänge zwischen Atmosphärenschichten) und unsichere Größen (Startraten, Emissionsmengen) als Input-Daten behandeln müssen, zu den post-hoc meßbaren Resultaten stehen werden. Für die Autoren der TAB-Studie scheinen die vorliegenden Modellrechnungen kein Grund zur Entwarnung zu sein, da sie die Forderung der VDI-Studie wiederholen, es bestehe "noch erheblicher Forschungsbedarf" (TAB (1992), S. 94).

Auch ist nicht ersichtlich, warum nur 24 SÄNGER-Starts pro Jahr angenommen werden, wo doch auf der utilitären Ebene SÄNGER nur zu rechtfertigen ist, wenn man ein *expansives* Szenario steigender Transporte unterstellt. Wenn Chancen für SÄNGER nur im Rahmen eines *progressiven* Szenarios bestehen, dann liegt für SÄNGER-Befürworter hier eine Schwierigkeit. Entweder sie halten die Startraten in einem umweltverträglichen Rahmen und können dann die Kosten-Nutzen-Relation nicht aufrechterhalten, oder aber sie kalkulieren insgeheim mit höheren Startraten und können dann die Umweltverträglichkeit nicht mehr garantieren. Dies Argument gewinnt an Stärke, sobald eine zusätzliche militärische Nutzung von SÄNGER als Fernaufklärer in Betracht gezogen wird (TAB (1992), S. 61).

Ozonrelevante Emissionen kommen durch SÄNGER und andere Projekte dieser Art zur FCKW-Schädigung hinzu, die aufgrund der Verweildauer der FCKWs um 2020 ihre Klimax erreicht haben wird. Das Argument, in bezug auf die FCKW-Schädigungen werde SÄNGER nur *geringe* Effekte haben, ist schwach, wenn man die Faustformel ernst nimmt, pro Prozent Ozonverlust müsse mit einem Prozent Ernteertragsverlust und mit Anstieg der Hautkrebserkrankungen gerechnet werden. Moralisch stärker ist das Argument, es solle zu dem FCKW-Schaden, der nicht mehr zur Diskussion steht, sondern sich im Winter 1992/93 als dramatischer Ozonverlust

---

51   Hierzu vgl. TAB (1992), S. 90 - 94 mit weiterführender Literatur auf S.130f.

über der nördlichen Hemisphäre ankündigt, kein gleichartiger Schaden additiv hinzugefügt werden, damit im Interesse künftiger Generationen eine Regeneration der Ozonschicht möglich wird. Moralisch unverantwortlich erscheinen wissentliche zusätzliche *hazards* an der oberen Atmosphäre[52].

Das Argument, der Verzicht auf SÄNGER werde dazu führen, daß andere Nationen umweltschädlichere Systeme entwickeln, ist schwach. Erstens verkennt es, daß sich moralische Fragen zunächst an die Adresse der ersten Person Plural (*sollen wir?*) stellen; zweitens unterschlägt es, daß auch die USA die Entwicklung eines Hyperschallflugzeuges aus ökologischen Gründen abgebrochen haben; drittens unterschätzt es die Möglichkeit, durch eine moralisch richtige Entscheidung die Einstellungen anderer zu beeinflussen.

Eine Pointe von SÄNGER ist der Start von europäischen Flugplätzen. Dies wird mit politischen Unsicherheiten Kourous begründet. Die Zweistufigkeit von SÄNGER hängt mit der Wahl des Startplatzes zusammen, da ein einstufiges Gefährt vom ungünstig gelegenen Europa aus kaum Nutzlast in eine Umlaufbahn bringen kann. Wenn man sich für äquatornahe Startplätze entschiede, wäre - so die VDI-Studie - das SÄNGER-Konzept neu zu überdenken.

Laut BMFT (1988) sollte der Start auf "vorhandenen" Flugplätzen erfolgen. SÄNGER benötigt intensive technische Infrastrukturen am Boden. Günstig wäre eine Wasserstoff-Fabrik in nächster Nähe. Ausgeschlossen wird die Integration von SÄNGER-Starts auf zivilen Flughäfen. Laut der Expertenbefragung des VDI (1990) sind zwei europäische Flugplätze "einzurichten", wobei einer in Südeuropa (Spanien, Portugal) und der andere zum Testen von HYTEX an der Nordsee liegen soll. Man kann dies im Fall der Nordsee als mit landschaftsökologischen Zielsetzungen unvereinbar ansehen[53].

Aufgrund der Lärmemissionen kommen für SÄNGER nur dünnbesiedelte Gebiete sowie ein Startplatz am Meer[54] und aufgrund der Erreichbarkeit einer Umlaufbahn nur südeuropäische Gebiete in Betracht. Daß man von "dünnbesiedelten Gebieten" spricht, zeigt, wie sehr aus der Perspektive urbaner Eliten ländliche Regionen geringgeschätzt werden. Ob

---

52   Ob Flüge in der Stratosphäre verantwortbar sind, stelle ich zur Diskussion. Ich empfinde es nicht als reductio ad absurdum meiner Position, wenn man mir die Konsequenzen vorhält.

53   Die weitergehende Frage ist, wieviel der Restlandschaft wir den diversen Transporttechnologien noch zur Verfügung stellen wollen.

54   Der Start soll über Wasser erfolgen.

man einen Teil der portugiesischen Atlantikküste gegen einen Weltraumflugplatz eintauschen sollte, ist gewiß eine Frage der Präferenzen. Nicht irrational ist es angesichts des Standes der Debatte um Naturschutzpflichten, bei Konflikten gegen die Ausweitung technologischer Strukturen einzutreten[55]. In der vorliegenden Form trägt das SÄNGER-Pojekt eher zur Zerstörung als zum Erhalt oder gar zur Verbesserung der Lebensgrundlagen künftiger Generationen bei.

Militärpolitische Aspekte

Sicherlich ist es ethisch legitim, Satelliten zur Verifikation von Abrüstungsvereinbarungen einzusetzen. Hierzu ist SÄNGER aber nicht zwingend erforderlich. Die TAB-Studie behauptet (TAB (1992), S. 61), das BMVg habe kein großes Interesse an einem militärisch umdefinierten SÄNGER-Projekt. Verwendungsweisen als Anti-Satelliten-Waffe oder als Abfangjäger gegen andere Orbitaljäger werden als *wenig attraktiv* bezeichnet. Den Opponenten gegen solche oder ähnliche SÄNGER-Optionen (Weyer (1992), Scheffran (1993) kann man nicht vorhalten, sie seien *einseitig, propagandistisch verzerrt* und beruhten auf *Schlagworten* (so aber SAPHIR (1993), S. 23).

Zunächst müßte in der Öffentlichkeit begründet werden, warum Deutschland sich an der bislang verpönten Militarisierung des Weltraums beteiligen sollte. Zweitens müßte die militärische Option konsistent gemacht werden mit den anderen Zielen wie *Völkerverständigung durch Weltraumfahrt* und dem ESA-Auftrag. Die kooperativen Ziele einer Internationalisierung stehen konträr zur militärischen Option, worauf Weyer (1992) hingewiesen hat. Zudem müßte das Ziel einer militärischen *Mitführung in der Welt* historisch vergleichend analysiert werden[56]. Auch müßte das Argument ausgeräumt werden, ein militärisch genutzter SÄNGER sei ein Teil des Problems zunehmender Militarisierung mitsamt der Folgeprobleme (Proliferation, Verzicht auf zivile und ökologisch orientierte Technologiepfade, Wettrüsten unter neuen Bedingungen, Stärkung des militärisch-industriellen Komplexes), für das er die Lösung zu sein vorgäbe. Zumindest hat unter demokratischen Bedingungen keiner mehr ein Definitionsmonopol hinsichtlich *nationaler Interessen*. Wenn sich nationale Interessen nur noch diskursiv herausbilden können, dann dürfen sie zumindest nicht als Voraussetzung in den Diskurs eingeführt werden.

---

55 Vgl. Ott (1993).
56 Vielleicht wäre der Vergleich mit dem wilhelminischen Flottenprogramm und dem damaligen "Griff nach der Weltmacht" (Fritz Fischer) lohnend.

Je nachdem, wie sich das SÄNGER-Projekt weiter entwickelt, könnte diese militärische Option eines Tages in der universitären Forschungslandschaft wieder auftauchen und für einzelne Ingenieure dann eine Gewissensfrage werden. Dies ist Grund genug, bereits jetzt öffentlich über das ethische Problem der militärisch-zivilen Doppelverwendbarkeit von SÄNGER nachzudenken.

4   Schlußfolgerung

Wenn die vorgetragene Argumentation schlüssig und SÄNGER

(1) kalkulatorisch nicht sinnvoll,

(2) mit transutilitären Behauptungen nicht zu begründen und

(3) moralisch kaum zu legitimieren ist,

dann ist das Urteil angebracht, das SÄNGER-Projekt in seiner vorliegenden Form solle unter gegenwärtigen Bedingungen *nicht* fortgesetzt werden. Da keine der Vernunftbedingungen erfüllt wird, kann man auf der hier vertretenen Prämissenbasis SÄNGER als Musterbeispiel eines irrationalen Großprojektes bezeichnen.

Das verbliebene Argument, sich Optionen offenzuhalten, verdient gewiß Berücksichtigung. Nur zwingt es nicht zur Realisation von technischen Geräten wie SÄNGER, sondern gemäß der Unterscheidung zwischen Technik und Technologie eher zur Entwicklung von Know-how, das in den Handlungsplänen zukünftiger Generationen Eingang finden kann - oder auch nicht. Sicherlich schulden wir künftigen Generationen einiges, darunter den Erhalt von Lebensgrundlagen. Dieser Pflicht genügen wir jedoch eher dann, wenn wir der ökologischen Transformation der Industriegesellschaft Priorität einräumen. Pflicht ist nur, künftige Generationen mit Wissen auszurüsten, das sie zur Lösung ihrer Probleme und zur Erreichung ihrer Ziele einsetzen können.

Dieses Urteil erlaubt, einzelne Forschungssegmente voranzutreiben. Insofern impliziert die Forderung nach Abbruch des SÄNGER-Projektes keine Technologiefeindschaft und sie gründet nicht in solcher. Daß die Bevölkerung Technologieprogramme nur unter der Bedingung akzeptiere, wenn sie in vorzeigbaren technischen Geräten mündeten, ist ein schwaches Gegenargument. Ein breiter angelegtes Technologieprogramm, das unspezifischer ist und SÄNGER nicht mehr direkt anpeilt, ist die Option, der auch die Sympathien der Autoren der TAB-Studie zu gehören scheinen[57]. *Unter gegenwärtigen Bedingungen* ist die Kautel, die nicht dogmatisch ausschließt, unter verbesserten ökonomischen und (vor allem) ökologischen Bedingungen könne es gegen Ende des nächsten Jahrhunderts vernünftig sein, neu über solche Projekte zu debattieren. Für unsere Erdentage jedoch rät Vernunft von SÄNGER ab.

5   Literatur

BMFT, "Entscheidungsstrukturen und Entscheidungsprozesse im Raumfahrtbereich der BRD", Bonn 1987.

BMFT, "Förderkonzept Hyperschalltechnologie", Bonn 1988.

BMFT, "Survey Report on German Activities in Hypersonics", Bonn 1991.

Bulloch, Chris, "HYTEX: Sänger trailblazer", in: Interavia Space Markets Vol. 7, Nr. 3, 1991.

DFVLR, "Orientierungsrahmen Hochtechnologie Raumfahrt", Köln 1987.

DGAP (Expertengruppe), "Deutsche Weltraumpolitik an der Jahrhundertschwelle", Bonn 1986.

DGAP, "Außen- und sicherheitspolitische Aspekte des Raumtransportsystems SÄNGER", Januar 1992.

DPG "Entschließung zur bemannten Raumfahrt", in: Phys. Bl. 47 (1991), Nr. 1, S. 56 - 58.

Fletcher, James, "Eugen-Sänger-Vorlesung" in: Jahrbuch der DGLR 1987.

Habermas, Jürgen, "Erkenntnis und Interesse", Frankfurt 1973.

Habermas, Jürgen, "Moralbewußtsein und kommunikatives Handeln", Frankfurt 1983.

Hastedt, Heiner, "Aufklärung und Technik", Frankfurt 1991.

Heiss, Klaus "Space: An Economic Frontier for All People", in: "Space - New Opportunities For All People", Theme Session 37th International Astronautical Congress, Innsbruck, Oktober 1986.

Hoffmann, Johannes (Hrsg.), "Technische Rationalität und ethische Vernunft", Frankfurt 1992.

---

[57]   Vgl. TAB (1992), S. 118 ff.

Keppler, Erhard, "Raumfahrt - Verpflichtung gegenüber der Zukunft: Kritische Anmerkungen", in: Ethik und Sozialwissenschaften, (1992) Heft 4, S. 620 - 623.

Krück, Carsten, "Schrittmachertechnik Raumfahrt ?", in: Wechselwirkung" Nr. 60, April 1993.

Lacoste, Beatrice "Europe - Stepping Stones to Space", Bedforshire 1990.

Mittelstraß, Jürgen, "Leonardo-Welt", Frankfurt 1992.

Neffe, Jürgen "Schwerelos - und dann ?" in: Preuß /Simen (Hrsg.) "Weltraumforschung in der Bundesrepublik Deutschland", 1986.

Ott, Konrad/Mutschler, Hans-Dieter, "Vernunft in der Weltraumfahrt - Der deutsche Raumgleiter "Sänger", Frankfurt 1992.

Ott, Konrad, "Ökologie und Ethik", Tübingen 1993.

Puttkamer, Jesco von, "Die Zukunft liegt im All", in: FAZ-Beilage, 15.6. 1992.

Puttkamer, Jesco von, "Raumfahrt: Verpflichtung gegenüber der Zukunft", in: Ethik und Sozialwissenschaften, (1992), Heft 4, S. 593 - 601.

Rapp, Friedrich, "Analytische Technikphilosophie", Freiburg 1978.

Ropohl, Günter, "Die unvollkommene Technik", Frankfurt 1985.

Sänger, Eugen, "Raumfahrt - technische Überwindung des Krieges", Hamburg 1958.

SAPHIR "Technikfolgenbeurteilung am Beispiel der bemannten Raumfahrt" (Zwischenbericht), Köln-Porz 1991.

SAPHIR "Technikfolgenbeurteilung der bemannten Raumfahrt", (Teil 1 des Abschlußberichtes), Köln-Porz 1993.

Scheffran, Jürgen "Leidkonzept SÄNGER: Adler ohne Flügel" in: Wechselwirkung, Nr. 60, April 1993.

TAB (Büro für Technikfolgen-Abschätzung des Deutschen Bundestages), "Technikfolgenabschätzung zum Raumtransportsystem "SÄNGER", Bonn 1992.

VDI, "Vorstudie zur Hyperschalltechnologie", Düsseldorf 1990.

Weyer, Johannes, "Der Raumtransporter SÄNGER als Instrument deutscher Großmachtpolitk", Bielefeld Februar 1992.

White, Frank, "Der Overview-Effekt", Bern 1989.

Technologiemanagement –
Wettbewerbsfähige Technologieentwicklung und
Arbeitsgestaltung

Herausgegeben von
Univ.-Prof. Dr.-Ing. habil. Prof e.h. Dr. h.c.
Hans-Jörg Bullinger, Stuttgart

Einführung in das Technologiemanagement
Modelle, Methoden, Praxisbeispiele
Von Prof. Dr.-Ing. habil. **H.-J. Bullinger,** Stuttgart
unter Mitarbeit von Prof. Dipl.-Ing. **U. A. Seidel,** Rosenheim
1994. XI, 329 Seiten mit 141 Bildern.
Geb. DM 62,– / ÖS 484,– / SFr 62,–
ISBN 3-519-06367-0

Technikfolgenabschätzung (Hrsg.)
Herausgegeben von Prof. Dr.-Ing. habil.
H.-J. Bullinger, Stuttgart
1994. XIII, 501 Seiten mit 114 Bildern.
Geb. DM 79,– / ÖS 616,– / SFr 79,–
ISBN 3-519-06368-9

Ergonomie
Produkt- und Arbeitsplatzgestaltung
Von Prof. Dr.-Ing. habil. **H.-J. Bullinger,** Stuttgart
1994. ca. 500 Seiten mit ca. 400 Bildern.
In Vorbereitung
ISBN 3-519-06366-2

Die Reihe wird fortgesetzt.

Preisänderungen vorbehalten.

B. G. Teubner Stuttgart